SAP® HANA – Sicherheit und Berechtigungen

SAP PRESS

SAP PRESS ist eine gemeinschaftliche Initiative von SAP SE und der Rheinwerk Verlag GmbH. Unser Ziel ist es, Anwendern qualifiziertes SAP-Wissen zur Verfügung zu stellen. SAP PRESS vereint das Know-how der SAP und die verlegerische Kompetenz von Rheinwerk. Die Bücher bieten Ihnen Expertenwissen zu technischen wie auch zu betriebswirtschaftlichen SAP-Themen.

Damit Sie nach weiteren Titeln Ihres Interessengebiets nicht lange suchen müssen, haben wir eine kleine Auswahl zusammengestellt.

Thomas Tiede
Sicherheit und Prüfung von SAP-Systemen
903 Seiten, 4., aktualisierte und erweiterte Auflage 2018, gebunden
ISBN 978-3-8362-6122-7
www.sap-press.de/4584

Braasch, Faustmann, Geringer, Müller, Siegling, Wegener
SAP HANA – Datenbankadministration
850 Seiten, 2., aktualisierte Auflage 2019, gebunden
ISBN 978-3-8362-6850-9
www.sap-press.de/4841

Anna Otto, Katharina Stelzner
Berechtigungen in SAP. Best Practices für Administratoren
525 Seiten, 2., aktualisierte und erweiterte Auflage 2019, gebunden
ISBN 978-3-8362-6832-5
www.sap-press.de/4836

Volker Lehnert, Katharina Stelzner, Peter John, Anna Otto
SAP-Berechtigungswesen. Konzeption und Realisierung
847 Seiten, 3., aktualisierte und erweiterte Auflage 2016, gebunden
ISBN 978-3-8362-3768-0
www.sap-press.de/3849

Thomas Tiede

SAP® HANA – Sicherheit und Berechtigungen

Rheinwerk
Publishing

Liebe Leserin, lieber Leser,

Systemsicherheit und der besondere Schutz sensibler Daten sind beileibe kein neues Thema, aber spätestens seit Einführung der DSGVO wirklich in aller Munde. Für Unternehmen ist es jedoch nicht nur aus rechtlichen Gründen wichtig, ihre Systeme vor unberechtigten Zugriffen zu schützen, sondern es liegt auch in ihrem wirtschaftlichen Interesse, dass Informationen nicht beliebig eingesehen oder gar verändert oder gelöscht werden können. Nun ist es eine zentrale Aufgabe jedes Systemadministrators, die in den IT-Lösungen gespeicherten Unternehmensdaten gegen unberechtigte interne und externe Zugriffe abzusichern. SAP HANA stellt Administratoren dabei vor große Herausforderungen, weil es nicht nur als Datenbank, sondern darüber hinaus als Entwicklungsumgebung und Anwendungsserver fungieren kann.

Mit diesem Buch sind Sie auf der sicheren Seite, denn unser geschätzter Autor Thomas Tiede stellt Ihnen das Sicherheitskonzept von SAP HANA vollumfänglich vor. Sie lernen alle HANA-spezifischen Sicherheitsmaßnahmen kennen und erfahren, was Sie voraussehen und beachten müssen. Vom konzeptionellen Grundwissen über architektonische Besonderheiten bis hin zur Einrichtung eines Rollen- und Berechtigungskonzepts und der Analyse von Berechtigungsfehlern wird Ihnen alles Schritt für Schritt erklärt. Damit ist dieses Buch Ihre praktische Absicherung gegen unliebsame Überraschungen. Und nun wünsche ich Ihnen viel Freude beim Lesen!

Wir freuen uns stets über Lob, aber auch über konstruktive Anmerkungen, die uns helfen, unsere Bücher zu verbessern. Scheuen Sie sich nicht, mich zu kontaktieren. Ihre Fragen und Anmerkungen sind jederzeit willkommen.

Ihre Maike Lübbers
Lektorat SAP PRESS

maike.luebbers@rheinwerk-verlag.de
www.rheinwerk-verlag.de
Rheinwerk Verlag · Rheinwerkallee 4 · 53227 Bonn

Auf einen Blick

Wir hoffen, dass Sie Freude an diesem Buch haben und sich Ihre Erwartungen erfüllen. Ihre Anregungen und Kommentare sind uns jederzeit willkommen. Bitte bewerten Sie doch das Buch auf unserer Website unter **www.rheinwerk-verlag.de/feedback**.

An diesem Buch haben viele mitgewirkt, insbesondere:

Lektorat Maike Lübbers, Janina Karrasch
Korrektorat Susanne Reinhold, Berlin
Herstellung Norbert Englert
Typografie und Layout Vera Brauner
Einbandgestaltung Silke Braun
Coverbild Shutterstock: 1034116672 © Tun Pichitanon
Satz Typographie & Computer, Krefeld
Druck Beltz Grafische Betriebe, Bad Langensalza

Dieses Buch wurde gesetzt aus der TheAntiquaB (9,35/13,7 pt) in FrameMaker. Gedruckt wurde es auf chlorfrei gebleichtem Offsetpapier (90 g/m²). Hergestellt in Deutschland.

Bibliografische Information der Deutschen Nationalbibliothek:
Die Deutsche Nationalbibliothek verzeichnet diese Publikation in der Deutschen Nationalbibliografie; detaillierte bibliografische Daten sind im Internet über *http://dnb.d-nb.de* abrufbar.

ISBN 978-3-8362-6765-6

1. Auflage 2019

Informationen zu unserem Verlag und Kontaktmöglichkeiten finden Sie auf unserer Verlagswebsite **www.rheinwerk-verlag.de**. Dort können Sie sich auch umfassend über unser aktuelles Programm informieren und unsere Bücher und E-Books bestellen.

Inhalt

Einleitung

SAP HANA hat sich von einer reinen Datenbank zu einer mächtigen Applikation entwickelt, auf der u. a. auch umfangreiche Eigenentwicklungen möglich sind. Daher sind die Anforderungen an die Sicherheit von SAP HANA stark gestiegen. Ich hoffe, dass dieses Buch für alle, die mit der Sicherheit von SAP HANA befasst sind, eine hilfreiche Unterstützung ist.

Nachdem ich im Juni 2018 mein Buch »Sicherheit und Prüfung von SAP-Systemen« (den Nachfolger der OPSAP-Reihe) beim Rheinwerk Verlag veröffentlicht hatte, kam dieser bezüglich einer Veröffentlichung zum Thema Sicherheit von SAP-HANA-Datenbanken auf mich zu. Da ich mich bereits seit 2013 mit diesem Thema befasse und mein Wissen dazu aufgrund laufender Projekte und Seminarleitungen ständig auf dem aktuellen Stand halte, habe ich (fast) sofort zugesagt. Somit schloss sich für mich das nächste Buchprojekt gleich an.

Eine Herausforderung war, entsprechende Systeme zum Testen und für die Recherchen zu finden. Die IBS Schreiber GmbH hat verschiedene SAP-HANA-Datenbanken zu Testzwecken installiert, die ich hierfür nutzen konnte. Des Weiteren hatte ich die Möglichkeit, Kundensysteme im Live-Betrieb zu sichten und Interviews mit den verantwortlichen Administratoren zu führen. Hierdurch konnte ich einen tiefen Einblick in das Tagesgeschäft gewinnen, insbesondere in die Anforderungen in Bezug auf die Systemsicherheit.

Die maßgebliche Zielgruppe dieses Buches sind die SAP-HANA-Administratoren. Zu allen Themen beschreibe ich jeweils deren Konfiguration und Umsetzung. Dabei gehe ich sowohl auf das SAP HANA Cockpit als auch auf das SAP HANA Studio ein. In der Praxis wird Letzteres häufig noch eingesetzt, auch wenn neue Funktionen von SAP HANA oft als Oberfläche nur noch im SAP HANA Cockpit verfügbar gemacht werden.

Aber auch alle, die sich mit der Sicherheit von SAP-Systemen befassen oder dafür verantwortlich sind, finden in diesem Buch hilfreiche Hinweise. Ich gehe insbesondere in Kapitel 12, »Checklisten zur Analyse der Sicherheit von SAP HANA«, zu jedem Punkt auf das jeweilige Risiko ein, das sich daraus ableitet. Daher richtet sich dieses Buch sowohl an alle, die für die Sicherheit der SAP-Systeme verantwortlich sind, als auch an diejenigen, die durch Prüfungen die Sicherheit analysieren und bewerten.

Inhalt des Buches

In **Kapitel 1**, »Einführung in SAP HANA«, stelle ich Ihnen den Aufbau von SAP HANA vor. Dies umfasst auch die Tools, die zur Verwaltung und Analyse von SAP HANA genutzt werden können: das SAP HANA Cockpit, den SAP HANA Database Explorer, das SAP HANA Studio, das Programm hdbsql und das DBA Cockpit des SAP NetWeaver. Des Weiteren gehe ich auf die Entwicklungsumgebung des SAP HANA XSA (SAP HANA Extended Application Services, Advanced Model) ein. Auch die Besonderheiten beim Einsatz von SAP S/4HANA oder SAP ERP zeige ich auf. Im letzten Abschnitt stelle ich Ihnen die Leitfäden zu SAP HANA vor, die Sie für weitere Informationen zu den jeweiligen SAP-HANA-Release-Ständen nutzen können.

Kapitel 2, »Netzwerk- und Betriebssystemsicherheit«, zeigt die Sicherheit der Betriebssystemebene UNIX für SAP HANA auf. Da hier viele sicherheitsrelevante Daten gespeichert werden (u. a. die persistenten Daten, die Systemparameter und die Root-Keys für die Verschlüsselungen), ist es in die Sicherheitsbetrachtung mit einzubeziehen. Hier erfahren Sie, wie Sie die Standardbenutzer absichern, die Dateien und Verzeichnisse schützen und wo die Log-Dateien von UNIX gespeichert werden. Außerdem zeige ich Ihnen auf, wie Sie vom SAP NetWeaver aus auf die Betriebssystemebene zugreifen und diese Zugriffe absichern können.

In **Kapitel 3**, »Systemsicherheit in SAP HANA«, werden dann grundsätzliche Aspekte der Systemsicherheit behandelt. Dies beginnt mit der Lizenzierung von SAP HANA und der Verwaltung der Systemparameter. Ein wesentlicher Sicherheitsaspekt ist natürlich die Verschlüsselung der Daten und der Kommunikation, auf die ich hier eingehe. Dazu gehören auch die Schnittstellen, die Remote Sources, und deren Absicherung. Im letzten Abschnitt stelle ich Ihnen zwei Skripte aus der Statement Library vor, die für Sicherheitsanalysen genutzt werden können.

Seit SAP HANA Release 2.0 SPS1 werden nur noch Multi-Tenant-Datenbanken unterstützt. Auf deren Sicherheitsaspekte gehe ich in **Kapitel 4**, »Sicherheit in Multi-Tenant-Datenbanken«, ein. Hier erfahren Sie, wie Sie tenant-übergreifende Zugriffe einrichten bzw. absichern können. Um die tenant-spezifischen Daten auf der Betriebssystemebene abzusichern, kann das Isolation Level »high« eingerichtet werden. Wie dies installiert wird, zeige ich hier ebenfalls auf.

Die Absicherung des Anmeldevorganges stellt eines der wesentlichen Elemente für die Sicherheit eines jeden IT-Systems dar. In SAP HANA können Sie verschiedene Authentifizierungsmethoden nutzen, die ich Ihnen in **Kapitel 5**, »Authentifizierung in SAP HANA«, vorstelle. Des Weiteren können Kennwortrichtlinien eingerichtet werden, sowohl tenant-weit gültig als auch benutzergruppenspezifisch.

Ein zentrales Thema der SAP-Sicherheit ist die Benutzerverwaltung, die in **Kapitel 6**, »Benutzerverwaltung in SAP HANA«, behandelt wird. Dort gehe ich in den ersten

Abschnitten auf die Benutzerstammsätze in SAP HANA und SAP HANA XSA ein. Ein weiterer Schwerpunkt liegt auf der Absicherung der Standardbenutzer. Außerdem erfahren Sie hier, wie Sie Remote-Benutzer für tenant-übergreifende Zugriffe nutzen und absichern können. Im letzten Abschnitt gehe ich auf die Nutzung der Benutzergruppen ein.

Die Beschreibung und Analyse des SAP HANA Berechtigungskonzeptes habe ich aufgrund der Komplexität auf drei Kapitel aufgeteilt. In **Kapitel 7**, »Das Berechtigungskonzept von SAP HANA«, beschreibe ich das Konzept der SAP-HANA-Berechtigungen und stelle die verschiedenen Privileges vor. Auch auf die Funktionalitäten der Weitergabe von Berechtigungen, der Maskierung von Daten und der Möglichkeiten (und Einschränkungen) des Kopierens von Berechtigungen gehe ich ein. Eine weitere sehr wesentliche Funktion ist der Berechtigungs-Trace, der in SAP HANA natürlich auch verfügbar ist. Im letzten Abschnitt erläutere ich die Berechtigungen in SAP HANA XSA.

Kapitel 8 befasst sich mit dem Rollenkonzept von SAP HANA. Im ersten Abschnitt finden Sie u. a. einen Vorschlag für eine Namenskonvention der Rollen. In den weiteren Abschnitten stelle ich Ihnen die drei verschiedenen Arten von Rollen vor, die Runtime-Katalogrollen, die Design-Time-Repository-Rollen (XSC) und die Design-Time-HANA-DI-Rollen (XSA). Der letzte Abschnitt beschreibt einige SAP-HANA-Standard-Rollen.

In **Kapitel 9**, »Analyse des SAP-HANA-Berechtigungskonzepts«, beschreibe ich, wie SAP-HANA-Berechtigungen analysiert werden können. Dies ist mit verschiedenen Views oder auch mit einem Skript aus der Statement Library möglich. Im letzten Abschnitt liste ich wesentliche Fragestellungen für Berechtigungsanalysen auf.

Kapitel 10 befasst sich mit dem SAP-S/4HANA-Berechtigungskonzept. Hier gehe ich im ersten Abschnitt auf die wesentlichen Aspekte beim Umstieg von SAP ERP auf SAP S/4HANA ein. Danach zeige ich speziell die Berechtigungen beim Einsatz von SAP-Fiori-Apps auf.

Im Gegensatz zu SAP ERP bzw. SAP S/4HANA, wo wesentliche Protokollierungen bereits fest implementiert sind, muss in SAP HANA die Protokollierung system- und unternehmensspezifisch grundlegend konfiguriert werden. Dies beschreibe ich in **Kapitel 11**, »Auditing in SAP HANA«. Die ersten Abschnitte erläutern die Konfiguration und die Auswertungsmöglichkeiten des SAP HANA Auditings. Beim Einsatz von SAP HANA XSA kommen andere Protokolle zum Einsatz, worauf ich ebenfalls eingehe. Im letzten Abschnitt erhalten Sie Best-Practice-Empfehlungen zur Einrichtung der Protokollierung in SAP HANA.

Kapitel 12 ist eine umfassende Checkliste für die Analyse der Sicherheit von SAP HANA. Zu jedem Punkt sind die Risiken sowie die praktische Vorgehensweise zur Analyse beschrieben. Dies erlaubt es auch Personen, die nicht täglich mit SAP HANA arbeiten, die jeweiligen Analyseschritte sofort auszuführen.

Danksagung

Ich bedanke mich bei allen, die mir im Umfeld der Fertigstellung dieses Buches geholfen haben:

- beim Rheinwerk Verlag, der mich durch seine Anfrage zum Schreiben dieses Buches angeregt hat
- bei Maike Lübbers für das sehr gute Lektorat
- bei der IBS Schreiber GmbH für die Nutzung der SAP-HANA-Systeme für Recherchen und Screenshots
- bei allen Kunden, deren Systeme ich im Rahmen der Recherchen für dieses Buch analysieren durfte
- bei meiner Frau Kristin, die das Buch Korrektur gelesen hat

Und zu guter Letzt möchte ich wieder an alle Leser appellieren, mir jegliche positive und negative Kritik sowie Anregungen für weitere Themen zukommen zu lassen. Schreiben Sie mir gern an *thomas.tiede@ibs-schreiber.de*.

Thomas Tiede
Hamburg im Mai 2019

Kapitel 1
Einführung in SAP HANA

Zur Verwaltung und Analyse der Sicherheitskomponenten einer SAP-HANA-Datenbank sind grundlegende Kenntnisse über den Aufbau von SAP HANA erforderlich sowie über die verschiedenen Tools, die zur Verfügung stehen. Nutzen Sie dieses Kapitel, um sich einen Überblick darüber zu verschaffen.

SAP HANA wird häufig noch als »reine Datenbank« angesehen. Seit seiner Einführung hat sich SAP HANA stetig weiterentwickelt und stellt inzwischen neben der Datenbank-Funktionalität eine äußerst komplexe Entwicklungsplattform dar. Die Grundlagen zu erläutern, würde in diesem Rahmen jedoch zu weit führen, daher empfehle ich Ihnen für weitere Informationen zu den Einsatzmöglichkeiten einer SAP-HANA-Datenbank das Buch »SAP HANA – Die neue Einführung« von Penny Silvia, Rob Frye, Bjarne Berg (Rheinwerk Verlag 2017).

In Abschnitt 1.1, »Der technische Aufbau von SAP HANA«, erhalten Sie zuerst einen Überblick über den technischen Aufbau einer SAP-HANA-Datenbank. Danach stelle ich Ihnen die Tools vor, die Sie zur Verwaltung von SAP HANA nutzen können (Abschnitt 1.2, »SAP HANA Cockpit«, bis Abschnitt 1.6, »DBA Cockpit«).

Mit der Version 1.0 SPS5 wurden die *SAP HANA Extended Application Services* (*SAP HANA XS*) eingeführt, mit denen erstmalig auch ein Anwendungsserver in SAP HANA integriert wurde. Dies ermöglichte die Entwicklung von browserorientierten Anwendungen. Die neuere Version ist *SAP HANA Extended Application Services Advanced Model* (*SAP HANA XSA*), welche erstmalig mit der Version 1.0 SPS11 ausgeliefert wurde. Hierauf gehe ich in Abschnitt 1.7, »SAP HANA XS ADVANCED«, genauer ein.

SAP-HANA-Datenbanken mit installiertem SAP ERP oder SAP S/4HANA unterliegen besonderen Sicherheitsaspekten. Auf diese komme ich in Abschnitt 1.8, »SAP HANA und SAP ERP bzw. SAP S/4HANA«, zurück.

Zu SAP HANA existiert eine Vielzahl von Leitfäden, die zu jeder Version aktualisiert werden. Die Wesentlichen liste ich Ihnen in Abschnitt 1.9, »Leitfäden zur SAP-HANA-Sicherheit«, auf.

1.1 Der technische Aufbau von SAP HANA

SAP HANA ist eine SAP-eigene Datenbank-Anwendung. Über die *In-Memory-Technologie* und eine *spaltenorientierte Speichertechnologie* ermöglicht sie schnellere Datenzugriffe und -verarbeitungen. Merkmale von In-Memory-Datenbanken sind:

- Der gesamte Datenbestand wird im Hauptspeicher gehalten.
- Dadurch werden sehr viel schnellere Zugriffszeiten als bei herkömmlichen magnetischen Festplatten erzeugt.
- In-Memory-Datenbanken werden eingesetzt, wenn ein sehr schneller Zugriff auf große Datenmengen gewährleistet werden soll.
- Ein Zugriff auf den Arbeitsspeicher ist im Mittel 100.000 Mal schneller als auf eine Festplatte.

Diese Technologie ist der Schlüssel zur Performance von SAP HANA, deren Zugriffs- und Verarbeitungsgeschwindigkeit teilweise um ein Vielfaches höher ist als bei herkömmlichen Datenbanken.

1.1.1 Zeilen- und spaltenorientierte Tabellen

Während die *zeilenorientierte Speichertechnologie* eher für schreibende Datenzugriffe optimiert ist, bei denen im Allgemeinen auf einen ganzen Datensatz (also eine ganze Zeile) zugegriffen werden muss, ist die spaltenorientierte Speichertechnologie eher auf Datenauswertungen ausgelegt, bei denen bestimmte Werte einer Spalte verarbeitet, also z. B. addiert werden müssen. Beide Technologien haben aber nur Auswirkung auf die physikalische Ablage der Tabellen, während die logische Darstellung dieser Tabellen in der vom Anwender gewohnten Weise stattfindet.

Die physikalische Speicherung der Tabellen erläutere ich anhand eines Beispiels zu Rechnungen. Tabelle 1.1 zeigt eine logische Sicht auf die Rechnungen.

Land	Ort	Kunden-Nr.	Rechnungs-Nr.	Datum	Betrag
DE	München	10002	00001	01.04.2016	1.385,12
DE	München	10002	00002	02.04.2016	5.386,16
CH	Bern	20001	00003	02.04.2016	832,12
A	Linz	30175	00004	01.04.2016	2.376,55
DK	Kopenhagen	40678	00005	01.04.2016	8.312,57

Tabelle 1.1 Rechnungen – logische Sicht

Tabelle 1.2 zeigt, wie diese Daten in einer zeilenorientierten Datenbank gespeichert werden. Die Zeilen entsprechen den einzelnen Rechnungen. Für Analysen des Rechnungsbetrags (Summierungen o. Ä.) müssen alle Datensätze gelesen werden.

Land;Ort;Kunden-Nr.;Rechnungs-Nr.;Datum;Betrag
DE;München;10002;00001;01.04.2016;1.385,12
DE;München;10002;00002;02.04.2016;5.386,16
CH;Bern;20001;00003;02.04.2016;832,12
A;Linz;30175;00004;01.04.2016;2.376,55
DK;Kopenhagen;40678;00005;01.04.2016;8.312;57

Tabelle 1.2 Zeilenorientierte Datenbank – physikalische Sicht der Daten

Tabelle 1.3 zeigt die physikalische Ablage der Daten in einer spaltenorientierten Datenbank. Hier sind die einzelnen Spalten zusammengefasst, also **Land**, **Ort**, **Kunden-Nr.** etc. Für Analysen des Rechnungsbetrags ist somit lediglich der Zugriff auf das Feld (also die Spalte) **Betrag** erforderlich. Dies bedeutet einen erheblichen Geschwindigkeitsgewinn.

Feld:Wert 1;Wert 2;Wert 3;Wert 4;Wert 5
Land:DE;DE;CH;A;DK
Ort: München;München;Bern;Linz;Kopenhagen
Kunden-Nr.:10002;10002;20001;30175;40678
Rechnungs-Nr.:00001;00002;00003;00004;00005
Datum:01.04.2016;02.04.2016;02.04.2016;01.04.2016;01.04.2016
Betrag:1.385,12;5.386,16;832,12;2.376,55;8.312,57

Tabelle 1.3 Spaltenorientierte Datenbank – physikalische Sicht der Daten

Tabelle 1.4 stellt die Anwendungsgebiete von zeilen- und spaltenorientierten Datenbanken gegenüber.

SAP HANA unterstützt sowohl zeilen- als auch spaltenorientierte Tabellen. So befinden sich beispielsweise in einer SAP-HANA-Datenbank, auf der ein SAP-ERP-System mit EHP 8 installiert ist, ca. 125.000 Tabellen. Davon sind ca. 2.800 Tabellen zeilenorientiert und ca. 122.200 spaltenorientiert.

Anwendung	Zeilenorientiert	Spaltenorientiert
mathematische Funktionen (z. B. Summe oder Mittelwert aller Rechnungen, OLAP)	Zugriff auf alle Datensätze erforderlich	Zugriff nur auf einen einzelnen Datensatz erforderlich
Einfügen von neuen Zeilen in die Tabelle (OLTP)	Neuer Datensatz wird erzeugt.	Pro Spalte wird ein neuer Datensatz angehängt.
Einsatz von Datenbankfunktionen	Operationen sind auf einzelne Datensätze anwendbar.	Operationen wirken sich auf alle Datensätze aus.

Tabelle 1.4 Vergleich der beiden Datenbankmodelle

Standardmäßig wird mit dem SQL-Statement `CREATE TABLE` eine spaltenorientierte Tabelle angelegt. Dies wird über den Parameter `default_table_type` gesteuert (**indexserver.ini**, Section `sql`). Er steht auf dem Standardwert `column`. Um eine zeilenorientierte Tabelle anzulegen, verwenden Sie folgendes Statement:

```
CREATE ROW TABLE <tablename>
```

1.1.2 Der Systemtyp einer SAP-HANA-Datenbank

Mit dem *Systemparameter* `usage` (Abschnitt `system_information`, Datei **global.ini**) legen Sie den Systemtyp der Datenbank fest. Folgende Einträge sind möglich:

- production
- test
- development
- custom (default)

Der Systemtyp wird u. a. dafür genutzt, dass die Systeme im *SAP HANA Cockpit* automatisch den Apps **Production**, **Test** und **Development** zugeordnet werden. Des Weiteren wird über den Systemtyp *production* im SAP HANA Cockpit gesteuert, dass bei der Ausführung kritischer Funktionen (z. B. Start/Stopp der Datenbank, Ausführen von Backups) Warnmeldungen ausgegeben werden. Zum Setzen dieses Parameters ist das System Privilege (die Systemberechtigung) `INIFILE ADMIN` erforderlich.

1.1.3 Schemata

In einem *Schema* werden Objekte wie Tabellen, Views und Prozeduren gebündelt. Wird ein neuer Benutzer angelegt, so wird automatisch auch ein Schema mit seinem Namen erstellt, dessen Besitzer er ist (siehe Abschnitt 6.1, »Der Benutzerstammsatz«). Dabei ist es egal, ob er über das SAP HANA Cockpit oder per SQL-Statement

CREATE USER angelegt wird. Auf seinem Schema besitzt er die CREATE ANY-Berechtigung. Er kann somit beliebige Objekte, wie Tabellen und Views, in seinem Schema erstellen. Außerdem ist er in der Lage, anderen Benutzern Berechtigungen auf sein Schema oder einzelne Objekte in seinem Schema zuzuordnen.

Schemata können auch manuell angelegt werden. Sie müssen aber immer einem Benutzer zugeordnet werden, der dann der Besitzer des Schemas ist. Das folgende Statement erstellt das Schema IBS_CASA und ordnet es dem Benutzer TTIEDE zu:

```
CREATE SCHEMA IBS_CASA OWNED BY TTIEDE
```

Hierdurch erhält der Benutzer TTIEDE automatisch auch die CREATE ANY-Berechtigung und kann somit in dem Schema Objekte erstellen und die Berechtigung weitergeben. Er ist außerdem auch der Besitzer seines eigenen Schemas TTIEDE, welches beim Erstellen des Benutzers automatisch angelegt wurde. Abbildung 1.1 zeigt den Benutzerstammsatz im SAP HANA Cockpit mit den Berechtigungen für beide Schemata.

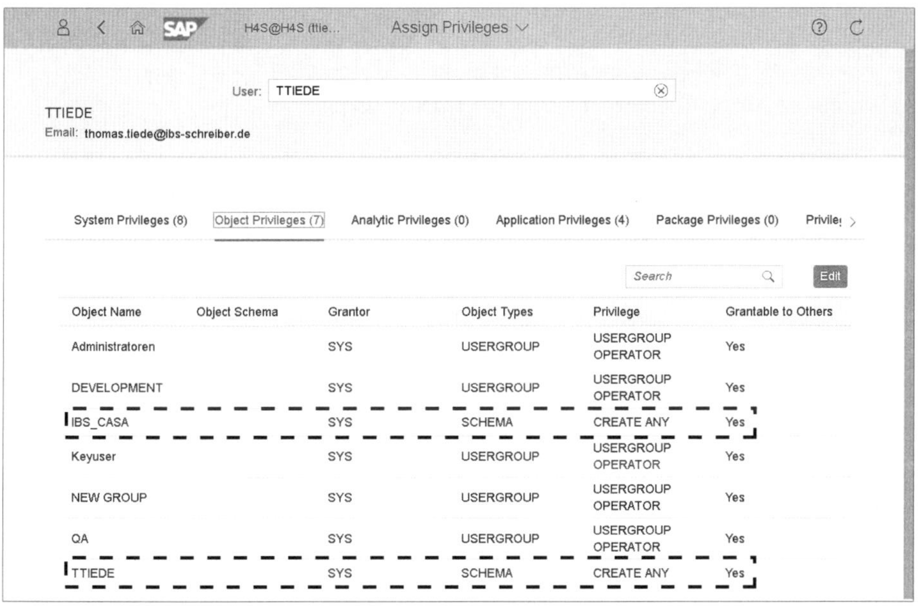

Abbildung 1.1 Berechtigungen auf Schemata

Die Schemata werden im SAP HANA Studio und SAP HANA Cockpit unterhalb der HANA-Systeme unter dem Ordner **Catalog** angezeigt (). Unterhalb der Schemata werden die Objekttypen aufgelistet, die in einem Schema angelegt werden können. Darunter befinden sich die Objekte. Abbildung 1.2 zeigt auf der linken Seite die Liste der Schemata. Im Hauptfenster wird die Tabelle CUSTOMER_CREDITCARTS angezeigt. Sie befindet sich im Schema des Benutzers TTIEDE.

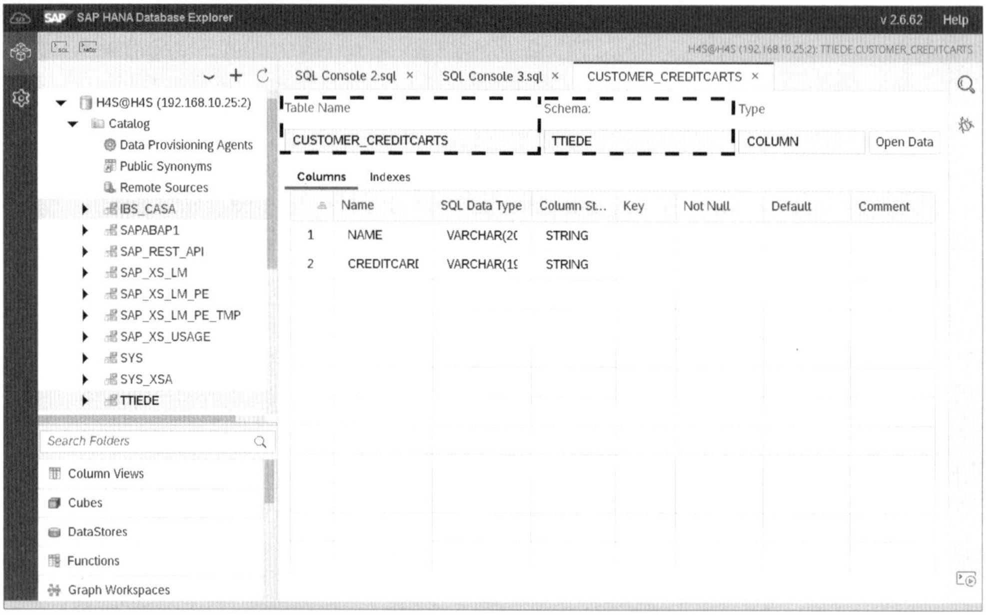

Abbildung 1.2 Anzeige der Schemata im SAP HANA Cockpit

Eine Auflistung der existierenden Schemata mit ihren Eigenschaften erhalten Sie über den View SYS.SCHEMAS. Die Felder der Views zeigt Ihnen Tabelle 1.5. Eine Besonderheit in dieser View ist das Feld HAS_PRIVILEGES. Es wird erst beim Ausführen der View benutzerindividuell gefüllt. Der View prüft, ob der Benutzer eine Berechtigung auf ein Schema oder ein Objekt in dem Schema besitzt. In dem Fall enthält das Feld den Wert TRUE. Besitzt der Benutzer keine Berechtigung auf das Schema oder ein enthaltenes Objekt, so ist der Wert FALSE. Hierüber wird auch gesteuert, welche Schemata standardmäßig im SAP HANA Studio oder SAP HANA Cockpit angezeigt werden. Um alle Schemata zu sehen, benötigt ein Benutzer das System Privilege CATALOG READ (siehe Abschnitt 7.2, »System Privileges«). Abbildung 1.3 zeigt als Beispiel die Ausführung des folgenden Befehls:

```
SELECT * FROM SCHEMAS ORDER BY SCHEMA_NAME
```

Für die beiden markierten Schemata IBS_CASA und SAPABAP1 steht im Feld HAS_PRIVILEGES der Wert TRUE, der Benutzer hat somit Berechtigungen auf diese beiden Schemata bzw. auf Objekte darin. Das ist auf der linken Seite in der Auflistung der Schemata zu erkennen. Schemata, für die im Feld HAS_PRIVILEGES der Wert FALSE in der View SCHEMAS enthalten ist, werden dort nicht angezeigt.

Feld	Beschreibung
SCHEMA_NAME	Schema-Name
SCHEMA_OWNER	Besitzer des Schemas
HAS_PRIVILEGES	Zeigt an, ob der Benutzer, der den View anzeigen lässt, eine Berechtigung für das Schema besitzt.
CREATE_TIME	Erstellungsdatum des Schemas

Tabelle 1.5 Die Felder der View SYS.SCHEMAS

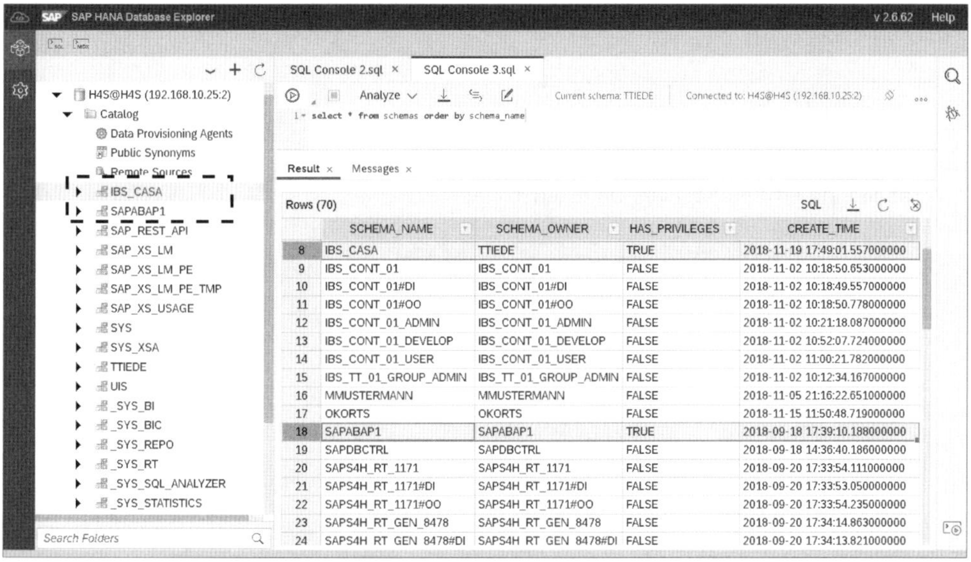

Abbildung 1.3 Zugriff auf Schemata für einen Benutzer

Einige Eigenschaften von Schemata können auch mit dem Skript `HANA_Tables` angezeigt werden. Das Skript erreichen Sie über die Statement Library im SAP HANA Database Explorer (siehe Abschnitt 1.3.3, »Die SQL Statement Library«) oder als Anlage zum SAP-Hinweis 1969700.

Die Objekte in einem Schema müssen aber nicht zwingend alle dem Besitzer des Schemas gehören. Der Besitzer kann Rechte auf seinem Schema an andere Benutzer weitergeben, z. B. die `CREATE ANY`-Berechtigung. Diese können dann wiederum Objekte in dem Schema anlegen. In Abbildung 1.3 ist ersichtlich, dass das Schema `IBS_CASA` dem Benutzer TTIEDE gehört. Der Benutzer kann nun anderen Benutzern Berechtigungen auf seinem Schema zuordnen. Mit folgendem Statement erhält der Benutzer BENUTZER01 die `CREATE ANY`-Berechtigung auf dem Schema `IBS_CASA`:

```
GRANT CREATE ANY ON SCHEMA IBS_CASA TO BENUTZER01
```

Der Benutzer kann nun z. B. Tabellen in dem Schema anlegen. Er ist dann der Besitzer dieser Tabelle. Abbildung 1.4 zeigt ein Beispiel. Der View `OWNERSHIP` zeigt zu allen Objekten den Eigentümer. Hier ist ersichtlich, dass im Schema `IBS_CASA` zwei Tabellen definiert sind (Feld `OBJECT_NAME`). Das Feld `OWNER_NAME` zeigt, dass die Tabellen unterschiedliche Eigentümer haben (BENUTZER01 und TTIEDE).

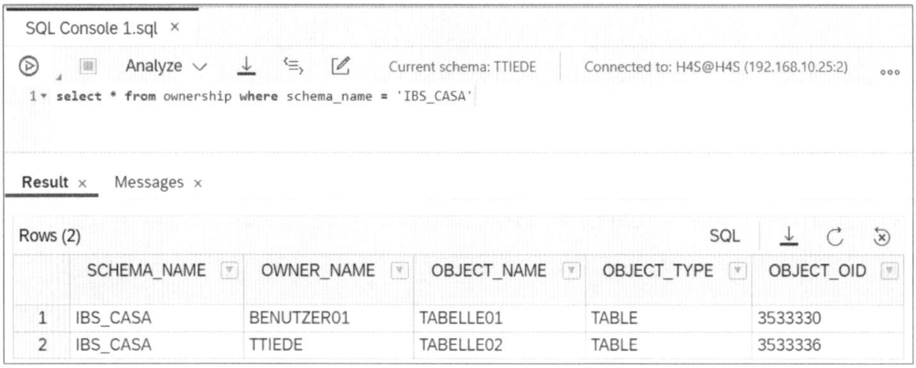

Abbildung 1.4 Benutzer von Objekten in einem Schema

Um auf ein Objekt eines Schemas zuzugreifen, ist folgende Syntax erforderlich:

<Schemaname>.<Objektname>

z. B.:

```
SELECT * FROM TTIEDE.CUSTOMER_CREDITCARTS
```

Ohne Angabe des Schemanamens wird folgende Fehlermeldung ausgegeben:

```
Could not execute 'select * from CUSTOMER_CREDITCARTS'
Error: (dberror) [259]: invalid table name: Could not find table/view
```

In folgenden Fällen kann allerdings der Name des Schemas weggelassen werden:

- Der Benutzer ruft ein Element in seinem eigenen Schema auf.
- Die Tabelle oder View ist als PUBLIC definiert.
- Der SQL-Editor wurde über dem Schema mit dem Kontextmenüeintrag **Open SQL Console** geöffnet.
- Das Schema wurde explizit mit dem Befehl `SET SCHEMA <Schemaname>` als aktueller Kontext gesetzt.

Auch hier können nur Tabellen angezeigt werden, für die der Benutzer berechtigt ist. Bei fehlender Berechtigung erhält der Benutzer die Fehlermeldung *Insufficient privilege: Not authorized.*

1.1.4 Zugriff auf Daten in der SAP-HANA-Datenbank

Es gibt verschiedene Tools, um auf Daten in der SAP-HANA-Datenbank zuzugreifen. In den nachfolgenden Abschnitten werden folgende Tools erläutert:

- SAP HANA Cockpit (Abschnitt 1.2)
- SAP HANA Database Explorer (Abschnitt 1.3)
- SAP HANA Studio (Abschnitt 1.4)
- das Programm HDBSQL (Abschnitt 1.5)
- DBA Cockpit (Abschnitt 1.6)

Dies sind die gängigsten Tools zur Verwaltung von SAP-HANA-Datenbanken. Das SAP HANA Cockpit ist das Standard-Tool für SAP-HANA-2.0-Datenbanken. Das SAP HANA Studio wurde maßgeblich in der Version SAP HANA 1.0 genutzt, ist aber auch für 2.0-Datenbanken noch kompatibel. Es ist vor allem erforderlich, wenn noch Repository-Entwicklungen genutzt werden.

1.2 SAP HANA Cockpit

Das *SAP HANA Cockpit* ist das zentrale Tool zur Administration von SAP-HANA-Datenbanken. Es können alle SAP-HANA-2.0-Datenbanken angebunden werden sowie SAP HANA 1.0 SPS12. Ältere Versionen sind nicht mehr kompatibel. Das SAP HANA Cockpit ist ein eigenständiges Tool mit einer eigenen Benutzerverwaltung. Es können beliebig viele SAP-HANA-Datenbanken zur Verwaltung angeschlossen werden. Abbildung 1.5 zeigt beispielhaft die Oberfläche des SAP HANA Cockpits. Dieses kann individuell konfiguriert werden. Tabelle 1.6 listet Ihnen die Funktionen der Standard-Apps auf.

App	Verwendung
Resource Directory	Listet alle eingebundenen SAP-HANA-Datenbanken auf. Von hier kann die Administrationssicht der einzelnen Datenbanken aufgerufen werden, siehe Abschnitt 1.2.5, »Verwaltung von SAP-HANA-Datenbanken«.
Production **Test** **Development**	Die eingebundenen Datenbanken werden unter diesen Apps automatisch nach Systemtyp aufgelistet. Zur Verwaltung der produktiven SAP-HANA-Datenbanken wählen Sie die App **Production** aus. Der Systemtyp einer SAP-HANA-Datenbank wird mit dem Systemparameter `usage` (Abschnitt `system_information`, Datei **global.ini**) festgelegt.

Tabelle 1.6 Standard-Apps des SAP HANA Cockpits

App	Verwendung
Configuration Templates	Für die Datenbankparameter haben Sie die Möglichkeit, Templates anzulegen und diese auf Datenbanken zu übertragen.
Compare Configurations	Mit dieser App haben Sie die Möglichkeit, Snapshots von der Systemkonfiguration von Datenbanken zu erstellen. Sie können dann verschiedene Konfigurationen miteinander vergleichen, um Unterschiede zu ermitteln.
Browse Database Objects	Ruft den SAP HANA Database Explorer auf, siehe dazu den gleichnamigen Abschnitt 1.3.
Execute SQL	Ruft den SAP HANA Database Explorer auf, siehe Abschnitt 1.3.
Manage Cockpit	Ruft die Verwaltungsoberfläche des Cockpits auf: ■ Einbinden und Löschen von Ressourcen (Datenbanken), siehe Abschnitt 1.2.3, »Ressourcen ins SAP HANA Cockpit einbinden« ■ Benutzerverwaltung, siehe Abschnitt 1.2.2, »Benutzerverwaltung im SAP HANA Cockpit« ■ Ressource-Gruppen pflegen (Abschnitt 1.2.1, »Ressource-Gruppen«) ■ zentrale Einstellungen zum Cockpit vornehmen

Tabelle 1.6 Standard-Apps des SAP HANA Cockpits (Forts.)

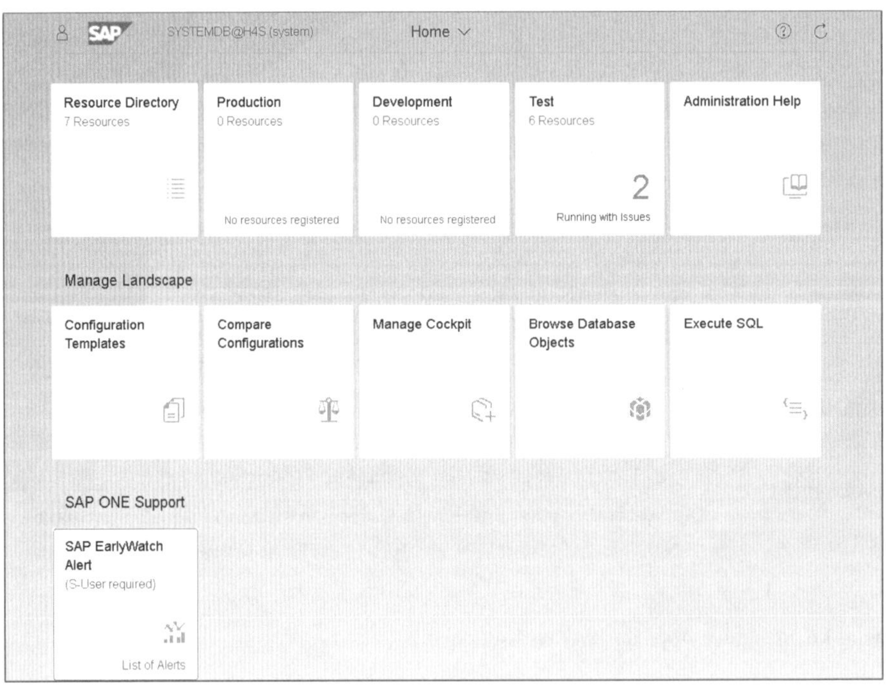

Abbildung 1.5 Oberfläche des SAP HANA Cockpits

1

1.2.1 Ressource-Gruppen

Ressource-Gruppen dienen dazu, Benutzer und Ressourcen zusammenzufassen. Die Benutzer einer Gruppe sind dann dazu berechtigt, auf die Ressourcen in der Gruppe zuzugreifen. Die Berechtigungen innerhalb der Ressourcen sind damit nicht definiert. Dies erfolgt in den Ressourcen (HANA-Datenbanken) selbst. Dazu ist die *Cockpit-Rolle* `Cockpit Resource Administrator Role` erforderlich. Sie rufen die Pflege der Ressource-Gruppen über die App **Manage Cockpit** auf, Kategorie **Resource Groups** (siehe Abbildung 1.6). Mit der Schaltfläche **Create Group** legen Sie neue Gruppen an, mit **Delete** löschen Sie Gruppen. Zu jeder Gruppe können Sie die Ressourcen und die Benutzer (**Cockpit User**) über das jeweilige Register pflegen.

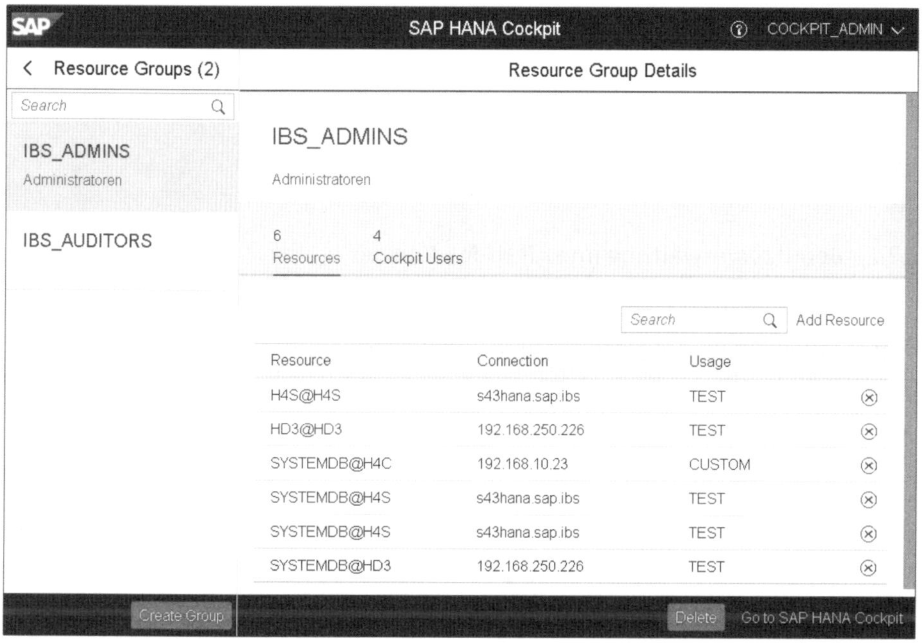

Abbildung 1.6 Pflege von Ressource-Gruppen

Die Ressource-Gruppen können als Kachel in das SAP HANA Studio eingebunden werden (siehe Abbildung 1.7), sodass hierüber direkt auf die eingebundenen Ressourcen zugegriffen werden kann.

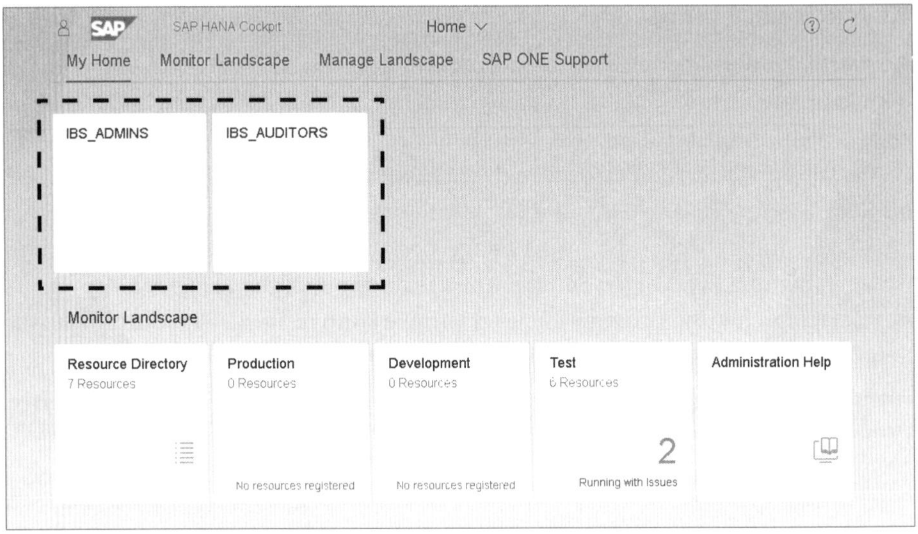

Abbildung 1.7 Einbinden von Ressource-Gruppen in das Cockpit

1.2.2 Benutzerverwaltung im SAP HANA Cockpit

Das SAP HANA Cockpit hat eine eigene Benutzerverwaltung, die von denen der SAP-HANA-Datenbanken unabhängig ist. Sie benötigen somit einen Cockpit-Benutzer, um sich an das SAP HANA Cockpit anzumelden, sowie ein Benutzerkonto in allen SAP-HANA-Datenbanken, die Sie über das Cockpit verwalten.

Bei der Installation des Cockpits wird der Benutzer COCKPIT_ADMIN angelegt, der alle Berechtigungen im SAP HANA Cockpit besitzt. Melden Sie sich mit diesem Benutzer erstmalig an, um die individuellen Benutzerkonten anzulegen. Sie rufen die Pflege der Benutzer über die App **Manage Cockpit** auf, Kategorie **Cockpit Users**, siehe Abbildung 1.8. Tabelle 1.7 zeigt die Funktionen der Benutzerverwaltung.

Funktion	Beschreibung
Create User	Anlegen eines neuen Benutzers
Edit	Ändern der Benutzereigenschaften: ▪ Kennwort ▪ Mail-Adresse ▪ Cockpit-Rollen
Delete	Löschen eines Benutzers
Grant Access to Resource Groups	Zuordnung des Benutzers zu einer Ressource-Gruppe

Tabelle 1.7 Funktionen der SAP-HANA-Cockpit-Benutzerverwaltung

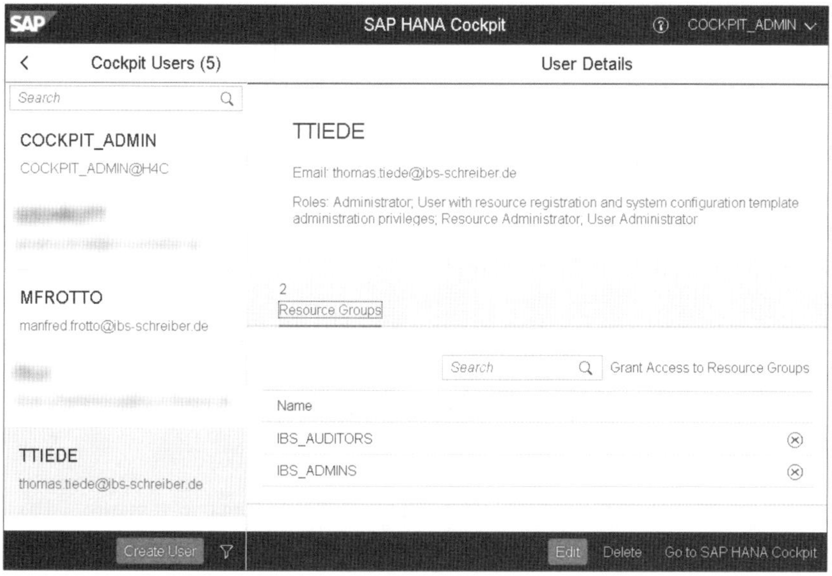

Abbildung 1.8 Pflege von SAP-HANA-Cockpit-Benutzern

Hier werden den Benutzern die Rollen zugeordnet, mit denen Funktionen im Cockpit berechtigt werden. Abbildung 1.9 zeigt, welche Rollen einem Benutzer zugeordnet werden können.

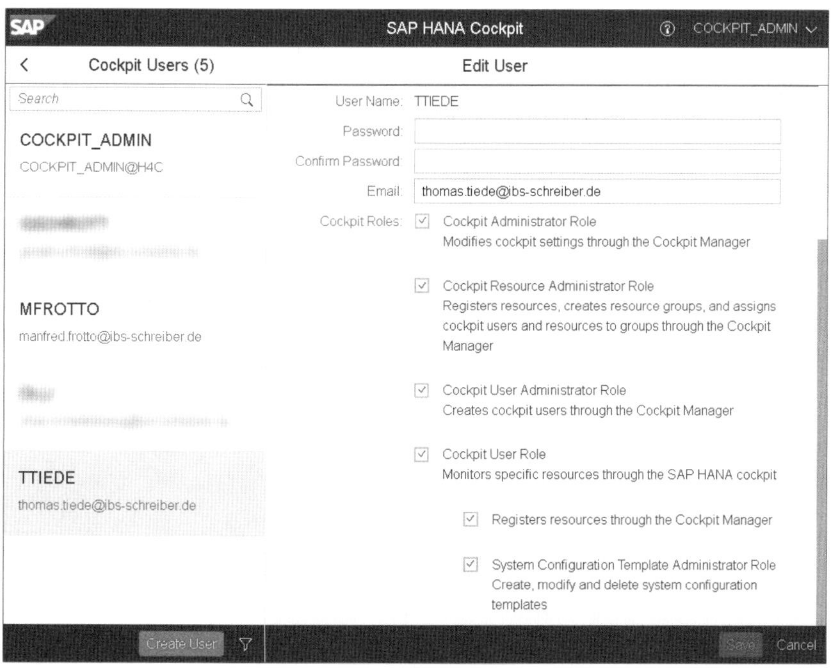

Abbildung 1.9 Zuordnung von Cockpit-Rollen

Zur Benutzerverwaltung selbst ist die Cockpit-Rolle Cockpit User Administrator Role erforderlich. Tabelle 1.8 zeigt die Cockpit-Rollen und die Berechtigungen, die mit ihnen vergeben werden. In der Datenbank des SAP HANA Cockpits werden die Cockpit-Rollen als Benutzerparameter (XS_RC_COCKPIT*) im Stammsatz des Datenbankbenutzers gespeichert. Über diese Parameter kann analysiert werden, welche Berechtigungen im SAP HANA Cockpit zugeordnet sind (siehe die entsprechende Checkliste in Abschnitt 12.1.2, »SAP HANA Cockpit«). Tabelle 1.8 zeigt auch die Zuordnung der Benutzerparameter zu den Cockpit-Rollen.

Cockpit-Rolle	Enthaltene Berechtigung
Cockpit Administrator	Berechtigt zur Konfiguration des Cockpits: App **Manage Cockpit**, Kategorie **Cockpit Settings**. Benutzerparameter: XS_RC_COCKPIT_ADMIN
Cockpit Resource Administrator	Berechtigt zur Pflege von Ressourcen und Ressource-Gruppen: ■ Registrierung von Ressourcen ■ Anlegen von Ressource-Gruppen ■ Zuordnung von Ressourcen und Benutzern zu Ressource-Gruppen App **Manage Cockpit**, Kategorien **Registered Resources** und **Resource Groups** Benutzerparameter: XS_RC_COCKPIT_RESOURCE_ADMIN
Cockpit User Administrator	Berechtigt zur Pflege von Cockpit-Benutzern. Benutzerparameter: XS_RC_COCKPIT_USER_ADMIN
Cockpit User	Berechtigt zur Anzeige aller Ressourcen, die in den ihm zugeordneten Ressource-Gruppen enthalten sind. Benutzerparameter: XS_RC_COCKPIT_USER
Cockpit User – Registers Resources Through the Cockpit Manager	Berechtigt zusätzlich zur Pflege der Ressourcen (App **Manage Cockpit**, Kategorie **Registered Resources**). Benutzerparameter: XS_RC_COCKPIT_POWER_USER
Cockpit User – System Configuration Template Administrator Role	Berechtigt zusätzlich zur Pflege der Templates für Datenbankparameter (App **Configuration Templates**). Benutzerparameter: XS_RC_COCKPIT_CONFIG_TEMPLATE_ADMIN

Tabelle 1.8 Cockpit-Rollen im SAP HANA Cockpit

1.2.3 Ressourcen ins SAP HANA Cockpit einbinden

Mit der App **Manage Cockpit**, Kategorie **Registered Resources**, können SAP-HANA-Datenbanken eingebunden werden. Eingebundene Systeme können über das Cockpit verwaltet werden. Abbildung 1.10 zeigt die Verwaltungsoberfläche. Tabelle 1.9 zeigt die Funktionen.

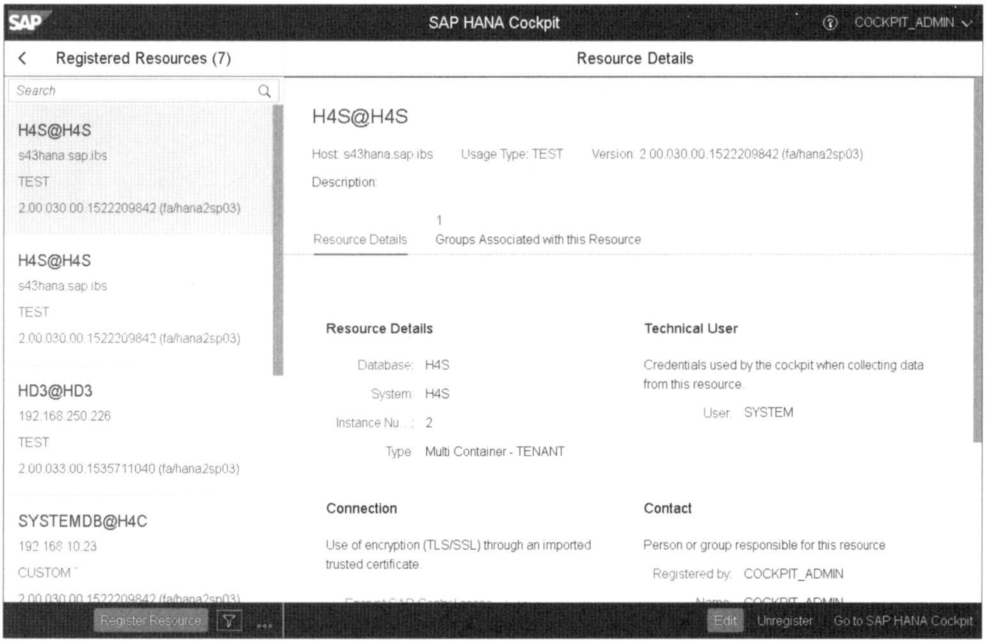

Abbildung 1.10 Verwaltung von Ressourcen im SAP HANA Cockpit

Funktion	Beschreibung
Register Resource	Einbinden neuer Ressourcen
Edit	Ändern der Eigenschaften einer Ressource
Unregister	Löschen einer Ressource
Filter ( )	Filtern der Liste der Ressourcen nach Host oder Systemtyp
Export Resources (über …)	Exportieren der Ressourcen. Dies kann zur Datensicherung erfolgen oder für den Import der Systeme in eine andere SAP-HANA-Cockpit-Installation.
Import Resources (über …)	Importieren einer Liste von exportierten Ressourcen

Tabelle 1.9 Funktionen der Ressourcen-Verwaltung

Das Anlegen einer neuen Ressource erfolgt in mehreren Schritten. Klicken Sie zunächst auf die Schaltfläche **Register Resources**, um eine neue Ressource einzubinden. Im ersten Schritt geben Sie die Verbindungsinformationen zur SAP-HANA-Datenbank an, siehe Abbildung 1.11. Hier wählen Sie aus, ob Sie die System-Datenbank oder einen Tenant einbinden wollen. Im zweiten Schritt geben Sie einen technischen Benutzer an, über den die Verbindung hergestellt wird, siehe Abbildung 1.12. Nutzen Sie hierfür nicht den Benutzer SYSTEM.

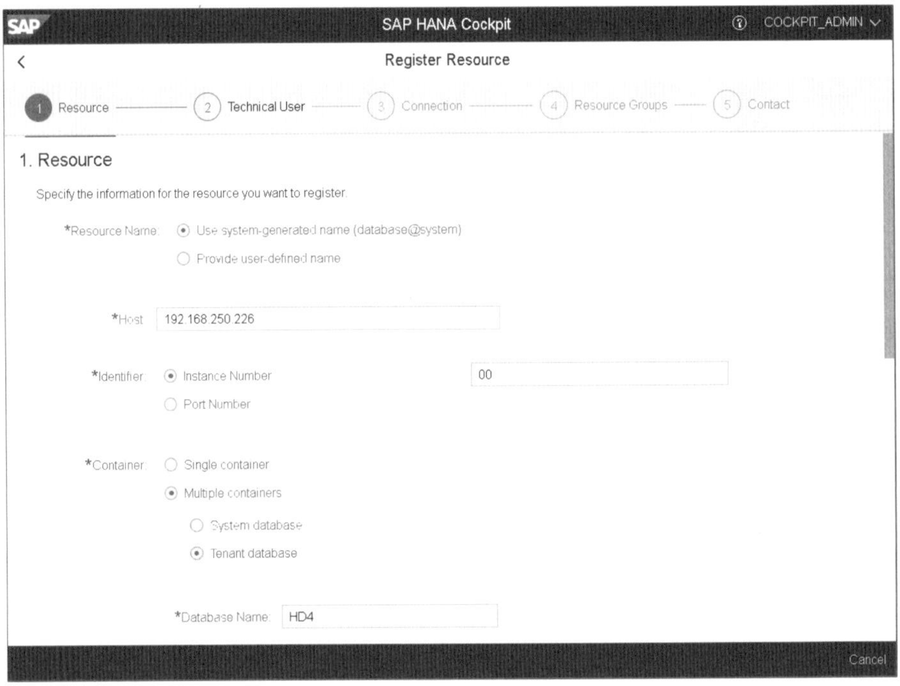

Abbildung 1.11 Ressource anlegen – Verbindungsinformationen

Abbildung 1.12 Ressource anlegen – Benutzer für technische Verbindung

In Schritt drei geben Sie an, ob die Verbindung verschlüsselt erfolgen soll, siehe Abbildung 1.13. Grundsätzlich sollte die Verbindung vom SAP HANA Cockpit zu einer Ressource verschlüsselt sein. Im letzten Schritt haben Sie die Möglichkeit, die neue Ressource einer Ressource-Gruppe zuzuordnen, siehe Abbildung 1.14. Damit können die diesen Gruppen zugeordneten Benutzer auf die neue Ressource zugreifen.

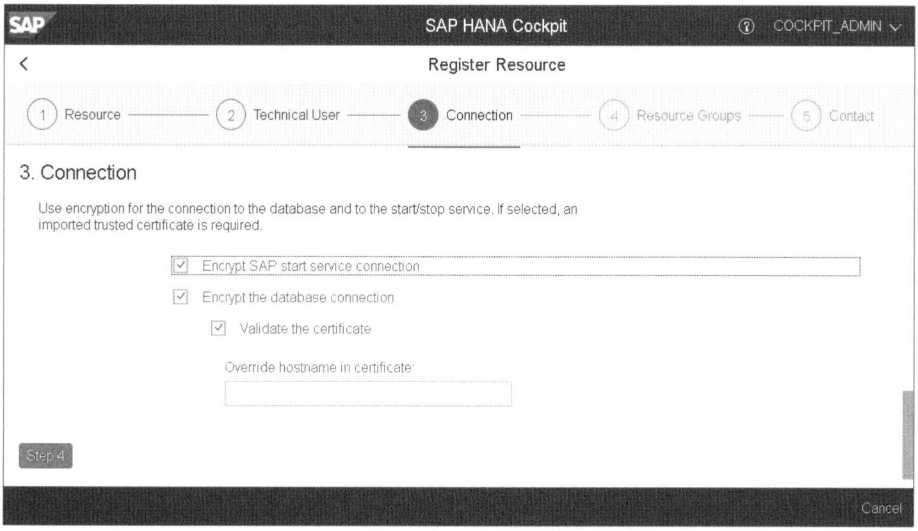

Abbildung 1.13 Ressource anlegen – Angaben zur Verschlüsselung der Verbindung

Abbildung 1.14 Ressource anlegen – Zuordnung von Ressource-Gruppen

1.2.4 Templates für die Systemkonfiguration

Mit der App **Configuration Templates** haben Sie die Möglichkeit, Vorlagen für die Systemkonfiguration festzulegen und diese auf die Ressourcen anzuwenden. Dabei wird unterschieden zwischen Parametern, die in Systemdatenbanken und die in Tenants gesetzt werden. Des Weiteren können Sie Templates für die Parameter auf Host-Ebene erstellen.

Zur Erstellung eines Templates wählen Sie ein System aus, in dem die Parameter bereits gemäß der Richtlinien und Vorgaben gesetzt sind. In der App (siehe Abbildung 1.15) wählen Sie die Schaltfläche **Create Template** aus und vergeben im ersten Schritt einen Namen für das neue Template. Im nächsten Schritt wählen Sie den Layer aus (siehe Abbildung 1.16):

- DATABASE: Vorgaben für Parameter in Tenant-Datenbanken
- SYSTEM: Vorgaben für Parameter in Systemdatenbanken
- HOST: Vorgaben für Host-Parameter

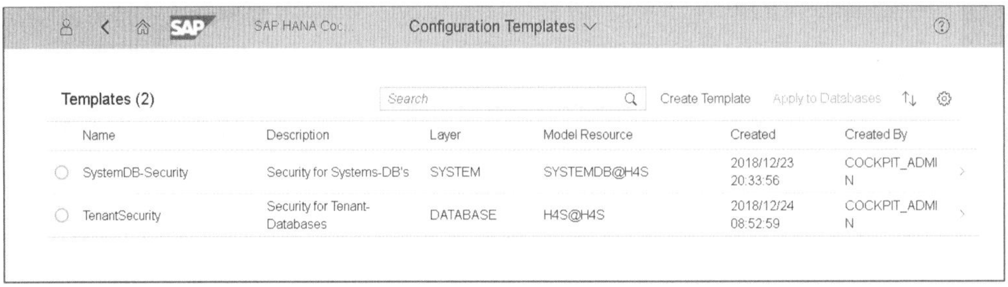

Abbildung 1.15 Templates zur Systemkonfiguration

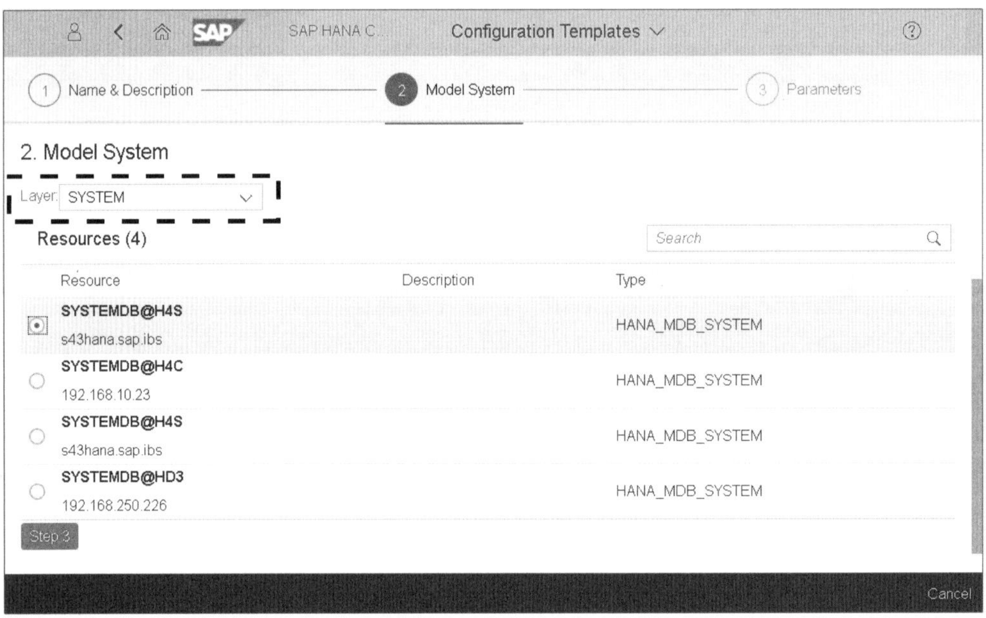

Abbildung 1.16 Anlage eines neuen Templates – Systemauswahl

Je nach ausgewähltem Layer werden Ihnen die verfügbaren Ressourcen angezeigt. Wählen Sie die Ressource mit den Einstellungen aus, aus denen Sie das Template erstellen wollen. Sie gelangen dadurch zum nächsten Schritt.

Hier werden Ihnen die individuell gesetzten Parameter des ausgewählten Systems angezeigt. Markieren Sie die Parameter, die Sie in das Template übernehmen wollen. Diese Parameter können dann mit den hier definierten Einstellungen auf andere Systeme übertragen werden. Klicken Sie zum Anschluss auf die Schaltfläche **Review**. Ihnen werden die ausgewählten Einstellungen angezeigt. Mit der Schaltfläche **Create Template** erstellen Sie das Template.

Um die Parameter auf andere Systeme anzuwenden, wählen Sie in der App das entsprechende Template aus und klicken auf die Schaltfläche **Apply to Databases**. Ihnen werden die verfügbaren Systeme angezeigt (Abbildung 1.17). Wählen Sie die Systeme aus, an die die Konfiguration verteilt werden soll, und klicken Sie auf die Schaltfläche **Apply Template**. Die Parametereinstellungen im Template werden an die ausgewählten Systeme verteilt (Abbildung 1.18). Folgende Voraussetzungen müssen gegeben sein:

- Zu den ausgewählten Systemen muss jeweils ein Benutzer mit einem Kennwort hinterlegt sein. Ansonsten erhalten Sie die Fehlermeldung »Missing credentials«.
- Der hinterlegte Benutzer muss in dem System über das System Privilege `INIFILE ADMIN` verfügen, um die Parameter setzen zu können.

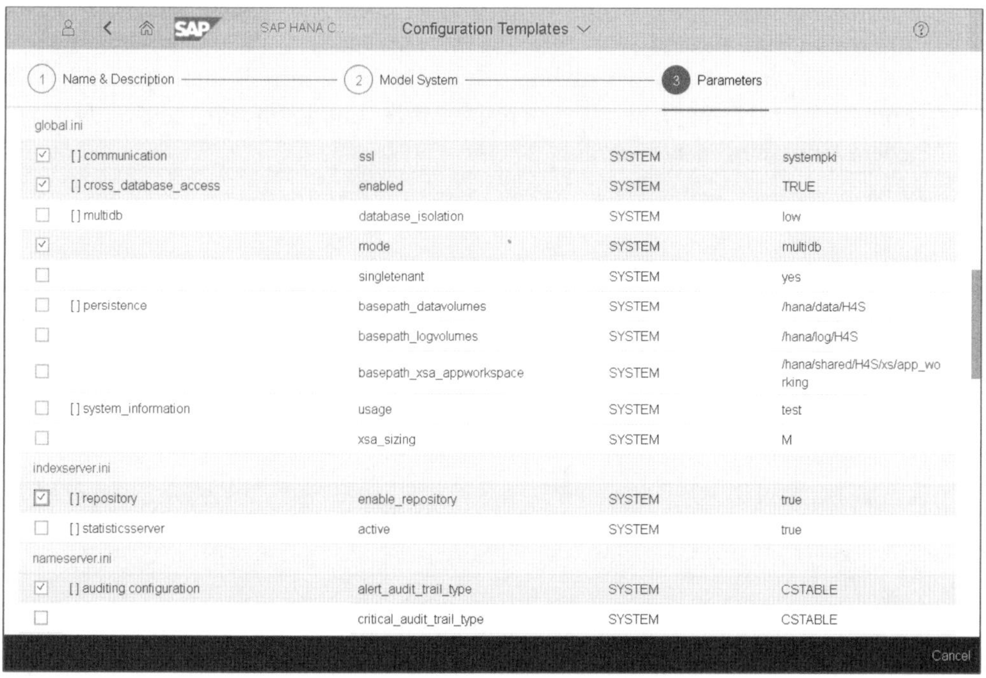

Abbildung 1.17 Anlage eines neuen Templates – Parameterauswahl

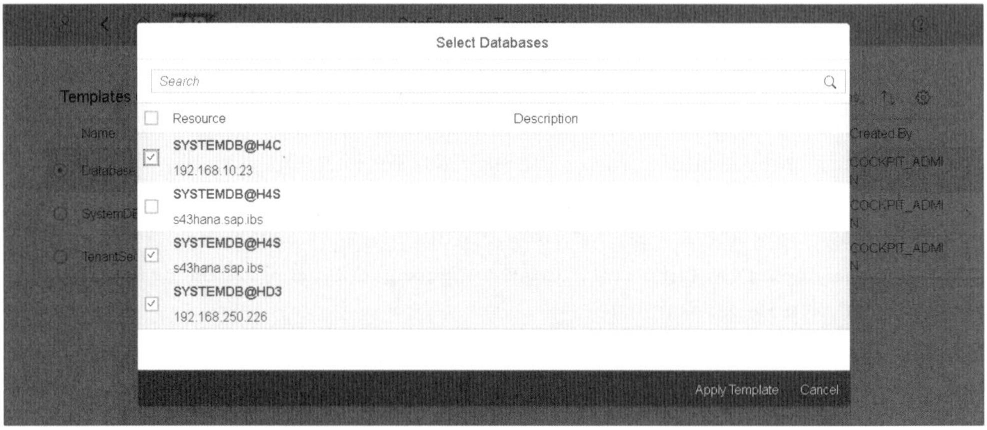

Abbildung 1.18 Template auf Systeme verteilen

1.2.5 Verwaltung von SAP-HANA-Datenbanken

Die Verwaltung der eingebundenen SAP-HANA-Datenbanken erreichen Sie in der Einstiegsseite des SAP HANA Cockpits über das **Resource Directory**. Darin sind alle eingebundenen Systeme aufgelistet. Alternativ rufen Sie die Kachel einer Ressource-Gruppe auf, der Ihr Cockpit-Benutzer zugeordnet ist. Die eingebundenen Systeme werden zeilenweise aufgelistet, siehe Abbildung 1.19. Hier können Sie den Systemen Benutzerkonten zuordnen, mit deren Berechtigungen die Verwaltungsoberfläche aufgerufen wird. Klicken Sie hierfür auf **Enter Credentials**, und geben Sie Benutzername und Kennwort ein. Ist zu einem System kein Benutzer hinterlegt, erfolgt die Anmeldung nach Auswahl des Systems. Benutzer und Kennwort müssen dann bei jedem Aufruf eingegeben werden.

Abbildung 1.19 Systeme im Resource Directory

Welche Spalten zu den einzelnen Systemen angezeigt werden, konfigurieren Sie über die Schaltfläche **Table Personalization** (). Der jeweils aktuelle Status wird über Symbole angezeigt, siehe Tabelle 1.10. Klicken Sie in der Spalte **Alerts** auf das Symbol, um die Alarmmeldungen anzuzeigen. Tabelle 1.11 zeigt Ihnen, welche Funktionen für jedes System aus dieser Sicht aufgerufen werden können.

Symbol	Bedeutung
	keine Alarmmeldungen
	Alarmmeldungen mit mittlerer Priorität vorhanden
	Alarmmeldungen mit hoher Priorität vorhanden
	Status der Alarmmeldungen mit Anzahl der Alarme

Tabelle 1.10 Statussymbole der Ressourcen

Spalte	Funktion
Status	Klicken Sie auf den Status (z. B. **Running**), um sich alle Services der Datenbank anzeigen zu lassen.
Resource	Klicken Sie auf den Systemnamen, um die Verwaltungsfunktionen der Datenbank aufzurufen. Bei Systemdatenbanken wird hier der Link **Manage Databases** angezeigt. Von hier aus verwalten Sie die Tenants. Unter anderem haben Sie hier folgende Möglichkeiten: ▪ Starten und Stoppen von Tenants ▪ Backup/Recover von Tenants ▪ Umbenennen oder Löschen von Tenants ▪ Kopieren und Replizieren von Tenants ▪ Erstellung und Zurücksichern von Fallback-Snapshots ▪ Zurücksetzen des Kennwortes des Benutzers SYSTEM ▪ Verwalten der Blacklisted Parameter für Tenants (siehe Abschnitt 4.3, »Nicht änderbare Parameter in Tenants«)
Alerts	Werden Alerts angezeigt, gelangen Sie durch Anklicken des Alarmsymbols zu den Alarmmeldungen.

Tabelle 1.11 Funktionen im Resource Directory

Spalte	Funktion
Type/Version	Klicken Sie auf den Link, um Informationen zur Datenbank zu erhalten (Versionsnummer, OS-Platform, Versionierung mit Installationsdatum, installierte PlugIns).
Credentials	Benutzer und Kennwort für den Zugriff auf die Datenbank. Sind keine Anmeldeinformationen hinterlegt, können Sie diese über den Link **Enter Credentials** eingeben. Sind bereits Anmeldeinformationen hinterlegt, wird der Benutzername hier angezeigt und Sie können ihn über den Link **Manage Credentials** ändern bzw. löschen.
SAP Control Credentials	Benutzername und Kennwort des Benutzers im Betriebssystem

Tabelle 1.11 Funktionen im Resource Directory (Forts.)

Zur Verwaltungsoberfläche einer SAP-HANA-Datenbank gelangen Sie, indem Sie in der Spalte **Resource** auf den Systemnamen klicken. Es wird der **System Overview** angezeigt, siehe Abbildung 1.20. Von hier aus erreichen Sie fast alle Funktionen zur Verwaltung der Datenbank. Auf die wesentlichen, sicherheitsrelevanten Funktionen gehe ich in den Kapiteln dieses Buches ein. Die Funktionen der Kopfzeile finden Sie in Tabelle 1.12.

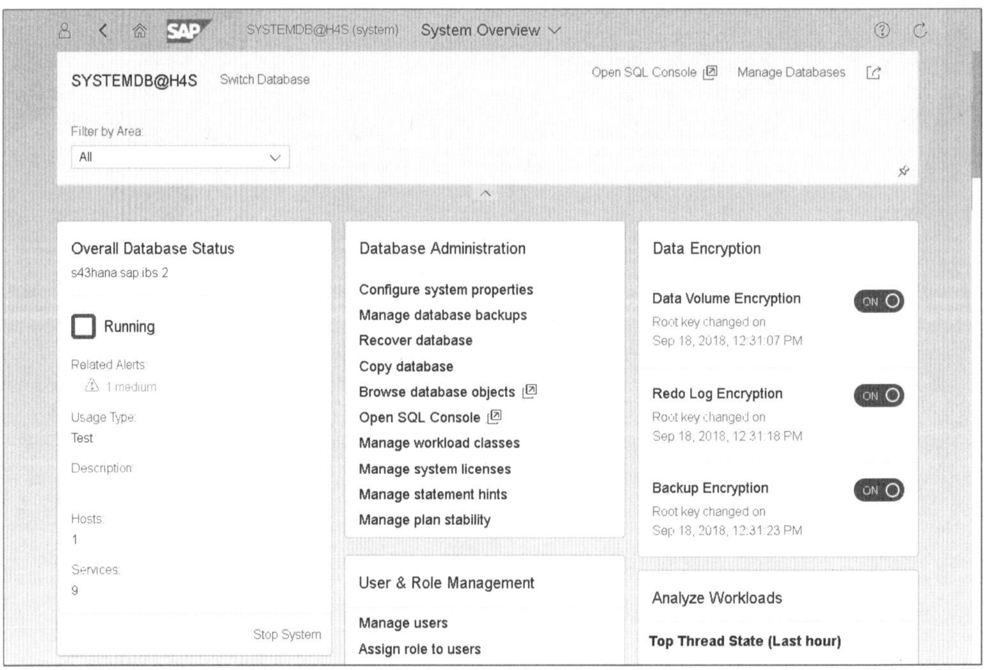

Abbildung 1.20 Verwaltungsoberfläche einer Datenbank

Schaltfläche	Bedeutung
Switch Database	Öffnet das Fenster **Switch Database**, um eine andere Datenbank auszuwählen.
Open SQL Console	Öffnet den *SAP HANA Database Explorer* in einem neuen Fenster (siehe Abschnitt 1.3, »SAP HANA Database Explorer«).
Manage Databases	Diese Schaltfläche wird nur angezeigt, wenn aktuell die System-DB einer Multi-Tenant-Datenbank ausgewählt ist. Es wird die Oberfläche zur Verwaltung der Tenants aufgerufen.
	Mit dieser Schaltfläche werden zwei Funktionen aufgerufen: ■ **Save as Tile** Erstellt eine Kachel im SAP HANA Cockpit mit direktem Link zum aktuellen System. ■ **Send E-Mail** Öffnet eine E-Mail mit dem direkten Link zu dieser Sicht inklusive Name des aktuellen Systems, dem aktuellen Host und der URL.

Tabelle 1.12 Funktionen der Kopfzeile in der Datenbank-Verwaltung

Von dieser Sicht aus kann die ausgewählte Datenbank vollständig verwaltet werden. Voraussetzung ist, dass der Benutzer, mit dem die Anmeldung erfolgt ist, in der Datenbank die entsprechenden Berechtigungen besitzt. Tabelle 1.13 zeigt wesentliche Funktionen mit den jeweiligen System Privileges.

Kachel	Link	System Privilege	Beschreibung
Database Administration	**Configure System Properties**	INIFILE ADMIN	Pflege von Systemparametern
	Manage Database Backups	BACKUP ADMIN / BACKUP OPERATOR	Verwaltung der Backup-Konfiguration und der Backups
	Copy Database	TENANT ADMIN	Kopieren einer Datenbank
Overall Database Status	**<Systemname>**	SERVICE ADMIN	Starten und Stoppen von Services
	Stop System	DATABASE STOP	Stoppen der Datenbank
Data Encryption	**Data Volume Encryption/Redo Log Encryption/ Backup Encryption**	ENCRYPTION ROOT KEY ADMIN	Verwaltung der Root Keys für die Verschlüsselungen

Tabelle 1.13 Funktionen der Datenbankverwaltung mit Privileges

Kachel	Link	System Privilege	Beschreibung
Authentication	**Password Policy**	`INIFILE ADMIN`	Pflege der Systemparameter zur Anmeldekonfiguration
Auditing	**Audit Policies/ Configuration**	`AUDIT ADMIN`	Pflege der Konfiguration des Auditings
	Delete Audit Entries	`AUDIT OPERATOR`	Löschen von Einträgen aus dem Auditing
User & Role Management	**Manage Users**	`USER ADMIN`	Verwaltung von Benutzern
	Manage Roles	`ROLE ADMIN`	Verwaltung von Katalogrollen
	Manage User Groups	`USER ADMIN`	Verwaltung von Benutzergruppen

Tabelle 1.13 Funktionen der Datenbankverwaltung mit Privileges (Forts.)

1.3 SAP HANA Database Explorer

Der *SAP HANA Database Explorer* kann auf verschiedenen Wegen aufgerufen werden. In der Einstiegsseite des SAP HANA Cockpits wählen Sie die Kachel **Browse Database Objects** aus. In der Verwaltungssicht einer Datenbank im Resource Directory erreichen Sie den SAP HANA Database Explorer über die Schaltfläche **Open SQL Console**. In den SAP HANA Database Explorer können SAP-HANA-Datenbanken, HDI-Container und Cockpit Ressourcen eingebunden werden. Er stellt verschiedene Funktionen zur Verfügung (erforderliche Berechtigungen jeweils vorausgesetzt), u. a.:

- eine SQL-Konsole zur Nutzung aller SQL-Statements für die eingebundenen Ressourcen
- eine MDX-Konsole (*Multidimensional Expressions*) zur Abfrage von Cube-Daten
- einen SQL-Debugger
- Ausführen von SQL-Queries im Hintergrund
- einen SQL Analyzer zur Analyse der Performance von SQL-Statements, Prozeduren und Funktionen
- die Anzeige von Katalogen mit allen enthaltenen Objekten
- Import und Export von Katalogobjekten

- Pflege von Remote Sources
- Anzeige und Download von Trace-Dateien

Der SAP HANA Database Explorer ist somit ein wesentliches Tool im administrativen Tagesgeschäft. Auch die Skripte der Statement Library (siehe Abschnitt 1.3.3, »Die SQL Statement Library«) können hierüber ausgeführt werden.

1.3.1 Die Oberfläche des SAP HANA Database Explorer

Abbildung 1.21 zeigt die Oberfläche des SAP HANA Database Explorer. Im oberen Bereich auf der linken Seite ❶ werden die eingebundenen Systeme und zu jedem System jeweils die existierenden Kataloge mit ihren Objekten angezeigt. Wird ein Objekttyp ausgewählt, sind die Objekte dazu im Bereich unten links ❷ zu sehen. Hier ist z. B. der Objekttyp **Tables** zum Katalog **SAPABAP1** ausgewählt, deshalb werden im unteren Bereich die Tabellen dieses Katalogs angezeigt. Durch Auswahl eines Objektes werden dessen Eigenschaften rechts im großen Bereich ❸ dargestellt. Tabelle 1.14 zeigt Ihnen die Schaltflächen des SAP HANA Database Explorer und deren Bedeutung.

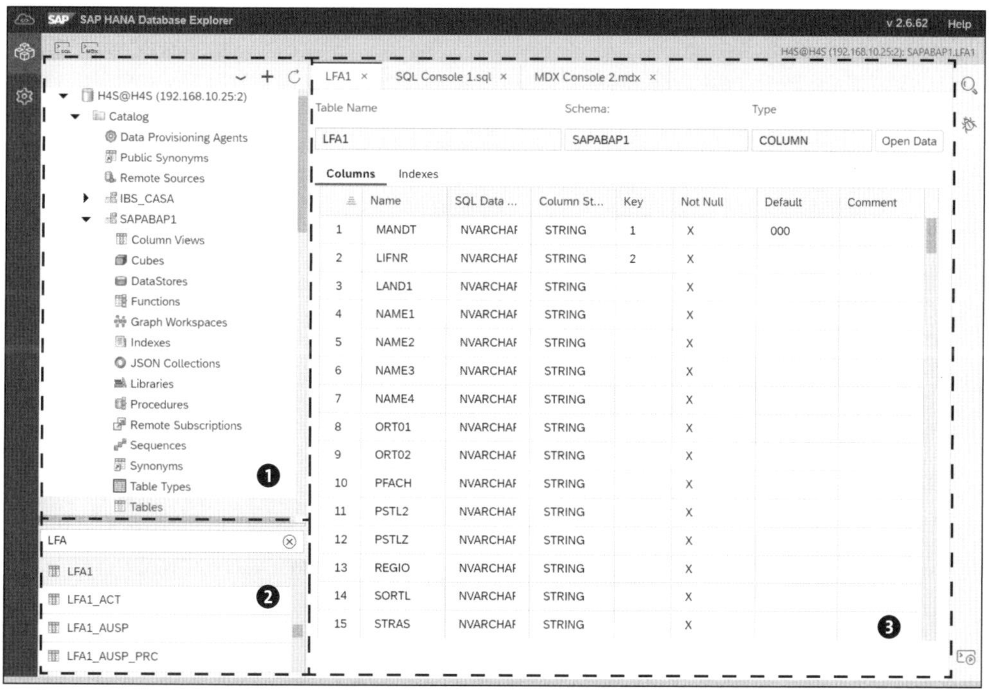

Abbildung 1.21 Oberfläche des SAP HANA Database Explorer

Schaltfläche	Bedeutung
	Ruft die Standardsicht des Database Explorers auf.
	Ruft die **Global Preferences** auf, mit denen der Database Explorer konfiguriert wird.
	Ruft die SQL-Konsole auf.
	Ruft die MDX-Konsole auf.
	Suchfunktion zur katalogübergreifenden Suche von Objekten
	Ruft den SQL-Debugger auf.
	Ruft den Monitor zur Überwachung und Pflege der Hintergrundaktivitäten auf.
	Expandiert alle eingetragenen Systeme mit allen Ordnern.
	Fügt neue Systeme hinzu. Dabei können sowohl bereits im SAP HANA Cockpit hinterlegte Ressourcen ausgewählt als auch neue Systeme zugefügt werden.
	Refresh aller Einträge

Tabelle 1.14 Schaltflächen des SAP HANA Database Explorer

1.3.2 Der SQL-Editor

Abbildung 1.22 zeigt die Oberfläche des *SQL-Editors*. Im oberen Bereich ❶ werden die *SQL-Statements* eingetragen. Im unteren Bereich ❷ wird das Ergebnis dargestellt. Sie führen das Statement durch Drücken der Taste [F8] oder mit der Schaltfläche **Run** ( ) aus. Um die SQL-Anweisung lesbar zu formatieren, nutzen Sie die Schaltfläche **Format Code** ( ).

Mit der Schaltfläche **Download** ( ) exportieren Sie die Ergebnisse der SQL-Anweisung. Der Download erfolgt im Textformat in eine .CSV-Datei. Im Fenster **Download Table to CSV File** können Sie das Trennzeichen (**Delimiter**) auswählen, siehe Abbildung 1.23. Nach dem Download wird Ihnen unten links im SAP HANA Cockpit die Schaltfläche mit dem Namen der Datei angezeigt, standardmäßig **data (##).csv**, z. B. data (16).csv. Klicken Sie auf den Dateinamen, um die Datei zu öffnen.

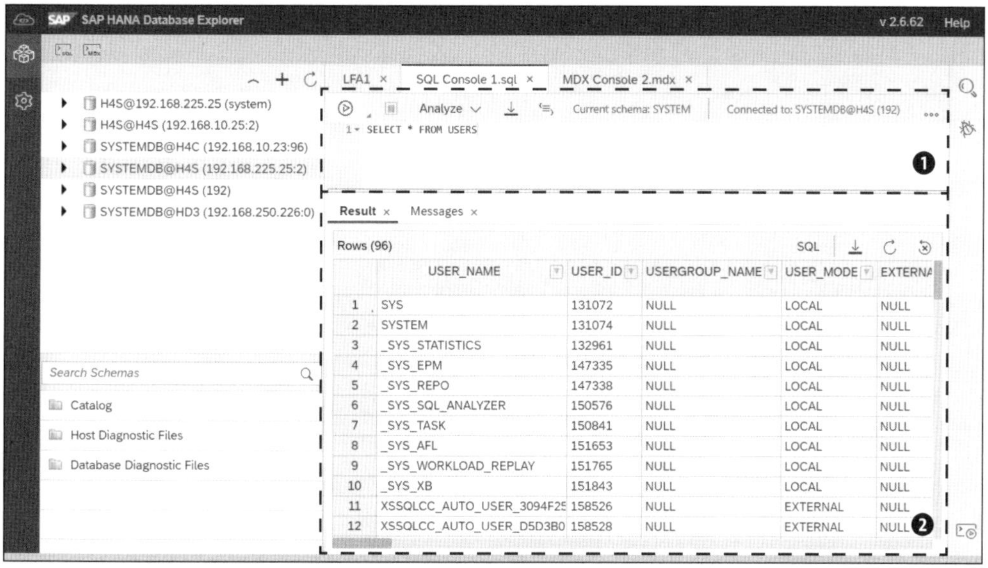

Abbildung 1.22 SQL-Editor im SAP HANA Database Explorer

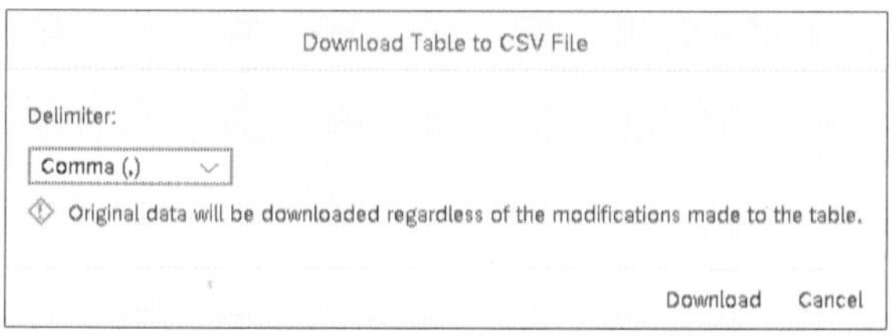

Abbildung 1.23 Download von Ergebnistabellen

1.3.3 Die SQL Statement Library

Komplexe SQL-Statements können Sie in eine Textdatei downloaden (Schaltfläche **Download** über dem SQL-Statement) oder in der *SQL Statement Library* speichern (Schaltfläche **Add to Statement Library**). In der Statement Library sind bereits eine Vielzahl von SQL-Skripten enthalten. Sie rufen die Statement Library auf, indem Sie mit der rechten Maustaste auf den Namen eines Systems klicken und den Eintrag **Show Statement Library** auswählen.

Abbildung 1.24 zeigt die Statement Library. Hier ist bereits eine Vielzahl von vordefinierten Skripten enthalten. Diese finden Sie auch im SAP-Hinweis 1969700. In den Anlagen zum SAP-Hinweis können Sie die Datei **SQLStatements.zip** herunterladen, in der die einzelnen Skripte enthalten sind. In Version 355 vom 19.01.2019 sind 415 Skripte enthalten. Hierunter sind auch Skripte aus dem Bereich Security. Tabelle 1.15 zeigt diese Skripte.

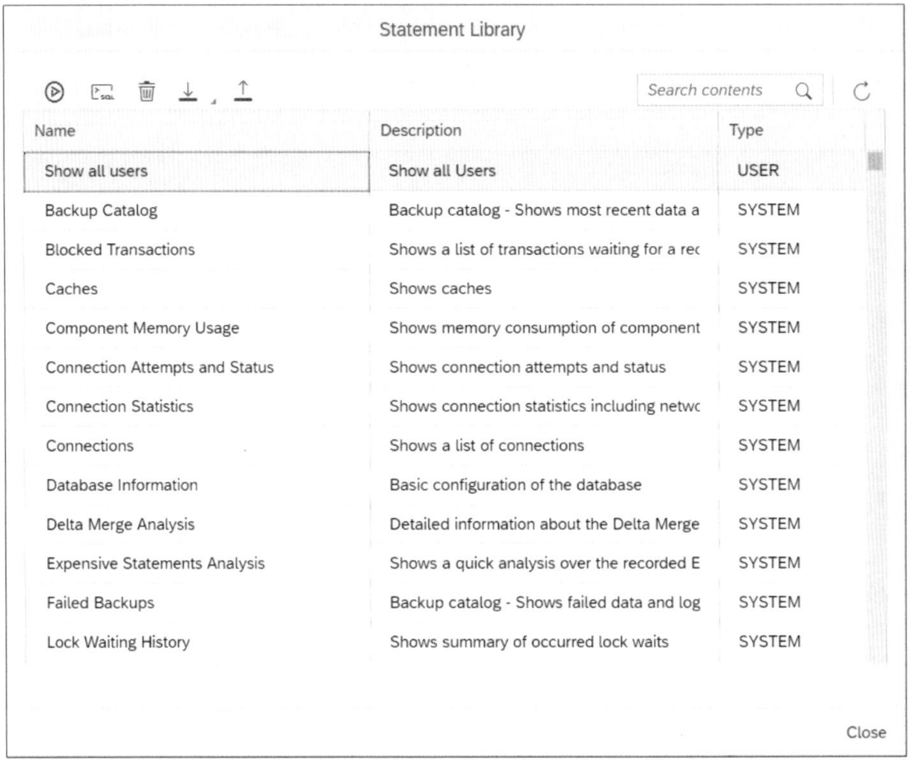

Abbildung 1.24 Anzeige der Statement Library

Skript	Beschreibung
HANA_Security_AuditPolicies	Auflistung der Audit Policies mit den enthaltenen Aktionen
HANA_Security_CopyPrivilegesAndRoles_CommandGenerator_1.00.70+	Skript zum Kopieren von Privileges und Rollen von einem Benutzer/einer Rolle zu einem anderen Benutzer/einer anderen Rolle. Kann genutzt werden ab SAP HANA 1.0 SPS7.
HANA_Security_CopyPrivilegesAndRoles_CommandGenerator_2.00.000+	Skript zum Kopieren von Privileges und Rollen von einem Benutzer/einer Rolle zu einem anderen Benutzer/einer anderen Rolle. Kann genutzt werden ab SAP HANA 2.0.
HANA_Security_Encryption_2.00.000+	Zeigt den Status der Verschlüsselung der persistenten Daten, der Redo-Logs und der Backups an.
HANA_Security_GrantedRolesAndPrivileges_1.00.120+	Erweitertes Skript zu **HANA_Security_GrantedRolesAndPrivileges**. Hier kann auch das Schema des abgefragten Objektes angegeben werden (ab SAP HANA 1.0 SPS12).

Tabelle 1.15 Security-Skripte aus SAP-Hinweis 1969700

Skript	Beschreibung
HANA_Security_GrantedRolesAndPrivileges	Zeigt zugeordnete Rollen und Privileges zu Benutzern oder Rollen an. In der Modification Section sind verschiedene Selektionen möglich, u. a.: ■ Rekursionstiefe von Rollen ■ Selektion nach bestimmten Rollen/Privileges/Objekten ■ Ausgabe mit oder ohne Systembenutzer ■ Ausgabe mit oder ohne deaktivierte Benutzer
HANA_Security_GrantedRolesAndPrivileges_2.00.000+	Erweitertes Skript zu **HANA_Security_GrantedRolesAndPrivileges**. Hier können auch das Schema des abgefragten Objektes sowie das Schema der auszuwertenden Rollen angegeben werden (ab SAP HANA 2.0).
HANA_Security_MiniChecks	Wertet sicherheitsrelevante Einstellungen im System aus. Die Checks sind in der Beschreibung des Skripts aufgeführt. Sie basieren auf dem Dokument **SAP HANA Security Checklists and Recommendations**.
HANA_Security_Roles	Listet die Rollen auf. Kann auf verschiedene Selektionen eingegrenzt werden: ■ Datum des Anlegens der Rolle ■ Zeitzone ■ Benutzer, der Rollen angelegt hat (auch generisch) ■ Rollennamen
HANA_Security_Roles_2.00.000+	Erweitertes Skript zu **HANA_Security_Roles** (ab SAP HANA 2.0): ■ Datums- und Zeitangaben können generisch angegeben werden. ■ Das Schema der Rolle kann angegeben werden.
HANA_Security_SecureStore	Zeigt den aktuellen Stand des Secure Store an.
HANA_Security_Users_1.00.72+	Zeigt die Benutzer mit den sicherheitsrelevanten Eigenschaften an: ■ Anlegedatum (**CREATION_TIME**) ■ Gültigkeitsdatum (**VALID_UNTIL**) ■ Kennwortstatus (**PWD_EXPIRATION**) ■ Aktivkennzeichen (**DEACTIVATED**) ■ Schema des Benutzers (**SCHEMA_NAMES**) ■ Benutzerparameter (**USER_PARAMETERS**)

Tabelle 1.15 Security-Skripte aus SAP-Hinweis 1969700 (Forts.)

Die Skripte enthalten meistens eine Sektion, in der die Parameter zur Ausführung spezifiziert werden können. Listing 1.1 zeigt einen Ausschnitt aus dem Skript **HANA_Security_GrantedRolesAndPrivileges_2.00.000+**. Mit `/* Modification section */` wird angezeigt, dass nachfolgend die Parameter gesetzt werden können.

```
( SELECT                        /* Modification section */
    '%' GRANTEE_SCHEMA_NAME,
    '%' GRANTEE,
    '%' GRANTEE_TYPE,           /* ROLE, USER, % */
    5 ROLE_RECURSION_DEPTH,     /* 0, 1, 2, 3, 4 or 5,
                              maximum recursion level for role -> role grants */
    '%' ROLE_SCHEMA_NAME,
    '%' ROLE_NAME,
    '%' PRIVILEGE,
    '%' PRIVILEGE_DETAILS,
    '%' OBJECT_NAME,
    '%' OBJECT_TYPE,
    'X' EXCLUDE_SYSTEM_USERS,
    'X' EXCLUDE_DEACTIVATED_USERS,
    ' ' ONLY_CURRENT_USER
```

Listing 1.1 Modification section in einem SQL-Skript

1.4 SAP HANA Studio

Bis SAP HANA 1.0 SPS11 war *SAP HANA Studio* das Standard-Tool zur Administration der Datenbank. Erst danach wurde das neue SAP HANA Cockpit eingeführt. Neue Funktionen von SAP HANA 2.0 wurden nicht mehr in das SAP HANA Studio integriert, sie können dort nur über SQL genutzt werden. Trotzdem wird das SAP HANA Studio noch in der Praxis genutzt. Daher beschreibe ich in diesem Abschnitt die wesentlichen Funktionen von SAP HANA Studio. In Tabelle 1.16 finden Sie SAP-Hinweise zu seiner weiteren Verwendung.

SAP-Hinweis	Bezeichnung
2073112	FAQ: SAP HANA Studio
2693731	Erklärung zu SAP HANA Studio und SAP Cloud Platform, SAP-HANA-Service
2375176	SAP HANA Revisions and Compatible SAP HANA Studio Version

Tabelle 1.16 SAP-Hinweise zum SAP HANA Studio

1.4.1 Die Oberfläche von SAP HANA Studio

Das SAP HANA Studio basiert auf der Java-Entwicklungsumgebung *Eclipse*. Das Freeware-Programm kann unter *www.eclipse.org* heruntergeladen werden. Nach der Installation von Eclipse sind die SAP-Komponenten zu installieren. Eine entsprechende Beschreibung finden Sie unter *https://tools.hana.ondemand.com*. Nach der Installation können Sie mit der Schaltfläche **Open Perspective** (Menüpfad **Windows • Perspective • Open Perspective**) eine Sicht auswählen. Abbildung 1.25 zeigt die Sicht **SAP HANA Administration Console**. Sie enthält das Register **Systems**, in das SAP-HANA-Systeme eingebunden und von hier aus administriert werden können.

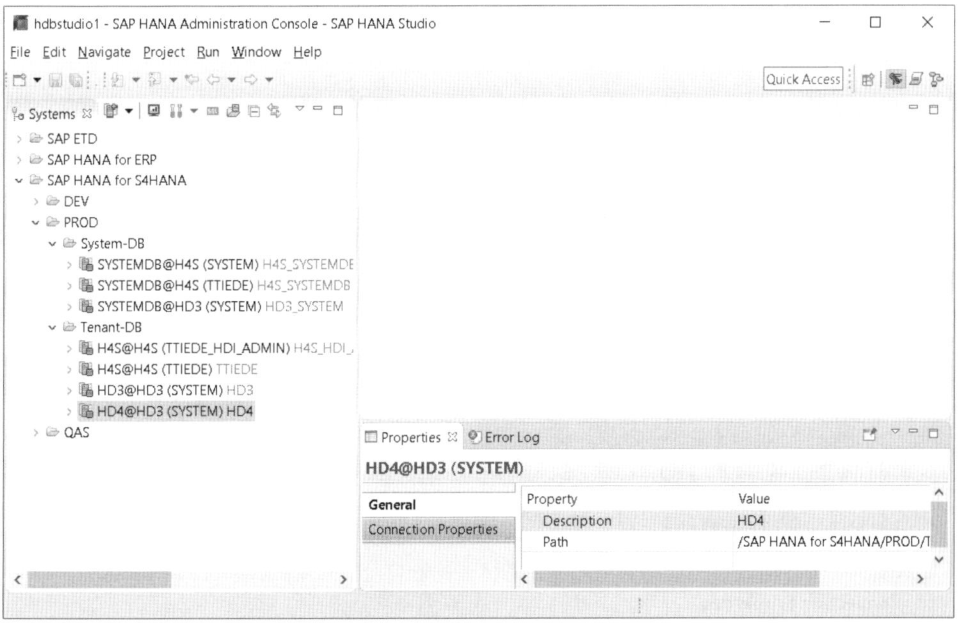

Abbildung 1.25 Die Sicht »SAP HANA Administration Console«

SAP-HANA-Systeme können in eine frei definierbare Ordnerstruktur eingebunden werden. Klicken Sie mit der rechten Maustaste auf das Register **Systems**, und wählen Sie den Kontextmenüeintrag **New Folder** aus, um einen neuen Ordner anzulegen. Um ein SAP-HANA-System einzubinden, wählen Sie im Kontextmenü den Eintrag **Add System**. Im Fenster **Specify System** geben Sie die Verbindungsdaten zum System an, siehe Abbildung 1.26.

Mit der Schaltfläche **Next** gelangen Sie zum Fenster **Connection Properties** (Abbildung 1.27). Geben Sie hier den Datenbankbenutzer und sein Kennwort ein. Mit der Option **Store user name and password in secure storage** können Sie die Verbindungsdaten speichern. Sie werden lokal im Secure Store der Eclipse-Installation hinterlegt. Durch die Option **Connect using SSL** wird die Verbindung verschlüsselt aufgebaut. Im Register **Systems** wird dann ein neuer Eintrag für die SAP-HANA-Datenbank erzeugt.

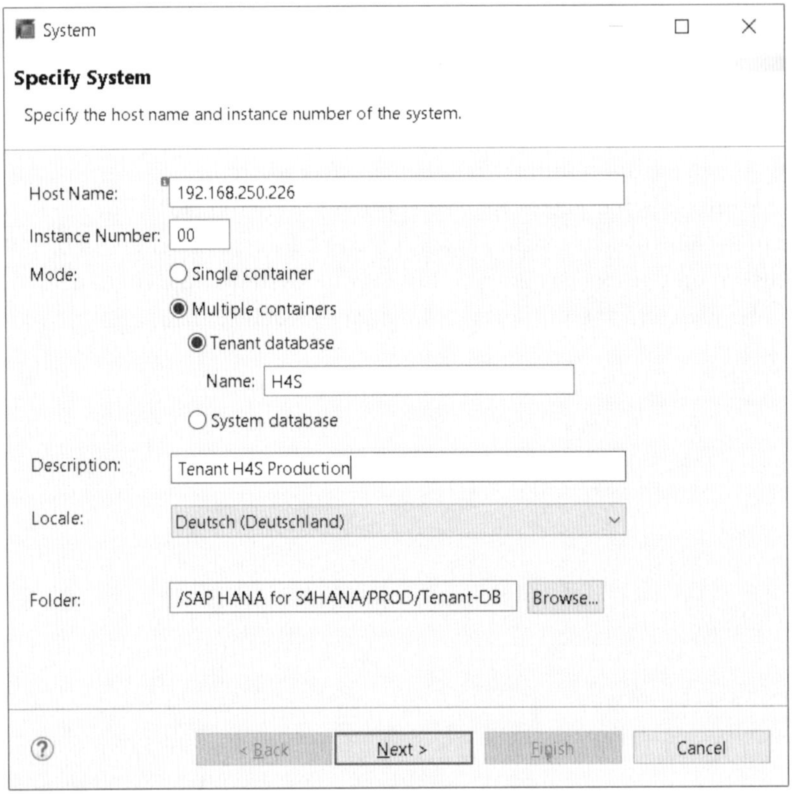

Abbildung 1.26 Einbinden einer SAP-HANA-Datenbank

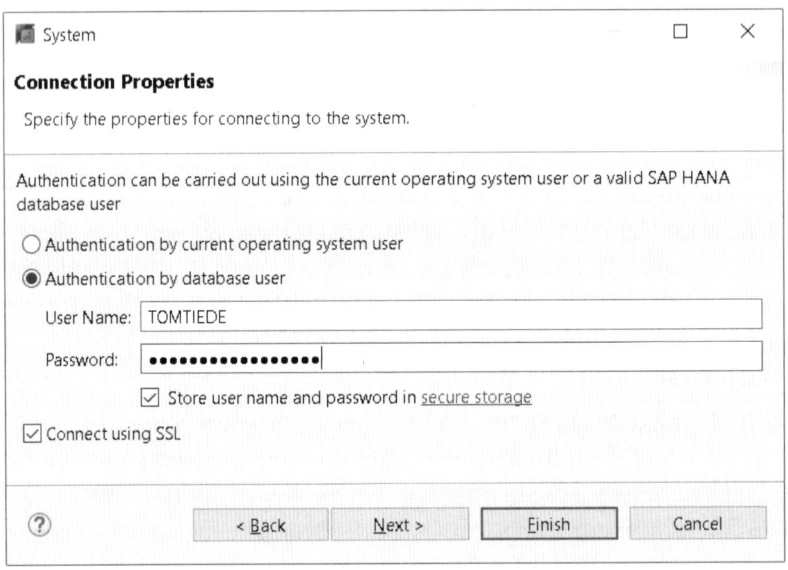

Abbildung 1.27 Benutzer und Kennwort einer Verbindung

Die Elemente einer SAP-HANA-Datenbank werden jeweils unter dem Eintrag angezeigt (siehe Abbildung 1.28). Um die Administrations-Konsole zu öffnen, klicken Sie mit der rechten Maustaste auf das System und wählen den Kontextmenüeintrag **Configuration and Monitoring • Open Administration** aus.

Tabelle 1.17 zeigt Register der Administrations-Konsole. Unterhalb der Systeme werden die Elemente der Datenbank aufgelistet. Diese Einträge sind in Tabelle 1.18 beschrieben.

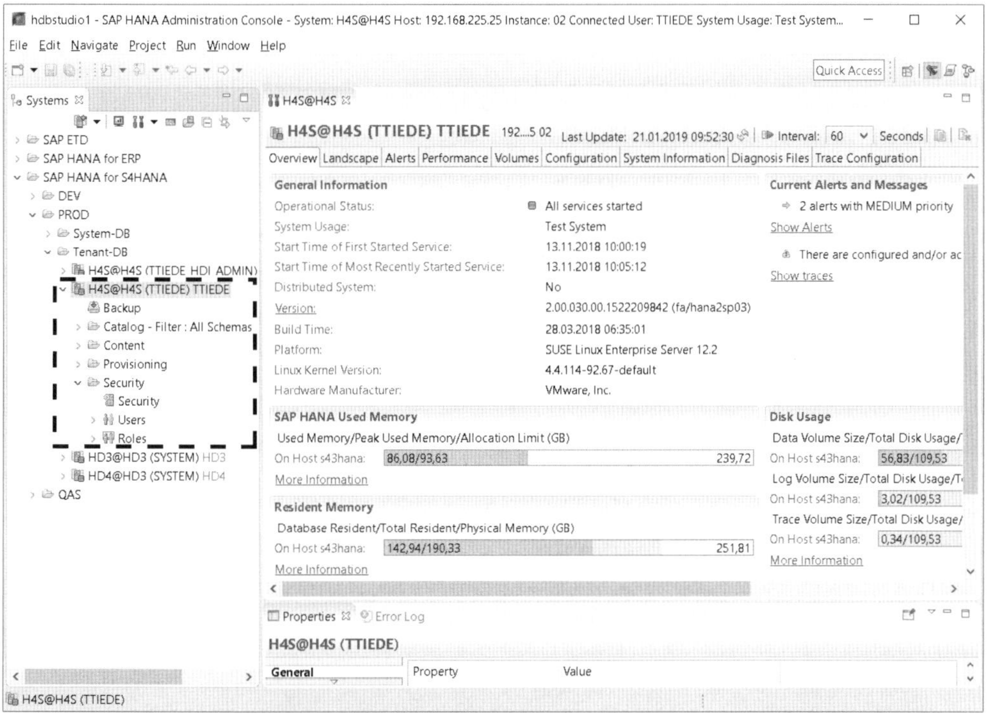

Abbildung 1.28 Elemente einer SAP-HANA-Datenbank

Register	Beschreibung
Overview	Zeigt allgemeine Informationen zur Datenbank an (Versionsinformationen und aktuelle Alerts) sowie die Auslastung des Hauptspeichers und der CPUs.
Landscape	Listet die Services auf, inklusive jeweiliger Hauptspeicher und CPU-Auslastung.

Tabelle 1.17 Register der Administrations-Konsole

Register	Beschreibung
Alerts	Listet die Alerts auf. Im Feld **Show** kann der Wert **Current Alerts only** (nur aktuelle Alerts) oder **All Alerts** (Historie der Alerts) gewählt werden. Zu jedem Ordner im Feld **Time** wird die Anzahl der Alerts im Format (H/M/L) angezeigt: ▪ H – High Priority ▪ M – Medium Priority ▪ L – Low Priority/Information
Performance	Zeigt Performance-Informationen an, z. B.: ▪ Datenbank-Transaktionen (*Transactions*) mit den benötigen Zeiten ▪ SQL-Statements mit langen Laufzeiten
Volumes	Listet die Volumes inklusive des verbrauchten Speicherplatzes auf.
Configuration	Hier wird der aktuelle Stand der Systemparameter angezeigt. Die Werte können von hier aus gepflegt werden.
System Information	Hier werden Tabellen mit aktuellen Systeminformationen aufgelistet. Durch einen Doppelklick auf eine Tabelle wird sie in einem neuen Register angezeigt.
Diagnosis Files	Listet die Trace- und Log-Dateien auf. Durch Doppelklick auf eine Datei wird der Inhalt aufgelistet.
Trace Configuration	Konfiguration der verschiedenen Traces.

Tabelle 1.17 Register der Administrations-Konsole (Forts.)

Eintrag	Beschreibung
Catalog	Listet alle Schemata auf. Um alle Schemata anzuzeigen, klicken Sie mit der rechten Maustaste auf den Ordner **Catalog** und wählen den Menüeintrag **All Schemas** aus. Der erste Ordner unter **Catalog** ist **Public Synonyms**. Hier werden alle Public-Elemente aufgelistet. Sie werden mit der Rolle `PUBLIC` berechtigt.
Content	Enthält Einträge des Repositories (siehe Abschnitt 1.4.5, »Das Repository der SAP-HANA-Datenbank«).
Provisioning	Enthält das *Smart Data Access* (Monitoring für Remote Sources) sowie die installierten Remote Sources.

Tabelle 1.18 Elemente einer Datenbank

Eintrag	Beschreibung
Security	Enthält die Security Console und die Verwaltung aller Benutzer und Katalogrollen.
Security • Security	Die Security Console enthält die Verwaltung für: ▪ die Konfiguration des Auditing (siehe Abschnitt 11.1, »Konfiguration des Auditings in SAP HANA«, und Abschnitt 11.2, »Einrichten von Policies«) ▪ die Kennwortrichtlinie und die Kennwort-Blacklist (siehe Abschnitt 5.2, »Kennwortrichtlinien«) ▪ die Konfiguration des SAML Identity Providers ▪ die Verschlüsselung der Data Volumes
Security • Users	Enthält die Liste aller Benutzer. Durch einen Doppelklick auf einen Benutzernamen wird dieser angezeigt. Um einen neuen Benutzer anzulegen, klicken Sie mit der rechten Maustaste auf den Ordner **Users** und wählen einen Eintrag aus (siehe auch Abschnitt 6.1, »Der Benutzerstammsatz«): ▪ **New User** ▪ **New Restricted User**
Security • Roles	Enthält die Liste aller Rollen, sowohl Katalog- als auch Repository-Rollen. Repository-Rollen werden hier nur angezeigt. Die Pflege ist nicht möglich. Durch einen Doppelklick auf eine Rolle wird diese angezeigt. Um eine neue Katalogrolle anzulegen, klicken Sie mit der rechten Maustaste auf den Ordner **Role** und wählen den Eintrag **New Role** aus.

Tabelle 1.18 Elemente einer Datenbank (Forts.)

1.4.2 Suche und Anzeige von Tabellen und Views

Zur Anzeige von Tabellen kann eine schemaübergreifende Suche genutzt werden. Hierfür ist das System Privilege CATALOG READ erforderlich. Klicken Sie hierfür mit der rechten Maustaste auf den Ordner **Catalog**, und wählen Sie den Kontextmenüeintrag **Find Table** aus. Es wird das Fenster **Find Table** angezeigt, siehe Abbildung 1.29.

Hier können Sie nicht nur nach Tabellen suchen, sondern auch nach Spalten in Tabellen (= Feldnamen). Tabelle 1.19 zeigt die Optionen für die Suche. Im Ergebnisfeld (**Matching items**) werden die Ergebnisse der Suche angezeigt. Hinter dem Tabellennamen steht in Klammern der Name des Schemas, Spaltennamen werden dahinter durch einen Bindestrich getrennt angezeigt. Führen Sie einen Doppelklick auf einen Eintrag aus, oder markieren Sie ihn und klicken Sie auf die Schaltfläche **OK**, um die Tabelle anzuzeigen. Dabei wird für die Optionen **Show content** und **Show definition** jeweils ein eigenes Register angezeigt.

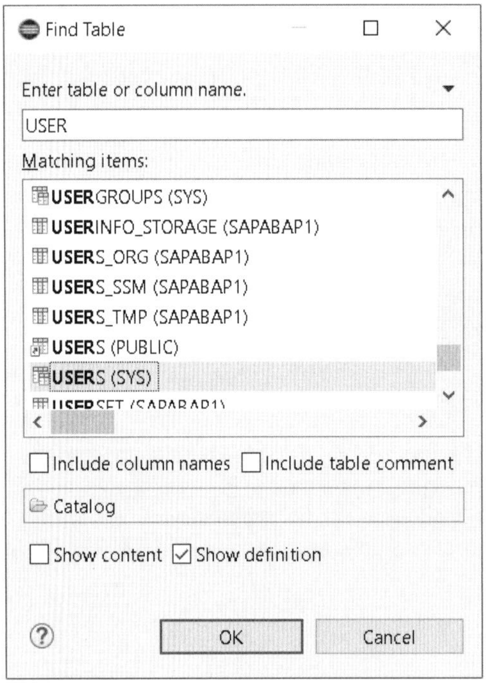

Abbildung 1.29 Schemaübergreifende Suche nach Tabellen und Views

Option	Beschreibung
Enter table or column name	Tabellen- oder Spaltenname, nach dem gesucht wird
Matching items	Ergebnis der Suche
Include column names	Sucht auch in den Spaltennamen nach dem Suchbegriff.
Include table comment	Sucht auch in der Tabellenbeschreibung nach dem Suchbegriff.
Show content	Zeigt den Inhalt der ausgewählten Tabelle an. Hierfür ist das Object Privilege SELECT auf der Tabelle erforderlich.
Show definition	Zeigt den Aufbau der Tabelle (Spalten, Indizes, Beschreibung, Anzahl Einträge, Speicherverbbrauch). Hierfür ist das Systeme Privilege CATALOG READ erforderlich.

Tabelle 1.19 Optionen der Tabellensuche

1.4.3 Anlegen neuer Remote Sources

Zur Anlage neuer Verbindungen zu anderen Systemen klicken Sie mit der rechten Maustaste auf den Ordner **Remote Sources** unter dem Ordner **Provisioning**. Wählen Sie im Kontextmenü den Eintrag **New Remote Source** aus. Es öffnet sich das Register **New Remote Source** (siehe Abbildung 1.30). Im Feld **Adapter Name** wählen Sie den entsprechenden Adapter für das System aus, das Sie anbinden wollen. Standardmäßig sind hier bereits die Adapter für Datenbanken wie Oracle, MS SQL Server, DB2 oder MaxDB enthalten. Um eine andere HANA-Datenbank anzubinden, wählen Sie den Eintrag **HANA (ODBC)** aus. Weitere Informationen zu Remote Sources finden Sie in Abschnitt 3.5, »Verbindungen zu anderen Systemen – Remote Sources«.

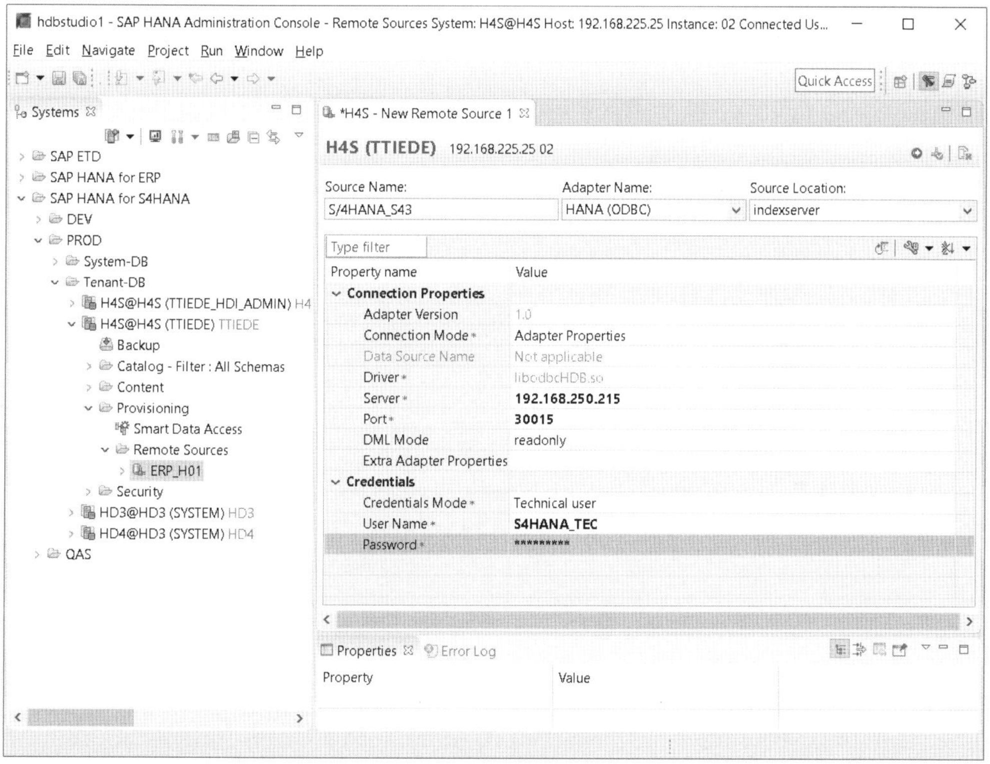

Abbildung 1.30 Anlegen einer neuen Remote Source

1.4.4 Ausführen von SQL-Statements

Zur Ausführung von SQL-Statements nutzen Sie im SAP HANA Studio die *SQL Console*. Klicken Sie mit der rechten Maustaste auf ein System oder den Ordner **Catalog**, und wählen Sie den Eintrag **Open SQL Console** aus. Um auf eine Tabelle zuzugreifen, nutzen Sie folgende Syntax:

```
SELECT * FROM <Schemaname>.<Tabellenname>
```

Abbildung 1.31 zeigt beispielhaft den Zugriff auf die Tabelle CUSTOMER_CREDITCARTS aus dem Schema TTIEDE:

```
SELECT * FROM TTIEDE.CUSTOMER_CREDITCARTS
```

Wird auf Public-Tabellen zugegriffen, entfällt der Schemaname. Es braucht nur der Tabellenname angegeben zu werden, z. B.:

```
SELECT * FROM USERS
```

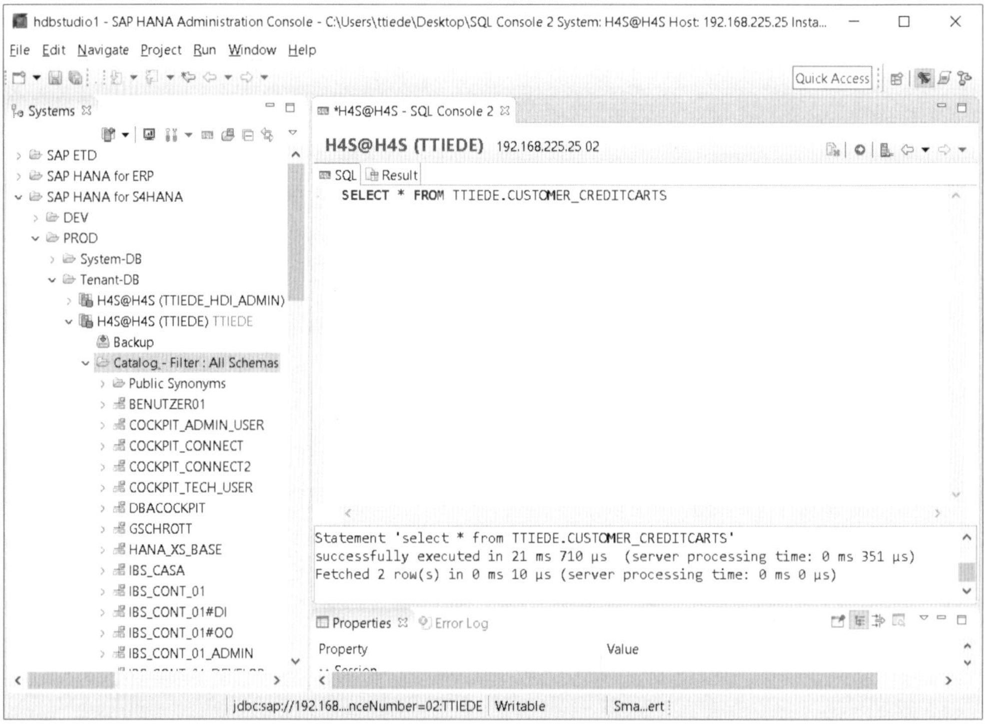

Abbildung 1.31 Ausführen von SQL-Statements in der SQL Console

Um auf Tabellen aus dem Schema eines bestimmten Benutzers zuzugreifen, kann die SQL Console direkt durch einen Rechtsklick auf das Schema eines Benutzers geöffnet werden. In dem Fall ist die Angabe des Schemanamens im SQL-Statement nicht mehr erforderlich. In der Kopfzeile der SQL Console wird neben der IP-Adresse der HANA-Datenbank der Zusatz **Current Schema: <Schemaname>** angezeigt (siehe Abbildung 1.32). In diesem Beispiel wurde die SQL Console für das Schema SAPABAP1 aufgerufen. Der Benutzer SAPABAP1 ist der Besitzer der ABAP-Tabellen. Somit können die Tabellen ohne Angabe des Schemanamens genutzt werden, z. B. zur Anzeige der Tabelle USR02:

```
SELECT * FROM USR02
```

Mit der SQL Console können auch komplexe SQL-Skripte ausgeführt werden. So können hier z. B. auch die Skripte aus dem SAP-Hinweis 1969700 genutzt werden (siehe Abschnitt 1.3.3, »Die SQL Statement Library«).

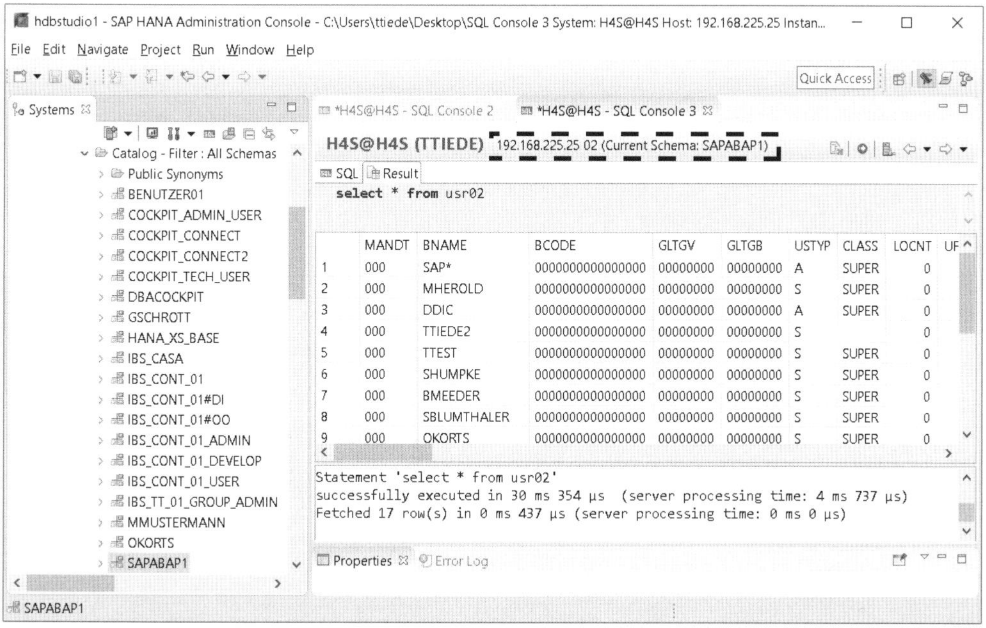

Abbildung 1.32 Zugriff auf Tabellen eines bestimmten Schemas

1.4.5 Das Repository der SAP-HANA-Datenbank

Die Entwicklungsumgebung ist integrativer Bestandteil der HANA-Datenbank. Das *Repository* kann direkt im SAP HANA Studio aufgerufen werden. Öffnen Sie hierfür im SAP HANA Studio die Sicht **SAP HANA Development** (Schaltfläche **Open Perspective** – *Sicht auswählen*), und klicken Sie auf das Register **Repositories**. Hier werden Ihnen die HANA-Systeme angezeigt, mit denen Sie verbunden sind. Unterhalb der Systeme finden Sie die Entwicklungsumgebung in einer Paket-Struktur (Abbildung 1.33). Eigenentwicklungen in SAP HANA werden Paketen zugeordnet, analog der Eigenentwicklungen im ABAP-Stack.

Unterhalb der *Pakete* sind die Entwicklungen angeordnet. An der Endung ist jeweils der Typ zu erkennen. Tabelle 1.20 zeigt einige Elemente der Entwicklungsumgebung. Unter anderem werden hier auch die Repository-Rollen gepflegt. Im Unterschied zum ABAP-Stack, wo die Rollen zum Customizing gehören, fallen sie hier unter die Anwendungsentwicklung. Zu Repository-Rollen siehe Abschnitt 8.3, »Design-Time-Repository-Rollen (XSC)«.

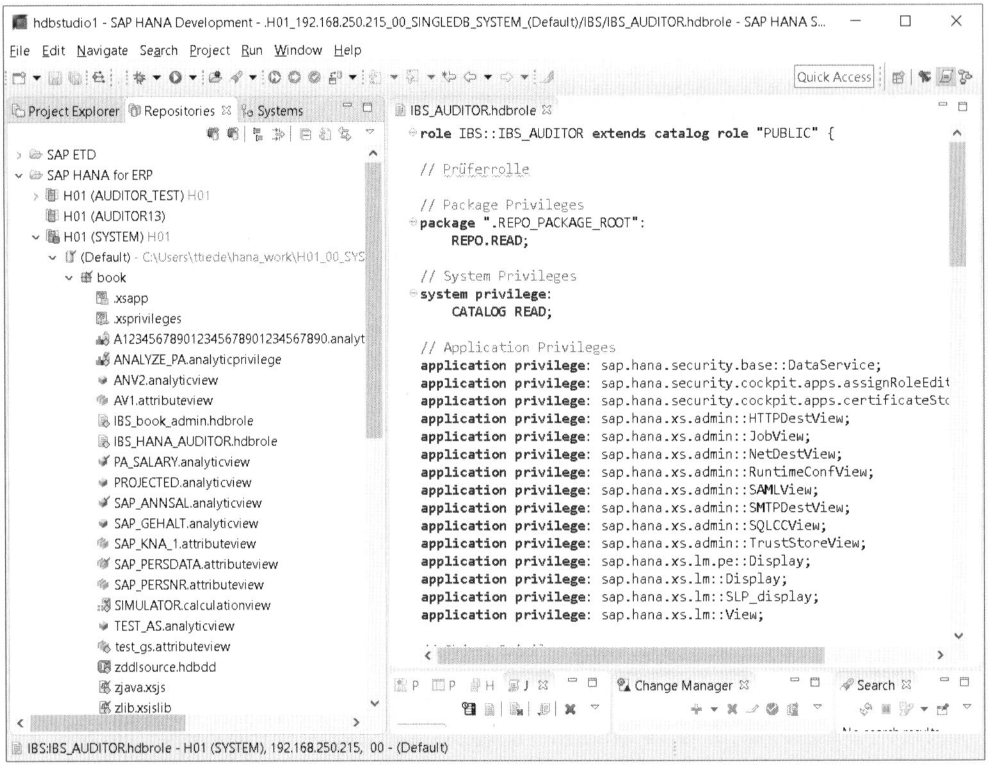

Abbildung 1.33 Das Repository im SAP HANA Studio

Endung	Typ
.hdbrole	Repository-Berechtigungsrolle
.hdbprocedure	Prozedur der HANA-Datenbank
.js/.xsjs	JavaScript-Quelltext
.xsjslib	JavaScript Library
.attributeview	Attribute View
.analyticview	Analytic View
.analyticprivilege	Analytic Privilege
.xsprivileges	Application Privileges

Tabelle 1.20 Elemente der Entwicklungsumgebung (Auszug)

Endung	Typ
.html	HTML-Datei
.hdbtable	Datenbanktabelle
.hdbdd	DDL Source File
.hdbschema	Schema

Tabelle 1.20 Elemente der Entwicklungsumgebung (Auszug) (Forts.)

Ein Element des Repositorys wird jeweils durch den gesamten Repository-Pfad identifiziert. Es werden alle übergeordneten Pakete (getrennt durch einen Punkt) sowie der Name des Elements (getrennt durch zwei Doppelpunkte) angegeben. Die Syntax ist somit:

```
<Paket_1>.<Paket_2>.<Paket_x>::<Name>
```

Beispiele dafür sind:

```
sap.hana.admin.cockpit::index.html
sap.hana.admin.cockpit.services::Privileges.xsjs
sap.secmon.db::Log.hdbdd
```

Für Transporte von Eigenentwicklungen wird das SAP HANA Application Lifecycle Management genutzt. Unabhängig davon ist es aber auch möglich, einzelne Elemente zu exportieren und in andere Systeme zu importieren. Für Transporte werden maßgeblich sogenannte *Delivery Units* (DU) genutzt, denen Pakete zugeordnet werden (Abbildung 1.34).

Berechtigungen auf die Entwicklungsumgebung werden über die *Package Privileges* vergeben (siehe dazu den gleichnamigen Abschnitt 7.4). Pflegende Berechtigungen sind nur in Entwicklungsumgebungen zu vergeben. Eine Leseberechtigung auf die gesamte Entwicklungsumgebung wird über das Root-Package (`.REPO_PACKAGE_ROOT`) vergeben:

```
package ".REPO_PACKAGE_ROOT":
      REPO.READ;
```

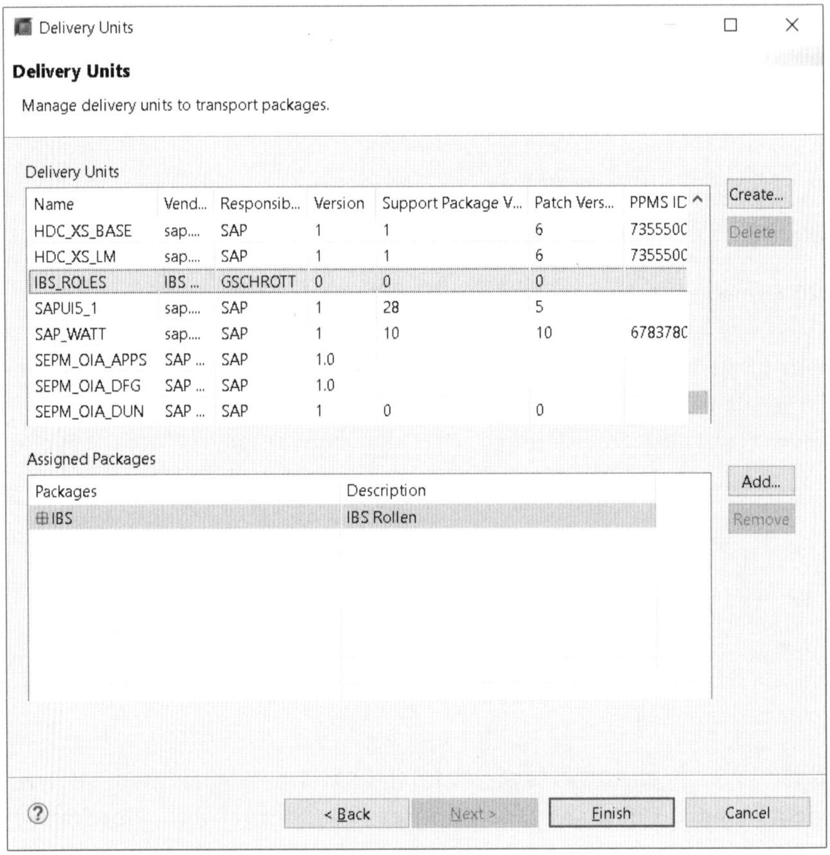

Abbildung 1.34 Delivery Units in SAP HANA

1.5 HDBSQL

Das Programm *hdbsql* stellt eine Kommandozeilenoberfläche für SAP HANA dar und wird standardmäßig mit SAP HANA auf dem Server installiert. Client-Installationen sind sowohl für UNIX als auch für Windows verfügbar. Ich benutze hier das Tool *PuTTY*, um `hdbsql` direkt auf dem SAP-HANA-Server auszuführen. Für den Aufruf von `hdbsql` können verschiedene Optionen genutzt werden. Standardmäßig wird `hdbsql` folgendermaßen aufgerufen:

```
hdbsql -n <Hostname>[:<Port>] -i <Instanz-Nr.> -u <Benutzername>
```

Die wesentlichen Optionen zum Aufruf von `hdbsql` zeigt Tabelle 1.21.

Option	Beschreibung
`-n <Hostname>[:<Port>]`	Hostname/IP-Adresse und Port (optional)
`-d <Datenbankname>`	Name einer Datenbank in einem Multi-Tenant-System
`-i <Instanznummer>`	Instanznummer der HANA-Installation
`-u <Benutzer>`	Name des Datenbankbenutzers
`-p <Kennwort>`	Kennwort des Datenbankbenutzers
`-e`	Die Verbindung wird verschlüsselt aufgebaut.
`-attemptencrypt`	Die Verbindung wird verschlüsselt aufgebaut. Ist dies nicht möglich, erfolgt eine unverschlüsselte Verbindung.

Tabelle 1.21 Optionen für hdbsql

Hier sehen Sie ein Beispiel für eine Anmeldung an ein Single-Container-System:

```
hdbsql -n s43hana.ibs -i 02 -u TTIEDE -p SHana123
```

Diese Daten bedeuten Folgendes:

- Hostname: `s43hana.ibs`
- Instanznummer: `02`
- Benutzer: `TTIEDE`
- Kennwort: `SHana123`

Die Angabe des Kennworts ist hier nicht zwingend in Klartext erforderlich. Wird es weggelassen, fragt `hdbsql` nach dem Kennwort, und es kann verdeckt eingegeben werden.

Um eine Verbindung zu einem Tenant in einem Multi-Tenant-System aufzubauen, ist z. B. dies einzugeben:

```
hdbsql -n s43hana -i 02 -u TTIEDE -d H4S
```

Diese Daten bedeuten Folgendes:

- Hostname: `s43hana`
- Instanznummer: `02`
- Benutzer: `TTIEDE`
- Tenant: `H4S`

In diesem Beispiel erfolgt die Anmeldung an den Tenant H4S. Abbildung 1.35 zeigt diese Anmeldung. Da das Kennwort hier nicht beim Aufruf mit angegeben wurde, wurde es verdeckt eingegeben.

```
192.168.225.25 - PuTTY
8322e948bc9bec3b1ef59da7708f0f4e hdbsql -n s43hana -i 02 -u ttiede -d H4S
Password:

Welcome to the SAP HANA Database interactive terminal.

Type:  \h for help with commands
       \q to quit

hdbsql H4S=>
```

Abbildung 1.35 Anmeldung am Programm »hdbsql«

Es können nun alle SQL-Statements genutzt werden, für die der Benutzer berechtigt ist. Zu SELECT-Statements erfolgt die Ausgabe standardmäßig unformatiert (siehe Abbildung 1.36). Die einzelnen Feldwerte werden durch Kommata getrennt angezeigt. Um das Ergebnis von SELECT-Statement formatiert anzuzeigen (z. B. für Exporte von Daten), ist folgendes Statement zu verwenden (*Aligned output mode switched ON*):

```
\al on
```

```
192.168.225.25 - PuTTY
hdbsql H4S=> select * from users
USER_NAME,USER_ID,USERGROUP_NAME,USER_MODE,EXTERNAL_IDENTITY,CREATOR,CREATE_TIME
,VALID_FROM,VALID_UNTIL,LAST_SUCCESSFUL_CONNECT,LAST_INVALID_CONNECT_ATTEMPT,INV
ALID_CONNECT_ATTEMPTS,ADMIN_GIVEN_PASSWORD,LAST_PASSWORD_CHANGE_TIME,PASSWORD_CH
ANGE_NEEDED,IS_PASSWORD_LIFETIME_CHECK_ENABLED,USER_DEACTIVATED,DEACTIVATION_TIM
E,IS_PASSWORD_ENABLED,IS_KERBEROS_ENABLED,IS_SAML_ENABLED,IS_JWT_ENABLED,IS_LDAP
_ENABLED,IS_X509_ENABLED,IS_SAP_LOGON_TICKET_ENABLED,IS_SAP_ASSERTION_TICKET_ENA
BLED,IS_RESTRICTED,IS_RESTRICTED_DETAILS,IS_CLIENT_CONNECT_ENABLED,HAS_REMOTE_US
ERS,PASSWORD_CHANGE_TIME,AUTHORIZATION_MODE,COMMENTS,CREATE_PROVIDER_TYPE,CREATE
_PROVIDER_NAME
"SYS",131072,?,"LOCAL",?,"SYS","2018-09-18 14:33:32.927000000","2018-09-18 14:33
:32.927000000",?,?,?,0,"TRUE","2018-09-18 14:33:32.927000000","FALSE","FALSE","T
RUE","2018-09-18 14:33:32.927000000","TRUE","FALSE","FALSE","FALSE","FALSE","FAL
SE","FALSE","FALSE","FALSE","ROLE PUBLIC","TRUE","FALSE",?,"LOCAL",?,?,?
"SYSTEM",131074,?,"LOCAL",?,"SYS","2018-09-18 14:33:32.935000000","2018-09-18 14
:33:32.935000000",?,"2018-12-22 19:25:30.234000000",?,0,"TRUE","2018-09-18 14:33
:32.935000000","FALSE","FALSE","FALSE",?,"TRUE","FALSE","FALSE","FALSE","FALSE",
"FALSE","FALSE","FALSE","FALSE",?,"TRUE","FALSE",?,"LOCAL",?,?,?
"_SYS_STATISTICS",132961,?,"LOCAL",?,"SYS","2018-09-18 14:33:33.631000000","2018
-09-18 14:33:33.631000000",?,?,?,0,"TRUE","2018-09-18 14:33:33.631000000","FALSE
","FALSE","FALSE",?,"TRUE","FALSE","FALSE","FALSE","FALSE","FALSE","FALSE","FALS
E","FALSE",?,"TRUE","FALSE",?,"LOCAL",?,?,?
"_SYS_EPM",144603,?,"LOCAL",?,"SYS","2018-09-18 14:34:06.456000000","2018-09-18
14:34:06.456000000",?,?,?,0,"TRUE","2018-09-18 14:34:06.456000000","FALSE","FALS
```

Abbildung 1.36 Unformatierte Ausgabe eines SELECT-Statements

Abbildung 1.37 zeigt die formatierte Ausgabe eines `SELECT`-Statements nach Eingabe dieses Befehls. Die einzelnen Felder werden mit festen Feldlängen ausgegeben, mit dem Pipe-Symbol (`|`) als Trennzeichen. Das Trennzeichen kann mittels des Parameters `\f <Trennzeichen>` geändert werden. Soll statt des Pipe-Symbols das Semikolon genutzt werden, führen Sie den Befehl folgendermaßen aus:

```
\f ;
```

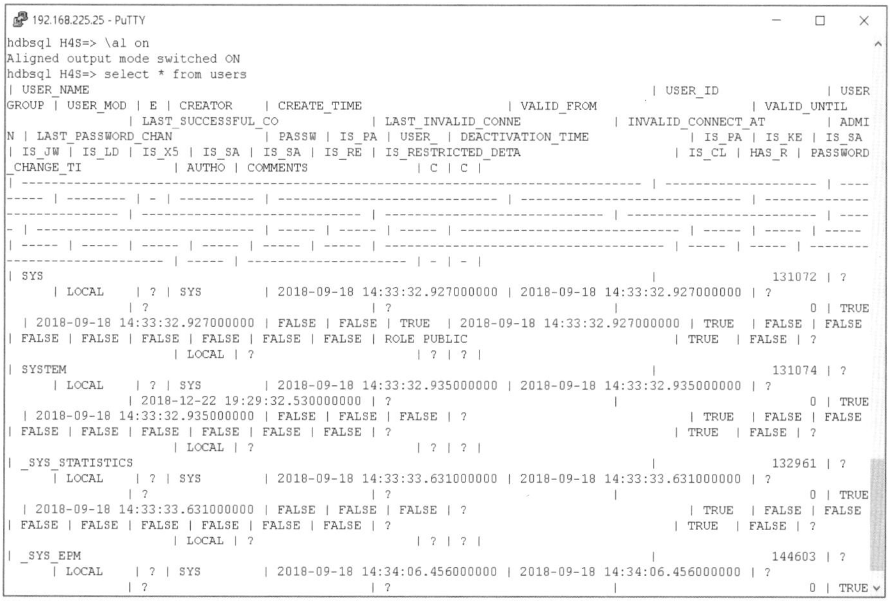

Abbildung 1.37 Formatierte Ausgabe eines SELECT-Statements

1.5.1 Skript-gesteuerte Nutzung von hdbsql

Komplexe SQL-Anweisungen können als Skripte in Textdateien erstellt und in `hdbsql` ausgeführt werden. Abbildung 1.38 zeigt als Beispiel ein Skript zur Zuordnung von Berechtigungen für einen HDI-Container (Dateiname **assign_cont_auth.txt**). Um dieses Skript auszuführen, nutzen Sie den Parameter `\i`:

```
\i assign_cont_auth.txt
```

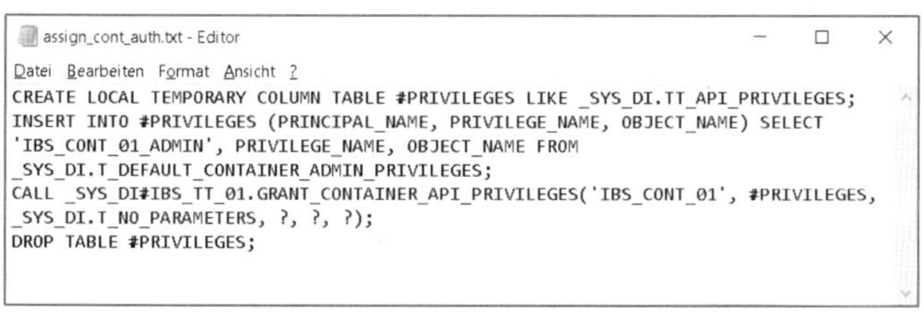

Abbildung 1.38 Skript zur Nutzung in hdbsql

1.5.2 Ausgabe von Befehlen in eine Textdatei

Die Ausgabe von SQL-Befehlen kann in eine Textdatei umgeleitet werden. So können z. B. Inhalte von Tabellen mit `hdbsql` exportiert werden. Der Parameter dafür ist `\o <Dateiname>`. Alle nachfolgend ausgeführten Befehle werden in diese Textdatei umgeleitet. Die nachfolgenden Befehle erzeugen eine Textdatei, in der die Inhalte der Tabelle `USERS` in die Textdatei **USERS.txt** umgeleitet werden. Als Trennzeichen wird dabei das Semikolon genutzt.

```
\f ;
\o USERS.txt
SELECT * FROM USERS
```

Abbildung 1.39 zeigt die Datei **USERS.txt**.

Abbildung 1.39 Ausgabe der Datei USERS.txt

1.6 DBA Cockpit

Über die Transaktion DBACOCKPIT können direkt SQL-Statements auf die Datenbank abgesetzt bzw. Informationen eingesehen werden. FAQs zum *DBA Cockpit* listet der SAP-Hinweis 1640741 auf. Diese Berechtigung kann so eingeschränkt werden, dass hierüber keine sensiblen Daten in der Datenbank eingesehen bzw. geändert werden können. Abbildung 1.40 zeigt die Oberfläche der Transaktion DBACOCKPIT.

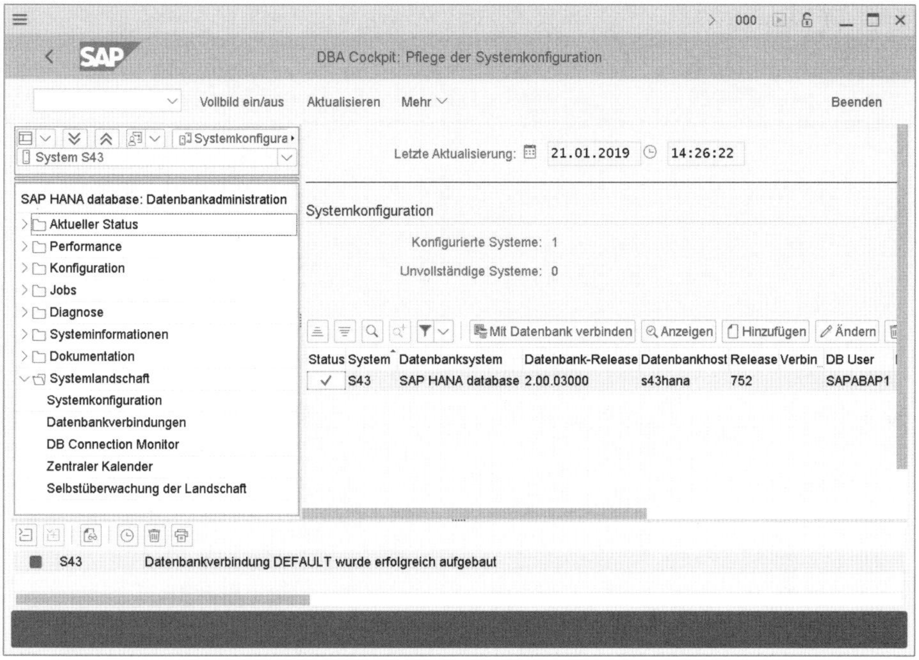

Abbildung 1.40 Die Transaktion DBACOCKPIT

Die Anzeige bzw. Pflege von Tabelleninhalten ist mit dem *SQL-Editor* möglich. Diesen erreichen Sie im DBA-Cockpit über den Pfad **Diagnose • SQL-Editor**. Der Zugriff auf die Tabelle erfolgt mit dem Benutzer, der für die Verbindung zur SAP-HANA-Datenbank hinterlegt ist, standardmäßig SAP<sid>. Der Benutzer wird Ihnen unter dem Punkt **Systemkonfiguration** angezeigt, in der Spalte **DB User** (siehe auch Abbildung 1.40). Je nach Zugriffsrechten des Benutzers können mit dem SQL-Editor die Daten angezeigt und gepflegt werden. Standardmäßig sind die Anzeige und Pflege aller Daten seines Schemas möglich, weshalb betriebswirtschaftliche Daten hierüber manipuliert werden könnten. Des Weiteren ist die Anzeige folgender Daten möglich:

- alle Tabellen/Views, die mit der Rolle `PUBLIC` berechtigt werden
- alle Tabellen/Views des Schemas `_SYS_STATISTICS` (über die zugeordnete Rolle `DBA_COCKPIT`)

Allerdings kann der Zugriff ABAP-seitig über Berechtigungen eingegrenzt werden. Dies ist mit den Berechtigungen für den SQL-Editor möglich (siehe dazu SAP-Hinweis 1933254). Tabelle 1.22 zeigt die erforderlichen Berechtigungen zur Nutzung der Transaktion DBACOCKPIT und für die Tabellenanzeige. In Tabelle 1.23 sehen Sie beispielhaft eine Berechtigung auf das Berechtigungsobjekt `S_TABU_SQL`, mit dem die SAP-HANA-Systemtabellen angezeigt werden können, nicht aber die Daten des ABAP-Stacks.

Berechtigungsobjekt	Feld	Wert
S_DBCON	ACTVT *Aktivität*	03 (*Anzeigen*)
	DBA_DBHOST *Servername*	<Servername>
	DBA_DBSID *Datenbankname*	<Datenbankname>
	DBA_DBUSER *Datenbankbenutzer*	<Datenbankbenutzer>
S_TABU_SQL	ACTVT *Aktivität*	33 (*Lesen*)
	DBSID *Datenbankverbindung*	<Datenbankverbindung>
	TABLE *Tabelle*	<Tabellenname>
	TABOWNER *Besitzer in der DB*	<Datenbankbenutzer>

Tabelle 1.22 Berechtigungsobjekte für das DBA Cockpit

Berechtigungsobjekt	Feld	Wert
S_TABU_SQL	ACTVT *Aktivität*	33 (*Lesen*)
	DBSID *Datenbankverbindung*	<Datenbankverbindung>
	TABLE *Tabelle*	*
	TABOWNER *Besitzer in der DB*	SYS _SYS_STATISTICS

Tabelle 1.23 Berechtigung zur Anzeige der SAP-HANA-Systemtabellen

Des Weiteren kann auch die administrative Verwaltung der SAP-HANA-Datenbank über das DBA Cockpit erfolgen. Tabelle 1.24 zeigt dafür relevante Funktionen.

Eintrag	Beschreibung
Aktueller Status – Überblick	Zeigt allgemeine Informationen zur Datenbank (Versionsinformationen und aktuelle Alerts) sowie die Auslastung des Hauptspeichers und der CPUs an.
Aktueller Status – Alerts	Listet die Alerts auf. Standardmäßig werden nur die aktuellen Alerts angezeigt. Mit der Schaltfläche **Alte Alerts anzeigen** wird die Sicht geändert, und über das Feld **Zeitrahmen** kann der Zeitraum der anzuzeigenden Alerts ausgewählt werden.
Konfiguration – Services	Listet die Services inklusive jeweiliger Hauptspeicher- und CPU-Auslastung auf.
Konfiguration – Trace-Konfiguration	Konfiguriert die verschiedenen Traces.
Konfiguration – INI-Dateien	Hier wird der aktuelle Stand der Systemparameter angezeigt. Die Werte können von hier aus gepflegt werden.
Konfiguration – Volumes	Listet die Volumes inklusive des verbrauchten Speicherplatzes auf.
Diagnose – Audit-Log	Zeigt das Audit-Log der SAP-HANA-Datenbank an. Allerdings verfügt der Benutzer SAP<sid> standardmäßig nicht über die dafür erforderlichen Berechtigungen, sodass die Log-Einträge nicht angezeigt werden können.
Diagnose – DB-Benutzer / Berechtigungen	Zeigt zu einzelnen Benutzern folgende Informationen an: ▪ *Effective SQL Privileges* – Auflistung aller berechtigten Schemata und Objekte mit den jeweiligen Object Privileges (`SELECT`, `UPDATE`, `INSERT` etc.) ▪ *Effective Roles* – Auflistung aller effektiv zugeordneten Rollen ▪ *Effective System Privileges* – Auflistung aller effektiv zugeordneten System Privileges
Diagnose – Diagnosedateien	Listet alle Trace- und Log-Dateien auf. Durch einen Doppelklick auf eine Datei wird deren Inhalt angezeigt.
Systeminformationen – Lizenz	Zeigt die aktuelle Lizenz an, löscht und installiert Lizenzschlüssel.
Systeminformationen – Data Browser für Systemtabellen – Schema SYS	Zeigt alle Tabellen/Views des Schemas `SYS` an.
Systeminformationen – Data Browser für Systemtabellen – Schema _SYS_STATISTICS	Zeigt alle Tabellen/Views des Schemas `_SYS_STATISTICS` an.

Tabelle 1.24 Funktionen des DBA-Cockpit

1.7 SAP HANA XS ADVANCED

Mit SAP HANA 1.0 SPS11 wurde *SAP HANA Extended Application Services, Advanced Model* (*SAP HANA XSA*) eingeführt. Dieses Modell basiert auf dem *Microservice-Ansatz*, der eine Modularisierung der Software-Entwicklung ermöglicht. Hierdurch sind unterschiedliche *Deployments* (voneinander getrennte Entwicklungsumgebungen) innerhalb einer einzigen SAP-HANA-Datenbank möglich.

1.7.1 Zugriff auf SAP HANA XSA

Der zentrale Einstieg in SAP HANA XSA erfolgt über den *Platform Controller*. Hierüber können alle XSA-Komponenten angesteuert werden. Aufgerufen wird er im Browser in einer On-Premise-Installation über:

https://<Hostname/IP-Adresse>:3<Instanznummer>30

Abbildung 1.41 zeigt die Oberfläche des Controllers. Hierüber können Sie die verschiedenen Komponenten von SAP HANA XSA aufrufen. In Abschnitt 1.7.3 und Abschnitt 1.7.4 behandeln das XSA Cockpit und die WebIDE. Unterstützt wird aktuell auch noch das *SAP HANA XS Advanced Administration Tool*. Es wurde allerdings durch das *SAP HANA XS Advanced Cockpit* (Version 1.1x) abgelöst. Informationen dazu finden Sie im SAP-Hinweis 2609527.

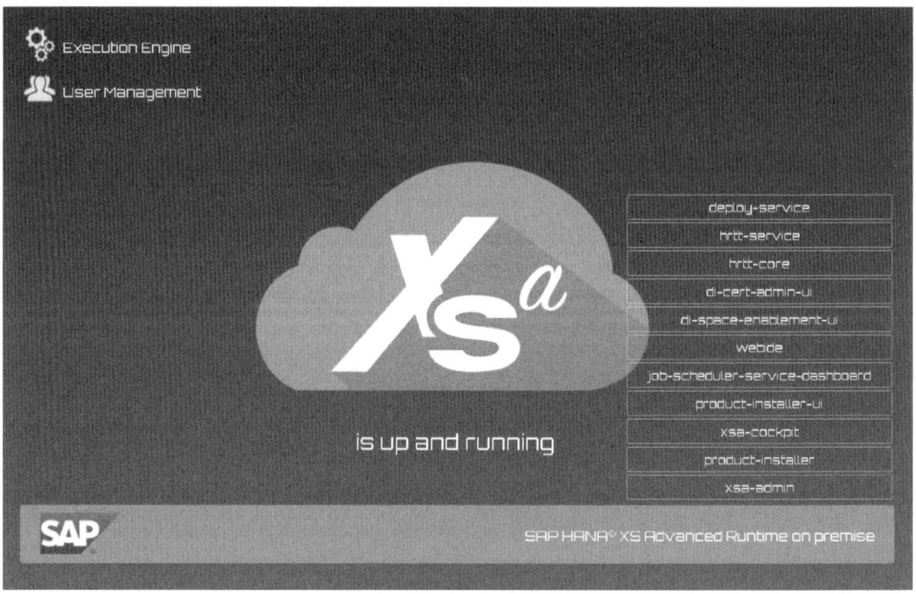

Abbildung 1.41 SAP HANA XSA Platform Controller

1.7.2 Struktur in SAP HANA XSA

Um zu verstehen, wie Anwendungen innerhalb einer Datenbank separiert werden können, ist die Kenntnis der Struktur von SAP HANA XSA erforderlich. Die Grundstruktur besteht aus zwei Elementen:

- **Organizations**
  Organizations sind Container zur Strukturierung der Spaces. Eine Unternehmung kann als Organization abgebildet werden. Es können aber auch z. B. einzelne Bereiche einer Unternehmung als Organization definiert werden.
- **Spaces**
  Innerhalb der Spaces werden die Applikationen entwickelt. Entwicklerberechtigungen können auf einzelne Spaces vergeben werden. Legt ein Entwickler eine neue Applikation an, muss er sie explizit einem Space zuordnen (siehe Abbildung 1.42). Er kann Applikationen nur in den Spaces erstellen, für die er explizit berechtigt wurde.

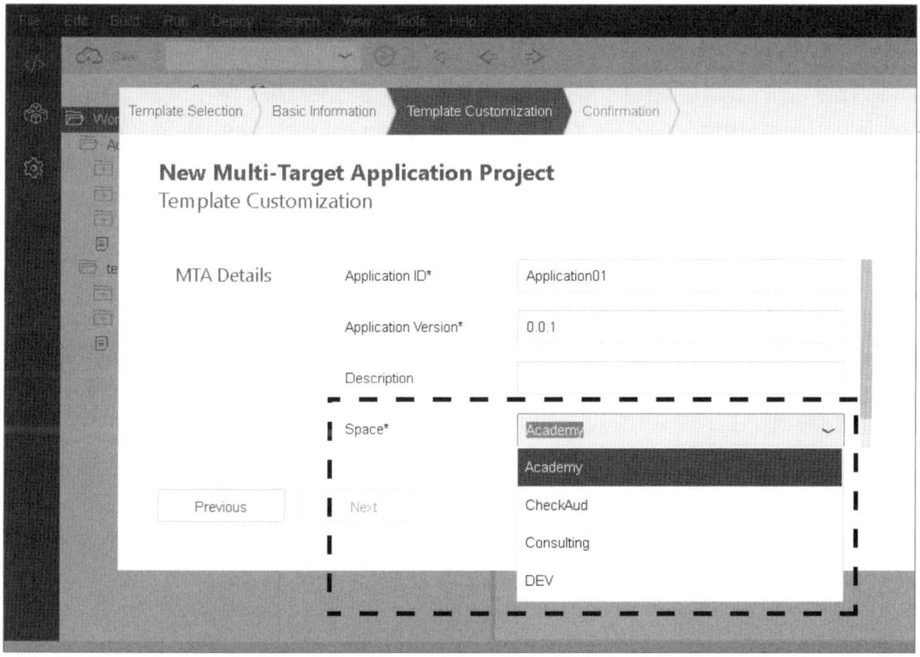

Abbildung 1.42 Anlegen einer Applikation in einem Space

Abbildung 1.43 zeigt die Struktur der Organizations und Spaces. In den einzelnen Spaces werden Applikationen entwickelt. Diese sind im jeweiligen Space gekapselt und in anderen Spaces nicht sichtbar. Die Berechtigungen auf Organizations und Spaces sind in Abschnitt 7.12.4, »Berechtigungen auf Organizations und Spaces«, beschrieben.

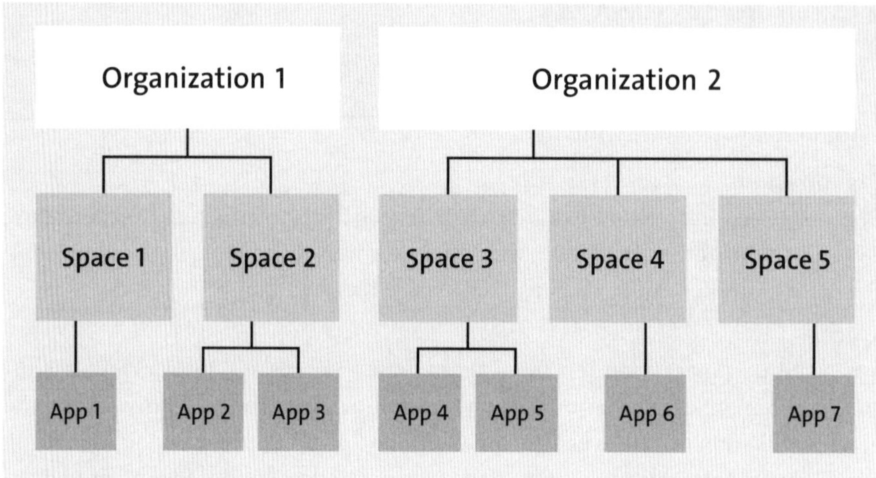

Abbildung 1.43 Struktur in SAP HANA XSA

1.7.3 SAP HANA XSA Cockpit

Die zentrale Verwaltung der Organizations und Spaces, der Benutzer und Rollen sowie der gesamten SAP-HANA-XSA-Konfiguration erfolgt über das SAP HANA XSA Cockpit. Informationen zu Verfügbarkeit und Installation finden Sie im SAP-Hinweis 2447422. Das SAP HANA XSA Cockpit hat mit SAP HANA 2.0 SPS3 das SAP HANA XS Advanced Administration Tool abgelöst. Abbildung 1.44 zeigt die Oberfläche des SAP HANA XSA Cockpits, Tabelle 1.25 die Nutzung der Menüeinträge.

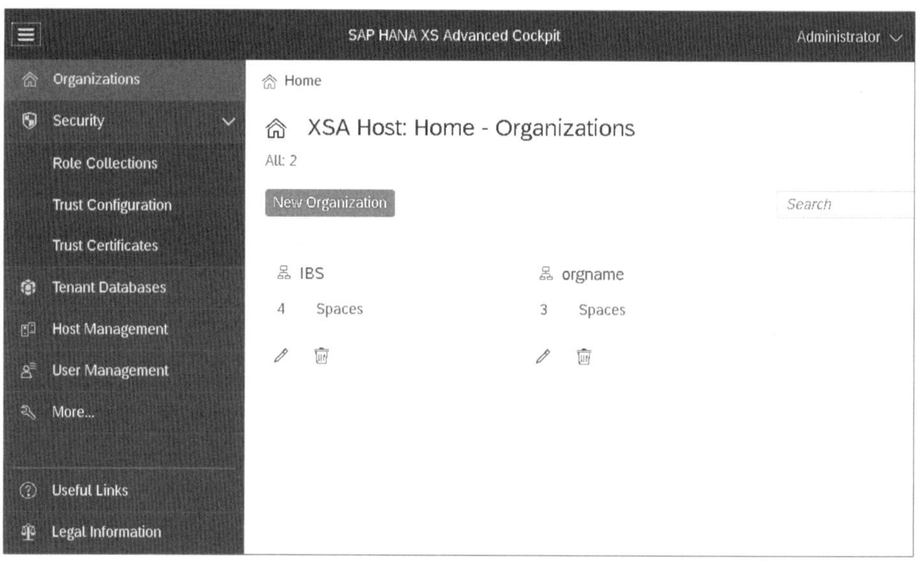

Abbildung 1.44 Oberfläche des SAP HANA XSA Cockpits

Menüeintrag	Nutzung
Organizations	Verwaltung der Organizations und der zugehörigen Spaces. Wie Sie hier Berechtigungen vergeben, erfahren Sie in Abschnitt 7.12.4, »Berechtigungen auf Organizations und Spaces«.
Security – Role Collections	Verwaltung der Role Collections. Die Standard-Collections des XSA können nicht gepflegt werden. Eigene Role Collections können erstellt und geändert werden. Zu Role Collections siehe den gleichnamigen Abschnitt 7.12.1.
Security – Trust Configuration	Verwaltung der SAML Identity Provider
Security – Trust Certificates	Verwaltung der Zertifikate. Informationen dazu erhalten Sie auch im SAP-Hinweis 2243019.
Tenant Databases	Verwaltung der Tenants. Hier werden die Tenants für SAP HANA XSA aktiviert, und es werden ihnen die Organizations und Spaces zugeordnet. Siehe hierzu auch Abschnitt 4.1.3, »Verwaltung von Tenants mit SAP HANA XSA«.
Host Management	Anzeige der Hosts der Datenbank und der explizit zugeordneten Applikationen (*Pinned Applications*) und Spaces (*Pinned Spaces*).
User Management	Verwaltung der Benutzerkonten, siehe Abschnitt 6.2, »SAP-HANA-XS-Advanced-Benutzer«.
More ...	Aufruf weiterer Komponenten. Je nach Installation und Konfiguration werden hier verschiedene Komponenten angezeigt.
Useful Links	Enthält Links zu: ■ **Documentation** – Dokumentation zur Administration von SAP HANA XSA (SAP HANA Administration Guide) ■ **Developer Tutorials** – Hilfe zu Entwicklungen auf der SAP Cloud Platform ■ **Community** – Aufruf der Webseiten der SAP Community
Legal Information	Hinweise zu Nutzungsrechten: ■ **Copyright** ■ **Trademark**

Tabelle 1.25 Menü des SAP HANA XSA Cockpits

1.7.4 SAP WebIDE

Die *SAP WebIDE* (IDE = Integrated Development Environment) ist die zentrale Entwicklungsplattform für SAPUI5-Anwendungen. Unterstützt werden verschiedene Sprachen, wie Java, Java Script, SAPUI5 HTML5, Node.js etc. WebIDE kann für On-Premise-Applikationen (SAP HANA XSA) und als zentrale Entwicklungsanwendung für die SAP Cloud Platform (Cloud Foundry) genutzt werden. Abbildung 1.45 zeigt die Oberfläche der WebIDE. Einen Überblick über den Einsatz der WebIDE für SAP HANA XSA erhalten Sie im Buch »SAP HANA XSA Native Development for SAP HANA« von Alborghetti et al. (Rheinwerk Verlag 2018). Eine Dokumentation zu SAPUI5-Entwicklungen finden Sie hier: *https://sapui5.hana.ondemand.com/*.

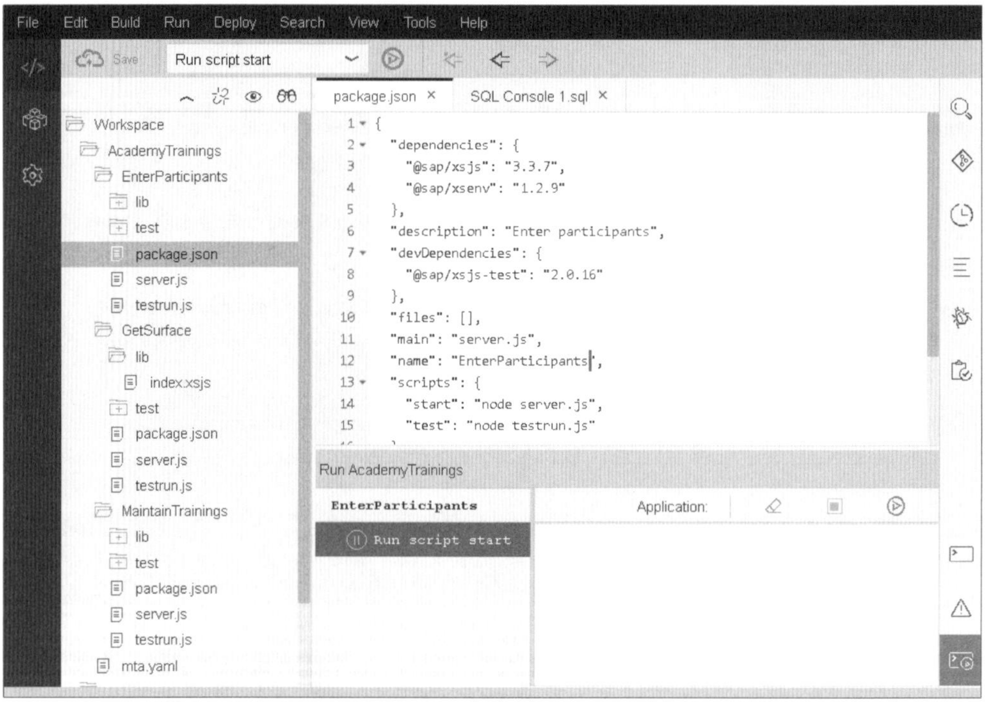

Abbildung 1.45 Oberfläche der SAP WebIDE

Zur Nutzung der SAP WebIDE müssen den Entwicklern Berechtigungen in SAP HANA XSA zugeordnet werden. Die Anwendung für die WebIDE ist `webide`, die dem Standard-Space SAP zugeordnet ist. Die Anwendung enthält bereits zwei Template-Rollen, aus denen eigene Rollen abgeleitet werden können (siehe Abbildung 1.46). Um Benutzer zur Anwendungsentwicklung zu berechtigen, muss eine Rolle vom Template `WebIDE_Developer` abgeleitet werden.

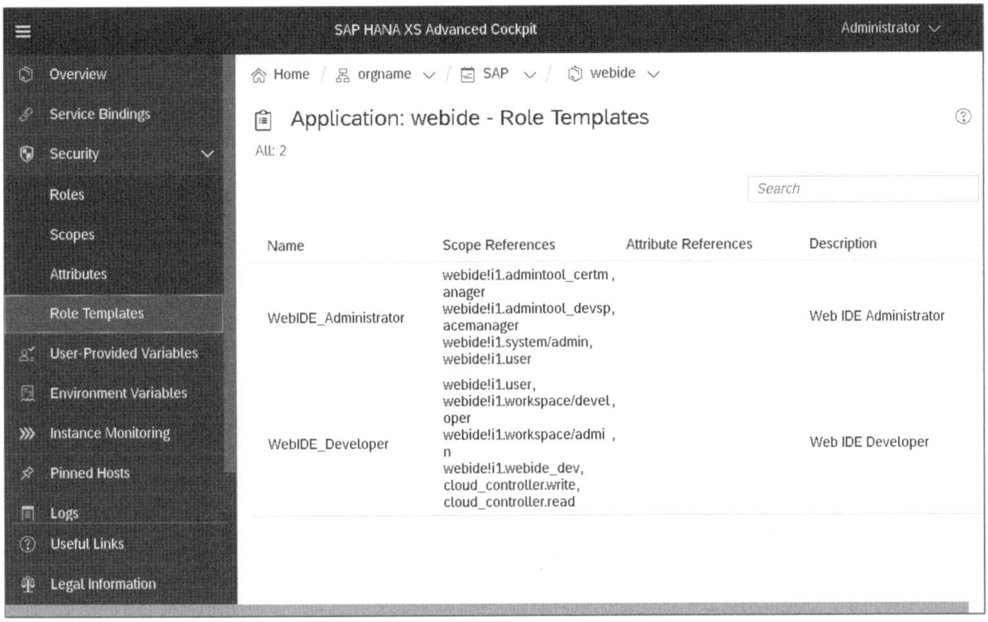

Abbildung 1.46 Template-Rollen für die SAP WebIDE

1.8 SAP HANA und SAP ERP bzw. SAP S/4HANA

Beim Einsatz von *SAP ERP* oder *SAP S/4HANA* steht die Sicherheit der Daten im Vordergrund. Über die Datenbank können die Daten nicht nur gelesen, sondern (bei entsprechender Berechtigung) auch manipuliert werden.

Die Daten des SAP ERP bzw. der SAP S/4HANA werden im Schema des Benutzers SAP<sid> in der Tenant-DB gespeichert. In der System-DB befanden sich keine Daten von SAP ERP bzw. SAP S/4HANA. Standardmäßig hat nur der Benutzer selbst Zugriff auf sein Schema. Beim Zugriff vom ABAP-Stack auf die Datenbank wird dieser Benutzer genutzt. Es ist grundsätzlich ein Vollzugriff auf die Daten möglich, daher ist die Nutzung dieses Benutzers abzusichern. Mit dem Benutzer SAP<sid> sollten keine direkten Anmeldungen erfolgen. Die beste Absicherung ist ein Vier-Augen-Prinzip für die Anmeldung mit diesem Benutzer.

Des Weiteren sollten Berechtigungen auf sein Schema nicht vergeben werden. Mit Repository-Rollen ist es möglich, Berechtigungen auf das Schema des Benutzers zu vergeben. Die nachfolgende Berechtigung erlaubt das Lesen aller Tabellen in seinem Schema, somit aller *ABAP-Stack*-Tabellen:

```
catalog schema "SAP<sid>": SELECT;
```

Diese Berechtigungen erlauben auch das Anlegen, Ändern und Löschen von Daten:

```
catalog schema "SAP<sid>":
        SELECT,
        INSERT,
        UPDATE,
        DELETE;
```

Eine regelmäßige Kontrolle der vergebenen Berechtigungen auf das Schema des Benutzers SAP<sid> ist daher unerlässlich. Außerdem sollten Zugriffe auf die Daten protokolliert werden. Dies ist mit dem SAP HANA Auditing möglich, siehe Abschnitt 11.2, »Einrichten von Policies«.

Auch vom ABAP Stack aus ist ein Zugriff auf die Daten möglich. Die Standardmöglichkeit dafür ist das DBA Cockpit, siehe dazu den gleichnamigen Abschnitt 1.6. Aber es gibt auch weniger bekannte Möglichkeiten. Ein Beispiel dafür ist der Report ADBC_QUERY (Hilfsprogramm für native Datenbankabfragen). Mit ihm können direkt aus der Datenbank Tabellen angezeigt werden. Abbildung 1.47 zeigt die Selektionsmaske des Reports. Der DB-Verbindungsname muss nur angegeben werden, wenn nicht die Standardverbindung genutzt wird. In das Feld **Datenbankschema** wird das Schema des Benutzers SAP<sid> eingetragen, hier als Beispiel »SAPABAP1«. In das Feld **Tabellenname** können nun beliebige Tabellennamen angegeben werden. In Abbildung 1.47 ist dies die Tabelle »USR02«, in der u. a. die Hashwerte der Kennwörter gespeichert werden. Abbildung 1.48 zeigt das Ergebnis dieser Abfrage. Hier können auch alle anderen Tabellen angegeben werden, in SAP-HCM-Systemen z. B. die PA-Tabellen mit den Mitarbeiterdaten und in ERP-Systemen z. B. Konstruktions- oder Konditionsdaten.

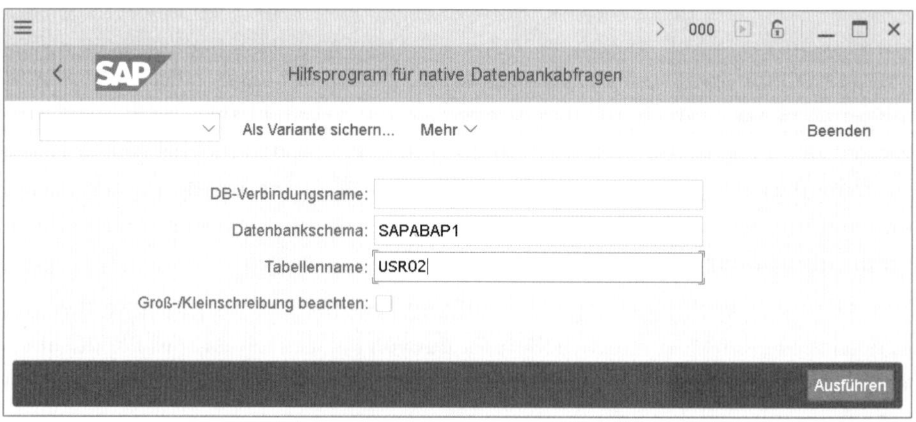

Abbildung 1.47 Selektionsmaske des Reports ADBC_QUERY

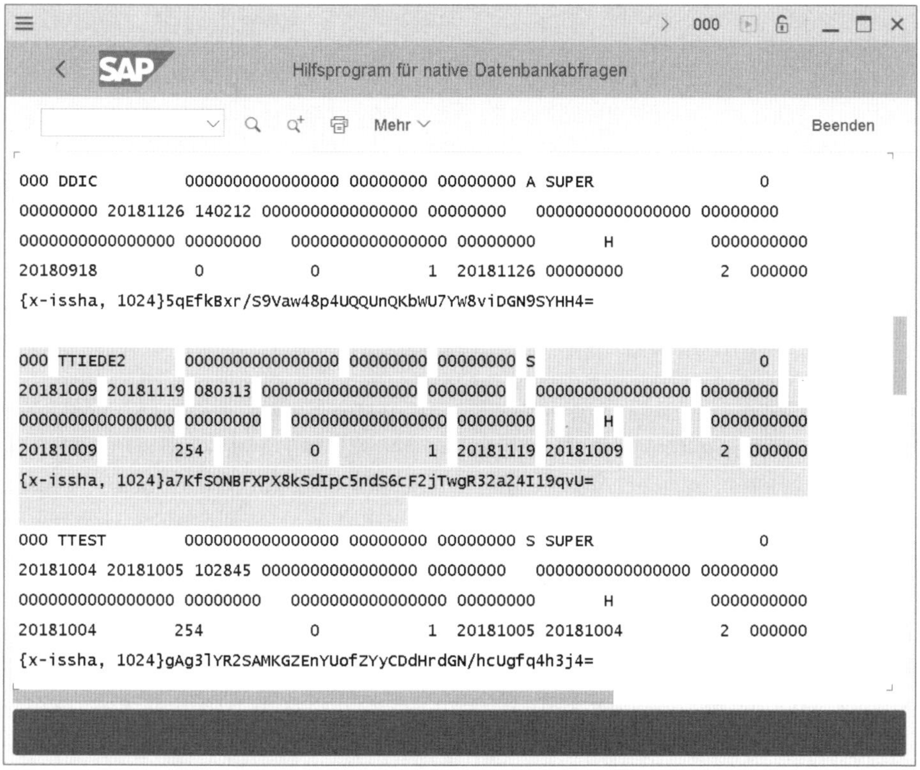

Abbildung 1.48 Anzeige der Tabelle USR02 mit dem Report ADBC_QUERY

Daher sind Berechtigungen für den Zugriff auf die SAP-HANA-Datenbank vom ABAP-Stack aus nur sehr restriktiv zu vergeben. Dies betrifft maßgeblich das Berechtigungsobjekt S_DBCON. Tabelle 1.26 zeigt die Berechtigungen zur Ausführung des Reports ADBC_QUERY, welcher der Berechtigungsgruppe ADBC_Q zugeordnet ist. Daher wird neben dem Objekt S_DBCON auch das Objekt S_PROGRAM geprüft.

Berechtigungsobjekt	Feld	Wert
S_DBCON	**ACTVT** *Aktivität*	03 (*Anzeigen*)
	DBA_DBHOST *Servername*	' '
	DBA_DBSID *Datenbankname*	DEFAULT
	DBA_DBUSER *Datenbankbenutzer*	' '

Tabelle 1.26 Berechtigung zur Ausführung des Reports ADBC_QUERY

Berechtigungsobjekt	Feld	Wert
S_PROGRAM	**P_ACTION** *Aktion*	SUBMIT (*Ausführen*)
	P_GROUP *Berechtigungsgruppe*	ADBC_Q

Tabelle 1.26 Berechtigung zur Ausführung des Reports ADBC_QUERY (Forts.)

1.9 Leitfäden zur SAP-HANA-Sicherheit

In Tabelle 1.27 sind die wesentlichen Leitfäden aufgeführt, die für SAP HANA verfügbar sind. Die meisten Leitfäden werden zu jedem neuen SAP-HANA-Release aktualisiert. Um zu den Leitfäden zu gelangen, rufen Sie die SAP-Hilfe auf (*https://help.sap.com*). Geben Sie als Suchbegriff auf der Einstiegsseite »SAP HANA« ein. Als Suchergebnis werden Ihnen u. a. verschiedene Product Pages angezeigt. Wählen Sie hier **SAP HANA Platform** aus. Es werden alle verfügbaren Dokumente zu SAP HANA aufgelistet (siehe Abbildung 1.49). Klicken Sie auf ein Dokument, z. B. **SAP HANA Security Guide**, um es anzuzeigen (Abbildung 1.50). Im Feld **Version** wählen Sie Ihre SAP-HANA-Version aus. Mit der Schaltfläche **Download PDF** erstellen Sie ein PDF zum aktuellen Dokument.

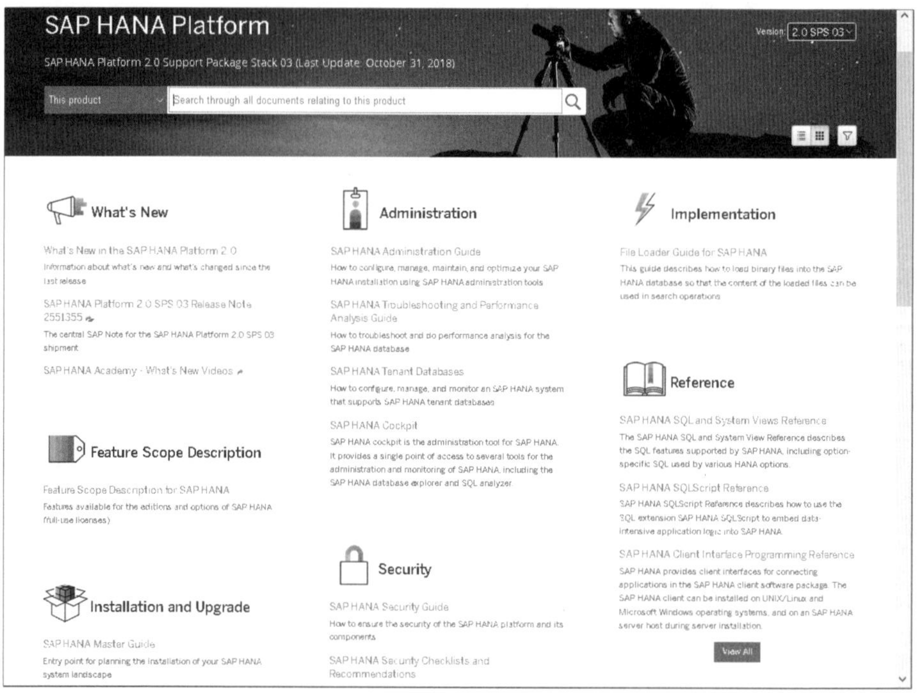

Abbildung 1.49 SAP-HANA-Leitfäden

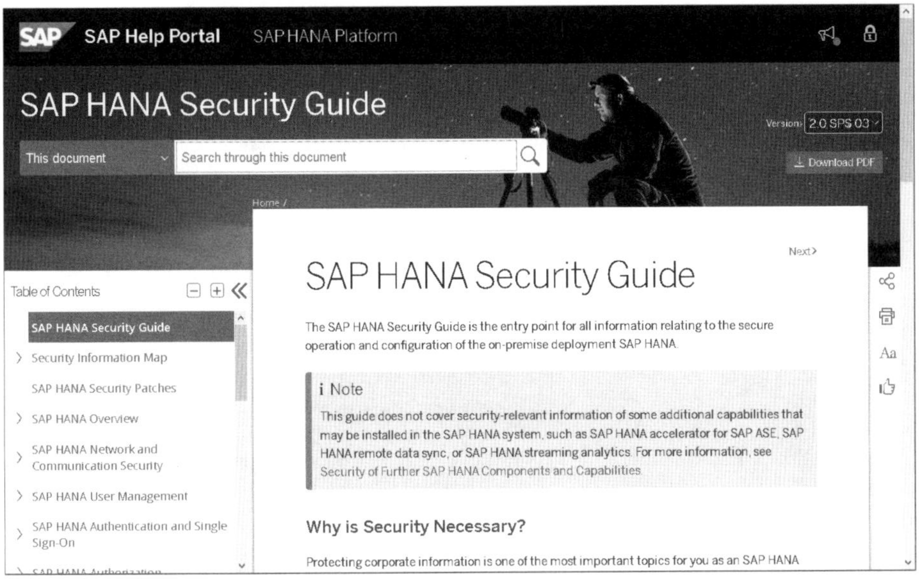

Abbildung 1.50 SAP HANA Security Guide

Leitfaden	Beschreibung
SAP HANA Security Guide	Der SAP HANA Security Guide ist für alle SAP-HANA-Versionen verfügbar. Unter anderem werden hier folgende Themen behandelt: ■ Security Patches ■ Netzwerk- und Kommunikationssicherheit ■ Benutzerverwaltung ■ Authentifizierung ■ Berechtigungen ■ Datenanonymisierung ■ Verschlüsselung ■ Auditing ■ Sicherheit von SAP HANA XSA
SAP HANA Security Checklists and Recommendations	Basierend auf dem SAP HANA Security Guide werden hier konkrete Sicherheitsaspekte behandelt. Zu jedem Punkt wird aufgeführt: ■ die Default-Einstellung ■ die Empfehlung zur Absicherung ■ wie die Umsetzung kontrolliert werden kann ■ weiterführende Informationen, z. B. Verweise auf Leitfäden oder SAP-Hinweise

Tabelle 1.27 Leitfäden zur SAP-HANA-Sicherheit

Leitfaden	Beschreibung
SAP HANA Administration Guide	Kapitel 7 des Administrationsleitfadens (»Security Administration and User Management«) befasst sich mit den Sicherheitsaspekten der Administration und der Benutzer- und Berechtigungsverwaltung.
SAP HANA Developer Guide for SAP HANA XS Advanced Model	Kapitel 11 (»Maintaining Application Security in XS Advanced«) befasst sich mit der Sicherheit in XSA-Anwendungen.
SAP HANA Tenant Databases Operations Guide	In Kapitel 4 (»Security and Tenant Databases«) sind die Sicherheitsaspekte beim Einsatz von Multi-Tenant-Datenbanken beschrieben.
Best practices and recommendations for developing roles in SAP HANA	Leitfaden zur Erstellung von Rollen in SAP HANA XSA
SAP-Hinweis 2159014 (FAQ: SAP HANA Security)	zentraler SAP-Hinweis zur SAP HANA Security mit Verweisen auf weitere SAP-Hinweise

Tabelle 1.27 Leitfäden zur SAP-HANA-Sicherheit (Forts.)

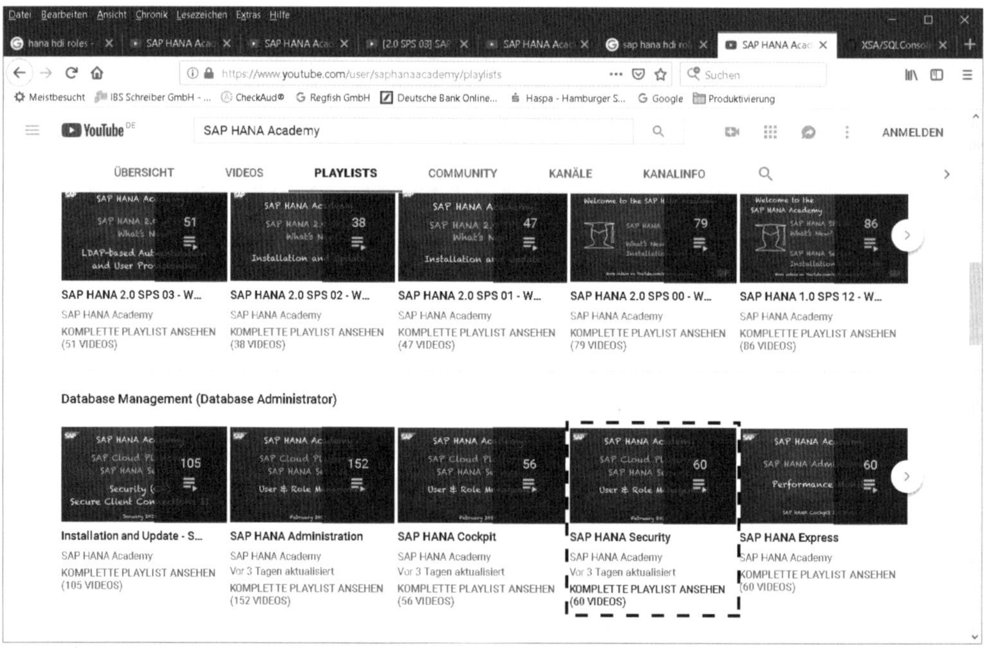

Abbildung 1.51 SAP HANA Academy – Playlist SAP HANA Security

Weitere Informationen zur SAP-HANA-Sicherheit erhalten Sie über die *SAP HANA Academy* in YouTube. Hier werden zu neuen Release-Ständen der Produkte rund um SAP HANA (SAP HANA, SAP HANA Cockpit, SAP HANA XSA, SAP S/4HANA, SAP Leonardo etc.) die Neuerungen vorgestellt. Zur SAP-HANA-Sicherheit gibt es die Playlist **SAP HANA Security** (siehe Abbildung 1.51). Außerdem sind zu allen Release-Ständen auch »What's New«-Videos vorhanden, in denen die Neuerungen jeweils vorgestellt werden.

Kapitel 2
Netzwerk- und Betriebssystemsicherheit

Wesentliche Sicherheitsaspekte einer SAP-HANA-Installation betreffen das Betriebssystem, auf dem die Datenbank installiert ist. In diesem Kapitel gehe ich auf die wesentlichen Komponenten ein.

Die SAP-HANA-Datenbank wird auf einem *UNIX-Derivat* installiert. Die unterstützten Betriebssysteme nennt Ihnen SAP-Hinweis 2235581. Die Absicherung des Betriebssystems ist wesentlich, da dort u. a. die Konfigurationsdateien (***.INI**), die Master-Keys für die Verschlüsselungen und die persistenten Daten (*Savepoints*) gespeichert werden.

In Abschnitt 2.1, »Absicherung der UNIX-Benutzer«, gehe ich auf die Standardbenutzer einer SAP-HANA-Installation in UNIX ein. In Abschnitt 2.2, »Schutz von Dateien und Verzeichnissen«, erfahren Sie, wie Sie die Dateien und Verzeichnisse der SAP-HANA-Installation absichern und warum die Datei **.bash_history** kritische Daten beinhalten kann. UNIX-Kommandos können auch vom ABAP-Stack aus ausgeführt werden. Informationen dazu finden Sie in Abschnitt 2.3, »Zugriff auf die UNIX-Ebene vom ABAP-Stack aus«. Wie Aktionen unter UNIX protokolliert werden, erfahren Sie in Abschnitt 2.4, »Protokollierung von Aktionen unter UNIX«.

2.1 Absicherung der UNIX-Benutzer

Die im Folgenden beschriebenen Benutzer und Gruppen sind standardmäßig im Betriebssystem der SAP-HANA-Datenbank vorhanden. Diese sind ebenso restriktiv abzusichern wie die Benutzer in SAP HANA selbst.

2.1.1 Speicherung der UNIX-Benutzer

Die Benutzer und Gruppen werden in folgenden Dateien gespeichert:

- `/etc/passwd` (Benutzer)
  Hier werden alle Benutzer des Systems mit folgenden Eigenschaften gespeichert:
  - Benutzername

- ID des Benutzers
- ID seiner Standardgruppe
- eine Beschreibung
- sein Home-Verzeichnis
- seine Login-Shell

Benutzer mit einer ID < 100 sind System-User. Unter diesen Benutzern sollte kein Einloggen möglich sein (Ausnahme ist der Benutzer *root*). Benutzer mit der ID 0 sind Superuser. Der Benutzer root verfügt über die ID, es können aber auch weitere Benutzer mit der ID 0 angelegt werden.

In *Linux* steht als zweiter Eintrag für jeden User immer ein `x`, auch wenn der Benutzer kein Passwort besitzt.

Normalen Benutzern wird niemals die Gruppe 0 als Standardgruppe zugewiesen.

- `/etc/shadow` (Kennwörter der Benutzer)

  Hier werden neben den Kennwörtern der Benutzer auch noch folgende Eigenschaften gespeichert:

  - minimale Kennwortgültigkeit in Tagen
  - maximale Kennwortgültigkeit in Tagen
  - Anzahl Tage, ab der vor dem Ablauf des Kennwortes gewarnt wird
  - Anzahl der Tage, die eine Inaktivität erlaubt
  - absolutes Ablaufdatum für den User

  Das Kennwort wird an der zweiten Stelle in der Datei gespeichert:

```
root:$6$1qTsgkRJYB0i$eEYJ...:16756::::::
h01adm:$6$05$sqBhdayvYyDN...:16758:0:99999:7:::
sapadm:$6$lUH9xje0$nEGurA...:16758::::::
auditor01:$6$ZZSdDUT.$Bzn...:16899:0:99999:7:::
```

  Im Kennwort sind drei $-Zeichen enthalten:

  - $id: Algorithmus: $1=MD5, $5=SHA-256, $6=SHA-512
  - $salt: Salt zur Kennwortgenerierung
  - $encrypted: Hashwert des Kennworts

  Um Anmeldungen ohne ein Kennwort nicht zuzulassen, ist in der Datei **/etc/ssh/sshd_config** der Parameter `PermitEmptyPasswords` auf den Wert »no« zu setzen.

  Die Datei sollte immer die Rechte 400 oder 600 haben und dem Benutzer `root` gehören. Dadurch wird gesichert, dass Zugriffe auf diese Datei und damit auf die (verschlüsselten) Kennwörter mit normalen Benutzern nicht möglich sind. Die Datei sollte immer genauso viele Einträge haben wie die Datei `/etc/passwd`. Mit dem Befehl `wc -l <Dateiname>` können Sie die Anzahl Datensätze in den Dateien anzeigen lassen:

```
hana:/etc # wc /etc/shadow /etc/passwd
  47   47 2955 /etc/shadow
  47   91 2709 /etc/passwd
  94  138 5664 total
```

In der Ausgabe gibt die erste Zahl die Anzahl der Zeilen an. Diese muss für beide Dateien identisch sein.

- `/etc/group` (Gruppen)

  Hier werden die Gruppen mit ihren Mitgliedern gespeichert.

  Benutzer und Gruppen sollten ausschließlich über Tools angelegt werden (sind nur mit dem Benutzer `root` ausführbar):

  - `useradd`: Benutzer anlegen
  - `userdel`: Benutzer löschen
  - `usermod`: Benutzer ändern
  - `groupadd`: Gruppe anlegen
  - `groupdel`: Gruppe löschen
  - `groupmod`: Gruppe ändern

  Inkonsistenzen in der Benutzerverwaltung können mit dem Befehl `pwck` ermittelt werden. Der Befehl überprüft die Einträge in der Datei **/etc/passwd**, z. B.:

```
hana:/etc # pwck
user 'pulse': directory '/var/lib/pulseaudio' does not exist
user 'usbmux': directory '/var/lib/usbmuxd' does not exist
user 'sapadm': directory '/home/sapadm' does not exist
pwck: no changes
```

In das Sicherheitskonzept für SAP HANA sind auch die Vorgaben für die Benutzer- und Gruppenverwaltung unter UNIX aufzunehmen.

2.1.2 Benutzer <sid>adm

<sid> steht für die Systemidentifikation des SAP-HANA-Systems. Diese finden Sie beim Zugriff über den ABAP-Stack unter **System • Status** im Feld **Datenbankdaten**. Für ein SAP-HANA-System mit der ID H01 heißt der Benutzer *<sid>adm* somit `h01adm`. Er ist der Besitzer der SAP-Installation (sowohl der Datenbank als auch der Applikation) und hat somit Vollzugriff auf diese Installation.

Abbildung 2.1 zeigt einen Ausschnitt aus der Verzeichnisstruktur der SAP-HANA-Installation. Das Kennwort des Benutzers `<sid>adm` wird während der Installation

festgelegt. Eine Anmeldung mit diesem Benutzer ist möglich. Er ist standardmäßig Mitglied der Gruppe sapsys (Group-ID 79):

```
h01adm:x:1001:79:SAP HANA Database System Administrator:/usr/sap/H01/home:/
bin/sh
```

Der Zugriff auf diesen Benutzer darf nur restriktiv vergeben werden.

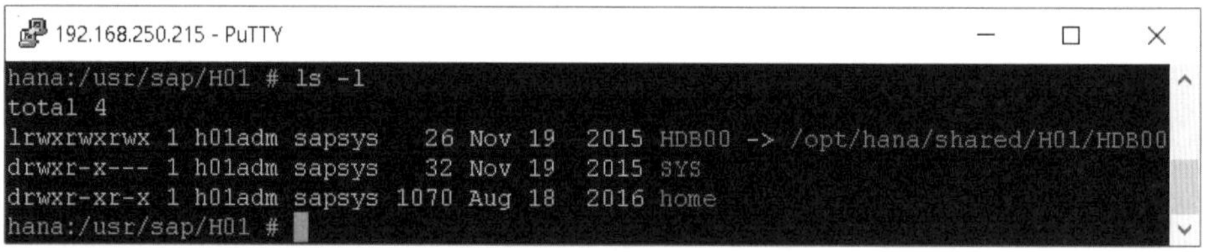

Abbildung 2.1 Ausschnitt einer SAP-HANA-Installation

2.1.3 Benutzer sapadm

Der Benutzer sapadm wird zum Starten des SAP-Host-Agenten genutzt. Der Agent ist zuständig für Hintergrundaufgaben wie Betriebssystemüberwachung, Datenbank-Monitoring sowie Systeminstanzsteuerung und -bereitstellung. Standardmäßig ist eine Anmeldung mit diesem Benutzer nicht möglich, da ihm keine Oberfläche zugeordnet ist (Eintrag /bin/false in der Datei **/etc/passwd**):

```
sapadm:x:485:79:SAP Local Administrator:/home/sapadm:/bin/false
```

Der Benutzer ist standardmäßig Mitglied der Gruppe sapsys.

2.1.4 Benutzer des SAP HANA XS Advanced

Für SAP HANA XSA werden zwei Betriebssystembenutzer standardmäßig installiert, die Benutzer <sid>xsa und sap<sid>xsa.

Der Benutzer <sid>xsa

In SAP HANA XSA wird der Space PROD bereits standardmäßig mit ausgeliefert. Unter dem Benutzer <sid>xsa laufen die Anwendungen des Space PROD. Der Benutzerstammsatz wird folgendermaßen in der Datei **passwd** angelegt (hier ist der Name der SAP-HANA-Datenbank H4S):

```
h4sxsa:x:1003:100:
XS Advanced Space Administrator:/home/h4sxsa:/bin/false
```

Anmeldungen direkt am Betriebssystem mit diesem Benutzer sind nicht möglich, da ihm standardmäßig keine Oberfläche zugewiesen ist (Eintrag /bin/false).

Der Benutzer sap<sid>xsa

Auch das Space SAP wird standardmäßig in SAP HANA XSA angelegt. Für dieses Space laufen die Anwendungen unter dem Benutzer sap<sid>xsa. Der Benutzerstammsatz wird folgendermaßen in der Datei **passwd** angelegt (hier ist der Name der SAP-HANA-Datenbank H4S):

```
saph4sxsa:x:1002:100:
XS Advanced Space Administrator:/home/saph4sxsa:/bin/false
```

Auch mit diesem Benutzer sind keine direkten Anmeldungen möglich.

2.1.5 Benutzer root

Der Benutzer root ist der Standard-Administrationsbenutzer in allen UNIX-Derivaten. Er hat die User-ID 0. Unter UNIX ist diese User-ID gleichbedeutend mit »Er ist für alles berechtigt«. Er ist standardmäßig der Gruppe root (Group-ID 0) zugeordnet. Sein Eintrag in der Datei **passwd** lautet:

```
root:x:0:0:root:/root:/bin/bash
```

Einige Befehle (z. B. die, die sich in den Verzeichnissen **/sbin** und **/usr/sbin** befinden) dürfen nur von diesem Benutzer ausgeführt werden. Eine direkte Anmeldung mit diesem Benutzer sollte nicht erfolgen. Er kann nach einer personifizierten Anmeldung mit dem Befehl su (steht für »switch user« und wird im SysLog protokolliert) genutzt werden, alternativ mit dem Befehl sudo. Letzterer dient zur Ausführung eines einzigen vordefinierten Befehls mit der Kennung anderer Benutzer, z. B. dem Benutzer root.

Anmeldungen des Benutzers root können auf festgelegte Terminals eingegrenzt werden, indem sie in die Datei **/etc/securetty** eingetragen werden.

Das *Home-Directory* des Benutzers root (**/root**) ist besonders kritisch, da dort teilweise Dateien zu dessen Nutzungshistorie abgelegt werden (z. B. **.bash_history**). Diese Dateien können Passwörter enthalten. Daher sollten die Rechte für das Home-Directory wie folgt vergeben werden:

```
700 = rwx --- ---
```

2.1.6 Gruppe sapsys

Die Gruppe sapsys hat standardmäßig Lese- und Ausführungsrechte für die SAP-Installation. Die Benutzer sapadm und <sid>adm sind dieser Gruppe standardmäßig zugeordnet. Standardmäßig sind ihr keine weiteren Benutzer zugeordnet. Der Eintrag für die Gruppe sapsys in der Datei **group** lautet:

```
sapsys:x:79:
```

2.1.7 Sperren von Benutzeranmeldungen unter UNIX

Direkte Anmeldungen von Benutzern mit umfangreichen Rechten sollten ermöglicht werden. Um die Benutzer `root` oder `<sid>adm` zu nutzen, kann der Befehl `su` eingesetzt werden. Direkte Anmeldungen der Benutzer über eine Shell können durch Konfigurationen in der Datei **/etc/ssh/sshd_config** unterbunden werden (die Nutzung des Befehls `su` ist aber weiterhin möglich).

Um eine direkte Anmeldung mit dem Benutzer `root` auszuschließen, muss in der Datei **/etc/ssh/sshd_config** der Parameter `PermitRootLogin` auf den Wert »no« gesetzt werden. Standardmäßig ist dieser Parameterwert nicht gesetzt (siehe Abbildung 2.2).

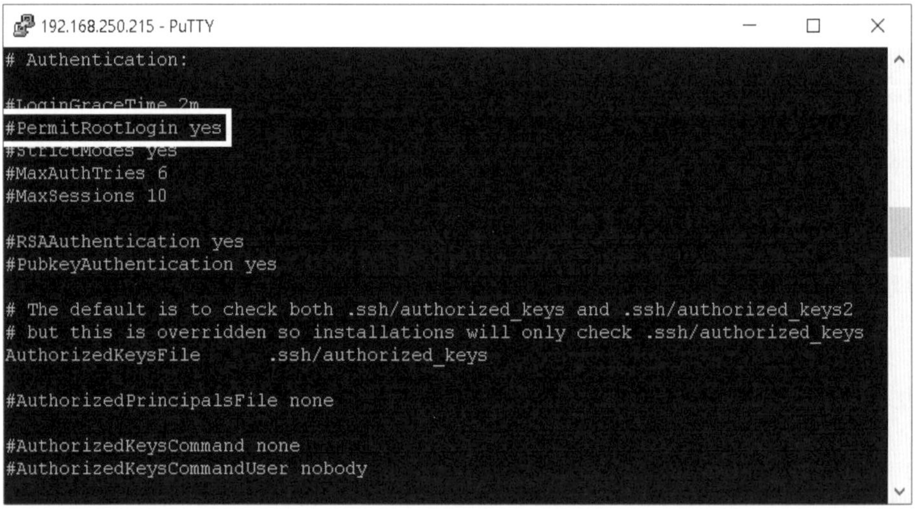

Abbildung 2.2 Sperren von Anmeldungen des Benutzers »root«

Die direkte Anmeldung des Benutzers `<sid>adm` kann ebenfalls unterbunden werden. Hierfür kann der Parameter `DenyUsers` in der Datei **/etc/ssh/sshd_config** genutzt werden. Damit können Anmeldungen von Benutzern über eine Shell gesperrt werden. Die Syntax des Parameters lautet:

```
DenyUsers user1 user2
```

Um den Benutzer `<sid>adm` von der Anmeldung auszuschließen, muss der Parameter daher folgendermaßen angegeben werden:

```
DenyUsers <sid>adm
```

2.2 Schutz von Dateien und Verzeichnissen

In SAP HANA werden einige sicherheitsrelevante Eigenschaften im Betriebssystem gespeichert, beispielsweise die Dateien, in denen die Systemparameter gesetzt werden, und die Schlüssel für die Verschlüsselungen. Daher sind die Berechtigungen hier restriktiv zu vergeben.

2.2.1 Datei- und Verzeichnisrechte

Für die Vergabe der Berechtigungen zum Zugriff auf die SAP-HANA-Installation sollten Sie grundsätzlich die folgenden Vorgaben beachten:

- Die SAP-HANA-Installationen befinden sich standardmäßig unter den Verzeichnissen **/usr/sap** und **/opt/hana**.
- Besitzer der Verzeichnisse und Dateien ist der Benutzer `<sid>adm`, der somit Vollzugriff auf die Installation hat (einige Verzeichnisse gehören auch dem Benutzer `root`).
- Die Verzeichnisse und Dateien sind der Gruppe `sapsys` zugeordnet. Sie hat maßgeblich nur lesende Berechtigungen.
- Die Berechtigungen für `everyone` (das sind unter UNIX alle Benutzer, außer dem Besitzer und der Gruppe, hier also alle Benutzer außer `<sid>adm` und Mitglieder der Gruppe `sapsys`) sind auf Lesen (und teilweise Ausführen) zu beschränken.

Um zu prüfen, ob diese Vorgaben eingehalten werden, können Sie die im Folgenden aufgeführten Abfragen nutzen. Um die Ausgaben in eine Datei umzulenken, müssen Sie jeweils den folgenden Ausdruck anhängen:

```
find <Parameter>;  >    <Dateiname>
```

In den folgenden Befehlen ersetzen Sie `<sid>adm` jeweils durch den Namen des SAP-Benutzers:

- Welchen Verzeichnissen unterhalb des Verzeichnisses **/usr/sap** sind Schreibrechte für die Gruppe zugeordnet?

  ```
  find /usr/sap/ /opt/hana/ -type d -perm -g+w -exec ls -ld {} \;
  ```

- Welchen Verzeichnissen unterhalb des Verzeichnisses **/usr/sap** sind Schreibrechte für `everyone` zugeordnet?

  ```
  find /usr/sap/ /opt/hana/ -type d -perm -o+w -exec ls -ld {} \;
  ```

- Welchen Verzeichnissen unterhalb des Verzeichnisses **/usr/sap** sind Leserechte für `everyone` zugeordnet?

  ```
  find /usr/sap/ /opt/hana/ -type d -perm -o+r -exec ls -ld {} \;
  ```

- Welchen Dateien unterhalb des Verzeichnisses **/usr/sap** sind Schreibrechte für die Gruppe zugeordnet?

  ```
  find /usr/sap/ /opt/hana/ -type f -perm -g+w -exec ls -la {} \;
  ```

- Welchen Dateien unterhalb des Verzeichnisses **/usr/sap** sind Schreibrechte für `everyone` zugeordnet?

  ```
  find /usr/sap/ /opt/hana/ -type f -perm -o+w -exec ls -la {} \;
  ```

- Welchen Dateien unterhalb des Verzeichnisses **/usr/sap** sind Lese-/Ausführungsrechte für `everyone` zugeordnet?

  ```
  find /usr/sap/ /opt/hana/ -type f -perm -o+r+x -exec ls -la {} \;
  ```

- Auf welche Verzeichnisse/Dateien hat nur der Besitzer dieser Verzeichnisse Zugriff?

  ```
  find / -type f -perm u=r+w+x -exec ls -ld {} \; 2>/dev/null
  ```

- Welche Verzeichnisse/Dateien unterhalb des Verzeichnisses **/usr/sap** gehören nicht dem Benutzer `<sid>adm`?

  ```
  find /usr/sap /opt/hana/ ! -user <sid>adm -exec ls -ld {} \;
  ```

- Welche Verzeichnisse/Dateien unterhalb des Verzeichnisses **/usr/sap** gehören nicht der Gruppe `sapsys`?

  ```
  find /usr/sap /opt/hana/ ! -group sapsys -exec ls -ld {} \;
  ```

Die Konfiguration der Berechtigungen für die Dateien und Verzeichnisse der SAP-HANA-Installation ist in das SAP-HANA-Sicherheitskonzept aufzunehmen.

2.2.2 Die Datei .bash_history

Unter UNIX wird die Historie der Befehle, die ein Benutzer ausführt, gespeichert. Mit dem Befehl `history` kann ein Benutzer diese Liste abrufen. Abhängig von der genutzten Shell können diese Befehle durch die Taste [↑] abgerufen und so erneut ausgeführt werden. Diese Historie wird im HOME-Verzeichnis des jeweiligen Benutzers in der Datei *.bash_history* gespeichert. Wo das HOME-Verzeichnis eines Benutzers liegt, kann über die Datei **/etc/passwd** ermittelt werden. Dort ist das HOME-Verzeichnis der sechste Eintrag:

```
<Benutzername>:x:<ID>:<Gruppe>:<Bezeichnung>:<Home-Verzeichnis>:<Shell>
```

Für den `<sid>adm`-Benutzer in einem SAP-HANA-System mit der Bezeichnung H01 lautet das HOME-Verzeichnis z. B.:

```
h01adm:x:1001:79:SAP HANA Database System Administrator:/usr/sap/H01/home:/
bin/sh
```

Der Zugriff auf diese Datei kann kritisch sein, da bei der Nutzung von Tools im UNIX- und HANA-Umfeld häufig Anmeldungen mit Benutzer und Kennwort erforderlich sind. Werden diese in der Kommandozeile beim Aufruf des Tools gleich mitgegeben, werden sie in der Datei **.bash_history** gespeichert. Abbildung 2.3 zeigt einen Ausschnitt aus dieser Datei für einen `<sid>adm`-Benutzer (`h01adm`). In der Markierung ist zu erkennen, dass der Benutzer zweimal das Programm **hdbsql** aufgerufen hat, jeweils mit dem Benutzer SYSTEM (`-u system`). Beim zweiten Mal wurde auch das Kennwort mitgegeben (`-u system -p start123`), in diesem Fall *start123*:

```
hdbsql -A -j -n localhost -i 00 -u system
hdbsql -A -j -n localhost -i 00 -u system -p start123
```

Wird das Programm ohne Kennwort aufgerufen, wird nach dem Drücken von [↵] als Erstes das Kennwort abgefragt. Dies wird dann nicht mehr in der Datei **.bash_history** gespeichert.

Zwar sollten Programme grundsätzlich nicht mit einem Kennwort aufgerufen werden, ausgeschlossen werden kann es aber nicht. Daher ist der Zugriff auf diese Datei als kritisch anzusehen.

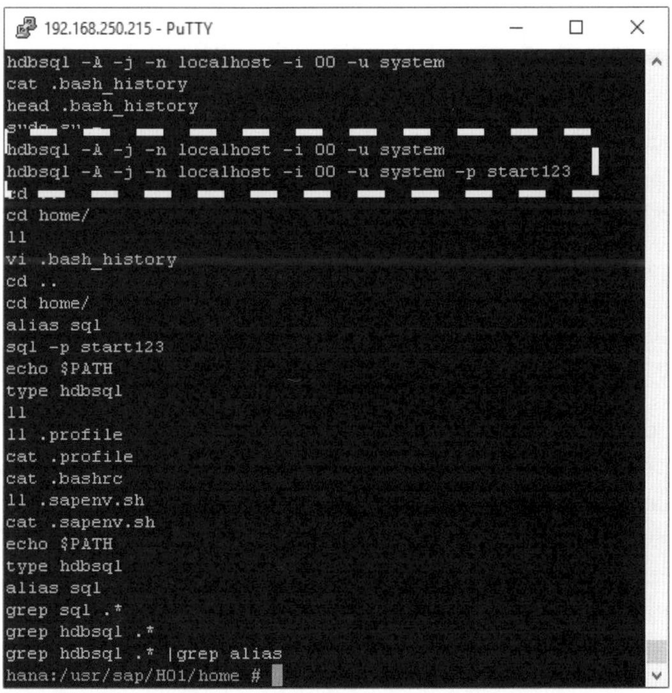

Abbildung 2.3 Auszug aus der Datei ».bash_history«

2.2.3 Schutz von exportierten Dateien

Tabelleninhalte können aus SAP HANA heraus auf die Betriebssystemebene exportiert werden. Unter anderem ist dies mit dem EXPORT-Statement möglich. Hierfür ist das System Privilege EXPORT erforderlich. Da hiermit auch sensible Daten exportiert werden können, z. B. Daten aus SAP ERP oder SAP S/4HANA, müssen sie auf Betriebssystemebene geschützt werden. Standardmäßig erfolgt dies dadurch, dass die Dateien mit den exportierten Daten mit der Berechtigungsmaske 640 versehen werden. Somit hat nur der Eigentümer (<sid>adm) Schreib- und Leserechte, die Gruppe (standardmäßig sapsys) nur Leserechte. Diese Voreinstellung kann mit dem Parameter file_security, Abschnitt import_export, Datei **nameserver.ini** (für System-Datenbanken) bzw. **indexserver.ini** (für Tenant-Datenbanken), individuell konfiguriert werden. Tabelle 2.1 zeigt die möglichen Werte.

Der Standardwert ist medium. Diese Einstellung ist in den meisten Fällen ausreichend. Für Systeme mit sehr sensiblen Daten sollte der Parameter auf den Wert high gesetzt werden.

Wert	Beschreibung
high	Rechtemaske: 600 Nur der Eigentümer (<sid>adm) hat Schreib- und Leserechte.
medium	Rechtemaske: 640 Der Eigentümer (<sid>adm) hat Schreib- und Leserechte, die Gruppe (standardmäßig sapsys) nur Leserechte.
low	Rechtemaske: 644 Der Eigentümer (<sid>adm) hat Schreib- und Leserechte, die Gruppe und andere haben Leserechte.

Tabelle 2.1 Werte des Parameters »file_security«

2.3 Zugriff auf die UNIX-Ebene vom ABAP-Stack aus

SAP NetWeaver bietet die Möglichkeit, Betriebssystemkommandos auf den SAP-Servern über die SAP-Oberfläche auszuführen. Diese werden *logische* oder *externe Kommandos* genannt. Beispielsweise können so Dateiinhalte mit der Berechtigungsmaske unter Unix eingesehen werden oder auch ganze Verzeichnisstrukturen. Die Befehle werden auf einem SAP-Applikationsserver mit den Rechten des Benutzers, der das SAP-System gestartet hat, ausgeführt. Dieser Benutzer hat in der Regel vollen Zugriff auf die SAP-Installation.

2.3.1 Funktionsweise

Im Standardumfang des SAP-Systems sind bereits externe Kommandos für verschiedene Betriebssystemplattformen enthalten. Verwaltet werden die Kommandos über die Transaktion SM69 bzw. SM49 (beide sind identisch). Viele dieser Standardkommandos stellen bereits eine Gefahr dar, da sie sehr allgemein gehalten sind.

Abbildung 2.4 zeigt einen Auszug aus der Liste der Betriebssystemkommandos in Transaktion SM69. In der Spalte **Op.-System** wird angegeben, für welches Betriebssystem der Befehl gültig ist. Für Linux sind Befehle mit folgenden Einträgen gültig:

- ANYOS (alle Betriebssysteme)
- Linux (alle Linux-Derivate)
- UNIX (alle Unix-Plattformen)

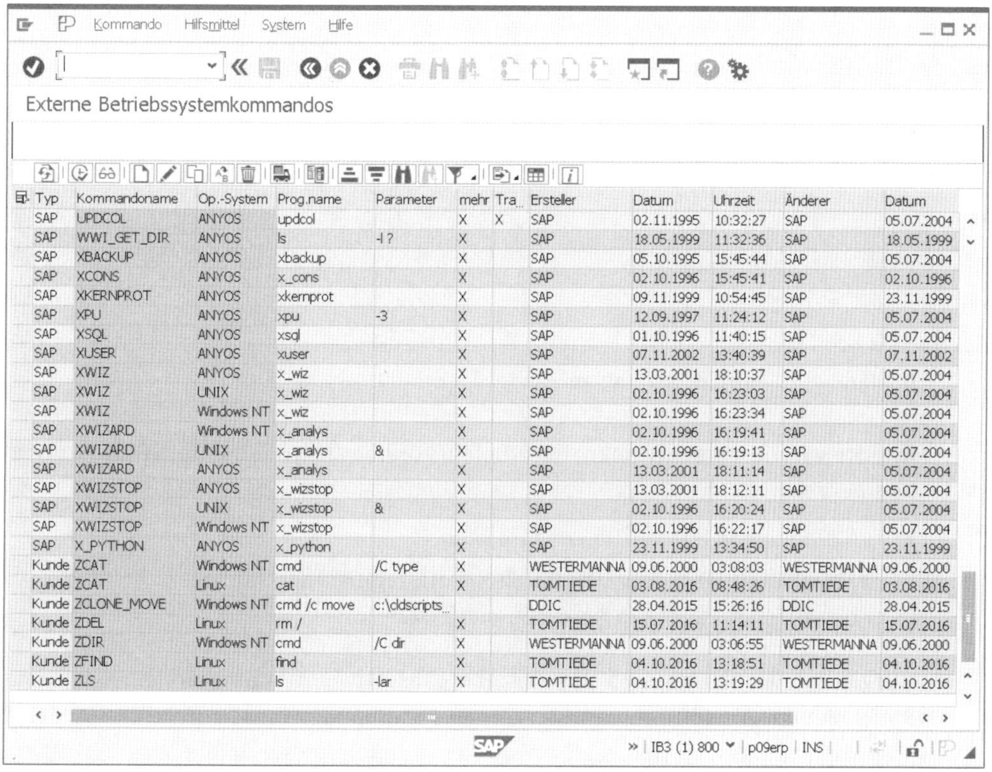

Typ	Kommandoname	Op.-System	Prog.name	Parameter	mehr	Tra...	Ersteller	Datum	Uhrzeit	Änderer	Datum
SAP	UPDCOL	ANYOS	updcol		X	X	SAP	02.11.1995	10:32:27	SAP	05.07.2004
SAP	WWI_GET_DIR	ANYOS	ls	-l ?	X		SAP	18.05.1999	11:32:36	SAP	18.05.1999
SAP	XBACKUP	ANYOS	xbackup		X		SAP	05.10.1995	15:45:44	SAP	05.07.2004
SAP	XCONS	ANYOS	x_cons		X		SAP	02.10.1996	15:45:41	SAP	02.10.1996
SAP	XKERNPROT	ANYOS	xkernprot		X		SAP	09.11.1999	10:54:45	SAP	23.11.1999
SAP	XPU	ANYOS	xpu	-3	X		SAP	12.09.1997	11:24:12	SAP	05.07.2004
SAP	XSQL	ANYOS	xsql		X		SAP	01.10.1996	11:40:15	SAP	05.07.2004
SAP	XUSER	ANYOS	xuser		X		SAP	07.11.2002	13:40:39	SAP	07.11.2002
SAP	XWIZ	ANYOS	x_wiz		X		SAP	13.03.2001	18:10:37	SAP	05.07.2004
SAP	XWIZ	UNIX	x_wiz		X		SAP	02.10.1996	16:23:03	SAP	05.07.2004
SAP	XWIZ	Windows NT	x_wiz		X		SAP	02.10.1996	16:23:34	SAP	05.07.2004
SAP	XWIZARD	Windows NT	x_analys		X		SAP	02.10.1996	16:19:41	SAP	05.07.2004
SAP	XWIZARD	UNIX	x_analys	&	X		SAP	02.10.1996	16:19:13	SAP	05.07.2004
SAP	XWIZARD	ANYOS	x_analys		X		SAP	13.03.2001	18:11:14	SAP	05.07.2004
SAP	XWIZSTOP	ANYOS	x_wizstop		X		SAP	13.03.2001	18:12:11	SAP	05.07.2004
SAP	XWIZSTOP	UNIX	x_wizstop	&	X		SAP	02.10.1996	16:20:24	SAP	05.07.2004
SAP	XWIZSTOP	Windows NT	x_wizstop		X		SAP	02.10.1996	16:22:17	SAP	05.07.2004
SAP	X_PYTHON	ANYOS	x_python		X		SAP	23.11.1999	13:34:50	SAP	23.11.1999
Kunde	ZCAT	Windows NT	cmd	/C type	X		WESTERMANNA	09.06.2000	03:08:03	WESTERMANNA	09.06.2000
Kunde	ZCAT	Linux	cat		X		TOMTIEDE	03.08.2016	08:48:26	TOMTIEDE	03.08.2016
Kunde	ZCLONE_MOVE	Windows NT	cmd /c move	c:\cldscripts...			DDIC	28.04.2015	15:26:16	DDIC	28.04.2015
Kunde	ZDEL	Linux	rm /		X		TOMTIEDE	15.07.2016	11:14:11	TOMTIEDE	15.07.2016
Kunde	ZDIR	Windows NT	cmd	/C dir	X		WESTERMANNA	09.06.2000	03:06:55	WESTERMANNA	09.06.2000
Kunde	ZFIND	Linux	find		X		TOMTIEDE	04.10.2016	13:18:51	TOMTIEDE	04.10.2016
Kunde	ZLS	Linux	ls	-lar	X		TOMTIEDE	04.10.2016	13:19:29	TOMTIEDE	04.10.2016

Abbildung 2.4 Logische Betriebssystemkommandos

Über die Transaktionen SM69 und SM49 können auch neue Kommandos erstellt werden. Abbildung 2.5 zeigt z. B. die Definition des Unix-Befehls `ls -liaR` mit dem Zusatzparameter `/usr/sap`. Dieser Befehl zeigt die gesamte Verzeichnisstruktur unter dem angegebenen Pfad an inklusive der Rechtemasken.

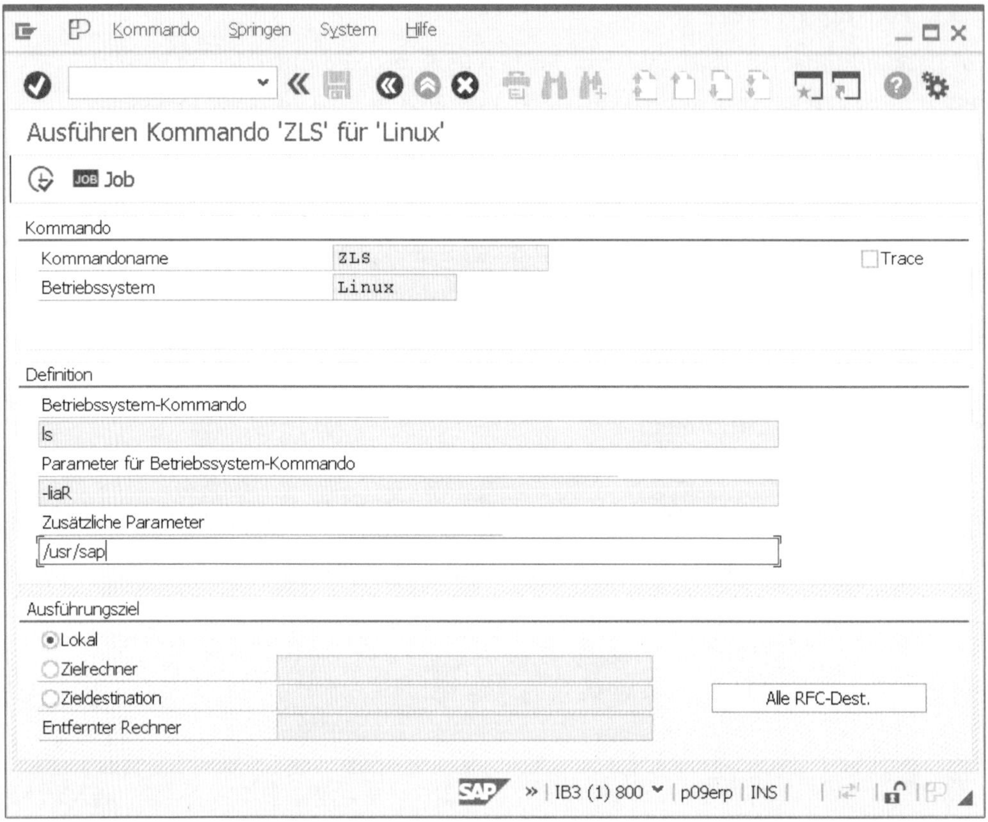

Abbildung 2.5 Betriebssystemkommando »ls« unter Unix

Ähnlich wie dieser relativ unkritische Befehl können auch alle anderen Befehle angelegt werden, z. B.:

- `rm` (Löschen von Dateien/Verzeichnissen)
- `rm -R` (rekursives Löschen von Dateien/Verzeichnissen)
- `chmod` (Änderung der Zugriffsrechte)

Ausgeführt werden die Kommandos ebenfalls mit den Transaktionen SM49 und SM69. Bei der Ausführung eines externen Kommandos muss der Zielrechner (ein SAP-Applikationsserver) angegeben werden, auf dem dieser Befehl ausgeführt werden soll. Zusätzlich können bei einigen Kommandos noch weitere Parameter angegeben werden, je nachdem, ob dies in den Eigenschaften des Kommandos freigegeben wurde oder nicht. Das Ausführen des in Abbildung 2.5 dargestellten Kommandos erzeugt eine Liste, wie sie Abbildung 2.6 zeigt.

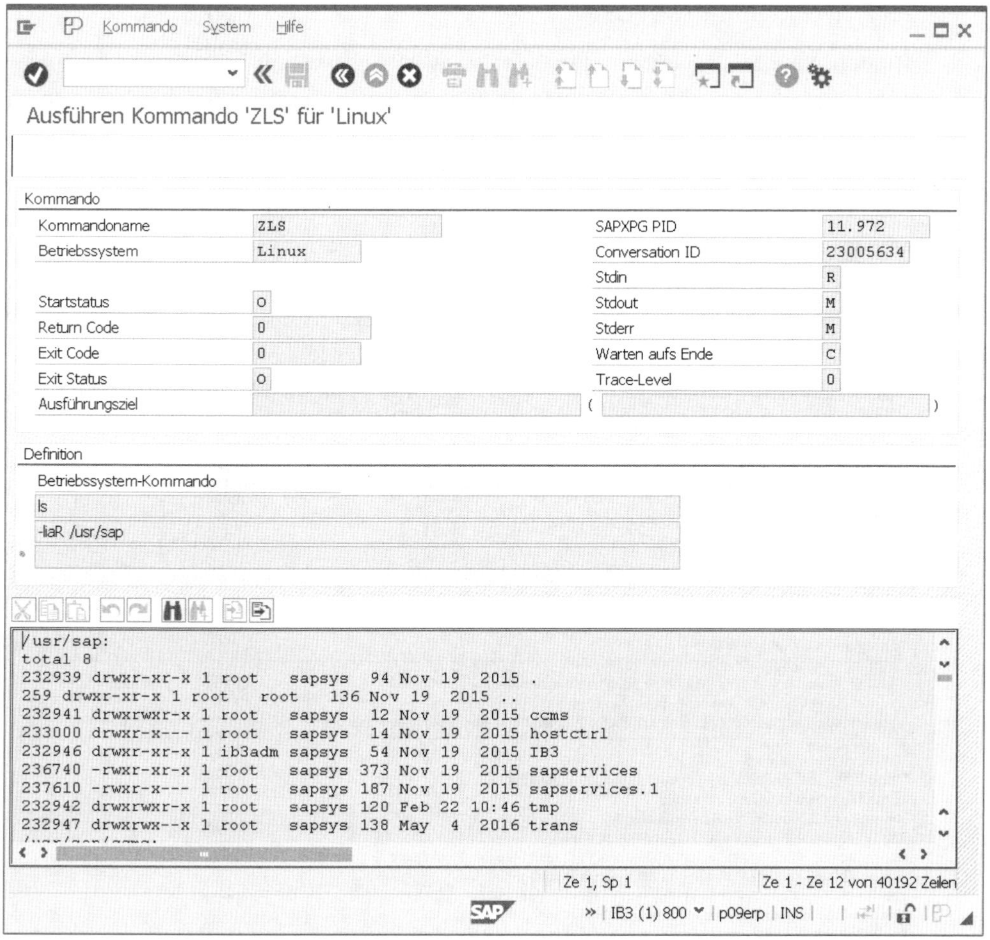

Abbildung 2.6 Ergebnis des Kommandos »ls«

Die Betriebssystemkommandos werden in zwei Tabellen gespeichert (siehe Tabelle 2.2). Änderungen an Betriebssystemkommandos werden über die Tabellenprotokollierung aufgezeichnet.

Tabelle	Beschreibung
SXPGCOSTAB	unternehmenseigene Betriebssystemkommandos
SXPGCOTABE	Betriebssystemkommandos, die von SAP ausgeliefert wurden

Tabelle 2.2 Tabellen der Betriebssystemkommandos

2.3.2 Der Report RSBDCOS0

Mit dem Report RSBDCOS0 können Befehle ins Betriebssystem über eine Kommandozeile abgesetzt werden. Es ist hier nicht notwendig, dass der Befehl als logisches Betriebssystemkommando angelegt wurde. Es wird beim Ausführen allerdings sowohl die Berechtigung zum Anlegen neuer Kommandos als auch zum Ausführen von Kommandos überprüft, zusammen mit den Berechtigungen für die Transaktionen SM49 und SM69. Daher kann der Report nur von entsprechend berechtigten Benutzern genutzt werden. Da hier uneingeschränkt alle Betriebssystemkommandos ausgeführt werden können, stellt dieser Report eine große Gefahrenquelle dar und sollte nicht oder nur in Notfällen genutzt werden. Abbildung 2.7 zeigt exemplarisch, wie mit dem Report die Unix-Benutzerdatei **passwd** angezeigt werden kann.

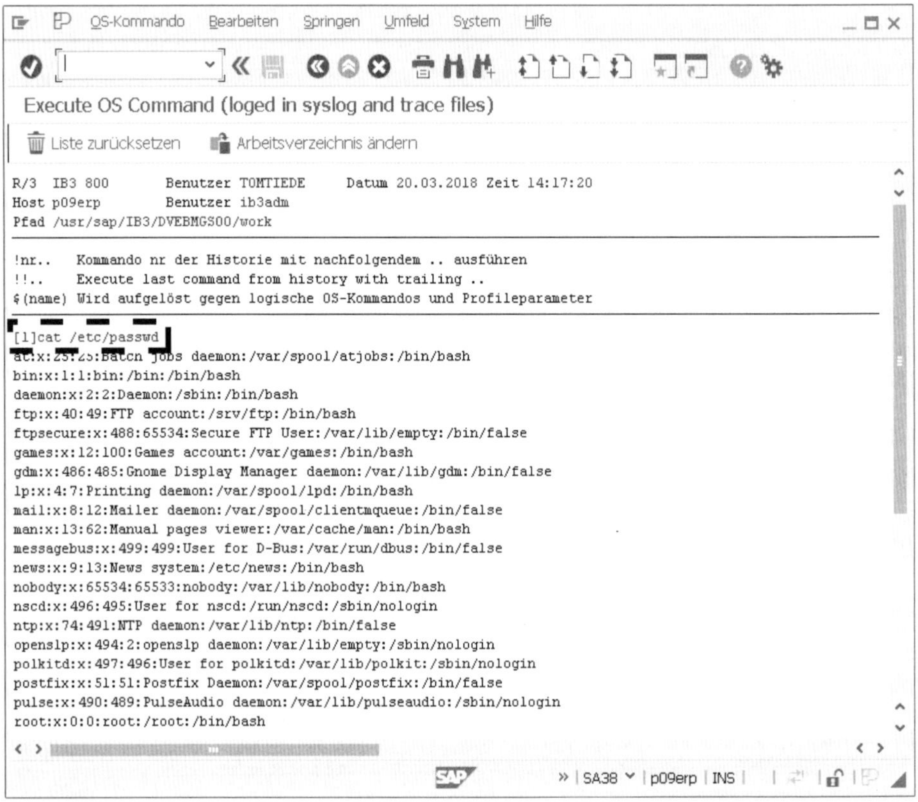

Abbildung 2.7 Ausführen des Befehls »cat /etc/passwd« mit dem Report RSBDCOS0

Das Ausführen von Betriebssystembefehlen mit diesem Report wird im SysLog protokolliert (Meldungsnummer LC0). Es werden sowohl der Start des Reports selbst als auch jedes Betriebssystemkommando protokolliert.

Mithilfe dieses Reports können auch Textdateien im Betriebssystem (z. B. Dateien mit Systemparametern oder die Dateien des Security-Audit-Log) manipuliert werden. Hierfür wäre in einem Unix-System folgender Befehl auszuführen:

```
vi +%s/[alter String]/[neuer String]/g [Datei] +:wq!
```

Dieser Befehl ersetzt eine bestimmte Zeichenfolge in einer Datei durch eine andere Zeichenfolge.

2.3.3 Berechtigungen für Betriebssystemkommandos

Die folgenden Tabellen zeigen Ihnen die Berechtigungen für *Betriebssystemkommandos*. Tabelle 2.3 zeigt die Berechtigung, um neue Betriebssystemkommandos anzulegen.

Berechtigungsobjekt	Feld	Wert
S_TCODE	TCD (Transaktion)	SM49 oder SM69
S_RZL_ADM	ACTVT (Aktivität)	01 (Anlegen)

Tabelle 2.3 Berechtigung zum Anlegen neuer Betriebssystemkommandos

Tabelle 2.4 zeigt die Berechtigung, um alle Betriebssystemkommandos auszuführen.

Berechtigungsobjekt	Feld	Wert
S_TCODE	TCD (Transaktion)	SM49 oder SM69
S_LOG_COM	COMMAND (logisches Kommando)	*
	OPSYSTEM (Betriebssystem)	*
	HOST (Applikationsserver)	*

Tabelle 2.4 Berechtigung zum Ausführen aller Betriebssystemkommandos

Tabelle 2.5 zeigt die Berechtigung zum Ausführen von Betriebssystemkommandos mit dem Report RSBDCOS0.

Berechtigungsobjekt	Feld	Wert
S_TCODE	TCD (Transaktion)	SM49 oder SM69
S_RZL_ADM	ACTVT (Aktivität)	01 (Anlegen)
S_LOG_COM	COMMAND (logisches Kommando)	RSBDCOS0
	OPSYSTEM (Betriebssystem)	<Betriebssystem>
	HOST (Applikationsserver)	<Server>
S_C_FUNCT	ACTVT (Aktivität)	16 (Ausführen)
	PROGRAM (Programm)	RSBDCOS0
	CFUNCNAME (C-Routine)	SYSTEM

Tabelle 2.5 Berechtigung zum Ausführen von Betriebssystemkommandos mit dem Report RSBDCOS0

2.4 Protokollierung von Aktionen unter UNIX

Aktionen unter UNIX werden im *SysLog* gespeichert. Auch die Auditing-Einträge von SAP HANA können hier gespeichert werden, siehe Abschnitt 12.1, »Einführung in SAP HANA«. Das SysLog wird gespeichert in der Datei **/var/log/messages** (dies variiert allerdings in den verschiedenen UNIX-Derivaten). Hierbei handelt es sich um eine Textdatei, die mit den Befehlen `cat` oder `tail -f` angezeigt werden kann. In Abbildung 2.8 ist eine Anmeldung des Benutzers `root` im SysLog zu erkennen.

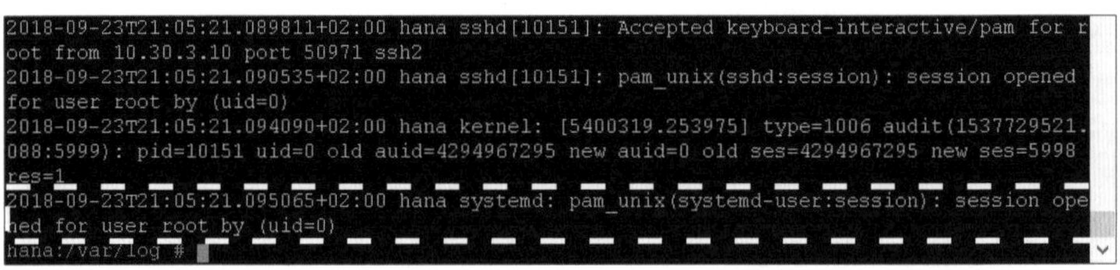

```
2018-09-23T21:05:21.089811+02:00 hana sshd[10151]: Accepted keyboard-interactive/pam for r
oot from 10.30.3.10 port 50971 ssh2
2018-09-23T21:05:21.090535+02:00 hana sshd[10151]: pam_unix(sshd:session): session opened
for user root by (uid=0)
2018-09-23T21:05:21.094090+02:00 hana kernel: [5400319.253975] type=1006 audit(1537729521.
088:5999): pid=10151 uid=0 old auid=4294967295 new auid=0 old ses=4294967295 new ses=5998
res=1
2018-09-23T21:05:21.095065+02:00 hana systemd: pam_unix(systemd-user:session): session ope
ned for user root by (uid=0)
hana:/var/log #
```

Abbildung 2.8 Anzeige des Syslog

Eine weitere Log-Datei ist **/var/log/wtmp**. Hierin werden alle erfolgreichen Logins sowie die Neustarts des Systems gespeichert. Die Datei kann mit dem Befehl `last` angezeigt werden. In Abbildung 2.9 ist zu erkennen, welche Benutzer sich wann von welchem Rechner (IP-Adresse) aus angemeldet haben. Der Befehl `last root` zeigt z. B. die Anmeldungen des Benutzers `root` an.

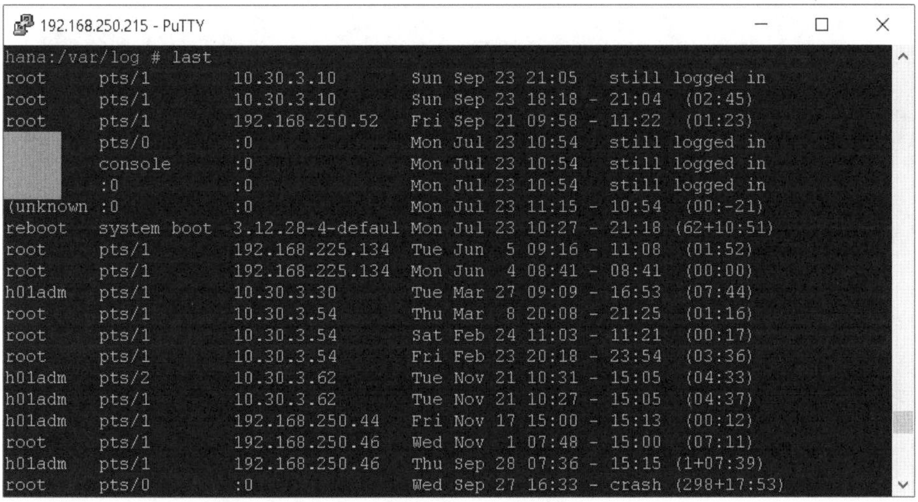

```
192.168.250.215 - PuTTY
hana:/var/log # last
root     pts/1        10.30.3.10       Sun Sep 23 21:05   still logged in
root     pts/1        10.30.3.10       Sun Sep 23 18:18 - 21:04  (02:45)
root     pts/1        192.168.250.52   Fri Sep 21 09:58 - 11:22  (01:23)
[redacted] pts/0      :0               Mon Jul 23 10:54   still logged in
         console      :0               Mon Jul 23 10:54   still logged in
         :0           :0               Mon Jul 23 10:54   still logged in
(unknown :0           :0               Mon Jul 23 11:15 - 10:54  (00:-21)
reboot   system boot  3.12.28-4-defaul Mon Jul 23 10:27 - 21:18 (62+10:51)
root     pts/1        192.168.225.134  Tue Jun  5 09:16 - 11:08  (01:52)
root     pts/1        192.168.225.134  Mon Jun  4 08:41 - 08:41  (00:00)
h01adm   pts/1        10.30.3.30       Tue Mar 27 09:09 - 16:53  (07:44)
root     pts/1        10.30.3.54       Thu Mar  8 20:08 - 21:25  (01:16)
root     pts/1        10.30.3.54       Sat Feb 24 11:03 - 11:21  (00:17)
root     pts/1        10.30.3.54       Fri Feb 23 20:18 - 23:54  (03:36)
h01adm   pts/2        10.30.3.62       Tue Nov 21 10:31 - 15:05  (04:33)
h01adm   pts/1        10.30.3.62       Tue Nov 21 10:27 - 15:05  (04:37)
h01adm   pts/1        192.168.250.44   Fri Nov 17 15:00 - 15:13  (00:12)
root     pts/1        192.168.250.46   Wed Nov  1 07:48 - 15:00  (07:11)
h01adm   pts/1        192.168.250.46   Thu Sep 28 07:36 - 15:15 (1+07:39)
root     pts/0        :0               Wed Sep 27 16:33 - crash (298+17:53)
```

Abbildung 2.9 Ausgabe des Befehls »last«

Die Falschanmeldungen ans System werden in der Datei **/var/log/btmp** gespeichert. Angezeigt werden sie mit dem Befehl `last -f /var/log/btmp` (siehe Abbildung 2.10).

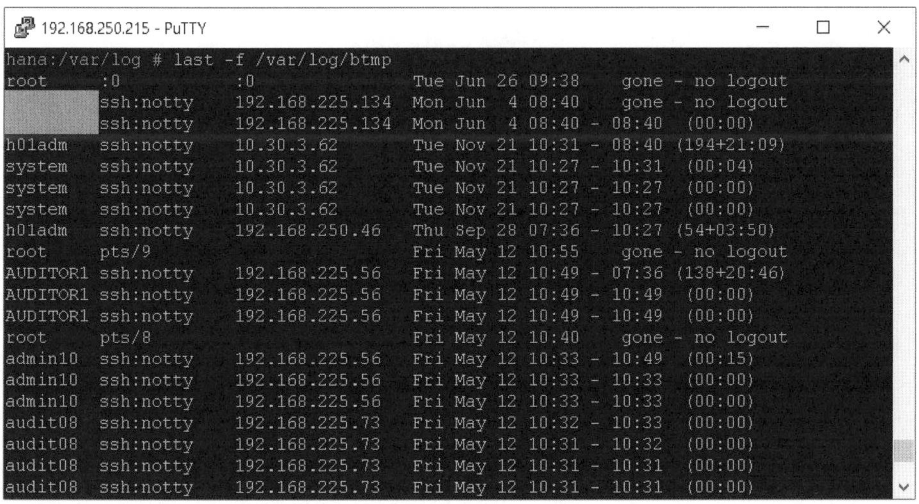

```
192.168.250.215 - PuTTY
hana:/var/log # last -f /var/log/btmp
root      :0           :0               Tue Jun 26 09:38    gone - no logout
[redacted] ssh:notty   192.168.225.134  Mon Jun  4 08:40    gone - no logout
          ssh:notty    192.168.225.134  Mon Jun  4 08:40 - 08:40  (00:00)
h01adm    ssh:notty    10.30.3.62       Tue Nov 21 10:31 - 08:40 (194+21:09)
system    ssh:notty    10.30.3.62       Tue Nov 21 10:27 - 10:31  (00:04)
system    ssh:notty    10.30.3.62       Tue Nov 21 10:27 - 10:27  (00:00)
system    ssh:notty    10.30.3.62       Tue Nov 21 10:27 - 10:27  (00:00)
h01adm    ssh:notty    192.168.250.46   Thu Sep 28 07:36 - 10:27 (54+03:50)
root      pts/9                         Fri May 12 10:55    gone - no logout
AUDITOR1  ssh:notty    192.168.225.56   Fri May 12 10:49 - 07:36 (138+20:46)
AUDITOR1  ssh:notty    192.168.225.56   Fri May 12 10:49 - 10:49  (00:00)
AUDITOR1  ssh:notty    192.168.225.56   Fri May 12 10:49 - 10:49  (00:00)
root      pts/8                         Fri May 12 10:40    gone - no logout
admin10   ssh:notty    192.168.225.56   Fri May 12 10:33 - 10:49  (00:15)
admin10   ssh:notty    192.168.225.56   Fri May 12 10:33 - 10:33  (00:00)
admin10   ssh:notty    192.168.225.56   Fri May 12 10:33 - 10:33  (00:00)
audit08   ssh:notty    192.168.225.73   Fri May 12 10:32 - 10:33  (00:00)
audit08   ssh:notty    192.168.225.73   Fri May 12 10:31 - 10:32  (00:00)
audit08   ssh:notty    192.168.225.73   Fri May 12 10:31 - 10:31  (00:00)
audit08   ssh:notty    192.168.225.73   Fri May 12 10:31 - 10:31  (00:00)
```

Abbildung 2.10 Anzeige der Datei »/var/log/btmp«

Aktuell am System angemeldete Benutzer werden in der Datei **/var/log/utmp** gespeichert. Angezeigt werden sie mit dem Befehl `last -f /var/log/utmp` (siehe Abbildung 2.11).

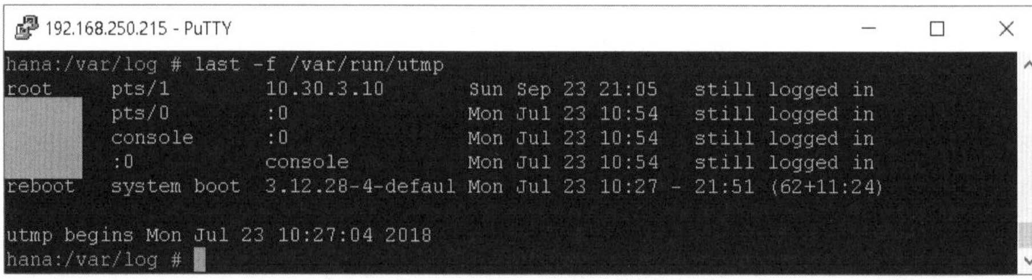

Abbildung 2.11 Anzeige der Datei »/var/log/utmp«

Kapitel 3
Systemsicherheit in SAP HANA

Dieses Kapitel zeigt Ihnen wesentliche Funktionen auf, die im Rahmen jeder Sicherheitsprüfung betrachtet werden müssen. Erfahren Sie, wie Systemparameter funktionieren, wie Sie sensible Daten verschlüsseln und Schnittstellen absichern.

In diesem Kapitel zeige ich wesentliche Themen zur Absicherung einer SAP-HANA-Datenbank auf. Abschnitt 3.1, »Verwaltung von Lizenzen«, befasst sich mit der Lizenzierung der SAP-HANA-Datenbank. Hierbei ist es wesentlich, sich mit den verschiedenen Lizenzierungsmöglichkeiten und ihren Auswirkungen auf eventuelle Sperrungen der Datenbanken auseinanderzusetzen. In Abschnitt 3.2, »Pflege von Systemparametern«, zeige ich Ihnen die Funktionsweise der Systemparameter auf. In Abschnitt 3.2.5, »Änderungshistorie von Parameteränderungen«, sind explizit alle sicherheitsrelevanten Systemparameter aufgeführt, die ich in anderen Kapiteln dieses Buches ausführlich behandle. In Abschnitt 3.3, »Verschlüsselung von Daten«, und Abschnitt 3.4, »Verschlüsselung der Kommunikation«, geht es um die Verschlüsselung der Daten und der Kommunikation, was für SAP-HANA-Datenbanken mit produktiven Daten unerlässlich ist. In Abschnitt 3.5, »Verbindungen zu anderen Systemen – Remote Sources«, stelle ich Ihnen die Remote Sources vor, fest definierte Verbindungen zu anderen Systemen. In Abschnitt 3.6, »Skripte zur Prüfung der Systemsicherheit«, zeige ich Ihnen von SAP vordefinierte Skripte auf, mit denen sicherheitsrelevante Einstellungen von SAP HANA analysiert werden können. Abschnitt 3.7 befasst sich dann schließlich mit den Warnmeldungen des Systems.

3.1 Verwaltung von Lizenzen

Eine SAP-HANA-Datenbank kann nur mit einem gültigen *Lizenzschlüssel* betrieben werden. *Lizenzen* sind für die Datenbank selbst inklusive System-DB sowie für die einzelnen Tenants erforderlich. Abbildung 3.1 zeigt eine Lizenz für einen Tenant. Unter anderem fließt die Größe des Hauptspeichers in die Lizenz ein. Der **License Type** für den Betrieb von SAP HANA ist **Permanent**. Nach der Installation der SAP-HANA-Datenbank ist der Lizenztyp **Temporär**. Diese Lizenz ist 90 Tage gültig. Innerhalb dieses Zeitraums muss ein Lizenzschlüssel für eine *permanente Lizenz* eingespielt werden. Kurz vor Ablauf einer Lizenz wird ein Alarm mit der ID 31 ausgegeben (License expiry). Für das Verwalten der Lizenzen ist das System Privilege LICENSE ADMIN erforderlich.

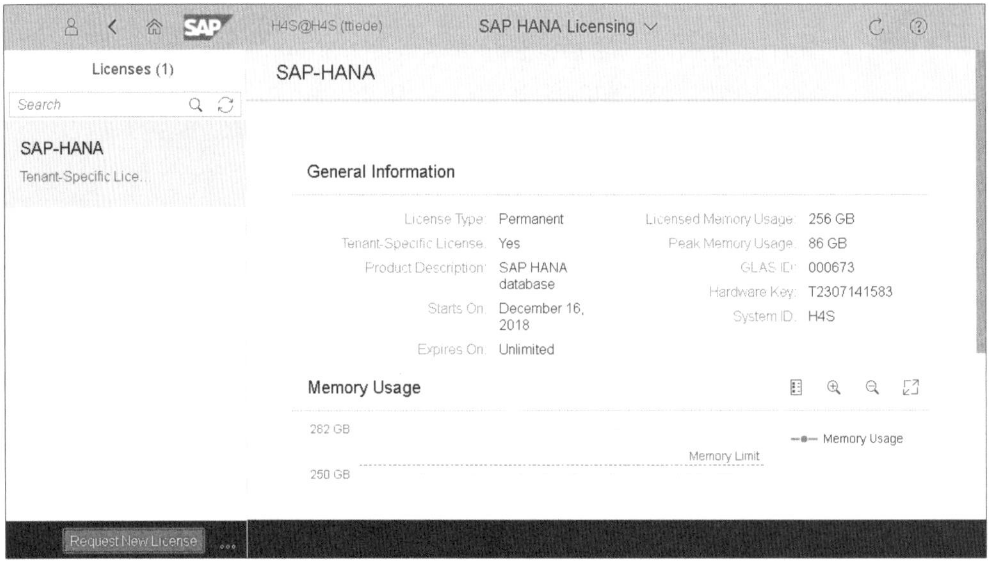

Abbildung 3.1 Tenant-spezifische SAP-HANA-Lizenz

Es gibt zwei Arten von permanenten Lizenzen: *unenforced* und *enforced*. Bei Lizenzen vom Typ enforced wird die Datenbank gesperrt, wenn mehr Hauptspeicher verbraucht wird, als lizenziert ist. Dann muss die Datenbank neu gestartet oder ein neuer Lizenzschlüssel eingespielt werden.

Bei Lizenzen vom Typ unenforced wird die Datenbank nicht gesperrt, wenn mehr Speicher verbraucht wird, als lizenziert ist. Eine Lizenz mit dem Namen SAP-HANA (wie in Abbildung 3.1) ist eine unenforced-Lizenz. Lizenzen vom Typ enforced sind SAP-HANA-ENF, SAP-HANA-DEV und SAP-HANA-DIGITAL. Den Speicher überwachen Sie in SAP HANA mit dem **Performance Monitor** (Kachel **Memory Usage • Monitor Performance** oder **Analyze Memory History**). Ist der lizenzierte Hauptspeicher verbraucht, wird die Alarmmeldung mit der ID 44 Licensed memory usage ausgegeben.

Bei gesperrter Datenbank kann nur ein Benutzer mit der Berechtigung LICENSE ADMIN Funktionen in der Datenbank ausführen. Er kann den aktuellen Stand der Lizenzierung abfragen, Lizenzen löschen und neue Lizenzen einspielen.

3.1.1 Auswertung der aktuellen Lizenzen

Um die Lizenzen des aktuellen Tenants anzuzeigen, kann die View M_LICENSE genutzt werden. In der Systemdatenbank können Sie die View SYS_DATABASES.M_LICENSE nutzen, um die Lizenzinformationen aller Tenants anzuzeigen. Tabelle 3.1 zeigt die Felder der Tabelle, mit deren Hilfe überwacht werden kann, ob Lizenzen demnächst ablaufen.

Feld	Beschreibung
DATABASE_NAME	Name des Tenants
HARDWARE_KEY	Hardware-Key
SYSTEM_ID	Name der SAP-HANA-Datenbank
INSTALL_NO	Installationsnummer der SAP-HANA-Datenbank
SYSTEM_NO	Systemnummer
GLAS_APPLICATION_ID	ID des Software-Produktes
PRODUCT_NAME	Name der lizenzierten Software
PRODUCT_DESCRIPTION	Beschreibung der lizenzierten Software
PRODUCT_LIMIT	Limit des Produktes (z. B. Größe des Hauptspeichers)
PRODUCT_LIMIT_DESCRIPTION	Beschreibung des Limits
PRODUCT_USAGE	höchster Verbrauch des Limits, beim Hauptspeicher z. B. der bisher größte Speicherbedarf der Software
MEASUREMENT_INTERVAL	Intervall der Lizenzüberprüfung (Stunden)
FIRST_INSTALLATION_TIME	Datum der Erstinstallation der Lizenz
START_DATE	Beginn der Gültigkeit der Lizenz
EXPIRATION_DATE	Ablaufdaten der Lizenz. Ist das Feld leer, so ist die Lizenz unbegrenzt gültig.
LAST_SUCCESSFUL_CHECK	Datum der letzten erfolgreichen Prüfung der Gültigkeit der Lizenz
PERMANENT	Zeigt an, ob es sich um eine permanente Lizenz (TRUE) oder eine temporäre Lizenz (FALSE) handelt.
VALID	Zeigt an, ob die Lizenz gültig ist (TRUE).
ENFORCED	Zeigt an, ob die Lizenz vom Typ enforced (TRUE) oder unenforced (FALSE) ist.
LOCKED_DOWN	Zeigt an ob die Datenbank gesperrt ist (TRUE).
IS_DATABASE_LOCAL	Zeigt an, ob die Lizenz im aktuellen Tenant installiert ist oder in der System-DB.

Tabelle 3.1 Felder der Tabelle SYS_DATABASES.M_LICENSE

3.1.2 Lizenzen mit dem SAP HANA Cockpit verwalten

Sie verwalten die Lizenzen im SAP HANA Cockpit, indem Sie im Fenster **System Overview** eines Systems (das erreichen Sie, wenn Sie im Einstiegsbild des SAP HANA Cockpits auf die Kachel **Resource Directory** – *System auswählen* klicken) auf den Link **Manage System Licenses** und die Kachel **Database Administration** klicken. Abbildung 3.1 zeigt die Oberfläche der App. Hier sind alle Lizenzen aufgelistet. Durch Anklicken einer Lizenz werden Ihnen die Lizenzinformationen angezeigt, z. B. der Lizenztyp (permanent/temporär) und das Gültigkeitsdatum. Erfolgt die Lizenzierung nach Hauptspeicherverbrauch, können Sie in der Grafik **Memory Usage** die Hauptspeicherauslastung auf einer Zeitachse auswerten.

Über die Schaltfläche **Request New License** ganz unten erhalten Sie erforderliche Informationen, um eine neue Lizenz zur beantragen (siehe Abbildung 3.2). Über die Schaltfläche **More** (…) können Sie neue Lizenzen einspielen und vorhandene löschen.

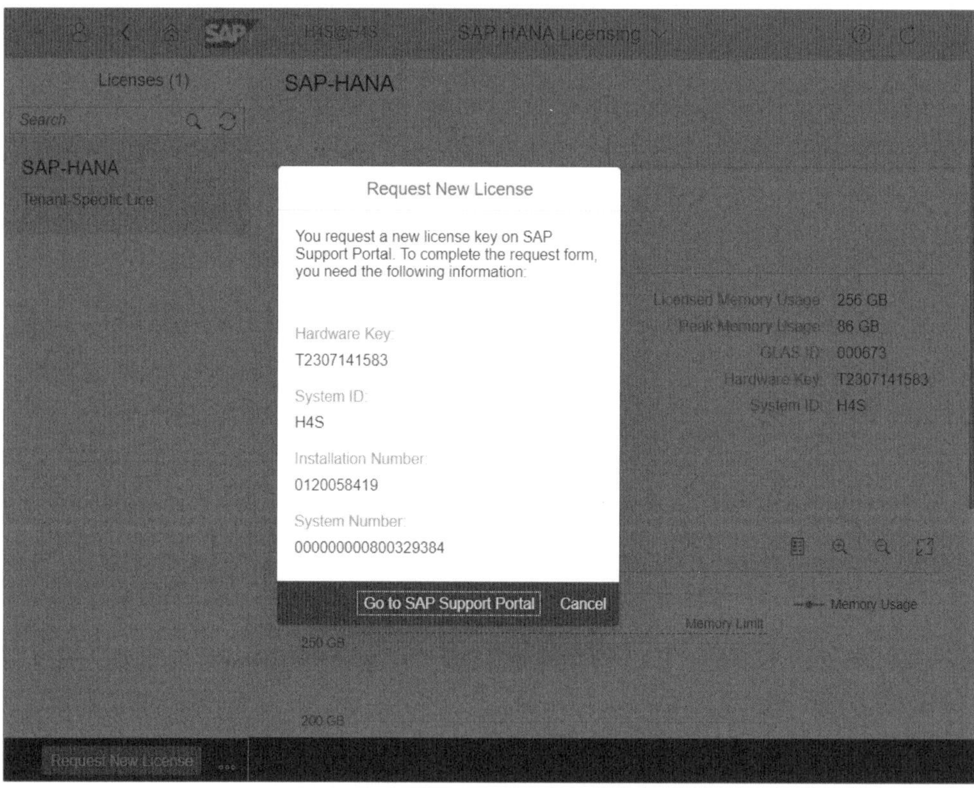

Abbildung 3.2 Informationen zur Anforderung einer neuen Lizenz

3.1.3 Lizenzen mit dem SAP HANA Studio verwalten

Im SAP HANA Studio erreichen Sie die Verwaltung der Lizenzen, indem Sie im Register **System** mit der rechten Maustaste auf das betreffende System klicken und den Kontextmenü-Eintrag **Properties** auswählen. Im Fenster **Properties for <System-name>** klicken Sie auf den Eintrag **License** (siehe Abbildung 3.3). Hier werden Ihnen die aktuellen Lizenzdaten angezeigt, und Sie können Schlüssel einspielen und löschen.

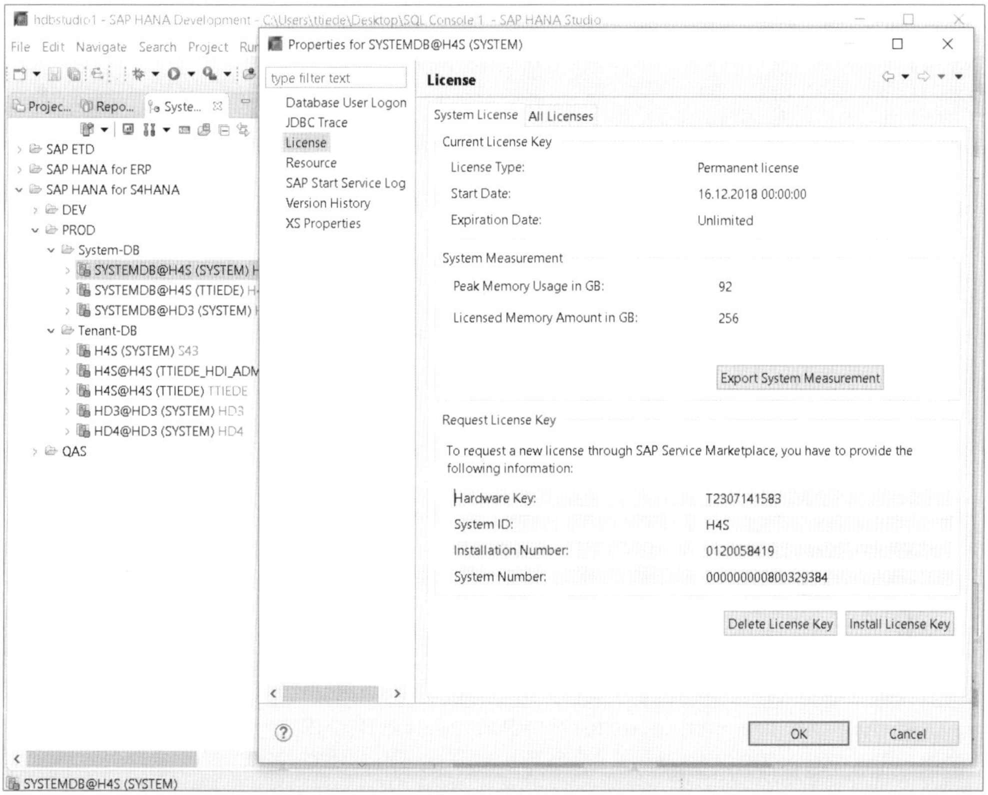

Abbildung 3.3 Anzeige der Lizenzinformationen im SAP HANA Studio

3.1.4 Protokollierung von Änderungen an Lizenzen

Das Einspielen und Löschen von Lizenzen sollte über das Auditing (siehe Kapitel 11, »Auditing in SAP HANA«) protokolliert werden. Sie können das Einspielen (`SET SYSTEM LICENSE`, Kategorie **License Installation**) und Löschen (`UNSET SYSTEM LICENSE`, Kategorie **License Deletion**) von Lizenzen protokollieren (siehe Abbildung 3.4).

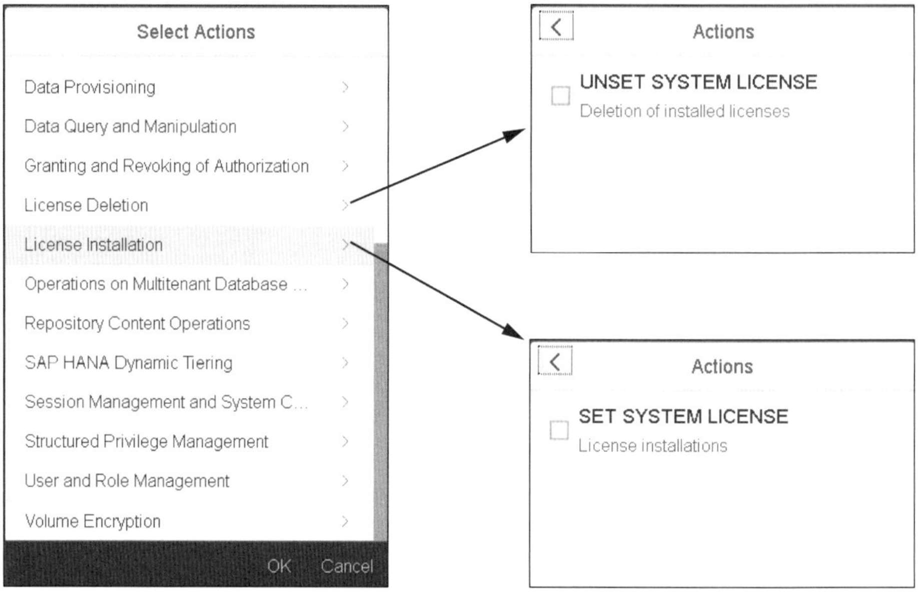

Abbildung 3.4 Protokollierung von Änderungen an Lizenzen

3.2 Pflege von Systemparametern

Wie der SAP-ABAP-Stack wird auch die SAP-HANA-Datenbank über Parameter gesteuert, die in Textdateien auf der Betriebssystemebene gespeichert werden (siehe dazu auch den SAP-Hinweis 2186744. Bei diesen Dateien handelt es sich um *.INI-Dateien*. Viele sicherheitsrelevante Eigenschaften werden über Systemparameter gesetzt. Dieser Abschnitt zeigt Ihnen, wie Sie Systemparameter pflegen und wie die Änderungen protokolliert werden können. Grundsätzliche Empfehlungen zu Parametereinstellungen finden Sie im SAP-Hinweis 2600030.

3.2.1 Das Konzept der Systemparameter

Ein Parameter kann auf verschiedenen Ebenen (*Layer*) Werte erhalten. Bei der Pflege und der Auswertung der Parameter wird jeweils angegeben, für welchen Layer ein Wert gültig ist. Daraus ist der Gültigkeitsbereich des Parameterwerts ersichtlich. Ein Parameter kann Werte für mehrere Layer enthalten. So kann z. B. für einen Parameter in der Systemdatenbank ein anderer Wert gesetzt werden als in einer Tenant-Datenbank.

- **Default**
  Dies sind die Standardwerte der Parameter. Werden sie nicht durch andere Werte überschrieben, sind dies die gültigen Werte für die System-Datenbank und für die

Tenants. Die INI-Dateien mit den Default-Werten werden in folgendem Pfad im Betriebssystem gespeichert:

/usr/sap/<SID>/HDB<instance>/exe/config

Abbildung 3.5 zeigt die INI-Dateien in diesem Verzeichnis. An der Rechtemaske der Dateien (`-r--r--r--`) ist erkennbar, dass sie nur gelesen, nicht aber geändert werden können. Werden Systemparameter geändert, werden die Änderungen in den nachfolgend erläuterten Pfaden gespeichert.

- **System-Datenbank**
  In der System-Datenbank werden Parameter gesetzt, die für die gesamte Datenbank (inklusive Tenants) gültig sind. Einige Parameter können allerdings tenantspezifisch überschrieben werden. Für Parameter, die hier nicht gesetzt sind, gilt der Default-Wert.

  Die INI-Dateien der System-Datenbank finden Sie unter folgendem Pfad im Betriebssystem (der Standardwert für **<sapmnt>** ist **/hana/shared**):

  <sapmnt>/<SID>/global/hdb/custom/config

  Abbildung 3.6 zeigt die INI-Dateien der System-Datenbank im Betriebssystem (der Name der Datenbank ist hier *H4S*).

- **Tenant-Datenbanken**
  In Tenant-Datenbanken können Parameter teilweise individuell gesetzt werden. Welche Parameter explizit nicht gesetzt werden können, ist in der Datei **multidb.ini** hinterlegt. Die dort enthaltenen Parameter können nur in der System-Datenbank gesetzt werden, siehe auch Abschnitt 4.3, »Nicht änderbare Parameter in Tenants«.

  Die INI-Dateien der Tenant-Datenbanken finden Sie unter folgendem Pfad im Betriebssystem (der Standardwert für **<sapmnt>** ist **/hana/shared**):

  <sapmnt>/<SID>/global/hdb/custom/config/DB_<Tenant-Name>

  Abbildung 3.7 zeigt die INI-Dateien eines Tenants im Betriebssystem.

- **Host**
  Einige Parameter werden host-spezifisch gesetzt. Sie werden ebenfalls über SAP HANA gepflegt. Diese Parameter finden Sie unter folgendem Pfad im Betriebssystem:

  /usr/sap/<SID>/HDB<instance>/<hostname>

  Die Parameter werden in folgenden INI-Dateien gespeichert:

  daemon.ini

  webdispatcher.ini

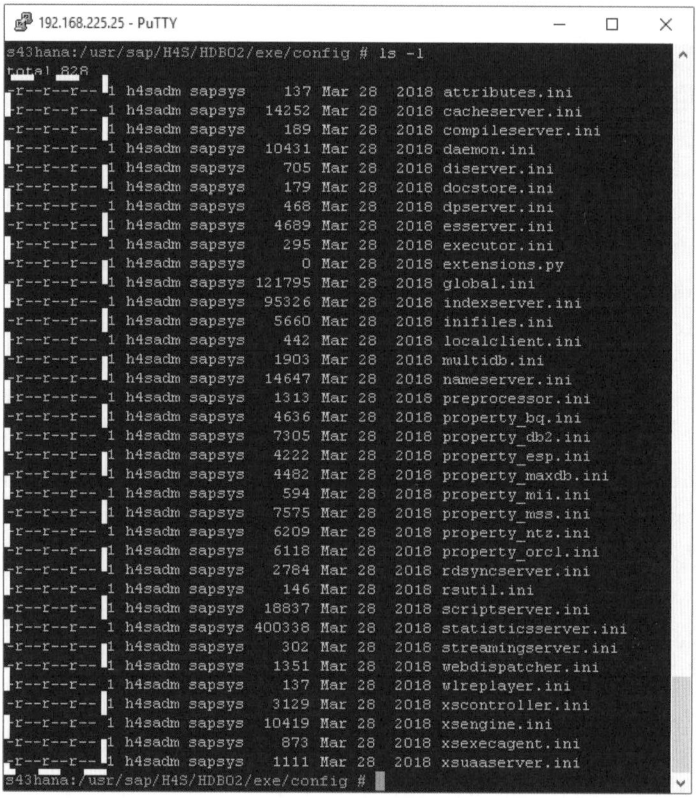

Abbildung 3.5 INI-Dateien mit den Default-Werten

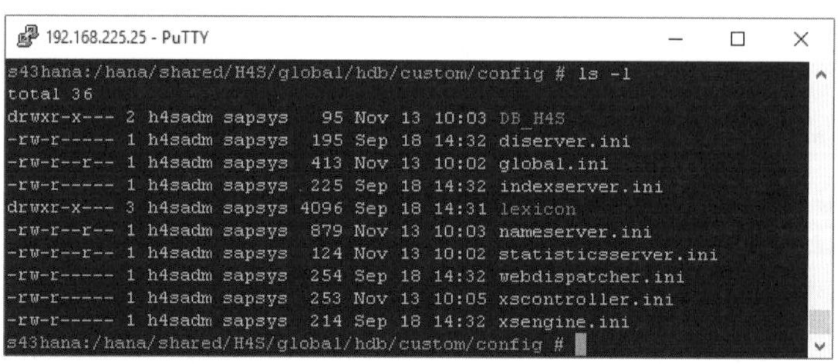

Abbildung 3.6 INI-Dateien einer Systemdatenbank

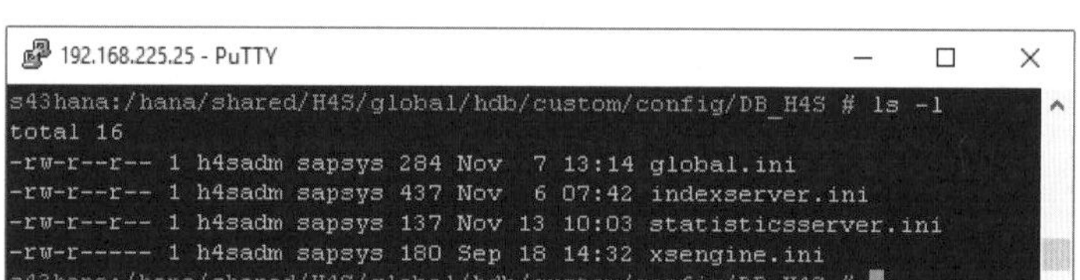

Abbildung 3.7 INI-Dateien eines Tenants

Jede INI-Datei ist in Abschnitte (*Sections*) unterteilt. Der Abschnitt für die Kennwortkonfiguration in der Datei **indexserver.ini** heißt z. B. `password policy`. Listing 3.1 zeigt einen Auszug aus der Datei **indexserver.ini**.

```
[password policy]
password_layout = 1a
password_lock_time = -1
last_used_passwords = 5
password_lock_for_system_user = false
maximum_invalid_connect_attempts = 6
```

Listing 3.1 Auszug aus der Datei »indexserver.ini« zur Kennwortkonfiguration

INI-Dateien mit sicherheitsrelevanten Parametern sind:

- **global.ini**
  Enthält u. a. die Konfiguration des Security Audit Log, der Verschlüsselung und des persistenten Speichers.
- **indexserver.ini**
  Enthält u. a. die Konfiguration der Authentifizierungsmechanismen und der Anmeldesicherheit in den Tenant-Datenbanken.
- **nameserver.ini**
  Nur relevant in der Systemdatenbank; enthält u. a. die Konfiguration der Anmeldesicherheit der Systemdatenbank.
- **multidb.ini**
  Enthält die Parameter, die nicht in Tenant-Datenbanken gesetzt werden können.

Die aktuellen Werte aller Parameter einer Datenbank (System oder Tenant) zeigt der View `SYS.M_INIFILE_CONTENTS`. Tabelle 3.2 enthält die Felder der View.

Feld	Beschreibung
`FILE_NAME`	Name der INI-Datei
`LAYER_NAME`	Gültigkeitsbereich: ▪ `DEFAULT`: Default-Einstellung ▪ `SYSTEM`: Einstellung für Systemdatenbank in einem Multi-Tenant-System ▪ `HOST`: Gültig für eine bestimmten Server; Servername im Feld `HOST` ▪ `DATABASE`: Einstellung für eine Tenant-Datenbank
`TENANT_NAME`	wird nicht mehr genutzt

Tabelle 3.2 Felder der View M_INIFILE_CONTENTS

Feld	Beschreibung
HOST	Servername (wenn LAYER_NAME = HOST)
SECTION	Abschnitt
KEY	Parametername
VALUE	Parameterwert

Tabelle 3.2 Felder der View M_INIFILE_CONTENTS (Forts.)

Von der Systemdatenbank aus haben Sie auch die Möglichkeit, sich die Parameterwerte der Systemdatenbank selbst sowie aller aktiven Tenants anzeigen zu lassen. Hierfür nutzen Sie die View SYS_DATABASES.M_INIFILE_CONTENTS. Tabelle 3.3 zeigt die Felder der View.

Feld	Beschreibung
FILE_NAME	Name der INI-Datei
LAYER_NAME	Gültigkeitsbereich: ■ DEFAULT: Default-Einstellung ■ SYSTEM: Einstellung für Systemdatenbank in einem Multi-Tenant-System ■ HOST: Gültig für eine bestimmten Server; Servername im Feld HOST ■ DATABASE: Einstellung für eine Tenant-Datenbank
DATABASE_NAME	Wenn LAYER_NAME = DATABASE, so wird hier der Name des Tenants angezeigt, in dem dieser Parameter gesetzt ist.
HOST	Servername (wenn LAYER_NAME = HOST)
SECTION	Abschnitt
KEY	Parametername
VALUE	Parameterwert

Tabelle 3.3 Felder der View SYS_DATABASES.M_INIFILE_CONTENTS

Zur Pflege von Systemparametern benötigen Sie das System Privilege INIFILE ADMIN.

3.2.2 Ändern der Parameter mit dem SAP HANA Cockpit

Zur Pflege von Parametern mit dem SAP HANA Cockpit wählen Sie in der Einstiegsseite die App **Resource Directory** aus (siehe Abbildung 3.8). Im Resource Directory wählen Sie dann das System aus, für welches Sie die Parameter pflegen wollen. Sie gelangen in die Sicht **System Overview** (siehe Abbildung 3.9). Im Feld **Filter by Area** können Sie auf **Monitoring and Administration** eingrenzen. Über den Eintrag **Administration – Configure System Properties** gelangen Sie zur Pflege der Systemparameter.

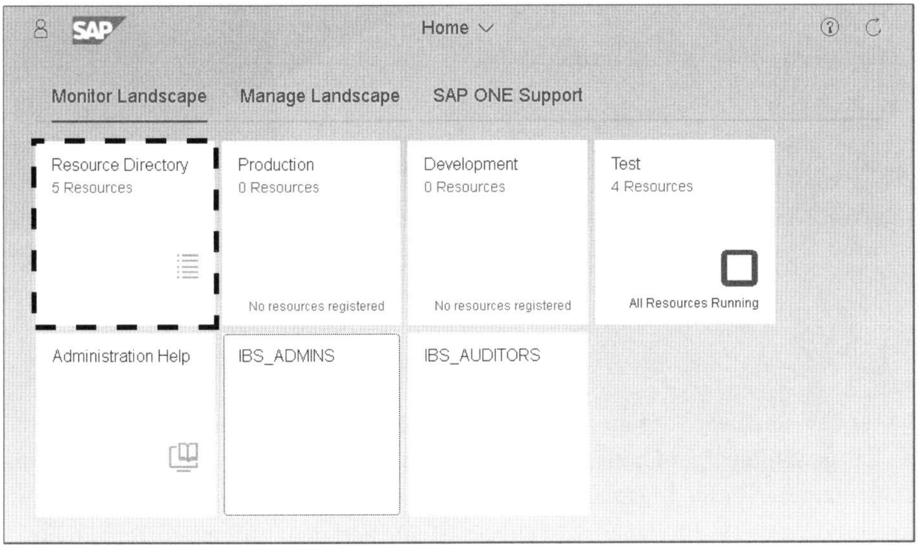

Abbildung 3.8 Das Resource Directory im SAP HANA Cockpit

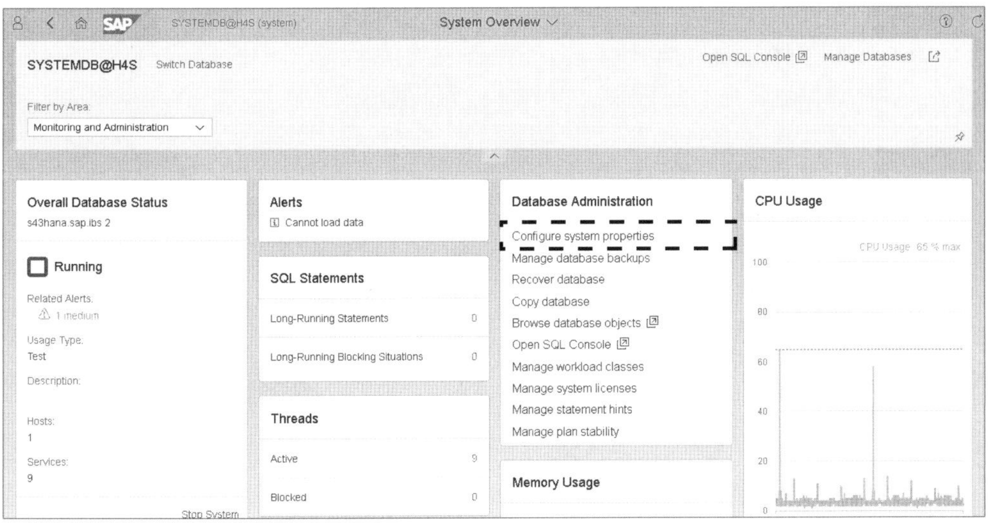

Abbildung 3.9 Administrationssicht im SAP HANA Cockpit

In der Sicht **Configuration of System Properties** können Sie sich nun die Parameter anzeigen lassen und die Werte ändern (siehe Abbildung 3.10). Tabelle 3.4 listet Ihnen die Selektionsmöglichkeiten auf.

Suchfeld	Beschreibung
Search	Freitextsuche über alle Parameter
Configuration File	Auswahl der INI-Datei
Section	Abschnitt in der INI-Datei
Host	Auswahl eines Servers oder **All**
Database	Auswahl einer Datenbank oder **All** Das Feld wird nur angezeigt, wenn die Systemdatenbank ausgewählt ist.

Tabelle 3.4 Selektionen zur Parameterpflege

Unter dem Suchfeld **Configuration File** werden Ihnen nur die Dateien angezeigt, die in der gewählten Datenbank zur Verfügung stehen. Abbildung 3.10 zeigt z. B. die Datei **nameserver.ini**. Diese bekommen Sie nur zur Auswahl, wenn Sie die Systemdatenbank ausgewählt haben. Lassen Sie sich die Parameter für einen Tenant anzeigen, ist diese Datei nicht verfügbar.

Abbildung 3.10 Pflege der Systemparameter im SAP HANA Cockpit

Um einen Parameterwert zu ändern, klicken Sie auf den Link **Change Layer**. Haben Sie eine Tenant-Datenbank ausgewählt, ändern Sie den Wert nur in diesem Tenant. Die Systemdatenbank ist davon nicht betroffen. Abbildung 3.11 zeigt die Änderung des Parameters `maximum_password_lifetime` (maximale Gültigkeit eines Kennwortes). Er wird hier im Datenbank-Tenant H4S vom Default-Wert (»182«) auf den Wert »90« gesetzt.

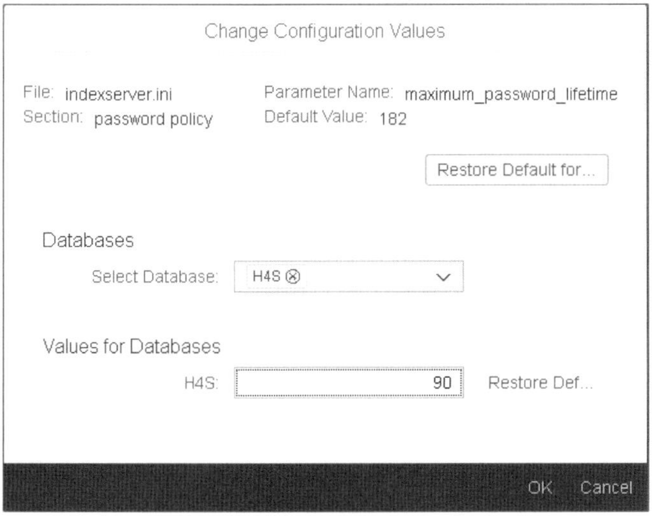

Abbildung 3.11 Ändern eines Parameterwertes in einer Tenant-Datenbank

Abbildung 3.12 zeigt, wie diese Änderung aus der Sicht der Systemdatenbank dargestellt wird. Der Default-Wert ist weiterhin »182«. Dieser Wert gilt für alle Tenant-Datenbanken, außer für H4S. Für diese wird explizit der Wert »90« ausgewiesen.

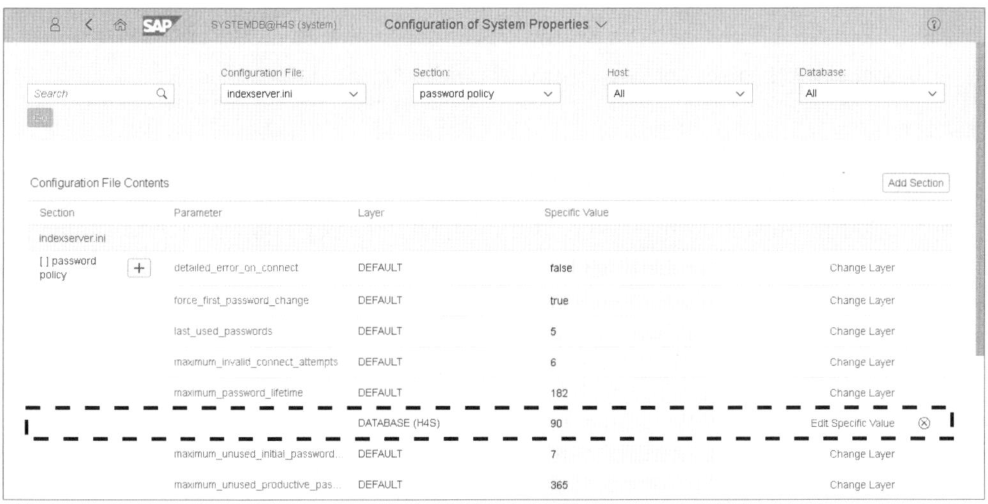

Abbildung 3.12 Darstellung eines geänderten Parameters

3.2.3 Ändern der Parameter mit dem SAP HANA Studio

Im SAP HANA Studio ändern Sie Parameterwerte über die Administrationssicht einer Datenbank. Klicken Sie hierfür mit der rechten Maustaste auf ein System, und wählen Sie den Kontextmenüeintrag **Configuration and Monitoring • Open Administration** aus. Alternativ markieren Sie die Datenbank mit der linken Maustaste und klicken auf die Schaltfläche **Administration** (). In der Administrationssicht werden Ihnen unter dem Register **Configuration** die INI-Dateien angezeigt.

Abbildung 3.13 zeigt die Sicht im SAP HANA Studio. Abhängig davon, ob eine Systemdatenbank oder eine Tenant-Datenbank ausgewählt wurde, werden die jeweils verfügbaren INI-Dateien angezeigt. Die Bedeutung der Symbole in dieser Ansicht zeigt Tabelle 3.5.

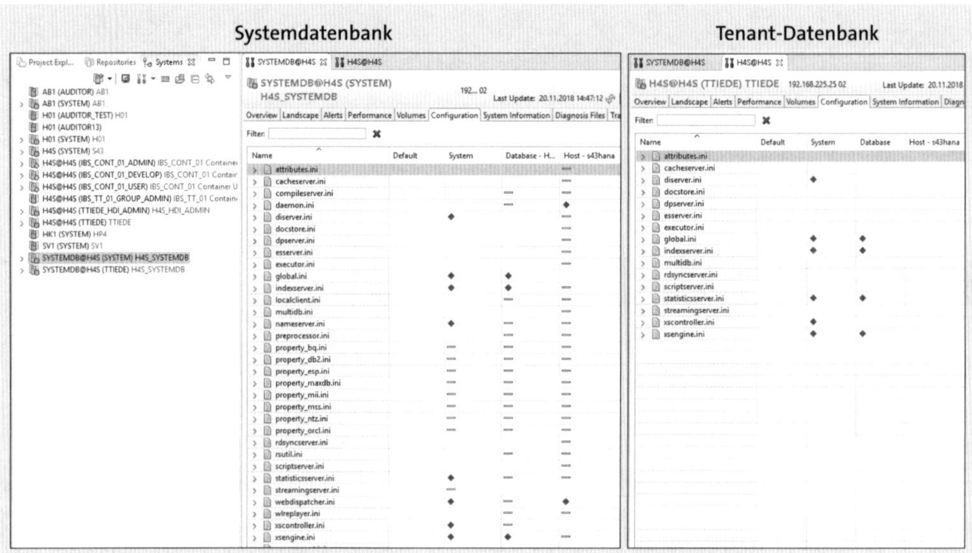

Abbildung 3.13 Pflege der Systemparameter mit dem SAP HANA Studio

Im Feld **Filter** kann nach beliebigen Texten über alle Parameter gesucht werden. Eine Suche nach Werten ist nicht möglich.

Klicken Sie mit der rechten Maustaste auf den Wert eines Parameters, und wählen Sie im Kontextmenü den Eintrag **Change**, um den Wert zu ändern. Ihnen wird das Fenster **Change Configuration Value** angezeigt. In Abbildung 3.14 wurde die Parameteränderung von einer Tenant-Datenbank aufgerufen. Daher ist hier der Wert für die Systemdatenbank (Block **System**) nicht änderbar. Der Wert für die Tenant-Datenbank kann gepflegt werden.

Symbol	Bedeutung
	Wird auf der Ebene der INI-Datei oder eines Abschnitts gesetzt. Zeigt an, dass in der INI-Datei bzw. in dem Abschnitt Werte zu Parametern geändert sind.
	Wird für Parameter gesetzt, wenn die Werte geändert wurden. Hinter dem Symbol wird der aktuelle Parameterwert angezeigt.
	Wird für alle Elemente (INI-Datei, Abschnitt, Parameter) gesetzt und zeigt an, dass das Element für die Datenbank nicht verfügbar ist. Dieses Symbol ist z. B. für die Datei **nameserver.ini** für Tenant-Datenbanken gesetzt, da diese Datei nur in Systemdatenbanken existiert.

Tabelle 3.5 Symbole der Systemparameterpflege im SAP HANA Studio

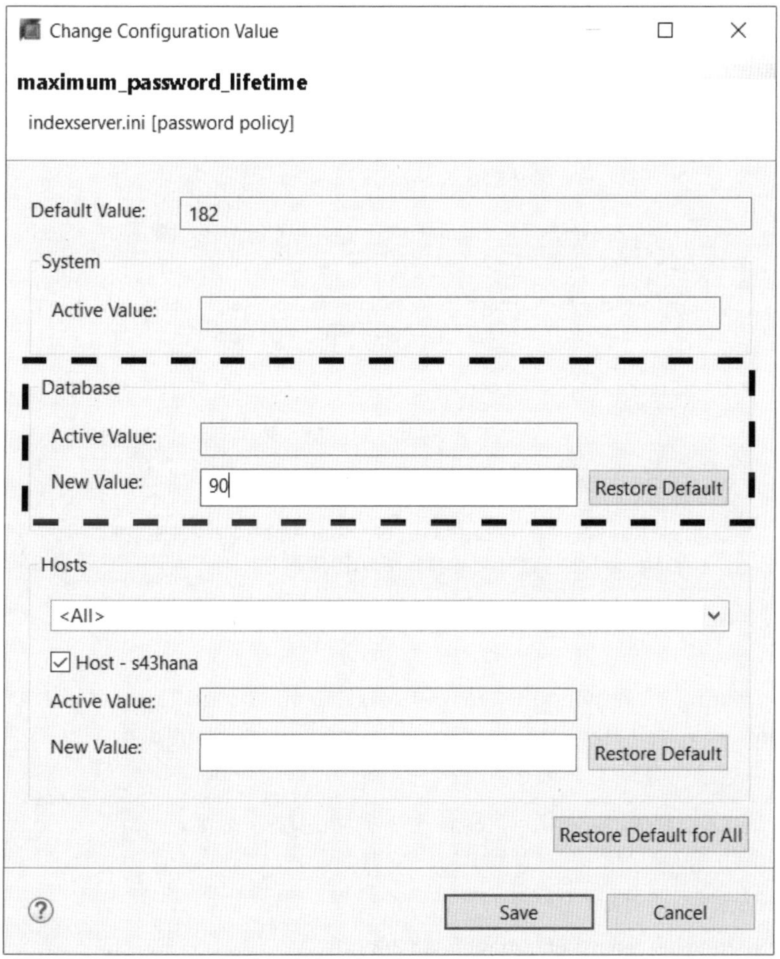

Abbildung 3.14 Parameteränderung im SAP HANA Studio

3.2.4 Ändern der Parameter mit SQL-Statements

Systemparameter können Sie mit einem SQL-Statement wie in Listing 3.2 pflegen. Die einzelnen Parameter des Statements sind in Tabelle 3.6 beschrieben.

```
ALTER SYSTEM ALTER CONFIGURATION
( <INI-Datei>, <Layer>[, <Layer-Name> ])
SET | UNSET <Section>, <Parameter> [=<Parameterwert>]
[ WITH RECONFIGURE ]
[ COMMENT <Bemerkung> ]
```

Listing 3.2 SQL-Statement zur Pflege von Systemparametern

Parameter	Beschreibung
<INI-Datei>	Name der INI-Datei, z. B. 'global.ini'
<Layer>	Die Layer sind: ▪ SYSTEM: Systemdatenbank ▪ DATABASE: Tenant-Datenbank ▪ HOST: Host der Datenbank
<Layer-Name>	Für die Layer DATABASE und HOST wird hier der Datenbankname bzw. der Hostname angegeben. Erfolgt die Änderung der Parameter für eine Tenant-Datenbank in dieser selbst, so ist der Layer-Name nicht zu setzen.
<Section>, <Parameter>	Section: auditing configuration Parametername: der Name des Parameters
<Parameterwert>	Wert für den Parameter
<Kommentar>	ein Kommentar für die Parameteränderung, wird gespeichert in der Datei SYS.M_INIFILE_CONTENT_HISTORY

Tabelle 3.6 Parameter des Befehls ALTER SYSTEM ALTER CONFIGURATION

Das Beispiel in Listing 3.3 aktiviert die tenant-übergreifenden Zugriffe, indem in der Datei **global.ini** der Parameter cross_database_access - enabled auf den Wert TRUE gesetzt wird:

```
ALTER SYSTEM ALTER CONFIGURATION ('global.ini', 'SYSTEM')
SET ('cross_database_access', 'enabled') = 'TRUE'
COMMENT 'Aktivierung tenantübergreifender Zugriffe'
```

Listing 3.3 Aktivierung der tenant-übergreifenden Zugriffe

3.2.5 Änderungshistorie von Parameteränderungen

Änderungen an Parametern werden standardmäßig protokolliert. Die Änderungen werden in die Tabelle SYS.M_INIFILE_CONTENT_HISTORY geschrieben. Tabelle 3.7 zeigt die Felder dieser Tabelle. Tabelle 3.8 zeigt zwei Beispiele für Änderungen an Parametern:

- **Setzen der maximalen Kennwortgültigkeit auf 30 Tage**
  Der Benutzer SYSTEM hat am 20.11.2018 um 14:08 Uhr in der Datei **indexserver.ini** den Parameter password policy - maximum_password_lifetime vom Standardwert auf »30« geändert. Die Änderung wurde mit dem SAP HANA Cockpit durchgeführt, der Cockpit-Benutzer war COCKPIT_ADMIN.
- **Aktivierung der tenant-übergreifenden Zugriffe**
  Der Benutzer SYSTEM hat am 21.11.2018 um 16:57 Uhr in der Datei **global.ini** den Parameter cross_database_access - enabled vom Wert FALSE auf TRUE geändert. Die Änderung wurde mit dem SAP HANA Studio durchgeführt, der Windows-AD-Benutzer war TTiede. Der Benutzer hat seine Änderung kommentiert.

Feld	Beschreibung
TIME	Datum und Uhrzeit der Änderung
FILE_NAME	Name der INI-Datei
LAYER_NAME	Layer-Name: ■ SYSTEM: Systemdatenbank ■ DATABASE: Tenant-Datenbank ■ HOST: Host der Datenbank
HOST	Hostname (wenn Layer = HOST)
USER_NAME	Name des Benutzers, der die Änderung durchgeführt hat
APPLICATION_NAME	Anwendung, mit der die Änderung durchgeführt wurde, z. B.: ■ HANACockpit ■ HDBStudio
APPLICATION_USER_NAME	Benutzer der Anwendung. Beim SAP HANA Studio wird hier der Active-Directory-Benutzer gespeichert, beim SAP HANA Cockpit der Cockpit-Benutzer.
APPLICATION_SOURCE	Komponente, mit der die Änderung durchgeführt wurde
SECTION	Section der INI-Datei
KEY	Parametername

Tabelle 3.7 Felder der Tabelle SYS.M_INIFILE_CONTENT_HISTORY

Feld	Beschreibung
VALUE	neuer Wert
PREV_VALUE	Alter Wert. Wird nur angezeigt, wenn der Wert vorher schon gesetzt wurde. Stand der Parameter noch auf dem Standardwert, ist dieses Feld leer.
COMMENTS	Kommentar der Änderung

Tabelle 3.7 Felder der Tabelle SYS.M_INIFILE_CONTENT_HISTORY (Forts.)

Feld	Setzen der maximalen Kennwortgültigkeit auf 30 Tage	Aktivierung der tenant-übergreifenden Zugriffe
TIME	20.11.2018 14:08	21.11.2018 16:57
FILE_NAME	indexserver.ini	global.ini
LAYER_NAME	SYSTEM	SYSTEM
HOST	–	–
USER_NAME	SYSTEM	SYSTEM
APPLICATION_NAME	HANACockpit	HDBStudio
APPLICATION_USER_NAME	COCKPIT_ADMIN	TTiede
APPLICATION_SOURCE	–	`csns.sql.editor.SQLExecuteFormEditor$2$1.run(SQLExecuteFormEditor.java:920);`
SECTION	password policy	cross_database_access
KEY	maximum_password_lifetime	enabled
VALUE	30	TRUE
PREV_VALUE	?	FALSE
COMMENTS	–	Aktivierung tenant-übergreifender Zugriffe

Tabelle 3.8 Beispiele für Parameteränderungen

Die Änderungshistorie kann aus der Tabelle `SYS.M_INIFILE_CONTENT_HISTORY` wieder gelöscht werden. Der Befehl, um die gesamte Historie zu löschen, lautet:

```
ALTER SYSTEM CLEAR INIFILE CONTENT HISTORY
```

Hierfür ist das System Privilege `MONITOR ADMIN` erforderlich. Um die Historie bis zu einem bestimmten Datum zu löschen, lautet der Befehl:

```
ALTER SYSTEM CLEAR INIFILE CONTENT HISTORY UNTIL <Datum - Uhrzeit>
```

Der nachfolgende Befehl löscht alle Einträge aus der Tabelle `SYS.M_INIFILE_CONTENT_HISTORY` bis zum 30.09.2018 um 23:59:59 Uhr:

```
ALTER SYSTEM CLEAR INIFILE CONTENT HISTORY UNTIL '2018-09-30 23:59:59'
```

Beim Löschen wird automatisch ein Protokolleintrag in die Tabelle geschrieben. Dadurch kann nachvollzogen werden, wann die letzte Löschung erfolgt ist. Der Datensatz der Löschung kann über das Feld `COMMENTS` nachvollzogen werden. Hier wird beim Löschen folgender Kommentar gesetzt:

```
Cleared content history at <Datum - Uhrzeit>
```

Zum obigen Beispiel somit z. B.:

```
Cleared content history at 2018-11-21 17:25:34.9460000
```

Um eine vollständige Protokollierung von Parameteränderungen zu gewährleisten, sollten diese über das Auditing protokolliert werden. Hierfür ist im Auditing das Event `SYSTEM CONFIGURATION CHANGE` zu aktivieren (siehe Abbildung 3.15). Zum Auditing siehe Kapitel 11, »Auditing in SAP HANA«.

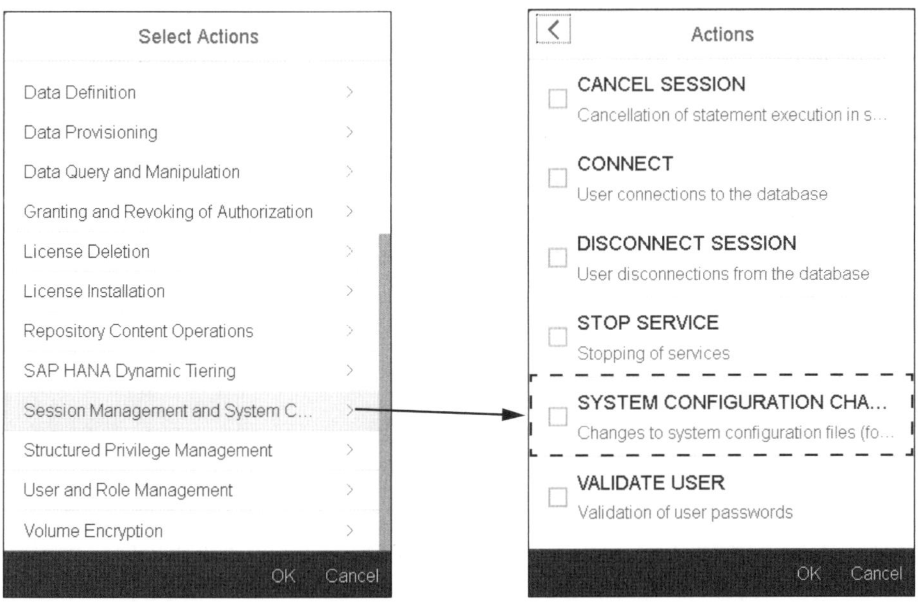

Abbildung 3.15 Protokollierung von Parameteränderungen mit dem Auditing

Ob und wann Protokolleinträge aus der Tabelle SYS.M_INIFILE_CONTENT_HISTORY gelöscht wurden, kann ebenfalls über das Auditing protokolliert werden. Hierfür ist eine Policy wie in Abbildung 3.16 zu definieren:

- Audited Actions: DELETE
- Audited Objects: M_INIFILE_CONTENT_HISTORY

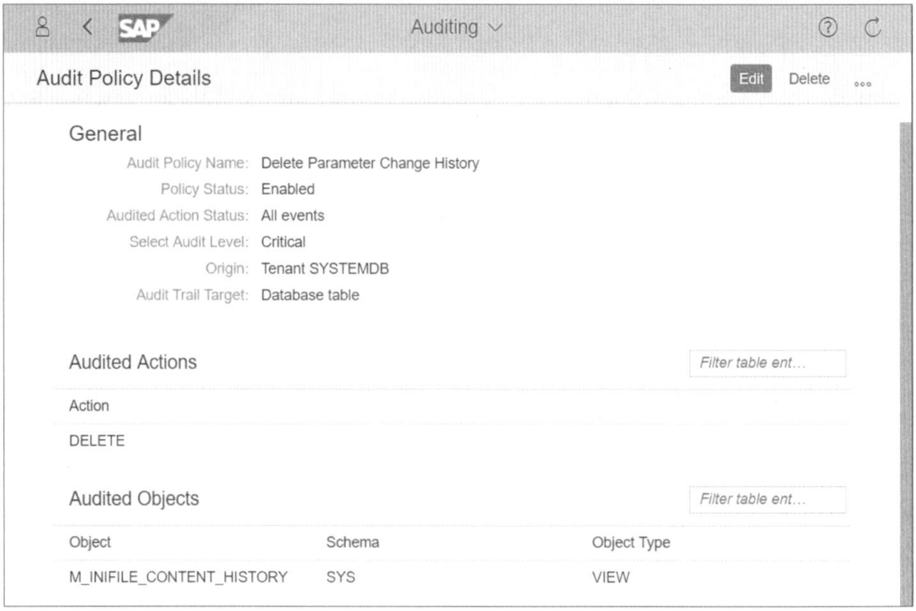

Abbildung 3.16 Protokollierung der Historienlöschung im SAP HANA Auditing

3.3 Verschlüsselung von Daten

Um einen unberechtigten Zugriff auf Daten zu unterbinden, sind Daten nur verschlüsselt abzulegen. Bei SAP HANA befinden sich die Daten zwar weitestgehend im Hauptspeicher, aber es werden auch im Betriebssystem Daten abgelegt, wie die Redo-Logs und Backups. In diesem Abschnitt erfahren Sie, welche Möglichkeiten zur Verschlüsselung der Daten existieren, und wie Sie dies konfigurieren und absichern.

3.3.1 Secure Store in the File System (SSFS)

Der *Secure Store in the File System* (SSFS) dient u. a. zur Verwaltung der *Root Keys* (Schlüssel der obersten Zertifizierungsstelle) für die *Verschlüsselungen*. Die Speicherung erfolgt im Dateisystem des HANA-Servers, nicht in der Datenbank selbst. Wo die Datei mit dem Schlüssel abgelegt ist, kann über den Systemparameter ssfs_key_file_path (Datei **global.ini**, Abschnitt cryptography) ermittelt werden.

SAP HANA bietet standardmäßig zwei Verschlüsselungen an:

- Datenverschlüsselung (persistenter Speicher, Redo-Logs, Backups); siehe Abschnitt 3.3.4, »Verschlüsselung der persistenten Daten«, Abschnitt 3.3.5, »Verschlüsselung der Redo-Logs«, und Abschnitt 3.3.6, »Verschlüsselung der Backups«.
- Verschlüsselung für interne Services, u. a. für:
  - Anwendungen, die eine Verschlüsselung anfordern (z. B. XS-Applikationen)
  - den HANA-internen Credential-Store, in dem Benutzerdaten für Schnittstellen hinterlegt werden können (inklusive Benutzername und Kennwort für die gerufenen Systeme)
  - die Ablage von Private Keys (z. B. für die zertifikatsbasierte Server-Anmeldung)

Für beide Verschlüsselungen werden die Root Keys im SSFS gespeichert. Diese sind verschlüsselt durch den *Master Key* des SSFS. Die Schlüssel werden bei der Installation der SAP-HANA-Datenbank erzeugt. Wurde das System durch ein Rechenzentrum installiert, sollten diese Schlüssel nach der Übernahme des Systems geändert werden. Im SAP HANA Studio lassen Sie sich Informationen zum Master Key anzeigen, indem Sie in der Einstiegsseite die App **Resource Directory** auswählen. Im Resource Directory wählen Sie dann das System aus, für welches Sie die Parameter pflegen wollen. Sie gelangen in die Sicht **System Overview**. Im Feld **Filter by Area** können Sie auf **Security** eingrenzen. Klicken Sie auf den Eintrag **Data Encryption**. Auf der darauffolgenden Seite **Data Encryption Configuration** klicken Sie auf den Eintrag **Manage Keys**. Abbildung 3.17 zeigt die Eigenschaften des Master Keys. Hier werden der Speicherpfad und das letzte Änderungsdatum angezeigt.

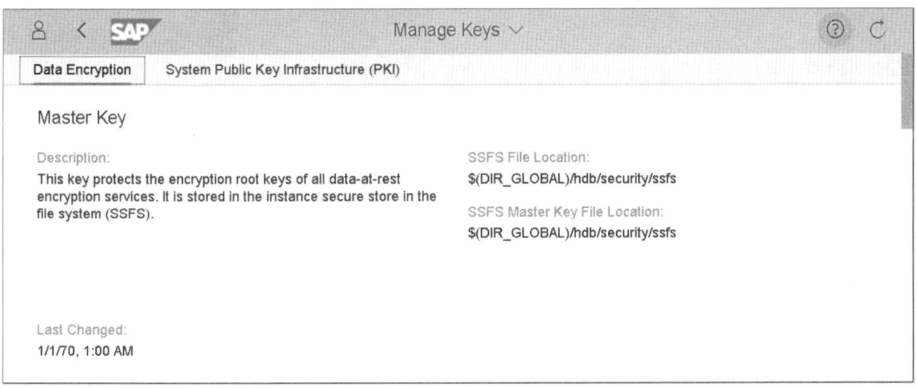

Abbildung 3.17 Eigenschaften des Master Keys

Informationen zu den Root Keys können Sie sich mit der View `ENCRYPTION_ROOT_KEYS` anzeigen lassen. Tabelle 3.9 zeigt die Felder dieser Tabelle. Zusätzlich wird in der View `M_SECURESTORE` gespeichert, ob die aktuellen Schlüssel konsistent (zuletzt angewandter Schlüssel = Schlüssel im SSFS) und aktuell (aktuelle Version wird für Verschlüsselung genutzt) sind. Siehe dazu Tabelle 3.10. Zur Verwaltung der Root Keys ist das System Privilege ENCRYPTION ROOT KEY ADMIN erforderlich.

Feld	Beschreibung
ROOT_KEY_TYPE	■ PERSISTENCE: Datenverschlüsselung ■ DPAPI: Verschlüsselung für interne Services ■ LOG: Verschlüsselung der Redo Logs ■ BACKUP: Verschlüsselung der Backups
ROOT_KEY_VERSION	Wird nicht mehr genutzt (ehemals Version des Root Keys).
CREATE_TIMESTAMP	Zeitstempel der Erzeugung des Schlüssels
IS_CONSISTENT	■ TRUE: Schlüssel ist konsistent in Persistenz und SSFS-Datei ■ FALSE: Schlüssel ist nicht konsistent
RESET_COUNT	Anzahl Rücksetzungen des Schlüssels
IS_USED	■ TRUE: Schlüssel wird aktuell für Verschlüsselungen genutzt ■ FALSE: Schlüssel wird aktuell nicht für Verschlüsselungen genutzt
ROOT_KEY_STATUS	Status des Schlüssels: ■ ACTIVE ■ PREACTIVE ■ DEACTIVATED
ROOT_KEY_HASH	Hashwert des Schlüssels
IN_BACKUP	■ TRUE: Schlüssel befindet sich im Backup ■ FALSE: Schlüssel befindet sich nicht im Backup

Tabelle 3.9 Felder der Tabelle ENCRYPTION_ROOT_KEYS

Feld	Beschreibung
KEY_TYPE	■ PERSISTENCE: Datenverschlüsselung ■ DPAPI: Verschlüsselung für interne Services ■ LOG: Verschlüsselung der Redo Logs ■ BACKUP: Verschlüsselung der Backups
IS_CONSISTENT	Schlüssel konsistent (TRUE/FALSE)
RESET_COUNT	Anzahl Rücksetzungen des Schlüssels
VERSION	Version des Schlüssels
IS_CURRENT	Aktueller Schlüssel wird zur Verschlüsselung genutzt (TRUE/FALSE).

Tabelle 3.10 Felder der Tabelle M_SECURESTORE

Ein weiterer Master Key wird im SSFS für die X.509-Zertifikate erzeugt, die zur Absicherung der internen TLS/SSL-basierten Kommunikation verwendet werden, der *System PKI Master Key* (*PKI* = Public Key Infrastructure).

Geprüft werden kann die Änderung der Master Keys mit dem View `M_HOST_INFORMATION` im Feld `VALUE`:

- Letzte Änderung des SSFS Master Key:

```
SELECT * FROM M_HOST_INFORMATION
WHERE KEY = 'ssfs_masterkey_changed'
```

- Letzte Änderung des SSFS System PKI Master Key:

```
SELECT * FROM M_HOST_INFORMATION
WHERE KEY = 'ssfs_masterkey_systempki_changed'
```

Im SAP HANA Studio lassen Sie sich Informationen zum PKI Master Key anzeigen, indem Sie in der Einstiegsseite die App **Resource Directory** auswählen. Im Resource Directory wählen Sie dann das System aus, für welches Sie die Parameter pflegen wollen. Sie gelangen in die Sicht **System Overview**. Im Feld **Filter by Area** können Sie auf **Security** eingrenzen. Klicken Sie auf den Eintrag **Data Encryption**. Auf der darauffolgenden Seite **Data Encryption Configuration** klicken Sie auf den Eintrag **Manage Keys** und dort auf das Register **System Public Key Infrastructure (PKI)**. Abbildung 3.18 zeigt die Eigenschaften des PKI Master Keys. Hier werden der Speicherpfad und das letzte Änderungsdatum angezeigt.

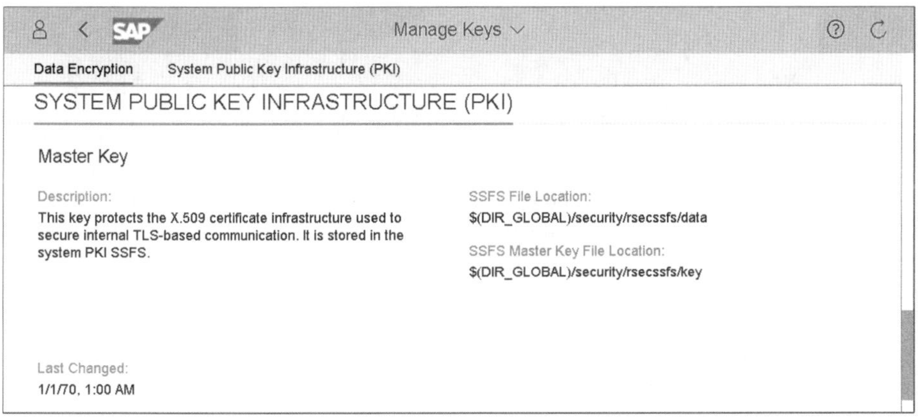

Abbildung 3.18 Eigenschaften des Master Keys (PKI)

3.3.2 Berechtigungen zur Pflege der Einstellungen zur Verschlüsselung

Sie benötigen das System Privilege `ENCRYPTION ROOT KEY ADMIN`, um die Verschlüsselung zu aktivieren und zu deaktivieren. Dies gilt für die Verschlüsselung der persistenten Daten, der Redo-Logs und der Backups. Wollen Sie von der System-DB die

Verschlüsselung in einem Tenant pflegen, benötigen Sie zusätzlich das System Privilege DATABASE ADMIN.

3.3.3 Initiale Verschlüsselung bei Anlegen von Datenbanken

Für das Anlegen neuer Tenants kann definiert werden, ob die Verschlüsselung standardmäßig bereits aktiviert werden soll. Dies wird mit Systemparametern in der Datei **global.ini** gesteuert. Im Abschnitt database_initial_encryption können Sie die Parameter gemäß Tabelle 3.11 setzen.

Parameter	Beschreibung
encryption_config_control	Dieser Parameter legt fest, ob die Verschlüsselung über die System-DB erfolgt oder individuell über die Tenants gesteuert werden kann. Standardmäßig ist die Konfiguration über die Tenants aktiviert (Wert local_database). Durch das Setzen des Parameters auf den Wert system_database wird die Verschlüsselung über die System-DB gesteuert.
persistence_encryption	Der Parameter legt fest, ob beim Anlegen eines neuen Tenants dort die Verschlüsselung des persistenten Speichers automatisch aktiviert ist (Standardwert: off = Verschlüsselung ist nicht aktiv). Um die Verschlüsselung beim Anlegen eines neuen Tenants zu aktivieren, setzen Sie den Parameter auf den Wert on.
log_encryption	Der Parameter legt fest, ob beim Anlegen eines neuen Tenants dort die Verschlüsselung der Redo-Logs automatisch aktiviert ist (Standardwert: off = Verschlüsselung ist nicht aktiv). Um die Verschlüsselung beim Anlegen eines neuen Tenants zu aktivieren, setzen Sie den Parameter auf den Wert on.
backup_encryption	Der Parameter legt fest, ob beim Anlegen eines neuen Tenants dort die Verschlüsselung der Backups automatisch aktiviert ist (Standardwert: off =Verschlüsselung ist nicht aktiv). Um die Verschlüsselung beim Anlegen eines neuen Tenants zu aktivieren, setzen Sie den Parameter auf den Wert on.

Tabelle 3.11 Parameter zur Steuerung der initialen Verschlüsselung

Die Einstellung, ob die Verschlüsselung über die System-DB oder über einzelne Tenants erfolgt, kann nachträglich mit dem Statement ALTER SYSTEM oder ALTER DATABASE geändert werden. Um die Möglichkeit zur Konfiguration der Verschlüsselung von einem Tenant in die System-DB zu geben, führen Sie im Tenant folgendes Statement aus:

```
ALTER SYSTEM ENCRYPTION CONFIGURATION CONTROLLED BY SYSTEM DATABASE
```

Umgekehrt können Sie von der Systemdatenbank die Steuerung an einzelne Tenants mit folgendem Statement übergeben:

```
ALTER DATABASE <Tenant-Name> ENCRYPTION CONFIGURATION CONTROLLED BY
LOCAL DATABASE
```

Sie können von der Systemdatenbank aus auch die Steuerung an alle Tenants übergeben:

```
ALTER SYSTEM ENCRYPTION CONFIGURATION CONTROLLED BY LOCAL DATABASES
```

3.3.4 Verschlüsselung der persistenten Daten

Zu Wiederherstellungszwecken speichert HANA in regelmäßigen Abständen Abbilder der Datenbank (*Savepoints*) auf der Festplatte des HANA-Servers (= *persistenter Speicher*). Die Konfiguration dieser Savepoints erfolgt über Systemparameter in der **global.ini**, Abschnitt `persistence`. Der Parameter `savepoint_interval_s` gibt hier an, wie häufig ein Savepoint geschrieben wird (in Sekunden). Der Standardwert des Parameters ist »300«. Es wird somit alle fünf Minuten ein Savepoint geschrieben.

Standardmäßig werden die persistenten Daten unverschlüsselt auf die Festplatte geschrieben. Da hierdurch ein Lesen der Daten ermöglicht wird, sollten sie verschlüsselt werden. Zur Analyse kann der View `M_PERSISTENCE_ENCRYPTION_STATUS` genutzt werden (siehe Tabelle 3.12). Über den View `M_PERSISTENCE_ENCRYPTION_KEYS` kann analysiert werden, seit wann die aktuellen Schlüssel zur Verschlüsselung genutzt werden. Tabelle 3.13 zeigt die Felder der View. Abbildung 3.19 zeigt Inhalte der Tabelle. In Datensatz 1 ist zu erkennen, dass die Datensätze ab dem Savepoint 0 nicht verschlüsselt wurden. Ab dem Savepoint 18.750 erfolgt eine Verschlüsselung.

Feld	Beschreibung
HOST	Host-Name
PORT	Portnummer des Service
ENCRYPTION_ACTIVE	Die Verschlüsselung ist aktiviert (TRUE/FALSE).
ENCRYPTION_ACTIVE_AFTER_NEXT_SAVEPOINT	Die Verschlüsselung wird für den nächsten Savepoint aktiviert (TRUE/FALSE).
KEY_CHANGE_WITH_NEXT_SAVEPOINT	Ab dem nächsten Savepoint wird ein neuer Schlüssel genutzt.
ROOT_KEY_CHANGE_WITH_NEXT_SAVEPOINT	Ab dem nächsten Savepoint wird ein neuer Root Key genutzt.

Tabelle 3.12 Felder der Tabelle M_PERSISTENCE_ENCRYPTION_STATUS

Feld	Beschreibung
IS_LATEST_ROOT_KEY_VERSION	▪ TRUE: Die aktuelle Version des Root Keys wird genutzt. ▪ FALSE: Eine ältere Version des Root Keys wird genutzt.
USED_ROOT_KEY_VERSION	Das Feld wird nicht mehr genutzt.
DATA_CONVERSION_ACTIVE	▪ TRUE: Die Daten werden konvertiert, wenn Status oder Schlüssel geändert werden. ▪ FALSE: Es erfolgt keine Datenkonvertierung.
USED_ROOT_KEY_HASH	Hashwert des genutzten Root Keys

Tabelle 3.12 Felder der Tabelle M_PERSISTENCE_ENCRYPTION_STATUS (Forts.)

Feld	Beschreibung
HOST	Host-Name
PORT	Portnummer des Service
VALID_FROM_SAVEPOINT	Status gilt ab diesem Savepoint
VALID_FROM_TIMESTAMP	Status gilt ab diesem Zeitpunkt
IS_ENCRYPTED	▪ TRUE: Daten werden verschlüsselt ▪ FALSE: Daten werden nicht verschlüsselt

Tabelle 3.13 Felder der Tabelle M_PERSISTENCE_ENCRYPTION_KEYS

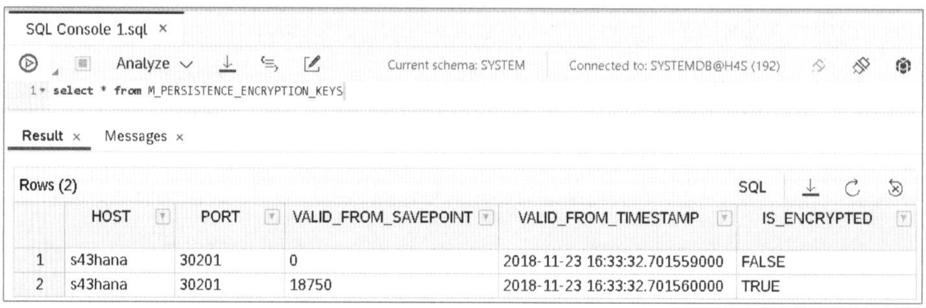

Abbildung 3.19 Einträge in Tabelle M_PERSISTENCE_ENCRYPTION_KEYS

Zur Pflege der Verschlüsselung mit dem SAP HANA Cockpit wählen Sie auf der Einstiegsseite die App **Resource Directory** aus. Im Resource Directory wählen Sie dann das System aus, für welches Sie die Parameter pflegen wollen. Sie gelangen in die Sicht **System Overview**. Im Feld **Filter by Area** können Sie auf **Security** eingrenzen. Unter **Data Encryption • Data Volume Encryption** schalten Sie über den Schalter **On/Off** die Verschlüsselung an bzw. aus (siehe Abbildung 3.20).

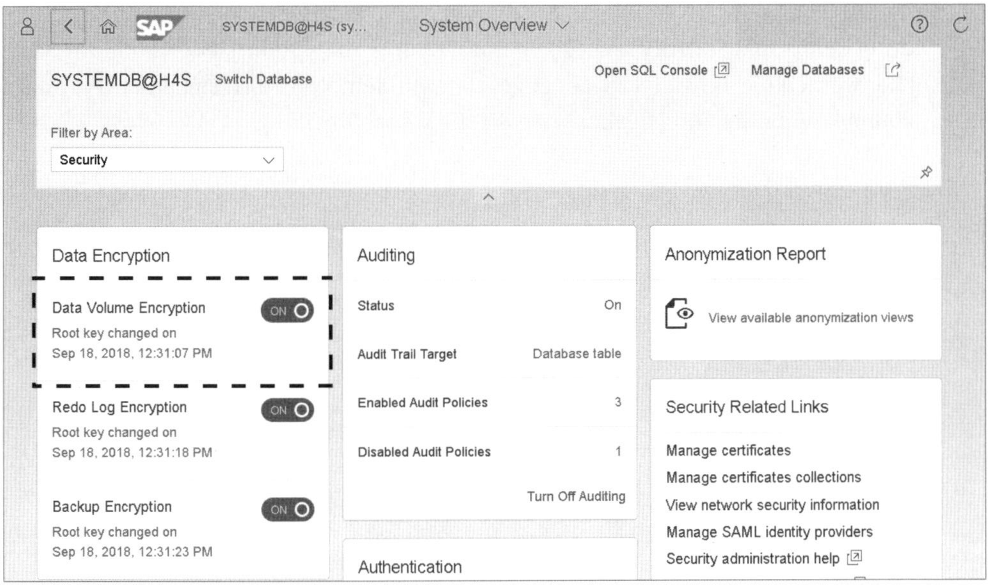

Abbildung 3.20 Aktivierung der Data Volume Encryption

Klicken Sie auf den Eintrag **Data Volume Encryption**, um Details zur Verschlüsselung anzeigen zu lassen (siehe Abbildung 3.21). Hier werden folgende Eigenschaften angezeigt:

- letztes Änderungsdatum des Root Keys
- letzte Änderung der Konfiguration der Verschlüsselung des persistenten Speichers
- Verschlüsselungsalgorithmus

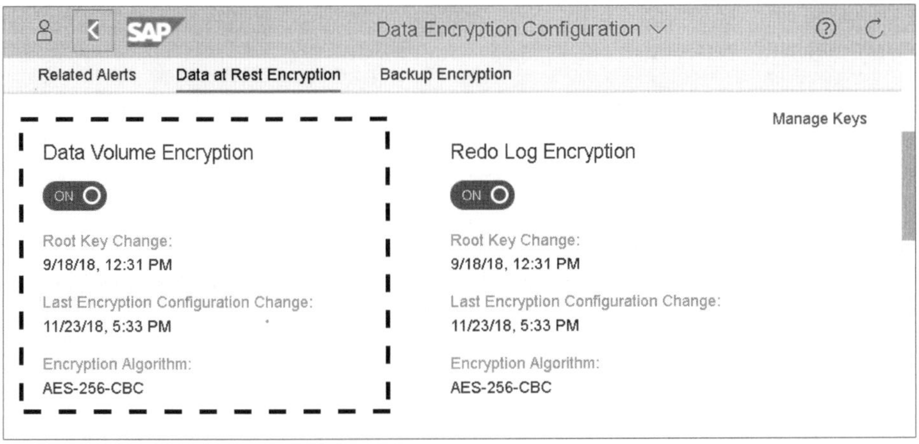

Abbildung 3.21 Eigenschaften der Data Volume Encryption

Im SAP HANA Studio aktivieren Sie die Verschlüsselung des persistenten Speichers unter dem Punkt **Security** im Register **Data Volume Encryption** (siehe Abbildung 3.22). Hier werden die aktiven Services angezeigt. Mit dem Kontrollkästchen **Encrypt data volumes** aktivieren und deaktivieren Sie die Verschlüsselung.

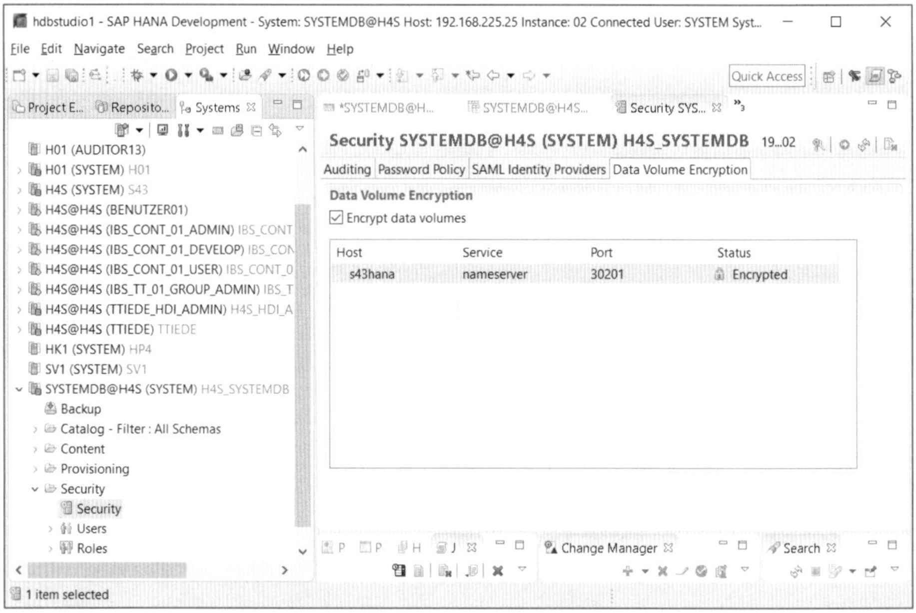

Abbildung 3.22 Aktivierung der Verschlüsselung im SAP HANA Studio

Sie können die Verschlüsselung des persistenten Speichers auch mit folgendem SQL-Statement aktivieren bzw. deaktivieren:

```
ALTER SYSTEM PERSISTENCE ENCRYPTION <ON | OFF>
```

Zur Aktivierung verwenden Sie folgendes Statement:

```
ALTER SYSTEM PERSISTENCE ENCRYPTION ON
```

Zur Deaktivierung verwenden Sie dieses Statement:

```
ALTER SYSTEM PERSISTENCE ENCRYPTION OFF
```

Um für einzelne Tenants die Verschlüsselung zu aktivieren, verwenden Sie folgendes Statement:

```
ALTER DATABASE <Tenant-Name> PERSISTENCE ENCRYPTION ON
```

Zur Deaktivierung verwenden Sie entsprechend im Tenant folgendes Statement:

```
ALTER DATABASE <Tenant-Name> PERSISTENCE ENCRYPTION OFF
```

3.3.5 Verschlüsselung der Redo-Logs

Neben den persistenten Daten werden auch *Redo-Logs* von der SAP-HANA-Datenbank geschrieben. Redo-Logs speichern Änderungen direkt nach der Ausführung eines Befehls. Mit Redo-Logs können u. a. die Änderungen seit dem letzten Savepoint wiederhergestellt werden. Die Redo-Logs werden standardmäßig nicht verschlüsselt.

Zur Analyse, ob die Redo-Logs verschlüsselt werden, nutzen Sie die View `M_ENCRYPTION_OVERVIEW` (Public):

```
select * from M_ENCRYPTION_OVERVIEW where SCOPE = 'LOG'
```

Das Feld `IS_ENCRYPTION_ACTIVE` zeigt an, ob die Verschlüsselung aktiv ist:

- Wert `TRUE`: Verschlüsselung ist aktiv
- Wert `FALSE`: Verschlüsselung ist nicht aktiv

Die Pflege der Einstellung der Verschlüsselung der Redo-Logs erfolgt analog zu der Einstellung der Verschlüsselung des persistenten Speichers (siehe Abschnitt 3.3.4, »Verschlüsselung der persistenten Daten«). Im Detailfenster werden Ihnen folgende Eigenschaften angezeigt (siehe Abbildung 3.23):

- letztes Änderungsdatum des Root Keys
- letzte Änderung der Konfiguration der Verschlüsselung des persistenten Speichers
- Verschlüsselungsalgorithmus

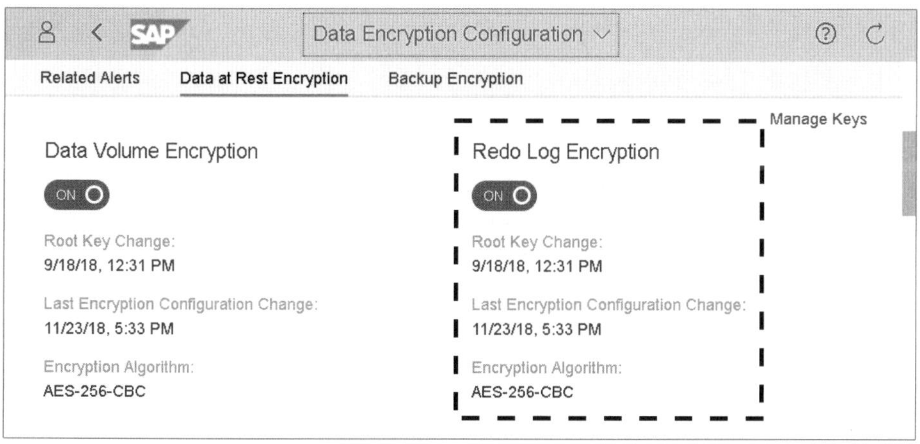

Abbildung 3.23 Verschlüsselung der Redo-Logs

Sie können die Verschlüsselung der Redo-Logs auch mit folgendem SQL-Statement aktivieren bzw. deaktivieren:

```
ALTER SYSTEM LOG ENCRYPTION <ON | OFF>
```

Zur Aktivierung verwenden Sie folgendes Statement:

```
ALTER SYSTEM LOG ENCRYPTION ON
```

Zur Deaktivierung verwenden Sie folgendes Statement:

```
ALTER SYSTEM LOG ENCRYPTION OFF
```

Um für einzelne Tenants die Verschlüsselung zu aktivieren, verwenden Sie dieses Statement:

```
ALTER DATABASE <Tenant-Name> LOG ENCRYPTION ON
```

Zur Deaktivierung verwenden Sie entsprechend im Tenant folgendes Statement:

```
ALTER DATABASE <Tenant-Name> LOG ENCRYPTION OFF
```

3.3.6 Verschlüsselung der Backups

Die Verschlüsselung von *Backups* ist standardmäßig deaktiviert. Bei Einsatz eines Third-Party-Tools für Backups ist es auch möglich, dessen Verschlüsselungsmechanismus zu nutzen. Bei der Aktivierung der Backup-Verschlüsselung ist zu beachten, dass sowohl das Erstellen der Backups als auch *Recoveries* einen größeren Zeitraum benötigen als bei unverschlüsselten Backups. Aus Sicht der Datensicherheit ist eine Verschlüsselung der Backups aber empfehlenswert.

Zur Analyse, ob die Redo-Logs verschlüsselt werden, nutzen Sie die View M_ENCRYPTION_OVERVIEW (Public):

```
select * from M_ENCRYPTION_OVERVIEW where SCOPE = 'BACKUP'
```

Das Feld IS_ENCRYPTION_ACTIVE zeigt an, ob die Verschlüsselung aktiv ist:

- Wert TRUE: Verschlüsselung ist aktiv
- Wert FALSE: Verschlüsselung ist nicht aktiv

Die Pflege der Einstellung der Verschlüsselung der Redo-Logs erfolgt analog zur Pflege der Einstellung der Verschlüsselung des persistenten Speichers, siehe Abschnitt 3.3.4, »Verschlüsselung der persistenten Daten«. Im Detailfenster klicken Sie auf das Register **Backup Encryption**. Ihnen werden folgende Eigenschaften angezeigt (siehe Abbildung 3.24):

- letztes Änderungsdatum des Root Keys
- letzte Änderung der Konfiguration der Verschlüsselung des persistenten Speichers
- Verschlüsselungsalgorithmus

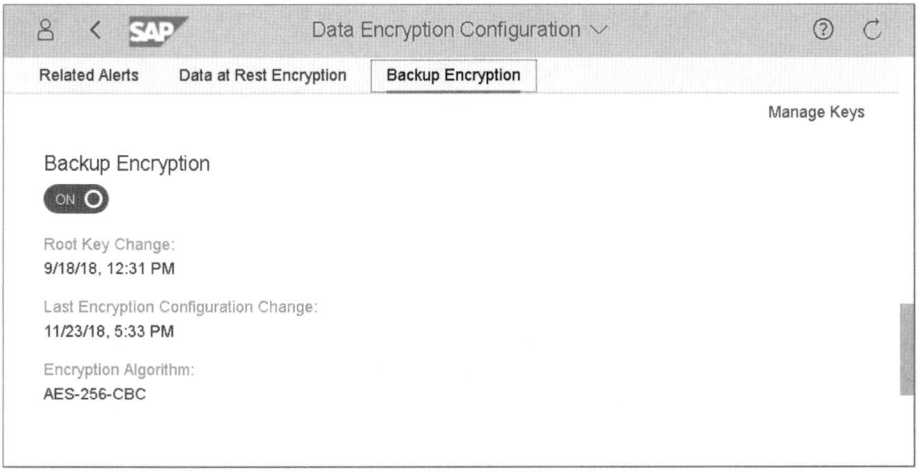

Abbildung 3.24 Verschlüsselung der Backups

Sie können die Verschlüsselung der Backups auch mit folgendem SQL-Statement aktivieren bzw. deaktivieren:

```
ALTER SYSTEM BACKUP ENCRYPTION <ON | OFF>
```

Zur Aktivierung verwenden Sie dieses Statement:

```
ALTER SYSTEM BACKUP ENCRYPTION ON
```

Zur Deaktivierung verwenden Sie folgendes Statement:

```
ALTER SYSTEM BACKUP ENCRYPTION OFF
```

Um für einzelne Tenants die Verschlüsselung zu aktivieren, verwenden Sie dieses Statement:

```
ALTER DATABASE <Tenant-Name> BACKUP ENCRYPTION ON
```

Zur Deaktivierung verwenden Sie entsprechend im Tenant folgendes Statement:

```
ALTER DATABASE <Tenant-Name> BACKUP ENCRYPTION OFF
```

3.3.7 Backup der Root Keys

Die Root Keys sollten immer gesichert werden, nachdem sie generiert oder aktiviert wurden. Hierfür ist im ersten Schritt ein Kennwort zu setzen, mit dem die Sicherungsdatei geschützt wird. Wählen Sie die App **Resource Directory** aus. Im Resource Directory wählen Sie dann das System aus, für das Sie die Root Keys sichern wollen.

Sie gelangen in die Sicht **System Overview**. Im Feld **Filter by Area** können Sie auf **Security** eingrenzen.

Klicken Sie auf den Eintrag **Data Encryption**. Auf der darauffolgenden Seite **Data Encryption Configuration** klicken Sie auf den Eintrag **Manage Keys**. Hier können Sie über den Link **Set Root Key Backup Password** das Kennwort setzen (siehe Abbildung 3.25). Alternativ können Sie das Kennwort mit folgendem SQL-Statement setzen:

```
ALTER SYSTEM SET ENCRYPTION ROOT KEYS BACKUP PASSWORD <Kennwort>
```

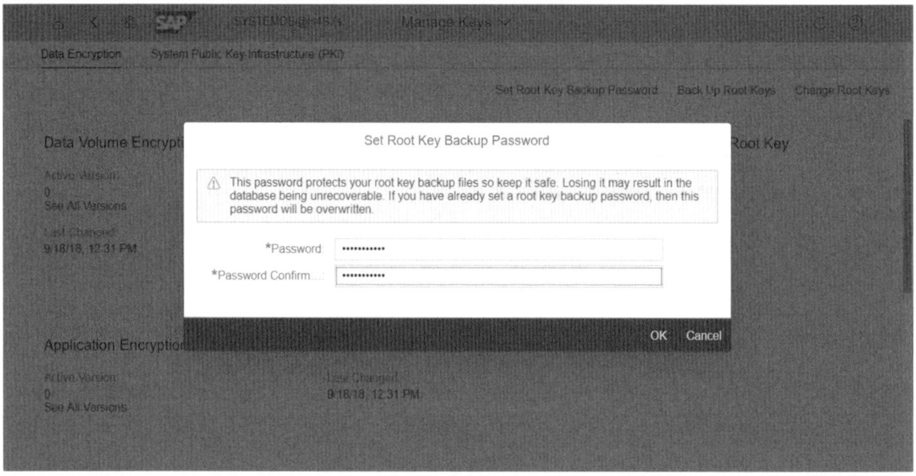

Abbildung 3.25 Ändern des Root-Key-Backup-Kennworts

Nach dem Setzen des Kennwortes können Sie ein Backup der Root Keys erzeugen. Klicken Sie hierfür in der Sicht **Manage Keys** auf den Link **Back Up Root Keys**. Das Backup wird in eine Datei mit folgendem Dateinamen geschrieben:

rootKeyBackup - <Datenbankname>.rkb

Für die Datenbank SYSTEMDB@H4S lautet der Dateiname somit:

rootKeyBackup - SYSTEMDB@H4S.rkb

Zur Erstellung dieses Backups benötigen Sie das System Privilege `ENCRYPTION ROOT KEY ADMIN`.

3.3.8 Protokollierung von Änderungen an der Verschlüsselung

Änderungen an der Konfiguration der Verschlüsselung können Sie im Auditing (siehe Kapitel 11, »Auditing in SAP HANA«) protokollieren lassen. Wählen Sie hier die Klasse **Volume Encryption** aus (siehe Abbildung 3.26). Tabelle 3.14 zeigt Ihnen die möglichen Protokollkomponenten.

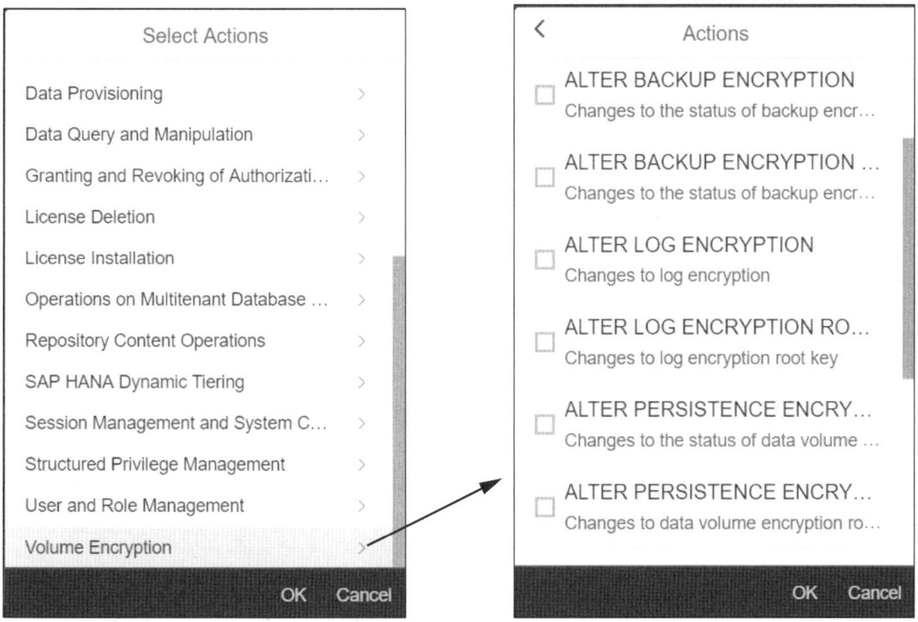

Abbildung 3.26 Protokollierung der Verschlüsselungskonfiguration

Action	Beschreibung
ALTER APPLICATION ENCRYPTION	Protokolliert Änderungen an der Einstellung der Verschlüsselung für Applikationen (*Applications*).
ALTER APPLICATION ENCRYPTION ROOT KEY	Protokolliert Änderungen des Root Keys für Applikationen.
ALTER BACKUP ENCRYPTION	Protokolliert Änderungen an der Einstellung der Verschlüsselung zu Backups.
ALTER BACKUP ENCRYPTION ROOT KEY	Protokolliert Änderungen des Root Keys für die Backups.
ALTER LOG ENCRYPTION	Protokolliert Änderungen an der Einstellung der Verschlüsselung zu den Redo-Logs.
ALTER LOG ENCRYPTION ROOT KEY	Protokolliert Änderungen des Root Keys für die Redo-Logs.
ALTER PERSISTENCE ENCRYPTION	Protokolliert Änderungen an der Einstellung der Verschlüsselung zum persistenten Speicher.
ALTER PERSISTENCE ENCRYPTION ROOT KEY	Protokolliert Änderungen des Root Keys für den persistenten Speicher.

Tabelle 3.14 Protokollierung der Verschlüsselung im Auditing

Action	Beschreibung
ALTER ROOT KEYS BACKUP PASSWORD	Protokolliert Änderungen des Kennworts für Backups.
ENCRYPTION CONFIG CONTROL	Protokolliert, wenn die Administration der Verschlüsselungen zwischen System-DB und Tenant getauscht wird: ALTER SYSTEM ENCRYPTION CONFIGURATION CONTROLLED BY... ALTER DATABASE ... ENCRYPTION CONFIGURATION CONTROLLED BY...
TENANT BACKUP ENCRYPTION	Protokolliert Änderungen an der Einstellung der Verschlüsselung zu Backups für Tenants.
TENANT LOG ENCRYPTION	Protokolliert Änderungen an der Einstellung der Verschlüsselung zu Backups für die Redo-Logs.
TENANT PERSISTENCE ENCRYPTION	Protokolliert Änderungen an der Einstellung der Verschlüsselung zum persistenten Speicher für Tenants.

Tabelle 3.14 Protokollierung der Verschlüsselung im Auditing (Forts.)

3.3.9 Client-Side Data Encryption

Die *Client-Side Data Encryption* ermöglicht es Ihnen, Daten in der Datenbank verschlüsselt so abzulegen, dass die Entschlüsselung ausschließlich über einen Client erfolgen kann. Das bedeutet: Bei einem direkten Zugriff auf die Daten in SAP HANA werden nur die verschlüsselten Daten angezeigt. Selbst ein Administrator mit vollen Berechtigungen auf die entsprechenden Tabellen sieht die Daten nur verschlüsselt. Dies ist möglich, da der Private Key, der zur Entschlüsselung erforderlich ist, nur auf dem Client gespeichert wird. Die Client-Side Data Encryption erfolgt folgendermaßen:

- Es können einzelne Spalten verschlüsselt werden, z. B. sensible Mitarbeiterdaten oder Konstruktionsdaten. Diese Spalten werden mit einem *Symmetric Column Encryption Key* (CEK) verschlüsselt, es handelt sich also um eine symmetrische Verschlüsselung.
- Der CEK wird mit einem *Client Key Pair* (CKP) verschlüsselt, das aus einem Public Key und einem Private Key besteht.

- Der Public Key des CKP wird in SAP HANA sowie im *Secure User Store* (Programm **hdbuserstore**) gespeichert. Der Secure User Store ist ein Programm auf dem Client-Rechner, das Verbindungsdaten zur SAP-HANA-Datenbank speichert.
- Der Private Key des CKP wird nur im Secure User Store auf dem Client gespeichert. Die Entschlüsselung der Daten ist somit mithilfe des Clients möglich.

Bei dieser Systematik werden keine unverschlüsselten Daten zwischen der Datenbank und dem Client ausgetauscht. Beim Zugriff auf die verschlüsselten Spalten wird eine verschlüsselte Kopie auf dem Client gespeichert, die mit dem dortigen Private Key entschlüsselt wird.

Um ein CKP anzulegen, benötigen Sie das System Privilege CREATE CLIENTSIDE ENCRYPTION KEYPAIR. Nutzen Sie folgendes SQL-Statement zum Anlegen eines CKPs:

```
CREATE CLIENTSIDE ENCRYPTION KEYPAIR <CPK Schlüsselname> ALGORITHM <Algorithmus>
```

Zum Löschen ist das System Privilege DROP CLIENTSIDE ENCRYPTION KEYPAIR erforderlich. Das SQL-Statement zum Löschen lautet wie folgt:

```
DROP CLIENTSIDE ENCRYPTION KEYPAIR <CPK Schlüsselname>
```

CEKs werden direkt auf den Spalten definiert. Hierfür ist das Object Privilege CLIENTSIDE ENCRYPTION COLUMN KEY ADMIN erforderlich. Es wird auf Schema-Ebene vergeben. Abbildung 3.27 zeigt die Zuordnung dieses Object Privileges für das Schema TTIEDE. Sie legen ein CEK mit folgendem SQL-Statement an:

```
CREATE CLIENTSIDE ENCRYPTION COLUMN KEY <CEK Schlüsselname>
ALGORITHM '<Algorithmus>'
ENCRYPTED WITH KEYPAIR '<CPK Schlüsselname>';
```

Sie löschen ein CEK mit folgendem Befehl:

```
DROP CLIENTSIDE ENCRYPTION COLUMN KEY <CEK Schlüsselname>
```

Der Zugriff auf die verschlüsselten Spalten kann auch weiteren Benutzern zugeordnet werden. Diese Benutzer müssen zuerst ein CKP mit dem Befehl CREATE CLIENTSIDE ENCRYPTION KEYPAIR erstellen. Danach kann der erstellte Schlüssel der CEK mit folgendem SQL-Statement zugeordnet werden:

```
ALTER CLIENTSIDE ENCRYPTION COLUMN KEY <CEK Schlüsselname>
ADD KEYCOPY ENCRYPTED WITH KEYPAIR <neuer CPK Schlüsselname>
```

Änderungen an der Client-Side Data Encryption können Sie im Auditing (siehe Kapitel 11, »Auditing in SAP HANA«) protokollieren lassen. Wählen Sie hier die Klasse **Clientside Encryption** aus. Tabelle 3.15 zeigt Ihnen die möglichen Protokollkomponenten.

Abbildung 3.27 Zuordnung des Object Privileges CLIENTSIDE ENCRYPTION COLUMN KEY ADMIN

Action	Beschreibung
ALTER CLIENTSIDE ENCRYPTION COLUMN KEY	Protokolliert Änderungen an den CEKs (Column Encryption Key).
CREATE CLIENTSIDE ENCRYPTION COLUMN KEY	Protokolliert das Anlegen von CEKs.
CREATE CLIENTSIDE ENCRYPTION KEYPAIR	Protokolliert das Anlegen von CKPs (Client Key Pair).
DROP CLIENTSIDE ENCRYPTION COLUMN KEY	Protokolliert das Löschen von CEKs.
DROP CLIENTSIDE ENCRYPTION KEYPAIR	Protokolliert das Löschen von CKPs.

Tabelle 3.15 Aktionen zur Protokollierung der Client-Side Data Encryption

3.4 Verschlüsselung der Kommunikation

Zur Verschlüsselung der internen und externen Kommunikation wird das Protokoll *Transport Layer Security* (*TLS*) bzw. *Secure Sockets Layer* (*SSL*) genutzt. Die Standardzugriffe über das SAP HANA Studio und SAP NetWeaver erfolgen über die SQL-Schnittstelle und somit über einen ODBC-/JDBC-Zugriff. Die SSL-Konfiguration hierfür erfolgt in der Datei **global.ini**, im Abschnitt `communication`. Die sicherheitsrelevanten Parameter zeigt Tabelle 3.16. Wie Sie diese Parameter pflegen, ist in Abschnitt 3.2.2, »Ändern der Parameter mit dem SAP HANA Cockpit«, beschrieben.

Parameter	Beschreibung
`sslCryptoProvider`	Zeigt den verwendeten Cryptographic Service Provider an. Genutzt werden können OpenSSL oder die SAP CommonCryptoLib. SAP empfiehlt den Einsatz der CommonCryptoLib (Parameterwert commoncrypto).
`sslEnforce`	Anforderung sicherer SSL-Verbindungen ■ `TRUE`: Es werden nur SSL-Verbindungen zugelassen. ■ `FALSE`: Auch unsichere Verbindungen werden akzeptiert.
`sslCreateSelf-SignedCertificate`	Zulassen von selbst signierten Zertifikaten. Die Nutzung ist kritisch, da hierdurch die Gefahr von *Man-in-the-Middle-Angriffen* erhöht wird. ■ `TRUE`: Selbst signierte Zertifikate sind zugelassen. ■ `FALSE`: Selbst signierte Zertifikate sind nicht zugelassen.

Tabelle 3.16 Parameter zur SSL-Konfiguration

3.4.1 Analyse der Einstellungen zur Verschlüsselung

Einen Überblick über die aktuellen Verbindungen geben die folgenden Monitoring-Tabellen:

- `M_CONNECTIONS`
  Zeigt die aktuellen Verbindungen von Clients zur Datenbank an. Über das Feld `IS_ENCRYPTED` kann geprüft werden, ob die Verbindung verschlüsselt (`TRUE`) oder unverschlüsselt (`FALSE`) ist.
- `M_REMOTE_CONNECTIONS`
  Zeigt die aktuellen Remote-Verbindungen an inklusive des Namens der Remote-Quelle, des HANA-Benutzers und der Anzahl der Zugriffe.
- `M_REMOTE_STATEMENTS`
  Zeigt die vollständigen SQL-Statements an, die über die Verbindungen ausgeführt wurde, inklusive Laufzeit und Anzahl zurückgegebener Datensätze.

Eine Übersicht der Einstellungen zur Verschlüsselung erhalten Sie über die Sicht **Network Security Information** (Abbildung 3.28). Rufen Sie diese Sicht auf über die Kachel **Ressource Directory** – *System auswählen* • Kachel **Security Related Links** • **View network security information.**

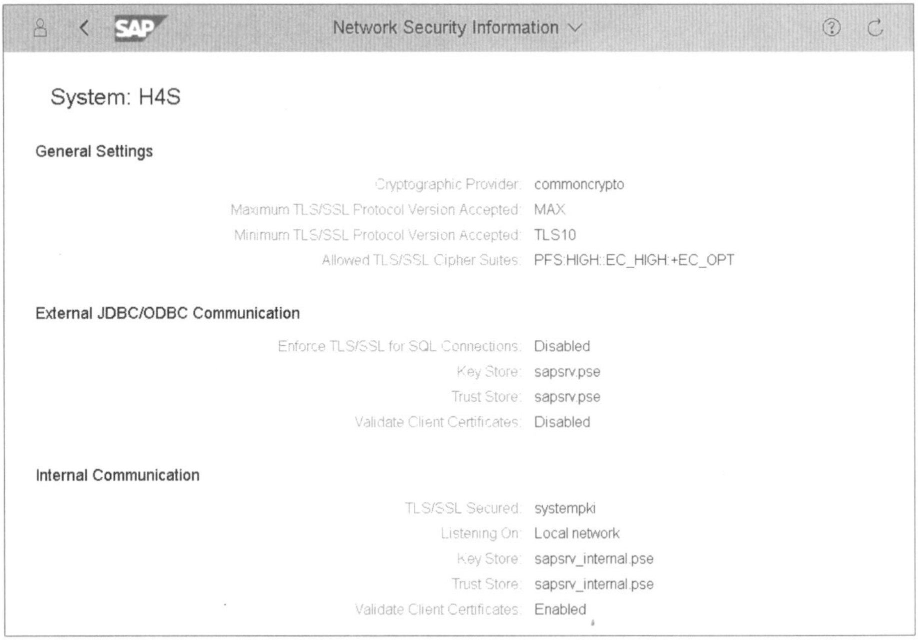

Abbildung 3.28 Übersicht der Konfiguration der Verschlüsselung

3.4.2 Mitlesen von Daten

Zum Mitlesen von Datenströmen steht eine Vielzahl von Freeware-Programmen zur Verfügung. Zur Veranschaulichung nutze ich hier das Programm *Wireshark*. Sind die Verbindungen zu den SAP-HANA-Datenbanken nicht verschlüsselt, können die Daten mit diesen Tools in Klartext mitgelesen werden.

Abbildung 3.29 zeigt eine Anmeldung an eine SAP-HANA-Datenbank. Der markierte Teil zeigt die Anmeldedaten (das Kennwort selbst wird nicht in Klartext übertragen), siehe Listing 3.4.

```
8\D.....#....<&".U.q...0.-..}.FC....................0..................0..
..........B..........!.......;..........SAPABAP1.SCRAMSHA256#.. ..t....     ?
<0.n0`.....      A..-..Fi}....UN#...........H... 13036@IBS-NB-TTi.ibs.hamburg5
6@*................................de_DE$.................. ...TTiede'..)
.....*.....+..,...
```

Listing 3.4 Auszug aus der Wireshark-Protokollierung

Hieraus ist Folgendes abzulesen:

- Anmeldename: SAPABAP1
- Kennwortverschlüsselung: SCRAM SHA 256
- Workstation: IBS-NB-TTi.ibs.hamburg
- Windows AD-Benutzername: TTiede

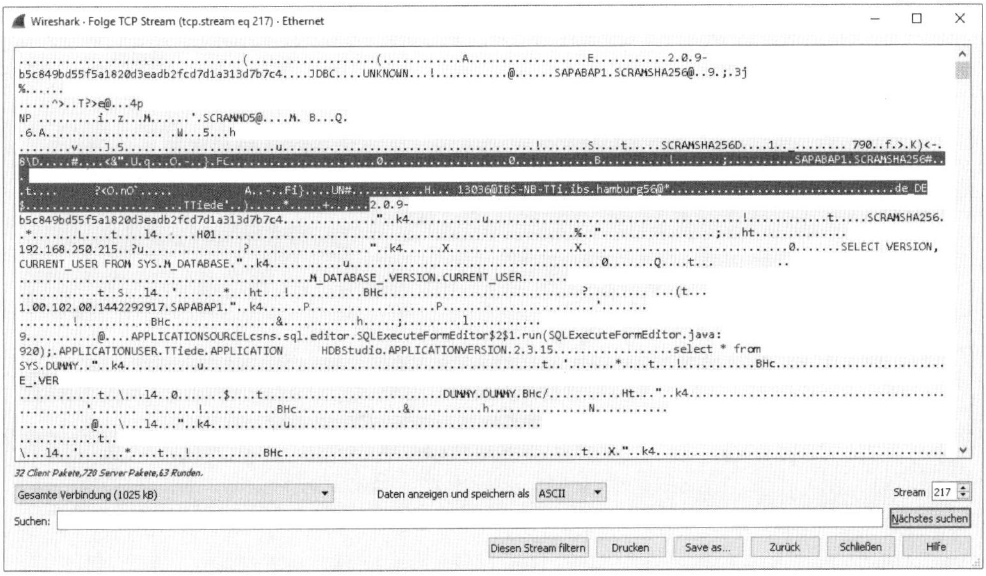

Abbildung 3.29 Anmeldedaten aus Wireshark

Findet die Kommunikation mit SAP HANA unverschlüsselt statt, können auch alle Daten im Klartext mitgelesen werden. Abbildung 3.30 zeigt das Ergebnis des Mitlesens eines SQL-Statements zur Anzeige von Lieferantendaten im SAP ERP (SELECT * FROM SAP<sid>.LFA1). Im oberen Block sind die Felder der Tabelle aufgelistet. Danach werden die Lieferantendaten angezeigt. Listing 3.5 zeigt den ersten Datensatz.

```
800.EWM_3001.US
Flowrate Corp....BROOKLYN.KINGS...11223.NY.EWM.61 Avenue U
0000064202
FLOWRATE CORP..BROOKLYN.Company..0000000.00000...0....20071127.C5093610...VEND
......E...................00000000...00000000........X
3304720101...............0.........00000000.000000..00000000...........000000
00.00000000000..00000000..0000....................@0..........................
..@0...
```

Listing 3.5 Protokolleintrag für das Auslesen von Daten aus SAP HANA

Hieraus lassen sich die Daten ablesen:

- Mandant: `800`
- Lieferantennr.: `EWM_3001`
- Land: `US`
- Name: `Flowrate Corp`
- ...

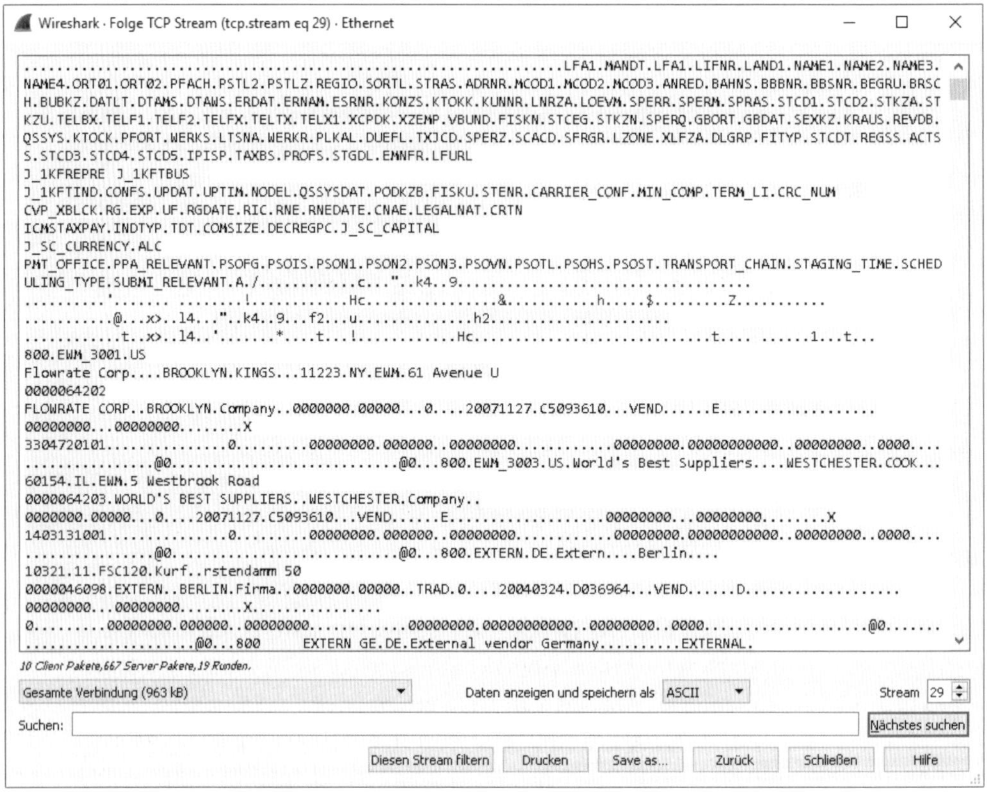

Abbildung 3.30 Mitlesen einer Tabelle mit Lieferantendaten (unverschlüsselt)

Abbildung 3.31 zeigt dieselbe Abfrage beim Mitlesen einer verschlüsselten Verbindung. Um das Mitlesen von Daten im Klartext grundsätzlich auszuschließen, sollten nur verschlüsselte Verbindungen zu einer SAP-HANA-Datenbank genutzt werden.

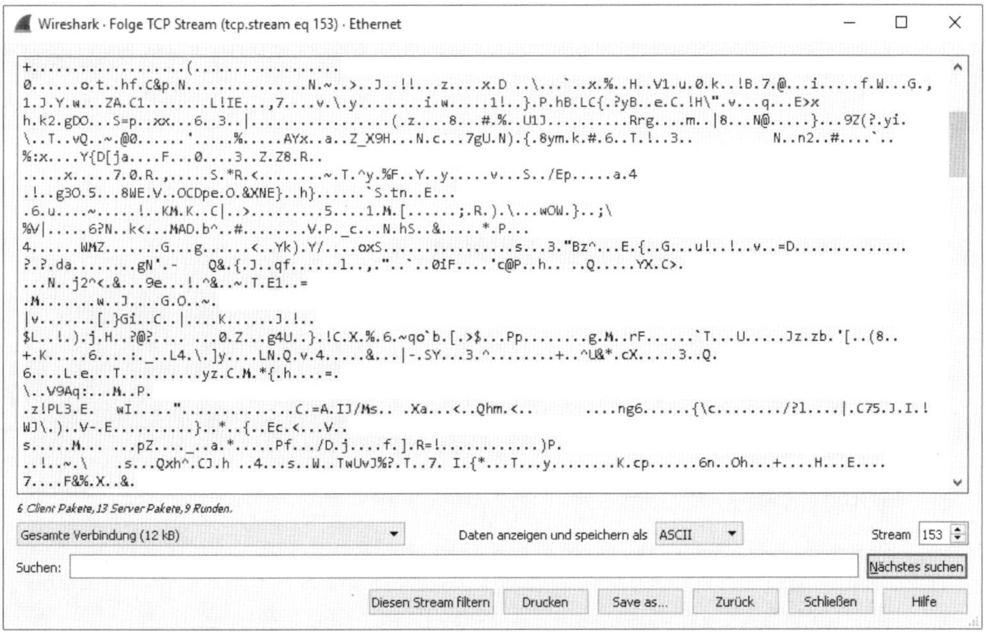

Abbildung 3.31 Mitlesen einer Tabelle mit Lieferantendaten (verschlüsselt)

3.5 Verbindungen zu anderen Systemen – Remote Sources

Verbindungen zu anderen Systemen können als *Remote Sources* definiert werden. Dies sind fest definierte Verbindungen, vergleichbar mit den RFC-Verbindungen in ABAP-Systemen. Remote Sources stellen somit die Grundlage für Schnittstellen zu anderen Systemen dar. In Remote Sources werden die Verbindungsdaten zum anderen System fest hinterlegt, optional auch Benutzer und Kennwort. Es können aber auch *Secondary Credentials* genutzt werden, siehe dazu den gleichnamigen Abschnitt 3.5.2.

3.5.1 Eigenschaften von Remote Sources

Für Remote Sources stellt SAP HANA bereits eine Vielzahl von Standardtreibern (*Adapter*) zur Verfügung, siehe Tabelle 3.17. Die Adapter werden in der Tabelle `SYS.ADAPTERS` gespeichert. Neue Adapter können mit dem Befehl `CREATE ADAPTER` angelegt werden. Hierfür ist die Berechtigung `ADAPTER ADMIN` erforderlich. SAP-Hinweis 2600176 listet die aktuell unterstützten Datenbanken und Versionen für Remote Sources auf.

Adapter Name	Datenbank
ASE (ODBC)	Sybase ASE
IQ (ODBC)	Sybase IQ
HANA (ODBC)	SAP HANA
TERADATA (ODBC)=	Teradata
HADOOP (ODBC)	Apache Hadoop
ORACLE (GENERIC ODBC)	Oracle
MSSQL (GENERIC ODBC)	Microsoft SQL Server
DB2 (GENERIC ODBC)	IBM DB2
NETEZZA (GENERIC ODBC)	IBM Netezza
ODBC (GENERIC ODBC)	generischer ODBC-Treiber
MAXDB (GENERIC ODBC)	MaxDB
HADOOP (DESTINATION)	Apache Hadoop HTTP Destination
SPARK SQL (DESTINATION)	Apache Spark HTTP Destination
MII (GENERIC ODBC)	SAP MII
VORA (ODBC)	SAP Vora
RSERVE (DESTINATION)	Verbindung zur einem R-Server
GRPC (DESTINATION)	gRPC (Remote Procedure Calls)
BIGQUERY (GENERIC ODBC)	Google BigQuery

Tabelle 3.17 Standardadapter in SAP HANA

Abbildung 3.32 zeigt das Anlegen einer Remote Source zu einer SAP-HANA-Datenbank. Je nach ausgewähltem Adapter sind unterschiedliche Angaben erforderlich. Hier ist beispielhaft ein Benutzer im Feld **User Name** (S4TEC) mit Kennwort fest hinterlegt. Bei der Nutzung dieser Remote Source arbeiten somit alle Benutzer mit den Berechtigungen des Benutzers S4TEC in der Remote-Datenbank. Die Nutzung von Secondary Credentials beschreibe ich im gleichnamigen Abschnitt 3.5.2. Eine weitere wichtige Eigenschaft ist der **DML Mode** (Data Manipulation Language). Hier wird festgelegt, ob Daten aus der Remote Source nur gelesen oder auch geändert werden können. Folgende Einstellungen sind möglich:

- *readonly*
- *readwrite*

Für Remote Sources, über die Daten ausschließlich gelesen werden sollen, ist *readonly* einzustellen.

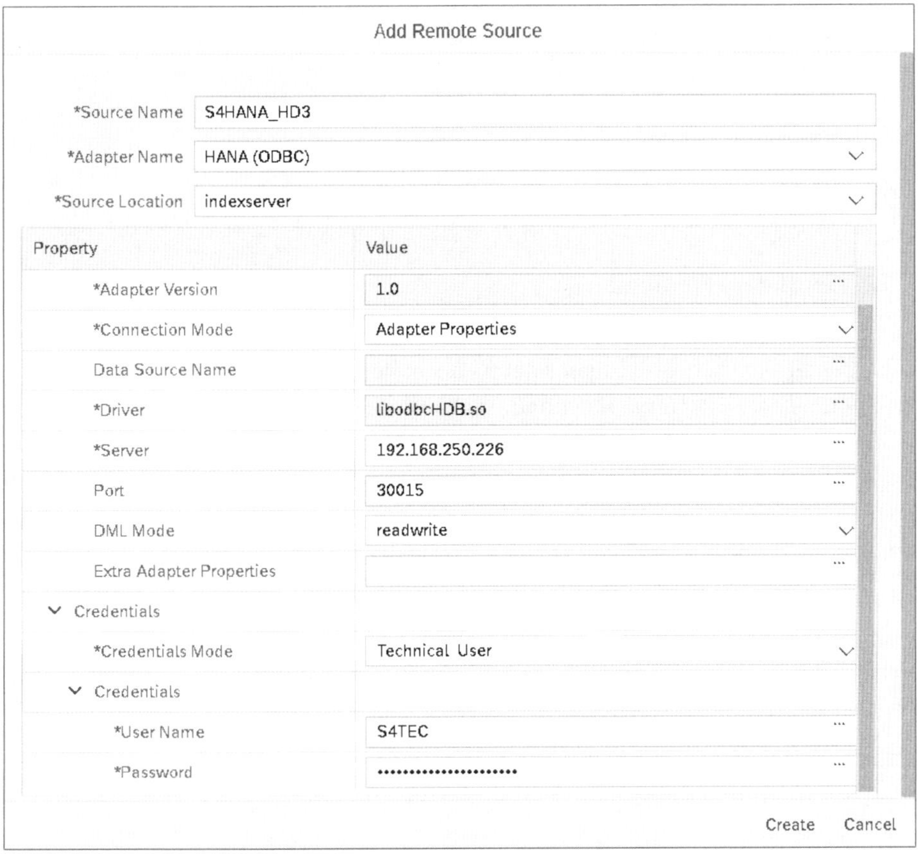

Abbildung 3.32 Definition einer Remote Source zu einem SAP-HANA-System

Remote Sources können mit der View `REMOTE_SOURCES` analysiert werden. Das Feld `ADAPTER_NAME` gibt an, zu welcher Art von System die Verbindung besteht. Die Verbindungseigenschaften sind im Feld `CONNECTION_INFO` im XML-Format hinterlegt. Je nach Adapter werden hier die Eigenschaften aufgeführt.

Listing 3.6 zeigt beispielhaft die Eigenschaften einer Verbindung zu einer SAP-HANA-Datenbank. Die Eigenschaft `dml_mode` zeigt an, ob es sich um eine *readonly*-Verbindung handelt oder ob Daten über die Verbindung auch geändert werden können (*readwrite*).

```
<?xml version="1.0" encoding="UTF-8"?>
<ConnectionProperties name="connectionproperties">
<PropertyEntry name="adapterversion">1.0 </PropertyEntry>
<PropertyEntry name="connectionmode">adapterproperties </PropertyEntry>
<PropertyEntry name="driver">libodbcHDB.so </PropertyEntry>
<PropertyEntry name="server">192.168.250.215 </PropertyEntry>
<PropertyEntry name="port">30015 </PropertyEntry>
<PropertyEntry name="dml_mode">readonly </PropertyEntry>
<PropertyEntry name="extraadapterproperties"> </PropertyEntry>
</ConnectionProperties>
```

Listing 3.6 Verbindungsinformationen zu einer SAP-HANA-Datenbank

3.5.2 Secondary Credentials

Neben der Möglichkeit, einen Benutzer mit Kennwort fest in einer Remote Source zu hinterlegen, können Sie Zugangsdaten auch benutzerspezifisch einrichten. Dies erfolgt über die *Secondary Credentials*. Sie können damit für jede Remote Source und jeden Benutzer einzeln festlegen, welche Zugangsdaten genutzt werden sollen. Damit haben Sie gleichzeitig die Möglichkeit, die Nutzung der Remote Source auf spezielle Benutzer festzulegen. Benutzer, für die Sie keine Secondary Credentials anlegen, haben keine Möglichkeit zur Nutzung der Remote Source.

Die Anlage von Secondary Credentials erfolgt mit dem Befehl CREATE CREDENTIAL. Listing 3.7 zeigt die Syntax des Befehls. Listing 3.8 zeigt ein Beispiel. Hier wird dem Benutzer TTIEDE für die Remote Source ERP_H01 der Benutzer ERP_TEC zugeordnet, welcher das Kennwort »password123« besitzt.

```
CREATE CREDENTIAL FOR USER <Benutzername>
COMPONENT 'SAPHANAFEDERATION' PURPOSE
'<Remote Source>' TYPE 'PASSWORD' USING
'user=<Benutzer in Remote-Datenbank>;password=<Kennwort>'
```

Listing 3.7 Syntax des Befehls CREATE CREDENTIAL

```
CREATE CREDENTIAL FOR USER TTIEDE
COMPONENT 'SAPHANAFEDERATION' PURPOSE 'ERP_H01'
TYPE 'PASSWORD' USING 'user=ERP_TEC;password=password123';
```

Listing 3.8 Beispiel für den Befehl CREATE CREDENTIAL

Sie können Secondary Credentials anlegen, bevor Sie die Remote Source anlegen. Legen Sie eine Remote Source an, zu der noch keine Secondary Credentials existieren, lässt sich die Option **Secondary Credentials** nicht als **Credential Mode** auswählen.

Der Modus wird auf **NONE** gesetzt. Nach der Anlage der ersten Secondary Credentials für die Remote Source wird der Credential Mode auf **Secondary Credentials** gesetzt.

Die Secondary Credentials können mit der View CREDENTIALS eingesehen werden. Das Feld PURPOSE enthält hier den Namen des Remote Source, das Feld USER_NAME die zugeordneten Benutzer.

3.5.3 Berechtigungen für Remote Sources

Zur Anlage neuer Remote Sources ist das System Privilege CREATE REMOTE SOURCE erforderlich. Ein System Privilege ist nur für die Anlage nötig. Die Berechtigungen zur Pflege vorhandener Remote Sources erfolgt über Object Privileges. Remote Sources werden als Object Type **SOURCE** angelegt. Abbildung 3.33 zeigt die Vergabe von Object Privileges auf die Remote Source ERP_H02. Tabelle 3.18 zeigt die wesentlichen Privileges auf.

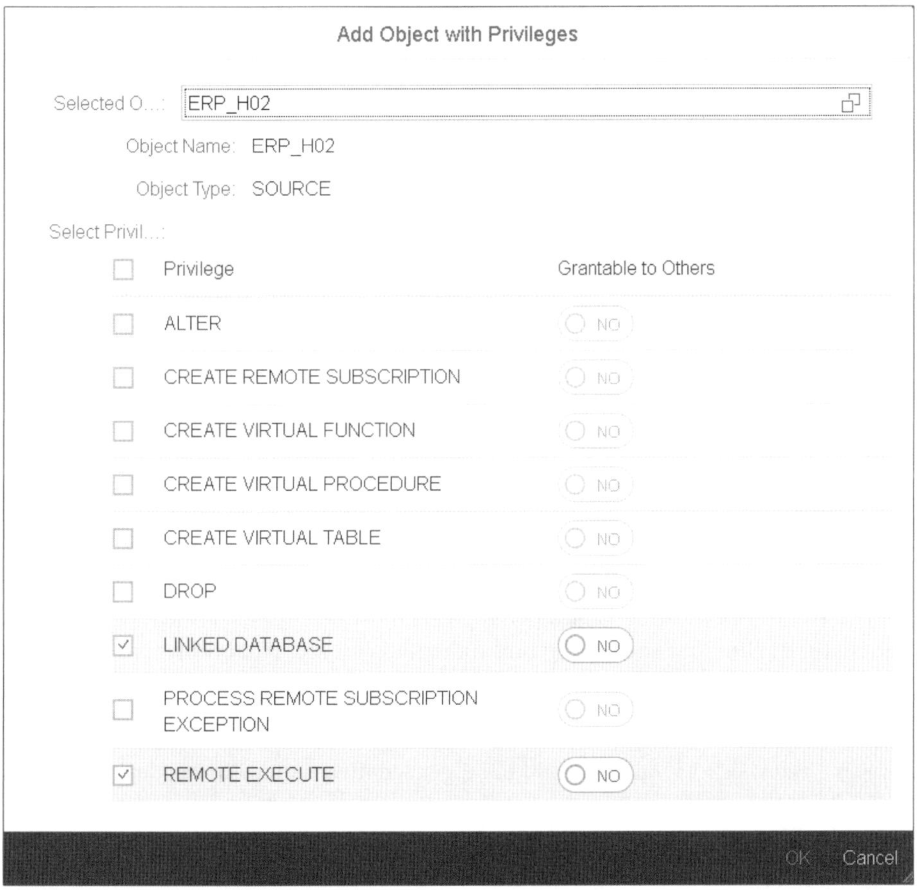

Abbildung 3.33 Vergabe von Object Privileges auf Remote Sources

Object Privilege	Beschreibung der Berechtigung
ALTER	Ändern der Eigenschaften der Remote Source
CREATE VIRTUAL FUNCTION	Anlage einer virtuellen Funktion (= Verweis auf eine Funktion in der Remote-Datenbank)
CREATE VIRTUAL PROCEDURE	Anlage einer virtuellen Prozedur (= Verweis auf eine Prozedur in der Remote-Datenbank)
CREATE VIRTUAL TABLE	Anlage einer virtuellen Tabelle (= Verweis auf eine Tabelle in der Remote-Datenbank)
DROP	Löschen der Remote Source
LINKED DATABASE	Ausführen von DML-SQL-Statements in der Remote-Datenbank
REMOTE EXECUTION	Remote-Ausführung von Funktionen und Prozeduren

Tabelle 3.18 Object Privileges für Remote Sources

Zur Erstellung von Secondary Credentials ist das System Privilege CREDENTIAL ADMIN erforderlich.

3.5.4 Pflege von Remote Sources mit dem SAP HANA Database Explorer

Rufen Sie vom SAP HANA Cockpit den SAP HANA Database Explorer auf (Kachel **Execute SQL**). Öffnen Sie das entsprechende System und darunter den Ordner **Remote Sources**. Nun werden die bereits definierten Remote Sources aufgelistet. Doppelklicken Sie auf eine Remote Source, um deren Eigenschaften anzuzeigen (siehe Abbildung 3.34). Mit der Schaltfläche **Edit** ändern Sie die technischen Eigenschaften der Remote Source.

Zum Anlegen einer neuen Remote Source klicken Sie mit der rechten Maustaste auf den Eintrag **Remote Source** und wählen **New Remote Source** aus. Ihnen wird das Fenster wie in Abbildung 3.32 angezeigt. Tragen Sie in das Feld **Source Name** einen Namen für die Remote Source ein, und wählen Sie im Feld **Adapter Name** den Adapter für die Datenbank aus, die Sie anbinden wollen (für SAP-HANA-Datenbanken **HANA (ODBC)**).

Je nach ausgewähltem Adapter sind die Eigenschaften unter **Connection Properties** anzugeben. Für die meisten Adapter können hier auch die Zugangsdaten unter **Credentials** angegeben werden. Im Feld **Credential Mode** können Sie folgende Einstellungen wählen:

- **None**
  Es werden keine Zugangsdaten hinterlegt.
- **Technical User**
  Benutzername und Kennwort für die Remote Source werden explizit angegeben.
- **Secondary Credentials**
  Sie pflegen explizit Credentials für die Remote Source (siehe Abschnitt 3.5.2, »Secondary Credentials«).

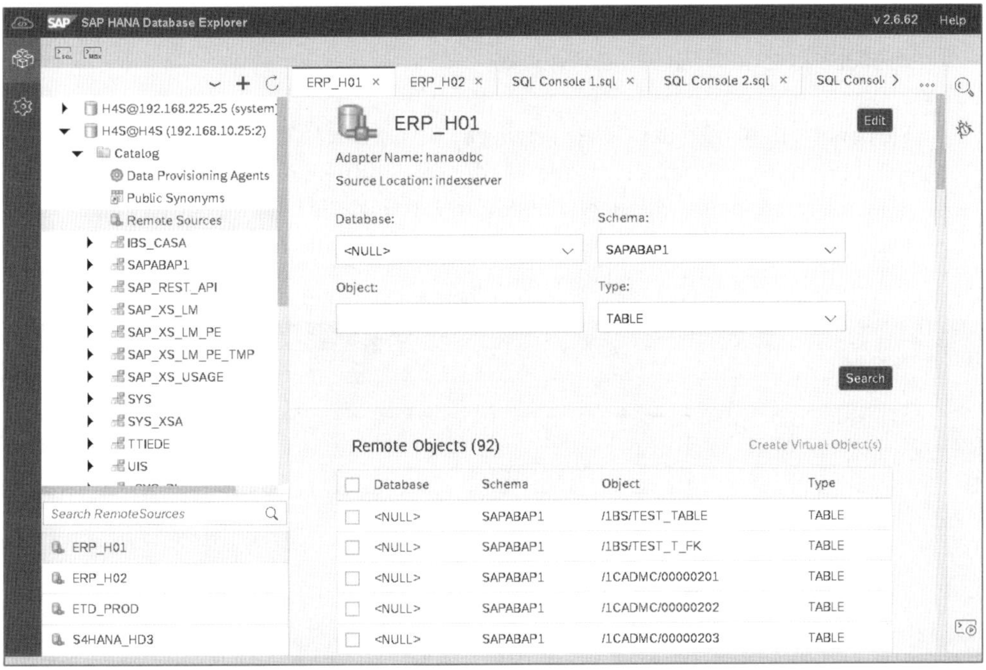

Abbildung 3.34 Eigenschaften einer Remote Source im SAP HANA Database Explorer

Nach der Anlage der Remote Source können Sie von dieser Sicht aus auch virtuelle Tabellen, Funktionen oder Prozeduren anlegen. Wählen Sie hierfür in der Remote Source im Feld **Schema** das Schema aus, in dem sich das Objekt befindet, für das Sie ein virtuelles Objekt einbinden wollen. In Abbildung 3.34 ist dies z. B. das Schema SAPABAP1.

Klicken Sie auf die Schaltfläche **Search**, um die Remote-Objekte auflisten zu lassen. Markieren Sie die Objekte, für die Sie virtuelle Objekte erzeugen wollen. Sie können beliebig viele Objekte markieren. Klicken Sie auf die Schaltfläche **Create Virtual Object(s)**. Im Fenster **Create Virtual Objects** können Sie ein Präfix für die ausgewählten Objekte angeben und das Schema auswählen, in dem die Objekte angelegt werden sollen (siehe Abbildung 3.35).

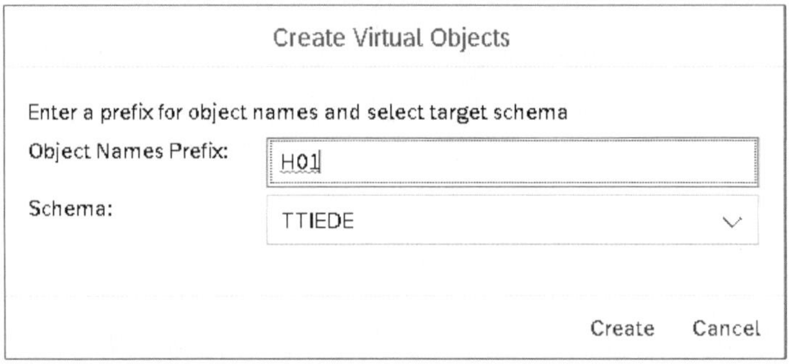

Abbildung 3.35 Anlegen virtueller Objekte

Sie benötigen hierfür das Object Privilege CREATE VIRTUAL TABLE auf der ausgewählten Remote Source. Nach der Anlage werden die virtuellen Tabellen im selektierten Schema unter **Tables** angezeigt. Abbildung 3.36 zeigt die Entwurfsansicht einer virtuellen Tabelle, Abbildung 3.37 die Inhalte der Tabelle, die beim Anzeigen in Echtzeit aus dem Remote-System gelesen werden.

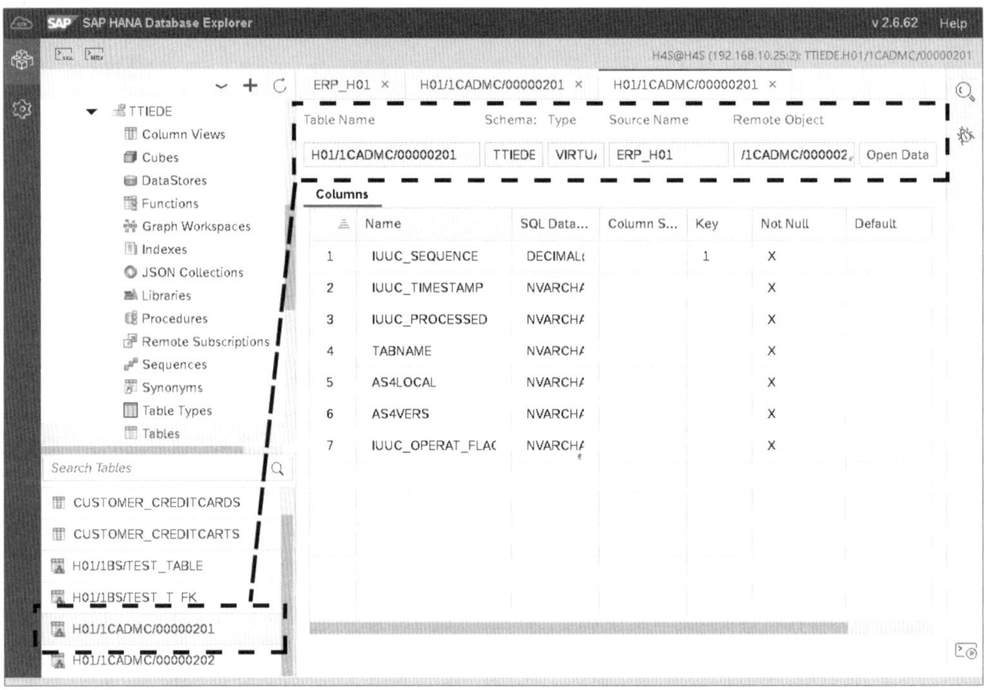

Abbildung 3.36 Virtuelles Objekt im Schema TTIEDE

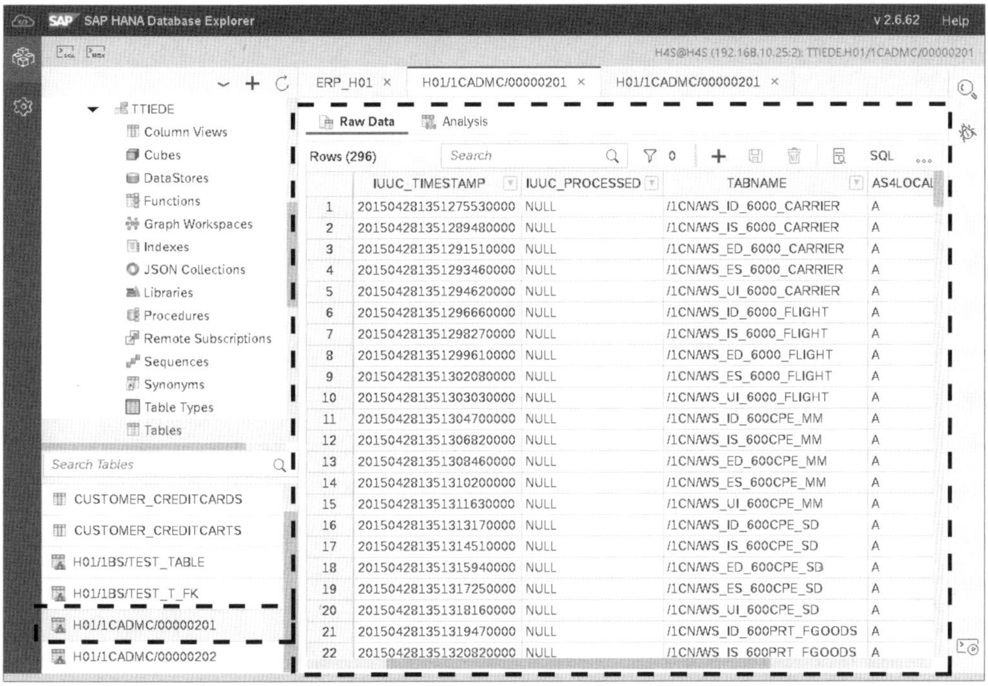

Abbildung 3.37 Daten eines virtuellen Objektes im Schema TTIEDE

Um nachzuvollziehen, welche Verbindungen aktuell aktiv sind und welche Aktionen in den Remote-Systemen durchgeführt wurden, scrollen Sie in der Sicht **System Overview** zur Kachel **Smart Data Access**. Hier haben Sie Analysen zur Verfügung:

- **Running Statements:** Historie der ausgeführten Statements in den Remote-Systemen
- **Active Connections:** aktuell aktive Verbindungen

Die Sicht **Running Statements** zeigt Abbildung 3.38. Hier erhalten Sie einen Überblick über die ausgeführten SQL-Statements. Tabelle 3.19 zeigt die Spalten der Sicht. Die teilweise komplexen SQL-Statements können in dieser Übersicht nicht vollständig angezeigt werden. Klicken Sie zur Anzeige dieser Statements auf den Link **More**.

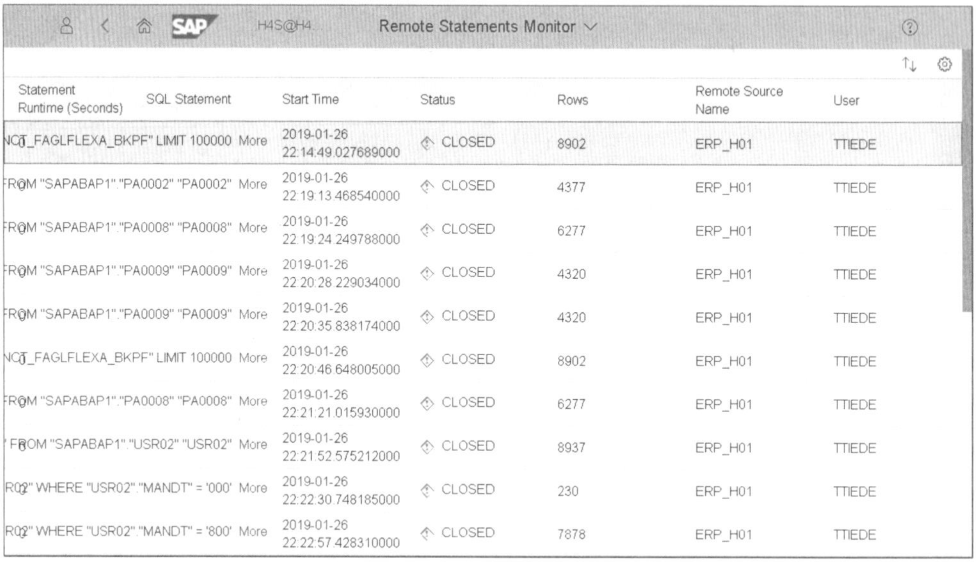

Abbildung 3.38 Die Sicht »Running Statements«

Spalte	Beschreibung
Statement Runtime (Seconds)	Laufzeit der Aktion
SQL Statement	Ausgeführtes SQL-Statement. Klicken Sie auf den Link **More**, um das vollständige Statement anzuzeigen.
Start Time	Startzeit des Statements
End Time	Endzeit des Statements
Status	Status der Abfrage. Beendete Abfragen haben den Status CLOSED.
Rows	Anzahl der ausgelesenen Zeilen
Fetched Size	Größe der ausgelesenen Daten
Remote Source Name	Remote Source
User	Benutzer, der die Abfrage ausgeführt hat
Transaction	Transaktionsnummer

Tabelle 3.19 Spalten der Sicht Running Statements

Um die aktuell aktiven Verbindungen anzuzeigen, wählen Sie auf der Kachel **Smart Data Access** den Link **Active Connections** aus. Die anzuzeigenden Spalten wählen Sie mit **Settings** (⚙) aus (Abbildung 3.39). Tabelle 3.20 listet die verfügbaren Spalten auf.

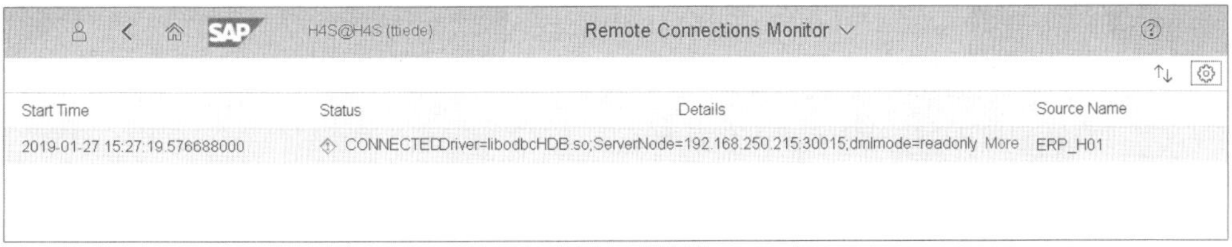

Abbildung 3.39 Aktuell aktive Verbindungen

Spalte	Beschreibung
Connection	Verbindungs-ID
Adapter	Adaptername (für Verbindungen zu SAP-HANA-Datenbanken, z. B. hanaodbc)
Start Time	Zeit der Aktivierung der Verbindung
Status	aktueller Status, z. B. CONNECTED
Details	weitere Details zur Verbindung
Statements	Anzahl ausgeführter SQL-Statements
Source Name	Remote Source
Source User	Benutzer, der die Verbindung aufgebaut hat
Client	Programm, von dem aus die Verbindung aufgebaut wurde

Tabelle 3.20 Spalten der Sicht Active Connections

3.5.5 Pflege von Remote Sources mit dem SAP HANA Studio

Im SAP HANA Studio finden Sie die Pflege der Remote Sources unter den Systemen im Ordner **Provisioning • Remote Sources** (siehe Abbildung 3.40). Klicken Sie mit der rechten Maustaste auf den Ordner **Remote Sources**, und wählen Sie den Kontextmenüeintrag **New Remote Source** aus, um eine neue Remote Source anzulegen. Um eine bestehende Remote Source zu ändern, doppelklicken Sie auf die Remote Source, oder wählen Sie aus dem Kontextmenü den Eintrag **Open Definition** aus.

Über den Eintrag **Provisioning • Smart Data Access** lassen Sie sich die aktiven Verbindungen (Register **Connection Monitoring**) und die ausgeführten SQL-Statements für die Remote Sources (Register **Query Monitoring**) anzeigen. Abbildung 3.41 zeigt das Register **Query Monitoring**.

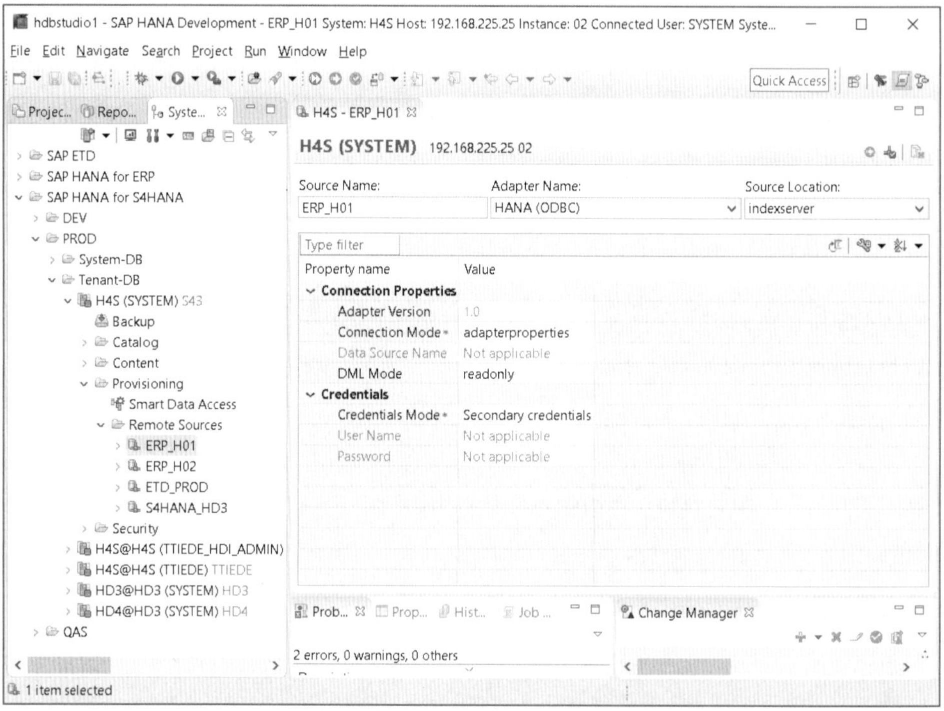

Abbildung 3.40 Pflege von Remote Sources im SAP HANA Studio

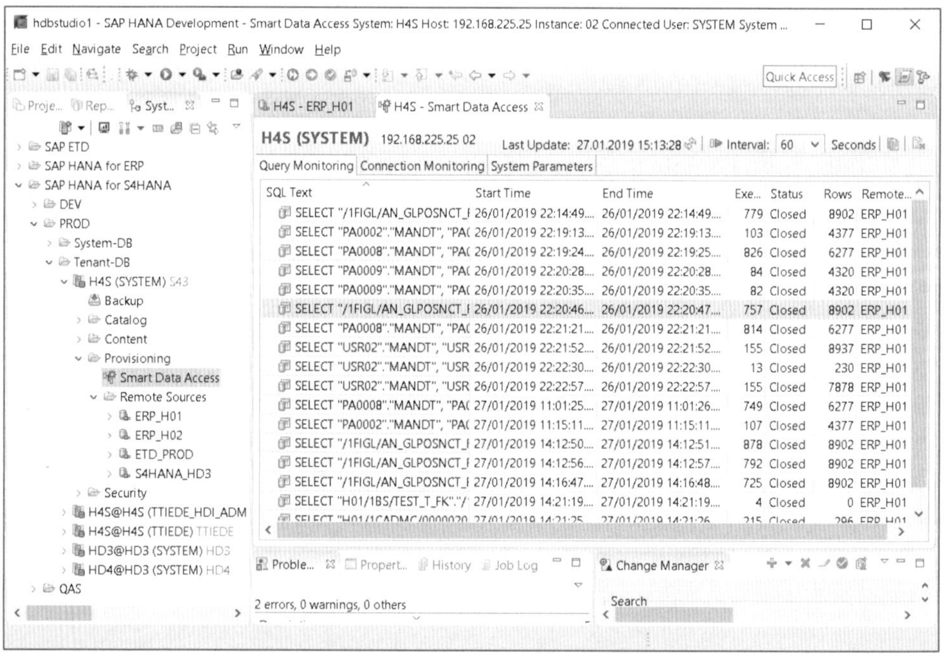

Abbildung 3.41 Anzeige Smart Data Access im SAP HANA Studio

3.5.6 Pflege von Remote Sources mittels SQL-Statements

Die Anlage neuer Remote Sources erfolgt mit dem SQL-Statement `CREATE REMOTE SOURCE`. Die Syntax ist folgende:

```
CREATE REMOTE SOURCE <Remote Source Name> <Adapter> [<Credentials>]
```

In der Eigenschaft `<Adapter>` wird nicht nur der Adaptername angegeben, sondern es werden auch die jeweiligen Adapter-Eigenschaften angegeben. Diese sind für die einzelnen Adapter jeweils unterschiedlich. Listing 3.9 zeigt beispielhaft die Anlage einer Remote Source für eine SAP-HANA-Datenbank.

```
CREATE REMOTE SOURCE "DB_S4HANA" ADAPTER "hanaodbc"
CONFIGURATION 'Driver=libodbcHDB.so;ServerNode=s4server:30015;'
WITH CREDENTIAL TYPE 'PASSWORD' USING 'user=S4TEC;password=password123'
```

Listing 3.9 Anlage einer Remote Source für SAP HANA

[*]

Eigenschaften der Adapter

Welche Eigenschaften Sie für die einzelnen Adapter setzen müssen, ist im *SAP HANA Administration Guide* beschrieben. Im Kapitel »Data Access – SAP HANA Smart Data Access« sind die wesentlichen Adapter beschrieben.

Zum Ändern von Remote Sources nutzen Sie den Befehl `ALTER REMOTE SOURCE`, zum Löschen `DROP REMOTE SOURCE`. Bei letzterem Befehl haben Sie zwei Optionen:

```
DROP REMOTE SOURCE <Remote Source> [CASCADE | RESTRICT]
```

`RESTRICT` bedeutet, dass nur die Remote Source selbst gelöscht werden soll. Dies ist auch die Standardoption, wenn nichts anderes angegeben wird. Sind allerdings Objekte zur Remote Source vorhanden, wie Secondary Credentials und virtuelle Objekte, ist das Löschen der Remote Source allein nicht möglich. In dem Fall nutzen Sie die Option `CASCADE`, um auch alle abhängigen Objekte zu löschen.

3.5.7 Zugriff auf Daten in der Remote Source

Auf Daten in Remote-Systemen kann auch direkt zugegriffen werden, ohne vorher eine virtuelle Tabelle anzulegen. Der Zugriff auf das Remote-System erfolgt mit einem fest definierten Benutzer. Entweder ist er direkt in die Remote Source eingetragen oder über Secondary Credentials zugeordnet. Mit den Berechtigungen dieses Benutzers wird dann auf die Remote-Datenbank zugegriffen. Es können alle Tabellen und Views, für die der Benutzer in der Remote-Datenbank Leserechte besitzt, angezeigt werden.

Um z. B. auf die Daten eines SAP-ERP-Systems remote zuzugreifen, benötigt der Benutzer im Remote-System entsprechende Berechtigungen für diese Daten. Verfügt der Benutzer auch über ändernde Berechtigungen, und ist in der Remote Source die Eigenschaft **DML Mode** auf *readwrite* eingestellt, können die Daten auch entsprechend geändert werden.

Um auf eine Tabelle oder View über eine Remote Source zuzugreifen, nutzen Sie folgende Syntax:

```
<Remote Source>.<Schemaname>.<Objektname>
```

Um z. B. auf die Tabelle USR02 zuzugreifen, in der u. a. die Kennwort-Hashwerte der Benutzer gespeichert werden, ist folgendes Statement erforderlich (der Name der Remote Source ist hier `ERP_H01`, der Schema-Name ist `SAPABAP1`):

```
SELECT MANDT, BNAME, PWDSALTEDHASH FROM ERP_H01.SAPABAP1.USR02
```

Abbildung 3.42 zeigt das Ergebnis dieser Abfrage. Es werden die drei Felder `MANDT` (Mandant), `BNAME` (Benutzername) und `PWDSALTEDHASH` (aktueller Kennwort-Hashwert) ausgelesen. Nach derselben Systematik könnten natürlich auch alle anderen Tabellen des SAP-ERP-Systems gelesen werden, wie Kunden- oder Konstruktionsdaten.

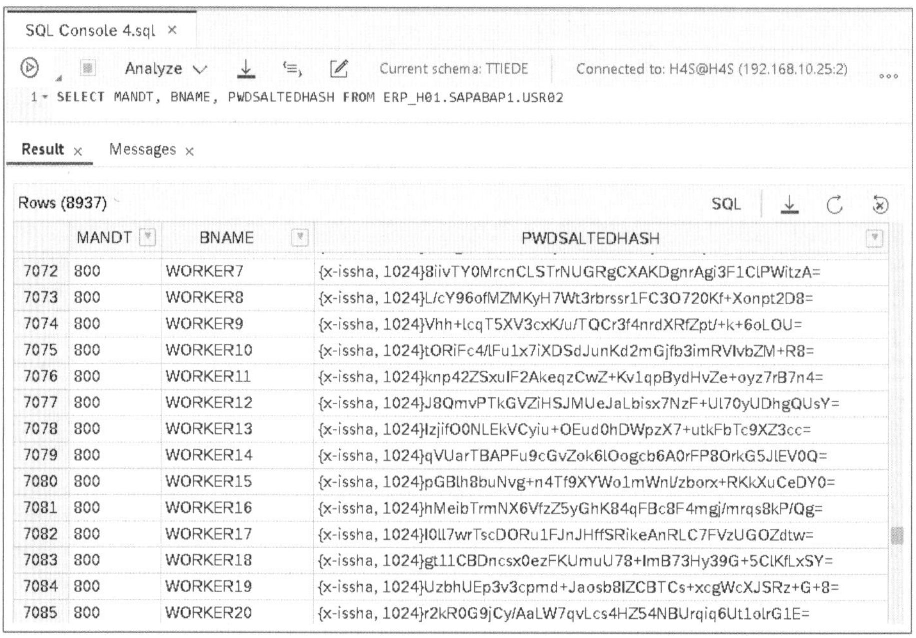

Abbildung 3.42 Auslesen von Kennwort-Hashwerten aus einer Remote-Datenbank

Zur Ausführung von SQL-Statements ist das Object Privilege `LINKED DATABASE` auf der Remote Source erforderlich. Bei der Nutzung von Secondary Credentials müssen dem ausführenden Benutzer Credentials für die Remote Source zugeordnet sein. Anderenfalls ist ihm das Ausführen von SQL-Statements nicht möglich, und er erhält folgende Fehlermeldung:

```
Could not execute '<SQL-Statment>'
Error: (dberror) [403]: internal error: Credential not found
```

3.5.8 Protokollierung von Remote Sources

Änderungen an Remote Sources können Sie im Auditing (siehe Kapitel 11, »Auditing in SAP HANA«) protokollieren lassen. Wählen Sie hier die Klasse **Data Provisioning** aus (siehe Abbildung 3.43). Tabelle 3.21 zeigt die möglichen Protokollkomponenten.

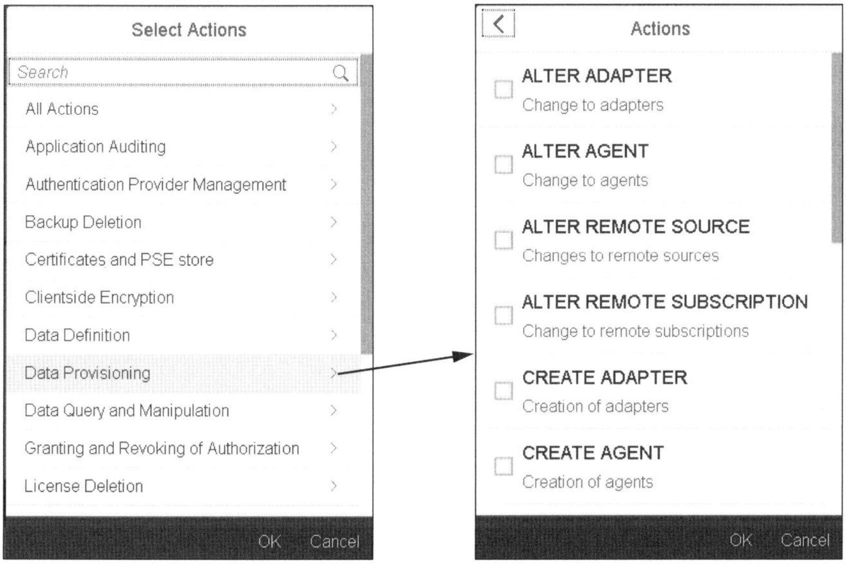

Abbildung 3.43 Aktionen im Auditing zur Protokollierung von Remote Sources

Aktion	Beschreibung
ALTER ADAPTER	Protokolliert das Ändern der Eigenschaften von Adaptern.
ALTER REMOTE SOURCE	Protokolliert das Ändern von Remote Sources.
CREATE ADAPTER	Protokolliert das Anlegen von Adaptern.
CREATE REMOTE SOURCE	Protokolliert das Anlegen von Remote Sources.
DROP ADAPTER	Protokolliert das Löschen von Adaptern.
DROP REMOTE SOURCE	Protokolliert das Löschen von Remote Sources.

Tabelle 3.21 Aktionen im Auditing zur Protokollierung von Remote Sources

3.6 Skripte zur Prüfung der Systemsicherheit

In der Anlage zum SAP-Hinweis 1969700 ist eine Vielzahl von SQL-Skripten enthalten. Einige davon enthalten Auswertungen zur Systemsicherheit. Tabelle 3.22 zeigt einige dieser Skripte. Details zu den Skripten finden Sie im SAP-Hinweis 2159014.

Dateiname	Beschreibung
HANA_Security_Encryption_2.00.000+	Zeigt den Status der Verschlüsselung der persistenten Daten, der Redo-Logs und der Backups an.
HANA_Security_MiniChecks	Wertet sicherheitsrelevante Einstellungen im System aus. Die Checks sind in Abschnitt 3.6.1, »Das Skript HANA_Security_MiniChecks«, beschrieben. Sie basieren auf dem Dokument **SAP HANA Security Checklists and Recommendations**.
HANA_Security_SecureStore	Zeigt den aktuellen Stand des Secure Stores an.
HANA_Configuration_Overview_2.00.020+	Das Skript zeigt einen Überblick der Konfiguration der aktuellen Datenbank und des aktuellen Tenants.
HANA_Configuration_MiniChecks_2.00.010+	Zeigt eine Vielzahl von Checks auf zur Hauptspeicherauslastung, zu Auslagerungen auf die Festplatte, zu Tabellen, Backups, Logs etc.
HANA_Connections_Overview	Zeigt alle aktuellen Verbindungsinformationen an.

Tabelle 3.22 Sicherheitsrelevante SQL-Standardskripte

3.6.1 Das Skript HANA_Security_MiniChecks

Im Skript **HANA_Security_MiniChecks** ist eine Vielzahl von Analysen integriert. Sie basieren auf dem Dokument »SAP HANA Security Checklists and Recommendations« (*http://help.sap.com/hana/SAP_HANA_Security_Checklists_and_Recommendations_en.pdf*). Die Ausgabe der Ergebnisse erfolgt in der Reihenfolge der Checks in dieser Checkliste. Analysen sind u. a.:

- Sperrung des Benutzers SYSTEM
- Benutzer, deren Kennwort nicht abläuft
- Benutzer mit kritischen, direkt zugeordneten System Privileges
- Benutzer mit kritischen Berechtigungskombinationen von System Privileges
- Zuordnung der Privileges `DATA ADMIN`, `DEVELOPMENT`, `DEBUG` oder `ATTACH_DEBUGGER` zu Benutzern oder Rollen
- Zuordnung des Analytic Privilege `_SYS_BI_CP_ALL` zu Benutzern oder Rollen
- Zuordnung der Rollen `CONTENT_ADMIN`, `MODELING` oder `SAP_INTERNAL_HANA_SUPPORT`
- Verschlüsselung des persistenten Speichers

- Aktivierung des Auditing
- Nutzung des Audit Trail Type CSV

Nach der Ausführung des Skripts sollte das Ergebnis exportiert werden, z. B. zu MS Excel. Es kann dann leichter analysiert und archiviert werden. Abbildung 3.44 zeigt den Export. Die Bedeutung der Spalten finden Sie in Tabelle 3.23. Die Analyse kann durch das Setzen einiger Parameter verfeinert werden. Tabelle 3.24 zeigt die Möglichkeiten. Um sie zu setzen, suchen Sie im SQL-Statement nach dem Begriff `/* Modification section */`.

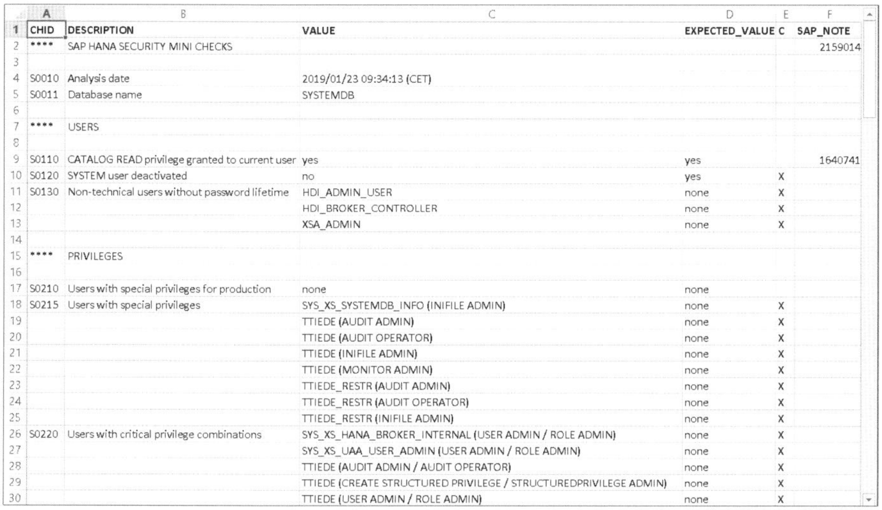

	A	B	C	D	E	F
1	CHID	DESCRIPTION	VALUE	EXPECTED_VALUE	C	SAP_NOTE
2	****	SAP HANA SECURITY MINI CHECKS				2159014
3						
4	S0010	Analysis date	2019/01/23 09:34:13 (CET)			
5	S0011	Database name	SYSTEMDB			
6						
7	****	USERS				
8						
9	S0110	CATALOG READ privilege granted to current user	yes	yes		1640741
10	S0120	SYSTEM user deactivated	no	yes	X	
11	S0130	Non-technical users without password lifetime	HDI_ADMIN_USER	none	X	
12			HDI_BROKER_CONTROLLER	none	X	
13			XSA_ADMIN	none	X	
14						
15	****	PRIVILEGES				
16						
17	S0210	Users with special privileges for production	none	none		
18	S0215	Users with special privileges	SYS_XS_SYSTEMDB_INFO (INIFILE ADMIN)	none	X	
19			TTIEDE (AUDIT ADMIN)	none	X	
20			TTIEDE (AUDIT OPERATOR)	none	X	
21			TTIEDE (INIFILE ADMIN)	none	X	
22			TTIEDE (MONITOR ADMIN)	none	X	
23			TTIEDE_RESTR (AUDIT ADMIN)	none	X	
24			TTIEDE_RESTR (AUDIT OPERATOR)	none	X	
25			TTIEDE_RESTR (INIFILE ADMIN)	none	X	
26	S0220	Users with critical privilege combinations	SYS_XS_HANA_BROKER_INTERNAL (USER ADMIN / ROLE ADMIN)	none	X	
27			SYS_XS_UAA_USER_ADMIN (USER ADMIN / ROLE ADMIN)	none	X	
28			TTIEDE (AUDIT ADMIN / AUDIT OPERATOR)	none	X	
29			TTIEDE (CREATE STRUCTURED PRIVILEGE / STRUCTUREDPRIVILEGE ADMIN)	none	X	
30			TTIEDE (USER ADMIN / ROLE ADMIN)	none	X	

Abbildung 3.44 Ergebnis des Skripts »SAP HANA Security Mini Checks«

Spalte	Beschreibung
`CHID`	Skript-interne ID. Der Wert **** zeigt an, dass es sich um eine Überschrift handelt. Die Überschriften entsprechen der Reihenfolge der Checks in Kapitel 2 des Dokuments »SAP HANA Security Checklists and Recommendations«: ▪ `USERS` (CHIDs S01*) ▪ `PRIVILEGES` (CHIDs S02*) ▪ `ROLES` (CHIDs S03*) ▪ `NETWORK` (CHIDs S04*) ▪ `ENCRYPTION` (CHIDs S05*) ▪ `FILE SYSTEM` (CHIDs S06*) ▪ `AUDITING` (CHIDs S07*) ▪ `TRACES` (CHIDs S08*) ▪ `MULTITENANT` (CHIDs S09*)

Tabelle 3.23 Spalten der Ausgabe des Skripts »SAP HANA Security Mini Check«

Spalte	Beschreibung
DESCRIPTION	Beschreibung der Analyse
VALUE	Ergebnis der Analyse. Besteht das Ergebnis aus mehreren Einträgen, werden diese in verschiedenen Zeilen untereinander aufgelistet.
EXPECTED_VALUE	Vorgabewert für die Analyse. Beispielsweise wird für die Analyse *SYSTEM user deactivated* der Wert »yes« erwartet, da der Benutzer SYSTEM deaktiviert werden sollte. Dies ist somit der Vorgabewert.
C	Der Wert X zeigt an, dass das Ergebnis (Spalte VALUE) und der Vorgabewert (Spalte EXPECTED_VALUE) nicht identisch sind. Hierüber kann somit gefiltert werden, welche Einträge sicherheitskritisch sind.
SAP_NOTE	Gibt es zu der Analyse einen SAP-Hinweis, wird er hier aufgeführt.

Tabelle 3.23 Spalten der Ausgabe des Skripts »SAP HANA Security Mini Check« (Forts.)

Parameter	Beschreibung
ONLY_POTENTIALLY_CRITICAL_RESULTS	Standardwert: '' Durch das Setzen des Parameters auf den Wert X wird die Ausgabe auf die kritischen Ergebnisse eingeschränkt (Spalte C = X).
TECHNICAL_USER_LIST	Standardwert: '' Die Analyse *S0130 Non-technical users without password lifetime* prüft explizit auf die nicht-technischen Benutzer. Zur Verfeinerung des Ergebnisses können hier (durch Kommata getrennt) die Namen der als technische Benutzer genutzten User angegeben werden.
MAX_VALUE_LENGTH	Standardwert: -1 Maximale Ausgabelänge für das Feld VALUE. Durch den Wert -1 werden die Ergebnisse unbegrenzt lang ausgegeben.

Tabelle 3.24 Selektionsparameter des Skripts »SAP HANA Security Mini Check«

3.6.2 Das Skript HANA_Configuration_MiniChecks

Das Skript **HANA_Configuration_MiniChecks** gibt eine Vielzahl von Checks zur Konfiguration der Systemparameter, u. a. zur Hauptspeicherauslastung, Auslagerungen auf die Festplatte, zu Tabellen, Backups und Logs aus. Es gibt für fast jede SAP-HANA-Version Versionen dieses Skripts. Bei der Nutzung des Skripts ist daher auf die eingesetzte SAP-HANA-Version zu achten. Die einzelnen Analysen sind im SAP-Hinweis 1999993 beschrieben.

Abbildung 3.45 zeigt beispielhaft das Ergebnis der Analyse. Die Bedeutung der Spalten finden Sie in Tabelle 3.25. Die Analyse kann durch das Setzen einiger Parameter verfeinert werden. Tabelle 3.26 zeigt die Möglichkeiten. Um sie zu setzen, suchen Sie im SQL-Statement nach dem Begriff `/* Modification section */`.

	A	B	C	D	E	F	G
1	**CHID**	**DESCRIPTION**	**HOST**	**VALUE**	**EXPECTED_VALUE**	**C**	**SAP_NOTE**
2	****	SAP HANA MINI CHECKS					1999993
3							
4	M0009	Mini check version		2.00.030+ / 2.2.28 (2019/01/18)			
5	M0010	Analysis date		2019/01/23 10:26:25 (CET)			
6	M0011	Database name		SYSTEMDB			
7	M0012	Revision level		30.00	>= 0.00		2378962
8	M0013	Version		2.0			2378962
9	M0110	Everything started		yes	yes		2177064
10	M0111	Host startup time variation (s)		0	<= 600		2177064
11	M0115	Service startup time variation (s)	s43hana	293	<= 600		2177064
12							
13	****	OPERATING SYSTEM					
14							
15	M0207	Recommended bigmem kernel flavor not used		no	no		2240716
16	M0208	Supported operating system	s43hana	yes	yes		2235581
17	M0209	Recommended operating system kernel version	s43hana	no (4.4.114-92.67-default instead of >= 92.70)	yes	X	2235581
18	M0211	Hosts with varying CPU rates		no	no		2235581
19	M0215	Hosts with outdated CPU type		0		0	2399995
20	M0220	Current CPU utilization (%)	s43hana	14	<= 80		2100040
21	M0221	Peak CPU utilization (%, last day)	s43hana	7	<= 90		2100040
22	M0222	Time since CPU utilization > 95 % (h)		never	>= 12.00		2100040
23	M0226	Peak system CPU utilization (%, last day)	s43hana	2	<= 30		2100040
24	M0228	Erroneous system CPU calculation	s43hana	no	no		2222110
25	M0232	Hyperthreading active in critical context		no	no		2711650
26	M0235	Hosts with varying physical memory size		no	no		1999997

Abbildung 3.45 Ergebnis des Skripts »SAP HANA Configuration MiniChecks«

Spalte	Beschreibung
`CHID`	Check-ID der Analyse (M*). Im SAP-Hinweis 1999993 sind die Analysen beschrieben. Der Wert **** zeigt an, dass es sich um eine Überschrift handelt. ▪ `OPERATING SYSTEM` ▪ `DISKS` ▪ `MEMORY` ▪ `TABLES` ▪ `TRACES, DUMPS AND LOGS` ▪ `STATISTICS SERVER` ▪ `TRANSACTIONS AND THREADS` ▪ `BACKUP` ▪ `LOCKS` ▪ `SQL` ▪ `APPLICATION`

Tabelle 3.25 Spalten der Ausgabe des Skripts »SAP HANA Configuration MiniChecks«

Spalte	Beschreibung
CHID (Forts.)	▪ SECURITY ▪ LICENSE ▪ NETWORK ▪ NAMESERVER ▪ SYSTEM REPLICATION ▪ OBJECTS ▪ BW ▪ CONSISTENCY ▪ SMART DATA ACCESS/SMART DATA INTEGRATION ▪ ADMINISTRATION ▪ TABLE REPLICATION
DESCRIPTION	Beschreibung der Analyse
HOST	Name des Hosts, auf dem der Parameter gesetzt ist
VALUE	Ergebnis der Analyse. Besteht das Ergebnis aus mehreren Einträgen, werden diese in verschiedenen Zeilen untereinander aufgelistet.
EXPECTED_VALUE	Vorgabewert für die Analyse
C	Der Wert X zeigt an, dass das Ergebnis (Spalte VALUE) und der Vorgabewert (Spalte EXPECTED_VALUE) nicht identisch sind. Hierüber kann somit gefiltert werden, welche Einträge sicherheitskritisch sind.
SAP_NOTE	Gibt es zum Parameter einen SAP-Hinweis, wird dieser hier aufgeführt.

Tabelle 3.25 Spalten der Ausgabe des Skripts »SAP HANA Configuration MiniChecks« (Forts.)

Parameter	Beschreibung
HOST	Standardwert: '%' Ermöglicht die Einschränkung der Analyse auf bestimmte Hosts. Eine generische Angabe (z. B. HANA*) ist möglich.
ONLY_POTENTIALLY_CRITICAL_RESULTS	Standardwert: ' ' Durch das Setzen des Parameters auf den Wert X wird die Ausgabe auf die kritischen Ergebnisse eingeschränkt (Spalte C = X).

Tabelle 3.26 Selektionsparameter des Skripts »SAP HANA Configuration MiniChecks«

Parameter	Beschreibung
MAX_VALUE_LENGTH	Standardwert: 60 Maximale Ausgabelänge für das Feld VALUE. Durch den Wert -1 werden die Ergebnisse unbegrenzt lang ausgegeben.
CHECK_ID	Standardwert: -1 Ermöglicht das Eingrenzen auf eine explizite Check-ID. Durch den Wert -1 wird die Check-ID nicht eingegrenzt.
CHECK_GROUP	Standardwert: '%' Ermöglicht das Eingrenzen auf eine bestimmte Gruppe von Checks (Überschriften im Feld CHID), z. B. DISKS oder MEMORY.
CHECK_ID_PREFIX	Standardwert: 'M' Setzt ein Präfix vor die Check-IDs, standardmäßig M.
ORDER_BY	Standardwert: CHECK Gibt die Sortierreihenfolge vor: ■ CHECK: Sortierung nach der Spalte CHID ■ HOST: Sortierung nach der Spalte HOST

Tabelle 3.26 Selektionsparameter des Skripts »SAP HANA Configuration MiniChecks« (Forts.)

3.7 Alerts

Zur Überwachung einer SAP-HANA-Datenbank kann der *Statistics Service* genutzt werden. Dieser sammelt kontinuierlich Daten des Systems und wertet sie nach vordefinierten Kriterien und Zeiträumen aus. Ergeben diese Checks einen Fehler, wird eine Alarmmeldung ausgegeben. Neben den Checks zur Überwachung der Performance und des Ressourcenverbrauchs werden auch sicherheitsrelevante Alarmmeldungen erzeugt. In den folgenden Abschnitten gebe ich Ihnen Hinweise zur Nutzung der Alarmmeldungen für Auswertungen sicherheitsrelevanter Alarme.

3.7.1 Statistics Service

Der Statistics Service sammelt die Daten, führt die Checks durch und erzeugt die Alarmmeldungen. Die Daten und Alarminformationen werden im Schema _SYS_STATISTICS abgelegt. Dieses Schema existiert in jedem Tenant. Tabelle 3.27 zeigt Ihnen relevante Tabellen und Views aus diesem Schema, die zur Analyse von Alarmen genutzt werden können.

Tabelle/View	Beschreibung
STATISTICS_ALERTS	Enthält alle aufgetretenen Alarmmeldungen des Tenants.
STATISTICS_ALERT_INFORMATION	Listet die Alarmmeldungen mit ihren Beschreibungen auf.
STATISTICS_SCHEDULE	Zeitintervalle zur Ausführung der Checks

Tabelle 3.27 Tabellen/Views aus dem Schema _SYS_STATISTICS

Eine Liste aller existierenden Alarmmeldungen erhalten Sie über die Tabelle _SYS_STATISTICS.STATISTICS_ALERT_INFORMATION. Hier wird neben den Beschreibungen zum Alarm auch die Kategorie angegeben. Die Kategorie 9 ist hierbei der Bereich *Security*. Tabelle 3.28 zeigt die Felder dieser Tabelle.

Feld	Beschreibung
ALERT_ID	ID der Alarmmeldung. Diese dient zur eindeutigen Identifizierung des Alarms.
ALERT_DESCRIPTION	Beschreibung der Alarmmeldung
ALERT_USERACTION	Gibt an, welche Aktion erforderlich ist.
ALERT_CATEGORY	Kategorie der Alarmmeldung: 1: Availability 2: Memory 3: Disk 4: CPU 5: Configuration 6: Sessions/Transactions 7: Backup 8: Diagnosis Files 9: Security 0: Other

Tabelle 3.28 Felder der Tabelle SYS_STATISTICS.STATISTICS_ALERT_INFORMATION

3.7.2 Sicherheitsrelevante Alarmmeldungen

Nicht nur in der Kategorie 9 (Security) werden sicherheitsrelevante Alarmmeldungen ausgegeben, sondern auch in den weiteren Kategorien. Tabelle 3.29 listet wesentliche Alarmmeldungen auf.

IDD	Name	Beschreibung	Kategorie
31	*License expiry*	Zeigt an, dass die Lizenz abgelaufen ist. Das genaue Ablaufdatum erhalten Sie über die View `M_LICENCE`.	1 (Diagnosis Files)
34	*Unavailable volumes*	Ein Datenträger ist nicht verfügbar.	5 (Configuration)
35	*Existence of data backup*	Es existiert kein Backup. Dieses sollte zeitnah erstellt werden, da ansonsten kein Recovery möglich ist.	7 (Backup)
39	*Long-running statements*	Ein SQL-Statement hat eine lange Laufzeit. Detaillierte Informationen dazu erhalten Sie über die View `_SYS_STATISTICS.HOST_LONG_RUNNING_STATEMENTS`.	6 (Sessions/ Transactions)
44	*Licensed memory usage*	Zeigt den Prozentsatz des genutzten Hauptspeichers an, siehe hierzu Abschnitt 3.1, »Verwaltung von Lizenzen«.	2 (Speicher)
49	*Long-running blocking situations*	Zeigt lange andauernde Sperren an. Eventuell müssen einige Transaktionen abgebrochen werden.	6 (Sessions/ Transactions)
57	*Instance secure store file system (SSFS) inaccessible*	Zeigt an, ob das SSFS (Secure Store in the File System, siehe auch Abschnitt 3.3.1, »Secure Store in the File System (SSFS)«) verfügbar ist.	9 (Security)
62	*Expiration of database user passwords*	Zeigt Benutzer an, deren Kennwort abgelaufen ist. Diese können sich nicht mehr anmelden. Bei technischen Benutzern ist dies kritisch, da hierdurch Systemprozesse beeinträchtigt werden können. Die Kennwortgültigkeitsdauer können Sie für technische Benutzer deaktivieren durch den Befehl `ALTER USER <Benutzer> DISABLE PASSWORD LIFETIME`.	9 (Security)

Tabelle 3.29 Sicherheitsrelevante Alarmmeldungen

IDD	Name	Beschreibung	Kategorie
63	*Granting of SAP_INTERNAL_HANA_SUPPORT role*	Zeigt an, dass die Rolle SAP_INTERNAL_HANA_SUPPORT zugeordnet ist, siehe hierzu Abschnitt 8.5.2, »Die Rolle SAP_INTERNAL_HANA_SUPPORT«.	9 (Security)
64	*Total memory usage of table-based audit log*	Zeigt an, wie viel Hauptspeicher von den Tabellen mit den Auditlog-Einträgen belegt wird. Eventuell müssen diese archiviert und anschließend gelöscht werden.	2 (Memory)
84	*Insecure instance SSFS encryption configuration*	Zeigt an, ob der Master Key des SSFS geändert wurde, siehe hierzu Abschnitt 3.3.1, »Secure Store in the File System (SSFS)«.	9 (Security)
85	*Insecure systemPKI SSFS encryption configuration*	Zeigt an, ob der Master Key der PKI SSFS geändert wurde, siehe hierzu Abschnitt 3.3.1, »Secure Store in the File System (SSFS)«.	9 (Security)
86	*Internal communication is configured too openly*	Zeigt an, ob die für die interne Kommunikation verwendeten Ports sicher konfiguriert sind. Siehe hierzu auch den SAP-Hinweis 2183363.	9 (Security)
87	*Granting of SAP HANA DI support privileges*	Zeigt an, ob Support Privileges für die HDI (*HANA Deployment Infrastructure*) vergeben sind. Diese sollten in produktiven Systemen nicht zugeordnet werden.	9 (Security)
97	*Granting of SAP HANA DI container import privileges*	Zeigt an, ob Berechtigungen zum Import von HDI-Containern zugeordnet sind. Diese müssen in produktiven Systemen entzogen werden.	9 (Security)
102	*Existence of system database backup*	Es existiert kein Backup der Systemdatenbank. Dieses sollte zeitnah erstellt werden, da ansonsten kein Recovery möglich ist.	7 (Backup)
101	*SQL access for SAP HANA DI technical user*	Zeigt an, ob technische HDI-Benutzer Berechtigungen für den Zugriff per SQL haben. Diese sollten entzogen werden.	9 (Security)

Tabelle 3.29 Sicherheitsrelevante Alarmmeldungen (Forts.)

IDD	Name	Beschreibung	Kategorie
103	*Usage of deprecated features*	Zeigt an, ob veraltete Funktionen genutzt wurden. Siehe hierzu auch den SAP-Hinweis 2425002. Die Liste der veralteten Funktionen und deren letzte Nutzung erhalten Sie mit dem Statement `SELECT * FROM M_FEATURE_USAGE WHERE IS_DEPRECATED = 'TRUE'`.	0 (Other)
128	*LDAP Enabled Users without SSL*	Zeigt an, ob ein Benutzer für die LDAP-Authentifizierung aktiviert und SSL ausgeschaltet ist. Um das Risiko von Man-in-the-Middle-Angriffen zu reduzieren, sollte SSL konfiguriert werden.	9 (Security)

Tabelle 3.29 Sicherheitsrelevante Alarmmeldungen (Forts.)

Um sich anzeigen zu lassen, welche dieser Alarmmeldungen aufgetreten sind, nutzen Sie das SQL-Statement gemäß Listing 3.10.

```
SELECT * FROM _SYS_STATISTICS.STATISTICS_ALERTS
WHERE ALERT_ID IN ('31', '34', '35', '39', '44', '47', '48', '49',
'57', '62', '63', '64', '84', '85', '86', '87', '92', '97', '102',
'101', '103', '128', '710')
```

Listing 3.10 Ausgabe sicherheitsrelevanter Alarmmeldungen

Um die Auswertung auf einen Zeitraum einzugrenzen, erweitern Sie das SQL-Statement in Listing 3.10 um folgenden Zusatz:

```
AND ALERT_TIMESTAMP BETWEEN 'JJJJ-MM-TT hh:mm:ss'
AND 'JJJJ-MM-TT hh:mm:ss'
```

Um z. B. die Alarmmeldungen vom 15.05.2019 zwischen 06:00 Uhr und 12:00 Uhr anzuzeigen, nutzen Sie folgenden Zusatz:

```
AND ALERT_TIMESTAMP BETWEEN '2019-05-15 06:00:00'
AND '2019-05-15 12:00:00'
```

Bei der Auswertung der Alarmmeldungen für ganze Tage können Sie die Uhrzeit beim ersten Parameter weglassen, z. B.:

```
AND ALERT_TIMESTAMP BETWEEN '2019-05-14' AND '2019-05-15 23:59:59'
```

3.7.3 Auswertung und Konfiguration von Alarmmeldungen mit dem SAP HANA Cockpit

Im SAP HANA Cockpit wird die Anzahl der aktuellen Alarmmeldung im Resource Directory zu den jeweiligen Systemen in der Spalte **Alerts** angezeigt (siehe Abbildung 3.46). Klicken Sie auf diese Alarme, um sie anzeigen zu lassen. Sie erreichen die Alarmmeldungen auch im Fenster **System Overview** über die Kachel **Alerts**.

Abbildung 3.46 Alerts im SAP HANA Cockpit

Die Konfiguration der Alarmmeldungen erreichen Sie im **System Overview** über die Kachel **Alerting and Diagnostics**, Link **Configure Alerts** (siehe Abbildung 3.47).

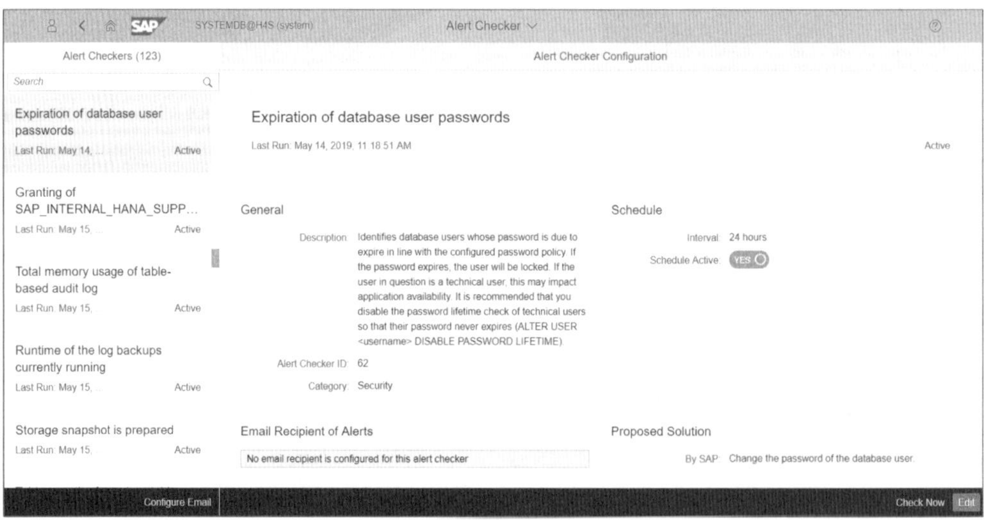

Abbildung 3.47 Konfiguration von Alarmmeldungen

Mit der Schaltfläche **Edit** können Sie die Eigenschaften für die Auswertung der Alarme ändern. Um die Checks für einen Alarm zu deaktivieren, setzen Sie die Eigenschaft **Scheduler Active** auf `NO`. Mit der Schaltfläche **Configure Email** konfigurieren Sie den E-Mail-Anschluss. Sie können pro Alarm festlegen, welche Mail-Adresse genutzt werden soll. Der Mail-Versand ist optional.

3.7.4 Auswertung und Konfiguration von Alarmmeldungen mit dem SAP HANA Studio

Im SAP HANA Studio erreichen Sie die Alarmmeldungen über die Schaltfläche **Administration** oder durch einen Rechtsklick auf ein System und den Kontextmenüeintrag **Configuration and Monitoring • Open Administration**. Im Register **Alerts** werten Sie die Alarmmeldungen aus (siehe Abbildung 3.48). In der Spalte **Time** können Sie sich die Alarmmeldungen nach Zeiträumen anzeigen lassen. Die Zahlen in den Klammern hinter dem Zeitraum zeigen an, wie viele Alarmmeldungen es mit hoher, mittlerer und niedriger Priorität gibt:

```
Zeitraum (Hohe Priorität/Mittlere Priorität/Niedrige Priorität)
```

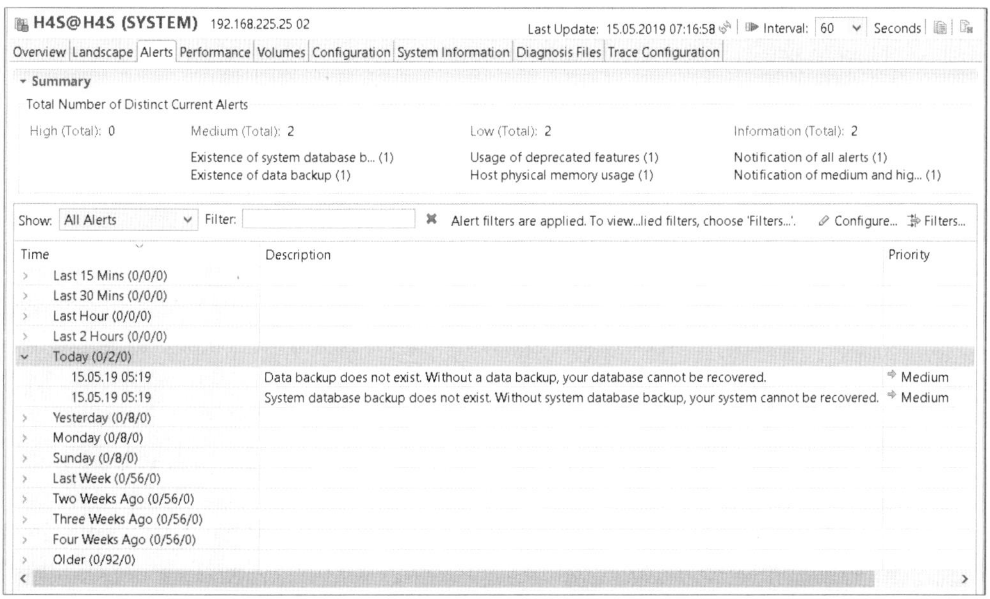

Abbildung 3.48 Anzeige der Alarmmeldungen im SAP HANA Studio

Über die Schaltfläche **Filters** können Sie die Alarmmeldungen eingrenzen (siehe Abbildung 3.49). Hier können Sie nach der Priorität filtern, einzelne Alarmmeldungen auswählen (Feld **Check IDs**) und den Auswertungszeitraum beschränken.

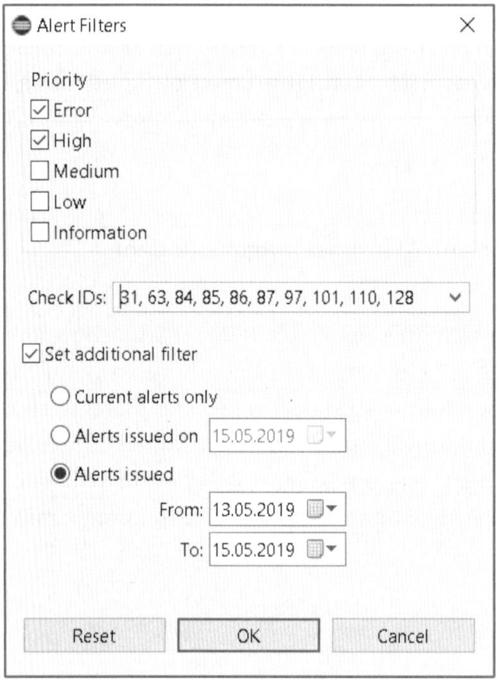

Abbildung 3.49 Filtern von Alarmmeldungen

3.7.5 Definition von Schwellwerten

Die Einteilung der Alarmmeldungen in Prioritäten erfolgt gemäß der vordefinierten Konfiguration. Den Alarmmeldungen sind entweder Prioritäten fest zugeordnet oder es sind Schwellwerte (*Thresholds*) für Prioritäten angegeben. Mit diesen Schwellwerten wird festgelegt, welche Priorität für den Alarm gilt. Abbildung 3.50 zeigt beispielhaft die Schwellwerte für den Alarm *License expiry*. Hier wird 30 Tage vor Ablauf der Lizenz ein Alarm mit der Priorität *Low* ausgegeben. 14 Tage vor Ablauf wird dann ein Alarm mit der Priorität *Medium* und 7 Tage vorher mit der Priorität *high* ausgegeben.

Diese Schwellwerte können individuell konfiguriert werden. Nachträglich können Änderungen auch wieder in den Standard zurückgesetzt werden. Im SAP HANA Cockpit werden die Schwellwerte mit der App **Alert Checker Configuration** konfiguriert (siehe Abbildung 3.50). Diese rufen Sie im **System Overview** über die Kachel **Alerting and Diagnostics**, Link **Configure Alerts** auf. Im SAP HANA Studio erreichen Sie die Pflege der Schwellwerte über die Schaltfläche **Administration** oder durch einen Rechtsklick auf ein System und den Kontextmenüeintrag **Configuration and Monitoring • Open Administration**. Im Register **Alerts** klicken Sie auf die Schaltfläche **Configure** und auf das Register **Configure Check Thresholds** (siehe Abbildung 3.51).

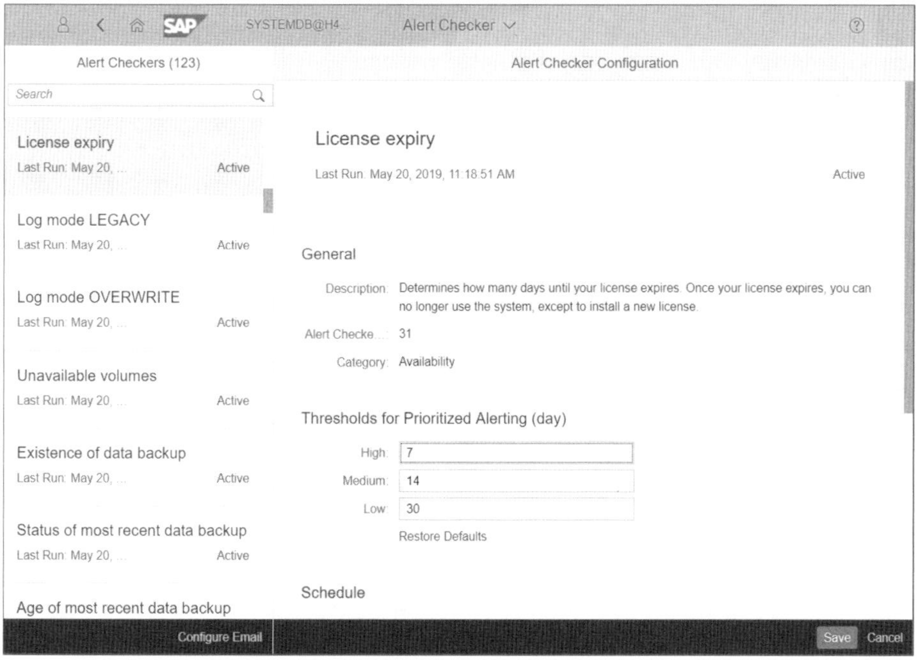

Abbildung 3.50 Schwellwerte für Alarmmeldungen setzen

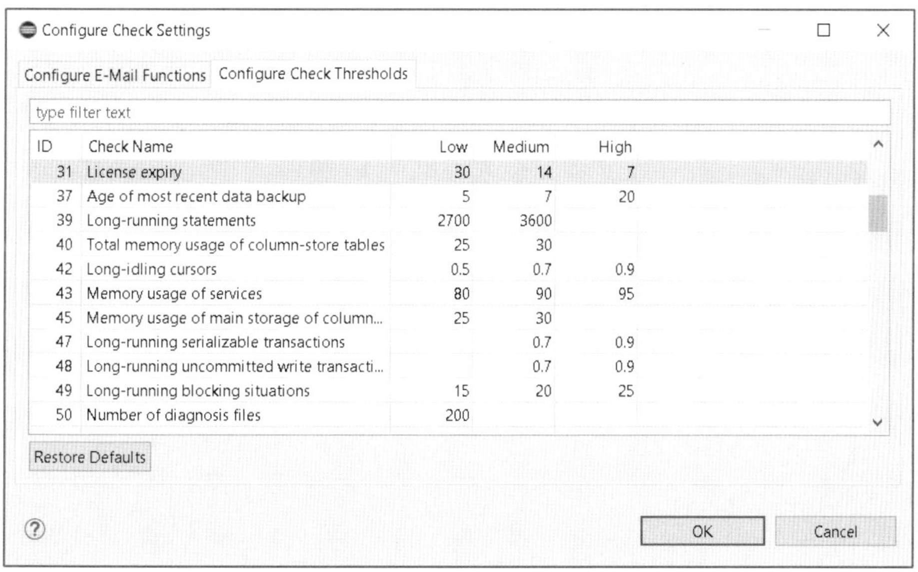

Abbildung 3.51 Schwellwerte konfigurieren mit dem SAP HANA Studio

3.7.6 Berechtigungen zur Auswertung von Alerts

Zur Auswertung der Alerts ist das Object Privilege SELECT auf die folgenden Views erforderlich:

```
_SYS_STATISTICS.STATISTICS_CURRENT_ALERTS
_SYS_STATISTICS.STATISTICS_LAST_CHECKS
_SYS_STATISTICS.STATISTICS_OBJECTS
_SYS_STATISTICS.STATISTICS_ALERTS
_SYS_STATISTICS.STATISTICS_ALERT_INFORMATION
```

Alternativ kann auch das Object Privilege SELECT auf das Schema _SYS_STATISTICS vergeben werden. Diese Berechtigung ist in der SAP-HANA-Standardrolle MONITORING enthalten.

Kapitel 4

Sicherheit in Multi-Tenant-Datenbanken

In diesem Kapitel erfahren Sie, welche Sicherheitsanforderungen für Multi-Tenant-Systeme bestehen und wie sie im System umgesetzt werden können.

Die Sicherheit einer SAP-HANA-Datenbank teilt sich in mehrere Bereiche auf. Die Datenbankadministratoren sind maßgeblich in der Systemdatenbank tätig. Dort befinden sich keine betriebswirtschaftlichen Daten. Diese werden in den Tenants gespeichert und verwaltet. Jede SAP-HANA-Datenbank besteht aus einer Systemdatenbank und mindestens einem Tenant. Die Tenants sind so gekapselt, dass tenant-übergreifende Zugriffe standardmäßig nicht möglich sind. Ein lesender Zugriff kann allerdings tenant-übergreifend eingerichtet werden.

In Abschnitt 4.1, »Das Konzept der Tenant-Datenbanken«, erkläre ich Ihnen das Konzept und den grundlegenden Aufbau von Multi-Tenant-Datenbanken. Mit den tenant-übergreifenden Zugriffen befasse ich mich im gleichnamigen Abschnitt 4.2. Welche Möglichkeiten es gibt, um Tenants abzusichern und zu kapseln, erfahren Sie in Abschnitt 4.3, »Nicht änderbare Parameter in Tenants«, bis Abschnitt 4.5, »High Isolation Level für Tenants«. Abschließend finden Sie in Abschnitt 4.6, »Protokollierung von Änderungen an Tenants«, die Einstellungen zur Protokollierung von Änderungen an Tenants.

4.1 Das Konzept der Tenant-Datenbanken

Bis zu SAP HANA Release 2.0 SPS0 gab es zwei mögliche Installationen einer SAP-HANA-Datenbank:

- **Single-Container-Systeme**
  Single-Container-Systeme sind Datenbanken mit nur einem Container, in dem alle Benutzer eingerichtet sind, in dem die produktiven Daten liegen und in dem die Entwicklung stattfindet.

- **Multi-Tenant-Systeme**
  Multi-Tenant-Systeme sind Datenbanken mit einer Systemdatenbank und 1-n *Tenant-Datenbanken*. Die Verwaltung der Datenbank selbst erfolgt über die System-DB. Die betriebswirtschaftlichen Daten werden in den Tenants verwaltet, ebenso finden dort die Entwicklungen statt.

Seit SAP HANA 2.0 SPS1 werden nur noch Multi-Tenant-Datenbanken unterstützt. Erfolgt ein Update eines Single-Container-Systems auf ein Release >= 2.0 SPS1, wird das System in eine Multi-Tenant-Datenbank konvertiert.

Ein Multi-Tenant-System hat u. a. folgende Eigenschaften:

- **Benutzer- und Berechtigungsverwaltung**
  - Jeder Tenant hat eine eigene Benutzer- und Berechtigungsverwaltung.
  - Den Benutzer SYSTEM gibt es in der Systemdatenbank sowie in allen Tenant-Datenbanken. In der Systemdatenbank verfügt er über erweiterte Rechte für tenant-übergreifende Tätigkeiten.
  - Auf der Betriebssystemebene kann pro Tenant ein Benutzer definiert werden (siehe Abschnitt 4.5, »High Isolation Level für Tenants«).
  - In der Systemdatenbank gibt es die Berechtigung `DATABASE ADMIN` für die Administration der Tenant-Datenbanken (siehe Abschnitt 4.1.1, »Berechtigungen zur Verwaltung von Tenants«).
  - Berechtigungen sind nur innerhalb der jeweiligen Tenant-Datenbank gültig.
  - Lesezugriffe zwischen Tenant-Datenbanken sind möglich, müssen aber explizit eingerichtet werden (siehe Abschnitt 4.2, »Tenant-übergreifende Zugriffe«). Standardmäßig sind sie deaktiviert.
- **Authentifizierung und Single Sign-on**
  - Die Authentifizierungs-Mechanismen können pro Tenant unterschiedlich eingesetzt werden.
  - Die Anmeldeparameter können individuell pro Tenant (Datei **indexserver.ini**) und Systemdatenbank (Datei **namesever.ini**) definiert werden.
- **Verschlüsselung**
  - Die Verschlüsselung der Kommunikation (Secure Sockets Layer, SSL) kann pro Tenant individuell konfiguriert werden.
  - Die Verschlüsselung der Dateien auf Betriebssystemebene kann pro Tenant konfiguriert werden.
- **Security Audit Log**
  - Das Security Audit Log (siehe Kapitel 11, »Auditing in SAP HANA«) kann pro Tenant konfiguriert werden.

– Standardmäßig werden die Log-Einträge in einer lokalen Tabelle der Tenants gespeichert. Der lokale Tenant-Administrator kann dies nicht ändern (gemäß der Konfiguration in der Datei **multidb.ini**). Lediglich der Administrator der Systemdatenbank ist dazu berechtigt. Wird das Security Audit Log ins Unix-Systemprotokoll geschrieben, können die Einträge der verschiedenen Tenants über das Feld **Database Name** unterschieden werden.

Abbildung 4.1 zeigt den Aufbau einer Multi-Tenant-Datenbank. Die Systemdatenbank dient zur Verwaltung der gesamten Datenbank, daher sind hier als Benutzerkonten meist nur die Systemadministratoren eingerichtet. In den *Tenants* befinden sich die produktiven Prozesse. Auch hier gibt es Administratoren, die den Tenant verwalten. Sie haben aber keinen Zugriff auf andere Tenants oder die Systemdatenbank. Die Entwickler sind ebenfalls in den Tenants eingerichtet. Entwicklungen werden mit SAP HANA XSA erstellt. Und schließlich ist auch das Berechtigungskonzept tenantspezifisch. Rollen können in verschiedenen Tenants nur durch Export und Import ausgetauscht werden.

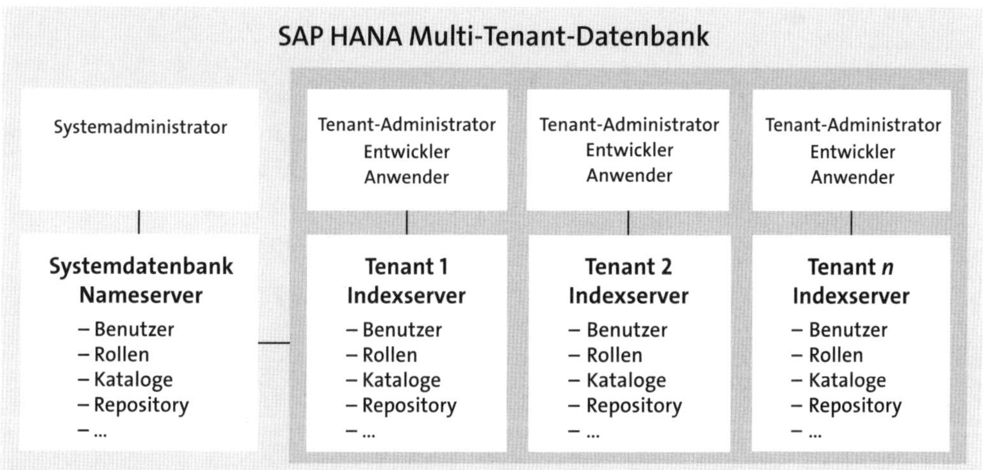

Abbildung 4.1 Aufbau einer Multi-Tenant-Datenbank

Die View `M_DATABASES` listet die existierenden Tenants mit ihren Eigenschaften auf (siehe Abbildung 4.2). Sie muss in der Systemdatenbank aufgerufen werden. Wird sie in einem Tenant aufgerufen, wird nur der aktuelle Tenant als Eintrag angezeigt. Das Feld `ACTIVE_STATUS` zeigt an, ob der Tenant gestartet, also erreichbar ist (Eintrag `YES`). Die Felder `OS_USER` und `OS_GROUP` zeigen Betriebssystembenutzer und -gruppe an, falls das Isolation Level auf »high« gesetzt ist (siehe Abschnitt 4.5, »High Isolation Level für Tenants«).

[*]

Weitere Informationen

Weiterführende Informationen zu Tenant-Datenbanken erhalten Sie im *SAP HANA Tenant Databases Operations Guide.*

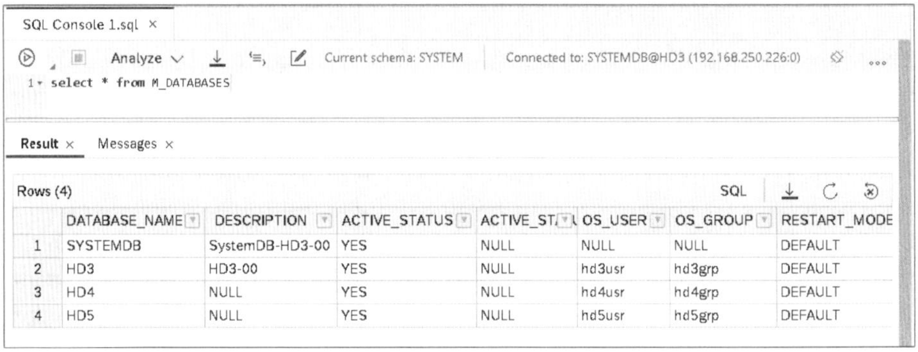

Abbildung 4.2 View M_DATABASES

4.1.1 Berechtigungen zur Verwaltung von Tenants

Die Verwaltung der Tenants erfolgt von der Systemdatenbank aus. Von hier aus können Tenants angelegt, gelöscht und umbenannt werden. Auch das Starten und Stoppen erfolgt von hier aus. Tabelle 4.1 zeigt die System Privileges, die zur Verwaltung der Tenants erforderlich sind. Diese Privileges gibt es nur in der Systemdatenbank.

System Privilege	Beschreibung
DATABASE ADMIN	Berechtigt zur Verwaltung der Tenants (Anlegen, Ändern, Löschen, Backup, Recovery): CREATE DATABASE ALTER DATABASE DROP DATABASE RENAME DATABASE BACKUP DATABASE RECOVERY DATABASE BACKUP CHECK BACKUP LIST DATA
DATABASE START	Berechtigt zum Starten aller Tenant-Datenbanken: ALTER SYSTEM START DATABASE
DATABASE STOP	Berechtigt zum Stoppen aller Tenant-Datenbanken: ALTER SYSTEM STOP DATABASE

Tabelle 4.1 Berechtigungen zur Tenant-Verwaltung

4.1.2 Verwaltung von Tenants mit dem SAP HANA Cockpit

Die Verwaltung von Tenants (Abbildung 4.4) erreichen Sie im SAP HANA Cockpit über das Resource Directory (Kachel **Resource Directory**). Zu allen Systemdatenbanken wird der Link **Manage Databases** angezeigt (siehe Abbildung 4.3). Den Link finden Sie auch jeweils im Fenster **System Overview** der Systemdatenbanken.

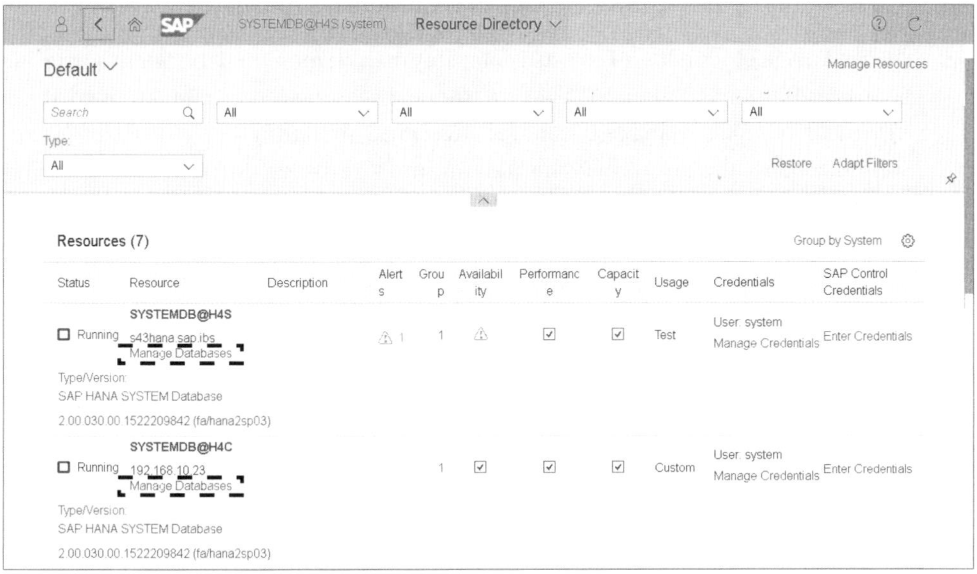

Abbildung 4.3 Aufruf der Tenant-Verwaltung im SAP HANA Cockpit

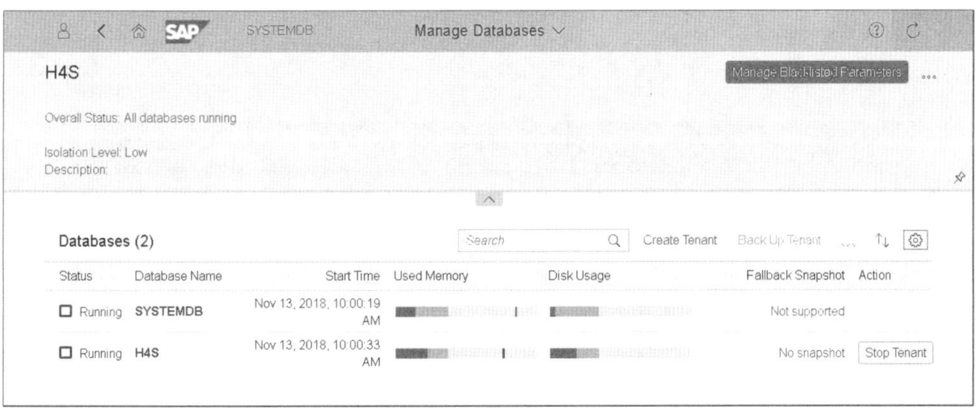

Abbildung 4.4 Verwaltung der Tenants

In der Statuszeile können Sie über die Schaltfläche **More** (...) die Pflege der Blacklisted Parameter (siehe Abschnitt 4.3, »Nicht änderbare Parameter in Tenants«) sowie die Pflege der Restricted Features (siehe Abschnitt 4.4, »Einschränkung von Funktionen in Tenants«) aufrufen.

Im Bereich **Databases** legen Sie mit dem Link **Create Tenant** einen neuen Tenant an. Hier haben Sie zwei Möglichkeiten:

- Anlegen eines leeren Tenants
- Anlegen eines Tenants als Kopie eines bestehenden Tenants. Hiermit ist auch ein Verschieben möglich. Die Tenants können systemübergreifend kopiert werden, also von einer SAP-HANA-Datenbank in eine andere.

Bei der Anlage eines neuen Tenants geben Sie einen Namen für den Tenant sowie das Kennwort für den Benutzer SYSTEM ein (siehe Abbildung 4.5). Der Tenant wird angelegt und in der Sicht **Manage Databases** angezeigt (Abbildung 4.6). Wurde die Option **Start Automatically** gesetzt, wird der Tenant sofort gestartet, und Anmeldungen sind mit dem Benutzer SYSTEM möglich. Hierfür kann der Tenant in das Resource Directory des SAP HANA Cockpits eingebunden werden.

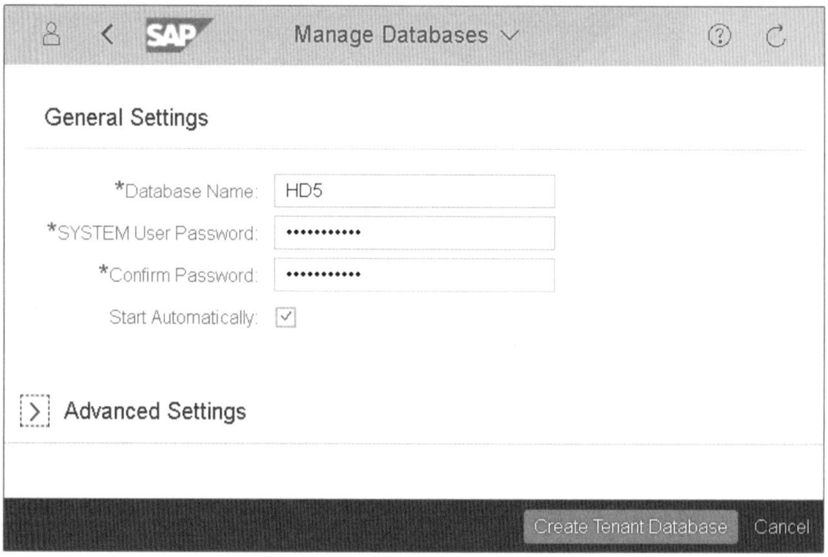

Abbildung 4.5 Anlegen eines neuen Tenants

Abbildung 4.6 zeigt das Menü mit den möglichen Aktionen für die Tenants. Von hier aus können Backup und Recoveries durchgeführt und die Tenants kopiert bzw. repliziert werden.

[*]

Weiteres Informationen zu Backups und Recoveries

Detaillierte Beschreibungen zu Backups und Recoveries finden Sie im *SAP HANA Administration Guide* und im *SAP HANA Tenant Databases Operations Guide*.

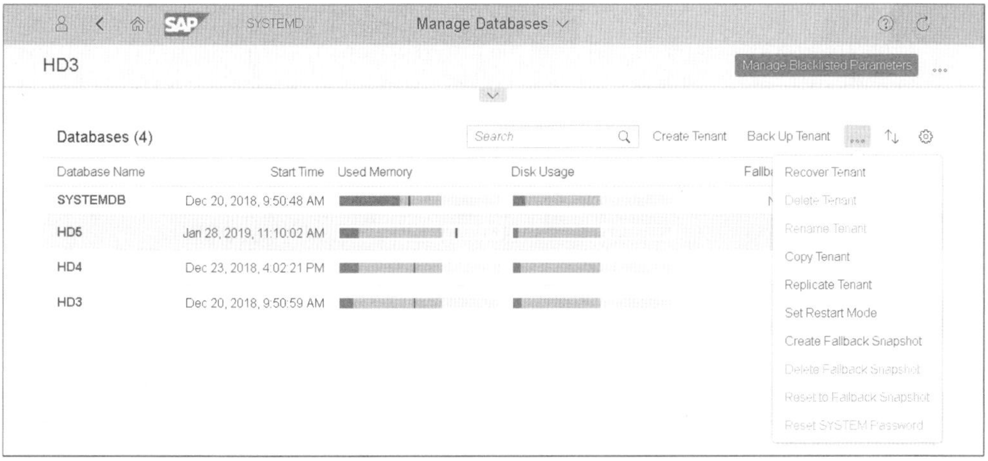

Abbildung 4.6 Verwaltung der Tenants

4.1.3 Verwaltung von Tenants mit SAP HANA XSA

Tenants können auch mit dem SAP HANA XSA Cockpit angelegt und gelöscht werden. Der Vorteil besteht darin, dass sie hier für die Nutzung in SAP HANA XSA aktiviert werden können. Des Weiteren können hier den Tenants Organizations und Spaces direkt zugeordnet werden.

Rufen Sie zur Verwaltung den Eintrag **Tenant Databases** im SAP HANA XSA Cockpit auf (siehe Abbildung 4.7).

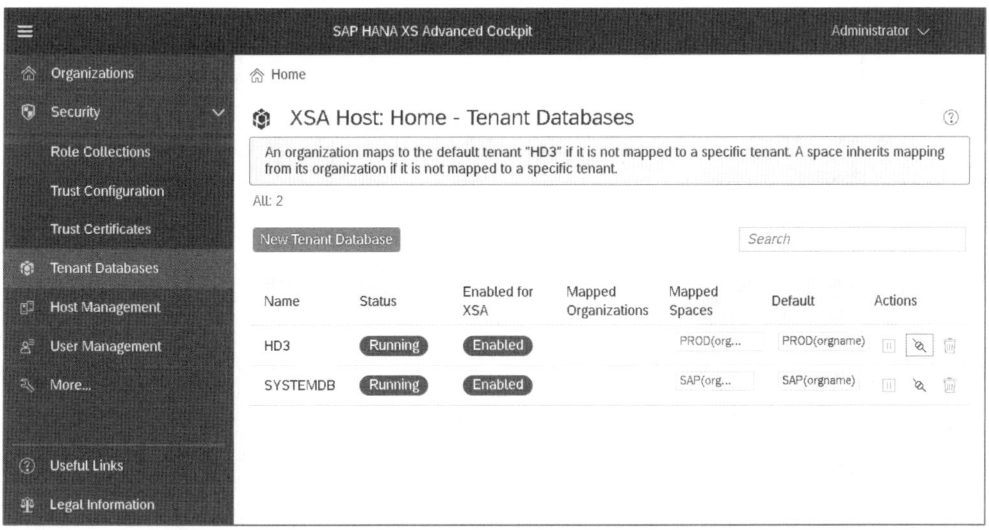

Abbildung 4.7 Tenant-Verwaltung im SAP HANA XSA Cockpit

Hier werden zu den bestehenden Tenants auch bereits die zugeordneten Organizations und Spaces angezeigt. Klicken Sie auf **New Tenant Database**, um einen neuen Tenant anzulegen. Geben Sie die Daten für den neuen Tenant ein (siehe Abbildung 4.8).

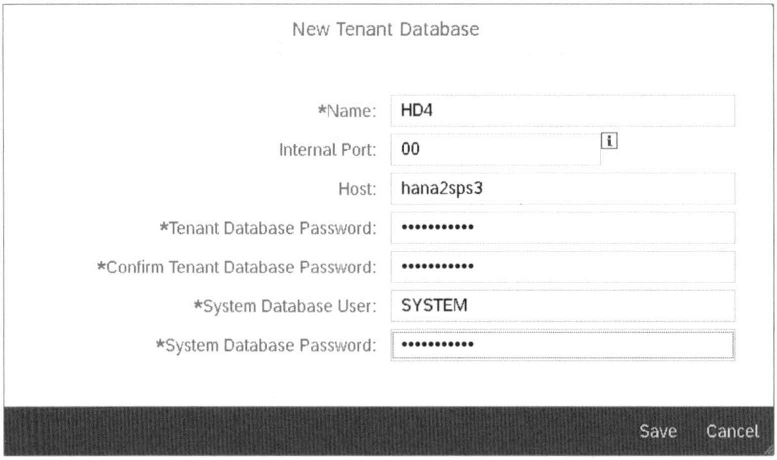

Abbildung 4.8 Anlage eines neuen Tenants

Nach der Anlage wird der neue Tenant in der Übersicht angezeigt. Klicken Sie zur Aktivierung des Tenants für SAP HANA XSA auf die Schaltfläche **Enable Tenant** (). Im nächsten Schritt können Sie die Organizations und Spaces zuordnen. Dies erfolgt mit der Schaltfläche **Allocate Tenant** (). Wählen Sie die Organizations und Spaces aus (siehe Abbildung 4.9). Diese werden dem Tenant zugeordnet (Abbildung 4.10).

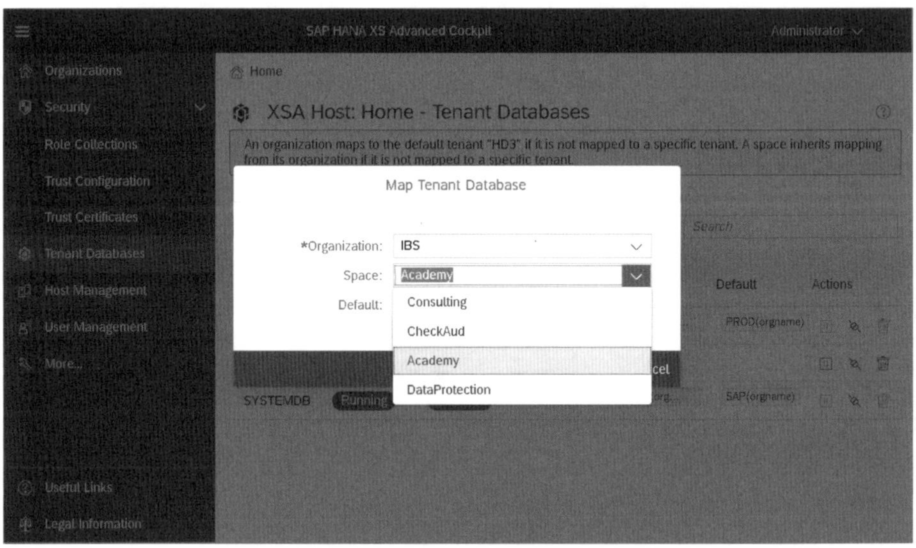

Abbildung 4.9 Zuordnung von Organizations und Spaces zum Tenant

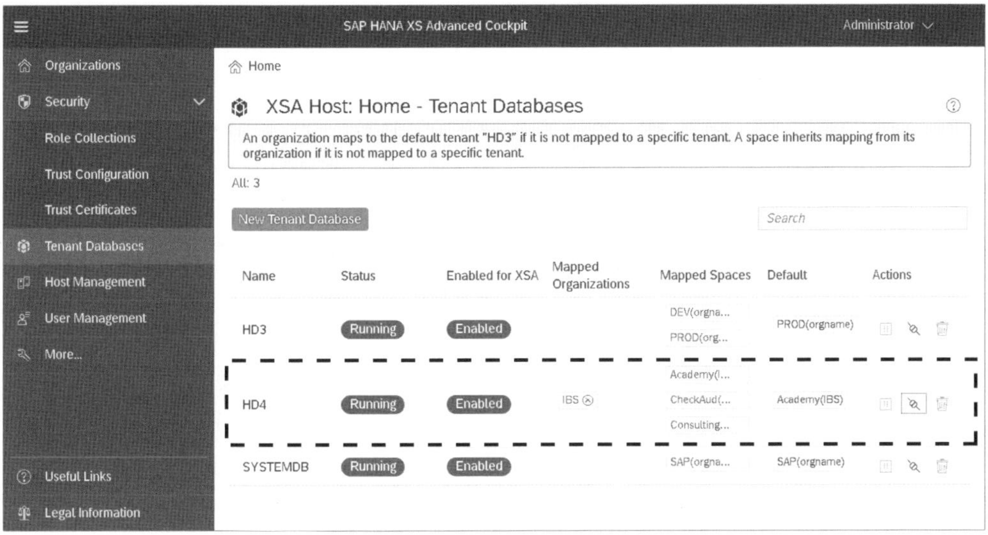

Abbildung 4.10 Neuer Tenant mit zugeordneten Organizations und Spaces

4.2 Tenant-übergreifende Zugriffe

Standardmäßig sind tenant-übergreifende Zugriffe deaktiviert. Gesteuert wird die Möglichkeit des Zugriffs über folgenden Systemparameter:

Datei **global.ini** • `cross_database_access - enabled`

Dieser Parameter kann standardmäßig nur von der Systemdatenbank aus gesetzt werden. Ein Zugriff ist grundsätzlich auf `SELECT`-Statements eingeschränkt, also nur lesend. Um den Zugriff auf einen anderen Tenant zu ermöglichen, müssen Benutzern sogenannte *Remote-Benutzer* in den anderen Tenants zugeordnet werden. Die entsprechende Beschreibung finden Sie in Abschnitt 6.4, »Remote-Benutzer«.

4.3 Nicht änderbare Parameter in Tenants

Einige Systemeigenschaften sollten nur von der Systemdatenbank aus geändert werden können. Hierzu gehören z. B. Änderungen an der Einstellung der Verschlüsselung der Kommunikation, der Speicherverwaltung und der Systemreplikation. Dies wird über Systemparameter gesteuert. Für die Parameter kann gesteuert werden, ob sie nur in der Systemdatenbank oder auch in Tenant-Datenbanken geändert werden können. Dies erfolgt über die Datei **multidb.ini**, Abschnitt `readonly_parameters`. Sie können diese Einstellungen auch in der Tenant-Verwaltung des SAP HANA Cockpits pflegen. Klicken Sie hierfür auf die Schaltfläche **Manage Blacklisted Parameters**. Sie gelangen in die Sicht **Blacklisted Parameters for Tenants** (siehe Abbildung 4.11).

Hier können Sie mit der Schaltfläche **Add Parameter** weitere Parameter hinzufügen, die in Tenant-Datenbanken nicht gepflegt werden sollen. Hierfür ist das System Privilege `INIFILE ADMIN` erforderlich.

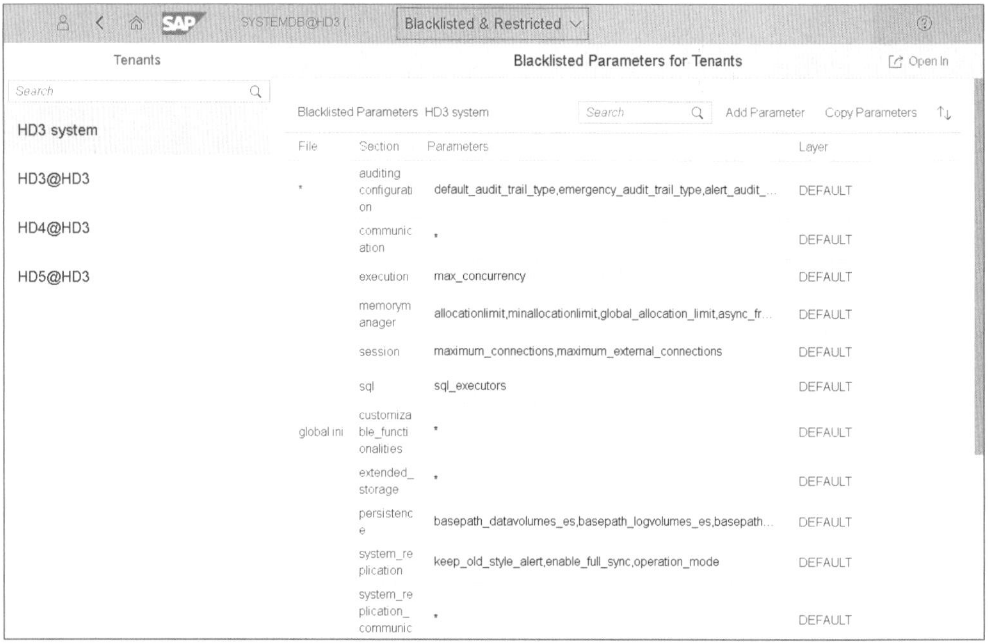

Abbildung 4.11 Pflege der Blacklisted Parameter

4.4 Einschränkung von Funktionen in Tenants

SAP HANA stellt viele Funktionen zur Verfügung, die aus Sicherheitsaspekten nur in der Systemdatenbank ausgeführt werden sollten. Dazu können z. B. die Durchführung von Backups und die Verwaltung des externen Speichers gehören. Daher ist es möglich, Funktionen für Tenants zu sperren. Im SAP HANA Cockpit erreichen Sie die Konfiguration über die Tenant-Verwaltung, Schaltfläche **Manage Restricted Features** (siehe Abbildung 4.12).

Standardmäßig sind alle Features für alle Tenants aktiviert. Je nach Systembetrieb konfigurieren Sie die Einstellungen für jeden Tenant. Werden z. B. die Backups der Tenants grundsätzlich von der Systemdatenbank ausgeführt, deaktivieren Sie den Punkt **BACKUP**. Auch die Befehle **IMPORT** und **EXPORT** können für die Tenants deaktiviert werden, sodass z. B. sensible Daten nicht in das Dateisystem des Servers exportiert werden können.

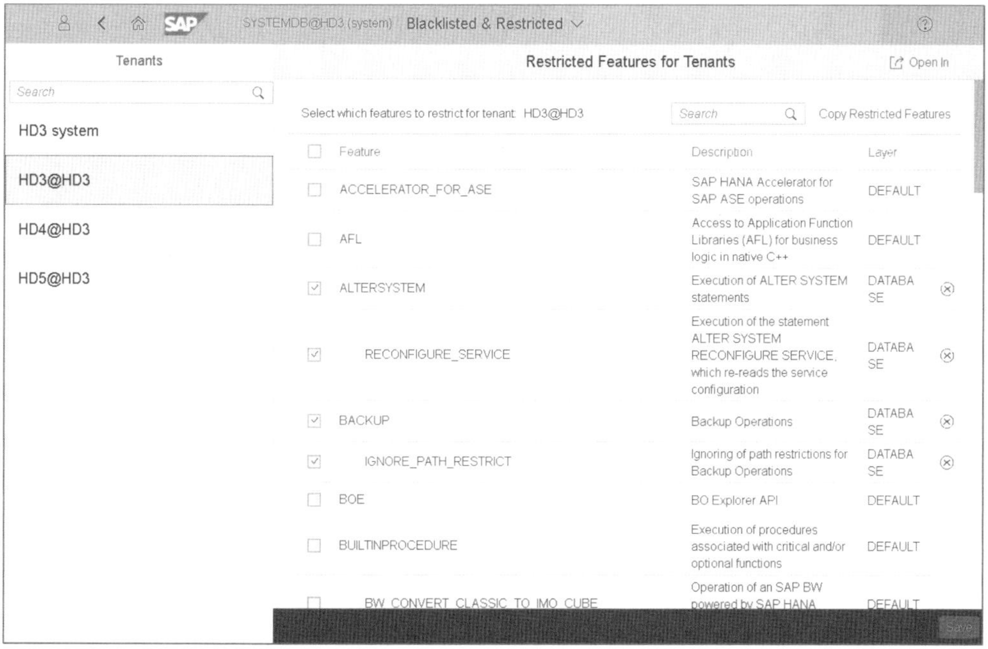

Abbildung 4.12 Einschränkung von Funktionen in Tenants

Werden Funktionen deaktiviert, so werden sie als Parameter in die Datei **global.ini**, Abschnitt `customizable_functionalities`, eingetragen. In Abbildung 4.12 sind vier Funktionen für das System HD3 deaktiviert:

- `ALTERSYSTEM`
- `ALTERSYSTEM.RECONFIGURE_SERVICE`
- `BACKUP`
- `BACKUP.IGNORE_PATH_RESTRICT`

Diese vier Funktionen finden sich als Parameter wieder (siehe Abbildung 4.13). Hierüber können auch Funktionen deaktiviert werden, die nicht im Standard in der Sicht **Manage Restricted Features** enthalten sind. Sie können direkt als neuer Parameter im Abschnitt `customizable_functionalities` eingetragen werden.

Die Einstellung der deaktivierten Funktionen kann mit zwei Views eingesehen werden. In Tenants kann die View `M_CUSTOMIZABLE_FUNCTIONALITIES` (Schema `SYS`) genutzt werden. Diese zeigt für den aktuellen Tenant die Einstellung zu den Funktionen an. In der Systemdatenbank kann die View `SYS_DATABASES.M_CUSTOMIZABLE_FUNCTIONALITIES` genutzt werden. Diese enthält die Einstellungen aller Funktionen in allen Tenants. Abbildung 4.14 zeigt diese View. Die beiden markierten Datensätze zeigen an, dass sie im Tenant H4S deaktiviert sind (Spalte `IS_ENABLED` = `FALSE`).

Abbildung 4.13 Eingeschränkte Funktionen in der Datei »global.ini«

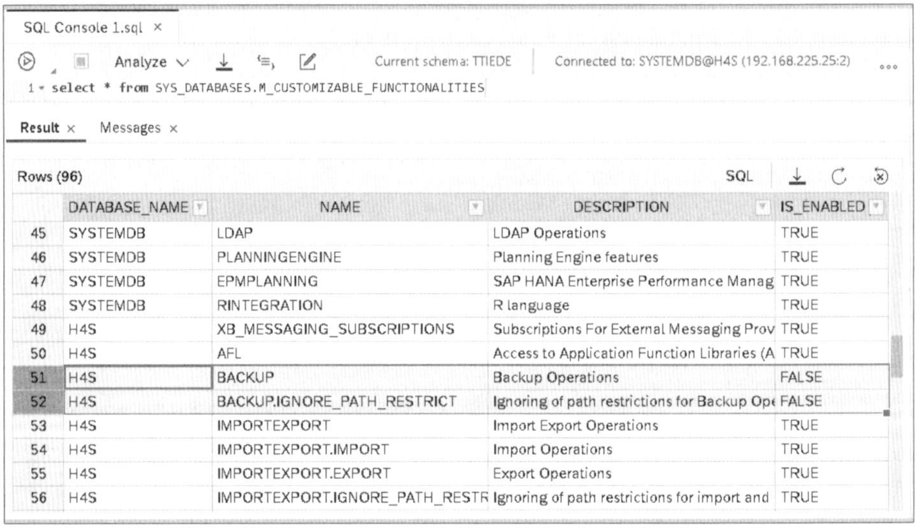

Abbildung 4.14 Die View SYS_DATABASES.M_CUSTOMIZABLE_FUNCTIONALITIES

4.5 High Isolation Level für Tenants

Standardmäßig läuft eine SAP-HANA-Datenbank unter einem einzigen Betriebssystembenutzer, dem Benutzer `<sid>adm` (siehe Abschnitt 2.1.2, »Benutzer <sid>adm«). Dies ist das Isolation Level »low«, der Standard für SAP-HANA-Datenbanken. Das bedeutet, dass dieser Benutzer Zugriff auf die Daten aller Tenants hat, die im Betriebssystem gespeichert werden, z. B.:

- Backups
- Redo-Logs
- Log-Dateien
- Datendateien (z. B. persistente Daten)

Handelt es sich dabei um hochsensible Daten, besteht die Anforderung, dass die Daten von den Tenant-Administratoren verwaltet werden und nicht von den Systemadministratoren, welche die Systemdatenbank betreuen.

Hierfür besteht die Möglichkeit, tenant-spezifische Betriebssystembenutzer und -gruppen anzulegen (Isolation Level »high«). Die Verwaltung der Daten im Betriebssystem kann somit auf unterschiedliche Personenkreise aufgeteilt werden. Damit geht einher, dass die systeminterne Kommunikation nur noch verschlüsselt stattfinden darf. Die Vorgehensweise hierbei ist folgende:

1. Im Betriebssystem werden für alle Tenants jeweils ein tenant-spezifischer Benutzer und eine Gruppe angelegt.
2. Alle Tenants müssen gestoppt und per Skript im Betriebssystem auf den High-Isolation-Modus gesetzt werden.
3. Den Tenants werden die zuvor angelegten Betriebssystembenutzer und -gruppen zugeordnet.
4. Die Tenants werden wieder gestartet.

Danach werden die Daten der Tenants im Betriebssystem mit den Berechtigungen dieser Benutzer und Gruppen gespeichert. Mit den einzelnen Benutzern ist daher nur der Zugriff auf die jeweiligen Tenant-Daten möglich. Abbildung 4.15 zeigt die Benutzer und Gruppen der Systemdatenbank und der Tenants.

Im ersten Schritt müssen die Benutzer und Gruppen für die Tenants angelegt werden. Im System, in dem hier beispielhaft das Isolation Level »high« eingerichtet werden soll, existieren neben der System-DB die drei Tenants HD3, HD4 und HD5. Tabelle 4.2 zeigt, welche Benutzer und Gruppen für die Tenants genutzt werden sollen.

Tenant	BS-Benutzer	BS-Gruppe
HD3	hd3usr	hd3grp
HD4	hd4usr	hd4grp
HD5	hd5usr	hd5grp

Tabelle 4.2 Benutzer und Gruppen für das Isolation Level »high«

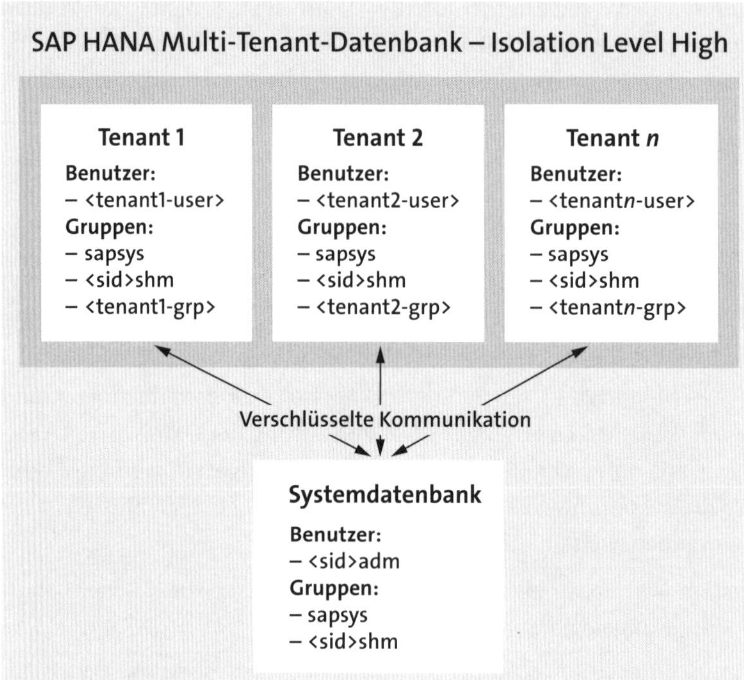

Abbildung 4.15 Betriebssystembenutzer und -gruppen im High Isolation Level

Mit dem Kommando groupadd <Gruppe> werden zuerst die Gruppen angelegt. Danach werden die Benutzer mit folgendem Kommando angelegt:

```
useradd -g sapsys <Benutzer>
```

Dies bewirkt, dass der neue Benutzer der Gruppe sapsys zugeordnet wird. Im nächsten Schritt müssen die Benutzer der Gruppe <sid>shm sowie der Gruppe ihres Tenants zugeordnet werden:

```
usermod -G <sid>shm,<Tenant-Gruppe> <Benutzer>
```

Abbildung 4.16 zeigt die Befehle für alle drei Tenants.

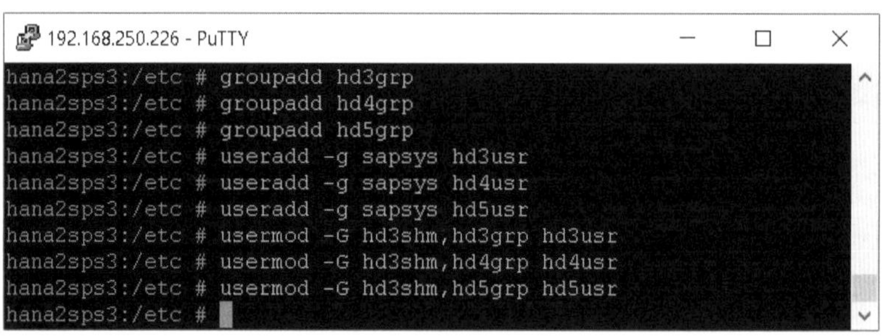

Abbildung 4.16 Anlage von Gruppen und Benutzern

Als Nächstes ist das Isolation Level »high« per Skript über das Betriebssystem einzustellen. Dafür müssen die Tenant-Datenbanken gestoppt werden. Dies kann über das SAP HANA Cockpit in der Sicht **Manage Databases** erfolgen. Abbildung 4.17 zeigt, dass die drei Tenants gestoppt sind. Um das Isolation Level zu setzen, ist eine Anmeldung an das Betriebssystem mit dem Benutzer `<sid>adm` erforderlich. Mittels des Python-Skripts **convertMDC.py** wird nun das Isolation Level »high« gesetzt. Das Skript wird folgendermaßen aufgerufen:

```
python /usr/sap/<sid>/HDB<Instanz>/exe/python_support/convertMDC.py
--change=databaseIsolation --isolation=high
```

In unserem Beispiel folgendermaßen:

```
python /usr/sap/HD3/HDB00/exe/python_support/convertMDC.py
--change=databaseIsolation --isolation=high
```

Das Skript stoppt zuerst die SAP-HANA-Datenbank und setzt dann das Isolation Level »high«. Danach wird die Datenbank wieder gestartet. Abbildung 4.18 zeigt die Ausgabe des Skripts.

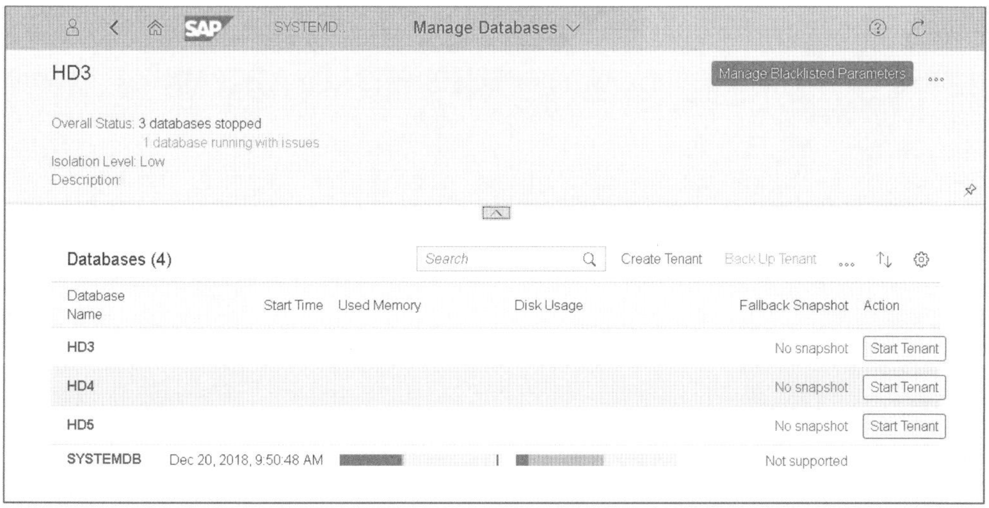

Abbildung 4.17 Stoppen der Tenant-Datenbanken

Durch das Skript ist nun auch der Parameter `database_isolation` (Datei **global.ini**, Abschnitt `multidb`) auf den Wert »high« gesetzt. Es fehlt nun noch die Zuordnung der Betriebssystembenutzer und -gruppen zu den Tenants. Dies kann mit dem Befehl `ALTER DATABASE <Tenant> OS USER '<Betriebssystembenutzer>' OS GROUP '<Betriebssystemgruppe>` erfolgen oder mit dem SAP HANA Cockpit in der Sicht **Manage Databases**. Wählen Sie einen Tenant aus, und wählen Sie über die Schaltfläche **More** (...) den Eintrag **Assign OS User and OS Group** aus.

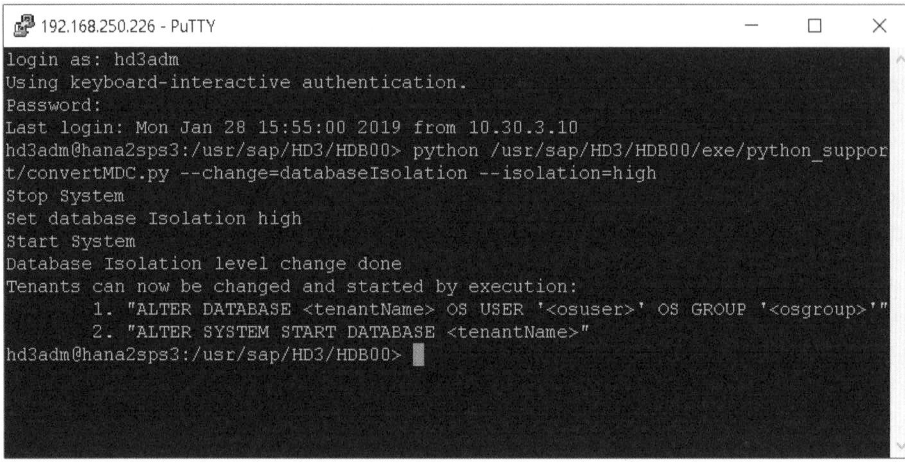

Abbildung 4.18 Ausgabe des Python-Skripts convertMDC.py

Geben Sie Benutzer und Gruppe für die Tenants an (Abbildung 4.19). Danach können die Tenants über die Schaltfläche **Start Tenant** wieder gestartet werden. In der Übersicht lassen sich dann über die Schaltfläche **Settings** (⚙) zu den Tenants auch die Betriebssystembenutzer und -gruppen anzeigen (siehe Abbildung 4.20).

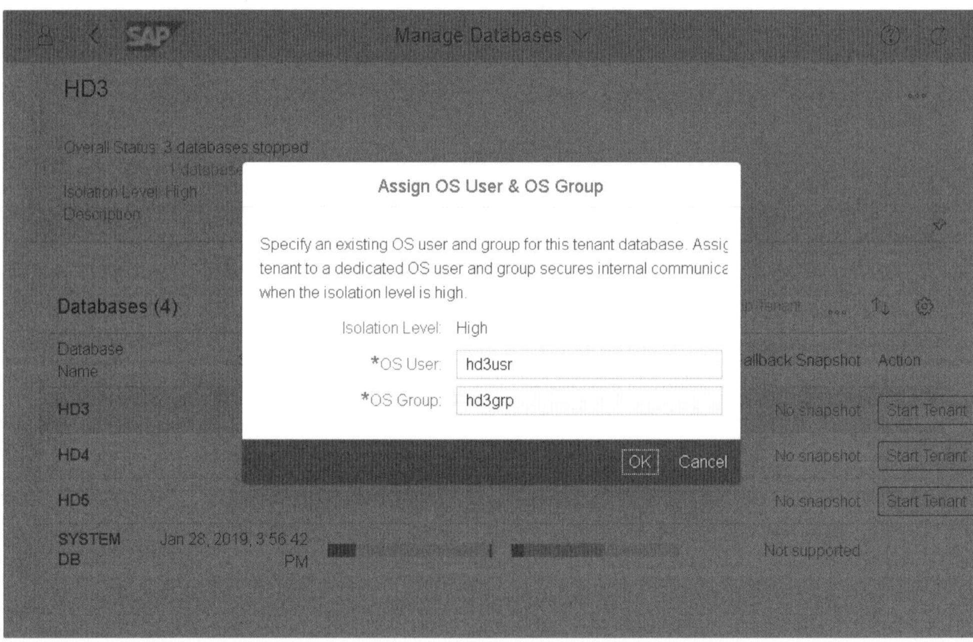

Abbildung 4.19 Zuordnung von Betriebssystembenutzer und -gruppe zum Tenant

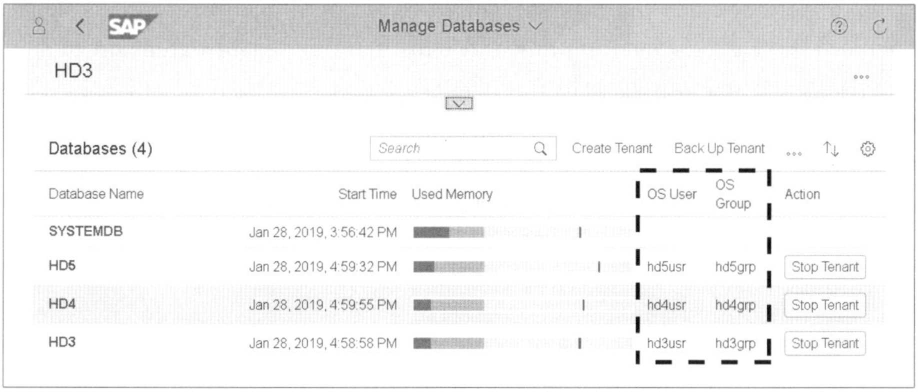

Abbildung 4.20 Tenants mit Betriebssystembenutzer und -gruppe

4.6 Protokollierung von Änderungen an Tenants

Die Pflege von Tenant-Datenbanken kann über das Auditing (siehe Kapitel 11, »Auditing in SAP HANA«) protokolliert werden (siehe Abbildung 4.21). Folgende Aktionen können protokolliert werden:

- Anlegen, Ändern und Löschen von Tenant-Datenbanken
- Umbenennen von Tenant-Datenbanken
- Starten und Stoppen von Tenant-Datenbanken

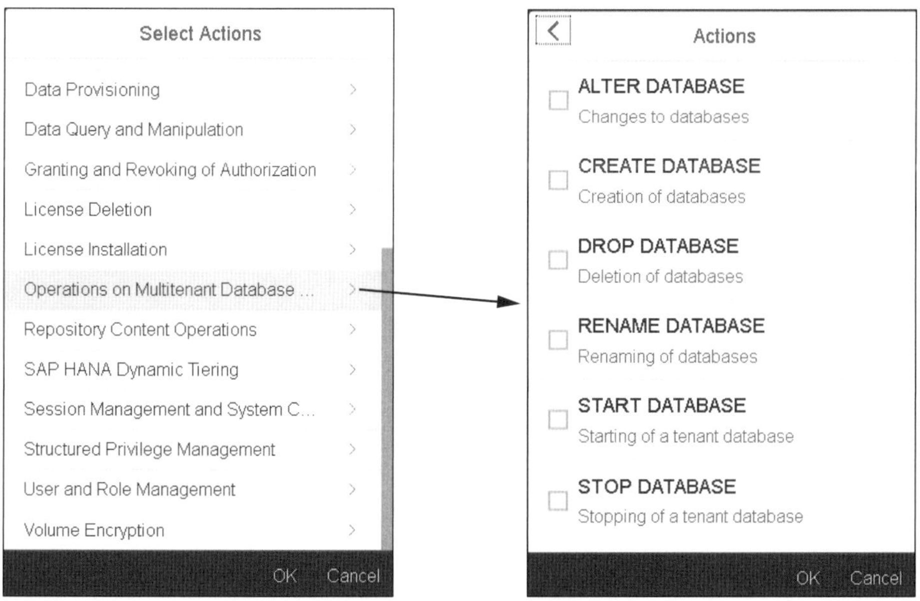

Abbildung 4.21 Protokollierung von Änderungen an Tenants

Da diese Aktionen nur von der Systemdatenbank aus ausgeführt werden können, lässt sich diese Protokollierung nur dort einrichten. In Tenant-Datenbanken sind diese Aktionen im Auditing nicht verfügbar.

Des Weiteren können auch Änderungen an den Einstellungen zur Verschlüsselung tenant-spezifisch protokolliert werden (siehe dazu Abschnitt 3.3.8, »Protokollierung von Änderungen an der Verschlüsselung«).

Kapitel 5
Authentifizierung in SAP HANA

Der Anmeldevorgang ist eine der wesentlichen Komponenten zur Absicherung jeglicher IT-Systeme. In diesem Kapitel erfahren Sie, wie die verschiedenen Authentifizierungsmethoden konfiguriert und die Richtlinien für den Anmeldevorgang an die Unternehmensvorgaben angepasst werden.

Da SAP HANA als Applikation genutzt wird, nicht »nur« als reine Datenbank, muss der Authentifizierungsvorgang restriktiv abgesichert werden. Auf die in SAP HANA möglichen Authentifizierungsmethoden gehe ich im gleichnamigen Abschnitt 5.1 ein. Wie Sie die Kennwortrichtlinien systemseitig oder benutzergruppenspezifisch einstellen, erfahren Sie in Abschnitt 5.2, »Kennwortrichtlinien«.

5.1 Authentifizierungsmethoden

In SAP HANA sind standardmäßig verschiedene *Authentifizierungsmethoden* integriert, die benutzerspezifisch angewendet werden können. Nachfolgend stelle ich Ihnen diese Methoden vor.

5.1.1 Konfiguration der möglichen Authentifizierungsmethoden

Standardmäßig sind alle verfügbaren Authentifizierungsmethoden in SAP HANA nutzbar. Da aber nicht alle Methoden auch eingesetzt werden, sollten die nicht genutzten deaktiviert werden. Dies ist möglich mit dem Parameter `authentication_methods` im `authentication`-Abschnitt der Datei **global.ini**. Im Standardwert des Parameters sind alle Methoden enthalten, jeweils durch ein Komma getrennt:

```
pbkdf2,password,kerberos,spnego,saml,saplogon,x509xs,jwt,sessioncookie,ldap
```

Um bestimmte Methoden zu deaktivieren, löschen Sie diese aus dem Parameter. Tabelle 5.1 zeigt die Zuordnung der Parameter zu den Authentifizierungsmethoden. Um z. B. *X.509* und *JSON Web Token* zu deaktivieren, ändern Sie den Parameterwert folgendermaßen ab:

```
pbkdf2,password,kerberos,spnego,saml,saplogon,sessioncookie,ldap
```

Authentifizierungsmethode	Wert im Parameter authentication_methods
Password	`pbkdf2,password`
Kerberos	`kerberos,spnego`
SAP Logon Ticket *SAP Assertion Ticket*	`saplogon`
SAML	`saml`
X.509	`x509xs`
JSON Web Token	`jwt`
LDAP	`ldap`

Tabelle 5.1 Authentifizierungsmethoden mit Parameterwerten

5.1.2 Kennwortbasierte Anmeldung

Bei der *kennwortbasierten Anmeldung* wird dem Benutzer eine Anmeldemaske angezeigt, um Benutzername und Kennwort anzugeben. Die Kennwörter werden in einem *Secure Store* gespeichert. Die Kennwörter unterliegen den Kennwortrichtlinien (siehe Abschnitt 5.2, »Kennwortrichtlinien«). Wird diese Methode für einen Benutzer ausgewählt, ist ein Initialkennwort anzugeben (Abbildung 5.1). Außerdem kann festgelegt werden, ob das Initialkennwort bei der nächsten Anmeldung geändert werden muss.

Ob Benutzern die kennwortbasierte Anmeldung möglich ist, wird im Feld `IS_PASSWORD_ENABLED` in der View `USER` angezeigt.

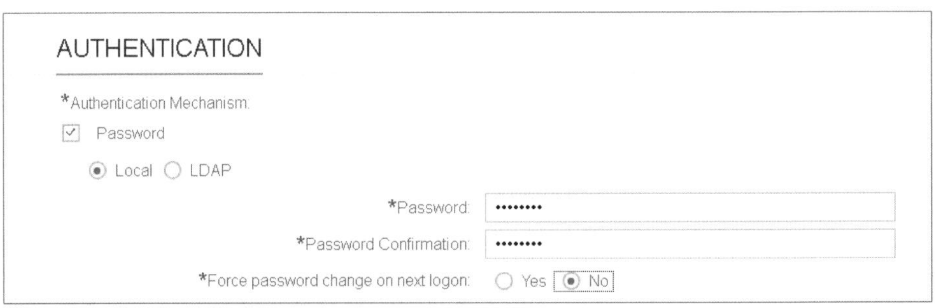

Abbildung 5.1 Kennwortbasierte Anmeldung

5.1.3 Anmeldung mittels Kerberos-Authentifizierung

Beim Einsatz von Kerberos ist im Benutzerstammsatz die externe ID des Benutzers anzugeben (siehe Abbildung 5.2). Damit sind ODBC- und JDBC-Anmeldungen möglich. Beim Einsatz von SAP HANA XS (Classic) wird der SPNEGO-Mechanismus genutzt (*Simple and Protected GSSAPI Negotiation Mechanism*). Weitere Hinweise für den Einsatz von Kerberos erhalten Sie im SAP-Hinweis 1837331. Im Anhang des SAP-Hinweises finden Sie das Dokument **HowTo_HANA_SSO_Kerberos_v1.7.1.pdf**.

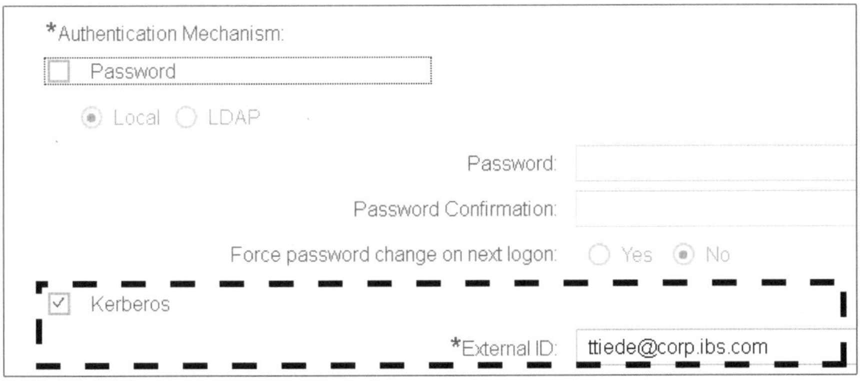

Abbildung 5.2 Kerberos-basierte Anmeldung

Ob Benutzern eine Anmeldung mittels Kerberos möglich ist, wird im Feld `IS_KERBEROS_ENABLED` in der View `USERS` angezeigt. Die externe ID wird im Feld `EXTERNAL_IDENTITY` gespeichert. Von SAP HANA wird nicht geprüft, ob für verschiedene Benutzer dieselbe externe ID angegeben wird. Dies kann mit dem SQL-Statement aus Listing 5.1 analysiert werden. Abbildung 5.3 zeigt ein Ergebnis der Abfrage.

```
SELECT * FROM USERS WHERE EXTERNAL_IDENTITY IN (
SELECT EXTERNAL_IDENTITY FROM USERS
WHERE EXTERNAL_IDENTITY IS NOT NULL
GROUP BY EXTERNAL_IDENTITY
HAVING COUNT(*)>1)
```

Listing 5.1 Analyse doppelt vergebener Kerberos-IDs

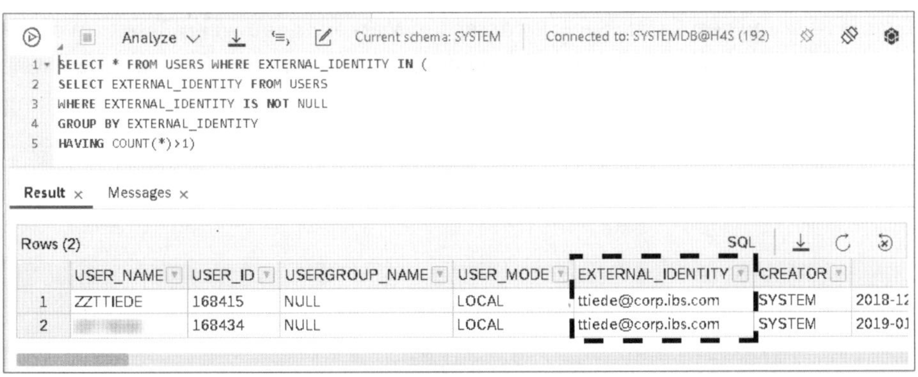

Abbildung 5.3 Analyse doppelt vergebener Kerberos-IDs

5.1.4 Anmeldung mittels SAP Logon Ticket

SAP HANA unterstützt sowohl SAP Logon Tickets als auch SAP Assertion Tickets (Abbildung 5.4). Der Unterschied ist, dass die SAP Assertion Tickets zeitlich begrenzt sind. Die Tickets werden validiert gegen Zertifikate, die von einer vertrauenswürdigen Zertifizierungsstelle (CA) signiert wurden. Diese werden in einem dedizierten Trust Store gespeichert, der entweder in der Datenbank oder im Betriebssystem eingerichtet wird. Wird der Trust Store im Betriebssystem gespeichert, geben Sie mit dem Parameter `saplogontickettruststore`, `authentication`-Abschnitt in der Datei **indexserver.ini** den Namen und Pfad des Trust Stores an.

Ob Benutzern eine Anmeldung mittels SAP Logon Ticket bzw. SAP Assertion Ticket möglich ist, wird in folgenden Feldern in der View `USERS` angezeigt:

```
IS_SAP_LOGON_TICKET_ENABLED
IS_SAP_ASSERTION_TICKET_ENABLED
```

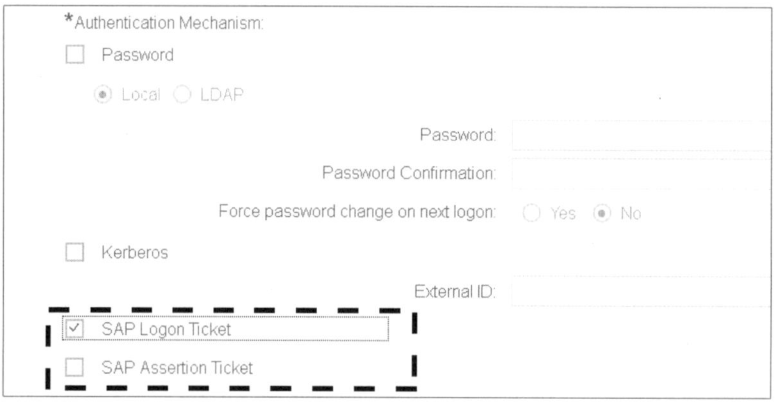

Abbildung 5.4 Anmeldung mittels SAP Logon Tickets

5.1.5 Anmeldung mittels Security Assertion Markup Language (SAML)

Für die Nutzung von SAML (Security Assertion Markup Language) müssen zuvor die SAML-Provider eingerichtet werden (SQL-Statement `CREATE SAML PROVIDER`). Diese werden dann den Benutzern zugeordnet (Abbildung 5.5). Ob Benutzern eine Anmeldung mittels SAML möglich ist, wird im Feld `IS_SAML_ENABLED` in der View `USERS` angezeigt.

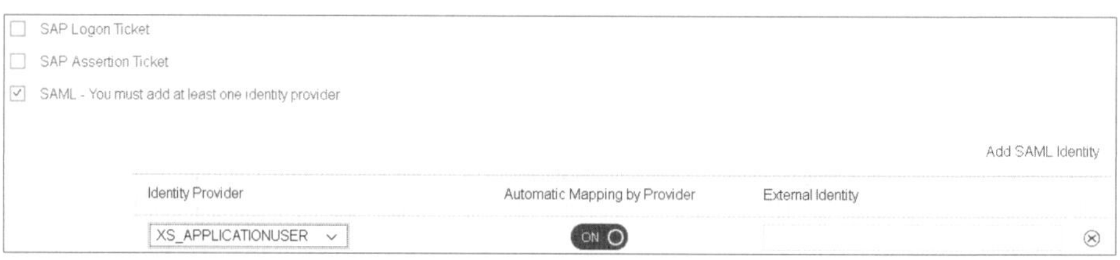

Abbildung 5.5 Anmeldung mittels SAML-Provider

5.1.6 Anmeldung mittels X.509-Zertifikat

X.509-Zertifikate ordnen Sie zu, wie in Abbildung 5.6 zu sehen. Dabei können Zertifikate aus dem Certificate Store ausgewählt oder manuell eingegeben werden. Sie erreichen den Certificate Store im SAP HANA Cockpit in der Systemübersicht über die Links **Manage Certificates** oder **Manage SAML identity providers** in der Kachel **Security Related Links**. Ob Benutzern X.509-Zertifikate zugeordnet sind, wird im Feld `IS_X509_ENABLED` in der View `USERS` angezeigt. Die Zuordnung können Sie in der View `X509_USER_MAPPINGS` einsehen.

Abbildung 5.6 Anmeldung mittels X.509-Zertifikat

5.1.7 Anmeldung mittels JSON Web Token

Zur Nutzung von JSON Web Token müssen die Identity-Provider zuerst im Certificate Store definiert werden. Die Provider können dann wie in Abbildung 5.7 den Benutzern zugeordnet werden. Die eingerichteten JSON-Web-Token-Provider können Sie auch über die View `JWT_PROVIDERS` einsehen, die Zuordnungen zu den Benutzern über die View `JWT_USER_MAPPINGS`.

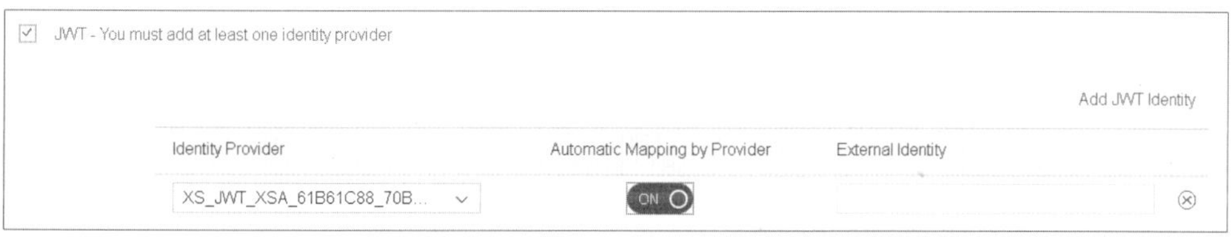

Abbildung 5.7 Anmeldung mittels JSON Web Token

5.1.8 Authentifizierungsmethoden setzen mit dem SAP HANA Cockpit

Rufen Sie die Verwaltungsoberfläche einer Datenbank auf (Kachel **Resource Directory** – *System auswählen*). Auf der Kachel **Security Related Links** erreichen Sie über den Link **Manage SAML identity providers** die Verwaltung der SAML-Provider (siehe Abbildung 5.8). Neue Provider fügen Sie über die Schaltfläche **Add Identity Provider** hinzu.

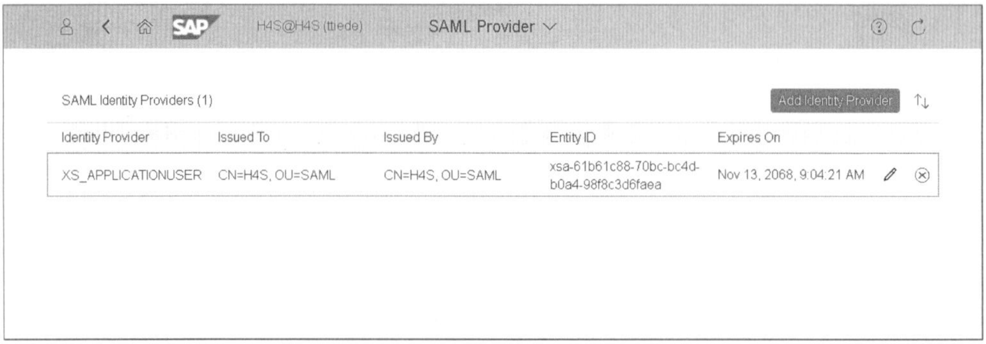

Abbildung 5.8 Verwaltung der SAML-Provider im SAP HANA Cockpit

Die Verwaltung der Zertifikate erreichen Sie in der Kachel **Security Related Links** über den Link **Manage certificates**. Ihnen werden alle installierten Zertifikate angezeigt (Abbildung 5.9). Über den Link **Manage certificate collections** erreichen Sie die PSEs (Personal Security Environment), siehe Abbildung 5.10.

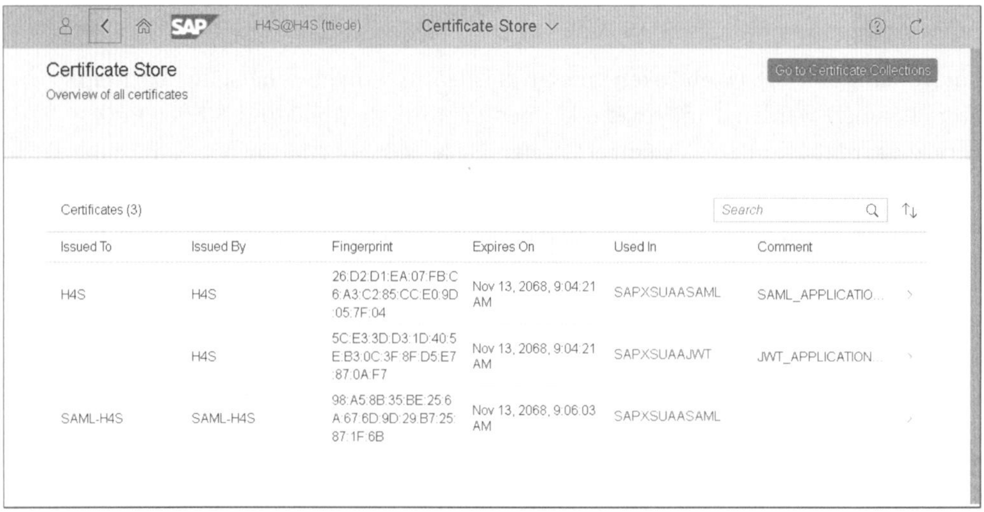

Abbildung 5.9 Installierte Zertifikate

Die Zuordnung der Authentifizierungsmethoden zu Benutzern erfolgt im Benutzerstammsatz. Rufen Sie in der Verwaltungsoberfläche einer Datenbank den Link **Manage users** in der Kachel **User & Role Management** auf. Wählen Sie den Benutzer aus, für den Sie die Authentifizierungsmethoden setzen wollen, und klicken Sie auf die Schaltfläche **Authentication**. Die aktuelle Authentifizierungsmethode wird Ihnen angezeigt. Klicken Sie auf die Schaltfläche **Edit**, um sie neu zu setzen (siehe Abbildung 5.11).

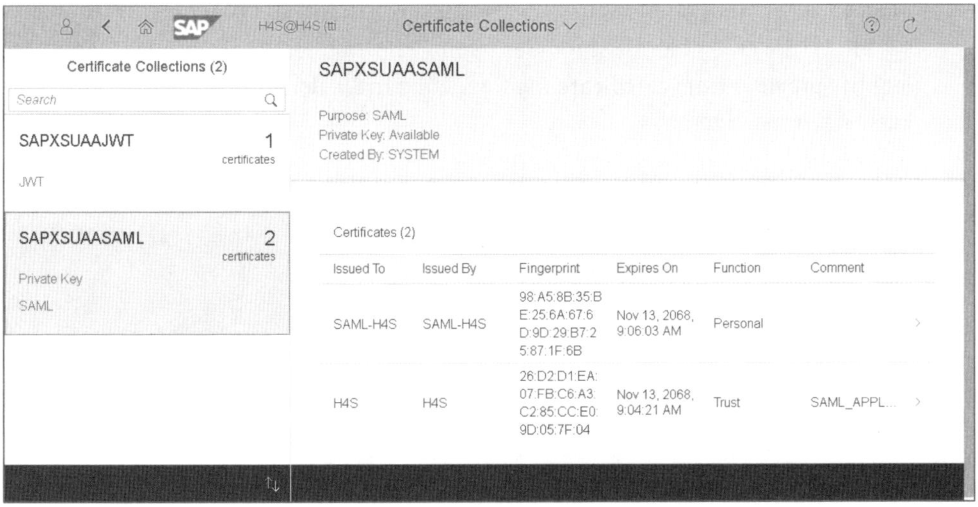

Abbildung 5.10 Certificate Collections

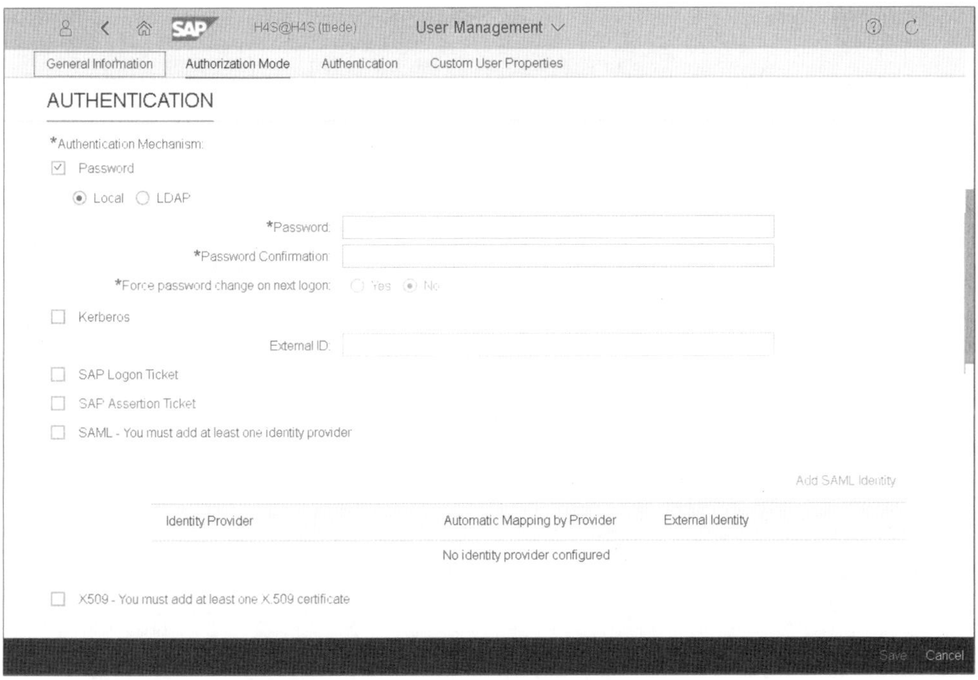

Abbildung 5.11 Authentifizierungsmethode für Benutzer setzen

5.1.9 Authentifizierungsmethoden setzen mit dem SAP HANA Studio

Die SAML-Provider verwalten Sie im SAP HANA Studio mit der Security Console. Rufen Sie diese über **Security • Security** auf. Im Register **SAML Identity Providers** pflegen Sie die Provider (Abbildung 5.12). Mit der Schaltfläche **Add SAML identity provider** (+) legen Sie einen Identity Provider manuell an. Mit der Schaltfläche **Import SAML identity provider from certificate file** () können Sie den Provider aus einer Zertifikatsdatei importieren.

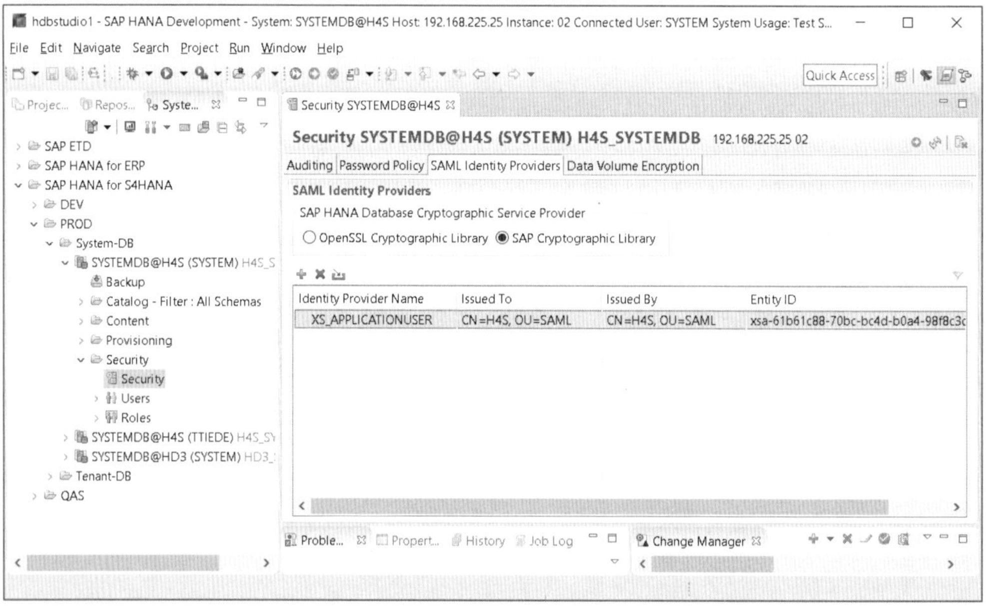

Abbildung 5.12 Verwaltung der SAML-Provider im SAP HANA Studio

Um die Authentifizierungsmethoden für Benutzer zu setzen, wählen Sie unter **Security • Users** den Benutzerstammsatz mit einem Doppelklick aus. Hier wählen Sie die Authentifizierungsmethode aus (siehe Abbildung 5.13). Nur JSON Web Token können in dieser Oberfläche nicht ausgewählt werden. Hierfür müssen SQL-Statements genutzt werden. Bei der Auswahl von SAML oder X509 ordnen Sie die Provider bzw. Zertifikate mit dem Link **Configure** zu.

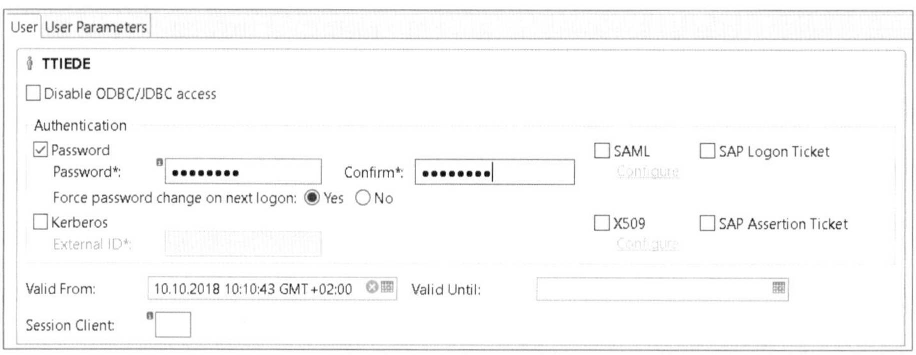

Abbildung 5.13 Setzen der Authentifizierungsmethode für Benutzer im SAP HANA Studio

5.1.10 Authentifizierungsmethoden setzen mit SQL-Statements

Die Authentifizierungsmethoden können mit den SQL-Statements `CREATE USER` und `ALTER USER` gesetzt werden. Beim Befehl `CREATE USER` erfolgt dies mit den Parametern gemäß Tabelle 5.2. Beispiele sind:

- Anlegen eines Benutzers mit Kennwort:

```
CREATE USER TTIEDE PASSWORD Start123
```

- Anlegen eines Benutzers mit einer Kerberos-ID:

```
CREATE USER TTIEDE WITH IDENTITY 'TTiedeKerberos' FOR KERBEROS
```

- Anlegen eines Benutzers mit einem SAML-Provider:

```
CREATE USER TTIEDE WITH IDENTITY ANY FOR SAML PROVIDER ZSAMLTT
```

- Anlegen eines Benutzers mit X.509-Zertifikat:

```
CREATE USER TTIEDE WITH IDENTITY 'C=DE, ST=HH, L=Hamburg,
O=ibs-schreiber.de, CN=TTIEDE' ISSUER 'C=DE, ST=HH, L=Hamburg,
O=ibs-schreiber.de, CN=Root CA' FOR X509
```

Parameter	Beschreibung
PASSWORD<Kennwort>	Gibt das Kennwort des Benutzers an. Dieses muss bei der ersten Anmeldung geändert werden.
PASSWORD <Kennwort> NO FORCE_FIRST_PASSWORD_CHANGE	Gibt das Kennwort des Benutzers an. Eine Änderung bei der ersten Anmeldung ist nicht erforderlich.
WITH IDENTITY ... FOR SAML PROVIDER FOR X509 FOR KERBEROS FOR SAP LOGON TICKET FOR SAP ASSERTION TICKET FOR JWT PROVIDER FOR LDAP PROVIDER	Gibt den Authentifizierungsmechanismus an.

Tabelle 5.2 Authentifizierung mit dem CREATE-USER-Befehl

Die Parameter für den Befehl `ALTER USER` zeigt Tabelle 5.3. Nachfolgend einige Beispiele für den Befehl:

- Aktivierung von Kerberos für einen Benutzer:

```
ALTER USER TTIEDE ENABLE KERBEROS
```

- Zuordnung einer Kerberos-ID zu einem Benutzer:

```
ALTER USER TTIEDE ADD IDENTITY 'TTiedeKerberos' FOR KERBEROS
```

- Aktivierung von SAP Logon Tickets:

  ```
  ALTER USER TTIEDE ENABLE SAP LOGON TICKET
  ```

Parameter	Beschreibung
PASSWORD<Kennwort>	Gibt das Kennwort des Benutzers an. Dieses muss bei der nächsten Anmeldung geändert werden.
PASSWORD <Kennwort> NO FORCE_ FIRST_PASSWORD_CHANGE	Gibt das Kennwort des Benutzers an. Eine Änderung bei der nächsten Anmeldung ist nicht erforderlich.
ENABLE/DISABLE SAML PROVIDER X509 KERBEROS SAP LOGON TICKET SAP ASSERTION TICKET JWT PROVIDER LDAP PROVIDER	Aktiviert/deaktiviert den Authentifizierungsmechanismus des Benutzers.
ADD IDENTITY ... FOR SAML PROVIDER FOR X509 FOR KERBEROS FOR SAP LOGON TICKET FOR SAP ASSERTION TICKET FOR JWT PROVIDER FOR LDAP PROVIDER	Ordnet einen Authentifizierungsmechanismus zu.
DROP IDENTITY FOR SAML PROVIDER FOR X509 FOR KERBEROS FOR SAP LOGON TICKET FOR SAP ASSERTION TICKET FOR JWT PROVIDER	Löscht einen Authentifizierungsmechanismus.

Tabelle 5.3 Authentifizierung mit dem Befehl ALTER USER

5.1.11 Auswertung der zugeordneten Authentifizierungsmethoden

Die den Benutzern zugeordneten Authentifizierungsmethoden können mit der View USERS analysiert werden. Tabelle 5.4 zeigt die Felder der View USERS, die Authentifizierungs-Eigenschaften enthalten. Tabelle 5.5 listet die Tabellen auf, in denen weitere Authentifizierungs-Informationen gespeichert werden, u. a. die Provider und Zertifikate.

Feld	Beschreibung
USER_NAME	Benutzername
USER_MODE	Benutzer-Modus: LOCAL/GLOBAL/EXTERNAL
EXTERNAL_IDENTITY	externe ID (Kerberos)
IS_PASSWORD_ENABLED	Passwort-Anmeldung erlaubt
IS_KERBEROS_ENABLED	Anmeldung via Kerberos
IS_SAML_ENABLED	Anmeldung via SAML
IS_JWT_ENABLED	Anmeldung via JSON Web-Token
IS_X509_ENABLED	Anmeldung via X509
IS_SAP_LOGON_TICKET_ENABLED	Anmeldung via SAP Logon Ticket
IS_SAP_ASSERTION_TICKET_ENABLED	Anmeldung via SAP Assertion Ticket
AUTHORIZATION_MODE	Berechtigungsmodus (LOCAL/LDAP)

Tabelle 5.4 Authentifizierungs-Eigenschaften in der View USERS

Tabelle	Bezeichnung
CERTIFICATES	installierte Zertifikate
LDAP_PROVIDERS	eingerichtete LDAP-Provider
LDAP_USERS	SAP-HANA-Benutzer mit zugeordneten LDAP-Benutzern
PSES	eingerichtete PSEs (Personal Security Environment)
PSE_CERTIFICATES	in den PSEs gespeicherte Zertifikate
SAML_PROVIDERS	eingerichtete SAML-Provider
SAML_USER_MAPPINGS	Zuordnung von Benutzern zu SAML-Providern
JWT_PROVIDERS	eingerichtete JSON-Web-Token-Provider
JWT_USER_MAPPINGS	Zuordnung von Benutzern zu JSON-Web-Token-Providern
X509_USER_MAPPINGS	Benutzer mit den zugeordneten X.509-Zertifikaten

Tabelle 5.5 Tabellen mit Authentifizierungsinformationen

Um zu ermitteln, ob für Benutzer verschiedene Authentifizierungsmechanismen angegeben wurden, können Sie die SQL-Anweisung aus Listing 5.2 nutzen.

```
SELECT * FROM USERS
WHERE LENGTH(IS_PASSWORD_ENABLED || IS_KERBEROS_ENABLED ||
IS_SAML_ENABLED || IS_JWT_ENABLED || IS_X509_ENABLED ||
IS_SAP_LOGON_TICKET_ENABLED || IS_SAP_ASSERTION_TICKET_ENABLED)<34
```

Listing 5.2 Abfrage von Benutzern mit verschiedenen Authentifizierungsmechanismen

5.1.12 Protokollierung der Authentifizierung

Zur Nachvollziehbarkeit der Authentifizierung sind verschiedene Protokolle im Auditing zu aktivieren. Ich liste sie Ihnen in diesem Abschnitt auf. Generelle Informationen zum Auditing finden Sie in Kapitel 11, »Auditing in SAP HANA«.

Änderungen an der Konfiguration der Authentifizierungsmethoden

Welche Authentifizierungsmethoden genutzt werden, wird mit dem Parameter `authentication_methods` im Abschnitt `authentication` der Datei **global.ini** festgelegt. Änderungen an den Authentifizierungsmethoden werden im Auditing automatisch über die Policy *Mandatory Audit Policy* protokolliert. Es ist somit keine explizite Konfiguration erforderlich. Die Änderungen am Parameter `authentication_method` werden im Auditing wie in Listing 5.3 dargestellt.

```
ALTER SYSTEM ALTER CONFIGURATION ('global.ini','SYSTEM')
SET ('authentication','authentication_methods')=
 <Authentifizierungsmethoden> [WITH RECONFIGURE]
ALTER SYSTEM ALTER CONFIGURATION ('global.ini','SYSTEM')
UNSET ('authentication','authentication_methods') [WITH RECONFIGURE]
```

Listing 5.3 Protokollierung der Authentifizierungsmethoden

Änderungen an den Authentifizierungs-Providern

Für die Authentifizierungsmethoden SAML, JSON WebToken und LDAP sind eigene Provider einzurichten. Die SQL-Statements dafür sind:

- `CREATE LDAP PROVIDER`
- `ALTER LDAP PROVIDER`
- `DROP LDAP PROVIDER`
- `VALIDATE LDAP PROVIDER`
- `CREATE SAML PROVIDER`
- `ALTER SAML PROVIDER`

- DROP SAML PROVIDER
- CREATE JWT PROVIDER
- ALTER JWT PROVIDER
- DROP JWT PROVIDER

Diese Aktionen können mit dem Auditing protokolliert werden. Wählen Sie dafür die Kategorie **Authentication Provider Management** aus. Darin sind die Aktionen enthalten, sie entsprechen den obigen SQL-Statements (siehe Abbildung 5.14).

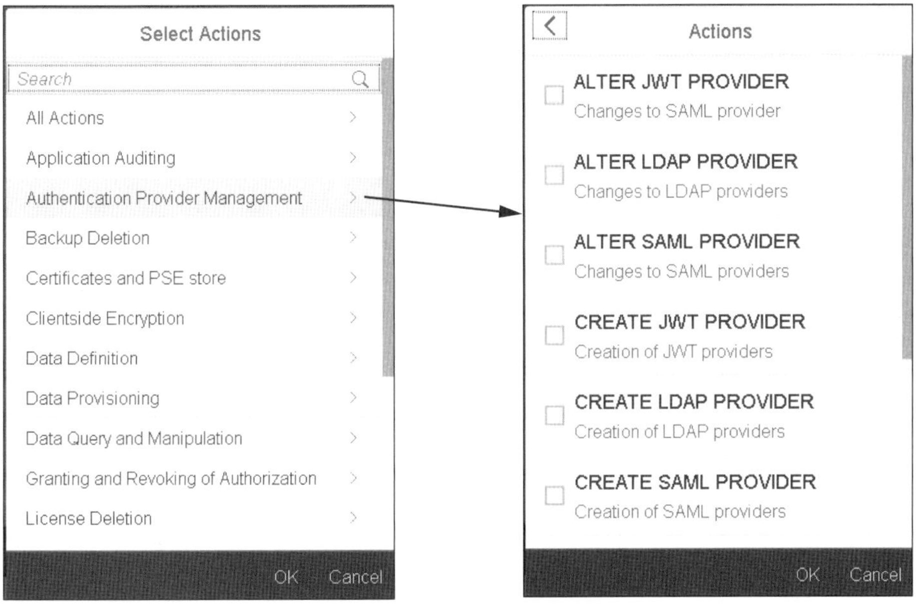

Abbildung 5.14 Protokollierung der Authentifizierungsprovider

Änderung der Authentifizierungsmethode für Benutzer

Die Authentifizierungsmethoden werden den Benutzern im Benutzerstammsatz zugeordnet. Um Änderungen daran zu protokollieren, müssen alle Änderungen am Benutzerstammsatz protokolliert werden. Dies erfolgt mit dem Event ALTER USER in der Kategorie **User and Role Management**. Die Änderungen werden dann folgendermaßen im Auditing dargestellt:

```
ALTER USER <Benutzer> ENABLE | DISABLE <Authentifizierungsmethode>
```

Protokollierung der An- und Abmeldung von Benutzern

An- und Abmeldungen von Benutzern können über das Auditing protokolliert werden. Dies erfolgt mit den Events CONNECT und DISCONNECT SESSION in der Kategorie **Session Management and System Configuration**.

5.2 Kennwortrichtlinien

Die *Kennwortrichtlinien* sind ein wesentlicher Sicherheitsaspekt in jedem System. Da SAP HANA nicht »nur« als reine Datenbank betrieben wird, sondern auch als Applikation, existiert dort eine Vielzahl von Benutzerkonten. Daher müssen die Kennwortrichtlinien an die Unternehmensvorgaben angepasst werden. Häufig gibt es unterschiedliche interne Vorgaben für »schwache« und »starke« Systeme. Produktive SAP-HANA-Systeme sind dabei als starke Systeme einzustufen. Auch sind die Vorgaben für die Kennwortrichtlinien häufig nach Benutzergruppen unterschiedlich. So wird von Administratoren, die über sehr hohe Berechtigungen verfügen, ein komplexeres Kennwort gefordert als von Anwendern.

In diesem Abschnitt zeige ich Ihnen, wie Sie die Kennwortrichtlinien gemäß Ihren Unternehmensrichtlinien einstellen können. Zur Pflege der Richtlinien ist das System Privilege `INIFILE ADMIN` erforderlich.

5.2.1 Systemparameter für Kennwortrichtlinien

Die Kennwortrichtlinien werden über Systemparameter konfiguriert. Die Parameter für die Tenant-Datenbanken werden im Abschnitt `password policy` der Datei **indexserver.ini** gesetzt. Für Systemdatenbanken werden sie im Abschnitt `password policy` der Datei **nameserver.ini** gespeichert. Die Parameter sind datenbankweit gültig. Allerdings können die Parameter auch benutzergruppenspezifisch gesetzt werden (siehe Abschnitt 5.2.2, »Benutzergruppenspezifische Kennwortrichtlinien«). In dem Fall gelten die Parameter der Benutzergruppe für die dort zugeordneten Benutzer. Nachfolgend sind die einzelnen Parameter für die Kennwortkonventionen beschrieben. Die Parameter können über die Parameterpflege geändert werden oder über eine eigene Pflegeoberfläche im SAP HANA Cockpit und SAP HANA Studio.

Ausgabe von Detailinformationen bei Falschanmeldungen

Bei *Falschanmeldungen* werden dem Benutzer Fehlermeldungen ausgegeben. Mit dem Parameter `detailed_error_on_connect` (siehe Tabelle 5.6) legen Sie fest, welche Fehler angezeigt werden. Bei der Einstellung `FALSE` wird nur die Meldung *authentication failed* bei Anmeldefehlern ausgegeben. Bei der Einstellung `TRUE` werden entsprechende Details angezeigt:

- *Invalid user or password*
- *User is locked*
- *Connect try is outside validity period*
- *User is deactivated*

Die Ausgabe von Detailinformationen birgt die Gefahr, dass dadurch potenzielle Angreifer Informationen zur Existenz des Benutzers bekommen können.

Der Standardwert FALSE sollte beibehalten werden.

Eigenschaft	Wert
Parameter	detailed_error_on_connect
Bezeichnung im SAP HANA Cockpit	**Detailed Error Information on Failed Logon** Abschnitt **Miscellaneous**
Standardwert	FALSE

Tabelle 5.6 Der Parameter »detailed_error_on_connect«

Anforderung zur Änderung des Initialkennworts

Ob Benutzer ein *Initialkennwort* sofort nach der nächsten Anmeldung ändern müssen, kann mit dem Parameter force_first_password_change (siehe Tabelle 5.7) individuell konfiguriert werden.

Beim Wert FALSE ist eine Anmeldung ohne Änderung des Initialkennworts möglich – allerdings nur bis zur maximalen Gültigkeitsdauer eines Initialkennworts, welches mit dem Parameter maximum_unused_initial_password_lifetime gesetzt wird. Danach läuft das Kennwort ab und der Benutzer kann sich nicht mehr anmelden. Das Kennwort muss von einem Administrator neu gesetzt werden.

Der Standardwert TRUE sollte beibehalten werden.

Eigenschaft	Wert
Parameter	force_first_password_change
Bezeichnung im SAP HANA Cockpit	**Password Change Required on First Logon** Abschnitt **Miscellaneous**
Standardwert	TRUE

Tabelle 5.7 Der Parameter »force_first_password_change«

Größe der Kennworthistorie

Mit der *Kennworthistorie* wird festgelegt, wie häufig Benutzer ihr Kennwort ändern müssen, bevor sie das erste Kennwort wiederverwenden können (siehe Tabelle 5.8). Der Wert »0« bedeutet, dass alle letzten Kennwörter wieder genutzt werden können.

Häufig wird der Parameter an den Kennwortänderungszeitraum angepasst (Parameter maximum_password_lifetime). Bei einem Kennwortänderungszeitraum von 30 Tagen wird er z. B. auf den Wert »12« gesetzt, bei einem Zeitraum von 60 Tagen auf den Wert »6«. Der Parameter ist gemäß den Unternehmensrichtlinien einzustellen.

Eigenschaft	Wert
Parameter	last_used_passwords
Bezeichnung im SAP HANA Cockpit	**Number of Last Used Passwords That Cannot Be Reused** Abschnitt **Miscellaneous**
Standardwert	5

Tabelle 5.8 Der Parameter »last_used_passwords«

Anzahl Falschanmeldungen bis zur Sperrung

Der Parameter maximum_invalid_connect_attempts legt die Anzahl möglicher Falschanmeldungen bis zur Sperrung eines Benutzers fest (siehe Tabelle 5.9). Wie lange ein Benutzer gesperrt wird, wird mit dem Parameter password_lock_time festgelegt. Gesperrte Benutzer müssen von einem Administrator wieder freigeschaltet werden.

Eigenschaft	Wert
Parameter	maximum_invalid_connect_attempts
Bezeichnung im SAP HANA Cockpit	**Number of Allowed Failed Logon Attempts** Abschnitt **Miscellaneous**
Standardwert	6

Tabelle 5.9 Der Parameter »maximum_invalid_connect_attempts«

Maximale Kennwortgültigkeit

Kennwörter sind nach einem festgelegten Zeitraum zu ändern. Mit dem Parameter maximum_password_lifetime wird dieser Zeitraum in Tagen angegeben (siehe Tabelle 5.10). Der Standardwert liegt hier bei 182 Tagen. Er muss an die unternehmensinternen Richtlinien angepasst werden. Je nach Branche, Sicherheitsanspruch und geforderter Kennwortkomplexität sollten die Werte hier zwischen 30 und 180 Tagen liegen.

Eigenschaft	Wert
Parameter	maximum_password_lifetime
Bezeichnung im SAP HANA Cockpit	**Maximum Password Lifetime** Abschnitt **Password Lifetime**
Standardwert	182

Tabelle 5.10 Der Parameter »maximum_password_lifetime«

Minimale Kennwortgültigkeit

Der Parameter `minimum_password_lifetime` legt fest, nach wie vielen Tagen ein Benutzer ein geändertes Kennwort wieder ändern kann (siehe Tabelle 5.11). Dies verhindert, dass ein Benutzer jeden Tag sein Kennwort ändert, so lange, bis er sein altes wieder nutzen kann. Der Wert »0« bedeutet, dass kein Zeitraum definiert ist und Kennwörter sofort nach einer Änderung erneut geändert werden können.

Es ist darauf zu achten, dass dieser Parameter nicht größer eingestellt werden darf als der Parameter für die Ablaufzeit des Kennwortes (`maximum_password_lifetime`).

Eigenschaft	Wert
Parameter	minimum_password_lifetime
Bezeichnung im SAP HANA Cockpit	**Minimum Password Lifetime** Abschnitt **Password Lifetime**
Standardwert	1

Tabelle 5.11 Der Parameter »minimal_password_lifetime«

Gültigkeit eines Initialkennwortes

Der Parameter `maximum_unused_initial_password_lifetime` legt die Gültigkeitsdauer eines Initialkennwortes in Tagen fest (Tabelle 5.12). Danach ist keine Anmeldung mehr möglich, es muss ein neues Initialkennwort vom Administrator vergeben werden.

Eigenschaft	Wert
Parameter	maximum_unused_initial_password_lifetime
Bezeichnung im SAP HANA Cockpit	**Lifetime of Initial Password** Abschnitt **Password Lifetime**
Standardwert	7

Tabelle 5.12 Der Parameter »maximum_unused_initial_password_lifetime«

Kennwortdeaktivierung bei Inaktivität von Benutzern

Produktive Kennwörter werden ungültig, wenn ein Benutzer sich über einen bestimmten Zeitraum nicht angemeldet hat. Mit dem Parameter `maximum_unused_productive_password_lifetime` definieren Sie diesen Zeitraum (siehe Tabelle 5.13). Nach Ablauf des Zeitraums ist keine Anmeldung mehr möglich, es muss ein neues Initialkennwort vergeben werden.

Der Standardwert beträgt 365 Tage. Er ist an die unternehmensinternen Richtlinien anzupassen.

Eigenschaft	Wert
Parameter	`maximum_unused_productive_password_lifetime`
Bezeichnung im SAP HANA Cockpit	**Maximum Duration of User Inactivity** Abschnitt **Password Lifetime**
Standardwert	365

Tabelle 5.13 Der Parameter »maximum_unused_productive_password_lifetime«

Hinweis an Benutzer vor Ablauf eines Kennworts

Der Parameter `password_expire_warning_time` legt die Anzahl der Tage vor Ablauf der Kennwortgültigkeit fest, an denen Benutzer einen Warnhinweis bekommen (siehe Tabelle 5.14). Der Wert »0« bedeutet, dass keine Warnmeldung ausgegeben wird.

Der bevorstehende Ablauf von Kennwörtern erzeugt auch einen Alert mit mittlerer Priorität. Es wird die Check-ID 62 (*Expiration of database user passwords*) ausgegeben. Dies ist insbesondere für technische Benutzer relevant, damit deren Kennwörter rechtzeitig geändert werden können. Für technische Benutzer kann die Kennwortgültigkeit auch deaktiviert werden, sodass ihr Kennwort nie abläuft. Dies ist mit folgendem SQL-Statement möglich:

```
ALTER USER <Benutzername> DISABLE PASSWORD LIFETIME
```

Eigenschaft	Wert
Parameter	`password_expire_warning_time`
Bezeichnung im SAP HANA Cockpit	**Notification of Password Expiration** Abschnitt **Password Lifetime**
Standardwert	14

Tabelle 5.14 Der Parameter »password_expire_warning_time«

Minimale Kennwortlänge

Der Parameter `minimal_password_length` legt die minimale Länge für Kennwörter fest (siehe Tabelle 5.15). Systemseitig kann er auf eine Länge von mindestens 6 und maximal 64 Zeichen eingestellt werden.

Eigenschaft	Wert
Parameter	`minimal_password_length`
Bezeichnung im SAP HANA Cockpit	**Minimum Number of Characters** Abschnitt **Password Length and Composition**
Standardwert	8

Tabelle 5.15 Der Parameter »minimal_password_length«

Komplexität von Kennwörtern

Der Parameter `password_layout` legt die Komplexität der Kennwörter fest (Tabelle 5.16 und Tabelle 5.17). Folgende Bestandteile können angefordert werden:

- Großbuchstaben (A–Z)
- Kleinbuchstaben (a–z)
- Zahlen (0–9)
- Sonderzeichen (!§$%&-_/ ...)

Zur Konfiguration müssen aus jeder Kategorie, die genutzt werden soll, so viele Zeichen angegeben werden, wie im Kennwort aus der Kategorie genutzt werden dürfen. Der Standardwert »Aa1« bedeutet somit, dass mindestens ein Groß- und Kleinbuchstabe sowie mindestens eine Zahl im Kennwort enthalten sein müssen. Dieser Wert ist gleichbedeutend mit z. B. »h2O«, »5Gf« und »Lu9«. Tabelle 5.16 zeigt weitere Beispiele zur Konfiguration.

Wert	Im Kennwort muss mindestens enthalten sein
b4	▪ ein Kleinbuchstabe ▪ eine Zahl
As1$	▪ ein Großbuchstabe ▪ ein Kleinbuchstabe ▪ eine Zahl ▪ ein Sonderzeichen

Tabelle 5.16 Beispiele zur Komplexität von Kennwörtern

Wert	Im Kennwort muss mindestens enthalten sein
Asd12%	■ ein Großbuchstabe ■ zwei Kleinbuchstaben ■ zwei Zahlen ■ ein Sonderzeichen
ABer89%&	■ zwei Großbuchstaben ■ zwei Kleinbuchstaben ■ zwei Zahlen ■ zwei Sonderzeichen

Tabelle 5.16 Beispiele zur Komplexität von Kennwörtern (Forts.)

Eigenschaft	Wert
Parameter	`password_layout`
Bezeichnung im SAP HANA Cockpit	Der Parameter wird durch vier einzelne Einträge konfiguriert: ■ **Lowercase Letters Required** ■ **Uppercase Letters Required** ■ **Numerical Digits Required** ■ **Special Characters Required** Abschnitt **Password Length and Composition**
Standardwert	Aa1

Tabelle 5.17 Der Parameter »password_layout«

Zeitraum für die Sperrung nach Falschanmeldungen

Neben der Angabe der Minuten sind folgende Werte möglich:

- 0: sofort wieder entsperren
- –1: keine automatische Entsperrung

Der Standardwert beträgt 1.440 Minuten, also 24 Stunden (siehe Tabelle 5.18). Er sollte auf den Wert »–1« gesetzt werden, damit Entsperrungen explizit durch die Administration durchgeführt werden müssen.

Eigenschaft	Wert
Parameter	password_lock_time
Bezeichnung im SAP HANA Cockpit	**User Lock Time** Abschnitt **User Lock Settings**
Standardwert	1440

Tabelle 5.18 Der Parameter »password_lock_time«

Sperrung des Benutzers SYSTEM durch Falschanmeldungen

Der Parameter `password_lock_for_system_user` legt fest, ob der Benutzer SYSTEM durch Falschanmeldungen gesperrt wird, für den mit dem Parameter `password_lock_time` festgelegten Zeitraum (siehe Tabelle 5.19). Der Wert `FALSE` bewirkt, dass der Benutzer nie gesperrt wird. Der Parameter sollte auf dem Standardwert `TRUE` belassen werden, da sonst *Brute-Force-Attacken* (programmgesteuerte Anmeldeversuche mit beliebig vielen verschiedenen Kennwörtern) mit diesem Benutzer ermöglicht werden.

Eigenschaft	Wert
Parameter	password_lock_for_system_user
Bezeichnung im SAP HANA Cockpit	**SYSTEM User Is Exempt from Locking** Abschnitt **User Lock Settings**
Standardwert	TRUE

Tabelle 5.19 Der Parameter »password_lock_for_system_user«

5.2.2 Benutzergruppenspezifische Kennwortrichtlinien

Die Parameter für die Kennwortkonventionen werden global in der Datenbank für alle Benutzer gesetzt. Es kann erforderlich sein, diese Richtlinien für bestimmte Benutzer individuell anzupassen. Beispielsweise werden für Administratoren aufgrund ihrer hohen Berechtigungen häufig komplexere Kennwörter angefordert. Dies kann mit den Benutzergruppen eingerichtet werden. Die Kennwortrichtlinien können für jede Benutzergruppe individuell ausgeprägt werden. Für Benutzer gilt dann jeweils die Richtlinie seiner Benutzergruppe, nicht die global gesetzte Richtlinie. Alle Parameter können gruppenspezifisch gesetzt werden, außer `password_lock_for_system_user`. Dieser wird nur global gesetzt.

Im SAP HANA Cockpit können die Parameter über die Benutzergruppenpflege gesetzt werden. Diese ist in Abschnitt 6.5, »Benutzergruppen«, beschrieben. Im SAP HANA Studio gibt es keine Oberfläche für die Pflege, dort müssen die SQL-Statements genutzt werden.

Rufen Sie im SAP HANA Cockpit die Benutzergruppenpflege auf (Kachel **Resource Directory** – *System auswählen* • **User & Role Management** • **Manage user groups**), und wählen Sie das Register **Password Policy** aus (siehe Abbildung 5.15). Setzen Sie hier die Parameter entsprechend den Anforderungen für die Benutzergruppe. Nach dem Speichern sind die Einstellungen für die der Gruppe zugeordneten Benutzer sofort gültig.

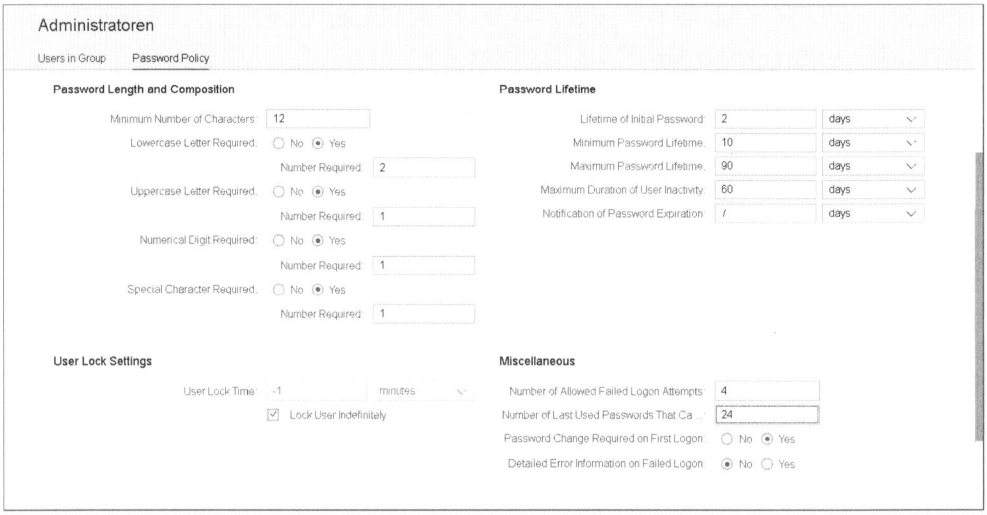

Abbildung 5.15 Kennwortrichtlinien für Benutzergruppen

Bei der Benutzergruppenverwaltung mittels SQL-Statement können die Richtlinien mit den SQL-Statements `CREATE USERGROUP` bzw. `ALTER USERGROUP` gesetzt und geändert werden. Das SQL-Statement aus Listing 5.4 legt die neue Gruppe `ADMINS` an und setzt speziell für die Mitglieder dieser Gruppe die Parameter `password_layout` und `minimal_password_length`. Der Zusatz `ENABLE PARAMETER` aktiviert die Parameter.

```
CREATE USERGROUP ADMINS
SET PARAMETER 'password_layout' = 'Aa1!',
'minimal_password_length' = '12'
ENABLE PARAMETER SET 'PASSWORD_POLICY';
```

Listing 5.4 Setzen gruppenspezifischer Anmeldeparameter

5.2.3 Liste der verbotenen Kennwörter

Zeichenketten, die nicht in Kennwörtern genutzt werden sollen, können in der Tabelle `_SYS_SECURITY._SYS_PASSWORD_BLACKLIST` hinterlegt werden. Die Beschreibungen der Felder zeigt Ihnen die Tabelle 5.20.

Feldname	Beschreibung
BLACKLIST_TERM	Zeichenkette bzw. Kennwort
CHECK_PARTIAL_PASSWORD	Legt fest, ob der Wert in BLACKLIST_TERM als Zeichenkette in Kennwörtern verboten ist (TRUE) oder als ganzes Kennwort (FALSE).
CHECK_CASE_SENSITIVE	Legt fest, ob Groß-/Kleinschreibung beachtet wird (FALSE = wird nicht beachtet).

Tabelle 5.20 Die Felder der Tabelle _SYS_SECURITY._SYS_PASSWORD_BLACKLIST

Zur Pflege der Blacklist benötigen Sie die entsprechenden Object Privileges (INSERT, ALTER, DELETE, SELECT) für die Tabelle _SYS_SECURITY._SYS_PASSWORD_BLACKLIST.

5.2.4 Pflege der Richtlinien mit dem SAP HANA Cockpit

Zur Pflege der Kennwortrichtlinien mit dem SAP HANA Cockpit wählen Sie in der Verwaltungsoberfläche einer Datenbank (Kachel **Resource Directory** – *System auswählen*) die Kachel **Authentication** aus. Die aktuellen Einstellungen werden Ihnen angezeigt. Klicken Sie auf die Schaltfläche **Edit**, um die Richtlinien zu pflegen. Im oberen Teil pflegen Sie die Parameter (Abbildung 5.16), im unteren Teil die Blacklist für die Kennwörter (Abbildung 5.17). Mit der Schaltfläche **Set Default** haben Sie die Möglichkeit, die Default-Werte wiederherzustellen.

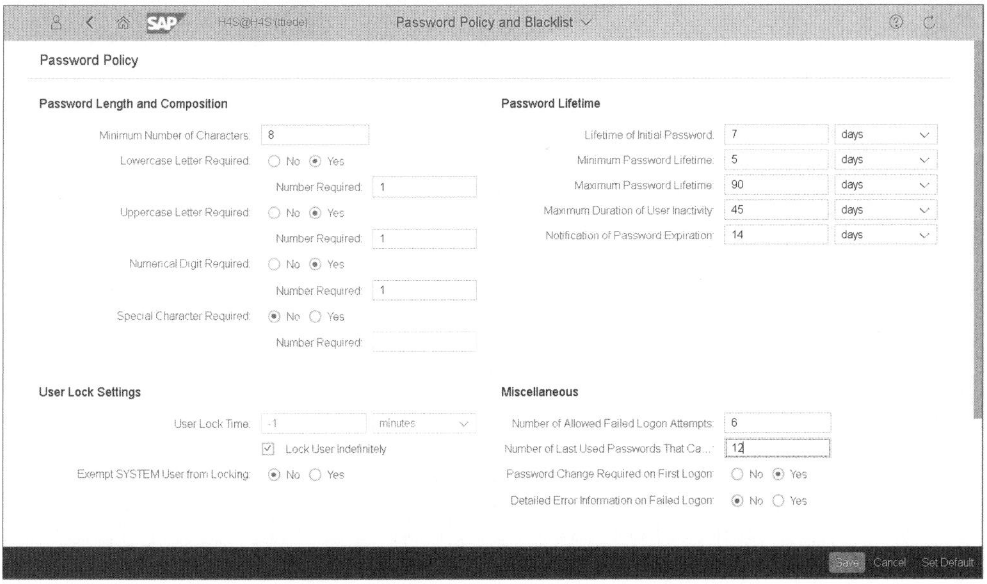

Abbildung 5.16 Pflege der Kennwortrichtlinien mit dem SAP HANA Cockpit

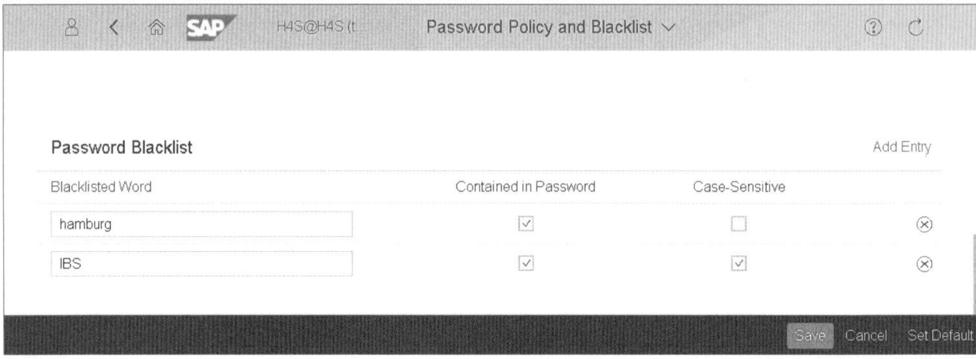

Abbildung 5.17 Pflege der verbotenen Kennwörter mit dem SAP HANA Cockpit

5.2.5 Pflege der Richtlinien mit dem SAP HANA Studio

Zur Pflege der Kennwortrichtlinien mit dem SAP HANA Studio wählen Sie unterhalb des Systems den Eintrag **Security • Security** aus. In der Security Console wählen Sie das Register **Password Policy** (siehe Abbildung 5.18). Hier pflegen Sie sowohl die Parameter als auch die verbotenen Kennwörter.

Zur Pflege der gruppenspezifischen Kennwortrichtlinien existiert im SAP HANA Studio keine Oberfläche. Nutzen Sie dafür die SQL-Statements CREATE USERGROUP und ALTER USERGROUP.

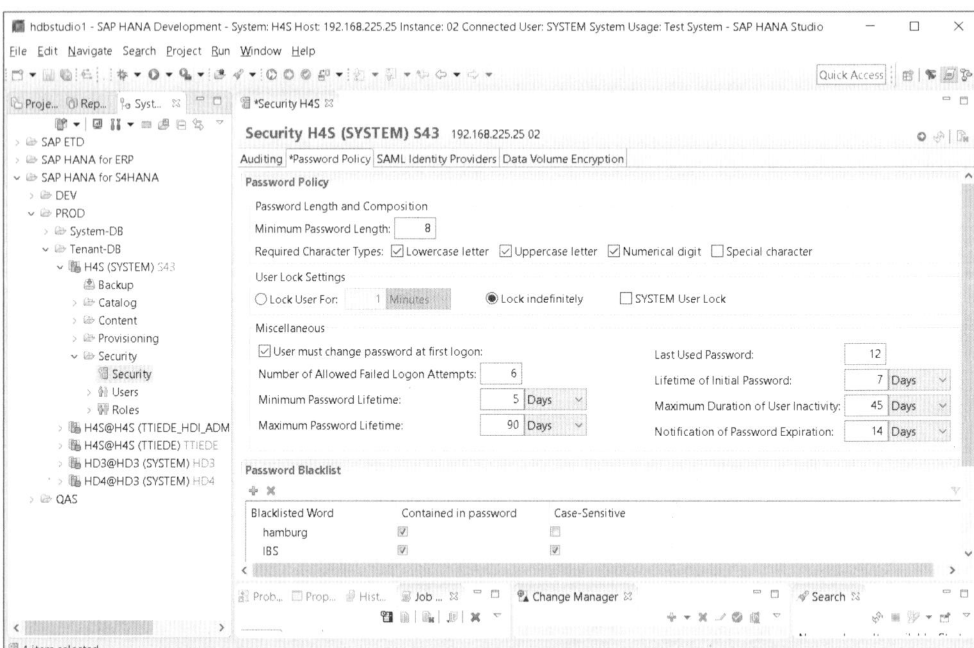

Abbildung 5.18 Pflege der Kennwortrichtlinien mit dem SAP HANA Studio

5.2.6 Pflege der Richtlinien mit SQL-Statements

Wie Sie Systemparameter grundsätzlich per SQL pflegen, können Sie in Abschnitt 3.2.4, »Ändern der Parameter mit SQL-Statements«, nachlesen. Bei der Pflege der Parameter der Kennwortrichtlinien ist zu beachten, dass in einer Systemdatenbank diese Parameter in der Datei **nameserver.ini** gepflegt werden, in einer Tenant-Datenbank in der Datei **indexserver.ini**. Listing 5.5 zeigt die Syntax zur Pflege der Parameter der Kennwortrichtlinien für eine Systemdatenbank, Listing 5.6 die Syntax für die Pflege in einer Tenant-Datenbank.


```
ALTER SYSTEM ALTER CONFIGURATION
('nameserver.ini', 'SYSTEM')
SET ('password policy', <Parametername>) = <Parameterwert>
```

Listing 5.5 Ändern der Kennwortrichtlinien in einer Systemdatenbank

```
ALTER SYSTEM ALTER CONFIGURATION
('indexserver.ini', 'DATABASE'[, <Datenbankname>])
SET ('password policy', <Parametername>) = <Parameterwert>
```

Listing 5.6 Ändern der Kennwortrichtlinien in einer Tenant-Datenbank

Um z. B. den Parameter `minimal_password_length` auf den Wert »10« zu setzen, nutzen Sie in einer Systemdatenbank das SQL-Statement gemäß Listing 5.7, für eine Tenant-Datenbank das SQL-Statement gemäß Listing 5.8. Listing 5.9 schließlich zeigt das Ändern des Parameters für eine Tenant-Datenbank (H4S) von der Systemdatenbank aus.

```
ALTER SYSTEM ALTER CONFIGURATION
('nameserver.ini', 'SYSTEM')
SET ('password policy', 'minimal_password_length') = '10'
```

Listing 5.7 Ändern des Parameters »minimal_password_length« in einer Systemdatenbank

```
ALTER SYSTEM ALTER CONFIGURATION
('indexserver.ini', 'DATABASE')
SET ('password policy', 'minimal_password_length') = '10'
```

Listing 5.8 Ändern des Parameters »minimal_password_length« in einer Tenant-Datenbank

```
ALTER SYSTEM ALTER CONFIGURATION
('indexserver.ini', 'DATABASE', 'H4S')
SET ('password policy', 'minimal_password_length') = '10'
```

Listing 5.9 Ändern des Parameters »minimal_password_length« für eine Tenant-Datenbank von einer Systemdatenbank aus

Im Rahmen der Benutzerverwaltung können kennwortrelevante Eigenschaften von Benutzern geändert werden. Hierfür ist das System Privilege `USER ADMIN` erforderlich.

Um die Kennwortänderung für einen Benutzer zu erzwingen, nutzen Sie folgendes Statement:

```
ALTER USER <Benutzername> FORCE PASSWORD CHANGE
```

Ist gemäß Kennwortrichtlinie der Parameter `force_first_password_change` auf den Wert `TRUE` gesetzt (Benutzer müssen bei der ersten Anmeldung ihr Kennwort ändern), können Sie dies beim Setzen von Kennwörtern für z. B. technische Benutzer deaktivieren. Hierfür nutzen Sie die Option `NO FORCE_FIRST_PASSWORD_CHANGE`:

```
CREATE USER <Benutzername> PASSWORD <Kennwort>
NO FORCE_FIRST_PASSWORD_CHANGE
ALTER USER <Benutzername> PASSWORD <Kennwort>
NO FORCE_FIRST_PASSWORD_CHANGE
```

Um für einen Benutzer den Zähler für Falschanmeldungen zurückzusetzen, nutzen Sie folgendes Statement:

```
ALTER USER <Benutzername> RESET CONNECT ATTEMPTS
```

Mit dem Parameter `maximum_password_lifetime` legen Sie fest, nach wie vielen Tagen ein Benutzer sein Kennwort ändern muss. Diese Einstellungen können Sie benutzerspezifisch ändern. Sinnvoll ist dies z. B. für technische Benutzer, die in Schnittstellen oder für Hintergrundjobs eingesetzt werden. Mit folgendem Befehl deaktivieren Sie die Abfrage auf den Kennwortänderungszeitraum für Benutzer:

```
ALTER USER <Benutzername> DISABLE PASSWORD LIFETIME
```

Mit folgendem Befehl setzen Sie die Abfrage auf den Kennwortänderungszeitraum wieder:

```
ALTER USER <Benutzername> ENABLE PASSWORD LIFETIME
```

5.2.7 Analyse der Kennwortlichtlinien

Zur Analyse der Kennwortrichtlinien kann der View M_PASSWORD_POLICY (Public) genutzt werden, der den aktuellen Stand der Anmeldeparameter für die aktuelle Datenbank ausgibt.

Eine Übersicht über die definierten Richtlinien aller Benutzergruppen erhalten Sie über die View USERGROUP_PARAMETERS. Tabelle 5.21 zeigt Ihnen die Felder der View. Sie benötigen das System Privilege CATALOG READ zur Anzeige dieser View.

Feldname	Beschreibung
USERGROUP_NAME	Name der Benutzergruppe
PARAMETER_SET_NAME	Name des Parameter-Sets
IS_PARAMETER_SET_ENABLED	Zeigt an, ob der Parameter aktiv ist: ▪ TRUE: Parameter ist aktiv ▪ FALSE: Parameter ist nicht aktiv
PARAMETER_NAME	Parametername
PARAMETER_VALUE	Parameterwert

Tabelle 5.21 Felder der View USERGROUP_PARAMETERS

Um zu ermitteln, welche Parameterwerte für bestimmte Benutzer aktuell gültig sind, können Sie die View M_EFFECTIVE_PASSWORD_POLICY nutzen. Die View zeigt den Benutzern die effektiven Werte der Anmeldeparameter an, die für ihn gelten. Die View muss unter Angabe eines Benutzernamens aufgerufen werden, z. B.:

```
SELECT * FROM M_EFFECTIVE_PASSWORD_POLICY WHERE USER_NAME = 'TTIEDE'
```

Für die Selektion mehrerer Benutzer verwenden Sie den IN-Operator:

```
SELECT * FROM M_EFFECTIVE_PASSWORD_POLICY
WHERE USER_NAME IN ('USER1', 'USER2', 'USER3')
```

5.2.8 Protokollierung der Änderung an den Kennwortrichtlinien

Die Kennwortrichtlinien werden mit Systemparametern gesetzt. Um Änderungen an diesen Parametern nachvollziehen zu können, ist die Protokollierung von Änderungen an Systemparametern zu aktivieren. Dies erfolgt mit dem Event SYSTEM CONFIGURATION CHANGE in der Kategorie **Session Management and System Configuration**. Änderungen an den Parametern der Kennwortrichtlinien in der Systemdatenbank werden folgendermaßen im Auditing dargestellt:

```
ALTER SYSTEM ALTER CONFIGURATION ( 'nameserver.ini','SYSTEM')
SET | UNSET ('password policy',<Parameter>)[=<neuer Wert>]
```

In Tenant-Datenbanken werden die Parameter der Kennwortrichtlinien in der Datei **indexserver.ini** gespeichert, daher werden Änderungen in Tenant-Datenbanken wie folgt dargestellt:

```
ALTER SYSTEM ALTER CONFIGURATION ( 'indexserver.ini','DATABASE')
SET | UNSET ('password policy',<Parameter>)[=<neuer Wert>]
```

Um Änderungen an der Passwort-Blacklist zu protokollieren, legen Sie eine Policy an (siehe Abbildung 5.19). Wählen Sie dafür in der Policy unter **Audited Actions** aus der Kategorie **Data Query and Manipulation** die Aktionen INSERT und DELETE aus. Außerdem schränken Sie die Audited Objects auf die Tabelle _SYS_SECURITY._SYS_PASSWORD_BLACKLIST ein.

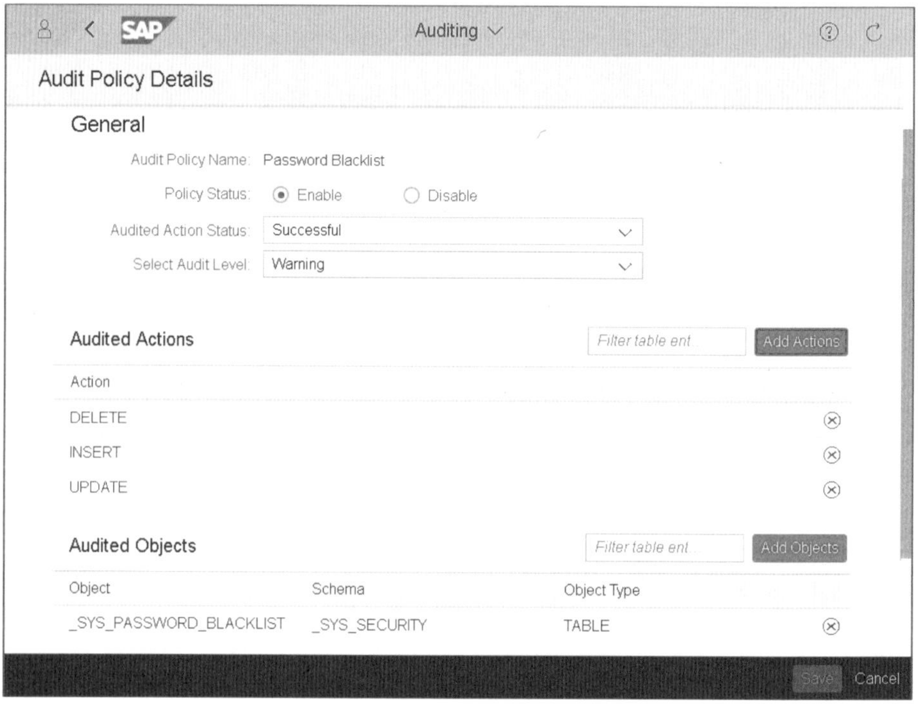

Abbildung 5.19 Protokollierung der Änderungen an der Passwort-Blacklist

Führen Sie Änderungen an dieser Tabelle über die Pflegeoberflächen im SAP HANA Cockpit oder SAP HANA Studio durch, wird die Aktion UPDATE nicht genutzt. Ändern Sie als Benutzer einen Eintrag, wird der alte Datensatz gelöscht und der neue eingefügt. Wird ein neuer Datensatz eingefügt, so wird folgender Eintrag im Auditing erzeugt:

```
INSERT INTO _SYS_SECURITY._SYS_PASSWORD_BLACKLIST
(BLACKLIST_TERM, CHECK_PARTIAL_PASSWORD,
CHECK_CASE_SENSITIVE) VALUES (<Werte>)
```

Wird ein Eintrag gelöscht, so wird folgender Eintrag im Auditing erzeugt:

```
DELETE FROM _SYS_SECURITY._SYS_PASSWORD_BLACKLIST
WHERE BLACKLIST_TERM = ? AND CHECK_PARTIAL_PASSWORD = ? AND
CHECK_CASE_SENSITIVE = ?,(<Werte>)
```

Kapitel 6
Benutzerverwaltung in SAP HANA

Wie sieht ein Benutzerstammsatz in SAP HANA aus? Was ist daran kritisch zu betrachten? Was ist beim Einsatz von SAP HANA XSA zu beachten? Wie werden die SAP Standardbenutzer abgesichert? Antworten auf die Fragen gibt Ihnen dieses Kapitel.

Insbesondere beim Einsatz von SAP S/4HANA bzw. BW/4HANA finden in SAP HANA umfangreiche Entwicklungen und Testings statt. Dafür ist eine Vielzahl von Benutzern erforderlich. Dieses Kapitel zeigt auf, was konzeptionell beim Benutzerkonzept sowie bei der technischen Umsetzung zu beachten ist.

Wie ein Benutzerstammsatz in SAP HANA aufgebaut ist und mit welchen Tools sie verwaltet werden können, zeige ich Ihnen in Abschnitt 6.1, »Der Benutzerstammsatz«. Beim Einsatz von SAP HANA XSA werden die SAP-HANA-Benutzer teilweise dort gepflegt, und der Benutzerstammsatz wird um einige Eigenschaften ergänzt, z. B. um die XSA-Berechtigungen (Role Collections). Hierauf gehe ich in Abschnitt 6.2, »SAP-HANA-XS-Advanced-Benutzer«, ein. Ein wesentlicher Aspekt für die Sicherheit von SAP HANA ist die Absicherung der Standardbenutzer, siehe dazu den gleichnamigen Abschnitt 6.3. In einer Multi-Tenant-Datenbank können tenant-übergreifende Zugriffe mit Remote-Benutzern eingerichtet werden. Darauf gehe ich in Abschnitt 6.4, »Remote-Benutzer«, ein. In Abschnitt 6.5, »Benutzergruppen«, erfahren Sie zu guter Letzt, wie Sie Benutzergruppen pflegen und wie die Änderungen protokolliert werden können.

6.1 Der Benutzerstammsatz

Jeder Anwender, der in der SAP-HANA-Datenbank arbeiten soll, benötigt einen *Benutzerstammsatz*. Die Pflege der Benutzerstammsätze wird in den nachfolgenden Abschnitten beschrieben.

Daneben sind aber auch die organisatorischen Verfahren zur Benutzerverwaltung relevant. In SAP HANA arbeiten nicht nur die Systemadministratoren, sondern auch Entwickler, Modellierer, Key-User und evtl. auch Endanwender. Daher müssen schriftliche Anweisungen zum Anlegen und Ändern von Benutzern existieren. Im Regelfall erfolgt durch die Fachabteilung eine Anforderung für einen neuen Benutzer, den die Administration dann anlegt und dem sie die Berechtigungen zuordnet. Ebenso muss das Verfahren zum Löschen von Benutzerstammsätzen fest geregelt sein. Hier sind besonders die organisatorischen Abläufe festzulegen. Die größte Problematik besteht häufig darin, dass die Administration von der Fachabteilung keine Information darüber bekommt, dass ein Mitarbeiter die Unternehmung verlässt. Von der Administration ist daher in regelmäßigen Abständen zu prüfen, ob Benutzer seit einem längeren Zeitraum (z. B. 90 Tage) nicht mehr angemeldet waren. Diese Benutzer sollten gesperrt werden. Es ist dann zu klären, ob diese Benutzer weiterhin im System bleiben sollen. Ebenso wird ein Verfahren zur Sperrung von Benutzern bei längerfristiger Abwesenheit benötigt.

Ein weiterer wichtiger Punkt betrifft die Regelung der Änderung von Zugriffsberechtigungen der Benutzer. Wechselt der Verantwortlichkeitsbereich eines Benutzers, ist dies mit Änderungen seiner Zugriffsrechte verbunden. Häufig werden in solchen Fällen alte Berechtigungen belassen, und neue kommen hinzu, was dazu führt, dass diese Benutzer zu viele Rechte im System besitzen. Hierfür ist auch für eine SAP-HANA-Datenbank ein Dateneigentümerkonzept unerlässlich.

Benutzerkonten können mit dem SAP HANA Studio, dem SAP HANA Cockpit und per SQL gepflegt werden. Da das SAP HANA Studio bezüglich der Neuerungen zu den Benutzerstammsätzen nicht weiterentwickelt wird, werde ich hier das SAP HANA Cockpit und die SQL-Befehle behandeln.

6.1.1 Eigenschaften eines Benutzerstammsatzes

Die Eigenschaften der Benutzer werden in der View `SYS.USERS` gespeichert (System View `USERS`). Tabelle 6.1 listet die Felder der Tabelle auf.

Feld	Beschreibung
USER_NAME	Benutzername
USER_ID	Benutzerkennung
USERGROUP_NAME	Benutzergruppe
USER_MODE	Benutzermodus: LOCAL/GLOBAL/EXTERNAL
EXTERNAL_IDENTITY	externe ID (Kerberos)
CREATOR	Anleger
CREATE_TIME	Anlegedatum und -uhrzeit
VALID_FROM	gültig von

Tabelle 6.1 Felder der Tabelle USERS

Feld	Beschreibung
VALID_UNTIL	gültig bis
LAST_SUCCESSFUL_CONNECT	letzte erfolgreiche Anmeldung
LAST_INVALID_CONNECT_ATTEMPT	letzte nicht erfolgreiche Anmeldung
INVALID_CONNECT_ATTEMPTS	Anzahl fehlgeschlagener Anmeldeversuche seit der letzten gültigen Anmeldung
ADMIN_GIVEN_PASSWORD	Gibt an, ob der Benutzer ein Initialkennwort besitzt (TRUE = Initialkennwort).
PASSWORD_CHANGE_TIME	Zeitpunkt der letzten Kennwortänderung
PASSWORD_CHANGE_NEEDED	Kennwortänderung erforderlich
IS_PASSWORD_LIFETIME_CHECK_ENABLED	Zeigt an, ob das Kennwort des Benutzers nach dem mit dem Parameter maximum_password_lifetime gesetzten Wert abläuft: ▪ TRUE: Kennwort läuft nach dem gesetzten Wert ab. ▪ FALSE: Kennwort läuft nicht ab. Diese Einstellung sollte nur für technische Benutzer gesetzt werden.
USER_DEACTIVATED	Benutzer ist deaktiviert. Wurde der Benutzer automatisch wegen eines abgelaufenen Kennwortes gesperrt, wurde dafür ein Alarm mit der ID 62 (*Expiration of database user passwords*) erzeugt.
DEACTIVATION_TIME	Zeitpunkt der Deaktivierung
IS_PASSWORD_ENABLED	Passwort-Anmeldung erlaubt
IS_KERBEROS_ENABLED	Anmeldung via Kerberos
IS_SAML_ENABLED	Anmeldung via SAML
IS_JWT_ENABLED	Anmeldung via JSON Web Token
IS_X509_ENABLED	Anmeldung via X509
IS_SAP_LOGON_TICKET_ENABLED	Anmeldung via SAP Logon Ticket
IS_SAP_ASSERTION_TICKET_ENABLED	Anmeldung via SAP Assertion Ticket

Tabelle 6.1 Felder der Tabelle USERS (Forts.)

Feld	Beschreibung
IS_RESTRICTED	Eingeschränkte Benutzer (Restricted User, Wert TRUE) haben nur eingeschränkten Zugriff auf die SAP-HANA-Datenbank (siehe Abschnitt 6.1.2, »Restricted User«): ▪ Anmeldungen sind nur über HTTP/HTTPS möglich. ▪ Sie besitzen keine Rechte zum Anlegen neuer Objekte in ihrem eigenen Schema. ▪ Sie besitzen keine Leseberechtigungen in der Datenbank. Die Rolle PUBLIC (Anzeige aller Public-Views) kann ihnen nicht zugeordnet werden.
IS_RESTRICTED_DETAILS	Listet auf, ob *Restricted Usern* die Rolle PUBLIC zugeordnet ist, und ob sie das CREATE-Privilege auf ihr eigenes Schema besitzen (siehe Abschnitt 6.1.2).
IS_CLIENT_CONNECT_ENABLED	▪ Wert TRUE: Benutzer kann sich via ODBC/JDBC direkt an der Datenbank anmelden. ▪ Wert FALSE: Benutzer kann sich nur über eine Anwendung anmelden.
HAS_REMOTE_USERS	Benutzer besitzt einen Remote-Benutzer. Zu Remote-Benutzern siehe den gleichnamigen Abschnitt 6.4.
AUTHORIZATION_MODE	Berechtigungsmodus (LOCAL/LDAP)
COMMENTS	Beschreibung des Benutzers
CREATE_PROVIDER_TYPE	Provider, über den dieser Benutzer angelegt wurde: ▪ SAML PROVIDER ▪ LDAP PROVIDER ▪ NULL (direkt in der HANA-DB angelegt)
CREATE_PROVIDER_NAME	Name des Providers

Tabelle 6.1 Felder der Tabelle USERS (Forts.)

Zu den Eigenschaften können zusätzlich noch *Benutzerparameter* angegeben werden. Diese werden in der Tabelle SYS.USER_PARAMETERS (System View USER_PARAMETERS) gespeichert, siehe Tabelle 6.2. Die möglichen Standardparameter finden Sie in Tabelle 6.3. Es können dort auch beliebige eigene Parameter eingetragen werden.

Feld	Beschreibung
USER_NAME	Benutzername
PARAMETER	Parametername
VALUE	Parameterwert

Tabelle 6.2 Felder der Tabelle USER_PARAMETERS

Parameter	Beschreibung
CLIENT	Gibt die Mandantennummer des Benutzers an, z. B. aus SAP S/4HANA oder BW/4HANA. Bei der Nutzung von Calculation Views können die Daten für diesen Mandanten gefiltert werden.
EMAIL ADDRESS	E-Mail-Adresse des Benutzers
LOCALE	Gebiet, in dem der Benutzer ansässig ist
PRIORITY	Mit welcher Priorität werden die Anforderungen des Benutzers an die Datenbank verarbeitet? Werte von 0–9 sind möglich, der Standardwert ist 5 (die höchste Priorität ist 9).
STATEMENT MEMORY LIMIT	Maximaler Hauptspeicher (GB), der von Benutzern für einzelne Statements belegt werden kann. Diese Einstellung überschreibt die globale Einstellung (Parameter statement_memory_limit) für diesen Benutzer.
TIME ZONE	Zeitzone des Benutzers

Tabelle 6.3 Mögliche Standard-Benutzerparameter

Eine Besonderheit stellt der Parameter CLIENT dar. Hier kann die Mandantennummer angegeben werden, wenn der Benutzer auf die Daten bestimmter Mandanten aus z. B. SAP S/4HANA oder BW/4HANA zugreifen soll. In Calculation Views kann dieser Parameter abgefragt werden, sodass dem Benutzer ausschließlich die Daten dieses Mandanten zur Verfügung stehen. Der Parameter stellt daher eine Einschränkung dar. Allerdings kann der Wert dieses Parameters zur Laufzeit von jedem Benutzer geändert werden, z. B. indem er eine Session-Variable einrichtet. Wird der Parameter zur Einschränkung von Berechtigungen genutzt, stellt dies ein Problem dar, weil dann ein Zugriff auf Daten anderer Mandanten möglich ist. Um zu verhindern, dass dieser Parameter zur Laufzeit geändert werden kann, ist der Systemparameter secure_client_parameter (Abschnitt authorization, Datei **global.ini**) auf den Wert TRUE zu setzen. Der Standardwert ist FALSE. Änderungen zur Laufzeit sind somit möglich.

Bei der Nutzung von SAP HANA XS Advanced werden noch weitere Parameter im Benutzerstammsatz gespeichert. Eine Auswahl zeigt Tabelle 6.4.

Parameter	Beschreibung
`XS_GIVEN_NAME`	Vorname des Benutzers
`XS_FAMILY_NAME`	Nachname des Benutzers
`XS_RC_...`	Zuordnung von XSA Role Collections

Tabelle 6.4 Parameter in SAP HANA XS Advanced

Fehlgeschlagene Anmeldungen von Benutzern werden in der Tabelle `SYS.INVALID_CONNECT_ATTEMPTS` (System View `INVALID_CONNECT_ATTEMPTS`) gespeichert (siehe Abbildung 6.1). Sie enthält folgende Felder:

- `USER_NAME`: Benutzername
- `SUCCESSFUL_CONNECT_TIME`: letzte gültige Anmeldung
- `INVALID_CONNECT_ATTEMPTS`: Anzahl fehlgeschlagener Anmeldeversuche seit der letzten gültigen Anmeldung

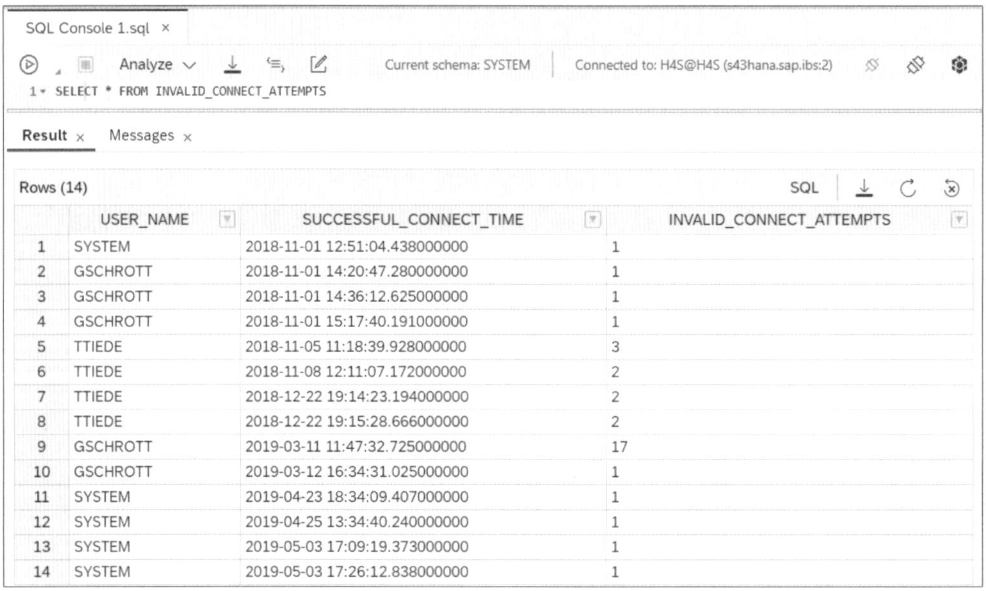

	USER_NAME	SUCCESSFUL_CONNECT_TIME	INVALID_CONNECT_ATTEMPTS
1	SYSTEM	2018-11-01 12:51:04.438000000	1
2	GSCHROTT	2018-11-01 14:20:47.280000000	1
3	GSCHROTT	2018-11-01 14:36:12.625000000	1
4	GSCHROTT	2018-11-01 15:17:40.191000000	1
5	TTIEDE	2018-11-05 11:18:39.928000000	3
6	TTIEDE	2018-11-08 12:11:07.172000000	2
7	TTIEDE	2018-12-22 19:14:23.194000000	2
8	TTIEDE	2018-12-22 19:15:28.666000000	2
9	GSCHROTT	2019-03-11 11:47:32.725000000	17
10	GSCHROTT	2019-03-12 16:34:31.025000000	1
11	SYSTEM	2019-04-23 18:34:09.407000000	1
12	SYSTEM	2019-04-25 13:34:40.240000000	1
13	SYSTEM	2019-05-03 17:09:19.373000000	1
14	SYSTEM	2019-05-03 17:26:12.838000000	1

Abbildung 6.1 Tabelle mit fehlgeschlagenen Anmeldungen

6.1.2 Restricted User

SAP HANA kennt zwei Arten von Benutzern, Datenbankbenutzer und *Restricted User*. Restricted User haben nur eingeschränkten Zugriff auf die HANA-Datenbank. Beim Anlegen eines neuen Benutzers wird zwischen einem »normalen« Benutzer (kann sich an die Datenbank direkt anmelden) und einem Restricted User unterschieden. Anmeldungen sind ihnen nur über HTTP/HTTPS möglich (nicht via ODBC/JDBC direkt an der Datenbank), sie können somit nur für XS-Anwendungen genutzt werden.

Zum Anlegen eines neuen Restricted Users wählen Sie im SAP HANA Cockpit in der Sicht **User Management** die Schaltfläche **Add** (+). Sie können dann zwischen den Einträgen **Create User** und **Create Restricted User** wählen. Neu angelegten Restricted Usern wird nicht automatisch die Rolle PUBLIC (Anzeige aller Public-Views) zugeordnet. Auch ein manuelles Zuordnen dieser Rolle ist nicht möglich (Option **PUBLIC role**). Des Weiteren werden ihnen nicht automatisch die Rechte zum Anlegen neuer Objekte in ihrem eigenen Schema zugeordnet (Option **Creation of objects in own schema**). Wird eine dieser Optionen ausgewählt, erhalten Sie die Meldung *This setting changes the user into a standard user* (siehe Abbildung 6.2).

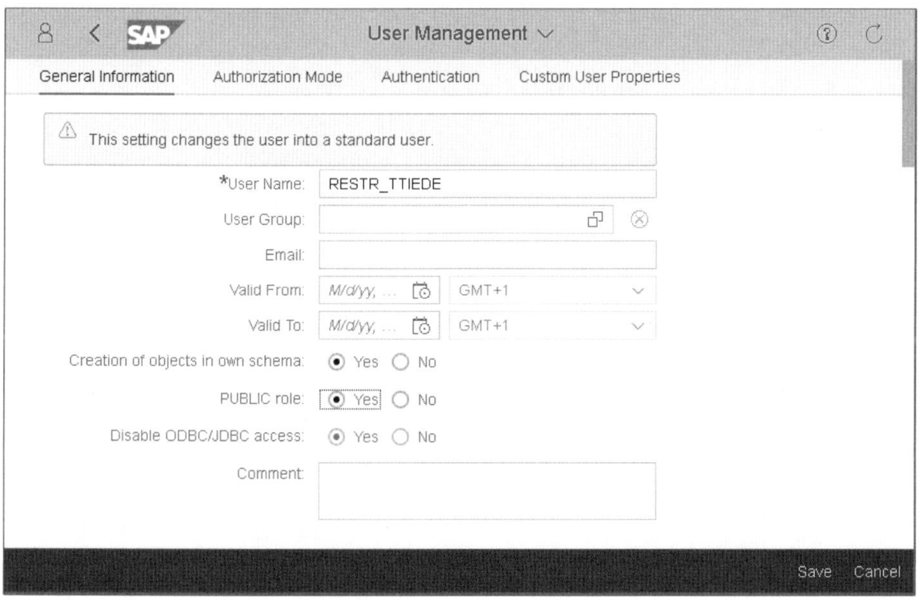

Abbildung 6.2 Anlage eines Restricted Users

Eine Ausnahme stellen hier folgende Restricted User dar:

- Restricted User, die im SAP-HANA-Standard ausgeliefert werden
- Restricted User, die automatisch bei der Anlage von Containern eingerichtet werden

Diesen Restricted Usern sind teilweise beide Eigenschaften zugeordnet. Das Feld IS_RESTRICTED_DETAILS in der Tabelle SYS.USERS (System View USERS) zeigt diese Ausnahmen an, also die Eigenschaften, die dem Benutzer nicht zugeordnet sind. Tabelle 6.5 zeigt die möglichen Inhalte des Feldes.

Feldinhalt	Beschreibung
ROLE PUBLIC, CREATE ANY ON OWN SCHEMA	Die Rolle PUBLIC ist nicht zugeordnet. Das Recht zum Anlegen von Objekten in seinem Schema ist nicht zugeordnet.
ROLE PUBLIC	Die Rolle PUBLIC ist nicht zugeordnet. Das Recht zum Anlegen von Objekten in seinem Schema ist zugeordnet.
CREATE ANY ON OWN SCHEMA	Die Rolle PUBLIC ist zugeordnet. Das Recht zum Anlegen von Objekten in seinem Schema ist nicht zugeordnet.
NULL	Die Rolle PUBLIC ist zugeordnet. Das Recht zum Anlegen von Objekten in seinem Schema ist zugeordnet.

Tabelle 6.5 Eigenschaften von Restricted Usern

Abbildung 6.3 zeigt einige Restricted User mit ihren Eigenschaften in der Tabelle USERS. Die _SYS*-Benutzer sind SAP-HANA-Standardbenutzer (siehe Abschnitt 6.2, »SAP-HANA-XS-Advanced-Benutzer«). Der Eintrag ROLE PUBLIC im Feld IS_RESTRICTED_DETAILS beim Benutzer _SYS_DI besagt, dass die Rolle PUBLIC dem Benutzer nicht zugeordnet ist, er aber die Berechtigung zum Erstellen neuer Objekte in seinem Schema besitzt. Diese Berechtigung ist u. a. erforderlich zum Anlegen neuer HDI-Container. Werden neue Container angelegt, so werden automatisch auch drei Restricted User erstellt (siehe auch Abschnitt 8.4.1, »Pflege von HDI-Containern mit SAP WebIDE«), wie in Tabelle 6.6 zu sehen. Im Beispiel aus Abbildung 6.3 sind dies z. B.:

- IBS_CONT_01
- IBS_CONT_01#DI
- IBS_CONT_01#OO

Hier ist zu erkennen, dass den Benutzern <Container-Name> und <Container-Name>#DI die Berechtigung CREATE ANY ON OWN SCHEMA zugeordnet ist. Dem Benutzer <Container-Name>#OO ist zusätzlich die Rolle PUBLIC zugeordnet.

Benutzer	Beschreibung
<Container-Name>	Besitzer des Container-Schemas
<Container-Name>#DI	Besitzer des Schemas, in dem sich die Metadaten (Tabellen/Views) und APIs (Prozeduren) des Containers befinden (Schema *<Container-Name>#DI*)
<Container-Name>#OO	Besitzer [**O**bject**O**wner] der Datenbankobjekte des Container-Schemas

Tabelle 6.6 Standardbenutzer eines HDI-Containers

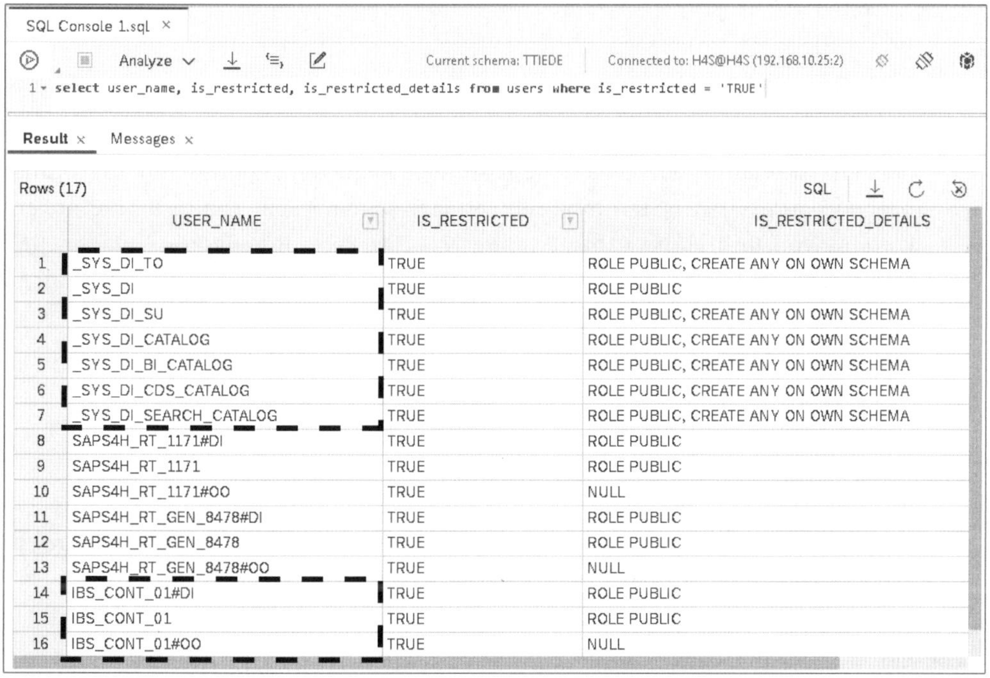

Abbildung 6.3 Eigenschaften von Restricted Usern

6.1.3 Temporäre Sperrung aller Nicht-Admin-Benutzer

Zu Wartungszwecken kann es erforderlich sein, dass nur Administrationsbenutzer in der SAP-HANA-Datenbank arbeiten dürfen. Nicht-Administrationsbenutzern soll eine Anmeldung nicht möglich sein. Hierfür stellt der SAP-Hinweis 1986645 Prozeduren zur Verfügung, mit denen Massensperrungen und -entsperrungen von Benutzern möglich sind. Als Anhang zum SAP-Hinweis finden Sie die Datei **SESSION_ADMIN_ONLY.sql**, in der die SQL-Statements zur Anlage der Tabellen und Prozeduren enthalten sind. Der SAP-Hinweis selbst beschreibt die Prozeduren und die Vorgehensweise.

Mit den Prozeduren können im ersten Schritt offene Sitzungen von Benutzern geschlossen werden. Danach werden alle Benutzer gesperrt, die

- nicht das System Privilege `SESSION ADMIN` besitzen,
- nicht in einer Ausnahmetabelle hinterlegt wurden,
- nicht bereits gesperrt sind.

Die gesperrten Benutzer werden in eine Tabelle geschrieben. Bei der Aktivierung werden dann auch nur diese Benutzer wieder aktiviert. Benutzer, die vorher gesperrt waren, bleiben somit auch gesperrt.

6.1.4 Berechtigungen

Um in SAP HANA Funktionen ausführen zu können, benötigen Benutzer Berechtigungen, sogenannte *Privileges*. Diese können Benutzern über Rollen zugeordnet oder auch direkt in den Stammsatz eingetragen werden (siehe Kapitel 8, »Das Rollenkonzept von SAP HANA«, bzw. Kapitel 7, »Das Berechtigungskonzept von SAP HANA«). Welche sicherheitsrelevanten Fragestellungen es zu den Berechtigungen gibt, finden Sie in Kapitel 9, »Analyse des SAP-HANA-Berechtigungskonzepts«.

Zur Pflege von Benutzerstammsätzen benötigen Sie das System Privilege `USER ADMIN` (zu den verschiedenen Privileges siehe ebenfalls Kapitel 7).

6.1.5 Benutzerpflege mit dem SAP HANA Cockpit

Die Benutzerpflege kann im SAP HANA Cockpit über verschiedene Wege erreicht werden. Eine häufige Variante ist das Anlegen verschiedener *Resource Groups*, mit denen Systeme zusammengefasst werden können. Darin können z. B. die Systeme einer Systemlandschaft oder alle Produktivsysteme gebündelt werden. Über die Ressource-Gruppen wird dann auf die Verwaltung der einzelnen Systeme zugegriffen.

Ein Standardweg zum Zugriff auf die Verwaltungsoberfläche einer SAP-HANA-Datenbank ist die Auswahl der App **Resource Directory**, in der alle angebundenen Systeme aufgelistet werden (siehe Abbildung 6.4). Mit der App **Resource Directory** wird die Liste der eingebundenen Systeme angezeigt (Abbildung 6.5). Durch Anklicken eines Systems öffnet sich die Verwaltungsoberfläche (Abbildung 6.6). Wählen Sie hier unter **Filter by Area** den Wert **Security** aus. Auf der Seite wird dann u. a. der Bereich **User & Role Management** angezeigt, von wo aus die Verwaltungsoberfläche für Benutzer und Berechtigungen aufgerufen werden kann.

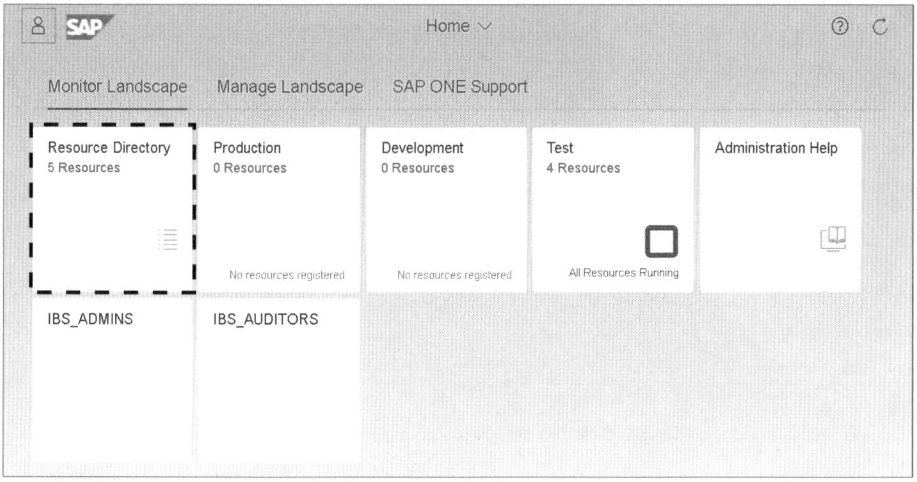

Abbildung 6.4 Das SAP HANA Cockpit

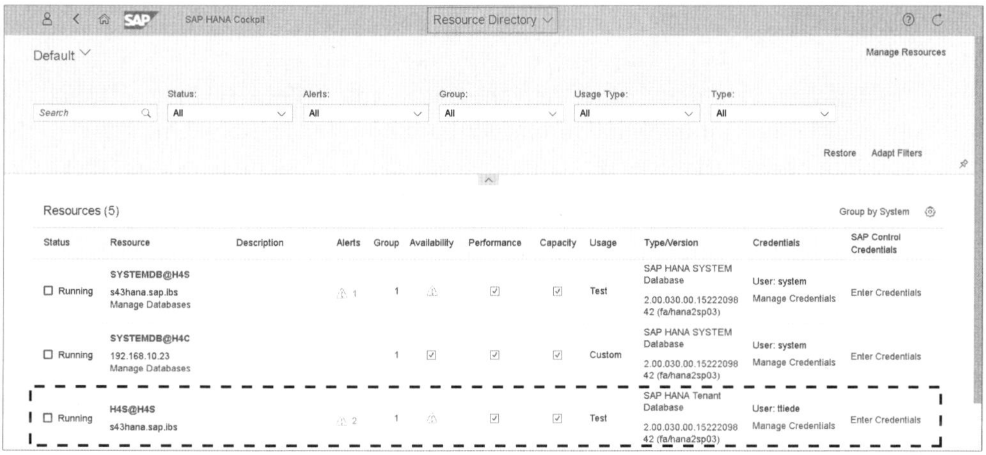

Abbildung 6.5 Die App »Resource Directory«

Wählen Sie im Bereich **User & Role Management** den Punkt **Manage users** aus, um in die Verwaltungsoberfläche für Benutzer zu gelangen. Auf der linken Seite werden alle Benutzer der Datenbank aufgelistet. Durch Anklicken eines Benutzers werden seine Eigenschaften angezeigt.

Einen neuen Benutzer legen Sie über die Schaltfläche **Add** (+) an. Sie haben dann die Auswahl zwischen **Create User** und **Create Restricted User**. (Zum Unterschied siehe Abschnitt 6.1.2, »Restricted User«.)

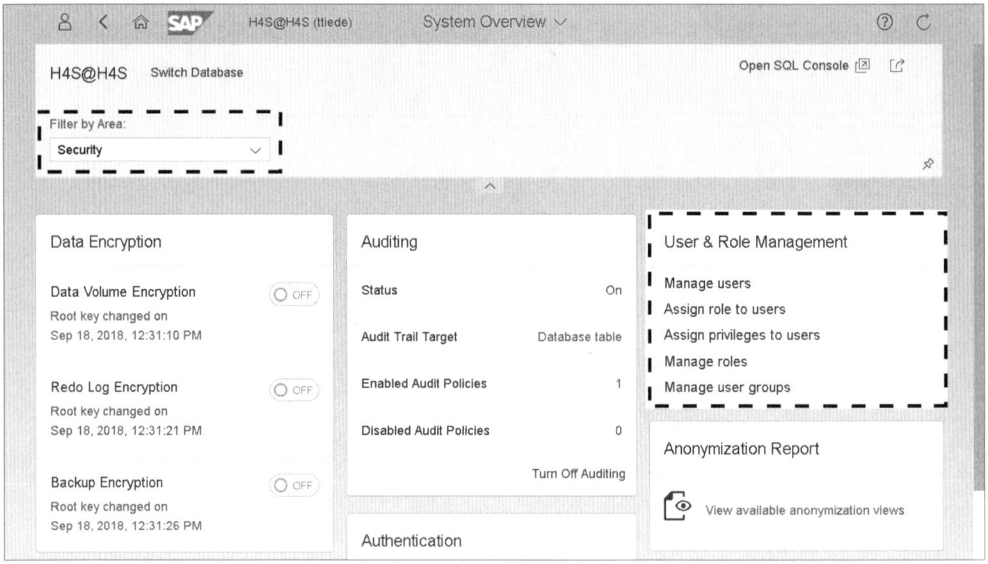

Abbildung 6.6 Verwaltungsoberfläche einer Datenbank

Der Benutzerstammsatz ist in vier Abschnitte unterteilt. Abbildung 6.7 zeigt die Abschnitte **General Information** und **Authorization Mode**, Abbildung 6.8 den Abschnitt **Authentication**. Die Bedeutung der einzelnen Felder finden Sie in Tabelle 6.7.

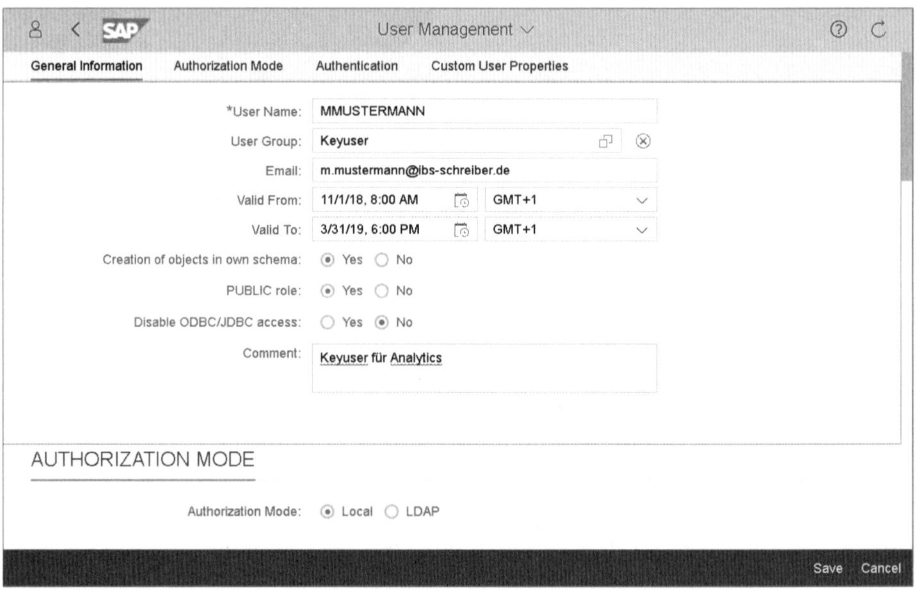

Abbildung 6.7 Anlegen eines Benutzers mit dem SAP HANA Cockpit (1)

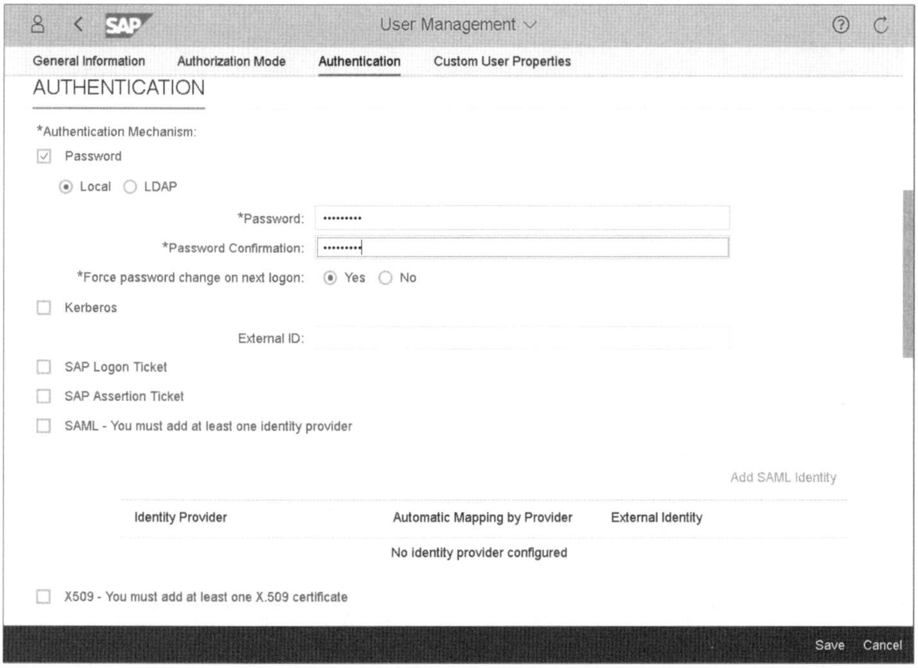

Abbildung 6.8 Anlegen eines Benutzers mit dem SAP HANA Cockpit (2)

Feld	Beschreibung
User Name	Benutzername Folgende Zeichen sind in Benutzerstammsätzen nicht erlaubt: ! " § $ ' / (* + , . / : ; < = > ? @ \ [ ] ^ ` { } | ~
User Group	Benutzergruppe (optional)
Email	E-Mail-Adresse (optional)
Valid From	gültig von (optional)
Valid To	gültig bis (optional)
Creation of objects in own schema	Der Benutzer darf in seinem eigenen Schema Objekte erstellen.
PUBLIC role	Die Rolle `PUBLIC` wird dem Benutzer automatisch zugeordnet.
Disable ODBC/JDBC access	Die Anmeldung via ODBC/JDBC ist möglich oder gesperrt.

Tabelle 6.7 Felder beim Anlegen eines Benutzerstammsatzes

Feld	Beschreibung
Comment	Beschreibungsfeld für den Benutzer
Authorization Mode	lokale Berechtigungen oder über LDAP
Authentication Mechanism	Authentifizierungsverfahren: ▪ Password ▪ Kerberos ▪ SAP Logon Ticket ▪ SAP Assertion Ticket ▪ SAML ▪ X509 ▪ JWT

Tabelle 6.7 Felder beim Anlegen eines Benutzerstammsatzes (Forts.)

Im Abschnitt **CUSTOM USER PROPERTIES** können zusätzliche Benutzerparameter angegeben werden, siehe Abschnitt 6.1.1, »Eigenschaften eines Benutzerstammsatzes«.

Nach dem Speichern des Benutzers werden im Anzeigemodus die Links **Assign Roles** und **Assign Privileges** angezeigt (siehe Abbildung 6.9). Hierüber werden den Benutzern die Berechtigungen zugeordnet. Die entsprechende Beschreibung finden Sie in Kapitel 7, »Das Berechtigungskonzept von SAP HANA«.

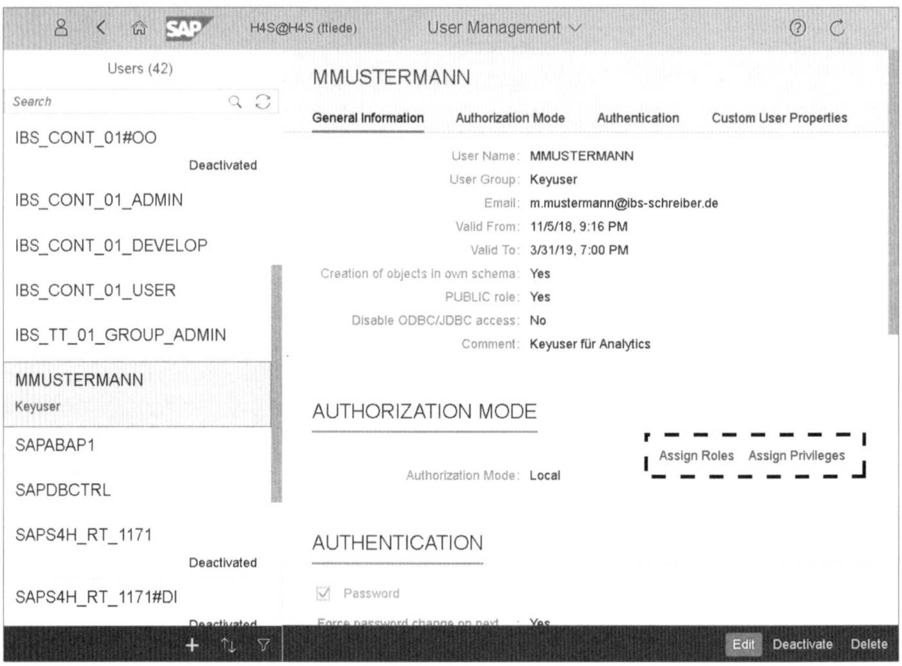

Abbildung 6.9 Zuordnen von Rollen und Privileges

Sind Benutzer gesperrt, z. B. durch Falschanmeldungen, werden sie als **Locked** gekennzeichnet (siehe Abbildung 6.10). In dem Fall wird die Schaltfläche **Unlock** angezeigt. Hierüber kann der Benutzer wieder entsperrt werden.

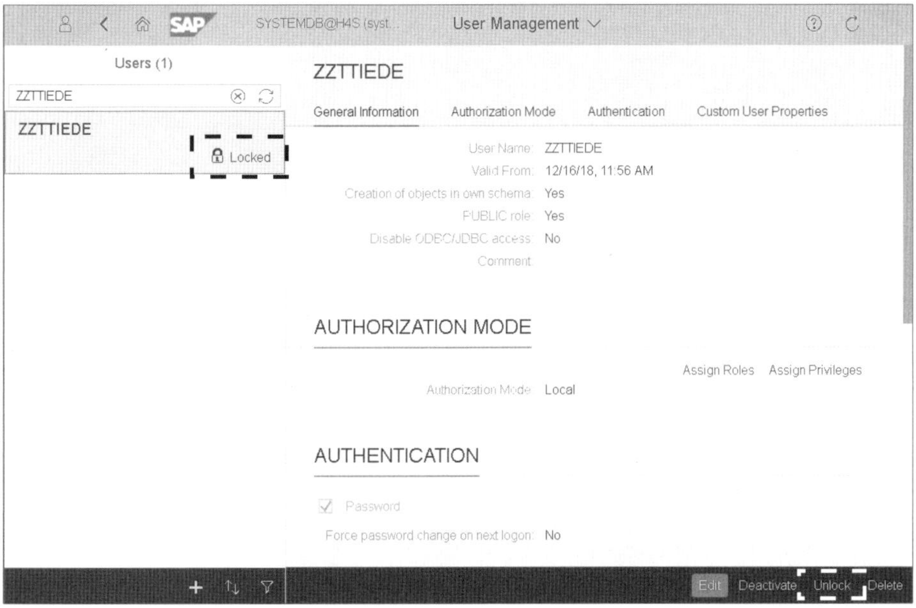

Abbildung 6.10 Entsperren gesperrter Benutzer

6.1.6 Benutzerpflege mit dem SAP HANA Studio

Im SAP HANA Studio erfolgt die Benutzerpflege in den eingebundenen Systemen über den Pfad **Security • Users** (siehe Abbildung 6.11). Folgende Eigenschaften können gepflegt werden:

- Authentifizierungsmethoden (außer JSON Web Token)
- Gültigkeitsdatum
- Rollen und Privileges
- Benutzerparameter

Folgende Eigenschaften können *nicht* über die Oberfläche gepflegt werden:

- Benutzergruppe
- Eigenschaften **Creation of objects in own schema** und **PUBLIC role**
- Beschreibung (Feld **Comment**)
- Authorization Mode (Local/LDAP)

Diese Eigenschaften müssen per SQL gepflegt werden. Zur Pflege von Benutzergruppen steht generell keine Oberfläche zur Verfügung.

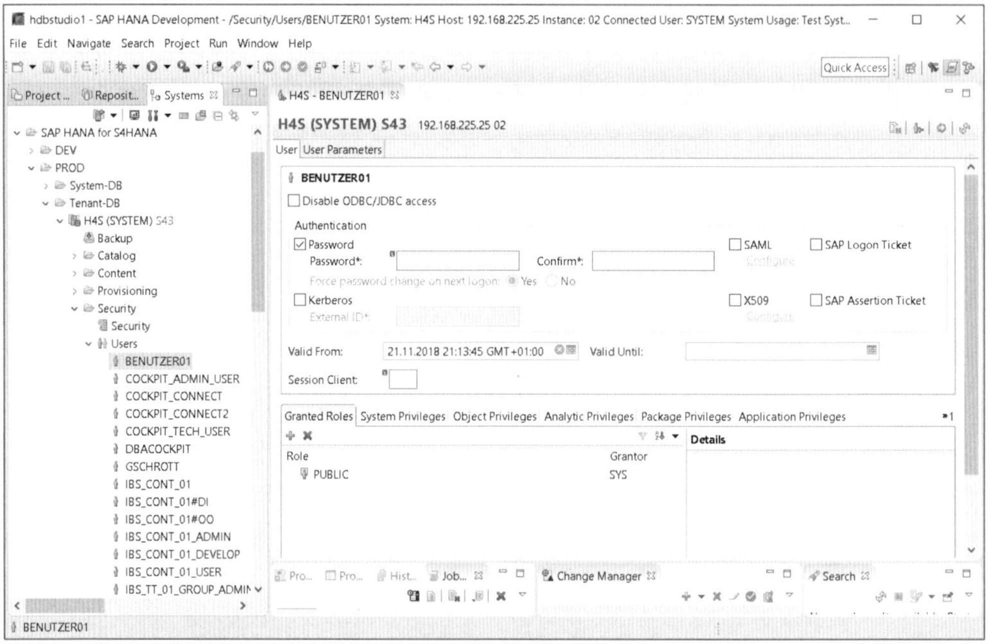

Abbildung 6.11 Benutzerpflege mit dem SAP HANA Studio

Zum Anlegen eines neuen Benutzers klicken Sie mit der rechten Maustaste auf den Ordner **Users**. Mit dem Eintrag **New User** legen Sie einen neuen Datenbankbenutzer an, mit dem Eintrag **New Restricted User** einen neuen Restricted User. Um die Eigenschaften eines Benutzers zu ändern, doppelklicken Sie auf seinen Benutzernamen.

6.1.7 Benutzerpflege per SQL

Die Benutzerverwaltung kann auch mit SQL-Statements erfolgen. Dies ist insbesondere dann hilfreich, wenn z. B. Massenänderungen vorgenommen oder viele Benutzer mit gleichen Eigenschaften angelegt werden müssen. Zum Anlegen von Benutzern nutzen Sie folgende Statements:

- CREATE USER – Anlegen eines Benutzers
- CREATE RESTRICTED USER – Anlegen eines Restricted Users

Die Befehle können parametrisiert werden, sodass alle Benutzereigenschaften spezifiziert werden können (siehe Tabelle 6.8). Nachfolgend einige Beispiele:

- Anlage eines neuen Benutzers mit Kennwort in Benutzergruppe DEVELOPMENT:

```
CREATE USER TTIEDE PASSWORD Start123 SET USERGROUP DEVELOPMENT
```

- Anlage eines Benutzers mit X509-Zertifikat:

```
CREATE USER TTIEDE PASSWORD Start123 WITH IDENTITY 'C=DE, ST=HH,
L=Hamburg, O=ibs-schreiber.de, CN=TTIEDE' ISSUER 'C=DE, ST=HH, L=Hamburg,
O=ibs-schreiber.de, CN=Root CA' FOR X509;
```

- Anlage eines Benutzers mit einem Remote-Benutzer in der Systemdatenbank:

```
CREATE USER TTIEDE WITH REMOTE IDENTITY TTIEDE AT DATABASE SystemDB
```


Parameter	Beschreibung
PASSWORD<Kennwort>	Gibt das Kennwort des Benutzers an. Dieses muss bei der ersten Anmeldung geändert werden.
PASSWORD <Kennwort> NO FORCE_FIRST_PASSWORD_CHANGE	Gibt das Kennwort des Benutzers an. Eine Änderung bei der ersten Anmeldung ist nicht erforderlich.
SET USERGROUP <Benutzergruppe>	Zuordnen einer Benutzergruppe
WITH REMOTE IDENTITY <Remote Benutzername> AT DATABASE <Datenbank>	Angabe eines Remote-Benutzers
VALID FROM <Datum> | NOW	gültig von
VALID UNTIL <Datum> | FOREVER	gültig bis
SET PARAMETER LOCALE TIME ZONE EMAIL ADDRESS STATEMENT MEMORY LIMIT	Setzen der Parameter
WITH IDENTITY ... FOR SAML PROVIDER FOR X509 FOR KERBEROS FOR SAP LOGON TICKET FOR SAP ASSERTION TICKET FOR JWT PROVIDER FOR LDAP PROVIDER	Angabe des Authentifizierungsmechanismus

Tabelle 6.8 Parameter für den Befehl CREATE USER

Zum Ändern von Benutzern verwenden Sie das Statement ALTER USER. Tabelle 6.9 zeigt die Parametrisierungen zu diesem Befehl. Nachfolgend einige Beispiele für Benutzeränderungen:

- Setzen eines neuen Initialkennworts für einen Benutzer:

```
ALTER USER TTIEDE PASSWORD Start123
```

- Deaktivieren eines Benutzers:

```
ALTER USER TTIEDE DEACTIVATE
```

- Benutzer einer Benutzergruppe zuordnen:

```
ALTER USER TTIEDE SET USERGROUP DEVELOPMENT
```

Parameter	Beschreibung
PASSWORD<Kennwort>	Gibt das Kennwort des Benutzers an. Dieses muss bei der nächsten Anmeldung geändert werden.
PASSWORD <Kennwort> NO FORCE_FIRST_PASSWORD_CHANGE	Gibt das Kennwort des Benutzers an. Eine Änderung bei der nächsten Anmeldung ist nicht erforderlich.
RESET CONNECT ATTEMPTS	Setzt Falschanmeldungen zurück (setzt das Feld INVALID_CONNECT_ATTEMPTS in der Tabelle SYS.USERS zurück).
DROP CONNECT ATTEMPTS	Löscht die Historie der Falschanmeldungen aus der Tabelle SYS.INVALID_CONNECT_ATTEMPTS.
FORCE PASSWORD CHANGE	Erfordert eine Kennwortänderung bei der nächsten Anmeldung.
ENABLE PASSWORD LIFETIME DISABLE PASSWORD LIFETIME	Aktiviert/deaktiviert die Prüfung der Gültigkeitsdauer des Kennworts (Feld IS_PASSWORD_LIFETIME_CHECK_ENABLED in Tabelle SYS.USERS).
ACTIVATE/DEACTIVATE	Aktiviert/deaktiviert den Benutzer.
SET USERGROUP <Benutzergruppe> UNSET USERGROUP <Benutzergruppe>	Zuordnen/Entziehen einer Benutzergruppe. Ist der Benutzer bereits einer Gruppe zugeordnet, wird er aus dieser Gruppe gelöscht und der neuen Gruppe zugeordnet.
ADD REMOTE IDENTITY <Remote Benutzername> AT DATABASE <Datenbank>	Ordnet einen Remote-Benutzer zu.
VALID FROM <Datum> | NOW	gültig von
VALID UNTIL <Datum> | FOREVER	gültig bis

Tabelle 6.9 Parameter für den Befehl ALTER USER

Parameter	Beschreibung
SET PARAMETER CLEAR PARAMETER LOCALE TIME ZONE EMAIL ADDRESS STATEMENT MEMORY LIMIT	Setzt/löscht einzelne Parameter.
CLEAR ALL PARAMETERS	Löscht alle Parameter.
ENABLE/DISABLE SAML PROVIDER X509 KERBEROS SAP LOGON TICKET SAP ASSERTION TICKET JWT PROVIDER LDAP PROVIDER	Aktiviert/Deaktiviert den Authentifizierungsmechanismus des Benutzers.
ADD IDENTITY ... FOR SAML PROVIDER FOR X509 FOR KERBEROS FOR SAP LOGON TICKET FOR SAP ASSERTION TICKET FOR JWT PROVIDER FOR LDAP PROVIDER	Ordnet einen Authentifizierungsmechanismus zu.
DROP IDENTITY FOR SAML PROVIDER FOR X509 FOR KERBEROS FOR SAP LOGON TICKET FOR SAP ASSERTION TICKET FOR JWT PROVIDER	Löscht einen Authentifizierungsmechanismus.

Tabelle 6.9 Parameter für den Befehl ALTER USER (Forts.)

Zum Löschen von Benutzern nutzen Sie den Befehl DROP USER. Um den Benutzerstammsatz inklusive seines Schemas zu löschen, verwenden Sie den Befehl folgendermaßen:

```
DROP USER <Benutzername>
```

Häufig ist ein Benutzer aber auch Besitzer weiterer Datenbankobjekte, z. B. Objekte in anderen Schemata. Für diese Objekte sind dann evtl. wiederum Berechtigungen für andere Benutzer zugeordnet. Um auch solche abhängigen Objekte zu löschen, verwenden Sie folgendes Statement:

```
DROP USER <Benutzername> CASCADE
```

Mit diesem Befehl werden alle Objekte des Benutzers inklusive der Abhängigkeiten gelöscht.

Um die Gültigkeit eines Kennworts zu überprüfen, nutzen Sie den Befehl `VALIDATE USER`.

```
VALIDATE USER <Benutzername> PASSWORD <Password>
| WITH ASSERTION <Assertion>
```

Um zu prüfen, ob der Benutzer TTIEDE das Kennwort *Januar2019* besitzt, führen Sie den Befehl folgendermaßen aus:

```
VALIDATE USER TTIEDE PASSWORD Januar2019
```

Ist das Kennwort korrekt, erhalten Sie die folgende Meldung:

```
Statement ' VALIDATE USER TTIEDE PASSWORD Januar2019' successfully executed
```

Ist das Kennwort falsch, wird diese Meldung ausgegeben:

```
Could not execute 'VALIDATE USER TTIEDE PASSWORD Januar19'.
[10]: authentication failed
```

Hierbei wird auch der Zähler für Falschanmeldungen hochgezählt. Wird der Befehl zu häufig mit einem falschen Kennwort ausgeführt, so wird der Benutzer hierüber gesperrt (Sperre wegen zu häufiger Falschanmeldungen).

6.1.8 Kopieren von Benutzern und Berechtigungen

Das Kopieren von Benutzern mit seinen Privileges und Rollen ist nicht ohne Weiteres möglich. So können z. B. Berechtigungen auf Katalogobjekte nur weitergegeben werden, wenn der ausführende Benutzer selbst über diese Rechte verfügt. Daher ist im SAP HANA Cockpit keine Standardfunktion zum Kopieren von Benutzern integriert. Das SAP HANA Studio bietet die Möglichkeit, Benutzer mit ihren Repository-Rollen zu kopieren. Katalogrollen und zugeordnete Privileges werden nicht kopiert. Um das Kopieren von Privileges zu ermöglichen, kann das Skript **HANA_Security_CopyPrivilegesAndRoles_CommandGenerator_2.00.000+** genutzt werden. Beide Funktionen erläutere ich Ihnen nachfolgend.

Kopieren von Benutzern mit dem SAP HANA Studio

Mit dem SAP HANA Studio können Benutzer inklusive ihrer Repository-Rollen kopiert werden (siehe auch SAP-Hinweis 2621987). Wählen Sie hierfür unter **Security • Users** den zu kopierenden Benutzer mit einem Rechtsklick aus, und wählen Sie aus dem Kontextmenü den Eintrag **Copy User**. Die Repository-Rollen des ausgewählten Benutzers werden in einen neuen Stammsatz übertragen (siehe Abbildung 6.12). Die direkt zugeordneten Privileges, die Katalogrollen, die Authentifizierungsinformationen und die Benutzerparameter werden nicht übernommen. Dies muss manuell ergänzt werden.

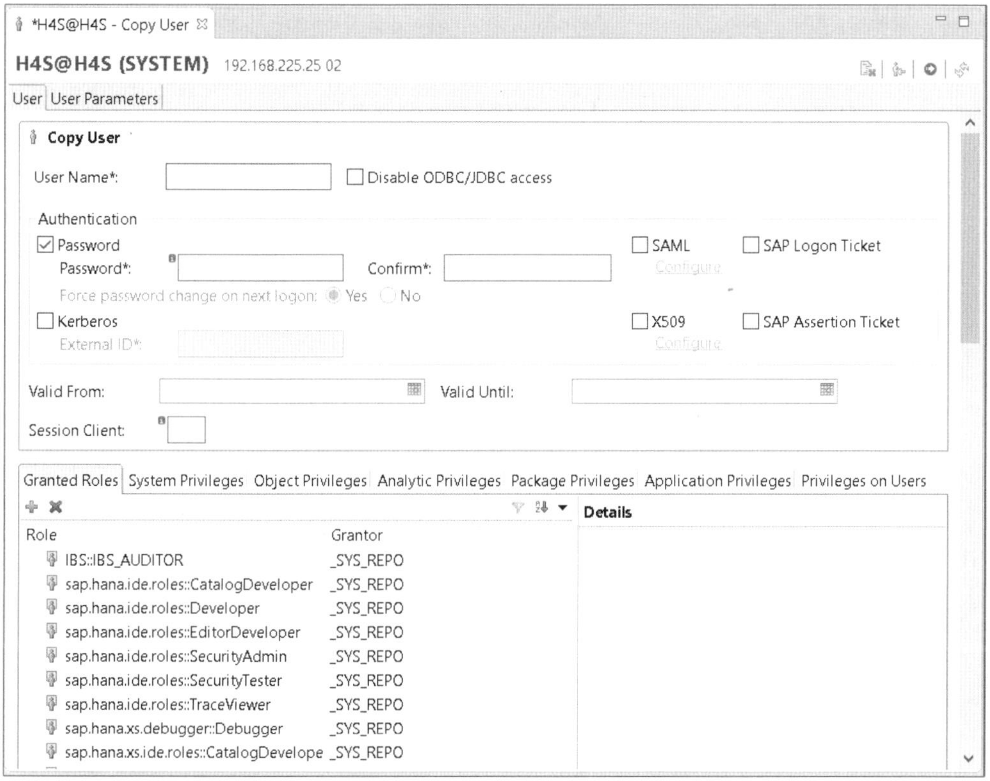

Abbildung 6.12 Kopieren von Benutzern mit dem SAP HANA Studio

Kopieren von Berechtigungen und Rollen per Skript

In der Anlage zum SAP-Hinweis 1969700 ist das Skript **HANA_Security_CopyPrivilegesAndRoles_CommandGenerator_2.00.000+** enthalten. Im SAP HANA Database Explorer können Sie das Skript über die **Statement Library** aufrufen (siehe Abschnitt 1.3.3, »Die SQL Statement Library«). Dieses Skript generiert die SQL-Statements, mit denen die kopierbaren Katalogrollen, Object Privileges und Package Privileges einem anderen Benutzer zugeordnet werden können. System Privileges, Analytic Privileges und Application Privileges können nicht kopiert werden. Auch zum Kopieren von Rollen kann das Skript genutzt werden.

Dazu sind im Block `/* Modification section */` des Skripts die Selektionen gemäß Tabelle 6.10 anzugeben. Listing 6.1 zeigt beispielhaft, dass die Rollen und Berechtigungen des Benutzers TTIEDE zum Benutzer MMUSTER kopiert werden sollen.

Variable	Beschreibung
SOURCE_GRANTEE	Benutzer oder Rolle, deren Rollen und Berechtigungen kopiert werden sollen
TARGET_GRANTEE	Benutzer oder Rolle, dem die Rollen und Berechtigungen zugeordnet werden sollen
GRANT_ROLES	X = Rollen sollen kopiert werden ' ' = Rollen sollen nicht kopiert werden
GRANT_PRIVILEGES	X = Privileges sollen kopiert werden ' ' = Privileges sollen nicht kopiert werden

Tabelle 6.10 Selektionen zum Kopieren von Rollen und Privileges

```
( SELECT                    /* Modification section */
    'TTIEDE' SOURCE_GRANTEE,
    'MMUSTER' TARGET_GRANTEE,
    'X' GRANT_ROLES,
    'X' GRANT_PRIVILEGES
```

Listing 6.1 Kopieren von Rollen und Privileges eines Benutzers

Das Skript erzeugt einzelne SQL-Statements, mit denen die Privileges und Rollen kopiert werden können (siehe Listing 6.2). Es werden nur für die Privileges und Rollen Statements erzeugt, für die der Quellbenutzer das Recht `Grantable to others` besitzt.

```
GRANT SELECT ON "_SYS_SECURITY"."_SYS_PASSWORD_BLACKLIST" TO "MMUSTER";
GRANT LINKED DATABASE ON "ERP_H01" TO "MMUSTER";
GRANT REPO.READ ON "IBS" TO "MMUSTER";
GRANT USERGROUP OPERATOR ON "Administratoren" TO "MMUSTER";
GRANT CREATE ANY ON SCHEMA "IBS_CASA" TO "MMUSTER";
GRANT "IBS_CONT_01".IBS_CONT_ROLE1 TO "MMUSTER";
```

Listing 6.2 Aus dem Skript erzeugte SQL-Statements

Kopieren Sie die Statements in eine SQL-Konsole und führen Sie sie aus. Sie benötigen für alle Statements selbst die Berechtigung auf das zuzuordnende Element, ansonsten ist eine Zuordnung nicht möglich. Abbildung 6.13 zeigt als Beispiel aus dem Skript generierte SQL-Statements. Bei der Ausführung erzeugen folgende Statements einen Fehler:

```
GRANT CREATE ANY ON SCHEMA "IBS_CASA" TO "MMUSTER";
GRANT CREATE ANY ON SCHEMA "TTIEDE" TO "MMUSTER";
```

Die beiden Befehle erzeugen die Fehlermeldung `insufficient privilege: Not authorized`. Dies bedeutet, dass der ausführende Benutzer nicht über diese Berechtigung verfügt. Die weiteren vier Statements werden erfolgreich ausgeführt, da der ausführende Benutzer diese Berechtigung ebenfalls besitzt.

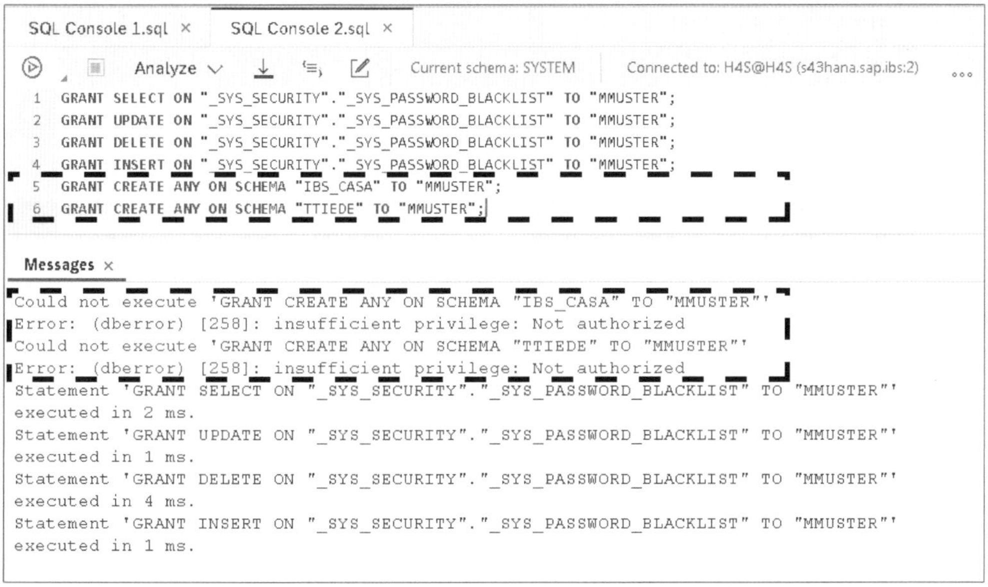

Abbildung 6.13 Kopieren von Rollen und Privileges eines Benutzers

6.1.9 Protokollierung der Benutzerverwaltung

Die Pflege von Benutzerstammsätzen kann mit dem Auditing (siehe Kapitel 11, »Auditing in SAP HANA«) protokolliert werden. Erstellen Sie hierfür eine neue Policy, und wählen Sie die Kategorie **User and Role Management** aus. Hier selektieren Sie die Aktionen für die Benutzerpflege (siehe Abbildung 6.14):

- **ALTER USER** (Protokollierung von Änderungen am Benutzerstammsatz)
- **CREATE USER** (Anlegen eines Benutzerstammsatzes)
- **DROP USER** (Löschen eines Benutzerstammsatzes)

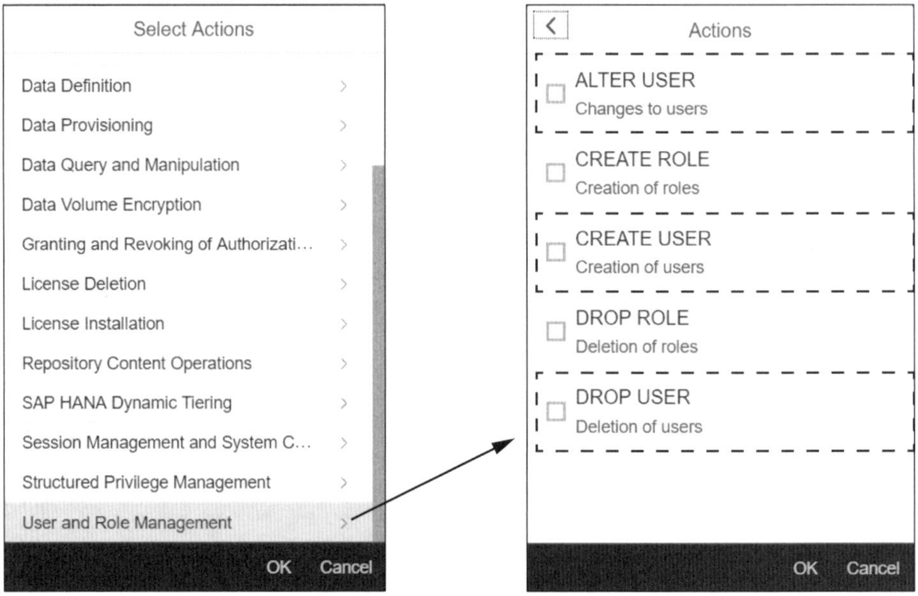

Abbildung 6.14 Protokollierung der Benutzerverwaltung

6.2 SAP-HANA-XS-Advanced-Benutzer

Für die Nutzung von SAP HANA XSA müssen die Benutzer über das SAP HANA XS Advanced Cockpit angelegt werden. Es können sowohl neue Benutzer angelegt als auch bestehende Benutzer der SAP-HANA-Datenbank migriert werden. Die SAP-HANA-XSA-Benutzerkonten werden, wie die Datenbankbenutzer auch, in der Tabelle SYS.USERS gespeichert und können teilweise auch über das SAP HANA Cockpit oder das SAP HANA Studio verwaltet werden. Die Zuordnung von Berechtigungen für SAP HANA XSA muss aber direkt über SAP HANA XSA erfolgen.

6.2.1 Eigenschaften der SAP-HANA-XSA-Benutzer

Das SAP HANA XS Advanced Cockpit kann auch über das SAP HANA Cockpit aufgerufen werden. Wählen Sie hierfür die App **Resource Directory** auf, und wählen Sie das System aus, zu dem Sie das SAP HANA XSA Cockpit aufrufen wollen. Wählen Sie im **System Overview** unter **Filter by Area** den Wert **Monitoring and Administration** aus. Auf der Seite wird dann u. a. der Bereich **Other Administration** angezeigt, von wo aus die App **Administer XS Advanced** aufgerufen werden kann. Abbildung 6.15 zeigt den Bereich **User Management** des SAP HANA XS Advanced Cockpit.

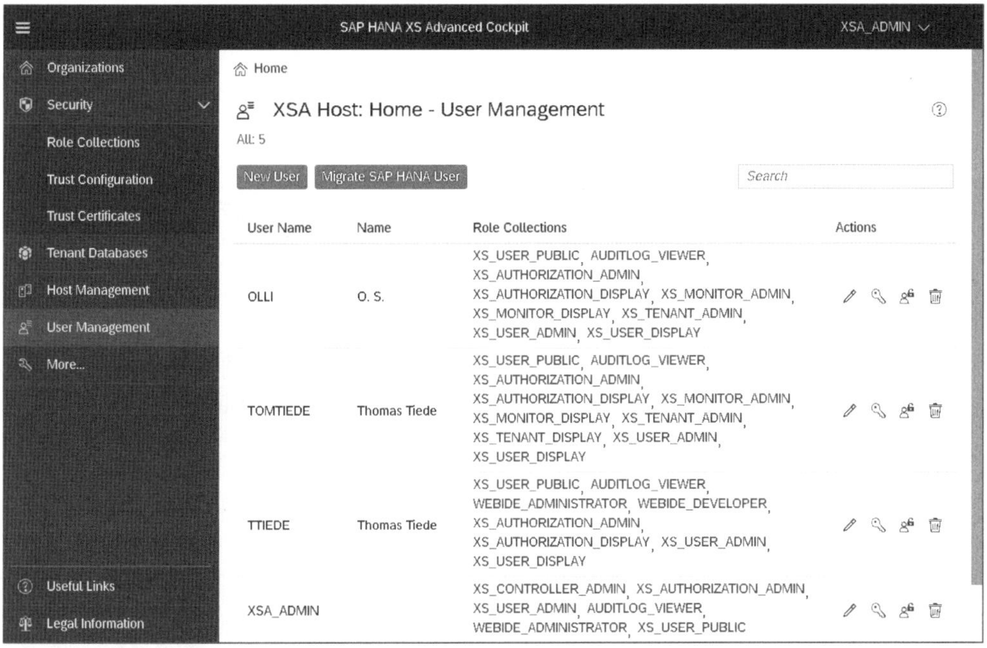

Abbildung 6.15 Das SAP HANA XS Advanced Cockpit

Im SAP HANA XS Advanced Cockpit haben Benutzerstammsätze folgende Eigenschaften:

- Vorname
- Nachname
- Mail-Adresse
- *Role Collections* (Berechtigungen)

Die Eigenschaften werden als Benutzerparameter im Stammsatz des Datenbankbenutzers gespeichert (siehe Tabelle 6.11). Abbildung 6.16 zeigt einen SAP-HANA-XSA-Benutzer im SAP HANA Cockpit. Die **XS_RC**-Einträge zeigen die dem Benutzer zugeordneten XSA Role Collections.

Parameter	Beschreibung
XS_GIVEN_NAME	Vorname des Benutzers
XS_FAMILY_NAME	Nachname des Benutzers
EMAIL ADDRESS	E-Mail-Adresse des Benutzers
XS_RC_...	Zuordnung von XSA Role Collections

Tabelle 6.11 SAP-HANA-XSA-Parameter im Benutzerstammsatz

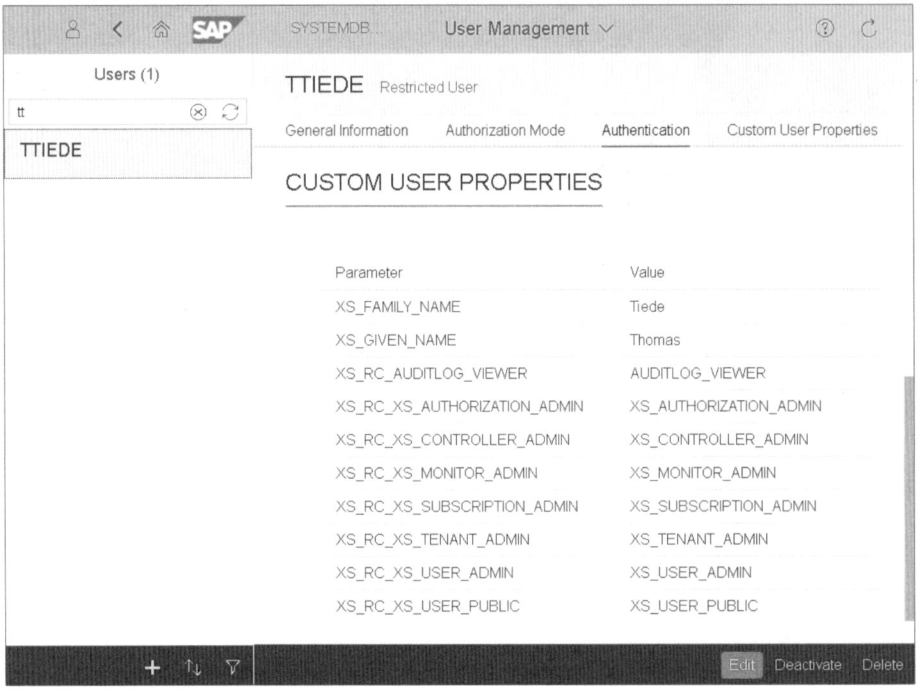

Abbildung 6.16 SAP-HANA-XSA-Parameter im Benutzerstammsatz

Die Berechtigungen in SAP HANA XSA werden über Rollen vergeben, die in Role Collections zusammengefasst werden (siehe Abschnitt 7.12.1, »Role Collections«).

Für die Verwaltung von Benutzern benötigen Sie die SAP-HANA-XSA-Standardrolle `XS_USER_ADMIN`, die in der Role Collection `XS_USER_ADMIN` enthalten ist. Mit dieser Rolle können Benutzer in SAP HANA XSA angelegt, geändert und gelöscht werden. Die Benutzer werden in SAP HANA als Datenbank-Restricted-User angelegt (siehe Abschnitt 6.1.2, »Restricted User«). Daher werden durch die Zuordnung der Rolle `XS_USER_ADMIN` auch folgende SAP-HANA-Privileges in den Benutzerstammsatz eingetragen:

- System Privilege `USER ADMIN` (Verwaltung von Benutzer)
- System Privilege `ROLE ADMIN` (Verwaltung von Katalogrollen)
- Object Privilege `EXECUTE` auf folgende Prozeduren:
  - `SYS_XS_UAA_USER_ADMIN.PROC_GRANT_USERROLE_ADMIN_TO_USER`
  - `SYS_XS_UAA_USER_ADMIN.PROC_REVOKE_USERROLE_ADMIN_FROM_USER`

Die Berechtigungen zur Benutzerverwaltung in SAP HANA XSA sind somit direkt verknüpft mit den Berechtigungen in der darunterliegenden SAP-HANA-Datenbank.

Benutzer, denen in SAP HANA XSA Berechtigungen zur Pflege von Benutzern zugeordnet sind, sind auch zur Benutzerpflege in SAP HANA berechtigt.

6.2.2 Anlegen neuer Benutzer in SAP HANA XSA

Um einen neuen Benutzer anzulegen, wählen Sie im SAP HANA XSA Cockpit den Eintrag **User Management** aus und klicken auf die Schaltfläche **New User**. Im Fenster **New User** (Abbildung 6.17) machen Sie dann die Angaben zum Benutzer.

Abbildung 6.17 Anlage eines neuen SAP-HANA-XSA-Benutzers

Dem Benutzer wird bei der Anlage die Role Collection `XS_USER_PUBLIC` automatisch zugeordnet (siehe Abbildung 6.18). Um dem Benutzer weitere Berechtigungen zuzuordnen, klicken Sie auf die Schaltfläche **Assign Role Collections** (). Ihnen wird das Fenster mit den zugeordneten Role Collections angezeigt. Klicken Sie hier auf die Schaltfläche **Add**, und wählen Sie im Fenster **Role Collections** (Abbildung 6.19) die Role Collections aus, die dem Benutzer zugeordnet werden sollen. Es werden nur die Role Collections angezeigt, die dem Benutzer noch nicht zugeordnet sind. In Abschnitt 7.12.1, »Role Collections«, finden Sie eine Beschreibung der Standard-Role-Collections.

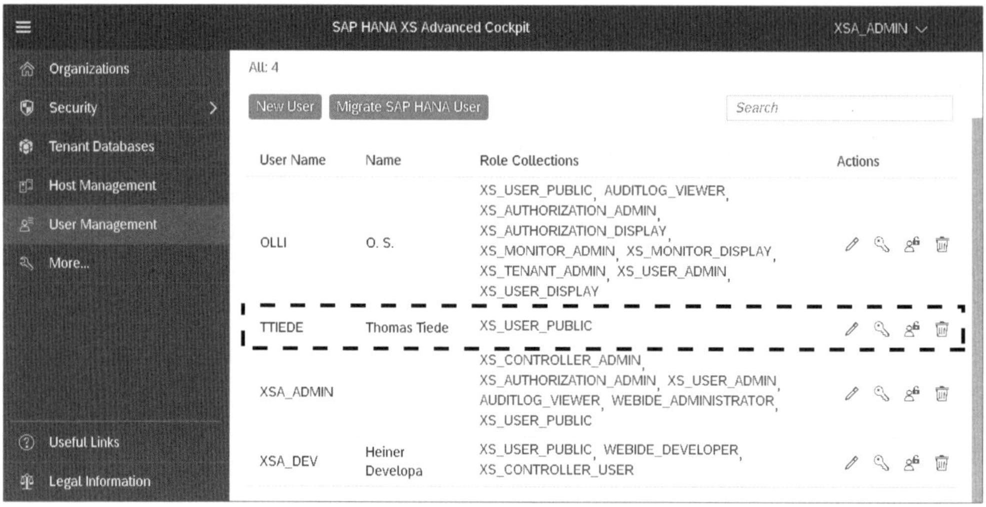

Abbildung 6.18 Neuer Benutzer mit der Role Collection XS_USER_PUBLIC

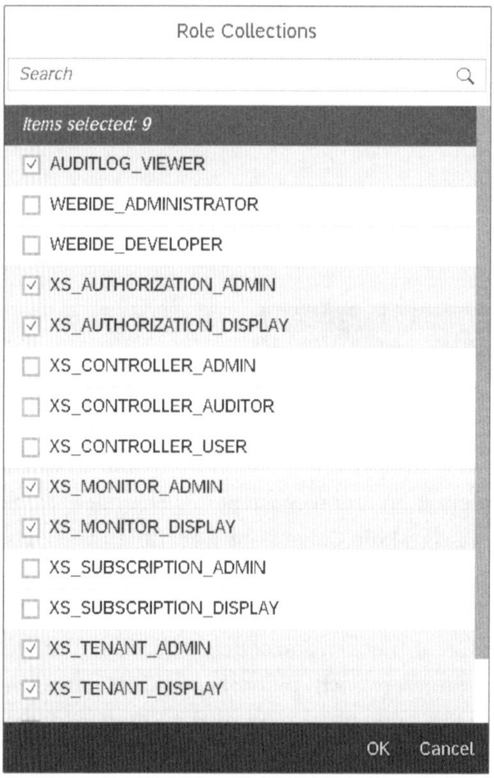

Abbildung 6.19 Zuordnung von Role Collections zu Benutzern

6.2.3 Migrieren eines Datenbankbenutzers nach SAP HANA XSA

Bestehende Benutzerkonten in der SAP-HANA-Datenbank können nach SAP HANA XSA migriert werden. Hierfür können nicht nur Restricted User, sondern auch Datenbankbenutzer genutzt werden. Während der Migration wird der Benutzertyp nicht geändert, sodass die Konten weiterhin für Aktionen in der SAP-HANA-Datenbank genutzt werden können. Auch die bereits zugeordneten Privileges und Rollen bleiben erhalten. Beim Datenbankbenutzer werden lediglich die Parameter ergänzt, entsprechend den Eigenschaften in SAP HANA XSA und den zugeordneten Role Collections.

Um einen Datenbankbenutzer zu migrieren, wählen Sie im SAP HANA XSA Cockpit den Eintrag **User Management** aus und klicken auf die Schaltfläche **Migrate SAP HANA User**. Im Fenster **Migrate SAP HANA User** (siehe Abbildung 6.20) tragen Sie den zu migrierenden SAP-HANA-Benutzer ein bzw. wählen ihn aus und klicken auf die Schaltfläche **Migrate**. Dem Benutzer wird beim Anlegen die Role Collection `XS_USER_PUBLIC` automatisch zugeordnet.

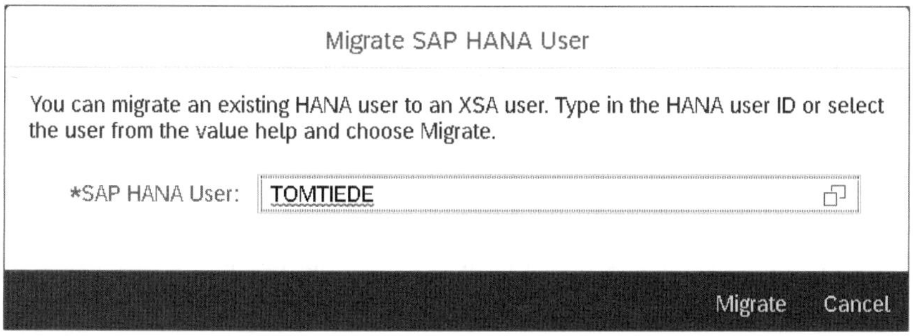

Abbildung 6.20 Migration eines Datenbankbenutzers

Im nächsten Schritt pflegen Sie die SAP-HANA-XSA-spezifischen Eigenschaften des Benutzers. Klicken Sie auf die Schaltfläche **Change** (✎), um Vor- und Zuname sowie die E-Mail-Adresse anzugeben (siehe Abbildung 6.21). Anschließend ordnen Sie dem Benutzer die erforderlichen Berechtigungen zu. Hierfür wählen Sie die Schaltfläche **Role Collections** ( ) aus, um dem Benutzer Role Collections zuzuordnen, wie in Abschnitt 6.2.2, »Anlegen neuer Benutzer in SAP HANA XSA«, beschrieben.

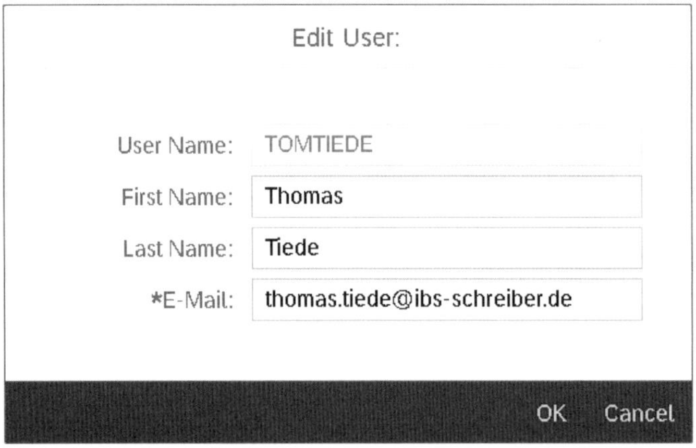

Abbildung 6.21 Pflege der Benutzereigenschaften

6.2.4 Protokollierung von Änderungen an SAP-HANA-XSA-Benutzern

Die Protokollierung der Änderungen an SAP-HANA-XSA-Benutzern erfolgt über das SAP HANA Auditing. Folgende Auditing-Aktionen müssen dafür aktiviert werden:

- ALTER USER (Ändern des Benutzerstammsatzes)
- CREATE USER (Anlegen eines Benutzerstammsatzes)
- DROP USER (Löschen eines Benutzerstammsatzes)

Hierüber erfolgt auch die Protokollierung der Zuordnung der Role Collections zu Benutzern. Diese werden als Parameter im Benutzerstammsatz gespeichert. Abbildung 6.22 zeigt Protokolleinträge, die durch die Benutzerpflege im SAP HANA XSA Cockpit erzeugt wurden. Der markierte Eintrag zeigt die Zuordnung von Role Collections, die in der SAP-HANA-Datenbank als Benutzerparameter in den Stammsatz eingetragen werden. In diesem Beispiel wurden dem Benutzer E-Mail-Adresse, Vor- und Zuname sowie drei Role Collections (Parameter XS_RC_*) zugeordnet (Listing 6.3).

```
ALTER USER TOMTIEDE SET PARAMETER
EMAIL ADDRESS = 't.tiede@ibs-schreiber.de' ,
XS_GIVEN_NAME = 'Thomas' ,
XS_FAMILY_NAME = 'Tiede' ,
"XS_RC_XS_USER_PUBLIC" = 'XS_USER_PUBLIC' ,
"XS_RC_XS_AUTHORIZATION_ADMIN" = 'XS_AUTHORIZATION_ADMIN' ,
"XS_RC_XS_USER_ADMIN" = 'XS_USER_ADMIN'
```

Listing 6.3 Zuordnung von SAP HANA XSA Role Collections

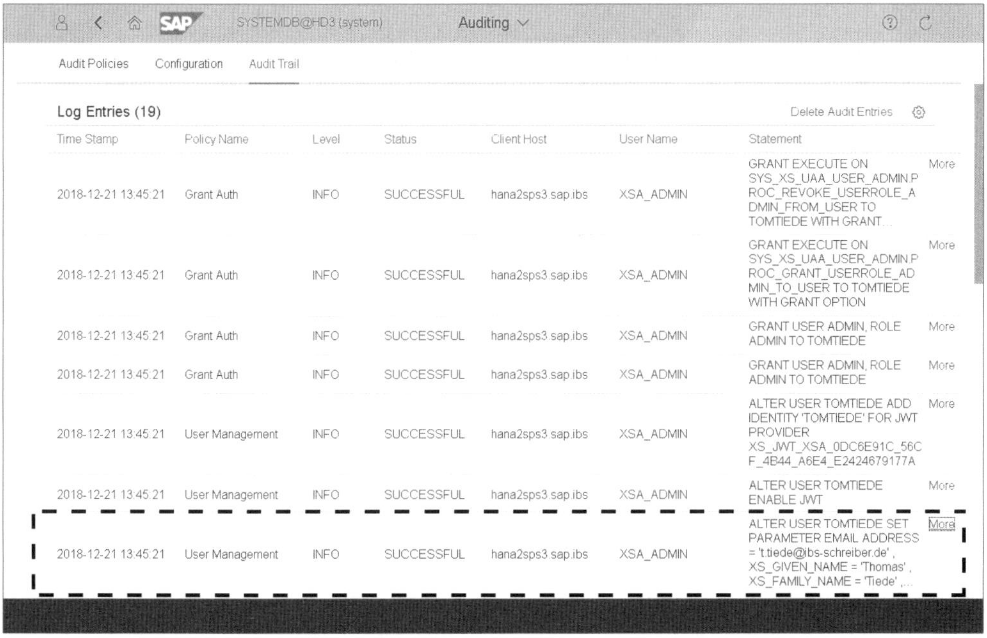

Abbildung 6.22 Protokollierung der SAP-HANA-XSA-Benutzerverwaltung

Des Weiteren sollten das Zuordnen und Entziehen von Berechtigungen protokolliert werden. Die Aktionen im Auditing dafür sind:

- GRANT ANY
- REVOKE ANY

Dies ist erforderlich, da z. B. bei der Zuordnung der Role Collection XS_USER_ADMIN auch Rechte auf Ebene von SAP HANA zugeordnet werden. Im Beispiel in Abbildung 6.22 sind dies die oberen drei Einträge:

```
GRANT USER ADMIN, ROLE ADMIN TO TOMTIEDE
GRANT EXECUTE ON SYS_XS_UAA_USER_ADMIN.PROC_GRANT_USERROLE_ADMIN_TO_USER
TO TOMTIEDE WITH GRANT OPTION
GRANT EXECUTE ON SYS_XS_UAA_USER_ADMIN.PROC_REVOKE_USERROLE_ADMIN_FROM_USER
TO TOMTIEDE WITH GRANT OPTION
```

6.3 SAP-HANA-Standardbenutzer

In einer SAP-HANA-Datenbank gibt es verschiedene *Standardbenutzer*. Der Benutzer SYSTEM ist der einzige, mit dem eine direkte Anmeldung möglich ist. Mit allen anderen Standardbenutzern sind Anmeldungen nicht möglich.

6.3.1 Der Benutzer SYSTEM

Der Benutzer ist der Standard-Administrationsbenutzer der SAP-HANA-Datenbank. Er verfügt standardmäßig über alle System Privileges, besitzt aber keine Rechte zum Zugriff auf die Tabelleninhalte der Tabellen eines SAP-Systems, z. B. SAP ERP oder SAP S/4HANA, sowie auf die Schemata von HDI-Containern. Sein Kennwort wird während der Installation festgelegt; ein Standardkennwort besitzt er nicht.

Der Benutzer SYSTEM sollte im Tagesgeschäft nicht genutzt werden, da mit diesem Benutzer anonyme Aktionen durchgeführt werden können. Gemäß SAP-Sicherheitsleitfaden muss der Benutzer nach der Installation und der Einrichtung personifizierter Administrationskonten deaktiviert werden. Der DSAG-Prüfleitfaden empfiehlt die Deaktivierung nicht explizit. Es ist aber auf jeden Fall sicherzustellen, dass eine Nutzung des Benutzers SYSTEM im Tagesgeschäft nicht möglich ist.

Deaktivieren Sie den Benutzer SYSTEM mit folgendem Statement (hierfür benötigen Sie das System Privilege `USER ADMIN`):

```
ALTER USER SYSTEM DEACTIVATE USER NOW
```

Allerdings wird der Benutzer SYSTEM teilweise auch benötigt, z. B. für das Einspielen von Support Package Stacks oder Enhancement Packages mittels des Software Update Managers. Hierfür ist der Benutzer dann wieder zu aktivieren:

```
ALTER USER SYSTEM ACTIVATE USER NOW
```

Um die Aktionen, die mit dem Benutzer SYSTEM durchgeführt werden, nachvollziehen zu können, ist er über das Auditing zu protokollieren (siehe Abschnitt 11.6.6, »Protokollierung von Aktionen des Benutzers SYSTEM«). Abbildung 6.23 zeigt, wie der Benutzer SYSTEM protokolliert werden kann. Dort sind zwei Policies abgebildet:

- **Policy »Alter Users«**
  Alle Änderungen an Benutzerstammsätzen werden protokolliert:
  - **Audited Actions • ALTER USER:** Änderungen an Benutzerstammsätzen werden protokolliert.
  - **Users • All users:** Es werden Änderungen von allen Benutzern protokolliert.

  Hierdurch werden auch die Änderungen am Benutzer SYSTEM protokolliert, z. B. Sperren und Entsperren. Eine explizite Protokollierung von Änderungen nur am Benutzer SYSTEM kann nicht eingerichtet werden.
- **Policy »User SYSTEM«**
  Alle Aktionen, die mit dem Benutzer SYSTEM durchgeführt werden, werden protokolliert:
  - **Audited Actions • All actions:** Es werden alle Aktionen aufgezeichnet.
  - **User included in Policy • SYSTEM:** Es wird nur der Benutzer SYSTEM protokolliert.

Wichtig ist hierbei, dass der Benutzer SYSTEM für keine Hintergrundaufgaben eingeplant ist, nicht in Schnittstellen verwendet wird und seine Anmeldedaten nicht für Verbindungen (z. B. im SAP HANA Cockpit) genutzt werden. Das Auditing würde hier zu viele Einträge erzeugen. In dem Fall müssen Sie in der Policy anstelle von **All actions** einzelne zu protokollierende Aktionen auswählen.

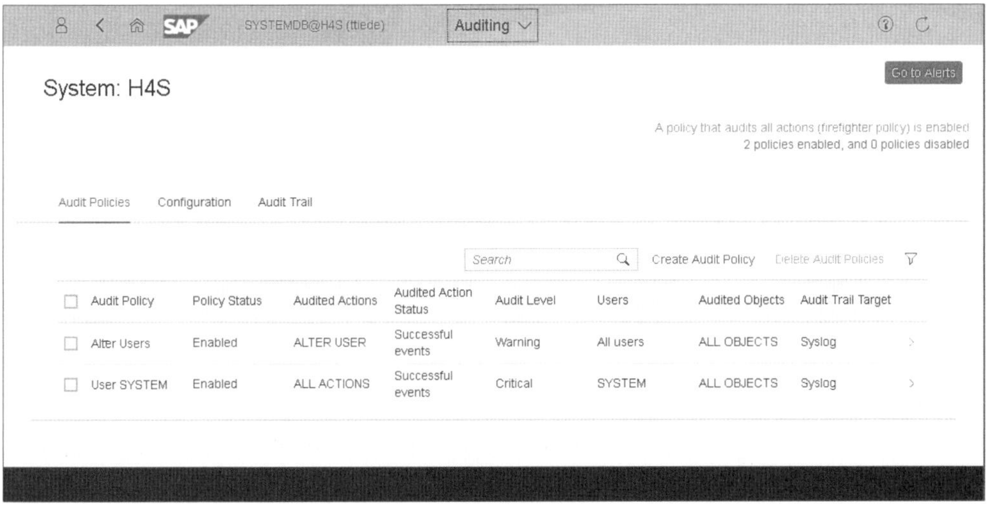

Abbildung 6.23 Protokollierung des Benutzers SYSTEM

Der Systemparameter **indexserver.ini** - `password policy` - `password_lock_for_system_user` stellt eine Besonderheit dar (Standardwert: `TRUE`). Durch den Wert `FALSE` kann eingestellt werden, dass der Benutzer SYSTEM nicht durch Falschanmeldungen gesperrt werden kann. Dies ermöglicht Brute-Force-Attacken auf diesen Benutzer, daher sollte der Parameterwert auf dem Standardwert `TRUE` eingestellt bleiben.

6.3.2 Systembenutzer

Systembenutzer sind deaktivierte Benutzer, die systemseitig nicht aktiviert werden können (siehe Tabelle 6.12). Das heißt, der Befehl `ALTER USER <user_name> ACTIVATE` kann für diese Benutzer nicht angewandt werden. Sie können somit nur von der Datenbank im Hintergrund genutzt werden.

Benutzer	Beschreibung
SYS	Ist der Besitzer von Datenbank-Objekten wie z. B. Systemtabellen und Monitoring-Views.
_SYS_AFL	Ist der Besitzer aller Applikations-Funktions-Bibliotheken.

Tabelle 6.12 Systembenutzer in der SAP-HANA-Datenbank (Auszug)

Benutzer	Beschreibung
_SYS_EPM	Wird von der Applikation SAP Enterprise Performance Management (SAP EPM) genutzt.
_SYS_REPO	Wird vom SAP HANA Repository genutzt. Er ist Besitzer aller Objekte des Repositorys und dessen aktivierter Laufzeitobjekte, somit auch der Repository-Berechtigungsrollen.
_SYS_SQL_ANALYZER	Wird vom SQL Analyzer zur Analyse der Query-Performance genutzt.
_SYS_STATISTICS	Wird für interne Monitoring-Vorgänge genutzt.
_SYS_TASK	Ist der Besitzer aller Task-Framework-Objekte.
_SYS_XB	Ist der technische Benutzer, nur für den internen Gebrauch.
XSSQLCC_AUTO_USER_<generated_ID>	Wird automatisch bei der Installation einer SAP-HANA-XS-Applikation generiert, wenn kein anderer Benutzer angegeben wird.

Tabelle 6.12 Systembenutzer in der SAP-HANA-Datenbank (Auszug) (Forts.)

6.3.3 Benutzer des SAP HANA XS Advanced

Tabelle 6.13 listet Standardbenutzer von SAP HANA XS Advanced auf.

Benutzer	Beschreibung
SYS_XS_RUNTIME	Ist der Besitzer des Schemas für den Secure Store, den Config Store und den Blob Store.
SYS_XS_UAA	Ist der Besitzer des Schemas für das User Management (UAA = User Account and Authentication).
SYS_XS_UAA_SEC	Ist der Besitzer des Schemas für den UAA Secure Store für die User Credentials.
SYS_XS_UAA_USER_ADMIN	Ist der Besitzer für die Stored Procedures des UAA, mit denen Benutzer gepflegt und Role Collections zugeordnet werden.
SYS_XS_HANA_BROKER	Ist der Besitzer des Schemas für den SAP HANA Service Broker.
SYS_XS_SBSS	Ist der Besitzer des Schemas, in dem die Stored Procedures für die Generierung von Kennwörtern (für den SAP HANA Service Broker) enthalten sind.

Tabelle 6.13 Benutzer von SAP HANA XS Advanced

Benutzer	Beschreibung
HDI_BROKER_CONTROLLER	Ist berechtigt zur Nutzung der API (*Application Programming Interface*) des SAP HANA Service Broker.
XSA_ADMIN	Ist der Standard-Administrationsbenutzer von SAP HANA XSA. Ihm sind alle XSA-Berechtigungen zugeordnet.

Tabelle 6.13 Benutzer von SAP HANA XS Advanced (Forts.)

6.3.4 Benutzer der SAP HANA Deployment Infrastructure (HDI)

Beim Einsatz der SAP HANA Deployment Infrastructure (HDI) werden weitere technische Benutzer angelegt. Tabelle 6.14 listet diese Benutzer auf.

Benutzer	Beschreibung
_SYS_DI	Besitzer aller SQL-basierten HDI-APIs, insbesondere auch der Prozeduren zum Anlegen/Löschen von Containern und zur Zuweisung der Standard-Container-Berechtigungen
_SYS_DI_SU	HDI-interner Superuser
_SYS_DI_TO	HDI-interner Benutzer, Besitzer aller HDI-internen Verbindungen
_SYS_DI_*_CATALOG	Diese Benutzer werden HDI-intern zum Zugriff auf System-Katalogobjekte (Tabellen und Views) genutzt.
<Container-Name>	Besitzer des Container-Schemas
<Container-Name>#DI	Besitzer des Schemas, in dem sich die Metadaten (Tabellen/Views) und APIs (Prozeduren) des Containers befinden (Schema <Container-Name>#DI)
<Container-Name>#OO	Besitzer [ObjectOwner] der Datenbankobjekte des Container-Schemas

Tabelle 6.14 Benutzer der HANA Deployment Infrastructure

6.3.5 Der Benutzer SAP<sid>

Der Benutzer SAP<sid> existiert in einer SAP-HANA-Datenbank, wenn eine ABAP-Applikation (z. B. SAP ERP, SAP S/4HANA) installiert ist. Bei der Installation kann als Name auch z. B. SAPABAP1 festgelegt werden, was aber unüblich für produktive SAP-HANA-Datenbanken ist. Der Benutzer wird für die Kommunikation mit einem SAP-NetWeaver-System angelegt. Jegliche Kommunikation von SAP NetWeaver mit der Datenbank erfolgt über diesen Benutzer. Er ist der Besitzer aller Elemente des SAP-

Systems und hat somit u. a. Vollzugriff auf alle Tabellen. Die erforderlichen SAP-HANA-Berechtigungen werden ihm automatisch beim Anlegen zugeordnet. Welche Berechtigungen erforderlich sind, listet der SAP-Hinweis 2101316 auf.

Anmeldungen mit dem Benutzer SAP<sid> sind möglich, aber im Tagesgeschäft nicht erforderlich. Dieser Benutzer muss so abgesichert werden, dass Anmeldungen mit ihm möglichst nur nach dem Vier-Augen-Prinzip erfolgen können. Des Weiteren sollten Zugriffe auf die Tabellen seines Schemas protokolliert werden. Hierfür kann eine Auditing-Policy wie in Abbildung 6.24 eingerichtet werden.

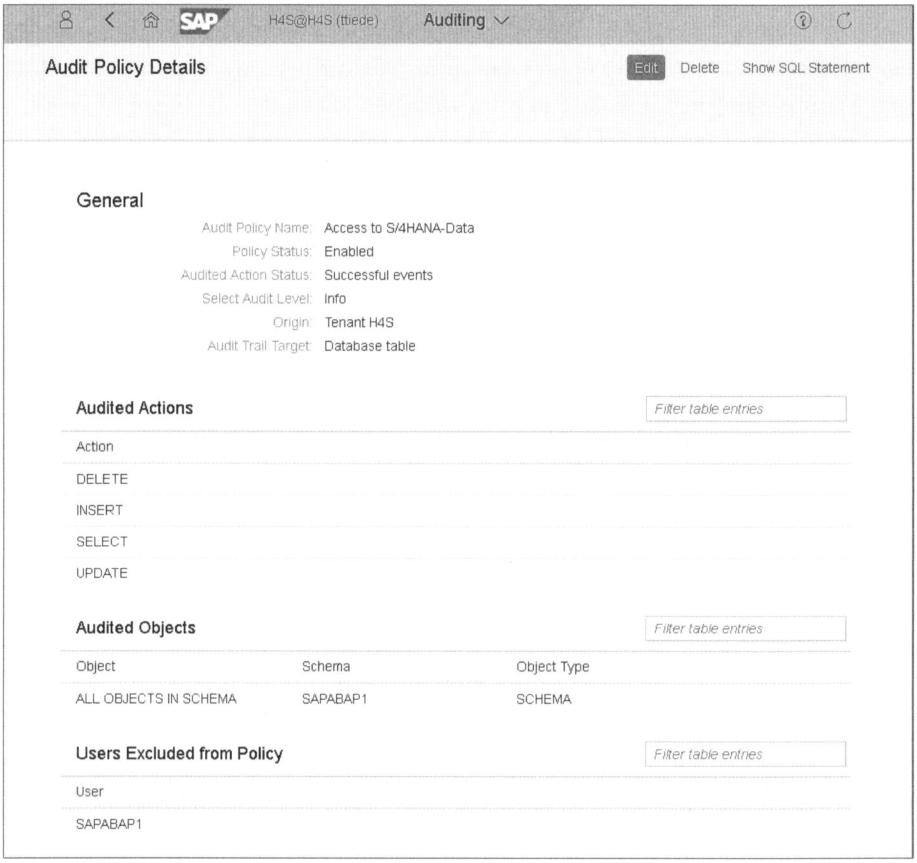

Abbildung 6.24 Audit Policy für den SAP-ABAP-Benutzer

Diese ist folgendermaßen konfiguriert (der Name des Benutzers, dem die SAP-ABAP-Stack-Objekte gehören, ist hier SAPABAP1):

- **Audited Actions** – DELETE, INSERT, SELECT, UPDATE
- **Audited Objects** – alle Objekte im Schema SAPABAP1
- **User Excluded from Policy** – alle Benutzer außer SAPABAP1

Diese Policy bewirkt, dass alle Zugriffe per SQL auf die SAP-ABAP-Daten protokolliert werden, außer vom Benutzer SAPABAP1 selbst. Abbildung 6.25 zeigt beispielhaft zwei Protokolleinträge. Hier ist zu erkennen, dass der Benutzer TTIEDE per SELECT-Statement auf die Tabellen PA0008 (Basisgehälter aus dem SAP HCM) und USR02 (Benutzeranmeldedaten inklusive Kennwort-Hashwerte) des Schema SAPABAP1 zugegriffen hat.

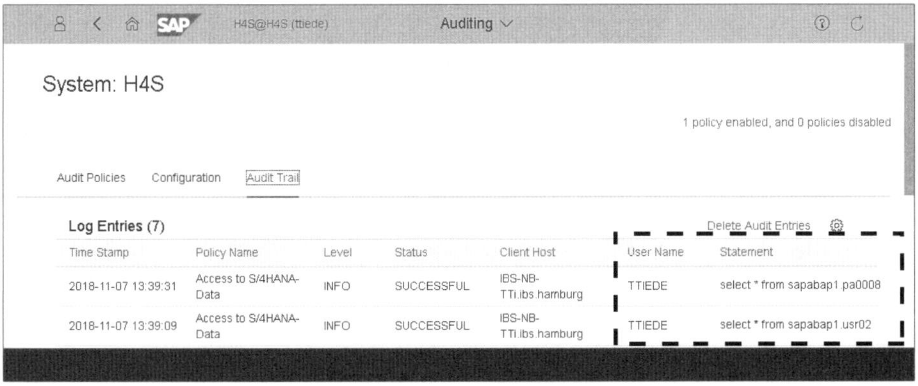

Abbildung 6.25 Auswertung der Audit Policy für den SAP-ABAP-Benutzer

6.4 Remote-Benutzer

In einer Multi-Tenant-Datenbank (siehe Kapitel 4, »Sicherheit in Multi-Tenant-Datenbanken«) sind die einzelnen Datenbanken (Tenants) so voneinander getrennt, dass gegenseitige Zugriffe standardmäßig nicht möglich sind. Dadurch ist gewährleistet, dass die Daten einer Datenbank nicht von einer anderen Datenbank aus gelesen werden können. In der Praxis kann es aber vorkommen, dass solche datenbankübergreifenden Zugriffe erforderlich bzw. gewünscht sind. In dem Fall ist es möglich, solche Zugriffe zuzulassen und zu konfigurieren.

Ein Beispiel dafür ist eine SAP-HANA-Datenbank mit einer Vielzahl von Tenant-Datenbanken. Hier gibt es dann eine Systemdatenbank, in der die Administratoren ihre Benutzerkonten mit entsprechenden Systemberechtigungen haben. Die Administratoren benötigen aber auch in den anderen Tenant-Datenbanken Benutzerkonten, um die dortigen Tenant-Spezifika zu verwalten. Dafür ist es möglich, die Benutzerkonten jeweils als Remote-Benutzer zu deklarieren. In dem Fall können bestimmte Aktionen in allen Tenant-Datenbanken von der Systemdatenbank aus durchgeführt werden.

Ein weiteres Einsatzgebiet ist die datenbankübergreifende Definition von Views (SQL-Views und Calculation Views). Damit ist es möglich, Daten aus verschiedenen Datenbanken in einer View zusammenfassend darzustellen und auszuwerten. Auch von Prozeduren aus ist es möglich, auf Daten in anderen Datenbanken zuzugreifen.

Ob datenbankübergreifende Zugriffe möglich sind, wird über einen Systemparameter gesteuert:

Datei **global.ini** • `cross_database_access - enabled`

Standardmäßig enthält der Parameter den Wert `FALSE`. Durch das Setzen auf den Wert `TRUE` sind datenbankübergreifende Zugriffe möglich. Das Ändern dieses Parameters ist nur von der Systemdatenbank aus möglich, nicht von einzelnen Tenant-Datenbanken aus. Der Zugriff ist grundsätzlich auf `SELECT`-Statements beschränkt, erfolgt also nur lesend. Ändernde Berechtigungen können nicht angewandt werden, auch wenn sie dem Benutzer zugeordnet sind.

Um den Parameter über das SAP HANA Cockpit zu ändern, wählen Sie im **Resource Directory** die Systemdatenbank aus. Im Fenster **System Overview** setzen Sie die Option **Filter by Area** auf **Monitoring and Administration**. Im Block **Database Administration** klicken Sie auf den Eintrag **Configure system properties**. Es wird die Oberfläche **Configuration of System Properties** aufgerufen, in der Sie die Systemparameter ändern können. Hierfür ist das System Privilege `INIFILE ADMIN` erforderlich.

Sie können nun im Feld **Configuration File** die Datei **global.ini** auswählen und unter **Section** die Option **cross_database_access**. Abbildung 6.26 zeigt den Parameter nach der Änderung. Der **DEFAULT**-Wert zeigt die Grundeinstellung `FALSE`. Der **SYSTEM**-Wert zeigt den aktuell gültigen Wert `TRUE`. Somit sind datenbankübergreifende Zugriffe in diesem System möglich.

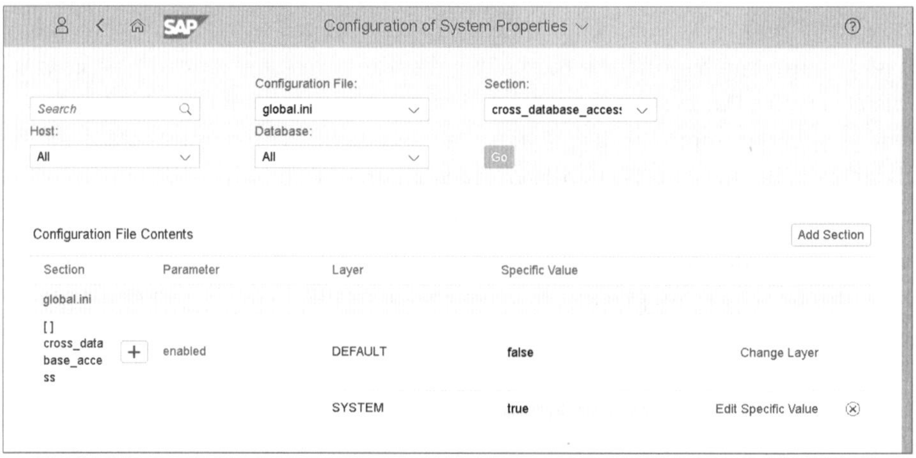

Abbildung 6.26 Ändern des Parameters cross_database_access

Um Funktionen datenbankübergreifend durchzuführen, benötigt ein Benutzer in der Zieldatenbank einen *Remote-Benutzer*. Die Vorgehensweise ist folgende:

1. Benutzer TTIEDE soll von der Systemdatenbank auf die Tenant-Datenbank H4S remote zugreifen.

2. In der Zieldatenbank (H4S) wird eingerichtet, dass Benutzer TTIEDE aus der Systemdatenbank zugreifen darf. Dafür wird dem Benutzer TTIEDE aus H4S der Benutzer TTIEDE aus der Systemdatenbank als Remote-Benutzer zugeordnet.
3. Benutzer TTIEDE kann nun von der Systemdatenbank aus auf Daten in der Tenant-Datenbank H4S zugreifen. Hierfür wird sein Benutzerkonto in der Datenbank H4S genutzt.

Zur Zuordnung eines Remote-Benutzers zu einem Benutzer nutzen Sie den Befehl ALTER USER. Die Syntax ist:

```
ALTER USER <Benutzer> ADD REMOTE IDENTITY <Remote-Benutzer>
AT DATABASE <Datenbank>
```

Im obigen Beispiel soll der Benutzer TTIEDE von der Systemdatenbank aus auf den Datenbank-Tenant H4S zugreifen. Dort hat er ebenfalls ein Benutzerkonto. Im Tenant H4S ist dieser Zugriff folgendermaßen einzurichten:

```
ALTER USER TTIEDE ADD REMOTE IDENTITY TTIEDE AT DATABASE SystemDB
```

Hierdurch werden folgende Änderungen im Datenbank-Tenant H4S wirksam:

- Im Benutzerstammsatz von TTIEDE (Tabelle USERS) wird im Feld HAS_REMOTE_USERS der Wert von FALSE (Standard) auf TRUE gesetzt. Hieran ist zu erkennen, dass der Benutzer von einer anderen Datenbank aus remote genutzt werden kann.
- Der Benutzer TTIEDE wird mit dem Remote-Benutzer und der Datenbank in die Tabelle SYS.REMOTE_USERS eingetragen. Deren Felder finden Sie in Tabelle 6.15.

Feld	Beschreibung
USER_NAME	Name des Benutzers
REMOTE_USER_NAME	Name des Benutzers, der von einer anderen Datenbank aus zugreifen darf
REMOTE_DATABASE_NAME	Name der Datenbank, von der aus zugegriffen werden darf

Tabelle 6.15 Felder der Tabelle SYS.REMOTE_USERS

Abbildung 6.27 zeigt die Tabelle SYS.REMOTE_USERS (System View REMOTE_USERS) zum obigen Beispiel in der Tenant-Datenbank H4S.

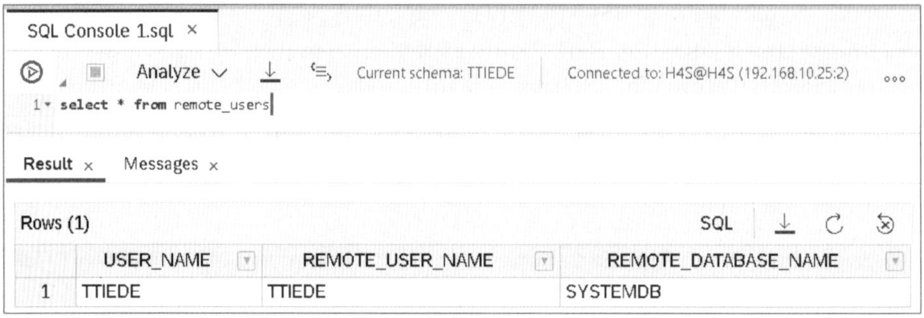

Abbildung 6.27 Die Tabelle REMOTE_USERS in einer Tenant-Datenbank

Der Remote-Zugriff ist z. B. mit SQL möglich. In Abbildung 6.28 ist zu erkennen, dass der Benutzer TTIEDE aktuell an der Systemdatenbank angemeldet ist (*Connected to: SYSTEMDB@H4S*). Im SQL-Statement ist vor dem View-Namen der Name der Tenant-Datenbank (H4S) angegeben:

```
SELECT * FROM H4S.TTIEDE.CUST_CREDIT_VIEW
```

Dadurch werden die Daten aus der Tenant-Datenbank angezeigt.

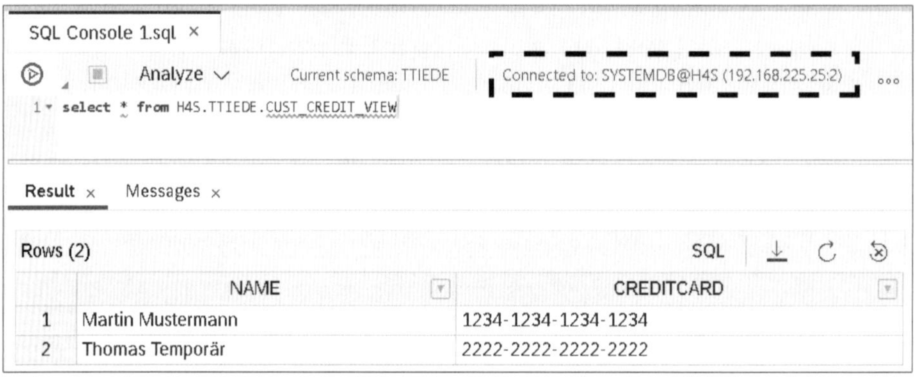

Abbildung 6.28 Zugriff auf eine View in einer anderen Datenbank

Die Prüfung für diesen Zugriff erfolgt folgendermaßen:

1. Es wird in der Tenant-Datenbank H4S geprüft, ob für die Systemdatenbank ein Eintrag in der Tabelle `SYS.REMOTE_USERS` vorhanden ist mit `REMOTE_USER_NAME =` TTIEDE.
2. Es wird geprüft, ob der ihm in H4S zugeordnete Benutzer (Feld `USER_NAME` in der Tabelle `SYS.REMOTE_USERS`) die Berechtigung besitzt, die angegebene View (`TTIEDE.CUST_CREDIT_VIEW`) anzuzeigen.
3. Nach erfolgreicher Prüfung werden die Daten der View angezeigt.

In den meisten Fällen werden tenant-übergreifende Zugriffe nicht erforderlich sein. Insbesondere in produktiven Tenants sollte sehr restriktiv mit Zugriffen aus anderen Tenants umgegangen werden.

6.5 Benutzergruppen

Benutzer können einer *Benutzergruppe* zugeordnet werden (Feld USERGROUP_NAME in der Tabelle USERS). Dadurch kann die Benutzerverwaltung dezentralisiert werden. Eine Zuordnung zu mehreren Gruppen ist nicht möglich.

Die Gruppen werden in der Tabelle USERGROUPS gespeichert (siehe Tabelle 6.16). Dort lässt sich im Feld IS_USER_ADMIN_ENABLED festlegen, ob weiterhin auch noch die Berechtigung USER ADMIN zur Verwaltung der Benutzer genutzt werden kann. Hiermit kann dann sowohl eine zentrale als auch eine dezentrale Verwaltung von Benutzern eingerichtet werden. Benutzergruppen können auch individuelle Kennwortrichtlinien zugeordnet werden (siehe Abschnitt 5.2.2, »Benutzergruppenspezifische Kennwortrichtlinien«).

Feld	Beschreibung
USERGROUP_NAME	Name der Benutzergruppe
USERGROUP_ID	Gruppen-ID
CREATOR	Anleger der Gruppe
IS_USER_ADMIN_ENABLED	FALSE: Nur Gruppenadministratoren können die Gruppe verwalten. TRUE: Gruppenadministratoren und Benutzer mit dem System Privilege USER ADMIN können die Gruppe verwalten.
COMMENTS	Beschreibung der Gruppe

Tabelle 6.16 Felder der Tabelle USERGROUPS

6.5.1 Pflege von Benutzergruppen mit dem SAP HANA Cockpit

Um Benutzergruppen mit dem SAP HANA Cockpit zu pflegen, wählen Sie in der Verwaltungsoberfläche einer Datenbank (Kachel **Resource Directory** – *System auswählen*) im Bereich **User & Role Management** den Eintrag **Manage user groups** aus. Klicken Sie auf eine Gruppe, um die zugeordneten Benutzer und die Kennwortrichtlinien anzuzeigen (siehe Abbildung 6.29). In der Sicht sind dann auch Änderungen an der Benutzergruppe möglich.

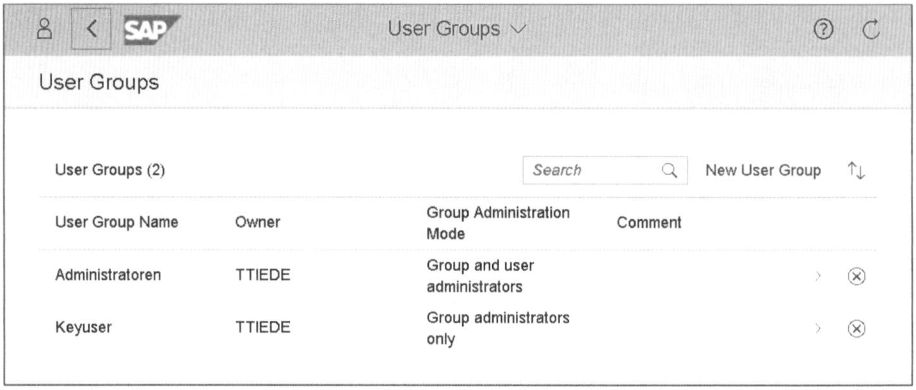

Abbildung 6.29 Verwaltung von Benutzergruppen

Um eine neue Gruppe anzulegen, klicken Sie auf **New User Group**. Ihnen wird das Fenster **New User Group** angezeigt (Abbildung 6.30). Hier geben Sie den Namen der Gruppe an und können folgende Optionen angeben:

- **Only a group administrator can manage this user group**
  Nur Benutzer mit dem Object Privilege `USERGROUP OPERATOR` für diese Gruppe können die Gruppe verwalten.
- **Both group administrators and user administrators can manage this user group**
  Zusätzlich zu den Benutzern mit dem Object Privilege `USERGROUP OPERATOR` können auch Benutzer mit dem System Privilege `USER ADMIN` die Gruppe verwalten.
- **Group creator can manage group**
  Der Ersteller der Gruppe erhält das Recht zur Verwaltung der Gruppe.
- **Comment**
  Beschreibung der Gruppe

Abbildung 6.30 Anlage einer Benutzergruppe

Diese Einstellungen können Sie nachträglich ändern, indem Sie in der Benutzergruppenverwaltung auf die Gruppe klicken. Die Eigenschaften der Gruppe werden Ihnen angezeigt (Abbildung 6.31). Klicken Sie auf die Schaltfläche **Edit Header**, um die zuvor beschriebenen Eigenschaften zu ändern.

Um einen Benutzer zur Gruppe hinzuzufügen, wählen Sie **Move Users to Group**. Ist der ausgewählte Benutzer bereits einer Gruppe zugeordnet, so wird er daraus gelöscht und der aktuellen zugeordnet. Mit **Create User** können Sie direkt von hier einen Benutzer anlegen (System Privilege `USER ADMIN` ist erforderlich).

Im Bereich **Password Policy** können Sie über die Schaltfläche **Configure** gruppenspezifische Kennwortrichtlinien festlegen. Dies ist beschrieben in Abschnitt 5.2.2, »Benutzergruppenspezifische Kennwortrichtlinien«.

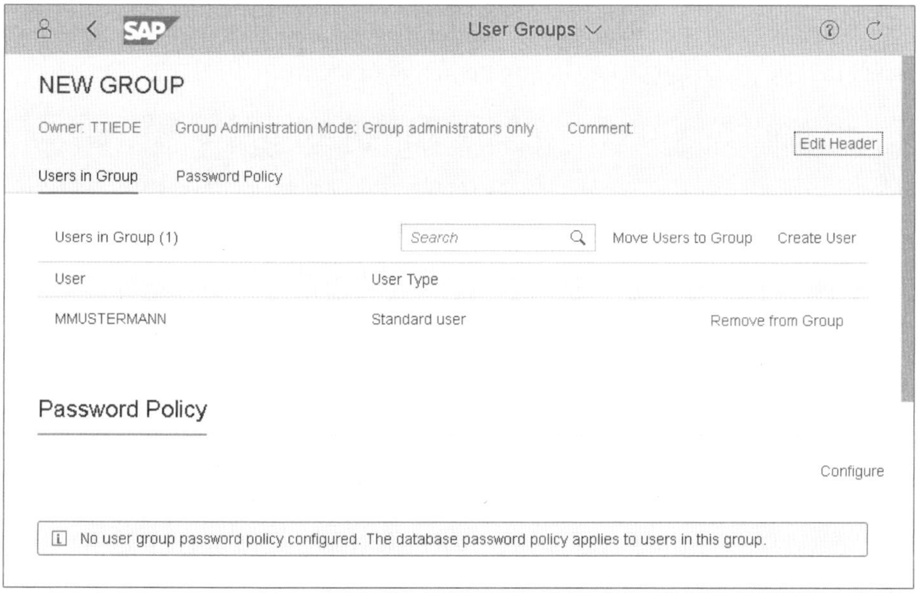

Abbildung 6.31 Ändern einer Benutzergruppe

6.5.2 Pflege von Benutzergruppen mit SQL

Um eine Benutzergruppe mit SQL anzulegen, verwenden Sie folgenden Befehl:

```
CREATE USERGROUP <Benutzergruppe>
```

Tabelle 6.17 zeigt die möglichen Parameter des Statements. Das folgende Beispiel zeigt, wie Sie eine Gruppe anlegen, die nur von einem Benutzer mit dem Object Privilege `USERGROUP OPERATOR` verwaltet werden kann:

```
CREATE USERGROUP <Benutzergruppe> DISABLE USER ADMIN
```

Parameter	Beschreibung
DISABLE USER ADMIN	Benutzer mit dem System Privilege USER ADMIN dürfen die Gruppe nicht verwalten.
NO GRANT TO CREATOR	Der Ersteller der Gruppe hat keine Berechtigung zur Verwaltung der Gruppe.
SET PARAMETER	gruppenspezifische Anmeldeparameter
ENABLE PARAMETER SET	Aktiviert ein Parameter-Set. Aktuell (HANA 2.0 SPS03) ist das nur das Parameter-Set 'password policy'.

Tabelle 6.17 Parameter für den Befehl CREATE USERGROUP

Zum Ändern einer Benutzergruppe verwenden Sie den Befehl ALTER USERGROUP. Tabelle 6.18 zeigt die möglichen Parameter des Statements.

Parameter	Beschreibung
ENABLE USER ADMIN DISABLE USER ADMIN	Legt fest, ob Benutzer mit dem System Privilege USER ADMIN die Gruppe verwalten dürfen.
SET PARAMETER	gruppenspezifische Anmeldeparameter
CLEAR PARAMETER	Löscht gruppenspezifische Anmeldeparameter.
ENABLE PARAMETER SET DISABLE PARAMETER SET	Aktiviert/deaktiviert ein Parameter-Set. Aktuell (HANA 2.0 SPS03) ist das nur das Parameter-Set 'password policy'.

Tabelle 6.18 Parameter für den Befehl ALTER USERGROUP

Zum Löschen einer Benutzergruppe verwenden Sie folgendes Statement:

```
DROP USERGROUP <Benutzergruppe>
```

Für diesen Befehl gibt es keine zusätzlichen Parameter.

Um Berechtigungen zur Verwaltung einzelner Benutzergruppen zu vergeben, ist die Berechtigung USERGROUP OPERATOR (Object Privilege) erforderlich. Diese können Sie mit folgendem SQL-Statement zuordnen:

```
GRANT USERGROUP OPERATOR ON USERGROUP <Gruppe> TO <Benutzer>
```

Um beispielsweise dem Benutzer TTIEDE die Berechtigung zur Verwaltung der Gruppe IBS_ADMIN zu vergeben, ist folgendes Statement erforderlich:

```
GRANT USERGROUP OPERATOR ON USERGROUP IBS_ADMIN TO TTIEDE
```

Damit hat der Benutzer TTIEDE die Berechtigung, Benutzer in dieser Gruppe anzulegen und zu löschen sowie existierende Benutzer der Gruppe zuzuordnen.

Um die Zuordnung von Benutzern zu Gruppen zu pflegen, verwenden Sie folgende Statements:

- Anlegen eines Benutzers und Zuordnen zu einer Gruppe:

  ```
  CREATE USER <Benutzername> SET USERGROUP <Benutzergruppe>
  ```

- Benutzer einer anderen Gruppe zuordnen:

  ```
  ALTER USER <Benutzername> SET USERGROUP <Benutzergruppe>
  ```

- Benutzer aus einer Gruppe löschen:

  ```
  ALTER USER <Benutzername> UNSET USERGROUP <Benutzergruppe>
  ```

Die Pflege von Benutzergruppen mit SQL ist erforderlich, wenn für die Datenbankadministration das SAP HANA Studio eingesetzt wird. Dieses bietet keine Oberfläche zur Benutzergruppenpflege.

6.5.3 Protokollierung von Benutzergruppen

Die Pflege von Benutzergruppen kann mit dem Auditing (siehe Kapitel 11, »Auditing in SAP HANA«) protokolliert werden. Erstellen Sie hierfür eine neue Policy, und wählen Sie die Kategorie **User and Role Management** aus. Hier selektieren Sie die Aktionen für die Benutzergruppenpflege:

- `ALTER USERGROUP` (Protokollierung von Änderungen an Benutzergruppen)
- `CREATE USERGROUP` (Anlegen einer Benutzergruppe)
- `DROP USERGROUP` (Löschen einer Benutzergruppe)

Zuordnungen von Benutzern zu Benutzergruppen erfolgen mit dem Statement `ALTER USER`. Diese Aktion muss daher ebenfalls mit protokolliert werden.

Abbildung 6.32 zeigt zwei Protokolleinträge zu Benutzergruppen. Die untere Markierung zeigt das Anlegen der neuen Benutzergruppe *Administrators* (`CREATE USERGROUP "Administrators"`). Die obere Markierung zeigt die Zuordnung des Benutzers TTIEDE zur Benutzergruppe *Administrators* (`ALTER USER TTIEDE SET USERGROUP "Administrators"`).

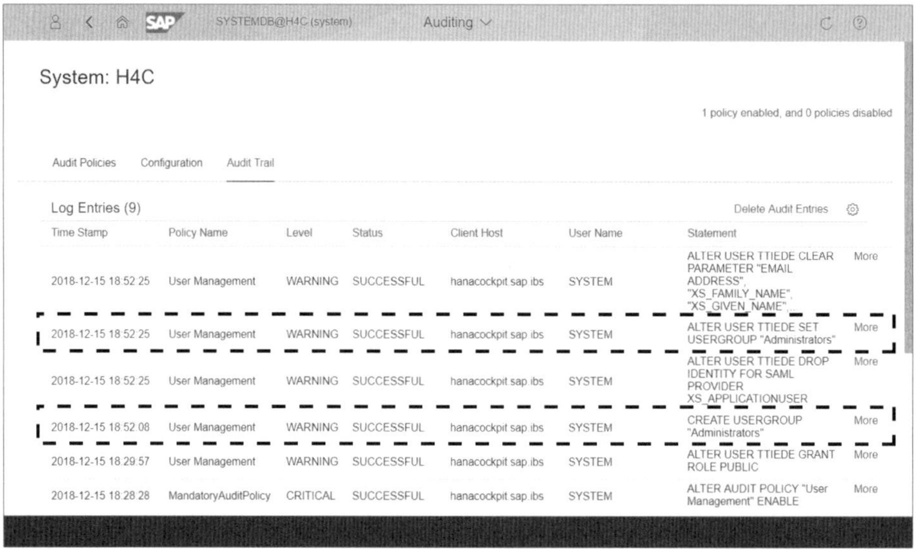

Abbildung 6.32 Protokollierung von Benutzergruppen

Kapitel 7
Das Berechtigungskonzept von SAP HANA

Berechtigungen sind das Kernthema, wenn es um Sicherheit geht. Neben dem technischen Aufbau des SAP-HANA-Berechtigungskonzepts erfahren Sie, wie Sie mithilfe eines Trace Berechtigungsfehler analysieren und wie Berechtigungen in SAP HANA XSA aufgebaut sind.

Das *Berechtigungskonzept* ist das zentrale Element zur Absicherung von SAP HANA. Ein tiefgehendes Verständnis der verschiedenen Berechtigungsarten ist erforderlich, um die Anforderungen verschiedener Benutzergruppen (Administratoren, Entwickler, Key-User, End-User etc.) umsetzen zu können. Dieses Kapitel zeigt die Berechtigungsarten sowie die »Dos and Don'ts« für die Umsetzung auf.

In Abschnitt 7.1 stelle ich das Konzept der Berechtigungen in SAP HANA vor. Auf die einzelnen Privilege-Arten gehe ich dann in den nachfolgenden Abschnitten ein. Speziell für Katalogrollen sowie beim direkten Zuordnen von Berechtigungen zu Benutzern besteht die Möglichkeit, ein Recht zur Weitergabe der zugeordneten Berechtigungen einzuräumen. Dies erläutere ich in Abschnitt 7.7. Wie Daten berechtigungsseitig bei lesenden Zugriffen maskiert werden können, zeige ich in Abschnitt 7.8.

Jeder Benutzer hat die Möglichkeit, anderen Benutzern Rechte für sich zum Debuggen einzuräumen. Diese Berechtigungen stelle ich in Abschnitt 7.9 vor. Eine häufige Fragestellung aus der Praxis ist, wie Benutzer mit ihren Berechtigungen kopiert werden können. Eine Antwort darauf finden Sie in Abschnitt 7.10. Abschließend stelle ich den Berechtigungs-Trace in Abschnitt 7.11 und die zusätzlichen Berechtigungen in SAP HANA XSA in Abschnitt 7.12 vor.

7.1 Konzept der SAP-HANA-Berechtigungen

Um Aktivitäten in der SAP-HANA-Datenbank durchführen zu können, werden entsprechende Berechtigungen benötigt. Ein Benutzer kann zwar ohne Berechtigungen in der SAP-HANA-Datenbank existieren, dort jedoch kann er Objekte weder anzeigen noch verändern. Grundsätzlich gilt im Benutzer-/Berechtigungsumfeld:

- Berechtigungen (*Privileges*) können in Rollen zusammengefasst werden (siehe Kapitel 8, »Das Rollenkonzept von SAP HANA«). Hierdurch können sie logisch gruppiert werden.
- *Rollen* können in beliebiger Tiefe ineinander verschachtelt werden. Hierdurch kann ein Konzept von *Sammelrollen* umgesetzt werden. Rollen können sowohl andere Rollen und gleichzeitig auch weitere Berechtigungen enthalten.
- Benutzern können sowohl Rollen als auch Berechtigungen (Privileges) direkt zugeordnet werden. Dies ist insbesondere bei den SAP-HANA-Standardbenutzern so vordefiniert. Im unternehmenseigenen Berechtigungskonzept sollten Privileges Benutzern nur in Ausnahmenfällen direkt zugeordnet werden.
- Privileges definieren die Berechtigungen auf bestimmte Objekte.

Um die unterschiedlichen Benutzergruppen (End-User, Entwickler, Administratoren etc.) berechtigungsseitig abbilden zu können, wurde ein neues Konzept für Berechtigungen entwickelt. In HANA werden fünf Arten von Berechtigungen genutzt (siehe Tabelle 7.1). In den folgenden Abschnitten gehe ich ausführlich auf diese Berechtigungstypen ein.

Berechtigungstyp	Beschreibung
System Privileges (Systemberechtigungen)	Berechtigungen zur Systemadministration
Object Privileges (Objekt-Berechtigungen)	Berechtigungen für den Zugriff auf Schemata, Tabellen, Views, Prozeduren etc.
Package Privileges (Paket-Berechtigungen)	Berechtigungen für Entwickler innerhalb des Repositorys
Analytic Privileges (Analyseberechtigungen)	Berechtigungen für den Zugriff auf Analyse-Views (Reporting-Berechtigungen)
Application Privileges (Anwendungsberechtigungen)	Berechtigungen für den Aufruf von SAP-HANA-XS-Anwendungen (Apps)

Tabelle 7.1 Berechtigungsarten in SAP HANA

Berechtigungen können über verschiedene Tools verwaltet und zugeordnet werden:

- **SAP HANA Studio**
  Pflege und Zuordnung von Repository- und Katalogrollen
- **SAP HANA Cockpit**
  Pflege von Katalogrollen, Zuordnung von Repository- und Katalogrollen

- **SAP HANA XSA Application Role Builder**
  Pflege von HDI-Rollen
- **SAP HANA SQL Editor**
  Zuordnung von Berechtigungen und Rollen zu Benutzer und Rollen

In den nachfolgenden Abschnitten gehe ich auf die Pflege der jeweiligen Privileges mit den verschiedenen Tools ein.

7.2 System Privileges

Über *Systemberechtigungen* (System Privileges) werden Zugriffsrechte zur Verwaltung der SAP-HANA-Datenbank vergeben, u. a. zur Pflege von Schemata, Benutzern, Katalogrollen, Backup-Aktivitäten und Lizenzierungen. System Privileges sind vordefinierte Berechtigungen in SAP HANA. Sie können nicht selbst definiert oder ausgeprägt werden. Die SAP-HANA-Standardbenutzer SYSTEM und _SYS_REPO verfügen standardmäßig über alle Systemberechtigungen. Eine Auflistung aller verfügbaren System Privileges erhalten Sie über die System View `PRIVILEGES` (Tabelle `SYS.PRIVILEGES`). Abbildung 7.1 zeigt die Selektion zur Anzeige der System Privileges:

```
SELECT * FROM PRIVILEGES WHERE TYPE = 'SYSTEMPRIVILEGE' ORDER BY NAME
```

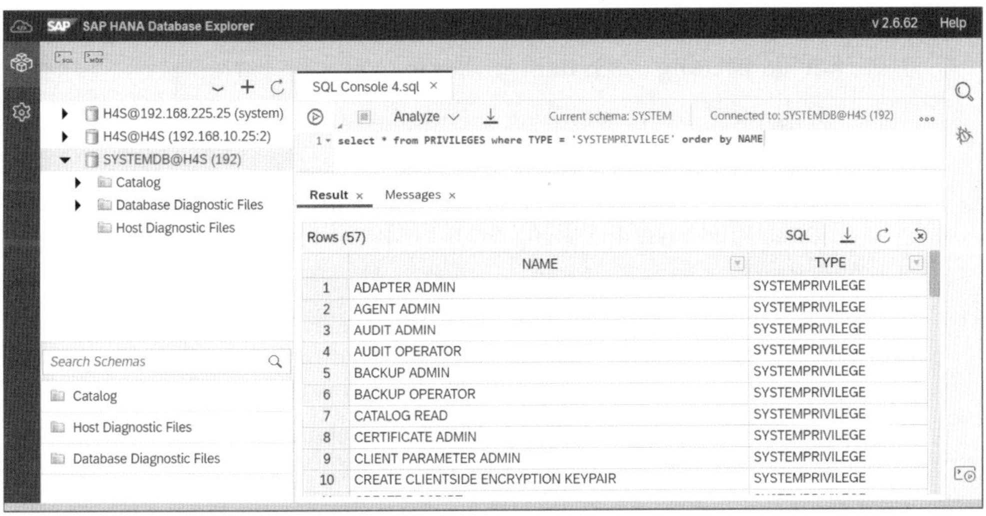

Abbildung 7.1 Anzeige der System Privileges in der Tabelle PRIVILEGES

System Privileges werden von verschiedenen Anwendergruppen benötigt. Administratoren erhalten hierüber die Berechtigungen zur Systemverwaltung und für Transporte. Berechtigungsverwaltern werden die Rechte zur Rollen- und Benutzerpflege hiermit zugeordnet. Entwickler benötigen System Privileges, um Entwicklungen zu exportieren oder Objekte zu importieren. Auditoren können hiermit zur Anzeige aller Kataloge berechtigt werden. Abbildung 7.2 zeigt die Standardkatalogrolle DBA_COCKPIT. Hier sind verschiedene System Privileges standardmäßig enthalten, u. a. zur Pflege von Lizenzen (LICENSE ADMIN) und Systemparametern (INIFILE ADMIN).

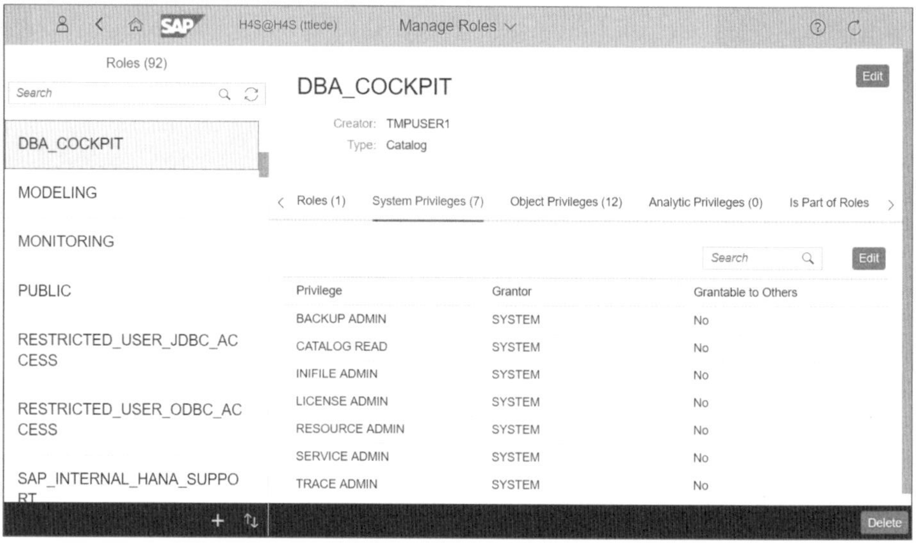

Abbildung 7.2 System Privileges in der Rolle DBA_COCKPIT

7.2.1 Kategorisierung der System Privileges

Auf den folgenden Seiten habe ich die wesentlichen System Privileges für Sie kategorisiert:

- Tabelle 7.2 zeigt System Privileges, die in Produktivsystemen nicht zu vergeben sind. Diese Privileges sind maßgeblich für Entwickler im Entwicklungssystem erforderlich.
- Tabelle 7.3 zeigt System Privileges, die Zugriffe auf sicherheitsrelevante Vorgänge erlauben. Diese Privileges sind in Produktivsystemen Administratoren zuzuordnen, die für die Sicherheit der SAP-HANA-Datenbank verantwortlich sind.
- Die System Privileges in Tabelle 7.4 sind für die Benutzer- und Berechtigungsverwaltung erforderlich.
- Spezielle System Privileges für die Systemdatenbank in einem Multi-Tenant-System zeigt Tabelle 7.5.
- Tabelle 7.6 listet die für die Systemadministration relevanten System Privileges auf.

- In Tabelle 7.7 sind die für Transporte erforderlichen System Privileges aufgeführt.
- Tabelle 7.8 zeigt System Privileges, die für Prüfungen von SAP HANA erforderlich sind.

System Privilege	Beschreibung
CREATE R SCRIPT	Die Open-Source-Programmiersprache für statistische Berechtigungen, R, kann in SAP HANA installiert werden (siehe auch »SAP HANA R Integration Guide«). R-Skripte werden im Entwicklungssystem erstellt und transportiert, daher ist diese Berechtigung in einem Produktivsystem nicht erforderlich.
CREATE SCENARIO	Berechtigt zur Anlage von Calculation Scenarios und gehört damit zu den Modellierungs-Berechtigungen. Der SQL-Befehl hierfür ist `CREATE CALCULATION SCENARIO` Calculation Scenarios stellen u. a. eine Grundlage dar für Calculation Views. Modellierung findet im Entwicklungssystem statt, daher ist diese Berechtigung in einem Produktivsystem nicht erforderlich.
CREATE SCHEMA	Berechtigt zur Anlage von Katalog-Schemata. Der SQL-Befehl dafür lautet: `CREATE SCHEMA` Diese Berechtigung ist nur bei Bedarf zuzuordnen. Im administrativen Tagesgeschäft ist sie im Produktivsystem nicht erforderlich.
CREATE STRUCTURED PRIVILEGE	Berechtigt zur Anlage von Analytic Privileges als Katalogobjekt. Diese sollten generell im Entwicklungssystem erstellt werden. Diese Berechtigung ist im Produktivsystem nicht erforderlich. Der SQL-Befehl dafür ist: `CREATE STRUCTURED PRIVILEGE`

DATA ADMIN	Diese Berechtigung erlaubt das Ausführen aller DDL-Befehle. Hiermit können z. B. neue Tabellen angelegt und bestehende Tabellen gelöscht werden. SQL-Befehle sind z. B.:
	`CREATE TABLE`
	`ALTER TABLE`
	`DROP TABLE`
	Zur Nutzung dieser Befehle ist es nicht erforderlich, dass der Benutzer für das betreffende Schema berechtigt ist (z. B. mit dem Recht CREATE ANY) oder dass er Rechte für das Objekt selbst besitzt.
	Diese Berechtigung darf lediglich einem Notfallbenutzer zugeordnet werden.

Tabelle 7.2 Kritische System Privileges für Produktivsysteme

System Privilege	Beschreibung
LOG ADMIN	Berechtigt zur Aktivierung und Deaktivierung der Redo-Logs. Eine Deaktivierung ist kritisch, da dann eine Wiederherstellung von Daten nach einem Systemausfall nur noch basierend auf den Savepoints möglich ist, was einen Verlust an Daten bedeutet. Das SQL-Statement dafür ist: `ALTER SYSTEM LOGGING`
SCENARIO ADMIN	Berechtigt zur Pflege (Anlegen, Ändern, Löschen) von Calculation Scenarios und gehört damit zu den Modellierungsberechtigungen. Calculation Scenarios stellen u. a. eine Grundlage dar für Calculation Views. Modellierung findet im Entwicklungssystem statt, daher ist diese Berechtigung in einem Produktivsystem nicht erforderlich.

STRUCTURED-PRIVILEGE ADMIN	Berechtigt zum Anlegen, Ändern und Löschen von Analytic Privileges als Katalogobjekt:
	`CREATE STRUCTURED PRIVILEGE`
	`ALTER STRUCTURED PRIVILEGE`
	`DROP STRUCTURED PRIVILEGE`
	Diese sollten generell im Entwicklungssystem gepflegt werden. Diese Berechtigung ist im Produktivsystem nicht erforderlich.

Tabelle 7.2 Kritische System Privileges für Produktivsysteme (Forts.)

System Privilege	Beschreibung

AUDIT ADMIN	Berechtigt zur Pflege der Audit-Konfiguration sowie zur Anzeige der Auditing-Ergebnisse (siehe Kapitel 11, »Auditing in SAP HANA«):
	`CREATE AUDIT POLICY`
	`ALTER AUDIT POLICY`
	`DROP AUDIT POLICY`
	Ein Löschen der Einträge ist hiermit nicht möglich.

AUDIT OPERATOR	Berechtigt zum Anzeigen und Löschen der Auditing-Einträge mit folgendem Statement (siehe Kapitel 11, »Auditing in SAP HANA«): `ALTER SYSTEM CLEAR AUDIT LOG` Durch die Privileges AUDIT ADMIN und AUDIT OPERATOR kann eine Funktionstrennung zwischen der Konfiguration des Auditings und dem Verwalten der Ergebnisse implementiert werden.

Tabelle 7.3 System Privileges für sicherheitsrelevante Vorgänge

<table>
<tr><th>System Privilege</th><th>Beschreibung</th></tr>
<tr><td>CERTIFICATE ADMIN</td><td>Berechtigt zum Anlegen und Löschen von Zertifikaten mit folgenden Statements:
CREATE CERTIFICATE
DROP CERTIFICATE
Außerdem wird die Berechtigung geprüft beim Lesen der Tabellen SYS.CERTIFICATES und SYS.PSE_CERTIFICATES.</td></tr>
<tr><td>CLIENT PARAMETER ADMIN</td><td>Gestattet die Änderung der Variablen CLIENT (siehe Abschnitt 6.1.1, »Eigenschaften eines Benutzerstammsatzes«). Diese kann im Benutzerstamm fest zugeordnet, aber zur Laufzeit geändert werden. Die Berechtigung ist nur erforderlich, wenn der Parameter secure_client_parameter (Abschnitt authorization, Datei global.ini) auf den Wert TRUE gesetzt ist. Der Standardwert ist FALSE.</td></tr>
<tr><td>CREDENTIAL ADMIN</td><td>Berechtigt zum Anlegen, Ändern und Löschen von Credentials (siehe Abschnitt 3.5.2, »Secondary Credentials«). Dies sind Anmeldeinformationen von Remote Sources (Schnittstellen):
CREATE CREDENTIAL
ALTER CREDENTIAL
DROP CREDENTIAL</td></tr>
<tr><td>ENCRYPTION ROOT KEY ADMIN</td><td>Berechtigt zur Verwaltung der Root Keys für die Verschlüsselungen. Dies gilt für die Verschlüsselung der persistenten Daten, der Redo-Logs und der Backups (siehe Abschnitt 3.3, »Verschlüsselung von Daten«):
ALTER SYSTEM PERSISTENCE ENCRYPTION <ON | OFF>
ALTER SYSTEM LOG ENCRYPTION <ON | OFF>
ALTER SYSTEM BACKUP ENCRYPTION <ON | OFF></td></tr>
<tr><td>SSL ADMIN</td><td>Berechtigt zur Verwaltung der SSL-Zertifikate und zum Zugriff auf die System View PSES (eingerichtete PSEs, Personal Security Environment).</td></tr>
<tr><td>TRUST ADMIN</td><td>Berechtigt zur Verwaltung des Trust Stores sowie zum Anlegen von PSEs.</td></tr>
</table>

Tabelle 7.3 System Privileges für sicherheitsrelevante Vorgänge (Forts.)

System Privilege	Beschreibung

ROLE ADMIN	Berechtigt zur Pflege und Zuordnung von Katalogrollen (siehe Abschnitt 8.2, »Runtime-Katalogrollen«). Bei der Nutzung von Repository-Rollen wird diese Berechtigung nicht benötigt. Folgende SQL-Statements können ausgeführt werden:
	`CREATE ROLE`
	`ALTER ROLE`
	`DROP ROLE`
	`GRANT`
	`REVOKE`

USER ADMIN	Berechtigt zum Anlegen, Ändern und Löschen von Benutzern (siehe Abschnitt 6.1, »Der Benutzerstammsatz«):
	`CREATE USER`
	`CREATE RESTRICTED USER`
	`ALTER USER`
	`DROP USER`

Tabelle 7.4 System Privileges zur Benutzer- und Berechtigungsverwaltung

System Privilege	Beschreibung

DATABASE ADMIN	Berechtigt zur Verwaltung der Tenants (Anlegen, Ändern, Löschen, Backup, Recovery; siehe Abschnitt 4.1, »Das Konzept der Tenant-Datenbanken«):
	`CREATE DATABASE`
	`ALTER DATABASE`
	`DROP DATABASE`
	`RENAME DATABASE`
	`BACKUP DATABASE`
	`RECOVERY DATABASE`
	`BACKUP CHECK`
	`BACKUP LIST DATA`
	Dieses Privilege existiert nur in der Systemdatenbank.

DATABASE START	Berechtigt zum Starten aller Tenant-Datenbanken (siehe Abschnitt 4.1): `ALTER SYSTEM START DATABASE`
DATABASE STOP	Berechtigt zum Stoppen aller Tenant-Datenbanken (siehe Abschnitt 4.1): `ALTER SYSTEM STOP DATABASE`

Tabelle 7.5 System Privileges in einer Multitenant-Systemdatenbank

System Privilege	Beschreibung
BACKUP ADMIN	Berechtigt zur Konfiguration der Backup- und Recovery-Szenarien sowie zum Ausführen von Backups und Recoverys: BACKUP CATALOG DELETE BACKUP CHECK
BACKUP OPERATOR	Berechtigt zum Ausführen von Backups. Die Konfiguration der Backups sowie das Ausführen von Recoverys sind mit dieser Berechtigung nicht möglich. Folgende SQL-Statements werden berechtigt: BACKUP CANCEL BACKUP DATA BACKUP DATA CREATE SNAPSHOT BACKUP DATA CLOSE SNAPSHOT BACKUP DATA DROP SNAPS BACKUP LIST DATA
CREATE CLIENTSIDE ENCRYPTION KEYPAIR	Berechtigt zur Anlage eines Client Key Pair (CKP), siehe Abschnitt 3.3.9, »Client-Side Data Encryption«: CREATE CLIENTSIDE ENCRYPTION KEYPAIR
CREATE REMOTE SOURCE	Berechtigt zur Anlage von Remote Sources (Schnittstellen) für SAP HANA Smart Data Access und SAP HANA Smart Data Integration (siehe Abschnitt 3.5, »Verbindungen zu anderen Systemen – Remote Sources«): CREATE REMOTE SOURCE ALTER REMOTE SOURCE DROP REMOTE SOURCE
DROP CLIENTSIDE ENCRYPTION KEYPAIR	Berechtigt zur Löschung eines Client Key Pair (CKP), siehe Abschnitt 3.3.9: DROP CLIENTSIDE ENCRYPTION KEYPAIR
EXPORT	Berechtigt zum Export von Daten per SQL (Befehl EXPORT). Zusätzlich ist die SELECT-Berechtigung für die zu exportierenden Daten erforderlich.
EXTENDED STORAGE ADMIN	Berechtigt zur Verwaltung von externen Speichermedien: CREATE EXTENDED STORAGE ALTER EXTENDED STORAGE DROP EXTENDED STORAGE

Tabelle 7.6 System Privileges zur Systemadministration

System Privilege	Beschreibung
IMPORT	Berechtigt zum Import von Daten per SQL (Befehl IMPORT). Zusätzlich ist die INSERT-Berechtigung für die Tabelle erforderlich, in der die Daten importiert werden.
INIFILE ADMIN	Berechtigt zur Pflege der Systemparameter (siehe Abschnitt 3.2, »Pflege von Systemparametern«): ALTER SYSTEM ALTER CONFIGURATION
LDAP ADMIN	Berechtigt zur Pflege von LDAP-Anbindungen: CREATE LDAP PROVIDER ALTER LDAP PROVIDER DROP LDAP PROVIDER VALIDATE LDAP PROVIDER
LICENSE ADMIN	Berechtigt zum Einspielen und Löschen von Lizenzen (siehe Abschnitt 3.1, »Verwaltung von Lizenzen«): SET SYSTEM LICENSE UNSET SYSTEM LICENSE
MONITOR ADMIN	Berechtigt für den Befehl ALTER SYSTEM für Events, z. B.: ALTER SYSTEM CLEAR INIFILE CONTENT HISTORY
OPTIMIZER ADMIN	Berechtigt zum Ausführen von SQL-Statements für den Query Optimizer: ALTER STATISTICS ALTER SYSTEM RECOMPILE SQL PLAN CACHE ENTRY ALTER SYSTEM [UN]PIN SQL PLAN CACHE ENTRY CREATE STATISTICS ALTER STATISTICS DROP STATISTICS REFRESH STATISTICS EXPLAIN PLAN
RESOURCE ADMIN	Berechtigt zur Verwaltung der System-Ressourcen.
SAVEPOINT ADMIN	Berechtigt zur Ausführung des Befehls ALTER SYSTEM SAVEPOINT, mit dem ein Savepoint manuell geschrieben wird (siehe Abschnitt 3.3.4, »Verschlüsselung der persistenten Daten«). Savepoints werden automatisch geschrieben nach der Anzahl Sekunden, die im Parameter persistence/savepoint_intervall_s festgelegt sind.

Tabelle 7.6 System Privileges zur Systemadministration (Forts.)

System Privilege	Beschreibung
SERVICE ADMIN	Berechtigt zum Starten, Stoppen und Rekonfigurieren von Services, z. B.: ALTER SYSTEM CLEAR TIMEZONE CACHE ALTER SYSTEM ALTER CONFIGURATION (für SAP ASE) ALTER SYSTEM INITIALIZE SERVICE (für SAP ASE)
SESSION ADMIN	Berechtigt dazu, Benutzersitzungen abzubrechen oder zu ändern, z. B. mit dem Statement CANCEL TASK.
TABLE ADMIN	Berechtigt dazu, Tabellen in den Hauptspeicher zu laden und zu entladen mit folgenden Statements: LOAD UNLOAD
TENANT ADMIN	Wird laut SAP-Dokumentation nicht mehr verwendet.
TRACE ADMIN	Berechtigt zur Konfiguration der Traces und zur Verwaltung der Trace-Dateien, u. a.: ALTER SYSTEM CLEAR TRACES ALTER SYSTEM REMOVE TRACES ALTER SYSTEM START PERFTRACE ALTER SYSTEM STOP PERFTRACE ALTER SYSTEM LOAD PERFTRACE ALTER SYSTEM SAVE PERFTRACE
VERSION ADMIN	Berechtigt zur Freigabe von Speicher, der durch Versionen des MVCC (*Multiversion Concurrency Control*) belegt ist: ALTER SYSTEM RECLAIM VERSION SPACE
WORKLOAD ADMIN	Berechtigt zum Anlegen, Ändern und Löschen von Workload-Klassen und -Mappings: CREATE WORKLOAD CLASS ALTER WORKLOAD CLASS DROP WORKLOAD CLASSs CREATE WORKLOAD MAPPING ALTER WORKLOAD MAPPING DROP WORKLOAD MAPPING Damit können die verfügbaren Ressourcen für Benutzer und Applikationen gesteuert werden (entsprechende FAQs finden Sie im SAP-Hinweis 2222250).

Tabelle 7.6 System Privileges zur Systemadministration (Forts.)

System Privilege	Beschreibung
REPO.EXPORT	Berechtigt zum Export von Eigenentwicklungen, z. B. über Delivery Units (administrative Berechtigung im Entwicklungssystem).
REPO.IMPORT	Berechtigt zum Import von Eigenentwicklungen aus Transporten (administrative Berechtigung in allen Systemen der Systemlandschaft).
REPO.MAINTAIN_DELIVERY_UNITS	Berechtigt zur Pflege von Delivery Units (Berechtigung im Entwicklungssystem).
REPO.CONFIGURE REPO.MODIFY_CHANGE REPO.MODIFY_OWN_CONTRIBUTION REPO.MODIFY_FOREIGN_CONTRIBUTION	Berechtigt beim Einsatz von SAP HANA Application Lifecycle Management zur Arbeit mit SAP HANA Change Recording.

Tabelle 7.7 System Privileges für Transporte

System Privilege	Beschreibung
CATALOG READ	Vergibt die Leseberechtigung für alle Views im Schema SYS.
AUDIT READ	Berechtigt zur Anzeige der Auditing-Protokolle.

Tabelle 7.8 System Privilege für Prüfungen

7.2.2 Zuordnung von System Privileges

Nachfolgend liste ich Ihnen alle Möglichkeiten auf, mit denen System Privileges zugeordnet werden können.

System Privileges in Repository-Rollen

Die Syntax für System Privileges in Repository-Rollen ist:

```
system privilege: <Berechtigung 1>, <Berechtigung 2>, <…>;
```

Das folgende Beispiel zeigt die Berechtigung zur Pflege der Audit-Konfiguration und für Systemparameter:

```
system privilege:
  AUDIT ADMIN,
  INIFILE ADMIN;
```

System Privileges in Katalog-Rollen

Die Zuordnung von System Privileges in Katalogrollen erfolgt über die grafische Benutzeroberfläche im SAP HANA Studio oder im SAP HANA Cockpit. Die zugeordneten Berechtigungen werden im Register **System Privileges** dargestellt. Abbildung 7.3 zeigt die Pflegeoberfläche der Rolle DBA_COCKPIT im SAP HANA Studio, Abbildung 7.4 die Pflegeoberfläche im SAP HANA Cockpit.

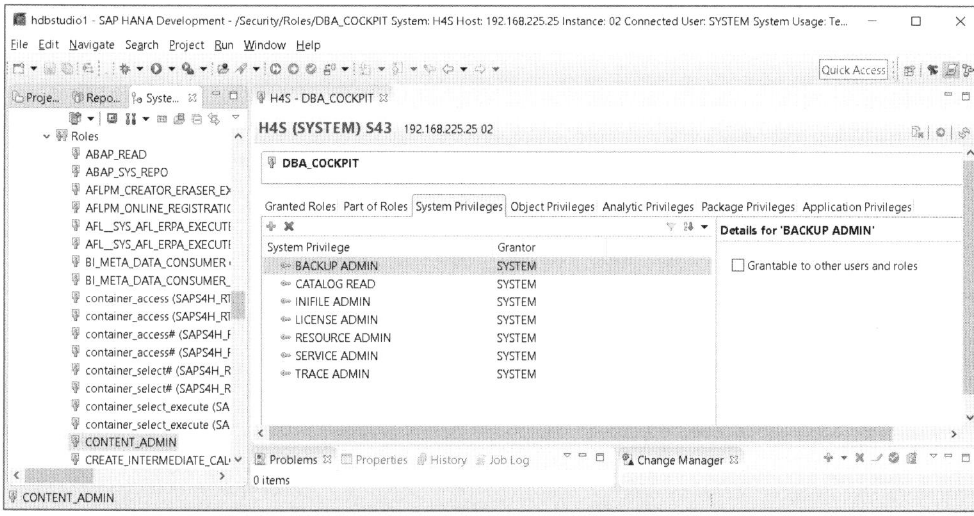

Abbildung 7.3 Pflege von System Privileges im SAP HANA Studio

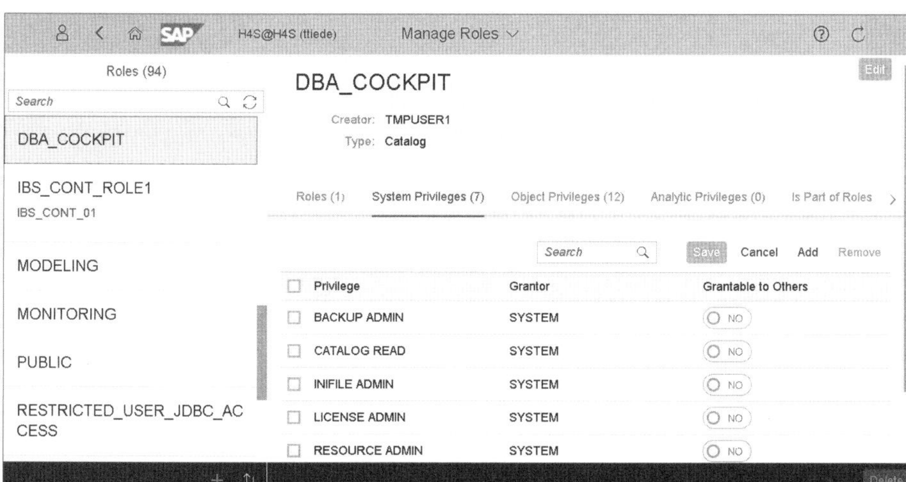

Abbildung 7.4 Pflege von System Privileges im SAP HANA Cockpit

Direkte Zuordnung von System Privileges zu Benutzern

Privileges können Benutzern direkt mit dem SAP HANA Studio und dem SAP HANA Cockpit zugordnet werden. Die Zuordnung erfolgt analog der Zuordnung zu Katalogrollen. Nach der Auswahl des Benutzerstammsatzes wird das Register **System Privileges** ausgewählt. Im SAP HANA Studio erfolgt die Benutzerauswahl unter dem Ordner **Security • Users**. Abbildung 7.5 zeigt die Pflege von System-Privileges im SAP HANA Studio.

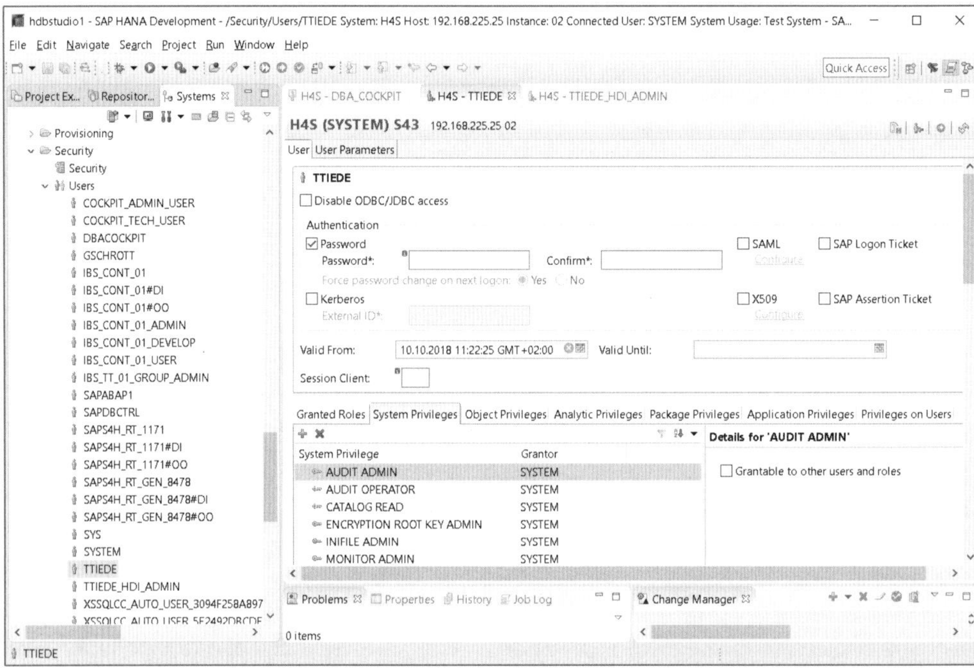

Abbildung 7.5 Zuordnung von System Privileges an Benutzer im SAP HANA Studio

Im SAP HANA Cockpit wählen Sie unter **User & Role Management** den Punkt **Assign privileges to users** aus. Dort kann im Feld **User** der Benutzer angegeben werden, dem Privileges zugeordnet werden sollen. Abbildung 7.6 zeigt die Pflege von System Privileges im SAP HANA Cockpit.

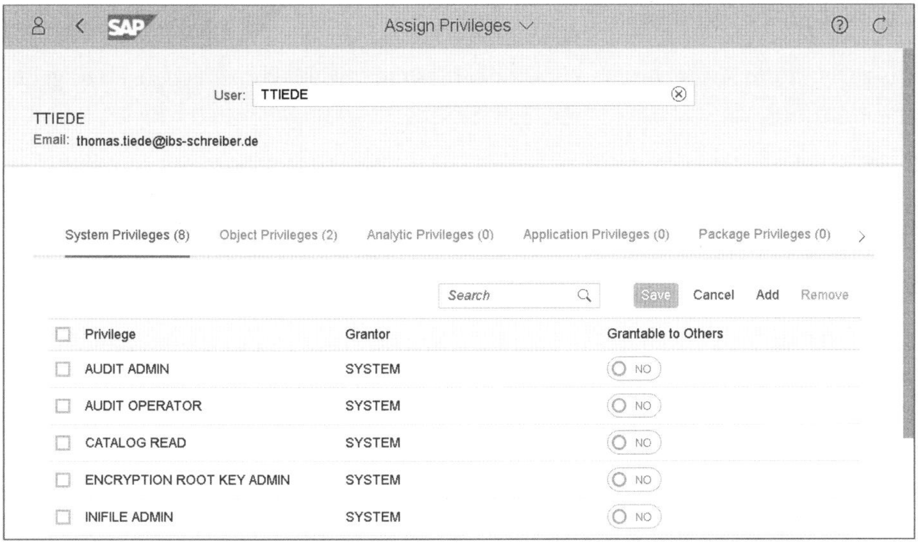

Abbildung 7.6 Zuordnung von System Privileges zu Benutzern im SAP HANA Cockpit

Zuordnung von System Privileges über SQL

Die Zuordnung von System Privileges zu Benutzern und Rollen ist auch mit SQL-Statements möglich. Die Syntax lautet:

```
GRANT <System Privilege> TO <User/Role> <WITH ADMIN OPTION>
```

Der Zusatz `WITH ADMIN OPTION` erlaubt die Zuordnung der Berechtigung zu weiteren Rollen und Benutzern (siehe Abschnitt 7.7, »Weitergabe von Berechtigungen«).

Die folgende Berechtigung ordnet das Privilege `USER ADMIN` der Rolle `IBS_USER_ADMIN` zu:

```
GRANT USER ADMIN TO IBS_USER_ADMIN
```

Diese Berechtigung weist dem Benutzer `TTIEDE` die System Privileges `REPO.CONFIGURE` und `REPO.IMPORT` zu, mit der Berechtigung, diese an andere Benutzer und Rollen weiterzugeben:

```
GRANT REPO.CONFIGURE, REPO.IMPORT TO TTIEDE WITH ADMIN OPTION
```

Um Berechtigungen Benutzern und Rollen wieder zu entziehen, wird der Befehl `REVOKE` genutzt, der analog zum Befehl `GRANT` funktioniert:

```
REVOKE <System Privilege> FROM <User/Role>
```

7.3 Object Privileges

Über *Object Privileges* werden Zugriffe auf Datenbankobjekte vergeben. Dazu gehören u. a.:

- Schemata
- Tabellen
- Views
- Prozeduren

Für jeden SQL-Befehlstyp (z. B. SELECT, UPDATE, EXECUTE) gibt es ein eigenes Object Privilege. So ist für das SQL-Statement

```
SELECT * FROM USERS
```

die SELECT-Berechtigung für die System View USERS erforderlich. Abbildung 7.7 zeigt diese Berechtigung.

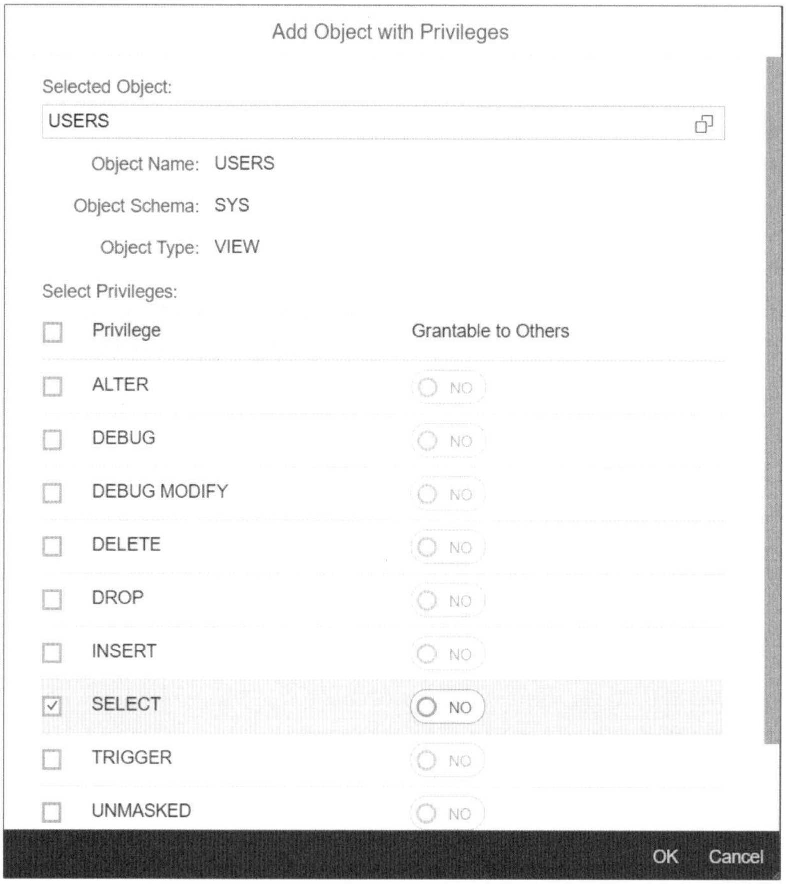

Abbildung 7.7 SELECT-Berechtigung auf die System View USERS

Benutzer benötigen also Object Privileges, um in SAP HANA auf Daten zuzugreifen und um Prozeduren ausführen zu können. In der Rolle PUBLIC, die Benutzern standardmäßig bei der Anlage zugeordnet wird (siehe Abschnitt 8.5.1, »Die Rolle PUBLIC«), ist bereits eine Vielzahl von Object Privileges enthalten, z. B. die Anzeigeberechtigung (SELECT) für alle System Views. Auch um z. B. auf HDI-Container zugreifen zu können, sind Object Privileges erforderlich. Diese sind fest im Schema _SYS_DI definiert. In folgenden Tabellen sind Vorlagen für Object Privileges gespeichert (Abbildung 7.8):

- _SYS_DI.T_DEFAULT_COMMON_PRIVILEGES
- _SYS_DI.T_DEFAULT_CONTAINER_ADMIN_PRIVILEGES
- _SYS_DI.T_DEFAULT_CONTAINER_GROUP_ADMIN_PRIVILEGES
- _SYS_DI.T_DEFAULT_CONTAINER_USER_PRIVILEGES
- _SYS_DI.T_DEFAULT_DI_ADMIN_PRIVILEGES

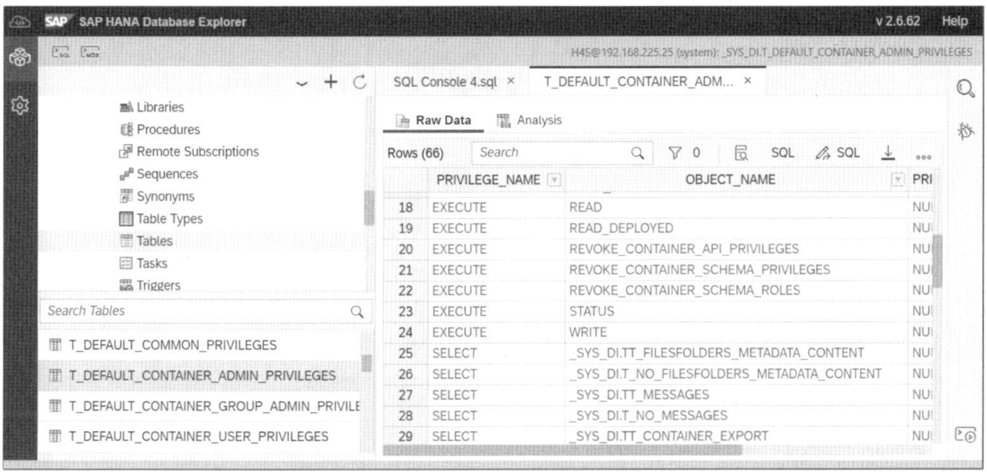

Abbildung 7.8 Object Privileges für einen HDI-Container-Admin

Um also z. B. einem Benutzer für einen Container administrative Berechtigungen zuzuordnen, ordnen Sie die Object Privileges aus der Tabelle _SYS_DI.T_DEFAULT_CONTAINER_ADMIN_PRIVILEGES dem Benutzer zu. Mit folgendem Statement aus Listing 7.1 kopieren Sie die Privileges aus der Tabelle in den Benutzerstammsatz.

```
CREATE LOCAL TEMPORARY COLUMN TABLE #PRIVILEGES
LIKE _SYS_DI.TT_API_PRIVILEGES;
INSERT INTO #PRIVILEGES (PRINCIPAL_NAME, PRIVILEGE_NAME, OBJECT_NAME)
SELECT 'Benutzername', PRIVILEGE_NAME, OBJECT_NAME
FROM _SYS_DI.T_DEFAULT_CONTAINER_ADMIN_PRIVILEGES;
```

```
CALL _SYS_DI#Containername.GRANT_CONTAINER_API_PRIVILEGES('Containername',
#PRIVILEGES, _SYS_DI.T_NO_PARAMETERS, ?, ?, ?);
DROP TABLE #PRIVILEGES;
```

Listing 7.1 Zuordnung administrativer Berechtigungen für einen Container

Auch der Zugriff auf die Daten eines SAP-ERP- oder eines SAP-S/4HANA-Systems wird über die Object Privileges gesteuert. Kritisch ist der Zugriff auf das Schema, in dem die Daten abgelegt sind. Für einen lesenden Zugriff auf alle Daten in dem Schema ist folgende Berechtigung erforderlich:

Schema `SAP<sid>`: Object Privilege `SELECT`

Zur Änderung von Tabelleninhalten des SAP-ERP- bzw. des SAP-S/4HANA-Systems ist die `UPDATE`-Berechtigung auf das Schema erforderlich:

Schema `SAP<sid>`: Object Privilege `UPDATE`

Aber auch für einzelne Tabellen kann eine entsprechende Berechtigung vergeben werden. Um z. B. die Kennwort-Hashwerte der Benutzer des SAP-ERP- bzw. des SAP-S/4HANA-Systems auszulesen, ist folgende Berechtigung erforderlich:

Tabelle `SAP<sid>.USR02`: Object Privilege `SELECT`

7.3.1 Object Privileges für Katalogobjekte

Die für die verschiedenen Katalogobjekte nutzbaren Object Privileges sind in der System View `OBJECT_PRIVILEGES` hinterlegt. Das Feld `OBJECT_TYPE` enthält das Katalogobjekt, das Feld `PRIVILEGE` die möglichen Object Privileges. Abbildung 7.9 zeigt einen Ausschnitt aus der Tabelle. Es wird grundsätzlich zwischen zwei Arten von Berechtigungen unterschieden:

- **Data Definition Language (DDL)**
  Berechtigungen, mit denen Datenstrukturen und ähnliche Elemente angelegt, geändert und gelöscht werden können. Mit diesen Befehlen ist weder die Pflege noch das Anzeigen von Daten möglich. Typische DDL-Befehle sind `CREATE`, `ALTER` und `DROP`.
- **Data Manipulation Language (DML)**
  Berechtigungen, mit denen die Daten gepflegt und gelesen werden können. Mit diesen Befehlen ist keine Änderung der Datenstrukturen möglich. Typische DML-Befehle sind `SELECT`, `INSERT`, `UPDATE` und `DELETE`.

Nachfolgend sind die wesentlichen Object Privileges zu den einzelnen Katalogobjekten beschrieben.

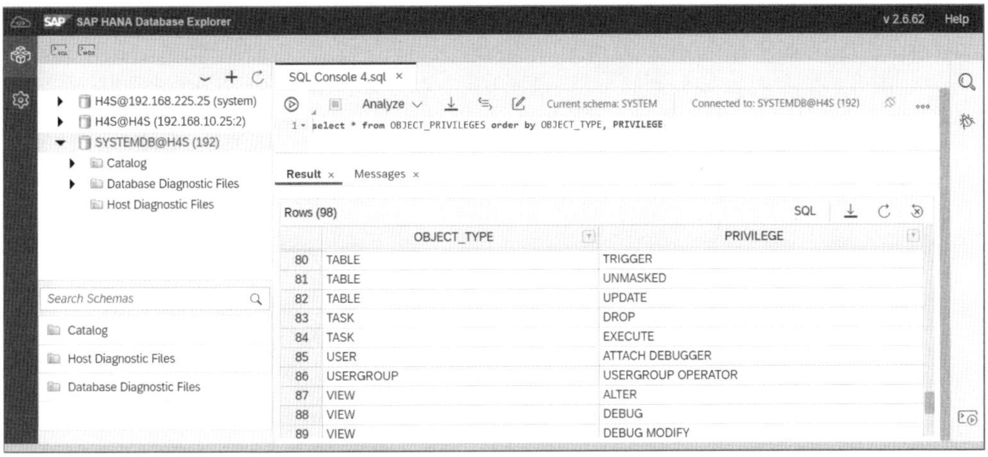

Abbildung 7.9 Object Privileges zu den Katalogobjekten

Object Privileges für Katalogschemata

Berechtigungen auf Schemata wirken sich auf alle enthaltenen Objekte aus. Daher sind Berechtigungen auf Schemata besonders sensibel und nur eingeschränkt zuzuordnen. Besitzer eines Schemas haben grundsätzlich Vollzugriff auf ihr Schema. Tabelle 7.9 zeigt die Object Privileges für Katalogschemata.

Object Privilege	Typ	Beschreibung
CREATE ANY	DDL	Berechtigt zur Anlage (CREATE) aller Objekte im Schema, u. a.: ■ Tabellen ■ Views ■ Functions und Procedures ■ Remote Sources
ALTER	DDL	Berechtigt zum Ändern aller Objekte im Schema.
DROP	DDL	Berechtigt zum Löschen von Objekten im Schema.
SELECT	DML	Mit dem SELECT-Statement werden Inhalte von Tabellen und Views angezeigt. Wird es auf Schema-Ebene vergeben, ist hiermit das Anzeigen der Inhalte aller Tabellen und Views möglich.
INSERT	DML	Ermöglicht das Einfügen von Datensätzen in Tabellen. Das Einfügen kann auch über Views erfolgen.

Tabelle 7.9 Object Privileges für Katalogschemata

Object Privilege	Typ	Beschreibung
UPDATE	DML	Ermöglicht das Ändern von Datensätzen. Änderungen können auch über Views erfolgen.
DELETE	DML	Ermöglicht das Löschen von Datensätzen in Tabellen. Das Löschen kann auch über Views erfolgen.
EXECUTE	DML	Ermöglicht das Ausführen aller Prozeduren und Functions im Schema.
DEBUG	DML	Berechtigt zum Debuggen aller Prozeduren und Functions im Schema.
CREATE TEMPORARY TABLE	DDL	Ermöglicht das Anlegen temporärer Tabellen über SQL oder Prozeduren. Zum Anlegen dieser Temporärtabellen ist keine Berechtigung CREATE ANY erforderlich.
CREATE VIRTUAL PACKAGE	DDL	Ermöglicht das Anlegen virtueller Pakete, die dann in Schnittstellen (Remote Sources) genutzt werden können.
INDEX	DDL	Ermöglicht das Anlegen, Ändern und Löschen von Indizes für alle Tabellen des Schemas.
REFERENCES	DDL	Berechtigt zur Nutzung aller Tabellen des Schemas in Fremdschlüsseldefinitionen.
TRIGGER	DDL	Berechtigt zum Anlegen und Löschen von *Triggern*. Trigger sind Programme, die automatisch event-gesteuert ausgeführt werden.
UNMASKED	DML	Berechtigt zur Anzeige der Originaldaten von Tabellen und Views, die mit WITH MASK angelegt wurden. Ohne diese Berechtigung werden die Daten nur maskiert angezeigt (siehe Abschnitt 7.8, »Maskierung von Daten«).
SELECT METADATA	DML	Berechtigt zum Zugriff auf die Metadaten aller Objekte im Schema.
SELECT CDS METADATA	DML	Berechtigt zum Zugriff auf die Metadaten aller CDS-Objekte (Core Data Services) im Schema.

Tabelle 7.9 Object Privileges für Katalogschemata (Forts.)

Object Privileges für Tabellen

In Tabellen werden die Daten des Schemas gespeichert. Tabelle 7.10 zeigt die verfügbaren Object Privileges für Tabellen.

Object Privilege	Typ	Beschreibung
SELECT	DML	Zeigt die Inhalte der Tabellen an.
INSERT	DML	Ermöglicht das Einfügen von Datensätzen in Tabellen.
UPDATE	DML	Ermöglicht das Ändern von Datensätzen.
DELETE	DML	Ermöglicht das Löschen von Datensätzen in Tabellen.
ALTER	DDL	Berechtigt zum Ändern der Tabellenstruktur.
DROP	DDL	Berechtigt zum Löschen der Tabelle.
INDEX	DDL	Ermöglicht das Anlegen, Ändern und Löschen von Indizes für die Tabelle.
REFERENCES	DDL	Berechtigt zur Nutzung der Tabelle in Fremdschlüsseldefinitionen.
TRIGGER	DDL	Berechtigt zum Anlegen und Löschen von Triggern für die Tabelle.
UNMASKED	DML	Berechtigt zur Anzeige der Originaldaten der Tabelle, falls diese mit WITH MASK angelegt wurde. Ohne diese Berechtigung werden die Daten nur maskiert angezeigt (siehe Abschnitt 7.8, »Maskierung von Daten«).

Tabelle 7.10 Object Privileges für Tabellen

Object Privileges für Views

Views sind Sichten auf einzelne oder miteinander verknüpfte Tabellen. Views können wie Tabellen genutzt werden. Tabelle 7.11 zeigt die verfügbaren Object Privileges für Views.

Object Privilege	Typ	Beschreibung
SELECT	DML	Mit dem SELECT-Statement werden die Inhalte der View angezeigt.
INSERT	DML	Ermöglicht das Einfügen von Datensätzen.
UPDATE	DML	Ermöglicht das Ändern von Datensätzen.
DELETE	DML	Ermöglicht das Löschen von Datensätzen in der View.
ALTER	DDL	Berechtigt zum Ändern der View-Struktur.
DROP	DDL	Berechtigt zum Löschen der View.

Tabelle 7.11 Object Privileges für Views

Object Privilege	Typ	Beschreibung
TRIGGER	DDL	Berechtigt zum Anlegen und Löschen von Triggern für die View.
UNMASKED	DML	Berechtigt zur Anzeige der Originaldaten der View, falls diese mit WITH MASK angelegt wurde. Ohne diese Berechtigung werden die Daten nur maskiert angezeigt (siehe Abschnitt 7.8, »Maskierung von Daten«).

Tabelle 7.11 Object Privileges für Views (Forts.)

Object Privileges für Stored Procedures

Stored Procedures sind SQL-Skripte, die als ausführbare Prozeduren gespeichert werden. Ein Beispiel sind die Prozeduren, mit denen Object Privileges zugeordnet werden können (siehe Abschnitt 7.3.3, »Zuordnung von Object Privileges«). Tabelle 7.12 zeigt die verfügbaren Object Privileges für Stored Procedures.

Object Privilege	Typ	Beschreibung
ALTER	DDL	Berechtigt zum Ändern der Prozedur.
DROP	DDL	Berechtigt zum Löschen der Prozedur.
DEBUG	DML	Berechtigt zum Debuggen der Prozedur.
EXECUTE	DML	Berechtigt zum Ausführen der Prozedur.

Tabelle 7.12 Object Privileges für Stored Procedures

Object Privileges für Functions

Functions sind sowohl interne SQL-Functions als auch individuell programmierte Funktionen. Tabelle 7.13 zeigt die verfügbaren Object Privileges für Functions.

Object Privilege	Typ	Beschreibung
ALTER	DDL	Berechtigt zum Ändern der Function.
DROP	DDL	Berechtigt zum Löschen der Function.
DEBUG	DML	Berechtigt zum Debuggen der Function.
EXECUTE	DML	Berechtigt zum Ausführen der Function.

Tabelle 7.13 Object Privileges für Functions

7.3.2 Object Privileges auf die Daten des SAP-ERP- bzw. SAP-S/4HANA-Systems

Über Object Privileges werden die Berechtigungen für den Zugriff auf produktive SAP-Daten (aus SAP ERP, SAP S/4HANA, SAP BW) vergeben. Eine `SELECT`-Berechtigung für das Schema des SAP-Benutzers (SAP<sid>) bedeutet, dass die Inhalte aller ca. 120.000 Tabellen (SAP ERP/SAP S/4HANA) angezeigt werden können. Mit den Berechtigungen `INSERT`, `UPDATE` und `DELETE` für dieses Schema ist das Ändern aller Tabelleninhalte möglich. Abbildung 7.10 zeigt eine Vollberechtigung für dieses Schema. Berechtigungen auf das Schema des SAP-Benutzers sind in Produktivsystemen im administrativen Tagesgeschäft nicht erforderlich. Sie sind daher nur an Notfallbenutzer zu vergeben.

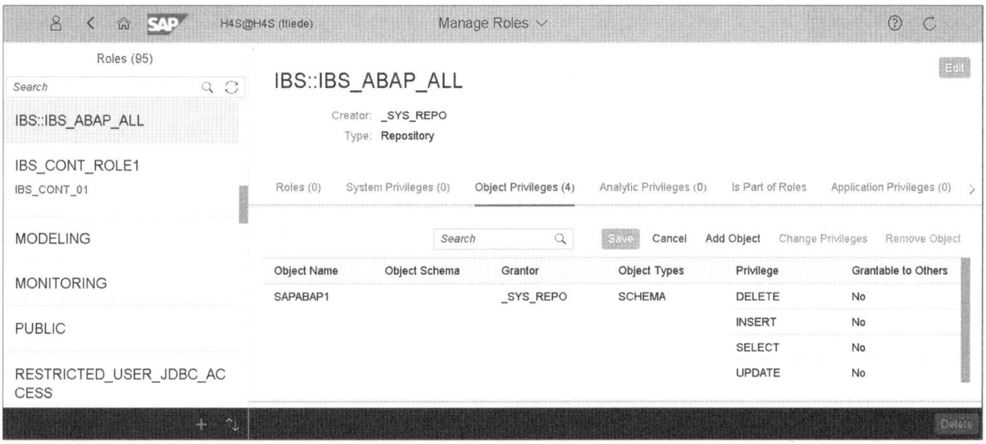

Abbildung 7.10 Vollberechtigung auf das Schema des SAP-ABAP-Benutzers

7.3.3 Zuordnung von Object Privileges

Nachfolgend liste ich Ihnen die Möglichkeiten auf, mit denen Object Privileges zugeordnet werden können.

Object Privileges in Repository-Rollen

Die Syntax für Object Privileges in Repository-Rollen lautet wie folgt:

- für Schemata:

```
schema <Schema-Name>: <Berechtigung 1>, <Berechtigung 2>, <…>;
catalog schema <Schema-Name>: <Berechtigung 1>, <Berechtigung 2>, <…>;
```

- für Tabellen, Views, Prozeduren, Funktionen etc.:

```
sql object <Objekt-Name>: <Berechtigung 1>, <Berechtigung 2>, <…>;
catalog sql object <Objekt-Name>: <Berechtigung 1>, <Berechtigung 2>, <…>;
```

Nachfolgend finden Sie einige Beispiele für Object Privileges in Repository-Rollen.

- Anzeigeberechtigung des SAP-Benutzers für den ABAP-Stack:

  ```
  catalog schema "SAP<sid>": SELECT;
  ```

- Berechtigung zur Zuordnung von Repository-Rollen:

  ```
  catalog sql object "SYS_REPO"."GRANT_ACTIVATED_ROLE": EXECUTE;
  ```

- Berechtigung zur Anzeige der Repository View `users`:

  ```
  sql object sap.hana.security.base.persistence::users: SELECT;
  ```

- Berechtigung zur Anzeige und Pflege der Tabelle `VERSIONS`:

  ```
  catalog sql object "SAP_HANA_ADMIN"."sap.hana.admin.
  common.dbobjects::VERSIONS": SELECT, INSERT, UPDATE;
  ```

Abbildung 7.11 zeigt beispielhaft die Object Privileges der Rolle `sap.hana.admin.roles::SolutionManagerMonitoring`.

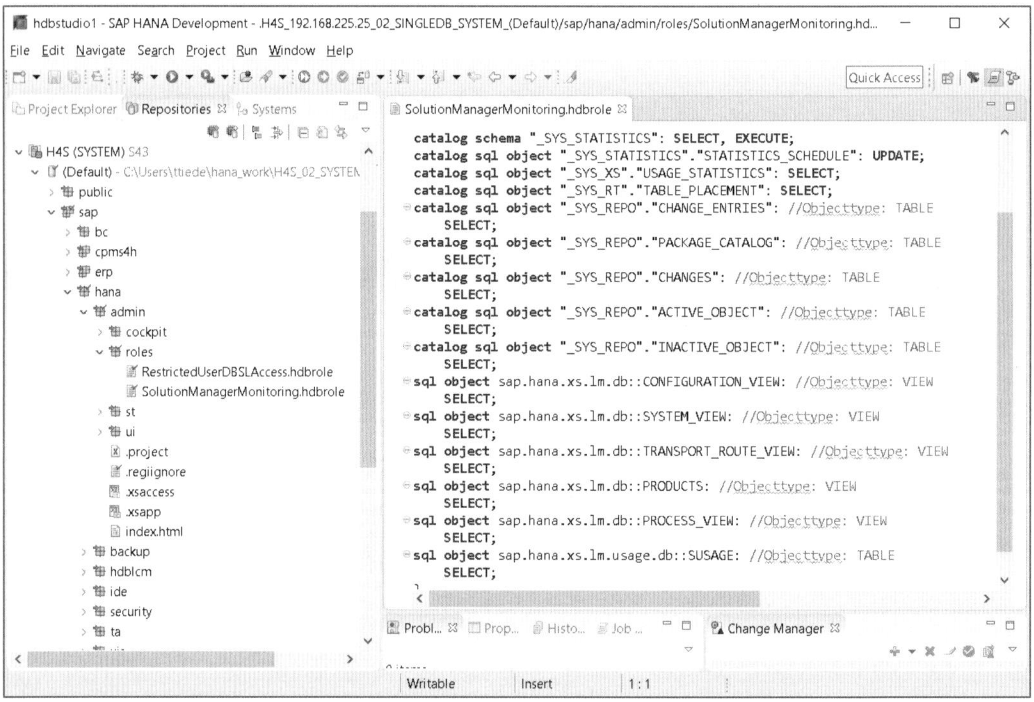

Abbildung 7.11 Object Privileges in einer SAP-Standard-Repository-Rolle

Object Privileges in Katalogrollen

Die Zuordnung von Object Privileges in Katalogrollen erfolgt über die grafische Benutzeroberfläche im SAP HANA Studio oder im SAP HANA Cockpit. Die zugeordneten Berechtigungen werden im Register **Object Privileges** dargestellt. Abbildung 7.12 zeigt die Pflegeoberfläche der Rolle `DBA_COCKPIT` im SAP HANA Studio, Abbildung 7.13 die Pflegeoberfläche im SAP HANA Cockpit.

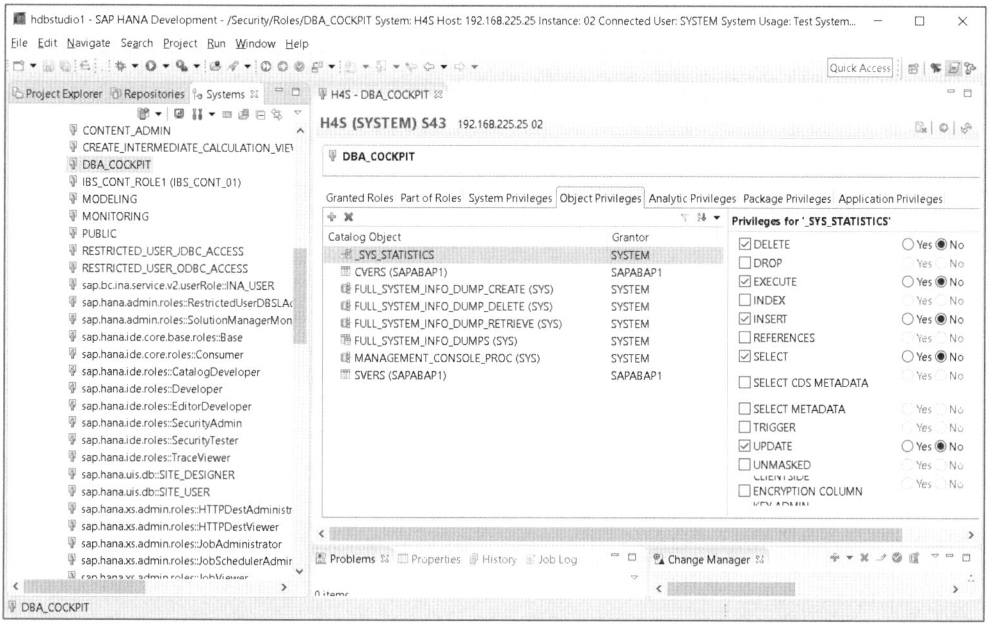

Abbildung 7.12 Pflege von Object Privileges im SAP HANA Studio

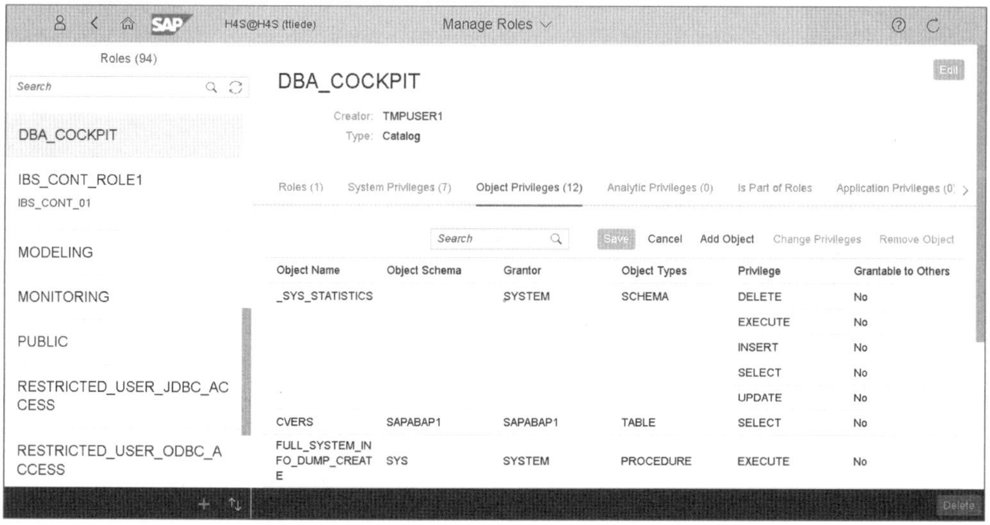

Abbildung 7.13 Pflege von Object Privileges im SAP HANA Cockpit

Zuordnung von Object Privileges über SQL

Die Zuordnung erfolgt mit dem Befehl GRANT. Hierbei wird unterschieden zwischen der Zuordnung von Berechtigungen auf Schemata und andere Objekte. Mit dem Zusatz WITH GRANT OPTION wird in beiden Fällen die Berechtigung vergeben, das Recht weiterzugeben (siehe Abschnitt 7.7, »Weitergabe von Berechtigungen«):

- Syntax für die Zuordnung von Berechtigungen auf ein Schema:

  ```
  GRANT <Object Privilege, …> ON SCHEMA <Schema> TO <user/Role>
  <WITH GRANT OPTION>
  ```

- Syntax für die Zuordnung von Berechtigungen auf ein Objekt:

  ```
  GRANT <Object Privilege, …> ON <Objektname> TO <user/Role>
  <WITH GRANT OPTION>
  ```

Der folgende SQL-Befehl ordnet die Berechtigung SELECT für das Schema IBS_ERP der Rolle IBS_ADMIN zu:

```
GRANT SELECT ON SCHEMA IBS_ERP TO IBS_ADMINS
```

Dieser SQL-Befehl ordnet dem Benutzer TTIEDE das Recht zur Pflege der Tabelle IBS.CUSTOMERS zu, inklusive der Berechtigung, dieses an andere Benutzer und Rollen weiterzugeben:

```
GRANT INSERT, UPDATE, DELETE, SELECT ON IBS.CUSTOMERS TO TTIEDE
WITH GRANT OPTION
```

Um Benutzern und Rollen Berechtigungen wieder zu entziehen, wird der Befehl REVOKE genutzt, der analog dem Befehl GRANT funktioniert:

```
REVOKE <Object Privilege> ON SCHEMA <Schema> FROM <User/Role>
REVOKE <Object Privilege> ON <Objektname> FROM <User/Role>
```

Zuordnung von Object Privileges über Prozeduren

Zur Zuordnung von Object Privileges für Tabellen, Views oder Prozeduren zu Katalogrollen und Benutzern können die folgenden Prozeduren genutzt werden:

- _SYS_REPO.GRANT_PRIVILEGE_ON_ACTIVATED_CONTENT
- _SYS_REPO.REVOKE_PRIVILEGE_ON_ACTIVATED_CONTENT

Die jeweilige Syntax zum Aufruf dieser Prozeduren in SQL lautet:

- call GRANT_PRIVILEGE_ON_ACTIVATED_CONTENT (<Object Privilege>, <Objekt>, <User/Role>)
- call REVOKE_PRIVILEGE_ON_ACTIVATED_CONTENT (<Object Privilege>, <Objekt>, <User/Role>)

Zur Zuordnung von Object Privileges für Schemata zu Katalogrollen und Benutzern sind Berechtigungen auf folgenden Prozeduren erforderlich:

- _SYS_REPO.GRANT_SCHEMA_PRIVILEGE_ON_ACTIVATED_CONTENT
- _SYS_REPO.REVOKE_SCHEMA_PRIVILEGE_ON_ACTIVATED_CONTENT

Die jeweilige Syntax zum Aufruf dieser Prozeduren in SQL ist:

- call GRANT_SCHEMA_PRIVILEGE_ON_ACTIVATED_CONTENT (<Object Privilege>, <Schema>, <User/Role>)
- call REVOKE_SCHEMA_PRIVILEGE_ON_ACTIVATED_CONTENT (<Object Privilege>, <Schema>, <User/Role>)

7.4 Package Privileges

Über *Package Privileges* (Paketberechtigungen) werden Rechte zum Zugriff auf die Entwicklungsumgebung vergeben (siehe Abschnitt 1.4.5, »Das Repository der SAP-HANA-Datenbank«). Diese Umgebung ist in logisch zusammengehörige Objekte untergliedert, sogenannte *Pakete*. Ein Benutzer, der eine Berechtigung für den Zugriff auf ein Repository-Paket besitzt, ist automatisch für den Zugriff auf alle darin enthaltenen Objekte und Unterpakete berechtigt. Für Berechtigungen zum Zugriff auf alle Objekte des Repositorys wird die Berechtigung für das Root-Paket .REPO_PACKAGE_ROOT benötigt.

Es gibt zwei unterschiedliche Arten von Paketen in SAP HANA:

- **Native Pakete**

  Native Pakete wurden im aktuellen System erstellt und anschließend transportiert. Sie existieren somit in Entwicklungssystemen.

- **Importierte Pakete**

  Importierte Pakete sind in Fremdsystemen erstellte und ins aktuelle System importierte Pakete, z. B. die von SAP ausgelieferten Pakete und die unternehmenseigenen Pakete im Qualitätssicherungs- und Produktivsystem. Importierte Pakete sind in der Entwicklungsumgebung an ihrem Symbol zu erkennen. Sie werden mit einem blauen Pfeil () dargestellt (siehe Abbildung 7.14).

Welche Pakete existieren und welche importiert sind, können Sie über die Tabelle _SYS_REPO.PACKAGE_CATALOG einsehen. Im Feld SRC_SYSTEM wird das System angezeigt, aus dem das Paket stammt (siehe Abbildung 7.15). Wenn das hier angegebene System dem aktuellen System entspricht, handelt es sich um ein natives Paket. In Abbildung 7.15 ist zu erkennen, dass zu einigen Paketen als Source-System H4S@H4S angegeben ist. Dies ist der Name des aktuellen Tenants, daher sind dies native Pakete.

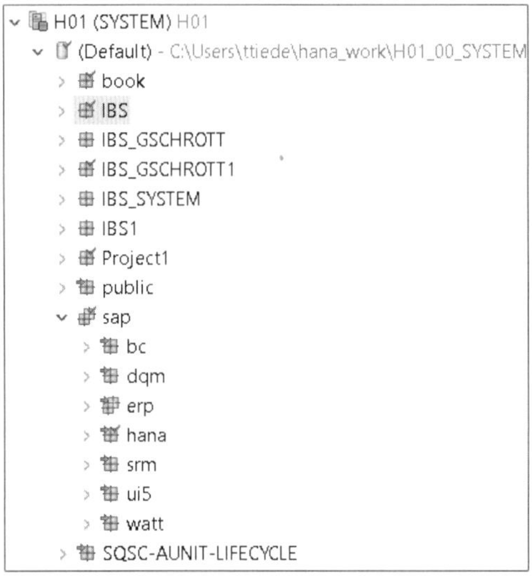

Abbildung 7.14 Darstellung von nativen und importierten Paketen

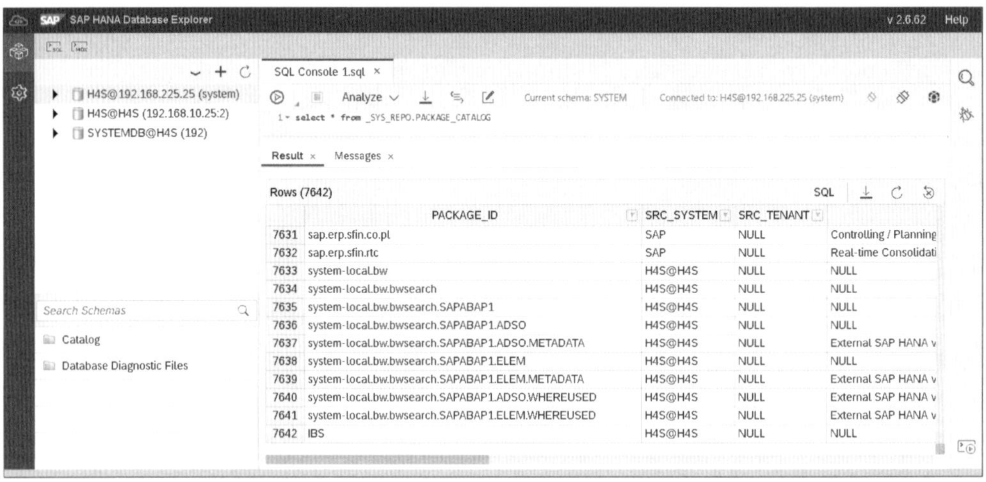

Abbildung 7.15 Liste der Pakete

Tabelle 7.14 zeigt die Package Privileges. Diese können für den Zugriff auf die einzelnen Pakete vergeben werden. Generell wird unterschieden zwischen Berechtigungen für native und Berechtigungen für importierte Objekte. Zu jeder Paketart können Berechtigungen zur Pflege von Objekten (Anlegen, Ändern, Löschen), zur Aktivierung und zur Pflege der Pakete selbst vergeben werden. Hierdurch kann eine Funktionstrennung erreicht werden, z.B. dahingehend, dass nur Projektleiter eine Berechtigung zur Pflege von Paketen bekommen. Um alle Objekte im Repository anzeigen zu dürfen, ist die Berechtigung `REPO.READ` für das Paket `.REPO_PACKAGE_ROOT` (Root Package) erforderlich (siehe Abbildung 7.16).

Package Privilege	Beschreibung
REPO.READ	Anzeige der Pakete und der enthaltenen Objekte
REPO.EDIT_NATIVE_OBJECTS	Pflege von Repository-Objekten im Originalsystem
REPO.ACTIVATE_NATIVE_OBJECTS	Aktivierung von Repository-Objekten im Originalsystem
REPO.MAINTAIN_NATIVE_PACKAGES	Pflege von Paketen im Originalsystem
REPO.EDIT_IMPORTED_OBJECTS	Pflege von Repository-Objekten aus importierten Paketen
REPO.ACTIVATE_IMPORTED_OBJECTS	Aktivierung von Repository-Objekten aus importierten Paketen
REPO.MAINTAIN_IMPORTED_PACKAGES	Pflege von importierten Paketen

Tabelle 7.14 Package Privileges

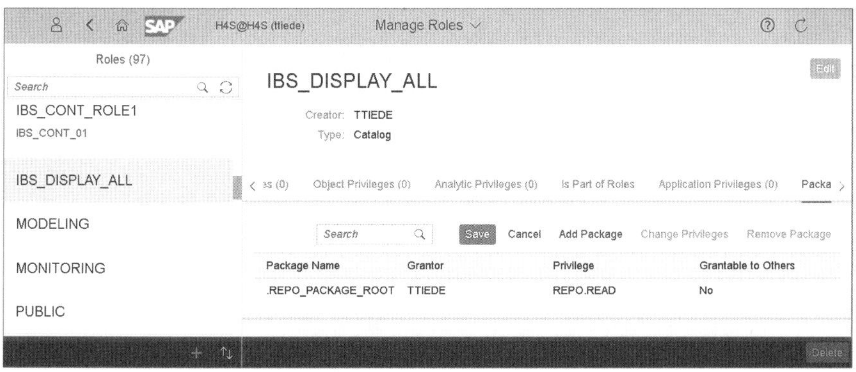

Abbildung 7.16 Package Privilege zum Anzeigen des Repositorys

Nicht eingeschlossen in die Package Privileges sind die Berechtigungen für Transporte. Diese werden über System Privileges gesteuert (siehe den gleichnamigen Abschnitt 7.2). Tabelle 7.15 zeigt die für die Vergabe von Transportberechtigungen erforderlichen System Privileges.

System Privilege	Beschreibung
REPO.EXPORT	Berechtigt zum Export von Eigenentwicklungen, z. B. über Delivery Units (administrative Berechtigung im Entwicklungssystem).

Tabelle 7.15 Transportberechtigungen (System Privileges)

System Privilege	Beschreibung
REPO.IMPORT	Berechtigt zum Import von Eigenentwicklungen aus Transporten (administrative Berechtigung in allen Systemen der Systemlandschaft).
REPO.MAINTAIN_DELIVERY_UNITS	Berechtigt zur Pflege von Delivery Units (Berechtigung im Entwicklungssystem).
REPO.CONFIGURE REPO.MODIFY_CHANGE REPO.MODIFY_OWN_CONTRIBUTION REPO.MODIFY_FOREIGN_CONTRIBUTION	Berechtigt beim Einsatz von SAP HANA Application Lifecycle Management zur Arbeit mit SAP HANA Change Recording.

Tabelle 7.15 Transportberechtigungen (System Privileges) (Forts.)

7.4.1 Kritische Package Privileges

In einem Produktivsystem dürfen keine Berechtigungen zur Anwendungsentwicklung vergeben werden. In einem Entwicklungssystem dürfen keine Entwicklerberechtigungen für importierte Pakete vergeben werden, da diese ausschließlich durch Updates aktualisiert werden sollten. Es gilt:

- In Produktivsystemen ist nur das Package Privilege REPO.READ zuzuordnen. Die weiteren Package Privileges sind einem Notfallbenutzer vorbehalten.
- In Entwicklungssystemen sind (neben REPO.READ) nur die Package Privileges für die nativen Objekte zu vergeben:
  - REPO.EDIT_NATIVE_OBJECTS
  - REPO.ACTIVATE_NATIVE_OBJECTS
  - REPO.MAINTAIN_NATIVE_PACKAGES
- Die Privileges für die importierten Objekte sind nur einem Notfallbenutzer zuzuordnen:
  - REPO.EDIT_IMPORTED_OBJECTS
  - REPO.ACTIVATE_IMPORTED_OBJECTS
  - REPO.MAINTAIN_IMPORTED_PACKAGES

Da mit Entwicklerberechtigungen in produktiven Systemen gegen geltende Gesetze verstoßen werden kann (z. B. § 239 HGB, »Radierverbot«), sollte regelmäßig die Zuordnung dieser Berechtigungen überprüft werden.

7.4.2 Zuordnung von Package Privileges

Nachfolgend liste ich Ihnen die Möglichkeiten auf, mit denen Package Privileges zugeordnet werden können.

Package Privileges in Repository-Rollen

Die Syntax für Package Privileges in Repository-Rollen ist:

```
package <Paketname>: <Berechtigung 1>, <Berechtigung 2>, <…>;
```

Das folgende Beispiel zeigt die Berechtigung zur Anzeige der gesamten Entwicklungsumgebung:

```
package ".REPO_PACKAGE_ROOT": REPO.READ;
```

Das Beispiel in Listing 7.2 zeigt die Anzeige- und Pflegeberechtigung für das Paket `IBS`.

```
package IBS:
   REPO.READ,
   REPO.EDIT_NATIVE_OBJECTS,
   REPO.ACTIVATE_NATIVE_OBJECTS,
   REPO.MAINTAIN_NATIVE_PACKAGES;
```

Listing 7.2 Package Privileges für ein Paket

Package Privileges in Katalogrollen

Die Zuordnung von Package Privileges in Katalogrollen erfolgt über die grafische Benutzeroberfläche im SAP HANA Studio oder im SAP HANA Cockpit. Die zugeordneten Berechtigungen werden im Register **Package Privileges** dargestellt. Abbildung 7.17 zeigt die Pflegeoberfläche der Rolle `IBS_DEVELOP` im SAP HANA Studio, Abbildung 7.18 die Pflegeoberfläche im SAP HANA Cockpit.

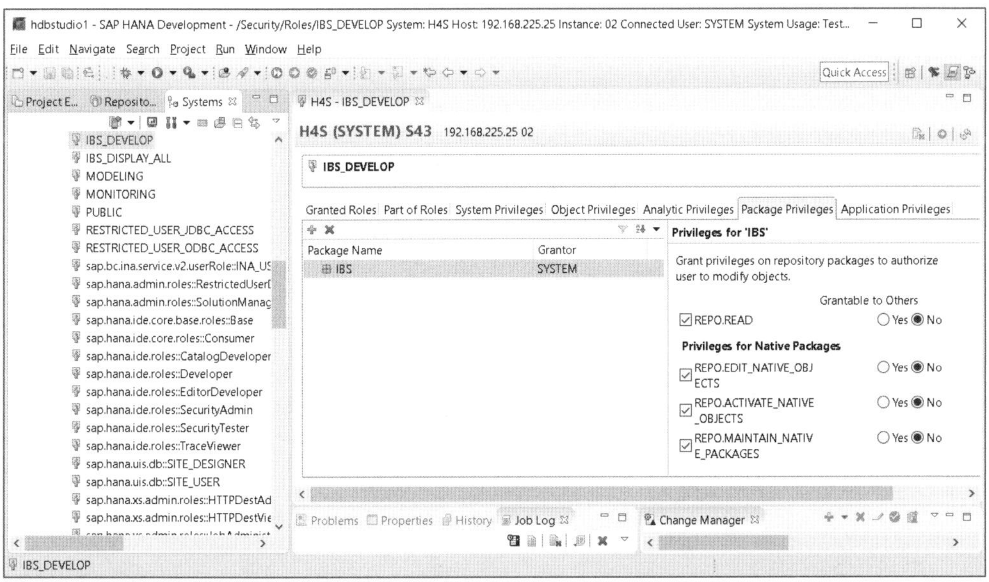

Abbildung 7.17 Pflege von Package Privileges in Rollen im SAP HANA Studio

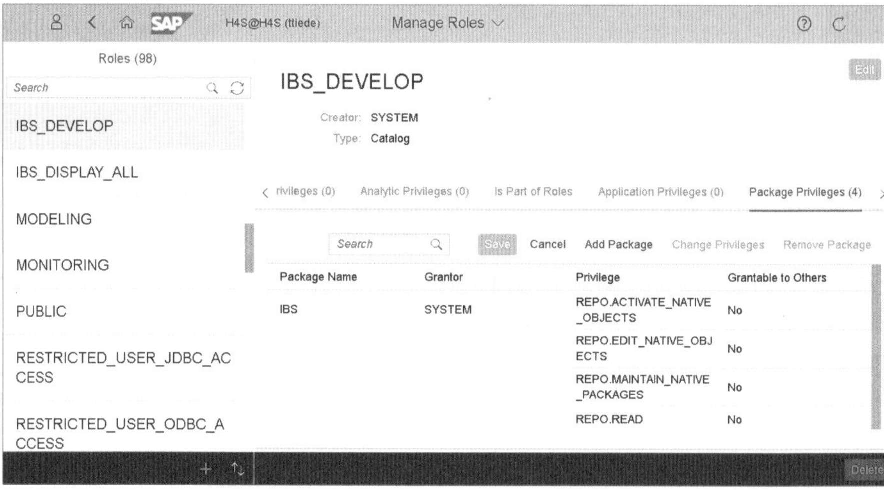

Abbildung 7.18 Pflege von Package Privileges in Rollen im SAP HANA Cockpit

Direkte Zuordnung von Package Privileges zu Benutzern

Privileges können Benutzern direkt mit dem SAP HANA Studio und dem SAP HANA Cockpit zugordnet werden. Die Zuordnung erfolgt analog der Zuordnung zu Katalogrollen. Nach der Auswahl des Benutzerstammsatzes wird das Register **Package Privileges** ausgewählt. Im SAP HANA Studio erfolgt die Benutzerauswahl unter dem Ordner **Security • Users**. Abbildung 7.19 zeigt die Pflege von Package Privileges im SAP HANA Studio.

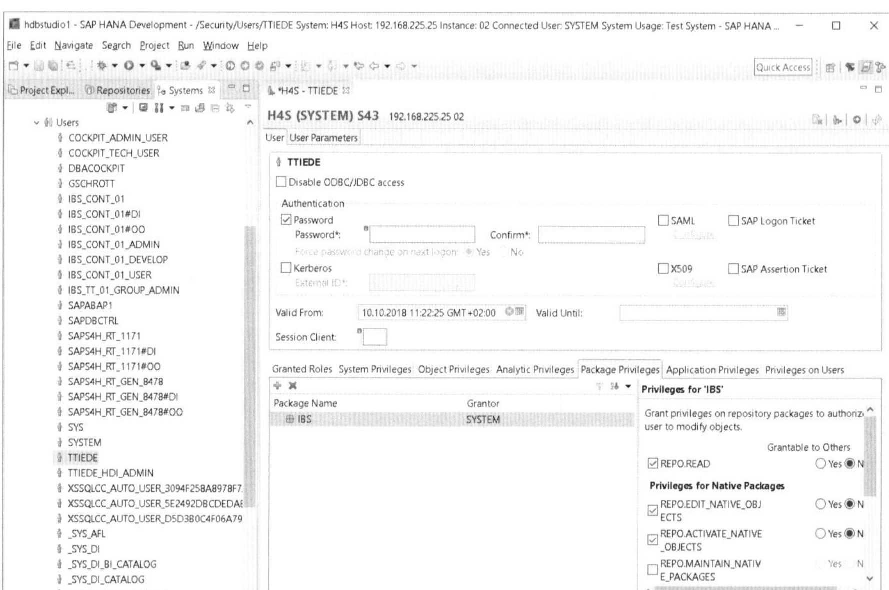

Abbildung 7.19 Pflege von Package Privileges zu Benutzern im SAP HANA Studio

Im SAP HANA Cockpit wählen Sie unter **User & Role Management** den Punkt **Assign privileges to users** aus. Dort kann im Feld **User** der Benutzer angegeben werden, dem Privileges zugeordnet werden sollen. Abbildung 7.20 zeigt die Pflege von Package Privileges im SAP HANA Cockpit.

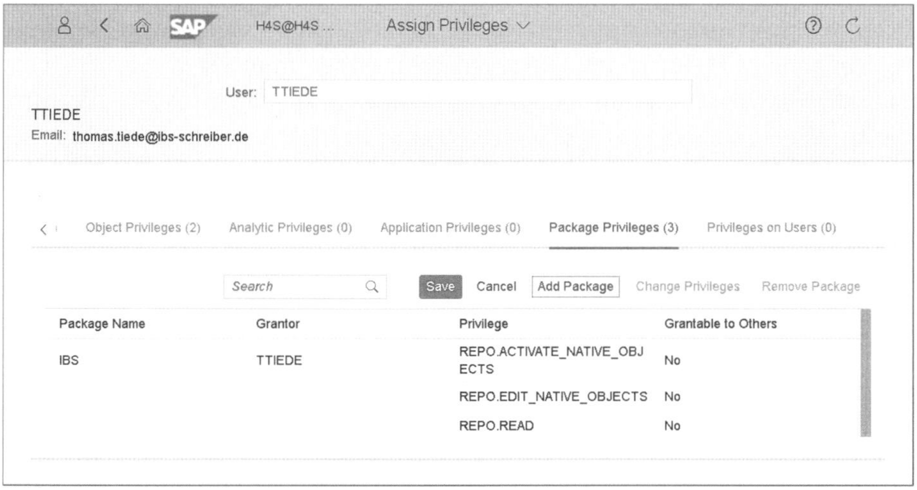

Abbildung 7.20 Pflege von Package Privileges zu Benutzern im SAP HANA Cockpit

Zuordnung von Package Privileges über SQL

Die Zuordnung von Package Privileges an Benutzer und Rollen ist auch mit SQL-Statements möglich. Die Syntax ist:

```
GRANT <Package Privilege> ON <Package> TO <User/Role> <WITH GRANT OPTION>
```

Der Zusatz `WITH GRANT OPTION` erlaubt es, Berechtigungen weiteren Rollen und Benutzern zuzuordnen (siehe Abschnitt 7.7, »Weitergabe von Berechtigungen«).

Das nachfolgende Beispiel zeigt die Zuordnung von Entwicklerberechtigungen zu dem Paket IBS für den Benutzer TTIEDE:

```
GRANT
REPO.READ, REPO.EDIT_NATIVE_OBJECTS,
REPO.ACTIVATE_NATIVE_OBJECTS ON IBS TO TTIEDE
```

Um Benutzern und Rollen Berechtigungen wieder zu entziehen, wird der Befehl `REVOKE` genutzt, der analog zum Befehl `GRANT` funktioniert:

```
REVOKE <Package Privilege> ON <Package> FROM <User/Role>
```

7.5 Analytic Privileges

Über *Analytic Privileges* (Analyseberechtigungen) werden Zugriffe auf Applikationsdaten vergeben, z. B. über Analytic Views, Attribute Views und die drei Arten von Calculation Views (Standard, Dimensional, Star Join). Hiermit wird gesteuert, auf welche Daten der View ein Benutzer zugreifen darf. Die Abgrenzung erfolgt über zeilenweise Berechtigungen. Dadurch sind z. B. organisatorische Abgrenzungen möglich. Auch kann der Gültigkeitszeitraum innerhalb der Analytic Privileges festgelegt werden. Die Anwendergruppe für Analyseberechtigungen sind Endanwender.

Abbildung 7.21 zeigt den Aufbau eines Analytic Privileges in SAP HANA 1.0. Analytic Privileges sind hier XML-basiert und wurden als Design-Time-Objekte im SAP HANA Modeler oder der SAP HANA Development Workbench erstellt. Dabei wurden die Berechtigungen technisch im Hintergrund über den Benutzer _SYS_REPO erstellt.

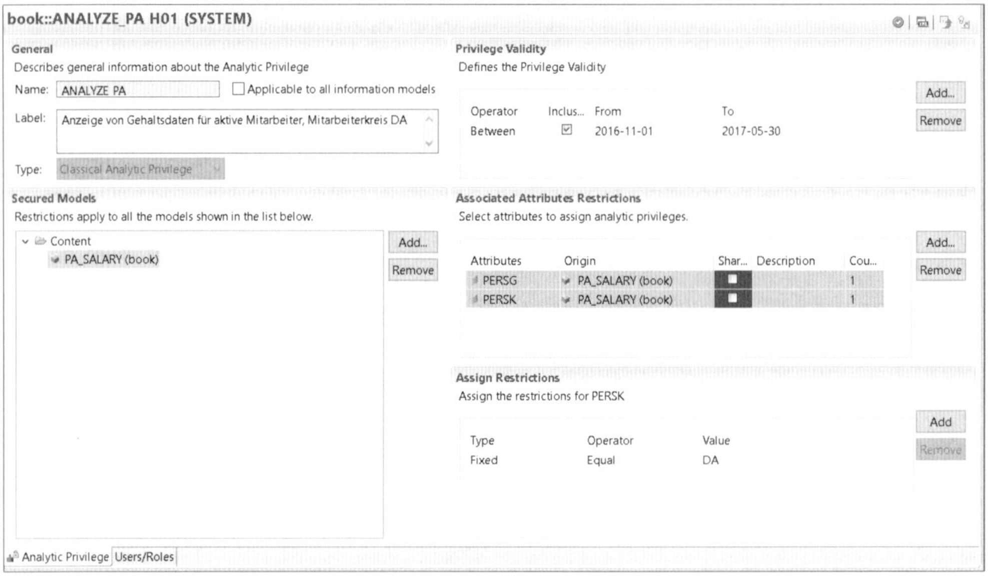

Abbildung 7.21 Analytic Privilege in SAP HANA 1.0

Diese XML-basierten Analytic Privileges werden weiterhin von SAP HANA 2.0 unterstützt. Hier sollten allerdings die SQL-basierten Analytic Privileges genutzt werden. Des Weiteren können sie mit der HDI schemaspezifisch (also pro Container) definiert werden.

7.6 Application Privileges

Application Privileges werden für den Aufruf von Anwendungen benötigt, die mit den SAP HANA Extended Application Services (XS) entwickelt wurden. Da diese XS-

Services nun nach und nach abgelöst werden durch das SAP HANA Cockpit und die SAP WebIDE, werden sie zukünftig immer weniger genutzt. SAP HANA Cockpit und SAP WebIDE sind in SAP HANA XS Advanced (XSA) abgebildet, welches ein eigenes Berechtigungskonzept für Zugriffe auf Applikationen enthält. Application Privileges sind hierfür nicht weiter erforderlich. Da in vielen Systemen aber noch Application Privileges eingesetzt werden, gehe ich hier auf deren Systematik ein.

Application Privileges werden meistens in demselben Paket definiert, in dem auch die Applikation liegt. Sie haben frei definierbare Namen, die in einer Datei mit dem festen Namen **.xsprivileges** definiert werden. Diese werden dann im Quelltext der Anwendung abgefragt.

Abbildung 7.22 zeigt ein Beispiel aus SAP HANA 2.0 SPS03. Die Datei **.xsprivileges** enthält sechs Berechtigungen (`LandingPage`, `Editor`, `Security`, `Catalog`, `Trace` und `EclipseWebBridge`). Sie liegt im Repository unter dem Pfad **sap.hana.ide**.

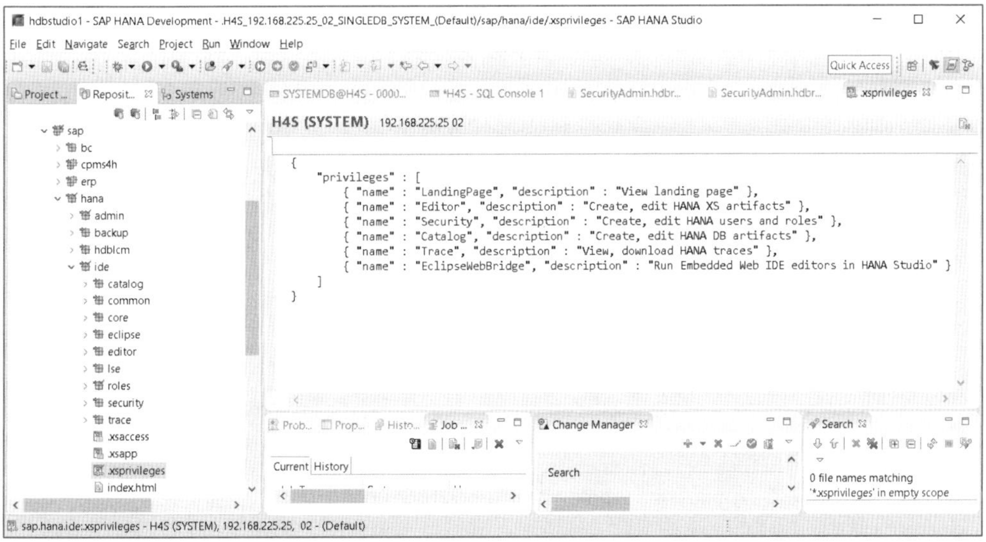

Abbildung 7.22 Definition von Application Privileges

Diese Berechtigungen werden im Quelltext der Anwendung über die Syntax

```
<Repository-Pfad der Datei .xsprivileges>::<Berechtigungsname>
```

abgefragt, für die Berechtigungen in Abbildung 7.22 also z. B.:

```
sap.hana.ide::LandingPage
sap.hana.ide::Editor
```

Nachfolgend liste ich Ihnen die Möglichkeiten auf, mit denen Application Privileges zugeordnet werden können.

7.6.1 Application Privileges in Repository-Rollen

Die Syntax für Application Privileges in Repository-Rollen ist:

```
application privilege: <Berechtigung 1>, <Berechtigung 2>, <…>;
```

Application Privileges werden somit folgendermaßen in Repository-Rollen implementiert (siehe Abbildung 7.23):

```
application privilege:
  "sap.hana.ide::LandingPage",
  "sap.hana.ide::Security";
```

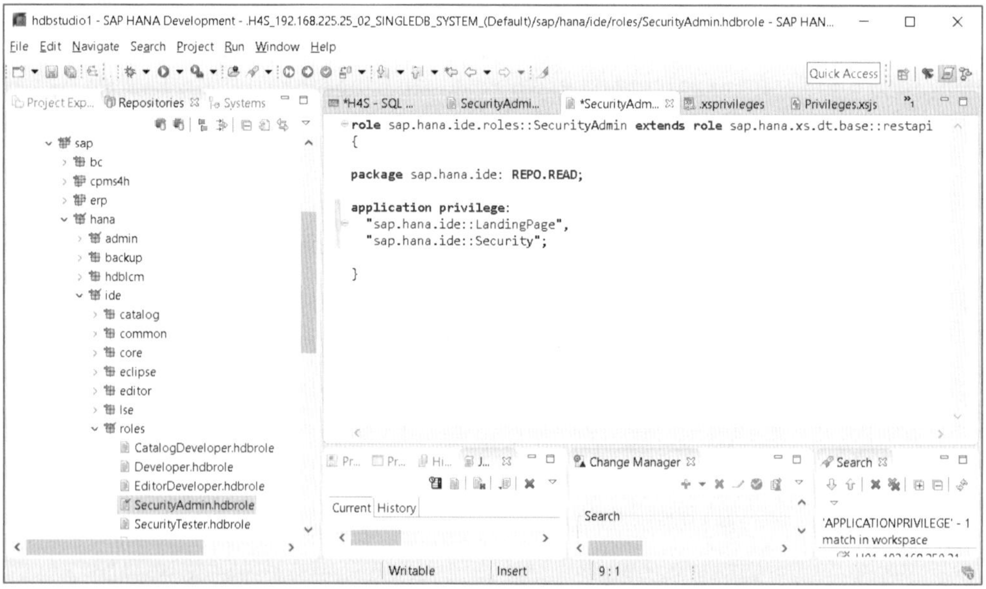

Abbildung 7.23 Application Privileges in Repository-Rollen

7.6.2 Application Privileges in Katalogrollen

Die Zuordnung von Application Privileges in Katalogrollen erfolgt über die grafische Benutzeroberfläche im SAP HANA Studio oder im SAP HANA Cockpit. Die zugeordneten Berechtigungen werden im Register **Application Privileges** dargestellt.

Abbildung 7.24 zeigt die Pflegeoberfläche der Rolle `IBS_DEVELOP` im SAP HANA Studio, Abbildung 7.25 die Pflegeoberfläche im SAP HANA Cockpit.

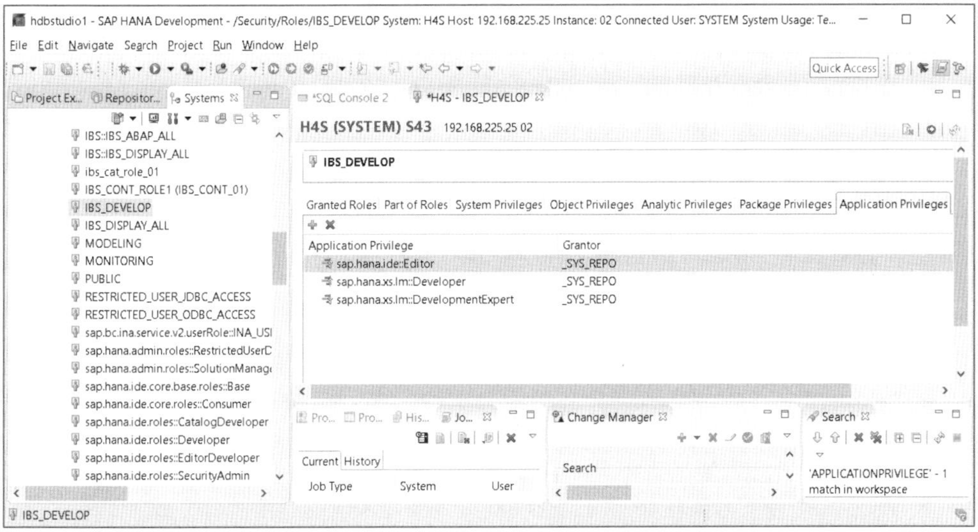

Abbildung 7.24 Zuordnung von Application Privileges zu Katalogrollen im SAP HANA Studio

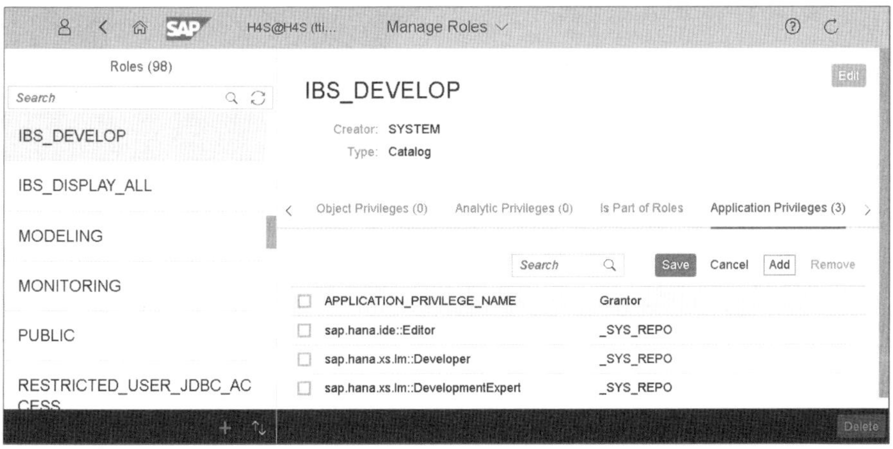

Abbildung 7.25 Zuordnung von Application Privileges zu Katalogrollen im SAP HANA Cockpit

7.6.3 Direkte Zuordnung von Application Privileges zu Benutzern

Privileges können Benutzern direkt mit dem SAP HANA Studio und dem SAP HANA Cockpit zugordnet werden. Die Zuordnung erfolgt analog der Zuordnung zu Katalogrollen. Nach der Auswahl des Benutzerstammsatzes wird das Register **Application Privileges** ausgewählt. Im SAP HANA Studio erfolgt die Benutzerauswahl unter dem Ordner **Security • Users**. Abbildung 7.26 zeigt die Pflege von Application Privileges im SAP HANA Studio.

Im SAP HANA Cockpit wählen Sie unter **User & Role Management** den Punkt **Assign privileges to users** aus. Dort kann im Feld **User** der Benutzer angegeben werden, dem Privileges zugeordnet werden sollen. Abbildung 7.27 zeigt die Pflege von Application Privileges im SAP HANA Cockpit.

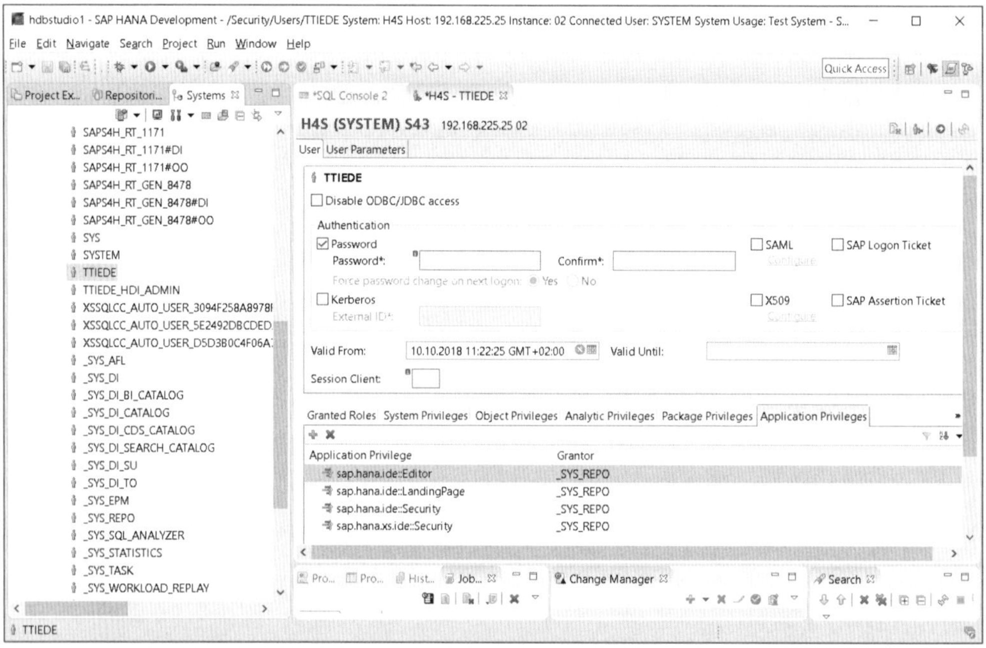

Abbildung 7.26 Zuordnung von Application Privileges zu Benutzern im SAP HANA Studio

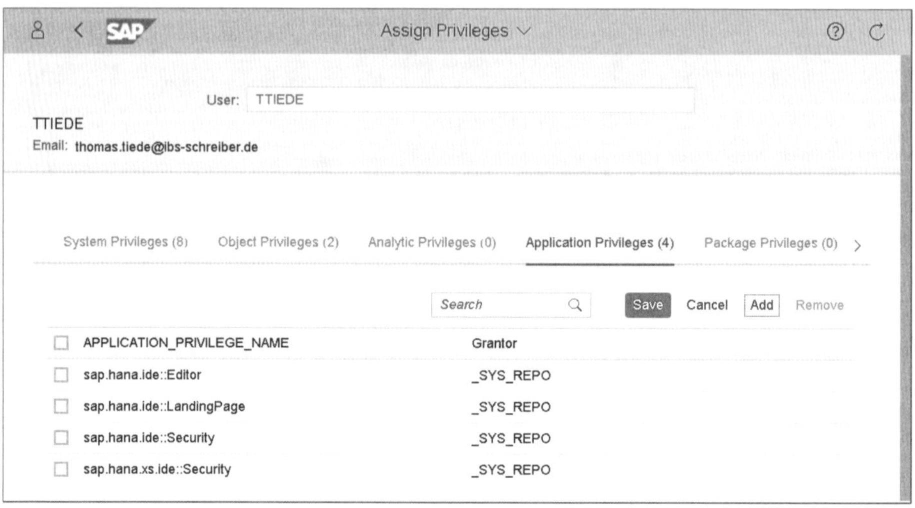

Abbildung 7.27 Zuordnung von Application Privileges zu Benutzern im SAP HANA Cockpit

7.6.4 Zuordnung von Application Privileges über Prozeduren

Zum Zuordnen und Entziehen von Application Privileges zu/von Katalogrollen und Benutzern können Sie die folgenden Prozeduren nutzen:

- `_SYS_REPO.GRANT_APPLICATION_PRIVILEGE`
- `_SYS_REPO.REVOKE_APPLICATION_PRIVILEGE`

Die jeweilige Syntax zum Aufruf dieser Prozeduren in SQL lautet:

- `call GRANT_APPLICATION_PRIVILEGE (<Application Privilege>, <User/Role>)`
- `call REVOKE_PRIVILEGE_ON_ACTIVATED_CONTENT (<(<Application Privilege>, <User/Role>))`

7

Mit diesen Prozeduren haben Sie die Möglichkeit, die Vergabe von Application Privileges mithilfe von Skripten zu automatisieren.

7.7 Weitergabe von Berechtigungen

Bei der Nutzung von Katalogrollen sowie beim direkten Zuordnen von Berechtigungen zu Benutzern besteht die Möglichkeit, ein Recht zur Weitergabe der zugeordneten Berechtigungen einzuräumen. Dies erfolgt über das Flag *Grantable to Others*. Dieses Flag kann für folgende Elemente vergeben werden:

- Katalogrollen
- System Privileges
- Object Privileges
- Analytic Privileges
- Package Privileges

Ein Beispiel stellen die Berechtigungen des Benutzers SYSTEM dar. Ihm sind standardmäßig alle System Privileges zugeordnet. In Abbildung 7.28 ist zu erkennen, dass zu jedem Privilege das Flag **Grantable to Others** auf »Yes« gesetzt ist. Das bedeutet, dass der Benutzer SYSTEM diese Privileges beliebigen anderen Benutzern zuordnen und sie auch in Katalogrollen integrieren kann. Er kann außerdem das Flag dann selbst dort wieder setzen, kann also bestimmen, dass andere Benutzer das Recht ebenfalls weitergeben dürfen.

Anwendern darf diese Berechtigung nicht zugeordnet werden. Dieses Flag kann jedoch für Berechtigungsadministratoren von Vorteil sein. Jedes Katalogobjekt hat nur einen Eigentümer, der dann auch Berechtigungen dafür vergeben darf. Damit andere Benutzer ebenfalls Rechte auf den Objekten vergeben dürfen, muss bei ihnen das Flag **Grantable to Others** gesetzt werden. Dies wird insbesondere auch für die Weitergabe von Rollen genutzt.

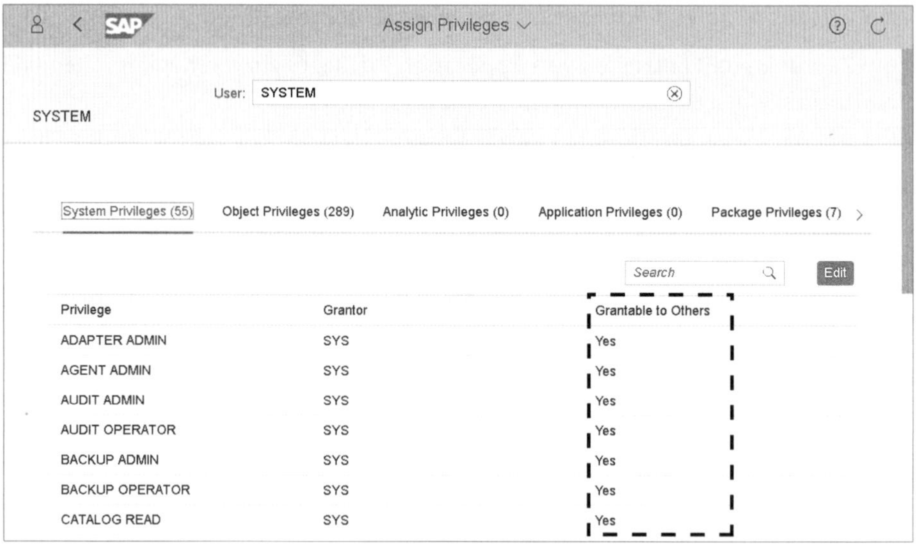

Abbildung 7.28 Flag zur Weitergabe von Berechtigungen

Abbildung 7.29 zeigt, dass das Flag **Grantable to Others** auch für Rollen genutzt werden kann. Dort ist zu erkennen, dass der Benutzer für vier Rollen die Berechtigung besitzt, diese wiederum anderen Benutzern zuzuordnen (**Grantable to Others** = **Yes**).

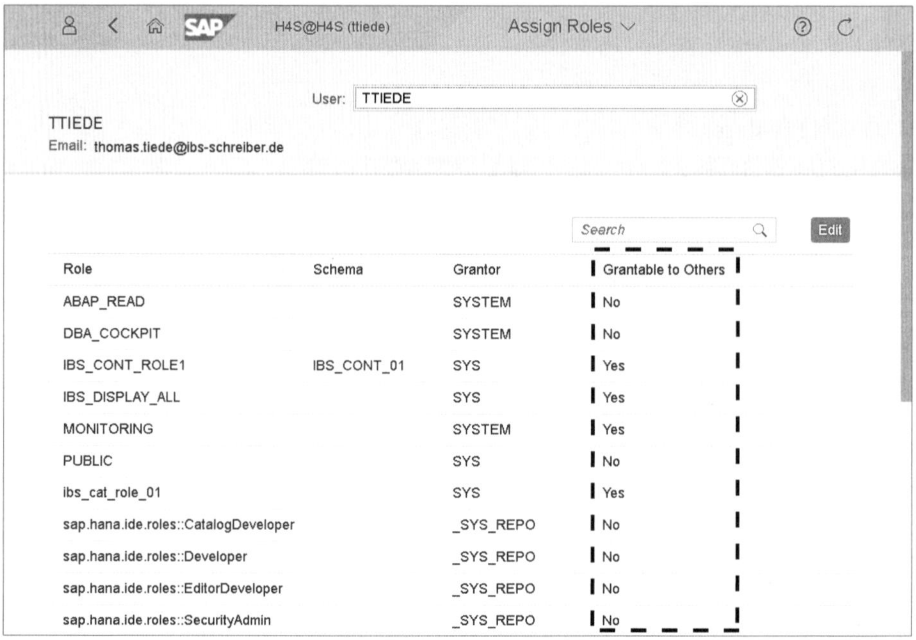

Abbildung 7.29 Flag zur Weitergabe von Rollen

Das Flag können Sie auch in Katalogrollen nutzen. Werden dort Privileges mit **Grantable to Others** versehen, können Benutzer, denen diese Rolle zugewiesen wird, diese Privileges anderen Benutzern zuordnen. In Rollen können sie die Rechte ebenfalls integrieren, dafür sind aber zusätzlich die Berechtigungen zur Rollenpflege erforderlich (System Privilege `ROLE ADMIN`). Abbildung 7.30 zeigt die System Privileges in der SAP-HANA-Standardrolle CONTENT_ADMIN. Benutzer, denen diese Rolle zugeordnet wird, können alle `REPO.*`-Privileges an andere Benutzer weitergeben. Die Privileges `CREATE SCENARIO`, `CREATE STRUCTURED PRIVILEGE` und `STRUCTUREDPRIVILEGE ADMIN` können nicht weitergegeben werden, da hier **Grantable to Others** auf **No** steht.

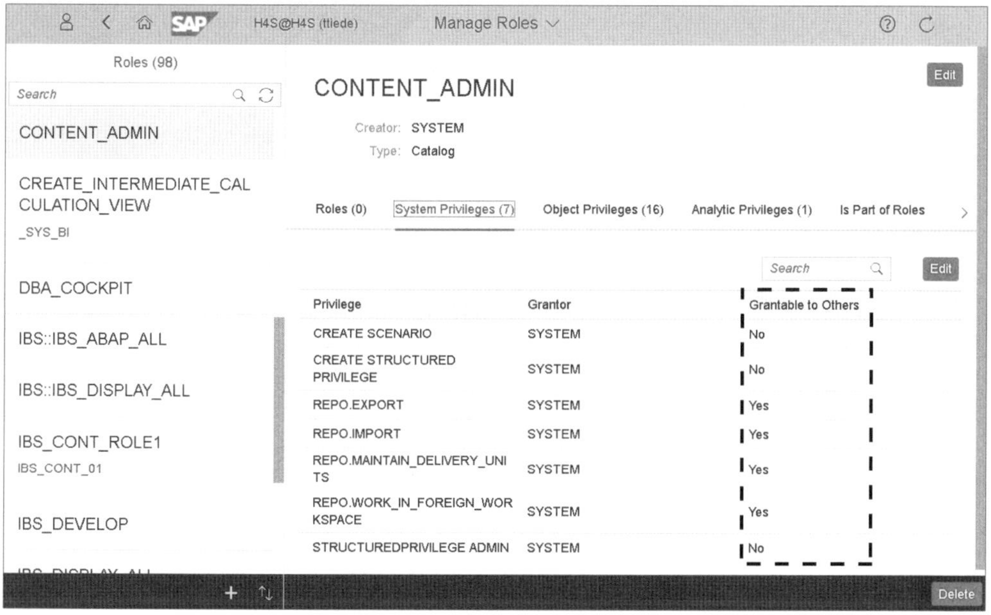

Abbildung 7.30 Flag zur Weitergabe von Berechtigungen in Rollen

Grundsätzlich ist bei der Nutzung dieses Flags Vorsicht geboten. Um nicht anderen Benutzern als Berechtigungsadministratoren Berechtigungen zur Rechtevergabe zuzuordnen, muss hier ein konzeptioneller Überbau festgelegt werden. Beispielsweise sollte in Rollen, die Anwendern zugeordnet werden, dieses Flag nicht gesetzt werden.

7.8 Maskierung von Daten

Mit dem *Data Masking* besteht die Möglichkeit, Spalten mit sensiblen Daten in Tabellen und Views zu schützen, indem eine Maske über sie gelegt wird. Beispiele hierfür sind Kreditkartendaten oder Kontonummern. Einmal eingegeben, werden normalerweise nur noch die letzten Stellen angezeigt. Die restlichen Stellen werden meist durch X oder # dargestellt, z. B. XXXX-XXXX-XXXX-1234. Diese Art der Maskierung kann in SAP HANA auch auf die Felder von Tabellen und Views angewandt werden. Wie eine Maskierung angelegt wird, verdeutlicht Abbildung 7.31:

- Die Tabelle CUSTOMER_CREDITCARTS ❶ enthält Kreditkartendaten im Feld CREDITCARD. Es gibt Benutzer, die Kreditkartendaten vollständig einsehen dürfen. Andere Benutzer sollen nur sehen, ob eine Kreditkarte hinterlegt ist, nicht aber die Kreditkartennummer.
- Es wird eine Funktion angelegt (credit_mask), die nur die letzten vier Stellen der Kreditkarte anzeigt (RIGHT(:input,4)) und den Teil davor mit X füllt ❷.
- Im nächsten Schritt wird eine View zur Tabelle CUSTOMER_CREDITCARTS erstellt (CUST_CREDIT_VIEW) ❸. Im Zusatz WITH MASK wird das Feld CREDITCARD angegeben, der Befehl USING credit_mask ruft die Funktion credit_mask auf. Damit wird die in der Funktion definierte Maske über das Feld mit den Kreditkartendaten gelegt.

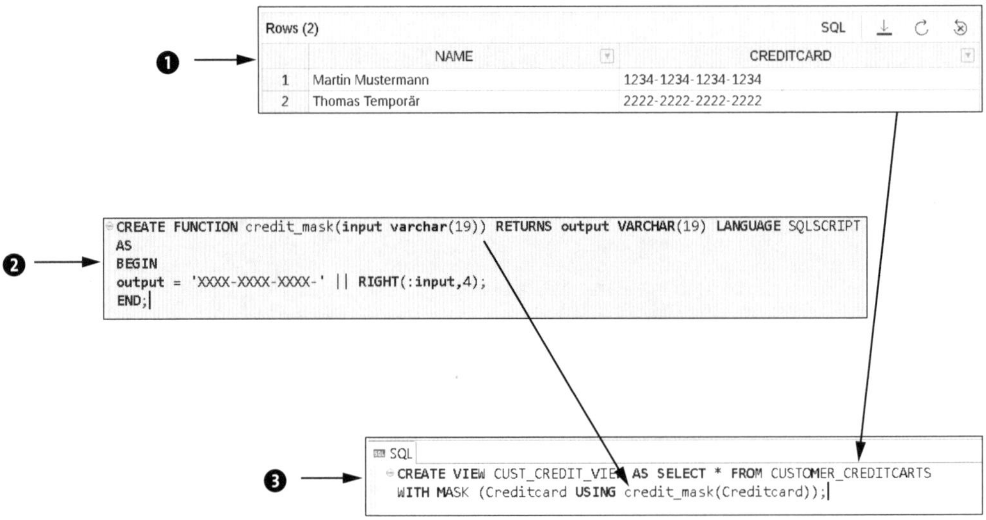

Abbildung 7.31 Anlegen einer Maskierung

Damit besteht nun die Möglichkeit, die Daten nur maskiert auszugeben. Erhält ein Benutzer das Privilege SELECT auf diese View, sieht er die Daten maskiert. Weiterhin können die Daten aber auch in Klartext angezeigt werden. Hierfür ist zusätzlich zu SELECT das Privilege UNMASKED auf diese View erforderlich (siehe Abbildung 7.32). Dem Benutzer A sind hier die Privileges SELECT und UNMASKED zugeordnet. Er bekommt somit die Kreditkarteninformationen im Feld CREDITCARD angezeigt. Benutzer B ist nur das Privilege SELECT zugeordnet. Ihm werden die Kreditkarteninformationen im Feld CREDITCARD nur maskiert angezeigt.

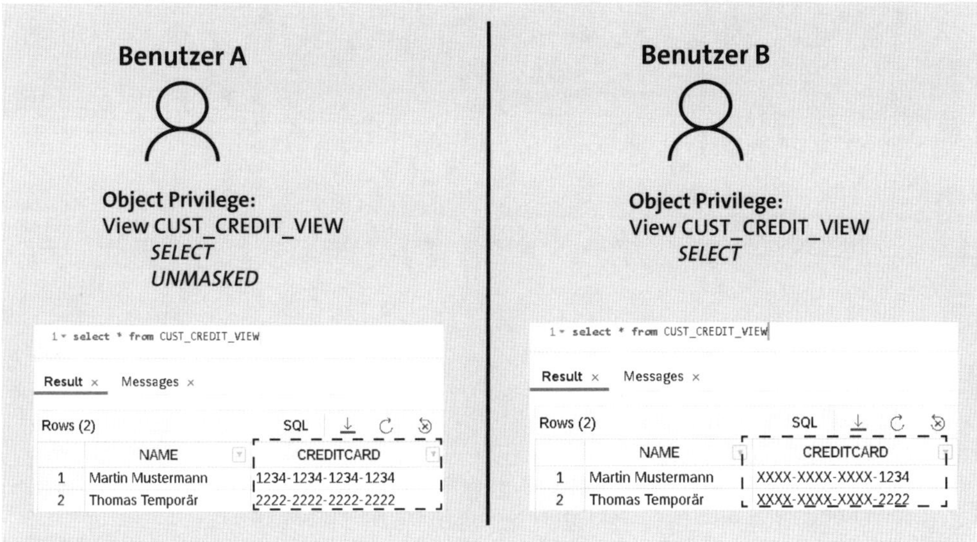

Abbildung 7.32 Berechtigung zur Anzeige maskierter Daten

7.9 Privileges on Users

Benutzer können anderen Benutzern erlauben, Debugging-Aktionen für ihre eigenen Funktionen durchzuführen. Dies ist über die Berechtigung ATTACH DEBUGGER möglich. Der andere Benutzer benötigt zusätzlich das Object Privilege DEBUG für die Objekte, die im Debugger überwacht werden sollen. In Abbildung 7.33 ist ersichtlich, dass der Benutzer TTIEDE die Berechtigung ATTACH DEBUGGER für die Benutzer AUDITOR_TEST und SYSTEM besitzt.

Jeder Benutzer mit Zugang zum SAP HANA Studio oder zum SAP HANA Cockpit hat die Möglichkeit, anderen Benutzern die Berechtigung ATTACH DEBUGGER für sich selbst zuzuordnen. Hierfür wählt er den zu berechtigenden Benutzer aus. Im SAP HANA Studio erfolgt die Benutzerauswahl unter dem Ordner **Security • Users**. Im SAP HANA Cockpit wählen Sie unter **User & Role Management** den Punkt **Assign privileges to users** aus. Im Register **Privileges on Users** kann dann ausschließlich der eigene Benutzer hinzugefügt werden. Dadurch wird die Berechtigung ATTACH DEBUGGER dem ausgewählten Benutzer für den eigenen Benutzer zugeordnet.

Alternativ kann die Berechtigung auch per SQL vergeben werden:

```
GRANT ATTACH DEBUGGER TO <Benutzer>;
```

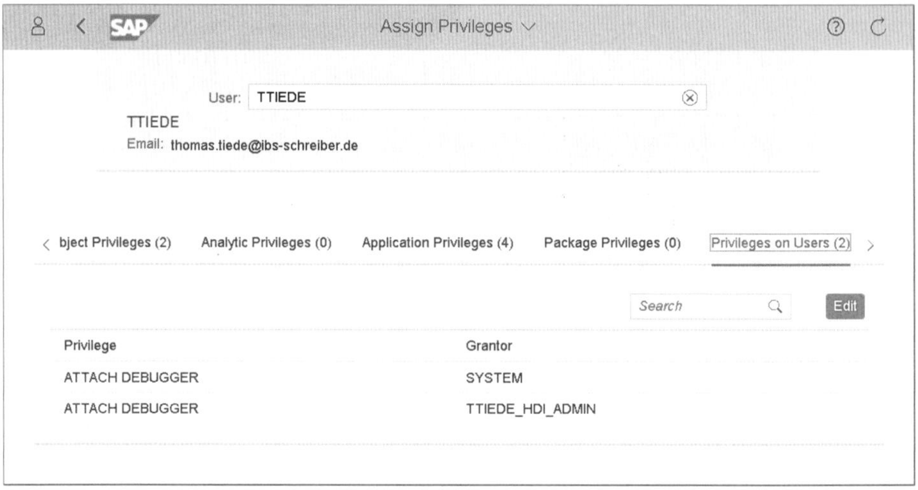

Abbildung 7.33 Zuordnung der Berechtigung ATTACH DEBUGGER

7.10 Kopieren von Berechtigungen

Zu Benutzern und Rollen zugeordnete Privileges können zu anderen Benutzern und Rollen kopiert werden. Allerdings existiert hierfür kein COPY-Befehl. Die zugeordneten Privileges müssen per SQL-Skript ausgelesen und dem neuen Objekt per GRANT-Befehl zugeordnet werden. Mit dem SAP-Hinweis 1969700 wird hierfür bereits ein Beispiel-Skript ausgeliefert. In den Anlagen zum SAP-Hinweis befindet sich die Datei **SQLStatements.zip**. In ihr ist u. a. die Datei **HANA_Security_CopyPrivilegesAndRoles_CommandGenerator_2.00.000+.txt** enthalten. Diese enthält ein Skript zum Kopieren zugeordneter Privileges und Katalogrollen. Listing 7.3 zeigt den Quelltext des Skripts. Das Skript muss entsprechend des zu kopierenden Elements und des Zielobjekts angepasst werden. Die Felder befinden sich im oberen Bereich des Quelltextes:

```
( SELECT                    /* Modification section */
    'sap.hana.xs.ide.roles::TraceViewer' SOURCE_GRANTEE,
    'ZMF' TARGET_GRANTEE,
    'X' GRANT_ROLES,
    'X' GRANT_PRIVILEGES
```

Hier geben Sie den SOURCE_GRANTEE (Quellobjekt: Benutzer oder Rolle) und den TARGET_GRANTEE (Zielobjekt: Benutzer oder Rolle) an. Mit den Optionen GRANT_ROLES und GRANT_PRIVILEGES legen Sie fest, ob Rolle und/oder Privileges kopiert werden sollen.

```
WITH
BASIS_INFO AS
( SELECT                    /* Modification section */
```

```
      'sap.hana.xs.ide.roles::TraceViewer' SOURCE_GRANTEE,
      'ZMF' TARGET_GRANTEE,
      'X' GRANT_ROLES,
      'X' GRANT_PRIVILEGES
    FROM
      DUMMY
)
SELECT
  'GRANT' || CHAR(32) || P.PRIVILEGE || CHAR(32) || 'ON "' ||
  P.SCHEMA_NAME || '"."' || P.OBJECT_NAME || '" TO "' ||
  BI.TARGET_GRANTEE || '";' COMMAND
FROM
  BASIS_INFO BI,
  GRANTED_PRIVILEGES P
WHERE
  P.GRANTEE = BI.SOURCE_GRANTEE AND
  BI.GRANT_ROLES = 'X' AND
  P.IS_GRANTABLE = 'TRUE' AND
  P.SCHEMA_NAME IS NOT NULL AND
  P.OBJECT_NAME IS NOT NULL AND
  ( P.PRIVILEGE NOT IN ('INSERT', 'UPDATE', 'DELETE') OR
  P.SCHEMA_NAME NOT IN ( 'SYS', '_SYS_AUDIT' ) )
UNION ALL
( SELECT
    'GRANT' || CHAR(32) || P.PRIVILEGE || CHAR(32) || 'ON "' ||
    P.OBJECT_NAME || '" TO "' || BI.TARGET_GRANTEE || '";' COMMAND
  FROM
    BASIS_INFO BI,
    GRANTED_PRIVILEGES P
  WHERE
    P.GRANTEE = BI.SOURCE_GRANTEE AND
    BI.GRANT_ROLES = 'X' AND
    P.IS_GRANTABLE = 'TRUE' AND
    P.SCHEMA_NAME IS NULL AND
    P.OBJECT_NAME IS NOT NULL
)
UNION ALL
( SELECT
    'GRANT' || CHAR(32) || P.PRIVILEGE || CHAR(32) || 'ON SCHEMA "' ||
    P.SCHEMA_NAME || '" TO "' || BI.TARGET_GRANTEE || '";' COMMAND
  FROM
    BASIS_INFO BI,
    GRANTED_PRIVILEGES P
```

```
  WHERE
    P.GRANTEE = BI.SOURCE_GRANTEE AND
    BI.GRANT_ROLES = 'X' AND
    P.IS_GRANTABLE = 'TRUE' AND
    P.SCHEMA_NAME IS NOT NULL AND
    P.OBJECT_NAME IS NULL
)
UNION ALL
( SELECT
    CASE GRANTOR
      WHEN '_SYS_REPO' THEN 'CALL _SYS_REPO.GRANT_ACTIVATED_ROLE('
        || CHAR(39) || R.ROLE_NAME || CHAR(39) || ',' || CHAR(32) ||
        CHAR(39) || BI.TARGET_GRANTEE || CHAR(39) || ');'
      ELSE 'GRANT' || CHAR(32) || MAP(R.ROLE_SCHEMA_NAME,
        NULL, '', '"' || R.ROLE_SCHEMA_NAME || '".' || R.ROLE_NAME
        || CHAR(32) || 'TO "' || BI.TARGET_GRANTEE || '";'
    END COMMAND
  FROM
    BASIS_INFO BI,
    GRANTED_ROLES R
  WHERE
    R.GRANTEE = BI.SOURCE_GRANTEE AND
    BI.GRANT_PRIVILEGES = 'X' AND
    R.IS_GRANTABLE = 'TRUE'
)
```

Listing 7.3 Kopieren von Privileges und Rollen

7.11 Trace von Berechtigungen

Zur Analyse von Berechtigungsfehlern kann ein *Trace* aktiviert werden, und zwar für einzelne Benutzer oder für alle. In den meisten Fällen wird der Berechtigungs-Trace benötigt, weil Benutzer Aktionen nicht ausführen können. Aber nach umfangreicheren Änderungen bzw. im Rahmen größerer Projekte kann es sinnvoll sein, Berechtigungsfehler für alle Benutzer aufzuzeichnen, um sie dann zu bereinigen. Da bei der Aktivierung des Berechtigungs-Trace für alle Benutzer große Datenmengen erzeugt werden, sollte er nur für kurze Zeiträume genutzt werden.

Zur Pflege der Trace-Konfiguration ist das System Privilege `TRACE ADMIN` erforderlich.

7.11.1 Die Trace-Konfiguration

Die Traces sind im System grundsätzlich aktiviert. Die Trace-Protokolle werden in Textdateien im Betriebssystem gespeichert (Endung **.trc**). Die Traces können für die Komponenten der verschiedenen Services innerhalb einer SAP-HANA-Datenbank konfiguriert werden. Für Berechtigungs-Traces wird die Komponente **authorization** genutzt. Sie existiert in der Systemdatenbank zu folgenden Services:

- Compile-Server
- HDI-Server
- Nameserver
- Preprocessor Server
- Web-Dispatcher

In Tenant-Datenbanken kann die Komponente **authorization** für folgende Services aktiviert werden:

- HDI-Server
- Index-Server
- XS Classic Server

Den Komponenten sind *Trace-Level* zugeordnet. Mit diesen wird festgelegt, wie detailliert die Trace-Daten erzeugt werden. Je höher das Trace-Level, desto mehr Details werden in die Trace-Datei geschrieben. Folgende Trace-Level können angegeben werden:

- 0: NONE
- 1: FATAL
- 2: ERROR
- 3: WARNING
- 4: INFO
- 5: DEBUG

Somit werden z. B. beim Trace-Level **INFO (4)** mehr Daten erzeugt als beim Trace-Level **ERROR (2)**. Den einzelnen Komponenten sind Standardlevel zugewiesen (**Default Trace Level**). Dieses Standard-Trace-Level wird mit dem Parameter `default` (Datei **global.ini**, Section `trace`) gesetzt, im SAP-HANA-Auslieferungsstand ist es das Level **ERROR (2)**. In der Datei **global.ini** werden auch Ausnahmen zum Standard-Trace-Level einzelner Komponenten definiert. In den Trace-Dateien werden somit alle Aktionen auf diesem Level automatisch protokolliert.

Für die Systemdatenbank und die Tenants können eigene Trace-Level für die einzelnen Komponenten gesetzt werden (**System Trace Level** bzw. **Database Trace Level**). Berechtigungsfehler werden z. B. mit dem Trace-Level **INFO (4)** protokolliert. Somit ist die Komponente **authorization** zur Protokollierung von Berechtigungsfehlern auf dieses Trace-Level zu setzen. Beim Standardlevel **ERROR (2)** werden Berechtigungsfehler nicht protokolliert.

Die Traces werden in Textdateien gespeichert. Diese haben folgende Namenskonvention:

<Service>_<Host>.<Portnummer>.<3-stelliger Counter>.trc

Dateinamen können somit z. B. sein (in diesen Beispielen ist der Host-Name **s43hana**):

nameserver_s43hana.30201_209.trc

indexserver_s43hana.30203_059.trc

xsengine_s43hana.30207_031.trc

7.11.2 Berechtigungs-Trace für alle Benutzer

Der Berechtigungs-Trace für alle Benutzer wird über den *Database Trace* aktiviert. Je nachdem, welchen Service Sie tracen wollen, aktivieren Sie für diesen die Komponente *authorization*. Für den direkten Datenbankzugriff wählen Sie dafür in der Systemdatenbank den Service **Nameserver** aus, in Tenant-Datenbanken den Service **Indexserver**. Abbildung 7.34 zeigt die Aktivierung des Berechtigungs-Trace in einer Systemdatenbank. Für die Komponente *authorization* des Service **Nameserver** ist das **Default Trace Level** auf **ERROR** gesetzt. Somit werden Berechtigungsfehler standardmäßig nicht protokolliert. Durch das Setzen der Spalte **System Trace Level** auf **INFO** werden detailliertere Protokolle erzeugt, u. a. auch die Berechtigungsfehler.

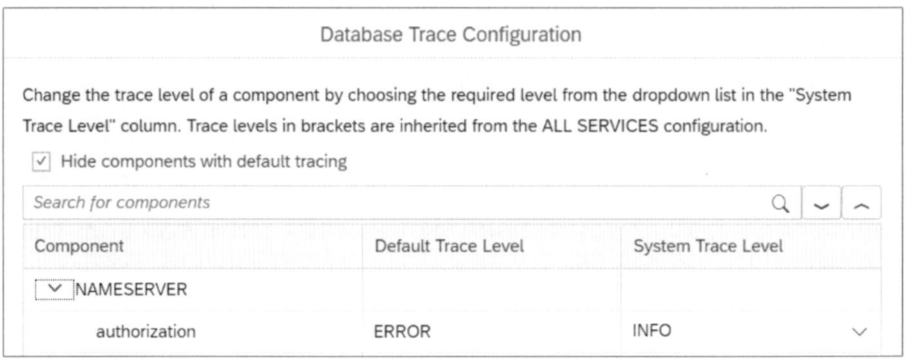

Abbildung 7.34 Aktivierung des Berechtigungs-Trace für alle Benutzer

Nutzen Sie dieses Trace-Level nur für einen kurzen Zeitraum, da hierdurch eine Vielzahl von Protokolleinträgen erzeugt wird. Für Berechtigungsprobleme einzelner Benutzer aktivieren Sie besser den Trace explizit nur für einen Benutzer (siehe dazu den nächsten Abschnitt).

7.11.3 Berechtigungs-Trace für einzelne Benutzer

Zur Aktivierung des Berechtigungs-Trace für einzelne Benutzer nutzen Sie das *User-Specific Tracing*. Hier können Sie dieselben Trace-Einstellungen vornehmen wie beim **Database Trace**, nur dass der Trace auf einzelne Benutzer eingegrenzt wird. Dieser Trace eignet sich daher besonders für Berechtigungsprobleme einzelner Benutzer. Da dann nur detaillierte Trace-Protokolle für diesen Benutzer geschrieben werden, wird die Auswertung durch die geringere Anzahl an Protokolleinträgen im Gegensatz zum **Database Trace** erleichtert. Es können parallel mehrere Traces aktiviert, daher also mehrere Benutzer getracet werden.

Abbildung 7.35 zeigt die Aktivierung des Berechtigungs-Trace für einen Benutzer (TTIEDE) in einer Tenant-Datenbank. Das **Database Trace Level** ist hier auf **INFO** gesetzt. Dadurch werden u. a. auch die Berechtigungsfehler protokolliert.

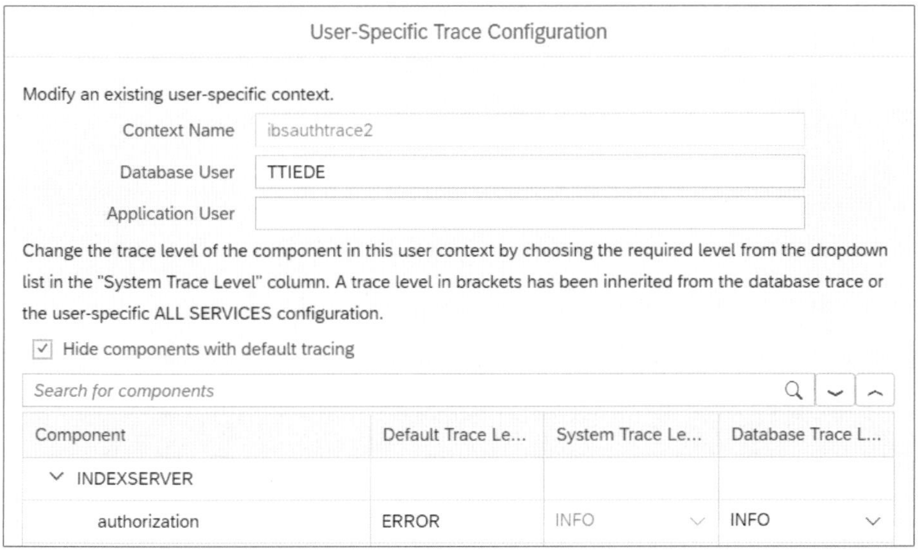

Abbildung 7.35 Aktivierung des Berechtigungs-Trace für einzelne Benutzer

Die Trace-Daten des **User-Specific Trace** werden nicht in die Standard-Trace-Dateien geschrieben. Es wird jeweils eine eigene Trace-Datei erzeugt. Bei der Anlage muss im Feld **Context Name** ein Freitext für die Beschreibung des Trace angegeben werden. In Abbildung 7.35 ist der **Context Name** z. B. »ibsauthtrace2«. Es wird eine eigene Trace-Datei mit folgender Namenskonvention erzeugt:

<Service>_<Host>.<Portnummer>.<Context Name>.trc

Für das Beispiel in Abbildung 7.35 kann der Name somit wie folgt lauten:

indexserver_s43hana.30203_ibsauthtrace2.trc

7.11.4 Auswertung des Berechtigungs-Trace

Die Trace-Protokolle für Berechtigungsfehler sind sowohl beim **Database Trace** als auch beim **User-Specific Trace** gleich aufgebaut. Abbildung 7.36 zeigt zwei Beispiele. Für jeden Berechtigungsfehler werden zwei Datensätze erzeugt:

1. Anzeige der fehlenden Berechtigung
2. die Aktion, die der Benutzer auszuführen versucht hat

```
[26515]{354094}[39/-1] 2019-03-06 08:19:33.600735 i Authorization     SQLFacade.cpp(02614) : User TTIEDE
is missing valid system privilege(s): INIFILE ADMIN

[26515]{354094}[39/-1] 2019-03-06 08:19:33.600745 i Authorization     query_check.cc(04796) : User
TTIEDE tried to execute 'ALTER SYSTEM ALTER CONFIGURATION ('indexserver.ini', 'DATABASE') SET
('password policy', 'minimal_password_length') = '3''

[26655]{348129}[68/-1] 2019-03-05 16:48:05.841648 i Authorization     SQLFacade.cpp(02614) : User TTIEDE
is missing valid privilege SELECT for TABLE SAPABAP1.PA0008

[26655]{348129}[68/-1] 2019-03-05 16:48:05.841660 i Authorization     query_check.cc(04796) : User
TTIEDE tried to execute 'select * from sapabap1.pa0001'
```

Abbildung 7.36 Trace-Protokolle für Berechtigungsfehler

Die Protokolleinträge in Abbildung 7.36 haben folgende Bedeutung:

```
[26515]{354094}[39/-1] 2019-03-
06 08:19:33.600735 i Authorization    SQLFacade.cpp(02614) : User TTIEDE
is missing valid system privilege(s): INIFILE ADMIN
```

Dem Benutzer `TTIEDE` fehlt das System Privilege `INIFILE ADMIN`.

```
[26515]{354094}[39/-1] 2019-03-06 08:19:33.600745 i Authorization    query_
check.cc(04796) : User TTIEDE tried to execute 'ALTER SYSTEM ALTER CON-
FIGURATION ('indexserver.ini', 'DATABASE') SET ('password policy', 'minimal_
password_length') = '3''
```

Dieser Eintrag bezieht sich auf den Eintrag davor. Zu erkennen ist dies an der ID (`[26515]`). Der Benutzer `TTIEDE` hat versucht, das Statement `ALTER SYSTEM ALTER CONFIGURATION` ... auszuführen, wofür ihm die Berechtigung aus dem Eintrag darüber (`INIFILE ADMIN`) fehlt.

```
[26655]{348129}[68/-1] 2019-03-05 16:48:05.841648 i Authorization
SQLFacade.cpp(02614) : User TTIEDE is missing valid privilege SELECT for
TABLE SAPABAP1.PA0008
```

Dem Benutzer `TTIEDE` fehlt das Object Privilege `SELECT` auf dem Objekt `SAPABAP1.PA0008`.

```
[26655]{348129}[68/-1] 2019-03-05 16:48:05.841660 i Authorization    query_
check.cc(04796) : User TTIEDE tried to execute 'select * from sapabap1.pa0001'
```

Der letzte Eintrag bezieht sich wieder auf den Eintrag davor. Der Benutzer TTIEDE hat versucht, das Statement `select * from sapabap1.pa0001` auszuführen, wofür ihm die Berechtigung aus dem Eintrag darüber (SELECT) fehlt.

7.11.5 Aktivierung und Auswertung des Trace mit dem SAP HANA Cockpit

Im SAP HANA Cockpit werden die Traces über den SAP HANA Database Explorer (siehe Abschnitt 1.3, »SAP HANA Database Explorer«) aktiviert und ausgewertet. Klicken Sie hier mit der rechten Maustaste auf das System, für das Sie einen Trace aktivieren wollen, und wählen Sie den Kontextmenüeintrag **Trace Configuration** aus. Das Register **Trace Configuration** wird angezeigt (siehe Abbildung 7.37).

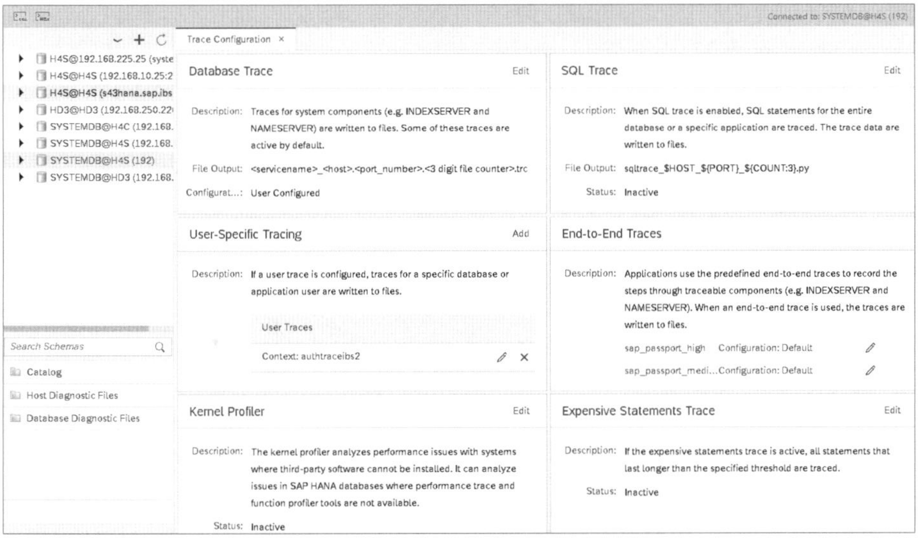

Abbildung 7.37 Traces konfigurieren mit dem SAP HANA Cockpit

Konfiguration des Database Trace

Um den Berechtigungs-Trace für alle Benutzer zu aktivieren, wählen Sie auf der Kachel **Database Trace** den Link **Edit**. Geben Sie hier den Begriff »authorization« in das Suchfeld ein. Ihnen werden dann alle Services mit dieser Komponente angezeigt (siehe Abbildung 7.38). Um den Berechtigungs-Trace zu aktivieren, stellen Sie in der Spalte **System Trace Level** (für Systemdatenbanken) bzw. **Database Trace Level** (für Tenant-Datenbanken) das Trace-Level **INFO** ein. Um anzeigen zu lassen, für welche Komponenten bereits ein Trace-Level gesetzt ist, markieren Sie den Punkt **Hide components with default tracing**. Die Anzeige wird auf Komponenten gefiltert, für die explizit ein Trace-Level gesetzt ist.

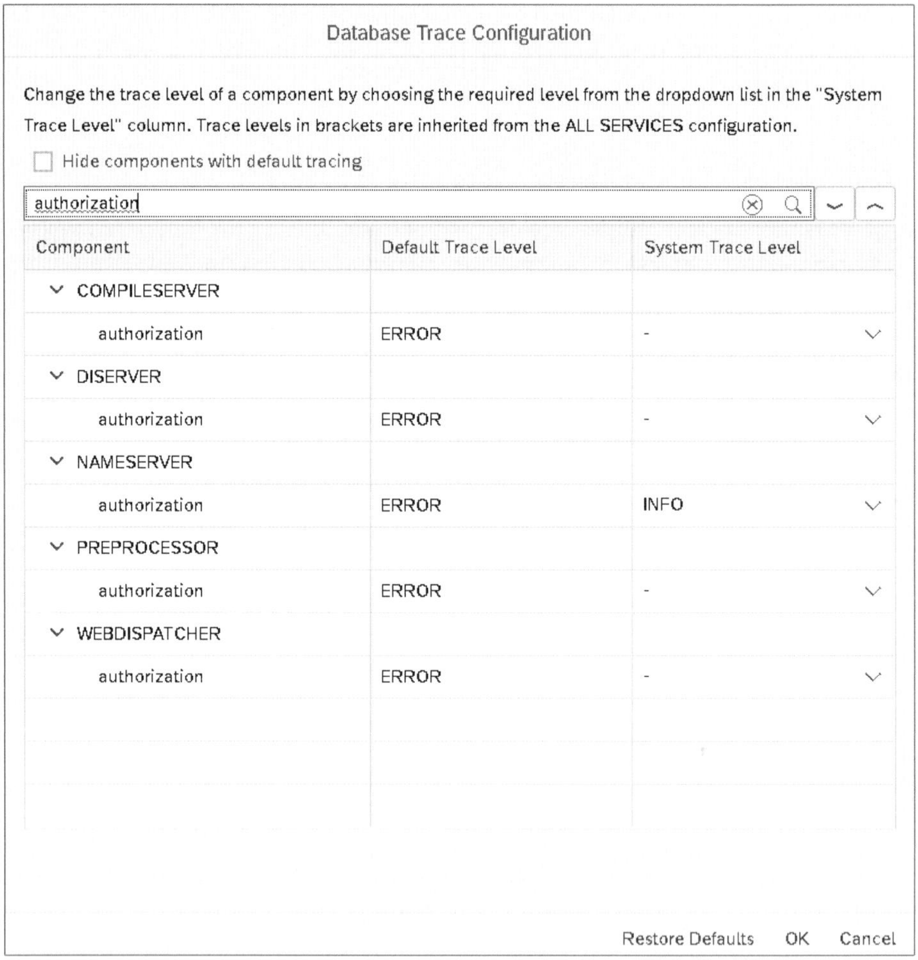

Abbildung 7.38 Aktivierung des Database Trace

Konfiguration des User-Specific Trace

Um einen Berechtigungs-Trace für einen einzelnen Benutzer zu aktivieren, wählen Sie auf der Kachel **User-Specific Tracing** den Link **Add**. Im Feld **Context Name** geben Sie einen Namen für den Trace an. Dieser wird Bestandteil des Dateinamens, in dem die Trace-Daten gespeichert werden. Im Feld **Database User** geben Sie den Namen des Benutzers an, dessen Berechtigungen getracet werden sollen. Geben Sie im Suchfeld den Begriff »authorization« ein. Ihnen werden alle Services mit dieser Komponente angezeigt (siehe Abbildung 7.39). Um den Trace für den Benutzer zu aktivieren, stellen Sie in der Spalte **System Trace Level** (für Systemdatenbanken) bzw. **Database Trace Level** (für Tenant-Datenbanken) das Trace-Level **INFO** ein. Sie können so beliebige weitere Traces für einzelne Benutzer aktivieren. Dabei müssen Sie jeweils einen anderen **Context Name** angeben.

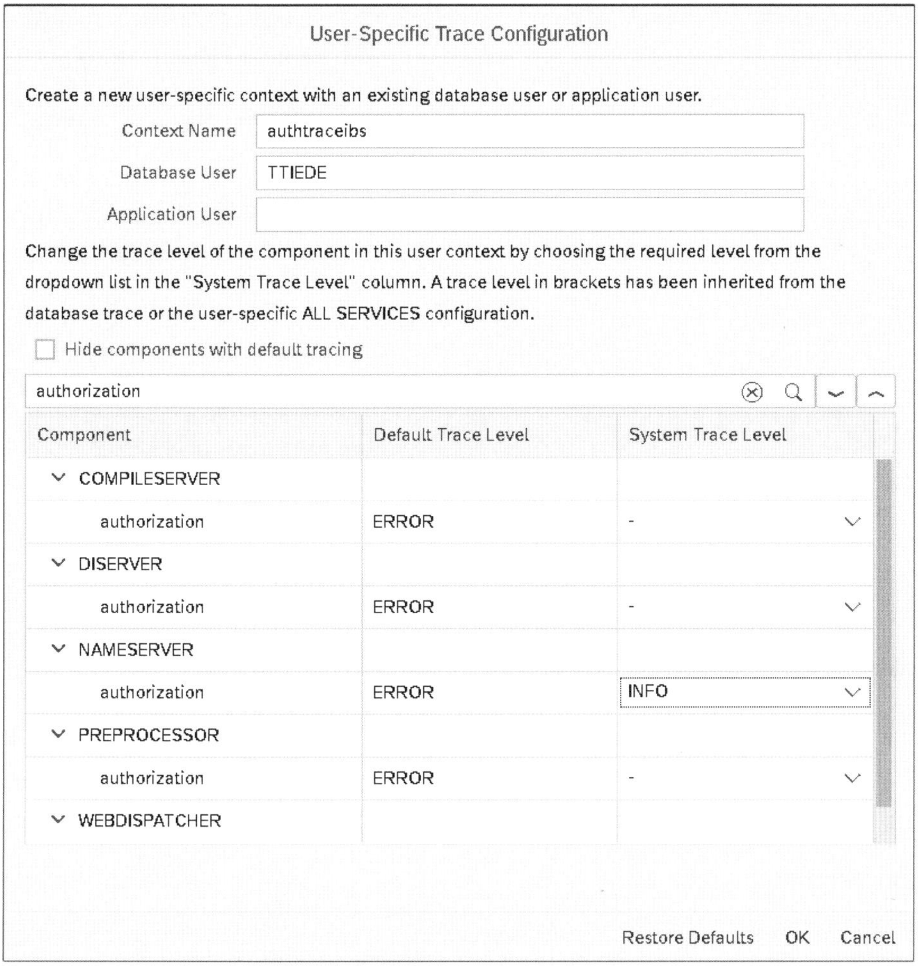

Abbildung 7.39 Aktivierung des User-Specific Trace

Auswertung der Traces

Zur Anzeige der Trace-Dateien öffnen Sie unterhalb des Systems den Ordner **Database Diagnostic Files**. Darunter werden Ihnen bei Tenant-Datenbanken die Server angezeigt. Bei einer Systemdatenbank finden Sie hier die einzelnen Tenants sowie den Ordner **SYSTEMDB** für die Systemdatenbank (siehe Abbildung 7.40). Darunter werden die Server angezeigt. Unterhalb der Server werden die einzelnen Services als Ordner aufgelistet. Unterhalb dieser Ordner befinden sich wiederum die Trace-Dateien. Abbildung 7.40 zeigt die Dateien des Nameservers. Durch Anklicken einer Datei wird deren Inhalt angezeigt. Um die aktuellen Trace-Daten des Database-Trace anzuzeigen, wählen Sie die Datei mit der höchsten Zählernummer aus, in Abbildung 7.40 z. B. die Datei mit der Nummer 214.

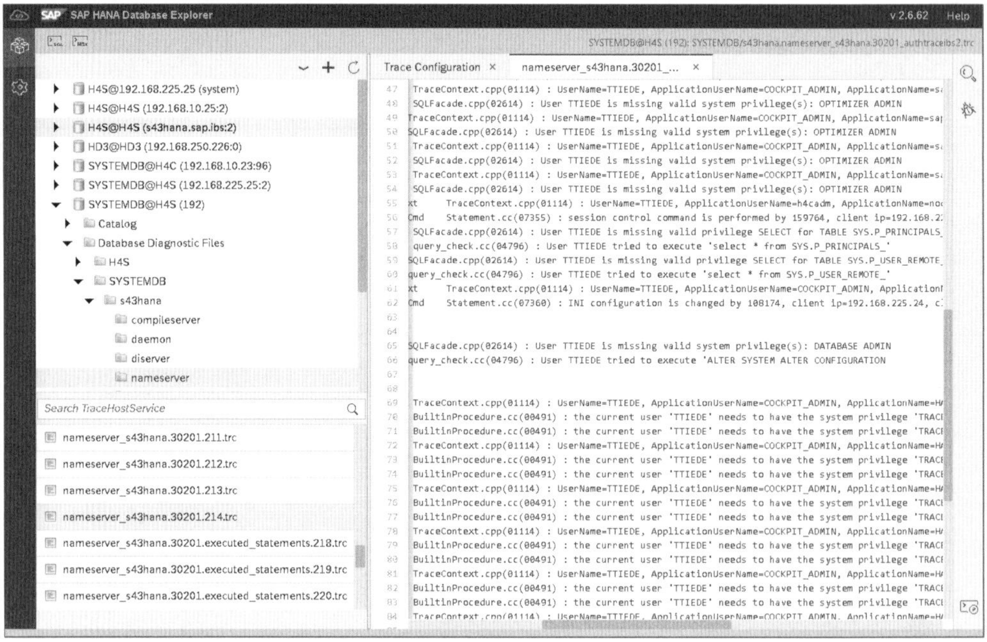

Abbildung 7.40 Auswertung der Traces

Zur Anzeige der Dateien des User-Specific Trace geben Sie in das Suchfeld **Search TraceHostService** den Context Name des Trace ein. Die Dateien werden gefiltert (siehe Abbildung 7.41).

Abbildung 7.41 Anzeige des User-Specific Trace

7.11.6 Aktivierung und Auswertung des Trace mit dem SAP HANA Studio

Im SAP HANA Studio erfolgt die Konfiguration der Traces und die Auswertung über die Administrationskonsole. Klicken Sie mit der rechten Maustaste auf das System, für das Sie einen Trace aktivieren wollen, und wählen Sie den Kontextmenüeintrag **Configuration and Monitoring • Open Administration** aus. In der Administrationssicht wählen Sie das Register **Trace Configuration** (siehe Abbildung 7.42).

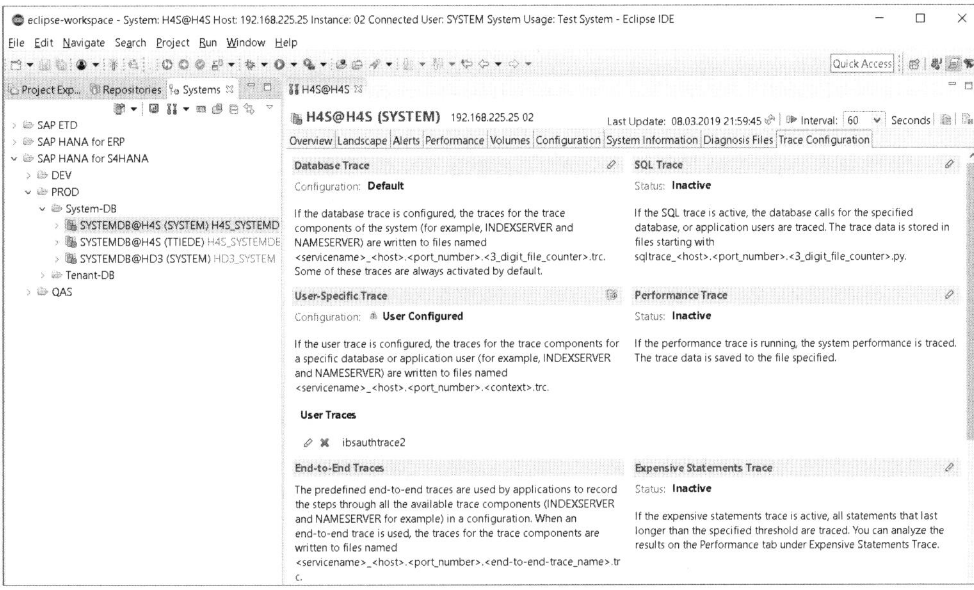

Abbildung 7.42 Traces konfigurieren mit dem SAP HANA Studio

Konfiguration des Database Trace

Den **Database Trace** konfigurieren Sie über die Schaltfläche **Edit Configuration** (✐). Aktivieren Sie den Punkt **Show All Components**, und geben Sie im Suchfeld den Begriff »authorization« ein. Ihnen werden alle Services mit dieser Komponente angezeigt (Abbildung 7.43). Um den Berechtigungs-Trace zu aktivieren, stellen Sie in der Spalte **System Trace Level** (für Systemdatenbanken) bzw. **Database Trace Level** (für Tenant-Datenbanken) das Trace-Level **INFO** ein.

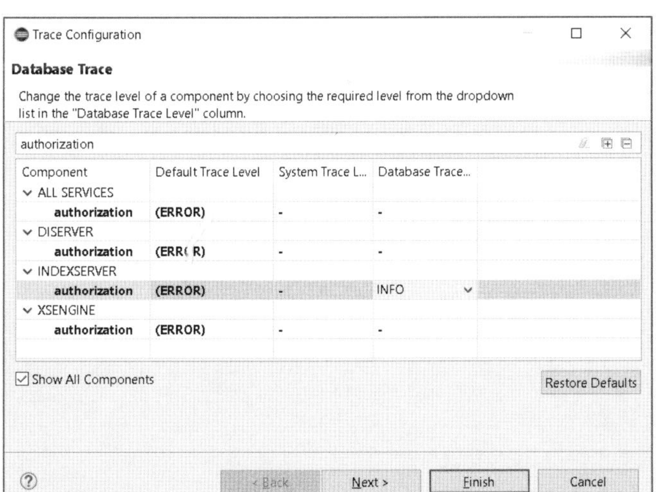

Abbildung 7.43 Aktivierung des Database Trace

Konfiguration des User-Specific Trace

Einen Berechtigungs-Trace für einen einzelnen Benutzer legen Sie mit der Schaltfläche **New Configuration** () im Bereich **User-Specific Trace** an. Im Feld **Context Name** geben Sie einen Namen für den Trace an. Dieser wird Bestandteil des Dateinamens, in dem die Trace-Daten gespeichert werden. Im Feld **Database User** geben Sie den Namen des Benutzers an, dessen Berechtigungen Sie tracen wollen. Setzen Sie ein Häkchen bei dem Punkt **Show All Components**, und geben Sie den Begriff »authorization« in das Suchfeld ein. Ihnen werden alle Services mit dieser Komponente angezeigt (siehe Abbildung 7.44). Um den Trace für den Benutzer zu aktivieren, stellen Sie in der Spalte **System Trace Level** (für Systemdatenbanken) bzw. **Database Trace Level** (für Tenant-Datenbanken) das Trace-Level **INFO** ein. Sie können so beliebige weitere Traces für einzelne Benutzer aktivieren. Dabei müssen Sie jeweils einen anderen **Context Name** angeben.

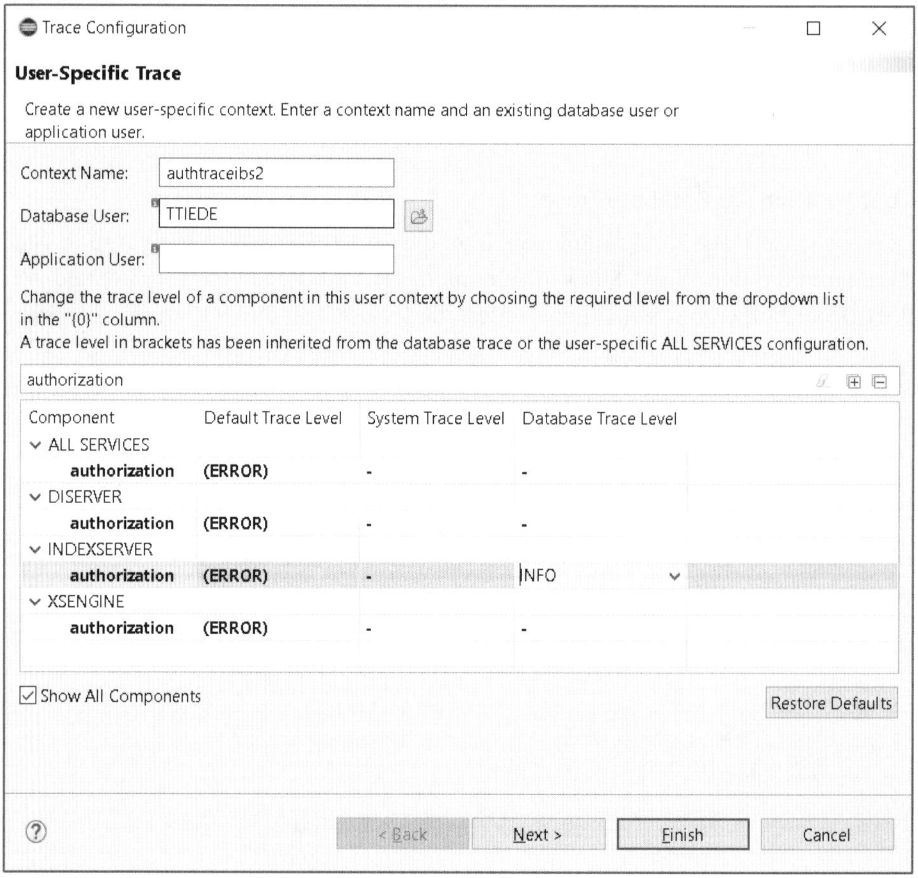

Abbildung 7.44 Aktivierung des User-Specific Trace

Auswertung der Traces

Die Trace-Dateien werden in der Administrationskonsole im Register **Diagnosis Files** ausgewertet (siehe Abbildung 7.45). Hier werden alle Dateien aufgelistet. Zur Sortierung klicken Sie auf einen Spaltennamen. Durch einen Doppelklick auf eine Datei öffnen Sie diese in einem neuen Register. Im Feld **Filter** können Sie nach Dateinamen eingrenzen, z. B. um Dateien des User-Specific Trace anzuzeigen (siehe Abbildung 7.46).

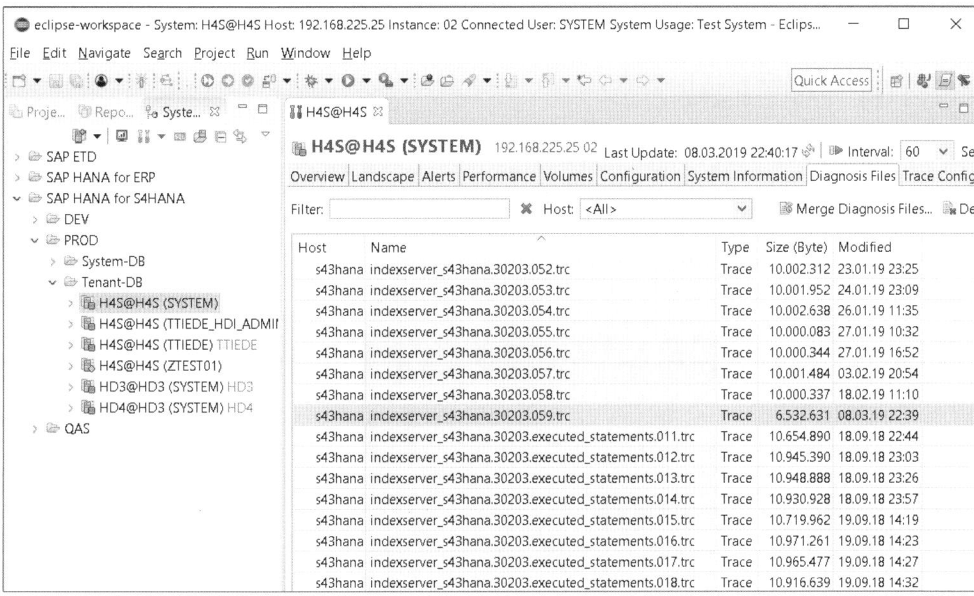

Abbildung 7.45 Auswertung der Traces

Abbildung 7.46 Filterung auf Dateinamen

7.12 Berechtigungen in SAP HANA XS Advanced

In SAP HANA XSA werden Benutzern Berechtigungen über *Role Collections* zugeordnet, denen wiederum die eigentlichen Rollen zugeordnet sind. Mit den Role Collections werden die Berechtigungen zur Nutzung des SAP HANA XSA Cockpits sowie für die WebIDE vergeben. Im XSA Cockpit werden damit z. B. Berechtigungen zur Benutzerverwaltung, für die Tenant-Verwaltung, für die Zertifikate und zur Anlage von

Organizations erteilt. Die Berechtigungen innerhalb der Organizations und Spaces erfolgen dann nicht mehr über die Role Collections, sondern über spezielle *Organization Roles* und *Space Roles*. Diese beiden Möglichkeiten stelle ich in den folgenden Abschnitten vor.

Weitere Informationen zur Integration von Berechtigungen in SAP-HANA-XSA-Anwendungen finden Sie im Buch »SAP HANA XSA. Native Development for SAP HANA« von Francesco Alborghetti et al. (Rheinwerk Verlag, 2018).

7.12.1 Role Collections

Die Role Collections werden im SAP HANA XSA Cockpit über den Eintrag **Role Collections** verwaltet (siehe Abbildung 7.47). Hier werden die Role Collections angezeigt, die bereits mit dem SAP HANA XSA Cockpit ausgeliefert werden. Dies sind die Rollen, die zur Nutzung des XSA Cockpit erforderlich sind. Tabelle 7.16 listet Standard-Role-Collections auf.

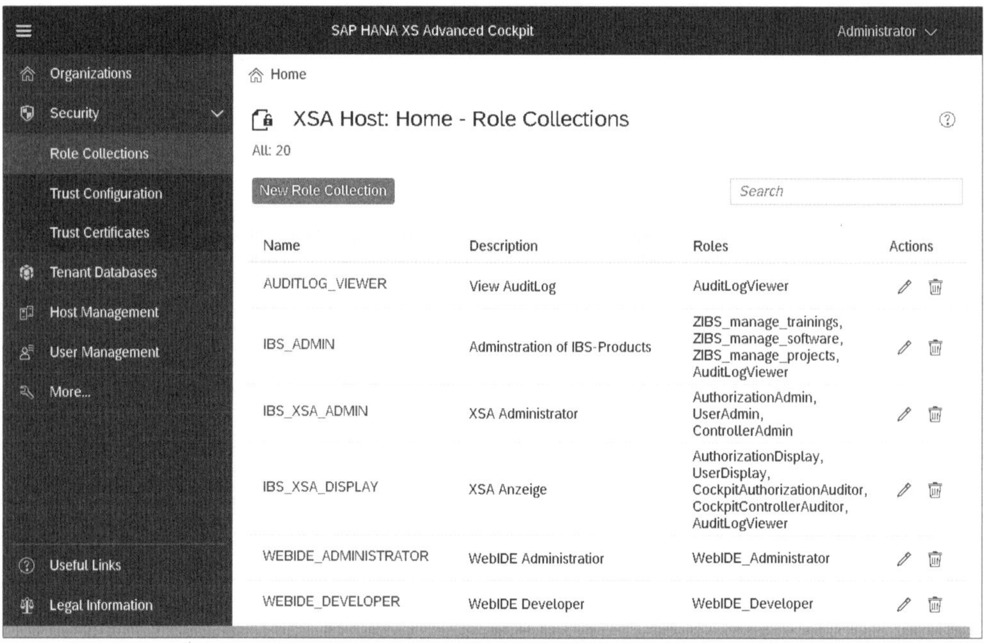

Abbildung 7.47 Verwaltung der Role Collections

Role Collection	Berechtigung
XS_AUTHORIZATION_ADMIN	Enthält die Berechtigungen zur Pflege von Rollen und Role Collections.

Tabelle 7.16 Standard-Role-Collections in SAP HANA XSA

Role Collection	Berechtigung
XS_AUTHORIZATION_DISPLAY	Enthält die Berechtigungen zur Anzeige von Rollen und Role Collections.
XS_CONTROLLER_ADMIN	Administrationsberechtigung für den XS Controller, u. a. können alle Organizations und Spaces verwaltet werden
XS_CONTROLLER_AUDITOR	Anzeigeberechtigung für die dem Benutzer zugeordneten Organizations und Spaces
XS_CONTROLLER_USER	Berechtigung zur Pflege der zugeordneten Organizations und Spaces
XS_TENANT_ADMIN	Berechtigung zur Verwaltung der Tenants in SAP HANA XSA (in SAP HANA ist außerdem das System Privilege TENANT ADMIN erforderlich)
XS_TENANT_DISPLAY	Berechtigung zur Anzeige der Tenants in SAP HANA XSA
XS_USER_ADMIN	Berechtigung zur Verwaltung der Benutzer in SAP HANA XSA (in SAP HANA benötigt der Benutzer das System Privilege USER ADMIN und einige weitere Berechtigungen, siehe Abschnitt 6.2.1, »Eigenschaften der SAP-HANA-XSA-Benutzer«)
XS_USER_DISPLAY	Berechtigung zur Anzeige der Benutzer in SAP HANA XSA
XS_USER_PUBLIC	Grundberechtigungen für Benutzer in SAP HANA XSA

Tabelle 7.16 Standard-Role-Collections in SAP HANA XSA (Forts.)

Mit der Schaltfläche **New Role Collection** legen Sie neue Role Collections an. Geben Sie hier einen Namen und eine Beschreibung für die Role Collection an. Die Rollen können in diesem Schritt noch nicht zugeordnet werden. Danach wird die Role Collection in der Liste angezeigt. Mit der Schaltfläche **Edit** ( ) ändern Sie die Beschreibung, mit der Schaltfläche **Delete** ( ) löschen Sie die Role Collection.

Um der Role Collection Rollen zuzuordnen, klicken Sie auf den Namen der Role Collection. Sie gelangen in die Sicht **Role Collection: <Role Collection name> – Overview**. Mit der Schaltfläche **Add Role** fügen Sie die Rollen hinzu. Im Feld **Application Identifier** werden alle Anwendungen angezeigt, sowohl die XSA-Standard-Anwendungen als auch die Eigenentwicklungen (Abbildung 7.48). Im Feld **Role Template** wählen Sie das Template aus, im Feld **Role** dann die auf dem Template basierende Rolle. Auf diese Weise können Sie einer Role Collection beliebig viele Rollen zuordnen.

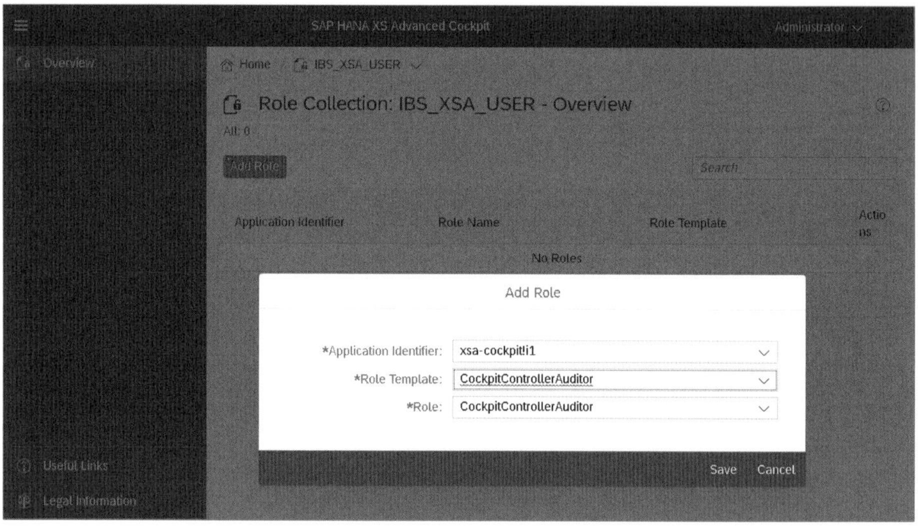

Abbildung 7.48 Zuordnen von Rollen zu einer Role Collection

7.12.2 Scopes und Attributes

Berechtigungsprüfungen in SAP HANA XSA erfolgen auf der Grundlage von *Scopes* und *Attributes*. Beides wird in den Anwendungen individuell definiert und kann dann in Rollen zusammengefasst werden. Die Anwendungen erreichen Sie über die Spaces, denen sie zugeordnet sind. Im SAP HANA XSA Cockpit wählen Sie den Pfad **Organizations • <Organisation auswählen> • <Space auswählen> • <Anwendung unter Applications auswählen>**. Unter **Security** (Abbildung 7.49) finden Sie die Einträge **Roles**, **Scopes**, **Attributes** und **Role Templates**.

Mit Scopes werden die Aktionen berechtigt, die ein Benutzer innerhalb einer Anwendung durchführen kann. Scopes sind daher häufig Bereiche wie **Administrator**, **User**, **Developer** oder **Manager**. Abbildung 7.49 zeigt beispielhaft die Scopes der SAP WebIDE. Damit ein Benutzer die SAP WebIDE als Entwickler nutzen kann, ist ihm daher der Scope `webide!i1.webide_dev` (*WebIDE Developer*) über eine Rolle zuzuordnen. Dieser Scope wird im Quelltext der SAP WebIDE abgefragt.

Wie Scopes definiert werden, ist allerdings individuell. Häufig werden Scopes in Eigenentwicklungen auch als Aktivitäten erstellt (siehe Abbildung 7.50).

Während mit den Scopes somit die Aktionen definiert werden, die ein Benutzer ausführen kann, werden mit den Attributen die Bereiche berechtigt, auf die er zugreifen kann. Diese können mit den Organisationseinheiten in SAP ERP verglichen werden. So kann ein Attribut z. B. ein Buchungskreis oder eine Kostenstelle sein. Abbildung 7.51 zeigt eine Anwendung mit den beiden Attributen **CostCenter** und **Training**. Diese Attribute können in den Rollen dann ausgeprägt werden.

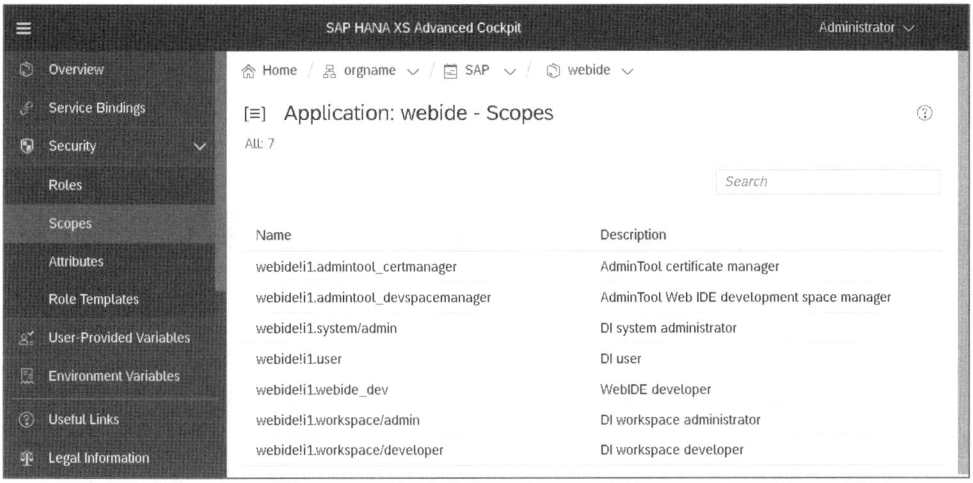

Abbildung 7.49 Scopes der Anwendung SAP WebIDE

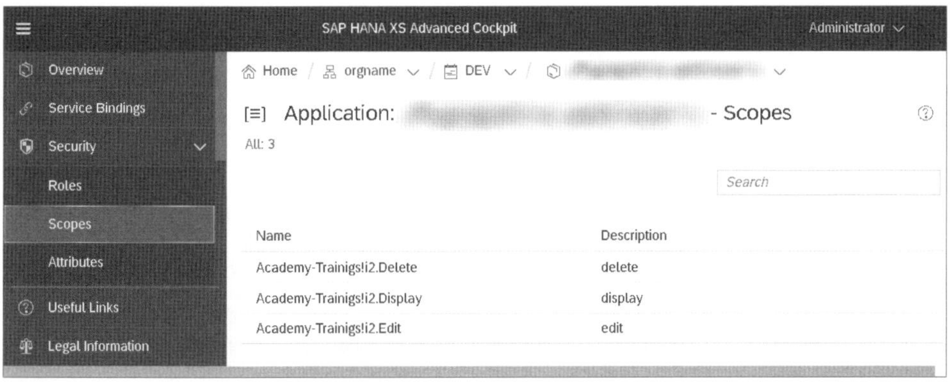

Abbildung 7.50 Scopes einer Eigenentwicklung

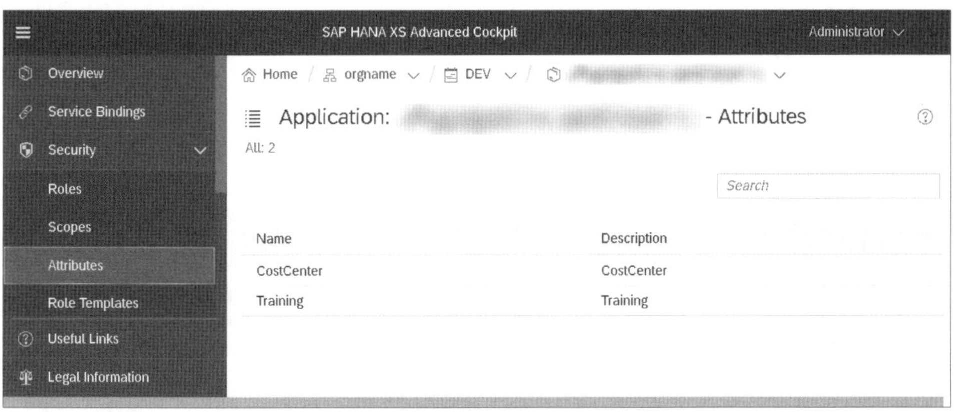

Abbildung 7.51 Attribute einer Anwendung

7.12.3 Rollen-Templates und Rollen

Die Scopes und Attribute werden zu Rollen-Templates zusammengefasst. Diese werden ebenfalls in der Anwendung selbst definiert. Abbildung 7.52 zeigt zu einer Anwendung die beiden Rollen-Templates **Editor** und **Viewer**, denen Scopes und Attribute zugeordnet sind. Attribute sind dabei optional.

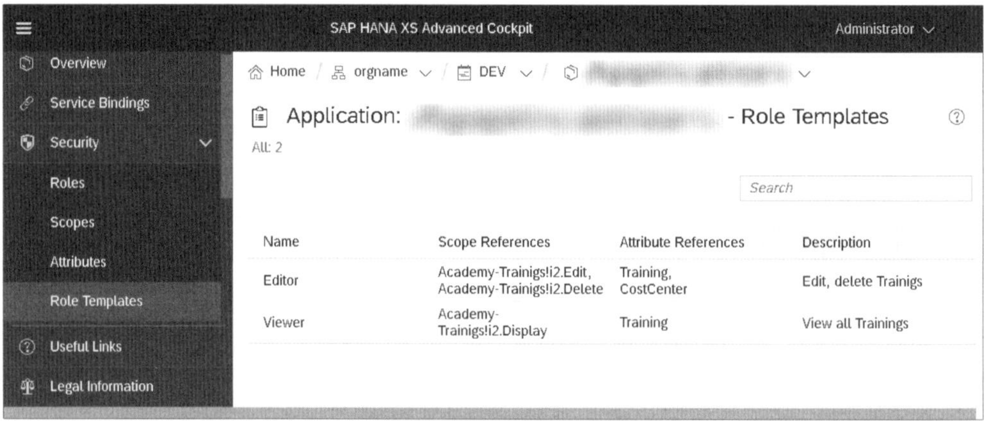

Abbildung 7.52 Rollen-Templates einer Anwendung

Aus diesen Templates können nun die Rollen abgeleitet werden. Während Scopes, Attributes und Rollen-Templates in den Anwendungen selbst definiert werden, können die Rollen im XSA Cockpit gepflegt werden. Wählen Sie hierfür den Menüpunkt **Roles** aus. Es werden die bereits definierten Rollen aufgelistet (siehe Abbildung 7.53).

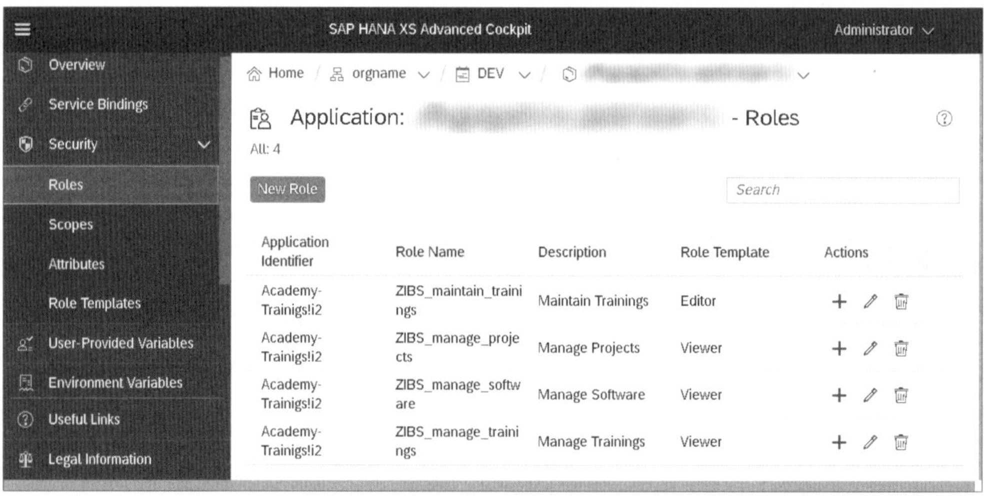

Abbildung 7.53 Rollenpflege

In der Spalte **Role Template** wird das Rollen-Template angezeigt, auf dem die Rolle basiert. Neue Rollen legen Sie über die Schaltfläche **New Role** an. Mit der Schaltfläche **Add to a Role Collection** (⊞) ordnen Sie die Rolle einer Role Collection zu.

Abbildung 7.54 zeigt die Anlage einer neuen Rolle. Hier muss in Feld **Template** das Rollen-Template ausgewählt werden. Sind in dem Rollen-Template Attribute definiert, werden sie unter **Attributes** aufgelistet und können mit Werten ausgeprägt werden.

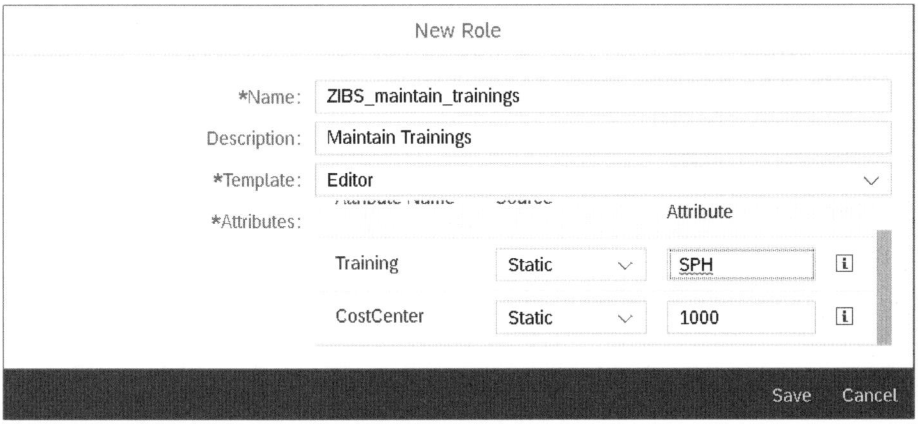

Abbildung 7.54 Anlage einer neuen Rolle

7.12.4 Berechtigungen auf Organizations und Spaces

Werden Organizations und Spaces genutzt, um organisatorische Abgrenzungen abzubilden, muss die Berechtigungsvergabe auf einzelne Organizations und Spaces möglich sein. Hierfür können jeweils Benutzer als *Member* zugeordnet werden. Zu Organizations und Spaces werden bereits vordefinierte Rollen ausgeliefert, die diesen Members zugeordnet werden. Abbildung 7.55 zeigt die Sicht der Zuordnung der Benutzer zu den Organizations mit ihren zugeordneten Rollen. Über die Schaltfläche **Add Members** fügen Sie neue Mitglieder hinzu und ordnen ihnen die Rollen zu. In Abbildung 7.56 wird der Benutzer TOMTIEDE einer Organization zugefügt. Unter **Assign Roles** werden die Rollen aufgelistet, die für Organizations vergeben werden können. In diesem Fall werden dem Benutzer beide Rollen zugeordnet. Die folgende Tabelle 7.17 listet auf, welche Berechtigungen durch die Zuordnung dieser Rollen vergeben werden.

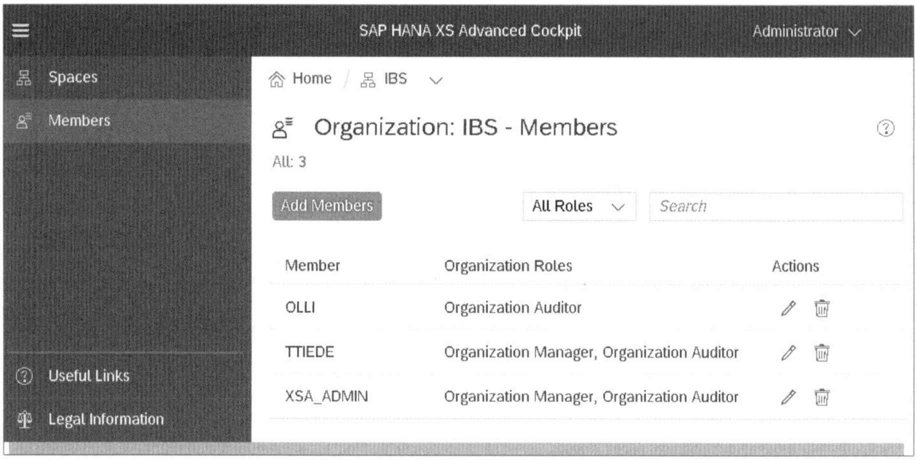

Abbildung 7.55 Members mit Organization Roles

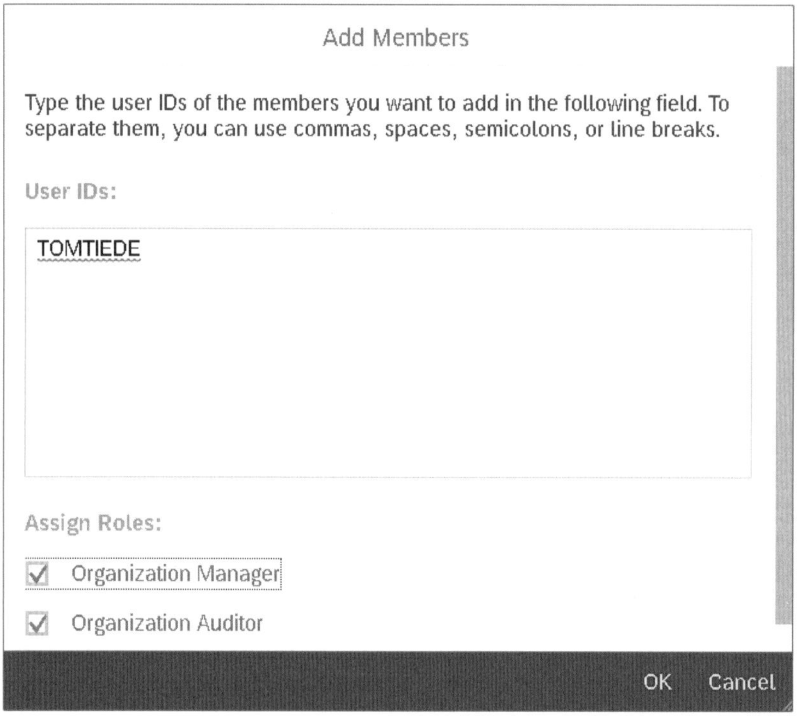

Abbildung 7.56 Zuordnung neuer Mitglieder zu einer Organization

Zu Spaces werden Benutzer nach demselben Prinzip zugeordnet. Zu jedem Space werden über den Menüeintrag **Members** die Benutzer und ihre Rollen festgelegt (siehe Abbildung 7.57). Die Space-Rollen und die enthaltenen Berechtigungen listet Tabelle 7.17 auf.

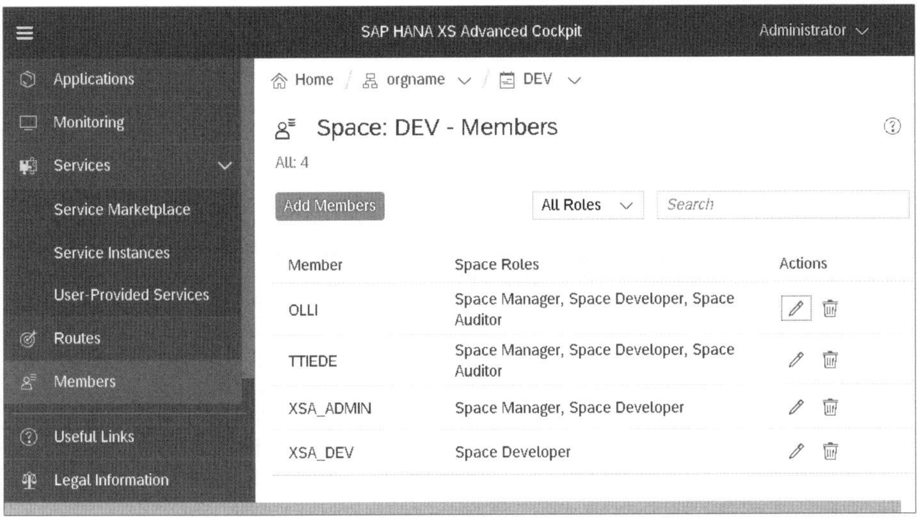

Abbildung 7.57 Members mit Space-Rollen

Rolle	Berechtigung
Organization Manager	■ Pflege der Benutzerzuordnung zur Organization (Members) ■ Pflege der Spaces in der Organization ■ Zuordnung von Domains zur Organization
Organization Auditor	■ Anzeige aller der Organization zugeordneten Benutzer ■ Anzeige aller zugeordneten Rollen zu Benutzern in der Organization ■ Anzeige aller Spaces in der Organization
Space Manager	■ Pflege der Benutzerzuordnung zum Space (Members) ■ Anzeige und Auswertung der Anwendungen des Space
Space Developer	■ Einbinden, Starten und Stoppen von Anwendungen ■ Zuordnung von Anwendungen zu Services ■ Anzeige und Auswertung der Anwendungen des Space
Space Auditor	■ Pflege der Benutzerzuordnung zum Space (Members) ■ Anzeige und Auswertung der Anwendungen des Space

Tabelle 7.17 Rollen für Organizations und Spaces

Kapitel 8
Das Rollenkonzept von SAP HANA

Die Komplexität der Berechtigungen in SAP HANA macht es erforderlich, sie strukturiert und transparent logisch zusammenzufassen. In diesem Kapitel erfahren Sie, wie Sie Berechtigungen in Rollen strukturieren und welche Arten von Rollen es gibt.

Für jede Applikation muss ein transparentes, sicheres und zukunftsorientiertes Berechtigungskonzept umgesetzt werden. In SAP HANA wird dies über die Nutzung von Rollen erreicht. Mit SAP HANA 2.0 hat SAP das Rollenkonzept durch die Einführung der HDI-Rollen grundlegend erneuert.

In Abschnitt 8.1 finden Sie die grundlegenden Eigenschaften von Rollen. In Abschnitt 8.2 stelle ich Ihnen die Katalogrollen vor, in Abschnitt 8.3 die Repository-Rollen und in Abschnitt 8.4 die HDI-Rollen. In Abschnitt 8.5 beschreibe ich wesentliche SAP-HANA-Standardrollen.

Die DSAG-Arbeitsgruppe »HANA im Betrieb« hat den Leitfaden »Rollen-Management in SAP HANA« herausgegeben, der eine Vielzahl an Hinweisen aus der Praxis enthält. Zur Definition von Repository-Rollen für Administratoren und Entwickler hat SAP den Leitfaden »How To ... Define Standard Roles for Administrators and Developers in SAP HANA Database« herausgebracht. Zwar gilt er für den Release-Stand SAP HANA 1.0 SPS07, ist aber größtenteils noch gültig. Bei Einsatz von SAP HANA XSA können Sie den Leitfaden »Best Practices and Recommendations for Developing Roles in SAP® HANA« nutzen. Er beschreibt detailliert, wie Rollen mit der WebIDE definiert werden, und enthält Vorlagen für administrative Rollen.

8.1 Eigenschaften von Rollen

Eine *Rolle* ist eine Sammlung von Berechtigungen, die Benutzern oder anderen Rollen zur Laufzeit zugeordnet werden kann. In SAP HANA wird zwischen drei Arten von Rollen unterschieden:

- Katalogrollen (Runtime-Rollen)
- Repository-Rollen (Design-Time-Rollen)
- Design-Time-HANA-Deployment-Infrastruktur-Rollen

Rollen können in beliebiger Tiefe ineinander verschachtelt werden. Die SAP-Standard-Rollen für SAP HANA sind in bis zu fünf Ebenen ineinander verschachtelt. Rollen können enthalten:

- Rollen
  - Katalogrollen
  - Repository-Rollen
  - HDI-Rollen
- System Privileges
- Object Privileges
- Analytic Privileges
- Package Privileges
- Application Privileges
- Privileges on Users

Allerdings können nicht alle Privileges in Rollen gespeichert werden. So wird z. B. die Berechtigung ATTACHE DEBUGGER (siehe Abschnitt 7.9, »Privileges on Users«) direkt im Stammsatz eines Benutzers gesetzt. Auch die Weitergabe von Berechtigungen ist nur für direkt zugeordnete Privileges und Katalogrollen möglich. Für Repository-Rollen kann diese Systematik nicht genutzt werden.

8.1.1 Speicherung von Rollen

Die View ROLES enthält die Rollen mit ihren Eigenschaften (siehe Tabelle 8.1). Welche Berechtigungen in den Rollen enthalten sind, ermitteln Sie mit der View GRANTED_PRIVILEGES (siehe Abschnitt 9.2.1, »Wurden Berechtigungen direkt in den Benutzerstammsatz eingetragen?«).

Feldname	Beschreibung
ROLE_SCHEMA_NAME	Schema der Rolle (Katalogrollen und HDI-Rollen)
ROLE_NAME	Rollenname
ROLE_ID	Rollen-ID
ROLE_MODE	Kennzeichnung für lokale Rollen (LOKAL)
GLOBAL_IDENTITY	Kennzeichnung für globale Rollen (Multi-Tenant)
CREATOR	Anleger der Rolle
CREATE_TIME	Anlegezeitpunkt

Tabelle 8.1 Felder der View ROLES

Feldname	Beschreibung
COMMENTS	Beschreibung
CONTEXT	Gültigkeitsbereich der Rolle

Tabelle 8.1 Felder der View ROLES (Forts.)

Abbildung 8.1 zeigt einen Ausschnitt aus der View Roles. Rollen, bei denen der Wert NULL im Feld ROLE_SCHEMA_NAME steht, sind entweder Katalogrollen ohne Schema-Angabe oder Repository-Rollen. Bei Letzteren wird immer der vollständige Repository-Pfad angegeben.

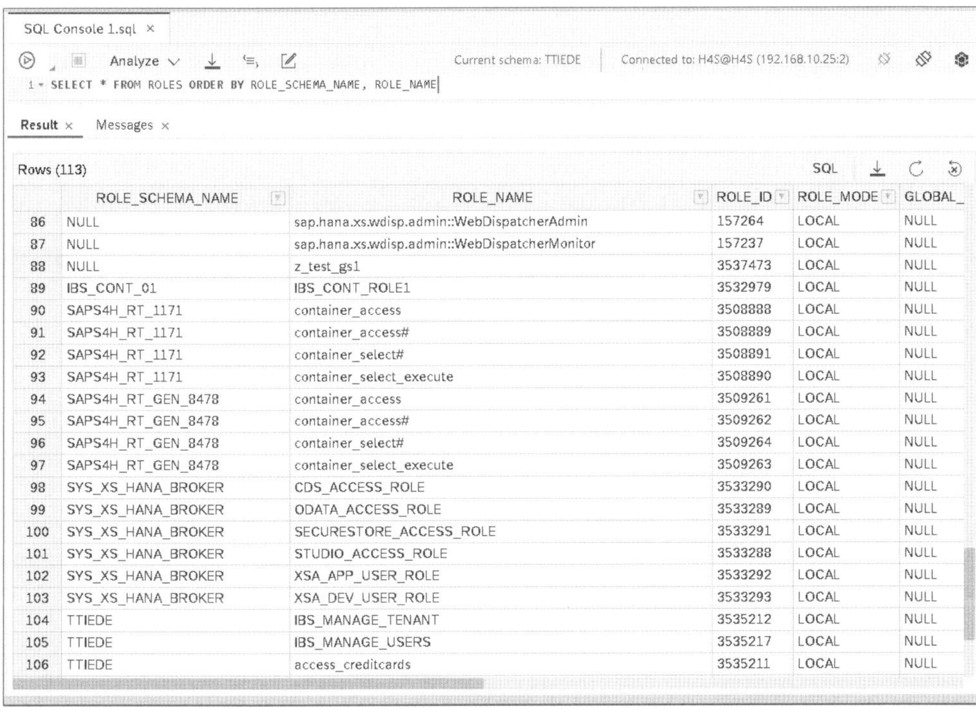

Abbildung 8.1 Die Public View ROLES

8.1.2 Namenskonventionen für Rollen

Zur Strukturierung der Rollen und für eine transparente Zuordnung zu Benutzern müssen in SAP HANA Namenskonventionen für die Rollen festgelegt werden. Diese können nicht vollständig von den Namenskonventionen für ABAP-Rollen übernommen werden. Besser ist es, eine eigene Namenskonvention für die HANA-Rollen festzulegen.

In der Praxis gehen die Meinungen darüber auseinander, ob für die drei Rollenarten eine einheitliche Namenskonvention genutzt werden soll oder jeweils eine pro Rollenart. Hintergrund ist, dass für Repository- und HDI-Rollen jeweils der Pfad der Rolle mit angegeben wird, wodurch einige Merkmale für Rollen im eigentlichen Rollennamen nicht mehr erforderlich wären. Da aktuell durch die Umstellung von XCS zu XSA ein Mischbetrieb von Repository- und HDI-Rollen erforderlich sein kann und auch Katalogrollen in Ausnahmefällen zum Einsatz kommen, nutzen viele Unternehmen eine einheitliche Namenskonvention. Das nachfolgende Beispiel haben wir bei verschiedenen Kunden umgesetzt, es stellt allerdings keinen Best-Practice-Ansatz dar. Es soll lediglich Ideen für Namenskonventionen vermitteln. Durch unterschiedliche Kundenanforderungen werden sich die Namenskonventionen teilweise stark unterscheiden.

Das Beispiel in Tabelle 8.2 zeigt eine Namenskonvention, wie sie von mehreren Unternehmen in ähnlicher Form eingesetzt wird. Als Trennzeichen ist dort jeweils ein Unterstrich angegeben. Dies ist das einzige Sonderzeichen, welches in Rollennamen verwendet werden kann. Zeichen wie der Bindestrich oder der Doppelpunkt, die in ABAP-Rollennamen häufig verwendet werden, können nicht genutzt werden.

Position	Beispielinhalt	Beschreibung
1	Z	Flag zur Kennzeichnung eigener Rollen. Zur Abgrenzung der eigenen Rollen von den SAP-Standardrollen nutzen viele Unternehmen ein Flag an der Stelle, z. B. Y oder Z. Während dies bei ABAP-Rollen gängige Praxis ist, haben wir bei HANA-Rollen schon häufig darauf verzichtet, da sich die eigenen Rollen allein vom Aufbau des Namens unterscheiden.
2	D (Entwicklung) Q (Qualitätssicherung) P (Produktion)	Transportziel Es werden nicht nur Rollen für das Produktivsystem angelegt, sondern auch für die vorgelagerten Systeme. Dieses Flag gibt an, für welches System die Rolle definiert wurde. Gleichzeitig ist es der Hinweis, bis zu welchem System die Rolle transportiert werden darf. So dürfen in einem Produktivsystem z. B. keine E- und Q-Rollen existieren, was sich durch die Namenskonvention leicht kontrollieren lässt.
3	_	Trennzeichen

Tabelle 8.2 Beispielnamenskonventionen für Rollen

Position	Beispielinhalt	Beschreibung
4	S (Single Role) C (Composite Role)	Rollentyp In SAP HANA gibt es keine Sammelrollen. Da dies aber ein im ABAP-Umfeld bekanntes und viel genutztes Prinzip ist, setzen viele Unternehmen ihre HANA-Rollen nach demselben Prinzip um. Als Einzelrollen deklarierte Rollen enthalten ausschließlich Privileges, die Sammelrollen dann ausschließlich Einzelrollen.
5	_	Trennzeichen
6–8	ADM (Administration) DEV (Entwicklung MOD (Modellierung) TST (Testing) REP (Reporting) TEC (Rollen für technische Benutzer) ...	Funktionsbereich Der Funktionsbereich gibt an, in welchem Bereich oder von welcher Nutzergruppe die Rollen verwendet werden. Hierdurch besteht die Möglichkeit, Rollenzuordnungen bereits anhand der Benutzer bzw. deren Gruppen zu analysieren.
9	_	Trennzeichen
10	R (Lesen) M (Pflegen) D (Löschen) E (Ausführen)	Aktivitätskennzeichen Legt fest, welche Aktivitäten mit der Rolle möglich sind. Dabei gibt es zwei Möglichkeiten zum Umgang mit den Aktivitäten. Zum einen können die Aktivitäten hierarchisch aufgebaut werden, was bedeutet: ▪ Pflegen (M) enthält auch die Berechtigung zum Lesen (R) ▪ Löschen (D) enthält auch die Berechtigung zum Lesen (R), eventuell auch zum Pflegen (M) Ist eine größere Transparenz erforderlich, können die Rollen auch streng voneinander getrennt werden. Dies hat allerdings auch zur Folge, dass eine größere Anzahl an Rollen erforderlich ist.
11	_	Trennzeichen

Tabelle 8.2 Beispielnamenskonventionen für Rollen (Forts.)

Position	Beispielinhalt	Beschreibung
12–15	ASST (Asset Management) FICO (FI / CO) SALE (Sales) SOPR (Sourcing and Procurement) XXXX (Übergreifend) ...	Komponente In SAP ERP haben Rollennamen meistens ein Kürzel für das Modul, aus dem die Berechtigungen stammen. Es wird zumeist zweistellig angegeben. Da in S/4HANA anstelle von Modulen von Business Applications gesprochen wird, ist das Kürzel hier häufig vierstellig. Natürlich kann auch weiterhin die »alte« Modulbezeichnung genutzt werden. Der Vorteil liegt darin, dass diese Kürzel meistens unternehmensweit bekannt sind.
16	_	Trennzeichen
17–nn	KEY_USER DEPARTMENT DEVELOP_XSA USER_ADMIN	Freitext Beschreibt die Inhalte der Rolle, die sich nicht aus den vorigen Informationen ergeben.

Tabelle 8.2 Beispielnamenskonventionen für Rollen (Forts.)

Nach diesem Schema können nun alle Rollennamen vergeben werden. Wichtig ist hierbei, dass Rollennamen in SQL-Statements Case-sensitive sind, die Groß- und Kleinschreibung somit beachtet werden muss. Daher sollten Groß- und Kleinbuchstaben nicht vermischt werden, um eine leichtere Handhabung zu gewährleisten. Tabelle 8.3 zeigt einige Beispiele zur Namenskonvention gemäß Tabelle 8.2.

Rollenname	Bedeutung
ZD_C_DEV_M_XXXX_DEVELOP_XSA	Sammelrolle für XSA-Entwickler in Entwicklungssystemen mit ändernden Berechtigungen
ZP_C_DEV_R_XXXX_DEVELOP_XSA	Sammelrolle für XSA-Entwickler in Produktivsystemen mit lesenden Berechtigungen
ZQ_S_TST_M_SOPR_DEPARTMENT	Einzelrolle zum Testing im Q-System für den Fachbereich für den Bereich *Sourcing and Procurement*
ZP_S_ADM_M_FICO_KEY_USER	Einzelrolle für Key-user aus dem Bereich *Finance* im Produktivsystem mit ändernden Berechtigungen
ZP_C_TEC_M_SALE_TECH_USER	Sammelrolle für technische Benutzer für den Bereich *Sales* im Produktivsystem mit ändernden Berechtigungen

Tabelle 8.3 Beispiele für Rollennamen

Die Namenskonventionen für Rollen bilden einen wesentlichen Aspekt bei der Transparenz des Berechtigungskonzepts. Daher sind diese abzustimmen, bevor die ersten Rollen im System angelegt werden. Die Namenskonventionen können natürlich stark vom obigen Beispiel abweichen. Wichtig ist, dass sie für alle am Berechtigungswesen beteiligten Personen transparent und nachvollziehbar sind.

8.2 Runtime-Katalogrollen

Katalogrollen können direkt durch einen Rollenadministrator mit der Systemberechtigung ROLE ADMIN angelegt werden. Diese Methode hat jedoch wesentliche Nachteile, da die Rollen in einem Schema gespeichert werden. Das Schema wird beim Anlegen der Katalogrolle angegeben. Ohne Angabe eines Schemas wird die Rolle im Schema des Anlegers gespeichert. Wird das Schema gelöscht, werden dadurch auch die zugehörigen Rollen und sämtliche Zuordnungen zu Benutzern gelöscht. Katalogrollen sollten also, wenn überhaupt, nur genutzt werden, falls die Benutzer- und Rollenpflege über eine übergeordnete Applikation und somit einen technischen Benutzer stattfindet. Weitere Nachteile von Katalogrollen sind:

- Sie sind nicht transportierbar.
- Es findet keine automatische Versionierung bei Änderungen statt.
- Der Ersteller muss die Berechtigungen, die er in die Rolle integriert, selbst besitzen.
- Wenn dem Benutzer eine Berechtigung entzogen wird, wird sie auch aus seinen Katalogrollen entfernt.

Katalogrollen sollten daher nur eingeschränkt verwendet werden. Eine Ausnahme stellen die Standard-Katalogrollen von SAP HANA bzw. von den installierten Komponenten dar.

Katalogrollen lassen Sie sich mit folgendem Statement anzeigen:

```
SELECT * FROM ROLES WHERE ROLE_NAME NOT LIKE '%::%'
```

Durch die WHERE-Klausel werden Repository- und HDI-Rollen aus dem Ergebnis gefiltert. Die meisten Standardrollen haben in SAP HANA keine Beschreibung, sondern lediglich einen technischen Namen, z. B.:

- ABAP_ADMIN
- ABAP_DEV
- ABAP_READ
- DBA_COCKPIT
- TABLE_REDISTRIBUTION
- USER

Legt ein Benutzer eine Katalogrolle an, wird sie ihm automatisch auch zugeordnet. Im SAP HANA Cockpit und im SAP HANA Studio erfolgt dies automatisch und kann nicht beeinflusst werden. Mit SQL kann beim Statement `CREATE ROLE` die Option `NO GRANT TO CREATOR` mitgegeben werden. In dem Fall wird die neue Rolle dem Anleger nicht zugeordnet.

8.2.1 Weitergabe zugeordneter Rollen

Für Katalogrollen kann beim Zuordnen zu einer anderen Rolle oder einem Benutzer die Option **Grantable to Others** aktiviert werden. Dies bedeutet, dass die Rolle an einen Benutzer weitergegeben werden kann, ohne dass dafür weitere Berechtigungen erforderlich sind. Abbildung 8.2 zeigt den Benutzer TTIEDE mit den ihm zugeordneten Rollen. In der Spalte **Grantable to Others** ist der Schalter für die unteren drei Rollen (`IBS_CONT_ROLE1`, `IBS_DISPLAY_ALL`, `MONITORING`) auf **YES** gesetzt. Der Benutzer kann diese drei Rollen somit anderen Benutzern zuordnen. Berechtigungen zur Verwaltung von Benutzern benötigt er dafür nicht. Beim Zuordnen kann er für den Benutzer wieder die Option **Grantable to Others** = **YES** setzen, sodass der Benutzer dann diese Rolle auch wieder weitergeben kann.

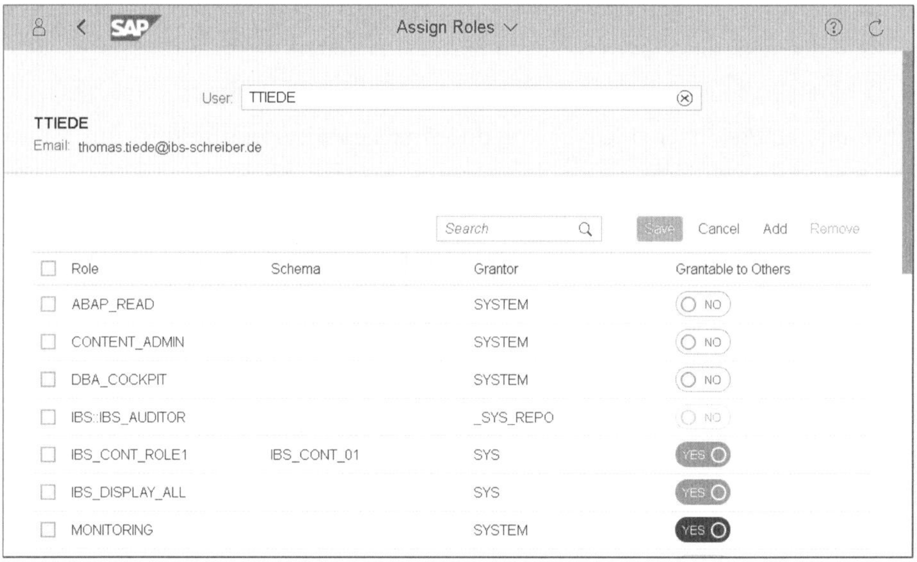

Abbildung 8.2 Benutzer mit zugeordneten Rollen

Die Nutzung dieser Systematik ist konzeptionell festzulegen. Normalerweise erfolgen Rollenzuordnungen durch dedizierte Administrationsbenutzer. Mit der Funktion, Zuordnungen von Katalogrollen über **Grantable to Others** zuzulassen, kann z. B.

eine dezentrale Verwaltung von Rollenzuordnungen eingerichtet werden. Sicherer und transparenter ist es allerdings, diese Systematik nur in dokumentierten Ausnahmefällen zu nutzen und Rollen nur durch Benutzerverwalter zuzuordnen.

8.2.2 Pflege von Katalogrollen mit dem SAP HANA Cockpit

Zur Pflege von Katalogrollen rufen Sie in der Systemübersicht den Link **Manage Roles** in der Kachel **User & Role Management** auf. Ihnen werden alle Rollen aufgelistet (siehe Abbildung 8.3). Klicken Sie eine Rolle an, um ihren Inhalt anzuzeigen. Über das Suchfeld oben links können Sie Rollen suchen.

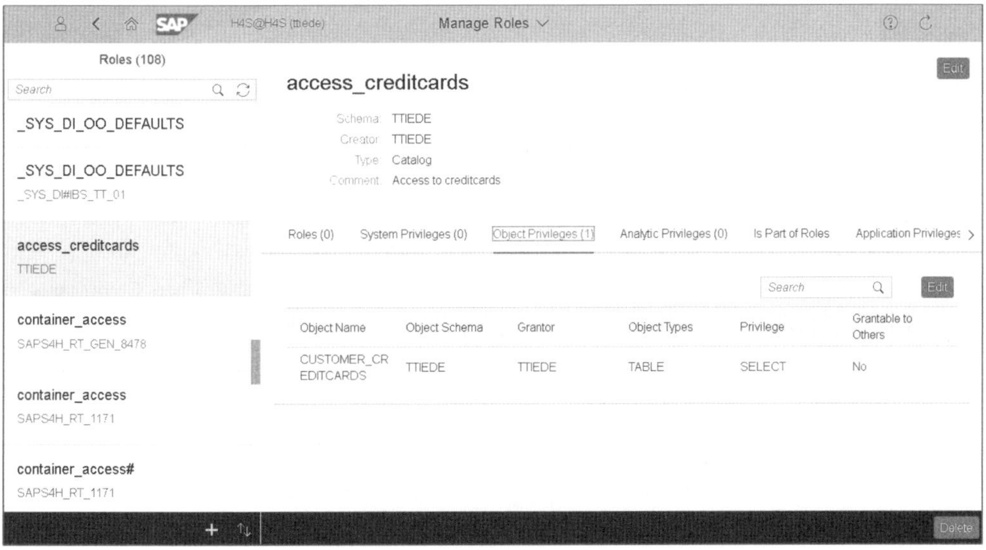

Abbildung 8.3 Pflege von Rollen im SAP HANA Cockpit

Hier werden die Inhalte der Rollen in den verschiedenen Registern aufgelistet. Zu den Registern wird angezeigt, wie viele Privileges jeweils enthalten sind. Wie Sie die einzelnen Privileges in Rollen pflegen, habe ich in Kapitel 7, »Das Berechtigungskonzept von SAP HANA«, beschrieben.

Rollen können neben Privileges gleichzeitig auch andere Rollen enthalten. Ein Benutzer, dem eine Rolle zugeordnet wird, verfügt über die Berechtigungen dieser Rolle sowie über die Berechtigungen aller enthaltenen Rollen. Dabei können Rollen in beliebiger Tiefe verschachtelt werden. Sie integrieren Rollen in eine Rolle über das Register **Roles**. Klicken Sie hier auf die Schaltfläche **Edit**, und sie gelangen in den Änderungsmodus (siehe Abbildung 8.4). Mit den Schaltflächen **Add** und **Remove** können Sie Rollen hinzufügen bzw. löschen.

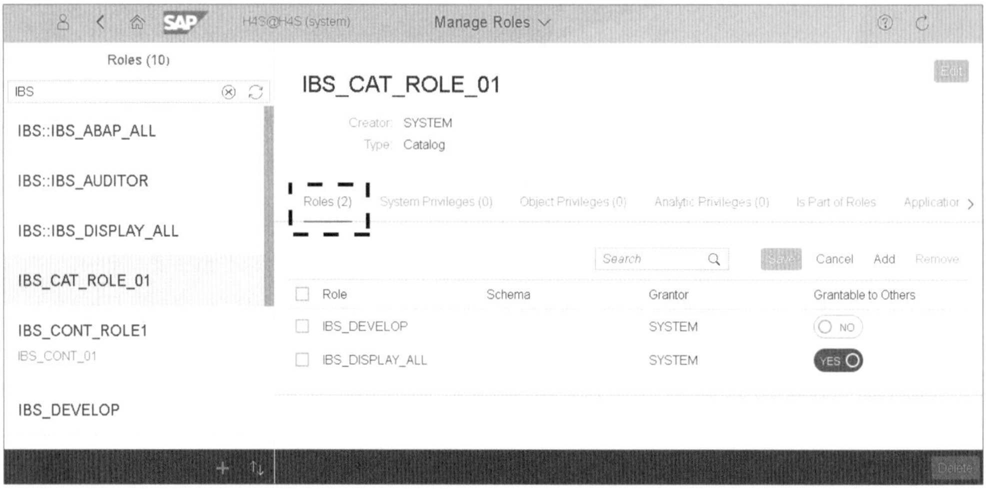

Abbildung 8.4 Zuordnung von Rollen zu anderen Rollen

Es können alle Arten von Rollen in eine Katalogrolle integriert werden (Katalog-, Repository- und HDI-Rollen). Aber nur bei Katalogrollen ist es möglich, dem Benutzer die Berechtigung zur Weitergabe der Rollen zuzuordnen (Option **Grantable to Others**). Ist diese Option für eine Rolle auf **YES** gesetzt, kann ein Benutzer diese Rolle anderen Benutzern zuordnen.

In Abbildung 8.4 enthält die Rolle `IBS_CAT_ROLE_01` die beiden Rollen `IBS_DEVELOP` und `IBS_DISPLAY_ALL`. Für die Rolle `IBS_DISPLAY_ALL` ist **Grantable to Others** auf den Wert **YES** gesetzt. Ein Benutzer, dem die Rolle `IBS_CAT_ROLE_01` zugeordnet wird, kann somit die darin enthaltene Rolle `IBS_DISPLAY_ALL` anderen Benutzer zuordnen, z. B. per SQL:

```
GRANT IBS_DISPLAY_ALL TO <Benutzername>
```

Da für die Rolle `IBS_DEVELOP` diese Option nicht gesetzt ist, kann sie nicht an andere Benutzer weitergegeben werden.

In welchen Rollen die aktuelle Rolle enthalten ist, können Sie über das Register **Is Part of Roles** einsehen (siehe Abbildung 8.5).

Um eine neue Rolle zu erstellen, klicken Sie auf die Schaltfläche **Create Role** (+), wie in Abbildung 8.6 ersichtlich. Der Rollenname kann bis zu 256 Zeichen lang werden, die Beschreibung (Feld **Comment**) bis zu 5.000 Zeichen. Im Feld **Schema** können Sie das Schema angeben, in dem die Rolle erstellt werden soll. Für das Schema benötigen Sie die Berechtigung `CREATE ANY`. Ohne Angabe eines Schemas wird die Rolle im Schema des erstellenden Benutzers gespeichert. Nach dem Speichern der Rolle können Sie die Privileges und weitere Rollen zuordnen.

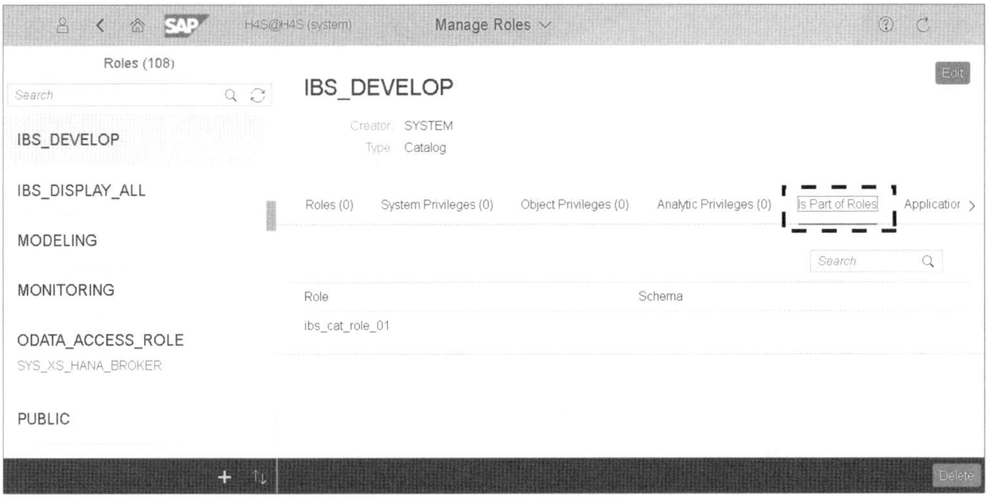

Abbildung 8.5 Anzeige der Rollen, in denen die aktuelle Rolle enthalten ist

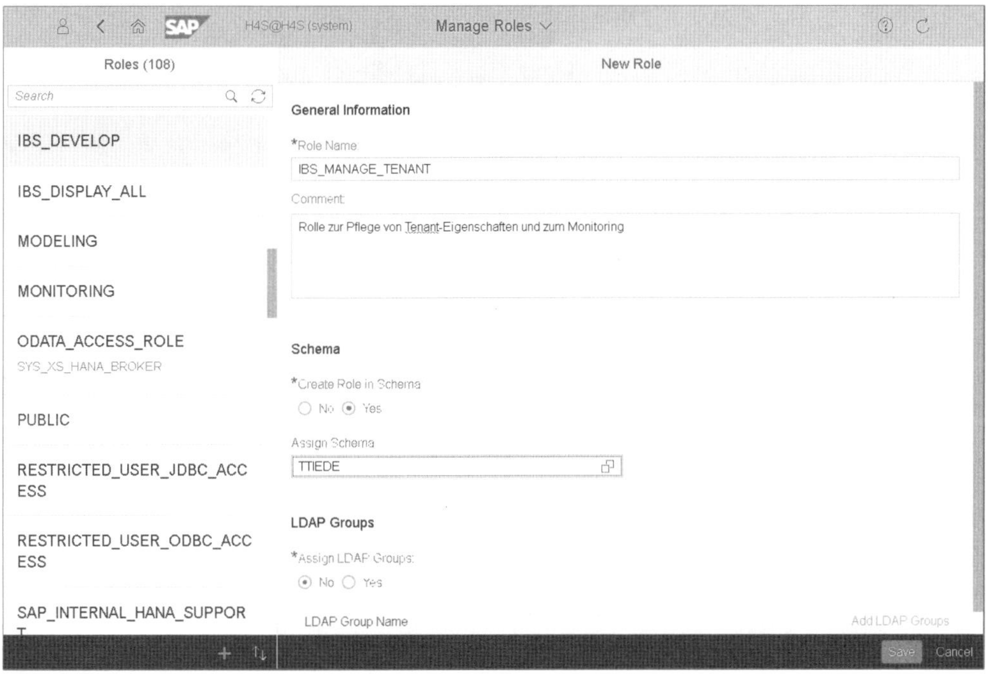

Abbildung 8.6 Anlegen einer neuen Rolle

Rollen können auch LDAP-Gruppen zugeordnet werden. Dies erfolgt in der Rolle unter dem Punkt **LDAP Groups**. Um eine LDAP-Gruppe zuzuordnen, klicken Sie auf den Link **Add LDAP Group** und tragen die Gruppe mit ihrem vollen LDAP-Pfad ein (siehe Abbildung 8.7).

Abbildung 8.7 Zuordnung einer LDAP-Gruppe

Zum Löschen einer Rolle wählen Sie diese aus und klicken auf die Schaltfläche **Delete**.

8.2.3 Pflege von Katalogrollen mit dem SAP HANA Studio

Im SAP HANA Studio erreichen Sie die Rollenpflege unter dem jeweiligen System über den Pfad **Security • Roles**. Doppelklicken Sie auf eine Rolle, um sie anzuzeigen bzw. zu pflegen (alternativ mit der rechten Maustaste auf die Rolle klicken und im Kontextmenü den Eintrag **Open** auswählen). Sie können nun in den einzelnen Registern Privileges und Rollen zufügen (+) und löschen (✖).

Für Katalogrollen, System Privileges, Object Privileges und Package Privileges können Sie die Option **Grantable to Others** setzen, damit die Rollen und Privileges an andere Benutzer und Rollen weitergegeben werden können. Markieren Sie hierfür das entsprechende Objekt, und klicken Sie im Eigenschaftsfenster rechts daneben bei der Option **Grantable to Others** den Radiobutton **Yes** an (siehe Abbildung 8.8). Die Standardeinstellung ist hier **No**. In Abbildung 8.8 ist eingestellt, dass zur View `TTIEDE.CUST_CREDIT_VIEW` das Privilege `SELECT` weitergegeben werden kann, die Privileges `UPDATE`, `DELETE` und `INSERT` nicht. Die anderen Privileges sind dieser Rolle nicht zugeordnet.

Um eine neue Rolle anzulegen, klicken Sie mit der rechten Maustaste auf den Ordner **Roles** und wählen den Kontextmenüeintrag **New Role** aus. In der Pflegeoberfläche wählen Sie mit der Schaltfläche **Select Schema** das Schema aus, dem die Rolle zugeordnet werden soll (siehe Abbildung 8.9). Ohne Angabe des Schemas wird die Rolle im Schema des anlegenden Benutzers gespeichert.

Die Beschreibung zur Rolle kann in dieser Oberfläche nicht eingegeben werden. Im SAP HANA Studio muss die Angabe der Rollenbeschreibung mit SQL erfolgen (siehe Abschnitt 8.2.4, »Pflege von Katalogrollen mit SQL«). Das gilt auch die LDAP-Gruppen, die der Rolle zugeordnet werden sollen.

Um eine Rolle zu löschen, klicken Sie mit der rechten Maustaste auf die Rolle und wählen den Kontextmenüeintrag **Delete** aus.

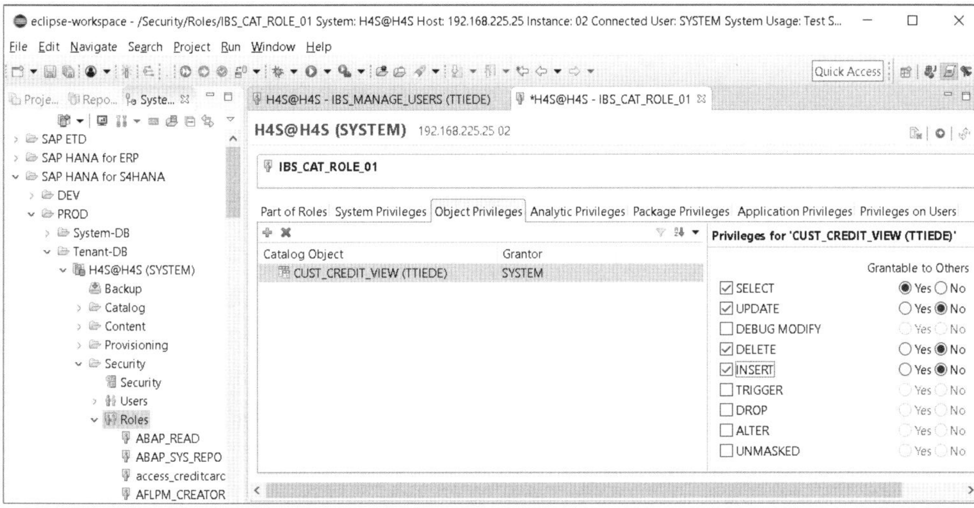

Abbildung 8.8 Pflege von Katalogrollen mit dem SAP HANA Studio

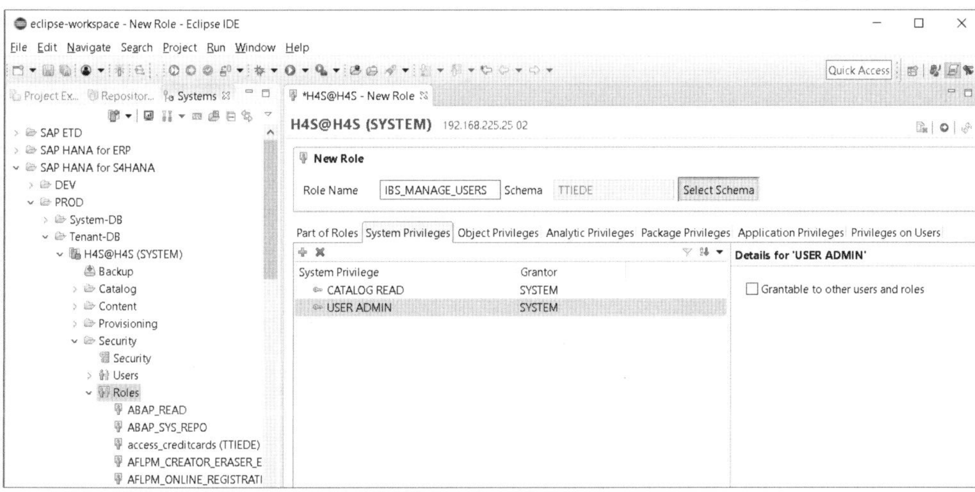

Abbildung 8.9 Anlage von Katalogrollen mit dem SAP HANA Studio

8.2.4 Pflege von Katalogrollen mit SQL

Mit SQL-Befehlen können Sie Katalogrollen sowohl pflegen als auch Benutzern und anderen Rollen zuordnen. Nutzen Sie dafür folgende Statements:

- `CREATE ROLE`: Rollen anlegen
- `ALTER ROLE`: Rolle ändern
- `DROP ROLE`: Rolle löschen

- GRANT: Rollen und Privileges zuordnen
- REVOKE: Rollen und Privileges entziehen

Beim Anlegen einer Rolle muss der Rollenname angegeben werden, optional auch LDAP-Gruppen:

```
CREATE ROLE <Rollenname> [ LDAP GROUP <LDAP-Gruppen> ]
[ NO GRANT TO CREATOR ]
```

Beim Anlegen einer Rolle wird diese dem Anleger automatisch zugeordnet. Dies kann mittels der Option NO GRANT TO CREATOR ausgeschaltet werden. In dem Fall wird dem Anleger die Gruppe nicht zugeordnet.

Um eine Gruppe mit dem Namen ZUSER_ADMIN anzulegen, nutzen Sie folgendes Statement:

```
CREATE ROLE ZUSER_ADMIN
```

Eine LDAP-Gruppe fügen Sie dabei folgendermaßen hinzu:

```
CREATE ROLE ZUSER_ADMIN LDAP GROUP cn=User_Admins,ou=Groups,ou=Academy,
o=ibs-schreiber.de
```

Ändern von Rollen bedeutet, dass LDAP-Gruppen zugefügt oder gelöscht werden können:

```
ALTER ROLE <Rollenname> ADD LDAP GROUP <LDAP-Gruppen> | DROP LDAP GROUP
<LDAP-Gruppen>
```

Zum Löschen von Rollen geben Sie nur den Rollennamen an:

```
DROP ROLE <Rollenname>
```

Das Zuordnen von Privileges oder anderen Rollen zu Rollen erfolgt mit dem Befehl GRANT, ebenso wie das Zuordnen der Rollen zum Benutzer:

```
GRANT <Rolle/Privilege> [ON <Objektname>] TO <Rolle/Benutzer>
[WITH ADMIN OPTION]
```

Die Option **[WITH ADMIN OPTION]** setzt dabei das Flag **Grantable to Others**, mit dem die Berechtigung bzw. die Rolle weitergegeben werden kann. Nachfolgend einige Beispiele.

- Zuordnung des SELECT-Privileges auf das Schema TTIEDE zur Rolle ZOWN_ROLE:

  ```
  GRANT SELECT ON SCHEMA <Schema> TO <Rollenname>
  GRANT SELECT ON SCHEMA TTIEDE TO ZOWN_ROLE
  ```

- Zuordnung des Privileges INSERT auf die Tabelle TTIEDE.CUSTOMER_CREDITCARDS zur Rolle ZOWN_ROLE:

```
GRANT INSERT ON <Objektname> TO <Rollenname>
GRANT INSERT ON TTIEDE.CUSTOMER_CREDITCARDS TO ZOWN_ROLE
```

- Zuordnung der System Privileges AUDIT ADMIN und INIFILE ADMIN zur Rolle ZOWN_ROLE:

```
GRANT <System Privilege> TO <Rollenname>
GRANT AUDIT ADMIN, INIFILE ADMIN TO ZOWN_ROLE
```


Und schließlich kann der Entzug von Privileges oder Rollen mit dem REVOKE-Befehl erfolgen:

```
REVOKE <Rolle/Privilege> [ON <Objektname>] FROM <Rolle/Benutzer>
```

Nachfolgend als Beispiel die REVOKE-Befehle, mit denen die zuvor über den GRANT-Befehl zugeordneten Privileges/Rollen wieder entzogen werden:

- Entzug des SELECT-Privileges auf das Schema TTIEDE aus der Rolle ZOWN_ROLE:

```
REVOKE SELECT ON SCHEMA <Schema> FROM <Rollenname>
REVOKE SELECT ON SCHEMA TTIEDE FROM ZOWN_ROLE
```

- Entzug des INSERT-Privileges auf die Tabelle TTIEDE.CUSTOMER_CREDITCARDS aus der Rolle ZOWN_ROLE:

```
REVOKE INSERT ON <Objektname> FROM <Rollenname>
REVOKE INSERT ON TTIEDE.CUSTOMER_CREDITCARDS FROM ZOWN_ROLE
```

- Entzug der System Privileges AUDIT ADMIN und INIFILE ADMIN aus der Rolle ZOWN_ROLE:

```
REVOKE <System Privilege> FROM <Rollenname>
REVOKE AUDIT ADMIN, INIFILE ADMIN FROM ZOWN_ROLE
```

8.2.5 Änderungshistorie von Katalogrollen

Katalogrollen werden über das Auditing protokolliert (siehe Kapitel 11, »Auditing in SAP HANA«). Erstellen Sie hierfür eine neue Policy, und wählen Sie die Kategorie **User and Role Management** aus. Hier selektieren Sie die Aktionen für die Rollenpflege:

- **ALTER ROLE** (Protokollierung von Änderungen an Rollen)
- **CREATE ROLE** (Anlegen von Rollen)
- **DROP ROLE** (Löschen von Rollen)

Die Protokolle sind für produktive Systeme bzw. für den produktiven Systemen vorgelagerte Systeme (Entwicklung, Qualitätssicherung) gemäß § 257 HGB zehn Jahre lang aufzubewahren.

8.3 Design-Time-Repository-Rollen (XSC)

Repository-Rollen werden als Entwicklungsobjekte mit entsprechenden Entwicklerberechtigungen (siehe Abschnitt 7.4, »Package Privileges«) im SAP HANA Repository erstellt. Entwicklungen im Repository werden für SAP-HANA-XS-Classic-Anwendungen genutzt. Beim Einsatz von SAP HANA XSA werden Repository-Rollen nicht genutzt.

Zur Verwendung von Repository-Rollen müssen diese zunächst aktiviert werden. Die aktivierte Version kann anschließend Benutzern zugeordnet werden. Die Pflege von Rollen ist in SAP HANA somit eine Aufgabe der Entwicklung. Repository-Rollen sind transportierbar und unterliegen einer automatischen Versionierung.

Die Erstellung und Zuordnung läuft nicht direkt über den Entwickler bzw. Administrator, sondern durch Prozeduren über den Benutzer _SYS_REPO. Ihm gehören alle erstellten Repository-Rollen. Dadurch sind diese Objekte von dem erstellenden Benutzer entkoppelt, und ein Entwickler kann auch Rollen mit Inhalten erstellen, für die der Entwickler selbst gar keine Berechtigungen besitzt, solange der Benutzer _SYS_REPO über die Berechtigungen verfügt. Vor der Einführung von SAP HANA XSA und der HANA Deployment Infrastructure (HDI) wurde _SYS_REPO automatisch für neue Objekte in SAP HANA berechtigt, sodass über Repository-Rollen uneingeschränkt alle Objekte berechtigt werden konnten.

Dies ist insbesondere für Tenants relevant, die als Datenbank für SAP ERP oder SAP S/4HANA genutzt werden. Der Benutzer _SYS_REPO verfügt standardmäßig über volle Berechtigungen auf das Schema des Datenbankbenutzers SAP<sid> und somit über lesende und ändernde Berechtigungen auf alle ERP-/S/4HANA-Tabellen. Diese sind als Object Privileges mit dem Flag **Grantable to Others** in seinen Stammsatz eingetragen. Daher können diese Berechtigungen in Repository-Rollen integriert werden und damit Zugriffe auf die ERP-/S/4HANA-Daten ermöglichen.

Aktivierte Repository-Rollen sind in der Auflistung über die Tabelle `ROLES` am Namensraum zu erkennen. Das Feld `ROLE_SCHEMA_NAME` ist leer, und im Rollennamen (Feld `ROLE_NAME`) ist der Repository-Pfad der Rolle vor dem eigentlichen Rollennamen angegeben, getrennt durch zwei Doppelpunkte, z. B.:

- `sap.hana.security.cockpit.roles::DisplayAssignedRoles`
- `sap.hana.admin.roles::Monitoring`
- `sap.hana.admin.roles::Administrator`
- `sap.hana.admin.cockpit.sysrep.roles::SysRepAdmin`

Auch HDI-Rollen haben diese Namenskonvention, allerdings ist bei HDI-Rollen in der Tabelle ROLES im Feld ROLE_SCHEMA_NAME das HDI-Schema enthalten.

8.3.1 Pflege von Repository-Rollen mit dem SAP HANA Studio

Repository-Rollen werden im Repository gepflegt und fallen somit unter die Anwendungsentwicklung. Im Repository kann nicht eingeschränkt werden, welche Elemente gepflegt werden dürfen. Besitzt ein Benutzer das Package Privilege REPO.EDIT_NATIVE_OBJECTS auf einem Paket, kann er innerhalb dieses Pakets alle Repository-Typen pflegen, z. B. Calculation Views, JavaScript-Programme, Schemata, Tabellen und Rollen. Für die Rollenpflege werden häufig eigene Pakete genutzt. Dass dort aber nur Rollen angelegt werden dürfen, ist eine organisatorische Vorgabe. Abbildung 8.10 zeigt die Oberfläche zur Pflege der Rollen im SAP HANA Studio.

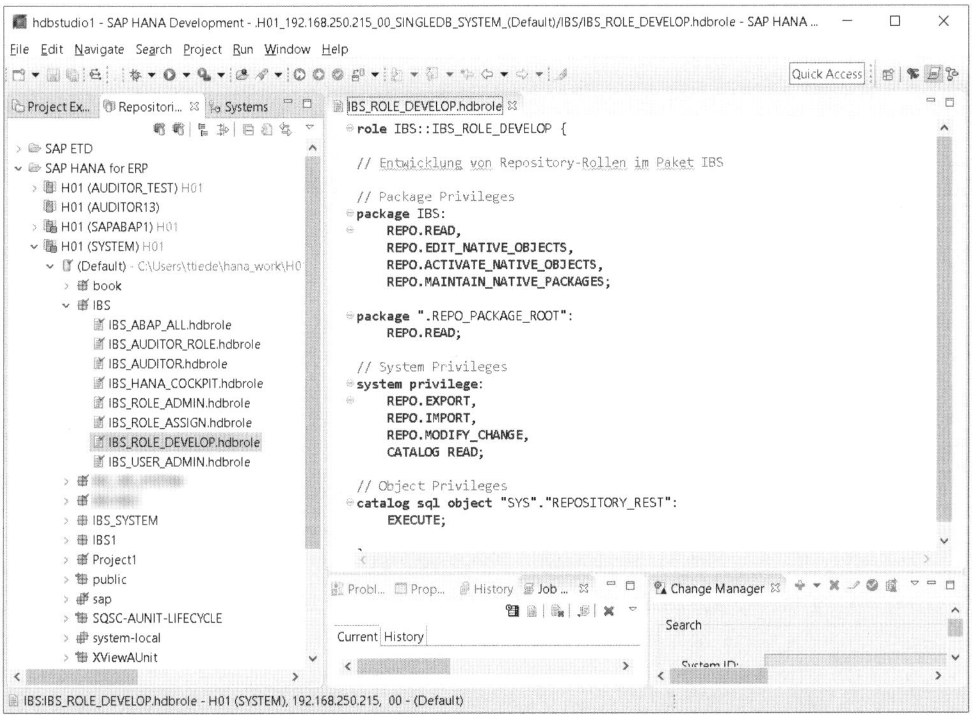

Abbildung 8.10 Pflege von Repository-Rollen

Zum Anlegen einer neuen Repository-Rolle klicken Sie mit der rechten Maustaste auf das Paket, und wählen Sie den Kontextmenüeintrag **New • Other** aus. Im Fenster **Select a Wizard** finden Sie unter dem Ordner **SAP HANA • Database Development** den Eintrag **Role** (siehe Abbildung 8.11). Rollen haben die Endung **.hdbrole**. Neben den Berechtigungen können Sie auch Kommentarzeilen integrieren, um die Inhalte zu beschreiben. Kommentare beginnen mit // oder --.

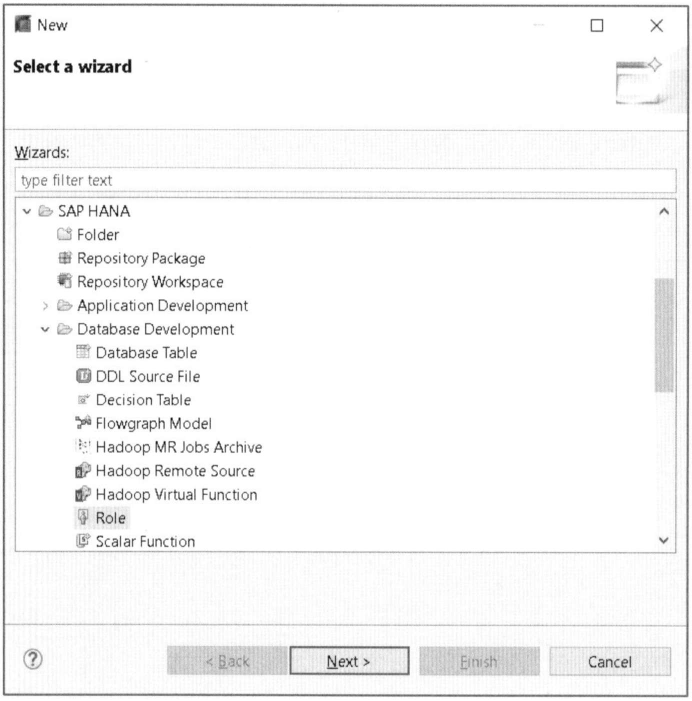

Abbildung 8.11 Anlegen einer neuen Repository-Rolle

In Repository-Rollen können Privileges und Rollen integriert werden. Eine Rolle beginnt mit dem Eintrag `role <Repository-Pfad>::<Rollenname>`, z. B.:

```
IBS.Academy::IBS_Role_Develop
```

Integration von Rollen in Repository-Rollen

Um weitere Rollen in eine Repository-Rolle zu integrieren, nutzen Sie die Zusätze `extends role <Repository-Rolle>` oder `extends catalog role <Katalogrolle>`. Es können beliebig viele Rollen integriert werden. Das nachfolgende Beispiel zeigt eine Rolle (`IBS.Academy::IBS_Role_Develop`), in der sowohl eine Repository- (`IBS::IBS_Auditor`) als auch eine Katalogrolle (`IBS_MONITORING`) integriert ist:

```
IBS.Academy::IBS_Role_Develop extends role IBS::IBS_Auditor
extends catalog role "IBS_MONITORING"
```

Mehrere Rollen des gleichen Typs werden durch Kommata getrennt angegeben.

Integration von System Privileges in Repository-Rollen

System Privileges werden in folgender Syntax in Repository-Rollen integriert:

```
system privilege: <Privilege 1>, <Privilege 2>, <…>;
```

Dabei müssen Einträge in Repository-Rollen grundsätzlich nicht in einer Zeile stehen. Zur besseren Lesbarkeit können sie auf mehrere Zeilen aufgeteilt werden, z. B.:

```
system privilege:
      CATALOG READ,
      USER ADMIN;
```

Das Flag zur Weitergabe der Berechtigungen (**Grantable to Others**) kann hier nicht gesetzt werden. Dem Benutzer _SYS_REPO sind standardmäßig alle System Privileges zugeordnet, daher können sie uneingeschränkt in Repository-Rollen integriert werden. Um zu analysieren, welche System Privileges in Repository-Rollen verwendet werden, nutzen Sie folgendes SQL-Statement:

```
SELECT GRANTEE, GRANTOR, PRIVILEGE, IS_GRANTABLE
FROM GRANTED_PRIVILEGES WHERE GRANTEE LIKE '%::%'
AND GRANTEE_SCHEMA_NAME IS NULL AND OBJECT_TYPE = 'SYSTEMPRIVILEGE'
```

Abbildung 8.12 zeigt das Ergebnis der Abfrage. Der GRANTOR (derjenige, der die Berechtigung in die Rolle integriert hat) ist dabei grundsätzlich _SYS_REPO, wenn die Rolle im Repository gepflegt wurde. In dem Fall ist die Option **Grantable to Others** (IS_GRANTABLE) immer FALSE.

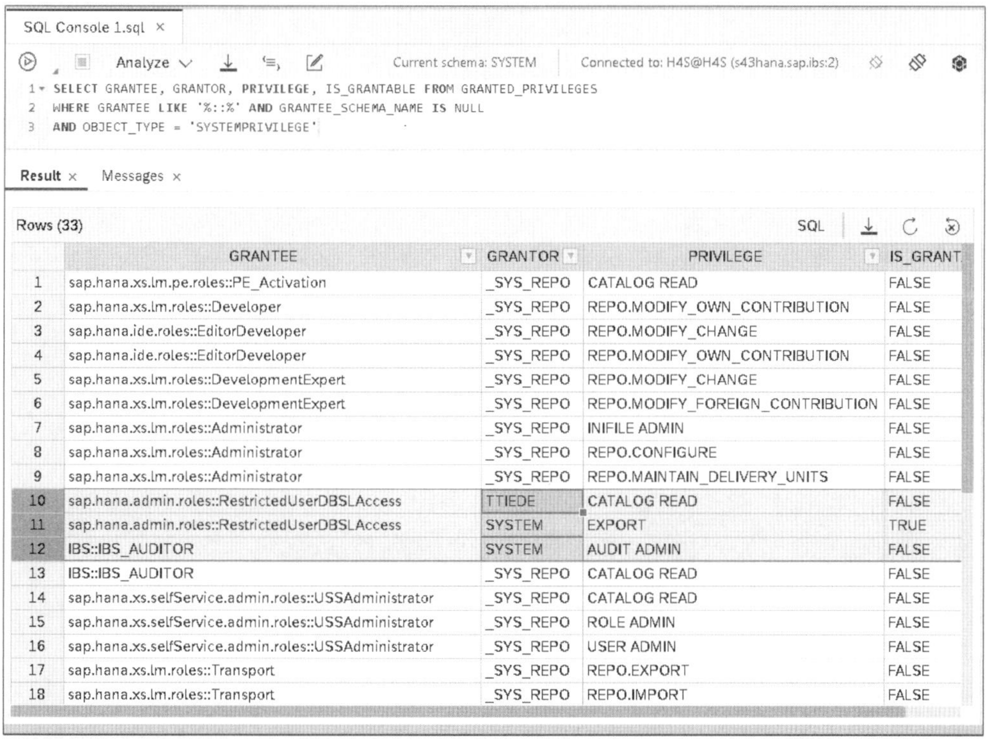

Abbildung 8.12 Repository-Rollen mit System Privileges

In Abbildung 8.12 ist in den drei markierten Zeilen der GRANTOR nicht _SYS_REPO. Dies bedeutet, dass die Rolle nachträglich mit dem GRANT-Statement oder mit dem SAP HANA Cockpit geändert wurde (siehe Abschnitt 8.3.2, »Pflege von Repository-Rollen mit dem SAP HANA Cockpit«).

Integration von Object Privileges in Repository-Rollen

In Repository-Rollen können alle Typen von Object Privileges integriert werden. Welche Privileges für welche Objekttypen angewandt werden können, listet die Tabelle OBJECT_PRIVILEGES auf. Tabelle 8.4 zeigt wesentliche Objekttypen mit ihren Privileges. In Abschnitt 7.3.1, »Object Privileges für Katalogobjekte«, finden Sie weitere Informationen dazu.

Objekttyp	Privilege
FUNCTION PROCEDURE	ALTER DEBUG DEBUG MODIFY DROP EXECUTE
SCHEMA	ALTER CREATE ANY CREATE TEMPORARY TABLE CREATE VIRTUAL PACKAGE DEBUG DEBUG MODIFY DELETE DROP EXECUTE INDEX INSERT REFERENCES SELECT SELECT CDS METADATA SELECT METADATA TRIGGER UPDATE UNMASKED CLIENTSIDE ENCRYPTION COLUMN KEY ADMIN

Tabelle 8.4 Objekttypen mit Privileges

Objekttyp	Privilege
TABLE	ALTER DELETE DROP INDEX INSERT REFERENCES SELECT TRIGGER UPDATE UNMASKED
USERGROUP	USERGROUP OPERATOR
VIEW	ALTER DEBUG DEBUG MODIFY DELETE DROP INSERT SELECT TRIGGER UNMASKED UPDATE

Tabelle 8.4 Objekttypen mit Privileges (Forts.)

In Repository-Rollen wird nach Repository- und Katalogobjekten unterschieden. Repository-Objekte werden folgendermaßen integriert:

- Schemata:

  ```
  schema <Schema-Name>: <Privilege 1>, <Privilege 2>, <…>;
  ```

- Funktionen, Prozeduren, Tabellen, Views:

  ```
  sql object <Objekt-Name>: <Privilege 1>, <Privilege 2>, <…>;
  ```

Katalogobjekte hingegen werden folgendermaßen integriert:

- Schemata:

  ```
  catalog schema <Schema-Name>: <Privilege 1>, <Privilege 2>, <…>;
  ```

- Funktionen, Prozeduren, Tabellen, Views:

  ```
  catalog sql object <Objekt-Name>: <Privilege 1>, <Privilege 2>, <…>;
  ```

Nachfolgend habe ich Ihnen einige Beispiele dafür aufgelistet, wie Object Privileges in Repository-Rollen integriert werden:

- Die Berechtigung zum Lesen aller Inhalte eines Katalogschemas (hier das Schema _SYS_SECURITY) hat somit folgende Syntax:

  ```
  catalog schema "_SYS_SECURITY": SELECT;
  ```

- Zur expliziten Vergabe der Berechtigung zur Pflege der Blacklist für Kennwörter ist folgendes Statement erforderlich:

  ```
  catalog sql object "_SYS_SECURITY"."_SYS_PASSWORD_BLACKLIST":
  SELECT, INSERT, UPDATE, DELETE;
  ```

- Die Prozeduren für Vergabe und Entzug von Repository-Rollen werden folgendermaßen berechtigt:

  ```
  catalog sql object "_SYS_REPO"."GRANT_ACTIVATED_ROLE": EXECUTE;
  catalog sql object "_SYS_REPO"."REVOKE_ACTIVATED_ROLE": EXECUTE;
  ```

- Die Berechtigung zur Pflege des Repository-Views users wird wie folgt angegeben:

  ```
  sql object sap.hana.security.base.persistence::users:
  SELECT, INSERT, UPDATE; DELETE;
  ```

Um alle in Repository-Rollen enthaltenen Object Privileges aufzulisten, können Sie das SQL-Statement gemäß Listing 8.1 nutzen. Hier werden alle anderen Objekttypen ausgeschlossen. Abbildung 8.13 zeigt das Ergebnis der Abfrage. Das Feld OBJECT_TYPE zeigt an, um welchen Objekttyp es sich handelt, im Feld SCHEMA_NAME wird das Schema des Objekts angegeben. Das Feld OBJECT_NAME enthält das berechtigte Objekt. Enthält das Feld OBJECT_NAME den Wert NULL, so handelt es sich um eine Berechtigung auf ein Schema.

```
SELECT GRANTEE, GRANTOR, OBJECT_TYPE, SCHEMA_NAME, OBJECT_NAME, PRIVILEGE,
IS_GRANTABLE FROM GRANTED_PRIVILEGES
WHERE GRANTEE LIKE '%::%' AND GRANTEE_SCHEMA_NAME IS NULL
AND OBJECT_TYPE NOT IN ('SYSTEMPRIVILEGE',
'APPLICATIONPRIVILEGE',
'ANALYTICALPRIVILEGE',
'REPO')
```

Listing 8.1 SQL-Statement zur Auflistung aller Object Privileges in Repository-Rollen

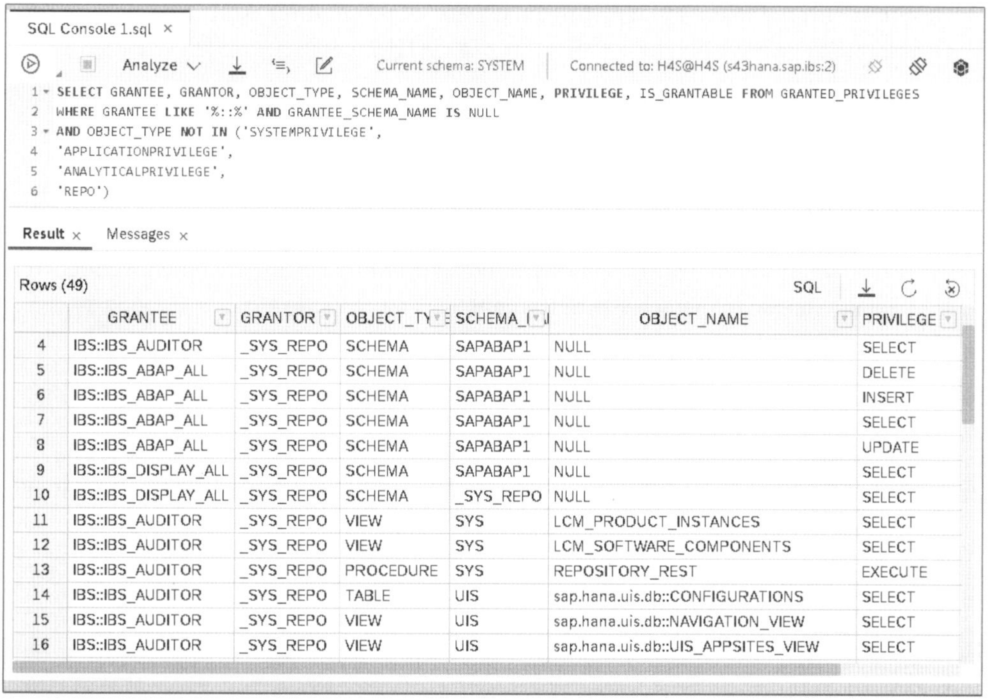


```
SELECT GRANTEE, GRANTOR, OBJECT_TYPE, SCHEMA_NAME, OBJECT_NAME, PRIVILEGE, IS_GRANTABLE FROM GRANTED_PRIVILEGES
WHERE GRANTEE LIKE '%::%' AND GRANTEE_SCHEMA_NAME IS NULL
AND OBJECT_TYPE NOT IN ('SYSTEMPRIVILEGE',
'APPLICATIONPRIVILEGE',
'ANALYTICALPRIVILEGE',
'REPO')
```

	GRANTEE	GRANTOR	OBJECT_TY	SCHEMA_	OBJECT_NAME	PRIVILEGE
4	IBS::IBS_AUDITOR	_SYS_REPO	SCHEMA	SAPABAP1	NULL	SELECT
5	IBS::IBS_ABAP_ALL	_SYS_REPO	SCHEMA	SAPABAP1	NULL	DELETE
6	IBS::IBS_ABAP_ALL	_SYS_REPO	SCHEMA	SAPABAP1	NULL	INSERT
7	IBS::IBS_ABAP_ALL	_SYS_REPO	SCHEMA	SAPABAP1	NULL	SELECT
8	IBS::IBS_ABAP_ALL	_SYS_REPO	SCHEMA	SAPABAP1	NULL	UPDATE
9	IBS::IBS_DISPLAY_ALL	_SYS_REPO	SCHEMA	SAPABAP1	NULL	SELECT
10	IBS::IBS_DISPLAY_ALL	_SYS_REPO	SCHEMA	_SYS_REPO	NULL	SELECT
11	IBS::IBS_AUDITOR	_SYS_REPO	VIEW	SYS	LCM_PRODUCT_INSTANCES	SELECT
12	IBS::IBS_AUDITOR	_SYS_REPO	VIEW	SYS	LCM_SOFTWARE_COMPONENTS	SELECT
13	IBS::IBS_AUDITOR	_SYS_REPO	PROCEDURE	SYS	REPOSITORY_REST	EXECUTE
14	IBS::IBS_AUDITOR	_SYS_REPO	TABLE	UIS	sap.hana.uis.db::CONFIGURATIONS	SELECT
15	IBS::IBS_AUDITOR	_SYS_REPO	VIEW	UIS	sap.hana.uis.db::NAVIGATION_VIEW	SELECT
16	IBS::IBS_AUDITOR	_SYS_REPO	VIEW	UIS	sap.hana.uis.db::UIS_APPSITES_VIEW	SELECT

Abbildung 8.13 Repository-Rollen mit Object Privileges

Integration von Package Privileges in Repository-Rollen

Package Privileges werden folgendermaßen in Repository-Rollen integriert:

```
package <Paketname>: <Privilege 1>, <Privilege 2>, <…>;
```

Und so vergeben Sie eine volle Leseberechtigung auf das Repository:

```
package .REPO_PACKAGE_ROOT:
        REPO.READ;
```

Auf einzelne Pakete vergeben Sie folgendermaßen eine volle Entwicklerberechtigung:

```
package IBS.Academy:
        REPO.READ,
        REPO.EDIT_NATIVE_OBJECTS,
        REPO.ACTIVATE_NATIVE_OBJECTS,
        REPO.MAINTAIN_NATIVE_PACKAGES;
```

Um mehrere Pakete zu berechtigen, geben Sie diese durch Kommata getrennt an, z. B.:

```
package IBS.Academy, IBS.Software, IBS.Consulting:
        REPO.READ,
        REPO.EDIT_NATIVE_OBJECTS,
        REPO.ACTIVATE_NATIVE_OBJECTS,
```

Um zu analysieren, welche Package Privileges in Repository-Rollen verwendet werden, nutzen Sie folgendes SQL-Statement:

```
SELECT GRANTEE, GRANTOR, OBJECT_NAME, PRIVILEGE, IS_GRANTABLE
FROM GRANTED_PRIVILEGES WHERE GRANTEE LIKE '%::%'
AND GRANTEE_SCHEMA_NAME IS NULL AND OBJECT_TYPE = 'REPO'
```

Zur Analyse, ob Berechtigungen auf importierte Objekte in Repository-Rollen verwendet werden, nutzen Sie folgendes SQL-Statement:

```
SELECT GRANTEE, GRANTOR, OBJECT_NAME, PRIVILEGE, IS_GRANTABLE
FROM GRANTED_PRIVILEGES
WHERE GRANTEE LIKE '%::%' AND GRANTEE_SCHEMA_NAME IS NULL
AND OBJECT_TYPE = 'REPO' AND PRIVILEGE LIKE '%IMPORTED%'
```

Integration von Application Privileges in Repository-Rollen

Application Privileges werden folgendermaßen in Repository-Rollen integriert:

```
application privilege: <Privilege 1>, <Privilege 2>, <…>;
```

Getrennt durch Kommata, können Sie mehrere Application Privileges angeben:

```
application privilege: sap.hana.xs.admin::HTTPDestView,
sap.hana.xs.admin::JobView,
sap.hana.xs.admin::NetDestView,
sap.hana.xs.admin::RuntimeConfView,
sap.hana.xs.admin::SAMLView,
sap.hana.xs.admin::SMTPDestView,
sap.hana.xs.admin::SQLCCView,
sap.hana.xs.admin::TrustStoreView;
```

Um zu analysieren, welche Application Privileges in Repository-Rollen verwendet werden, nutzen Sie folgendes SQL-Statement:

```
SELECT GRANTEE, GRANTOR, OBJECT_NAME, PRIVILEGE
FROM GRANTED_PRIVILEGES WHERE GRANTEE LIKE '%::%'
AND GRANTEE_SCHEMA_NAME IS NULL AND OBJECT_TYPE = 'APPLICATIONPRIVILEGE'
```

Integration von Analytic Privileges in Repository-Rollen

Analytic Privileges werden folgendermaßen in Repository-Rollen integriert:

```
analytic privilege: <Privilege 1>, < Privilege 2>, <…>;
```

Dabei wird der gesamte Repository-Pfad angegeben, danach durch einen Doppelpunkt getrennt das Analytic Privilege, z. B.:

```
analytic privilege: IBS.Academy:ANALYZE_PA.analyticprivilege;
```

Zur Analyse, welche Analytic Privileges in Repository-Rollen verwendet werden, nutzen Sie folgendes SQL-Statement:

```
SELECT GRANTEE, GRANTOR, OBJECT_NAME, PRIVILEGE
FROM GRANTED_PRIVILEGES WHERE GRANTEE LIKE '%::%'
AND GRANTEE_SCHEMA_NAME IS NULL
AND OBJECT_TYPE = 'ANALYTICALPRIVILEGE'
```


8.3.2 Pflege von Repository-Rollen mit dem SAP HANA Cockpit

Repository-Rollen können mit dem SAP HANA Cockpit nicht erstellt werden. Es ist aber möglich, sie um Katalogberechtigungen zu erweitern. Hierfür ist nicht die Pflegeberechtigung für Repository-Elemente erforderlich (Package Privilege `REPO.EDIT_NATIVE_OBJECTS` für das Paket der Rolle), sondern das System Privilege `ROLE ADMIN`.

Es können alle Arten von Privileges und Rollen eingefügt werden. Enthaltene Privileges und Rollen können gelöscht und geändert werden. Der Unterschied zur Pflege der Rollen im Repository selbst besteht darin, dass dort mit den Berechtigungen des Benutzers _SYS_REPO gearbeitet wird. Im SAP HANA Cockpit werden die Repository-Rollen wie Katalogrollen betrachtet, daher benötigt der pflegende Benutzer selbst die Berechtigungen, die eingefügt werden sollen.

Die Pflege im SAP HANA Cockpit erfolgt analog zur Pflege der Katalogrollen (siehe Abschnitt 8.2.2, »Pflege von Katalogrollen mit dem SAP HANA Cockpit«). Werden neue Rollen oder Privileges zur Rolle hinzugefügt, kann (je nach eigener Berechtigung) das Flag **Grantable to Others** gesetzt werden, welches über die Pflege von Rollen im Repository nicht genutzt werden kann. Abbildung 8.14 zeigt als Beispiel die Repository-Rolle `IBS::IBS_ABAP_ALL`, der zwei System Privileges hinzugefügt wurden. Der Schalter **Grantable to Others** ist hier aktiviert, sodass diese Systematik genutzt werden kann.

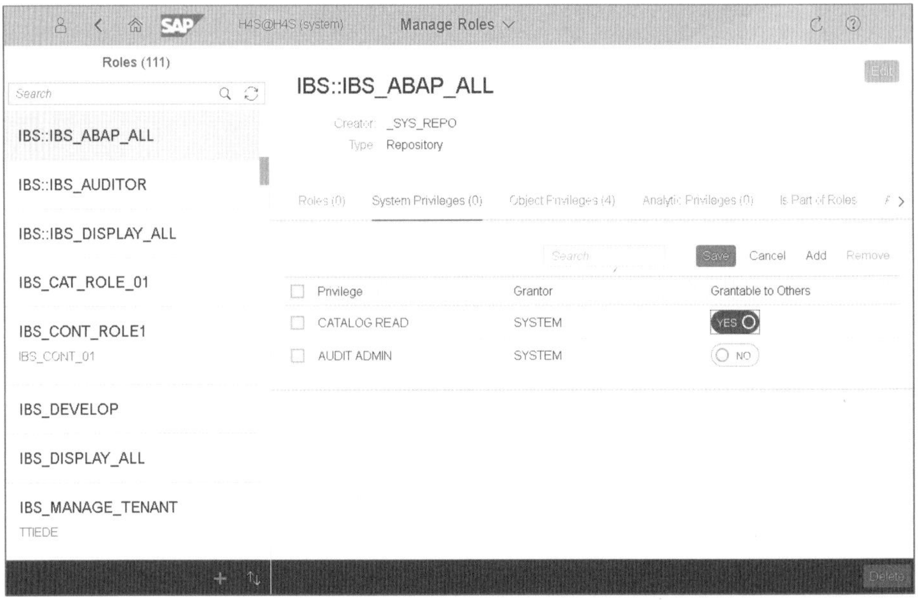

Abbildung 8.14 Pflege von Repository-Rollen mit dem SAP HANA Cockpit

8.3.3 Repository-Rollen Benutzern zuordnen

Um eine Repository-Rolle zuzuordnen oder zu entziehen, benötigt ein Benutzer das Object Privilege EXECUTE für die folgenden Prozeduren aus dem Schema des Benutzers _SYS_REPO:

- _SYS_REPO.GRANT_ACTIVATED_ROLE: Zuordnung von Repository-Rollen
- _SYS_REPO.REVOKE_ACTIVATED_ROLE: Entzug von Repository-Rollen

Die Prozeduren werden folgendermaßen aufgerufen:

```
CALL GRANT_ACTIVATED_ROLE (<Repository-Rolle>, <Benutzer, Rolle>)
CALL REVOKE_ACTIVATED_ROLE (<Repository-Rolle>, <Benutzer, Rolle>)
```

Um die Repository-Rolle sap.hana.admin.roles::Administrator dem Benutzer TTIEDE zuzuordnen, muss die Prozedur also so aufgerufen werden:

```
CALL GRANT_ACTIVATED_ROLE ('sap.hana.admin.roles::Administrator', 'TTIEDE')
```

Repository-Rollen können Privileges sowie Katalog-, HDI- und Repository-Rollen enthalten.

8.3.4 Änderungshistorie von Repository-Rollen

Für die Elemente der Entwicklungsumgebung erfolgt eine automatische Versionierung. Diese wird für fast alle Elemente in der Tabelle _SYS_REPO.OBJECT_HISTORY gespeichert. Tabelle 8.5 zeigt die Felder dieser Tabelle, die für eine Analyse genutzt werden können.

Feld	Beschreibung
PACKAGE_ID	übergeordnetes Paket
OBJECT_NAME	Name des Objekts
OBJECT_SUFFIX	Typ des Objekts, z. B.: ▪ hdbrole: Repository-Berechtigungsrolle ▪ procedure: Prozedur der HANA-Datenbank ▪ attributeview: Attribute View ▪ analyticview: Analytic View ▪ calculationview: Calculation View ▪ analyticprivilege: Analytic Privilege ▪ xsprivileges: Application Privileges ▪ hdbtable: Tabelle
VERSION_ID	Versionsnummer
ACTIVATED_AT	Aktivierungszeitpunkt
ACTIVATED_BY	Benutzer, der das Objekt aktiviert hat
IS_DELETION	Kennzeichen, dass das Objekt gelöscht wurde

Tabelle 8.5 Die Felder der Tabelle _SYS_REPO.OBJECT_HISTORY

Um die Änderungshistorie für alle Rollen anzuzeigen, können Sie folgendes SQL-Statement nutzen:

```
SELECT * FROM _SYS_REPO.OBJECT_HISTORY WHERE OBJECT_SUFFIX = 'hdbrole'
```

Um die Änderungshistorie zu einer einzelnen Rolle anzuzeigen, kann das folgende SQL-Statement genutzt werden:

```
SELECT * FROM _SYS_REPO.OBJECT_HISTORY WHERE OBJECT_NAME = 'Rollenname'
```

Über das Repository ist es möglich, die historischen Versionen mit der jeweils aktiven Version abzugleichen. Hierzu rufen Sie das Kontextmenü zur Rolle auf und wählen den Eintrag **Show in History**. Auf der Registerkarte **History** werden Ihnen die Versionen der Rolle angezeigt. Durch einen Doppelklick auf eine Rolle wird in einem Split-Editor der Unterschied zur aktiven Version angezeigt (siehe Abbildung 8.15).

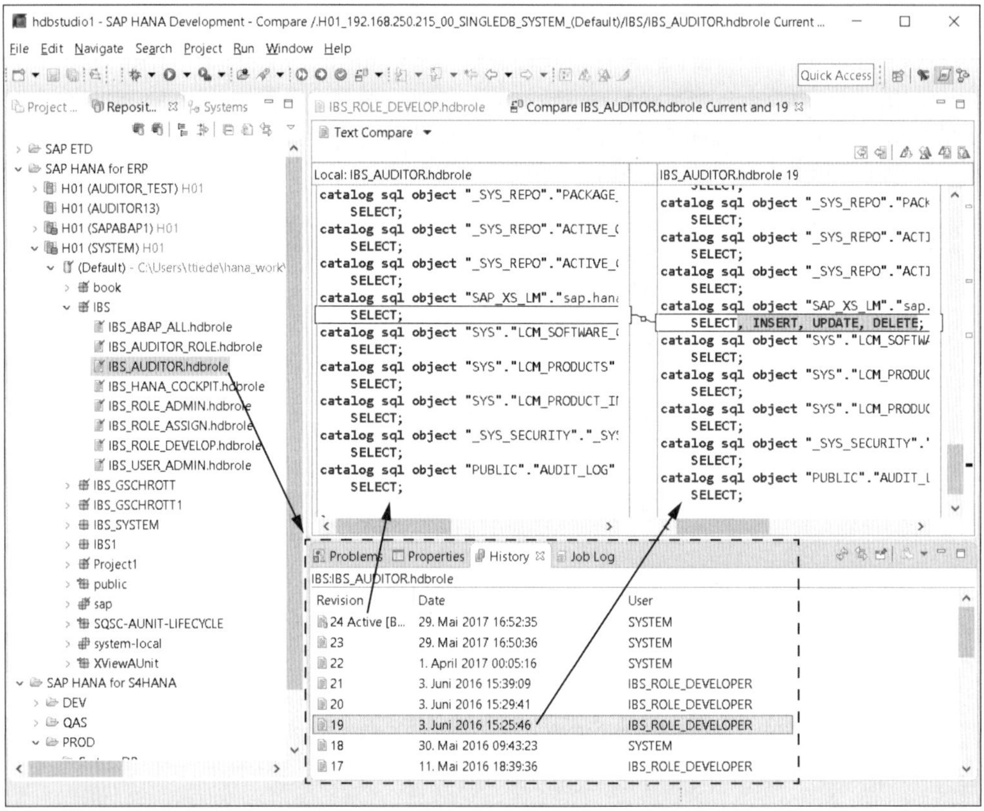

Abbildung 8.15 Vergleich zweier Versionen einer Repository-Rolle

8.4 Design-Time-HANA-DI-Rollen (XSA)

Sie nutzen *HDI-Rollen* (HANA Deployment Infrastructure), um Objekte zu berechtigen, die im zugehörigen HDI-Container definiert sind. HDI-Container und die zugehörigen HDI-Rollen werden in der WebIDE für SAP HANA XSA gepflegt. Hierfür sind dort entsprechende Entwicklerberechtigungen erforderlich (siehe Abschnitt 7.12, »Berechtigungen in SAP HANA XS Advanced«).

In diesem Abschnitt zeige ich die Systematik der HDI-Rollen anhand von Beispielen aus der *SAP HANA Academy* (YouTube) auf. Die Quelltexte sind auf *github.com* hinterlegt. Die Beispiele in den nachfolgenden Abschnitten sind allerdings teilweise abgewandelt. In folgenden Videos der SAP HANA Academy finden Sie die jeweiligen Anleitungen:

- »Web IDE for HANA: Synonyms – Access HDI Container [2.0 SPS 00]«
- »Web IDE for HANA: SQL Console (Admin) – Roles [2.0 SPS 01]«
- »Web IDE for HANA: SQL Console (Admin) – Schema [2.0 SPS 01]«

8.4.1 Pflege von HDI-Containern mit SAP WebIDE

HDI-Container werden in der SAP WebIDE angelegt. Dort kann bei der Anlage bereits der Schemaname angegeben werden, unter dem der HDI-Container im Schemakatalog angezeigt wird. Abbildung 8.16 zeigt die Anlage des HDI-Containers `db`, der im Projekt `hdi_project` angelegt wird (Feld **Namespace** = `hdi_project.db`). Der Schemaname ist `HDI_DB1_1`. Dieses Schema wird im Katalog angezeigt (siehe Abbildung 8.17).

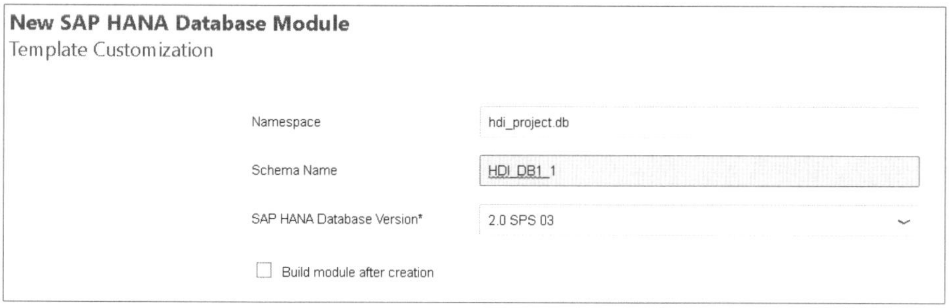

Abbildung 8.16 Anlegen eines HDI-Containers in der SAP WebIDE

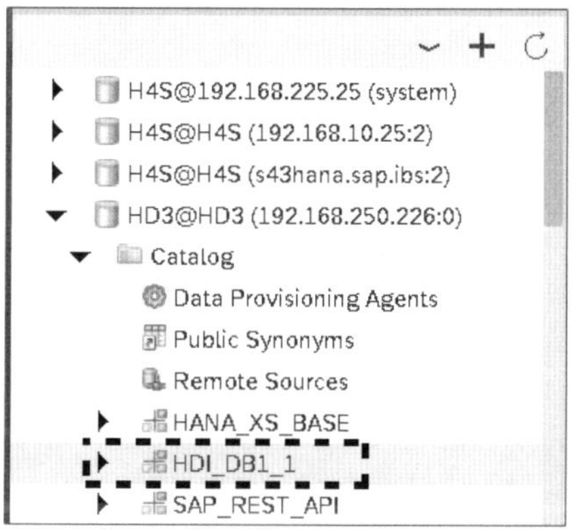

Abbildung 8.17 Anzeige des HDI-Containers im SAP HANA Cockpit

Zum HDI-Container werden verschiedene Benutzer angelegt. Zu jedem Benutzer wird standardmäßig auch sein Schema erstellt (siehe Abbildung 8.18). Tabelle 8.6 zeigt die Bedeutung der Benutzer.

Benutzer	Beschreibung
`<Container-Name>`	Besitzer des Container-Schemas
`<Container-Name>#DI`	Besitzer des Schemas, in dem sich die Metadaten (Tabellen/Views) und APIs (Prozeduren) des Containers befinden (Schema `<Container-Name>#DI`).

Tabelle 8.6 Standard-Benutzer von HDI-Containern

Benutzer	Beschreibung
<Container-Name>#00	Besitzer [Object Owner] der Datenbankobjekte des Container-Schemas. HDI-Rollen werden ihm automatisch bei der Erstellung mit dem Flag **Grantable to Others** zugeordnet. Mit diesem Benutzer werden im Hintergrund HDI-Rollen Benutzern zugeordnet.

Tabelle 8.6 Standard-Benutzer von HDI-Containern (Forts.)

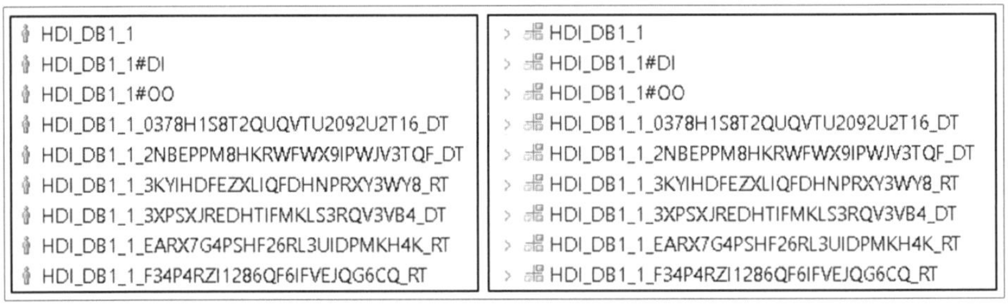

Abbildung 8.18 HDI-Benutzer mit ihren Schemata

8.4.2 Pflege von HDI-Rollen in der WebIDE

Rollen werden in der WebIDE unterhalb des HDI-Containers definiert. Unterhalb des Ordners `src` kann eine Ordnerstruktur zur Strukturierung der Eigenentwicklungen angelegt werden. Unterhalb dieser Ordner (oder auch direkt unter dem Ordenr `src` selbst) werden die HDI-Rollen angelegt. Klicken Sie mit der rechten Maustaste auf den entsprechenden Ordner, und wählen Sie den Kontextmenüeintrag **New • File** aus. Hiermit legen Sie eine Datei mit der Endung **.hdbrole** an. Geben Sie hier den Namen der neuen Rolle inklusive der Dateiendung **.hdbrole** an (siehe Beispiel in Abbildung 8.19). Die Rolle hat folgende Namenskonvention:

```
<Projektname>.<HDI-Container>::<Rollenname>
```

In diesem Beispiel lautet der Rollenname somit:

```
hdi_project.db::modify_access
```

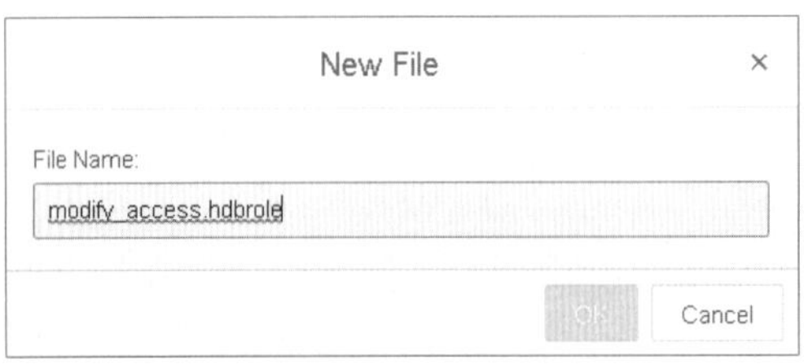

Abbildung 8.19 Anlegen einer neuen HDI-Rolle

In der Datei werden die Inhalte der Rolle im JSON-Format angegeben. Abbildung 8.20 zeigt ein Beispiel für eine Rolle mit Object Privileges für eine Tabelle. Die einzelnen Zeilen haben folgende Bedeutung:

- `"role": {`

  Gibt an, dass es sich hier um eine Rolle handelt.
- `"name": "hdi_project.db::modify_access",`

  Name der Rolle
- `"object_privileges": [`

  Beginn eines Arrays mit den Object Privileges
- ```
  {
    "name": "hdi_project.db::tables.Customers",
    "type": "TABLE",
    "privileges": [ "SELECT", "INSERT", "UPDATE", "DELETE" ]
  }
  ```

  In den geschweiften Klammern wird jeweils ein Object Privilege definiert. Innerhalb des Arrays können beliebig viele Privileges definiert werden.
- `]`

  Ende des Arrays

8

Abbildung 8.20 Pflege von HDI-Rollen in der WebIDE

In die HDI-Rollen können die verschiedenen Privileges integriert werden. Die HDI-Rollen werden mit den Berechtigungen des #OO-Benutzers des HDI-Containers erstellt. Diesem Benutzer müssen die Berechtigungen zugeordnet sein, die in die Rollen integriert werden sollen. Um z. B. System Privileges in HDI-Rollen zu integrieren, müssen diese vorher dem #OO-Benutzer mit der Option **Grantable to Others** zugeordnet werden:
  ```

```
GRANT <Privilege> TO <HDI-Container>#OO WITH ADMIN OPTION
```

Verfügt der #OO-Benutzer nicht über die Berechtigungen, die in HDI-Rollen integriert werden sollen, wird folgende Fehlermeldung bei der Generierung der Rollen ausgegeben:

```
Error: com.sap.hana.di.role: Database error 258: :
insufficient privilege: Not authorized [8201003] at "<Rollenname>"
```

Nachfolgend zeige ich Ihnen die Syntax zur Integration von Privileges und Rollen in HDI-Rollen auf.

System Privileges in HDI-Rollen

Die Syntax zur Integration von System Privileges in HDI-Rollen lautet folgendermaßen:

```
"system_privileges": [
        "<System Privilege>",
        "<System Privilege>",
        "..."
]
```

Verschiedene System Privileges werden somit folgendermaßen in eine Rolle integriert:

```
"system_privileges": [
        "CATALOG READ",
        "TRACE ADMIN",
        "VERSION ADMIN"
]
```

Object Privileges in HDI-Rollen

Die Syntax zur Integration von Object Privileges in HDI-Rollen lautet:

```
"object_privileges": [
        {
        "name": "<Name des Objektes>",
        "type": "<Typ des Objektes>",
        "privileges": [ "<Privilege>", "<Privilege>", "..." ]
        }
        {
        ...
        }
]
```

Beispielsweise wird die Pflegeberechtigung auf die Tabelle mit den verbotenen Zeichenketten für Kennwörter folgendermaßen integriert:

```
"object_privileges": [
       {
       "name": "_sys_security._password_blacklist",
       "type": "TABLE",
       "privileges": ["SELECT", "INSERT", "UPDATE", "DELETE"]
       }
]
```


Das folgende Listing zeigt eine Leseberechtigung auf die View SYS.M_SERVICES:

```
"object_privileges": [
       {
       "name": "SYS.M_SERVICES",
       "type": "VIEW",
       "privileges": ["SELECT"]
       }
]
```

Rollen in HDI-Rollen

Auch andere Rollen können in HDI-Rollen integriert werden. Nutzen Sie hierfür die folgende Syntax:

```
"schema_roles": [
       {
       "names": [
              "<Rollenname>",
              "<Rollenname>",
              "..."
              ]
       }
]
```

8.4.3 HDI-Rollen Benutzern zuordnen

Das Zuordnen und Entziehen von HDI-Rollen kann mit zwei unterschiedlichen Berechtigungen erfolgen:

- mit dem System Privilege ROLE ADMIN
- mit den Prozeduren GRANT_CONTAINER_SCHEMA_ROLES und REVOKE_CONTAINER_SCHEMA_ROLES des jeweiligen HDI-Containers

Mit dem System Privilege ROLE ADMIN können das GRANT- und das REVOKE-Statement genutzt werden:

```
GRANT "<HDI-Schema>"."HDI-Rolle" TO <Benutzer> [WITH ADMIN OPTION]
REVOKE "<HDI-Schema>"."HDI-Rolle" FROM <Benutzer>]
```

Dies ist bis zum SAP HANA Cockpit SP07 nur in einem SQL-Editor möglich. In der App zur Rollenzuordnung wird immer die Berechtigung für die Prozedur GRANT_CONTAINER_SCHEMA_ROLES geprüft. Ab dem SAP HANA Cockpit SP08 ist dies auch mit dem Privilege ROLE ADMIN möglich.

Die Prozedur GRANT_CONTAINER_SCHEMA_ROLES ist im Schema <HDI-Schema>#DI enthalten. Listing 8.2 zeigt Ihnen, wie die Prozedur aufgerufen wird. In Listing 8.3 wird als Beispiel dem Benutzer ZTEST01 die Rolle hdi_project.db::read_access aus dem HDI-Schema HDI_DB1_1 zugeordnet.

```
SET SCHEMA <HDI-Schema>
CREATE LOCAL TEMPORARY COLUMN TABLE #ROLES LIKE _SYS_DI.TT_SCHEMA_ROLES;
INSERT INTO #ROLES ( ROLE_NAME, PRINCIPAL_SCHEMA_NAME,
PRINCIPAL_NAME ) VALUES ( '<Rollenname>', '', '<Benutzer>' );
CALL <HDI-Schema>#DI.GRANT_CONTAINER_SCHEMA_ROLES(#ROLES,
_SYS_DI.T_NO_PARAMETERS, ?, ?, ?);
DROP TABLE #ROLES;
```

Listing 8.2 Zuordnung einer HDI-Rolle zu einem Benutzer – Vorlage

```
SET SCHEMA HDI_DB1_1#DI
CREATE LOCAL TEMPORARY COLUMN TABLE #ROLES LIKE _SYS_DI.TT_SCHEMA_ROLES;
INSERT INTO #ROLES ( ROLE_NAME, PRINCIPAL_SCHEMA_NAME,
PRINCIPAL_NAME ) VALUES ( 'hdi_project.db::read_access', '', 'ZTEST01' );
CALL HDI_DB1_1#DI.GRANT_CONTAINER_SCHEMA_ROLES(#ROLES,
_SYS_DI.T_NO_PARAMETERS, ?, ?, ?);
DROP TABLE #ROLES;
```

Listing 8.3 Zuordnung einer HDI-Rolle zu einem Benutzer

Abbildung 8.21 zeigt das Ergebnis der Zuordnung. In Zeile 2 der Ergebnistabelle wird angezeigt, dass die Zuordnung erfolgreich war (Granting the schema role "hdi_project.db::read_access" to the principal "ZTEST01" in the schema "" with grant option = "false").

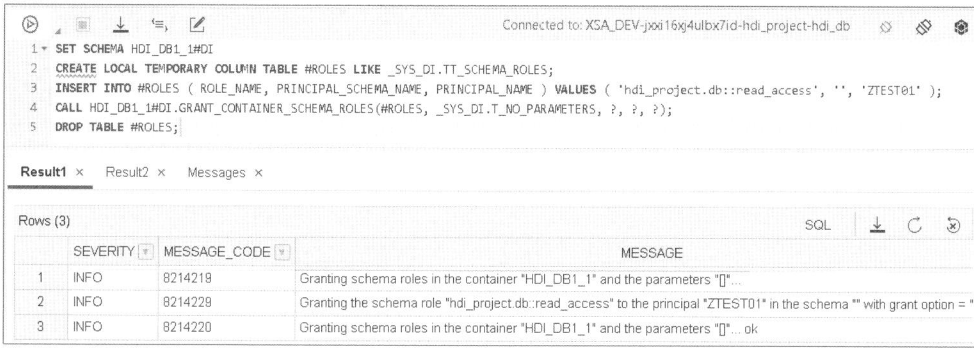

Abbildung 8.21 Zuordnung einer HDI-Rolle zu einem Benutzer

8.4.4 Änderungshistorie von HDI-Rollen

HDI-Rollen werden, wie Katalogrollen, über das Auditing protokolliert (siehe Kapitel 11, »Auditing in SAP HANA«). Erstellen Sie hierfür eine neue Policy, und wählen Sie die Kategorie **User and Role Management** aus. Hier selektieren Sie die Aktionen für die Rollenpflege:

- **ALTER ROLE** (Protokollierung von Änderungen an Rollen)
- **CREATE ROLE** (Anlegen von Rollen)
- **DROP ROLE** (Löschen von Rollen)

Die Protokolle sind für produktive Systeme bzw. den produktiven Systemen vorgelagerte Systeme (Entwicklung, Qualitätssicherung) gemäß § 257 HGB zehn Jahre lang aufzubewahren.

8.5 SAP-HANA-Standardrollen

In den folgenden Abschnitten stelle ich Ihnen einige *SAP-HANA-Standardrollen* vor. Es handelt sich hierbei um Katalogrollen, deren Inhalt sich innerhalb der verschiedenen Release-Stände unterscheiden kann.

8.5.1 Die Rolle PUBLIC

Eine Sonderstellung nimmt die Katalogrolle `PUBLIC` ein. Sie wird einem Datenbank-Benutzer standardmäßig bei dessen Anlage zugeordnet. Abbildung 8.22 zeigt die Maske zum Anlegen neuer Benutzer im SAP HANA Cockpit. Der Schalter für die Zuordnung der `PUBLIC`-Rolle ist auf **YES** gesetzt. Ist die Rolle für Benutzer nicht erforderlich, kann der Schalter auch auf den Wert **NO** gesetzt werden. Dem Benutzer wird die Rolle `PUBLIC` dann nicht zugeordnet.

Beim Anlegen neuer Restricted User ist der Schalter standardmäßig auf den Wert **NO** gesetzt. Durch ein Setzen auf **YES** wird der Benutzertyp automatisch auf Standard-Benutzer geändert, und es wird die Meldung »This setting changes the user into a standard user« ausgegeben.

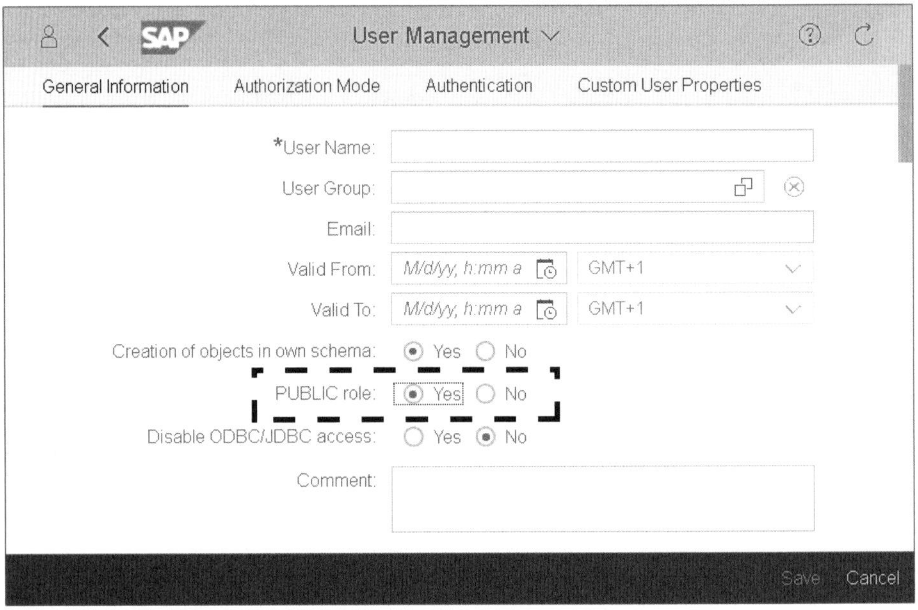

Abbildung 8.22 Zuordnung der Rolle PUBLIC bei der Anlage von Benutzern

Die Rolle PUBLIC enthält die Leseberechtigung für alle PUBLIC-Views und -Prozeduren, die als Grundfunktionalität zur Nutzung von SAP HANA definiert sind. Im SAP HANA Database Explorer können Sie sich die PUBLIC-Views zu den einzelnen Systemen anzeigen lassen, indem Sie unterhalb eines Systems den Ordner **Catalog** öffnen und den Eintrag **Public Synonyms** anklicken. Im Bereich darunter werden die PUBLIC-Objekte angezeigt (siehe Abbildung 8.23). Im SAP HANA Studio finden Sie die PUBLIC-Objekte ebenfalls unterhalb der Systeme unter dem Pfad **Catalog • Public Synonyms**.

Diese Rolle ist auch dem Benutzer SAP<sid> zugeordnet. Daher ist es möglich, sich über den SQL-Editor des ABAP-Stack (z. B. mit der Transaktion DBACOCKPIT oder dem Report ADBC_QUERY) alle PUBLIC-Views anzeigen zu lassen. Dazu gehören z. B. auch die Views ROLES und USERS.

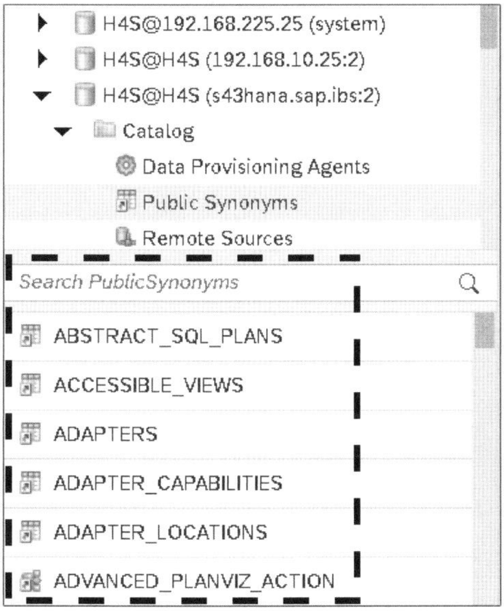

Abbildung 8.23 Anzeige der PUBLIC-Objekte

8.5.2 Die Rolle SAP_INTERNAL_HANA_SUPPORT

Die Rolle `SAP_INTERNAL_HANA_SUPPORT` enthält Berechtigungen für den Lesezugriff auf alle Metadaten der Datenbank (System Privilege `CATALOG READ`), auf den aktuellen Systemstatus, auf die Trace-Konfiguration und die Daten des Statistikservers (Schema `_SYS_STATISTICS`). Diese Rolle ist nur im Supportfall an ausgewählte Benutzer für einen kurzen Zeitraum zuzuordnen. Für die Rolle gelten folgende Beschränkungen:

- Der Rolle können keine weiteren Object Privileges zugeordnet werden.
- Sie kann nicht in eine andere Rolle integriert werden.
- Bei jedem Upgrade wird die Rolle überschrieben.
- Sie kann nicht dem Benutzer SYSTEM zugeordnet werden (dieser verfügt bereits über die Berechtigungen aus der Rolle).
- Sie kann nur einer definierten Anzahl von Benutzern gleichzeitig zugeordnet werden. Die Anzahl wird mit dem Systemparameter `internal_support_user_limit` (Datei **nameserver.ini** [für Systemdatenbanken] bzw. **indexserver.ini** [für Tenant-Datenbanken], Abschnitt `authorization`) festgelegt. Der Standardwert ist »1«, somit kann nur ein Benutzer zur selben Zeit diese Rolle erhalten. Beim Versuch, die Rolle einem weiteren Benutzer zuzuordnen, erhalten Sie die Fehlermeldung *SQL (456) – not allowed for this role: grant to more than the preconfigured number (1) of users at a time.*
- Zuordnungen der Rolle erzeugen automatisch einen Alarm (ID 63 – *Granting of SAP_INTERNAL_HANA_SUPPORT role*).

Die in der Rolle enthaltenen Berechtigungen können natürlich auch für eigenentwickelte Rollen vergeben werden. Über ein regelmäßiges Monitoring sollte aber sichergestellt werden, dass diese Berechtigungen nicht dauerhaft in produktiven Systemen vergeben werden.

8.5.3 Die Rolle CONTENT_ADMIN

Die Rolle CONTENT_ADMIN enthält hohe Entwicklerberechtigungen, u. a.:

- Repository-Rechte zur Anlage und Pflege von Objekten direkt im System (native Objekte) in allen Paketen
- Repository-Rechte zur Pflege von importierten Objekten
- Berechtigungen zum Import und Export von Repository-Objekten
- vollständige Modellierungsberechtigungen
- Berechtigung für alle Analytic Privileges (_SYS_BI_CP_ALL)

Diese Rolle darf aufgrund der enthaltenen Entwicklerrechte in Produktivsystemen nicht zugeordnet werden. In Entwicklungssystemen kann sie als Vorlagerolle für eigene Rollen genutzt werden, wenn Repository-Entwicklungen genutzt werden. Dabei sind mindestens die Paketberechtigungen anzupassen.

8.5.4 Die Rolle MODELING

Die Rolle MODELING enthält vollständige Modellierungsberechtigungen, analog der Rolle CONTENT_ADMIN. Sie enthält allerdings nur Repository-Berechtigungen für native Objekte, nicht für importierte Objekte. Außerdem enthält sie das Analytic Privilege _SYS_BI_CP_ALL.

Diese Rolle ist in Produktivsystemen ebenfalls nicht zuzuordnen. In Entwicklungssystemen kann sie als Vorlagerolle für eigene Rollen genutzt werden, wenn Repository-Entwicklungen genutzt werden. Dabei sind mindestens die Paketberechtigungen anzupassen.

8.5.5 Die Rolle MONITORING

Die Rolle MONITORING enthält Berechtigungen zur Nutzung der Monitoring-Tools, u. a. zur Auswertung der Alerts. In ihr sind SELECT-Berechtigungen für die Schemata _SYS_STATISTICS und _SYS_TELEMETRY sowie der Lesezugriff auf alle Metadaten der Datenbank (System Privilege CATALOG READ) enthalten. Sie kann an entsprechend verantwortliche Administratoren vergeben werden.

Kapitel 9
Analyse des SAP-HANA-Berechtigungskonzepts

Wenden Sie Ihre Kenntnisse in der Praxis an. Dieses Kapitel zeigt Ihnen, wie Sie zugeordnete Berechtigungen zu Benutzern und Rollen sowie die Qualität eines Berechtigungskonzeptes analysieren können.

Neben der Einrichtung von Berechtigungen ist auch deren Überwachung ein wesentlicher Aspekt des administrativen Tagesgeschäfts. Berechtigungen in SAP HANA sind sehr komplex. Anhand des Benutzerstammsatzes mit den zugeordneten Rollen und Privileges ist nicht erkennbar, über welche Berechtigungen der Benutzer effektiv verfügt. Daher sollten laufende Kontrollen von Berechtigungen in den administrativen Alltag einfließen. In diesem Abschnitt stelle ich Ihnen mögliche Vorgehensweisen dafür vor.

Welche Tabellen und Views zur Analyse von Berechtigungen genutzt werden können, zeige ich Ihnen in Abschnitt 9.1, »Tabellen und Views zur Analyse von Berechtigungen«. Analysen können von verschiedenen Anforderungen heraus erfolgen. In Abschnitt 9.2, »Analysen aus Benutzersicht«, und Abschnitt 9.3, »Analysen aus Berechtigungssicht«, gehe ich auf Analysen von direkt zugeordneten Berechtigungen und Rollen ein. Die Fragestellung, welchen Benutzern konkrete Berechtigungen zugeordnet sind (unabhängig, über welchen Weg), wird mit der Auswertung effektiver Berechtigungen beantwortet. Die dafür zur Verfügung stehenden Views stelle ich Ihnen in Abschnitt 9.4, »Auswertung effektiver Berechtigungen«, vor.

Für Berechtigungsanalysen finden Sie in der Statement Library ein vordefiniertes Skript, auf welches ich in Abschnitt 9.5, »Das Skript HANA_Security_GrantedRoles-AndPrivileges«, eingehe. Abschnitt 9.6, »Praktische Beispiele für Berechtigungsanalysen«, zeigt Ihnen abschließend praktische Vorgehensweisen bei der Analyse von Berechtigungen.

9.1 Tabellen und Views zur Analyse von Berechtigungen

Zur Analyse von Berechtigungen stehen aktuell im Standard-Auslieferungsumfang keine Tools zur Verfügung. Ein Benutzerinformationssystem, ähnlich dem des ABAP-

Stack, existiert nicht. Berechtigungsprüfungen können Sie mithilfe des SQL-Editors durchführen, indem Sie die entsprechenden Fragestellungen als SQL-Statements absetzen. Die erforderlichen Berechtigungen für die entsprechenden Tabellen, in denen die Berechtigungen gespeichert werden, sind Bestandteil der Rolle PUBLIC.

Tabelle 9.1 zeigt die vier Tabellen bzw. Views, die für Berechtigungsprüfungen erforderlich sind.

Tabelle	Beschreibung
SYS.USERS	Liste der Benutzer
SYS.ROLES	Liste der Rollen
SYS.GRANTED_PRIVILEGES	zugeordnete Berechtigungen zu Rollen und Benutzern
SYS.GRANTED_ROLES	zugeordnete Rollen zu Rollen und Benutzern

Tabelle 9.1 Erforderliche Tabellen für die Berechtigungsprüfung

Tabelle 9.2 zeigt weitere Views, die Sie für Prüfungen nutzen können. Alle Tabellen existieren auch als PUBLIC-Views.

Tabelle	Beschreibung
SYS.PRIVILEGES	Auflistung der möglichen Berechtigungen
SYS.USERGROUPS	Benutzergruppen
SYS.EFFECTIVE_PRIVILEGES	effektive Berechtigungen pro Benutzer (Einschränkung auf Benutzernamen erforderlich)
SYS.EFFECTIVE_PRIVILEGE_GRANTEES	effektive Berechtigungen für bestimmte Berechtigungen (Einschränkung mindestens auf Objekttyp und Berechtigung erforderlich)
SYS.EFFECTIVE_ROLES	effektive Rollen pro Benutzer (Einschränkung auf Benutzernamen erforderlich)
SYS.EFFECTIVE_APPLICATION_PRIVILEGES	effektive Anwendungsberechtigungen pro Benutzer (Einschränkung auf Benutzernamen erforderlich)
SYS.EFFECTIVE_STRUCTURED_PRIVILEGES	effektive Analyseberechtigungen pro Benutzer (Einschränkung auf Benutzernamen erforderlich)

Tabelle 9.2 Optionale Tabellen für die Berechtigungsprüfung

9.2 Analysen aus Benutzersicht

Bei dieser Form gehen die Analysen vom Benutzer aus, es soll also herausgefunden werden, welche Berechtigungen und Rollen bestimmten Benutzern zugeordnet sind. In den folgenden Abschnitten zeige ich Ihnen, wie Sie Rollenzuordnungen und direkt in den Benutzerstammsatz eingetragene Privileges auswerten können. Auf die Analyse effektiv zugeordneter Berechtigungen gehe ich in Abschnitt 9.4, »Auswertung effektiver Berechtigungen«, genauer ein.

9.2.1 Wurden Berechtigungen direkt in den Benutzerstammsatz eingetragen?

SAP HANA bietet die Möglichkeit, Berechtigungen direkt in die Benutzerstammsätze einzutragen, anstatt sie über Rollen zuzuordnen. Da hierüber keine strukturierte, nachvollziehbare Berechtigungsvergabe möglich ist, sollte dies im Berechtigungskonzept ausgeschlossen werden.

Zur Analyse, ob Benutzern Berechtigungen direkt zugeordnet wurden, können Sie die in Listing 9.1 gezeigte Abfrage auf die Tabelle GRANTED_PRIVILEGES nutzen. Ausgenommen sind dort die HANA-Standardbenutzer (wie SYSTEM und SYS) und die HDI-spezifischen Benutzer, denen standardmäßig Berechtigungen direkt zugeordnet sind. Auch sind die Berechtigungen der Benutzer auf die eigenen Schemata herausgefiltert (SCHEMA_NAME Is Null OR GRANTEE <> SCHEMA_NAME).

```
SELECT *
FROM GRANTED_PRIVILEGES
WHERE GRANTEE_TYPE = 'USER'
       AND GRANTEE <> 'SYSTEM'
       AND GRANTEE NOT LIKE '_SYS%'
       AND GRANTEE NOT LIKE 'SYS%'
       AND GRANTEE NOT LIKE '%_RT'
       AND GRANTEE NOT LIKE '%_DT'
       AND GRANTEE NOT LIKE '%#DI'
       AND GRANTEE NOT LIKE '%#OO'
       AND GRANTEE NOT LIKE 'HDI_%'
       AND GRANTEE NOT LIKE 'SBSS%'
       AND GRANTEE NOT LIKE 'USR_%'
       AND GRANTEE NOT LIKE 'XSSQL%'
       AND (SCHEMA_NAME IS NULL
              OR GRANTEE <> SCHEMA_NAME)
ORDER BY GRANTEE ASC,
       OBJECT_TYPE ASC;
```

Listing 9.1 Abfrage direkter Berechtigungszuordnungen

Abbildung 9.1 zeigt das Ergebnis dieser Abfrage. Die maßgeblichen Felder der View GRANTED_PRIVILEGES finden Sie in Tabelle 9.3.

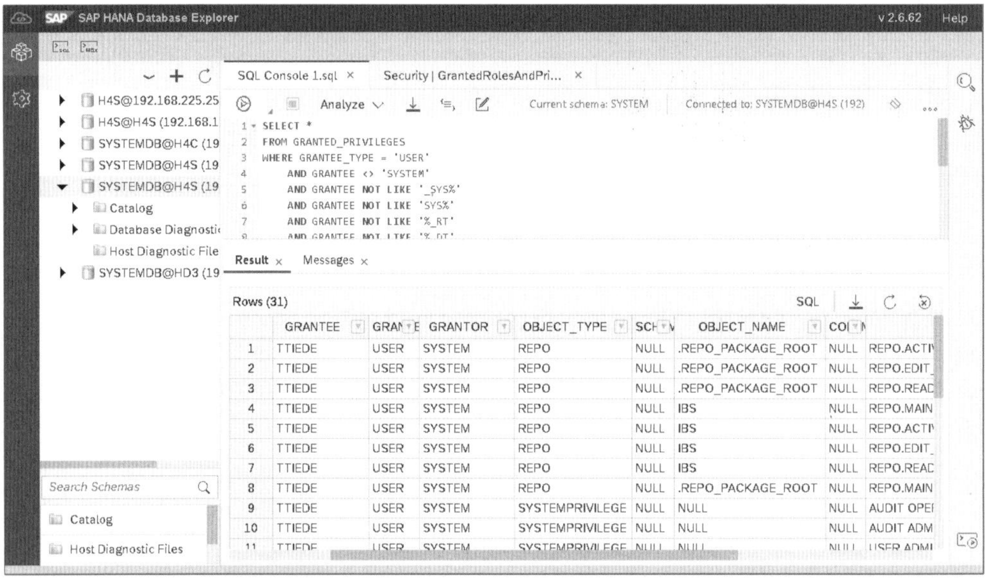

Abbildung 9.1 Auswertung direkt zugeordneter Berechtigungen

Feld	Beschreibung
GRANTEE_SCHEMA_NAME	Schema der Rolle
GRANTEE	Benutzer oder Rolle
GRANTEE_TYPE	Typ: 'USER' = Benutzer; 'ROLE' = Rolle
GRANTOR	Zuordner der Berechtigung
OBJECT_TYPE	Typ der Berechtigung
SCHEMA_NAME	Schemaname (falls OBJECT_TYPE = SCHEMA)
OBJECT_NAME	Objektname
COLUMN_NAME	Spaltenname
PRIVILEGE	vergebene Berechtigung
IS_GRANTABLE	Kennzeichen: Zuordnung zu anderen Benutzern erlaubt
IS_VALID	Berechtigung ist gültig

Tabelle 9.3 Felder der View GRANTED_PRIVILEGES

9.2.2 Welche Rollen wurden den Benutzern zugeordnet?

Um die Rollenzuordnung zu prüfen, nutzen Sie die Tabelle GRANTED_ROLES. Mit der Abfrage in Listing 9.2 werden alle Benutzer (außer die SAP-Standardbenutzer) mit ihren direkt zugeordneten Rollen aufgelistet.

```
SELECT *
FROM GRANTED_ROLES
WHERE GRANTEE_TYPE = 'USER'
    AND GRANTEE <> 'SYSTEM'
    AND GRANTEE NOT LIKE '_SYS%'
    AND GRANTEE NOT LIKE 'SYS%'
    AND GRANTEE NOT LIKE '%_RT'
    AND GRANTEE NOT LIKE '%_DT'
    AND GRANTEE NOT LIKE '%#DI'
    AND GRANTEE NOT LIKE '%#OO'
    AND GRANTEE NOT LIKE 'HDI_%'
    AND GRANTEE NOT LIKE 'SBSS%'
    AND GRANTEE NOT LIKE 'USR_%'
    AND GRANTEE NOT LIKE 'XSSQL%'
ORDER BY GRANTEE ASC,
    ROLE_NAME ASC
```

Listing 9.2 Abfrage der Benutzer und der ihnen zugeordneten Rollen

In Tabelle 9.4 sehen Sie die Felder der Tabelle GRANTED_ROLES.

Feld	Beschreibung
GRANTEE	Benutzer oder Rolle
GRANTEE_TYPE	Typ: 'USER' = Benutzer; 'ROLE' = Rolle
ROLE_SCHEMA_NAME	Schema der Rolle
ROLE_NAME	Name der zugeordneten Rolle
GRANTOR	Zuordner der Rolle
IS_GRANTABLE	Kennzeichen: Zuordnung zu anderen Benutzern erlaubt

Tabelle 9.4 Felder der Tabelle GRANTED_ROLES

9.2.3 Wurden Benutzern Repository-Rollen zugeordnet?

Werden noch Repository-Rollen genutzt, können die Zuordnungen mit dem Listing 9.3 ausgewertet werden. Sollen gemäß Vorgabe keine Repository-Rollen genutzt werden, prüfen Sie mit dieser Auswertung die Umsetzung.

```
SELECT *
FROM GRANTED_ROLES
WHERE GRANTEE_TYPE = 'USER'
      AND GRANTOR = '_SYS_REPO'
ORDER BY GRANTEE ASC,
      ROLE_NAME ASC
```

Listing 9.3 Auswertung der Zuordnung von Repository-Rollen

9.2.4 Welche Katalogrollen wurden Benutzern zugeordnet?

Um zu analysieren, welche Katalogrollen Benutzern zugeordnet sind, müssen Sie alle Rollenzuordnungen auswerten, die nicht von den Benutzern _SYS_REPO (Zuordner von Repository-Rollen) und SYS (Zuordner der Standard-Katalogrollen im Auslieferungszustand) vorgenommen wurden. Herausgefiltert werden wieder die Standardbenutzer. Abbildung 9.2 zeigt das Ergebnis der SQL-Anweisung aus Listing 9.4.

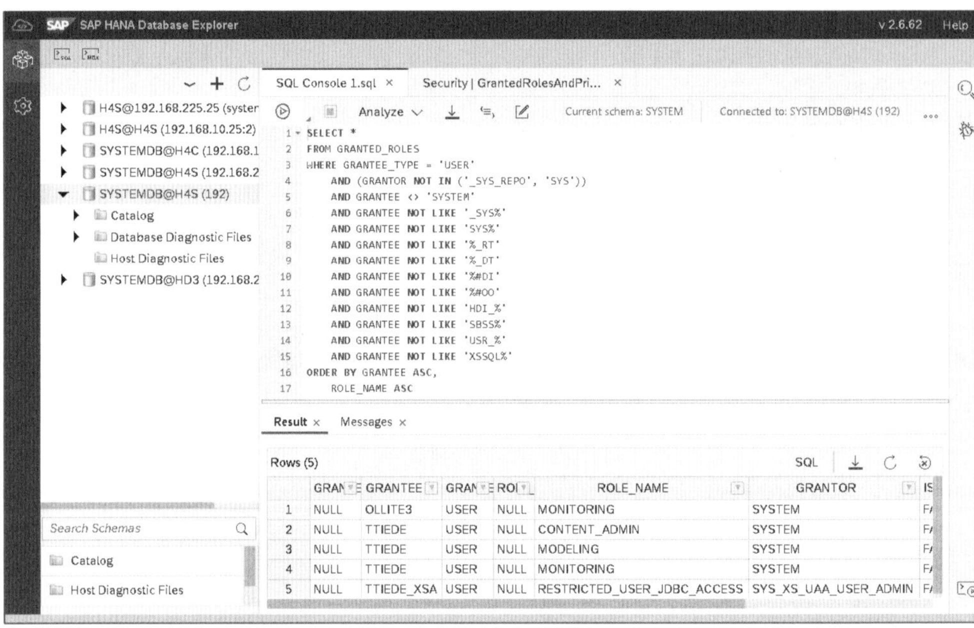

Abbildung 9.2 Auswertung zugeordneter Katalogrollen

```
SELECT *
FROM GRANTED_ROLES
WHERE GRANTEE_TYPE = 'USER'
      AND (GRANTOR NOT IN ('_SYS_REPO', 'SYS'))
      AND GRANTEE <> 'SYSTEM'
      AND GRANTEE NOT LIKE '_SYS%'
```

```
        AND GRANTEE NOT LIKE 'SYS%'
        AND GRANTEE NOT LIKE '%_RT'
        AND GRANTEE NOT LIKE '%_DT'
        AND GRANTEE NOT LIKE '%#DI'
        AND GRANTEE NOT LIKE '%#00'
        AND GRANTEE NOT LIKE 'HDI_%'
        AND GRANTEE NOT LIKE 'SBSS%'
        AND GRANTEE NOT LIKE 'USR_%'
        AND GRANTEE NOT LIKE 'XSSQL%'
ORDER BY GRANTEE ASC,
        ROLE_NAME ASC
```

Listing 9.4 Abfrage der Zuordnung von Katalogrollen

9.3 Analysen aus Berechtigungssicht

Grundsätzlich sollen Berechtigungen nur über Rollen zugeordnet werden. Es muss ein Rollenkonzept erstellt werden, in dem u. a. auch die Verschachtelungstiefe der Rollen vorgegeben wird. Um die Berechtigungen zu analysieren, stehen Ihnen daher zwei Vorgehensweisen zur Verfügung:

- Prüfung über die Tabellen GRANTED_PRIVILEGES und GRANTED_ROLES
- Prüfung über die effektiven Berechtigungen (siehe Abschnitt 9.4, »Auswertung effektiver Berechtigungen«).

Über die Tabellen GRANTED_PRIVILEGES und GRANTED_ROLES können Sie analysieren, ob Benutzern Rollen zugeordnet wurden, in denen Privileges enthalten sind. Diese Prüfung dient dazu, festzustellen, ob Benutzern über Rollen direkt Berechtigungen zugeordnet sind. Die Abfrage in Listing 9.5 listet alle Benutzer auf, denen Rollen zugeordnet wurden, die Berechtigungen enthalten.

```
SELECT *
FROM GRANTED_ROLES
WHERE (ROLE_NAME IN (SELECT GRANTEE
        FROM GRANTED_PRIVILEGES
        WHERE GRANTEE_TYPE = 'ROLE'
        GROUP BY GRANTEE))
AND GRANTEE_TYPE = 'USER'
ORDER BY GRANTEE ASC;
```

Listing 9.5 Direkte Zuweisung von Berechtigungen über Rollen prüfen

Die Prüfung in Listing 9.6 dient dazu, festzustellen, ob Benutzern Berechtigungen auf der zweiten Rollenebene zugeordnet wurden. In der fett gedruckten Zeile tragen Sie statt `'Berechtigung'` das zu prüfende Privilege ein.

```
SELECT GRANTED_ROLES.GRANTEE,
       GRANTED_ROLES.ROLE_NAME,
       GRANTED_ROLES_1.ROLE_NAME
FROM GRANTED_ROLES
       LEFT OUTER JOIN GRANTED_ROLES AS GRANTED_ROLES_1
       ON GRANTED_ROLES.ROLE_NAME = GRANTED_ROLES_1.GRANTEE
       LEFT OUTER JOIN GRANTED_PRIVILEGES
       ON GRANTED_ROLES_1.ROLE_NAME = GRANTED_PRIVILEGES.GRANTEE
WHERE ( GRANTED_ROLES.GRANTEE_TYPE = 'USER' )
       AND ( GRANTED_PRIVILEGES.PRIVILEGE = 'Berechtigung' )
GROUP BY GRANTED_ROLES.GRANTEE,
       GRANTED_ROLES.ROLE_NAME,
       GRANTED_ROLES_1.ROLE_NAME
```

Listing 9.6 Prüfung von Berechtigungsebenen auf zweiter Rollenebene

In Listing 9.7 wird beispielsweise geprüft, welchen Benutzern das System Privilege `ROLE ADMIN` zugeordnet ist.

```
SELECT GRANTED_ROLES.GRANTEE,
       GRANTED_ROLES.ROLE_NAME,
       GRANTED_ROLES_1.ROLE_NAME
FROM GRANTED_ROLES
       LEFT OUTER JOIN GRANTED_ROLES AS GRANTED_ROLES_1
       ON GRANTED_ROLES.ROLE_NAME = GRANTED_ROLES_1.GRANTEE
       LEFT OUTER JOIN GRANTED_PRIVILEGES
       ON GRANTED_ROLES_1.ROLE_NAME = GRANTED_PRIVILEGES.GRANTEE
WHERE ( GRANTED_ROLES.GRANTEE_TYPE = 'USER' )
       AND ( GRANTED_PRIVILEGES.PRIVILEGE = 'ROLE ADMIN' )
GROUP BY GRANTED_ROLES.GRANTEE,
       GRANTED_ROLES.ROLE_NAME,
       GRANTED_ROLES_1.ROLE_NAME
```

Listing 9.7 Beispiel: Zuordnung des System Privileges ROLE ADMIN prüfen

Abbildung 9.3 zeigt das Ergebnis dieser Abfrage. Zu jedem Benutzer werden die ihm zugeordneten Rollen angezeigt sowie die darin enthaltene Rolle, welche die Berechtigung enthält.

	GRANTEE	ROLE_NAME	ROLE_NAME
1	AUDITOR13	sap.hana.admin.roles::Administrator	sap.hana.admin.roles::Monitoring
2	AUDITOR14	sap.hana.admin.roles::Administrator	sap.hana.admin.roles::Monitoring
3	AUDITOR15	sap.hana.admin.roles::Administrator	sap.hana.admin.roles::Monitoring
4	DBACOCKPIT	DBA_COCKPIT	MONITORING
5	ERP_TEC	sap.hana.admin.roles::Administrator	sap.hana.admin.roles::Monitoring
6	[illegible]	sap.hana.admin.roles::Administrator	sap.hana.admin.roles::Monitoring
7	[illegible]	sap.hana.xs.lm.pe.roles::PE_Administrator	sap.hana.xs.lm.pe.roles::PE_Activation
8	[illegible]	sap.hana.xs.admin.roles::NetDestAdministrator	sap.hana.xs.admin.roles::NetDestViewer
9	[illegible]	sap.hana.xs.admin.roles::RuntimeConfAdministrator	sap.hana.xs.admin.roles::RuntimeConfViewer
10	[illegible]	USER	MONITORING
11	[illegible]	DBA_COCKPIT	MONITORING
12	[illegible]	sap.hana.admin.roles::Administrator	sap.hana.admin.roles::Monitoring
13	SAPABAP1	USER	MONITORING
14	SAPABAP1	DBA_COCKPIT	MONITORING
15	SYSTEM	DBA_COCKPIT	MONITORING
16	SYSTEM	USER	MONITORING
17	SYSTEM	sap.hana.admin.roles::Administrator	sap.hana.admin.roles::Monitoring
18	TTIEDE	sap.hana.admin.roles::Administrator	sap.hana.admin.roles::Monitoring
19	TTIEDE_TEST	DBA_COCKPIT	MONITORING
20	TTIEDE_TEST	sap.hana.admin.roles::Administrator	sap.hana.admin.roles::Monitoring

Abbildung 9.3 Auswertung von Berechtigungszuordnungen über Rollen

9.4 Auswertung effektiver Berechtigungen

Effektive Berechtigungen sind alle Berechtigungen eines Benutzers, unabhängig von der Herkunft. Tabelle 9.5 zeigt PUBLIC-Views, mit denen Sie die effektiven Berechtigungen auswerten können.

Tabelle	Beschreibung
ACCESSIBLE_VIEWS	Listet alle Views auf, auf die ein Benutzer Zugriff hat.
EFFECTIVE_PRIVILEGES	Effektive Berechtigungen pro Benutzer. Das Ergebnis sind alle Berechtigungen, die einem Benutzer direkt oder über Rollen zugeordnet sind.
EFFECTIVE_PRIVILEGE_GRANTEES	Effektive Berechtigungen pro Berechtigung. Das Ergebnis sind alle Benutzer und Rollen, denen die ausgewertete Berechtigung zugeordnet ist.
EFFECTIVE_ROLES	Effektive Rollen pro Benutzer. Das Ergebnis sind alle Rollen, die einem Benutzer direkt oder über andere Rollen zugeordnet sind.

Tabelle 9.5 Views zur Auswertung effektiver Berechtigungen

Tabelle	Beschreibung
EFFECTIVE_ROLE_GRANTEES	Effektive Zuordnung von Rollen. Das Ergebnis sind alle Benutzer und Rollen, denen die Rolle zugeordnet ist.
EFFECTIVE_APPLICATION_PRIVILEGES	Effektive Anwendungsberechtigungen pro Benutzer. Das Ergebnis sind alle Application Privileges, die einem Benutzer direkt oder über Rollen zugeordnet sind.
EFFECTIVE_STRUCTURED_PRIVILEGES	Effektive Analyseberechtigungen pro Benutzer. Das Ergebnis sind alle Analytic Privileges, die einem Benutzer direkt oder über Rollen zugeordnet sind.

Tabelle 9.5 Views zur Auswertung effektiver Berechtigungen (Forts.)

9.4.1 Die View ACCESSIBLE_VIEWS

Die View ACCESSIBLE_VIEWS listet alle Views auf, auf die ein Benutzer Zugriff hat. Beim Aufruf der View muss ein Benutzername in der WHERE-Klausel angegeben werden:

```
SELECT * FROM ACCESSIBLE_VIEWS WHERE USER_NAME = 'USERNAME'
```

Möchten Sie z. B. die Views anzeigen, für die der Benutzer TTIEDE berechtigt ist, rufen Sie die View mit dem Zusatz WHERE USER_NAME = 'TTIEDE' auf:

```
SELECT * FROM ACCESSIBLE_VIEWS WHERE USER_NAME = 'TTIEDE'
```

Ist dem Benutzer die Rolle PUBLIC zugeordnet, wird hier eine Vielzahl von Views angezeigt. Daher kann es sinnvoll sein, nur die Views anzuzeigen, die nicht durch die Rolle PUBLIC berechtigt sind. Dies erfolgt mit folgendem Statement:

```
SELECT * FROM ACCESSIBLE_VIEWS
WHERE USER_NAME = 'USERNAME' AND VIEW_NAME NOT IN
(SELECT OBJECT_NAME FROM GRANTED_PRIVILEGES
WHERE GRANTEE = 'PUBLIC' AND OBJECT_TYPE = 'VIEW')
```

Abbildung 9.4 zeigt das Ergebnis dieser Abfrage für den Benutzer TTIEDE. Da auch hier eventuell eine Vielzahl von Views angezeigt wird, kann der Zusatz ORDER BY VIEW_NAME sinnvoll sein.

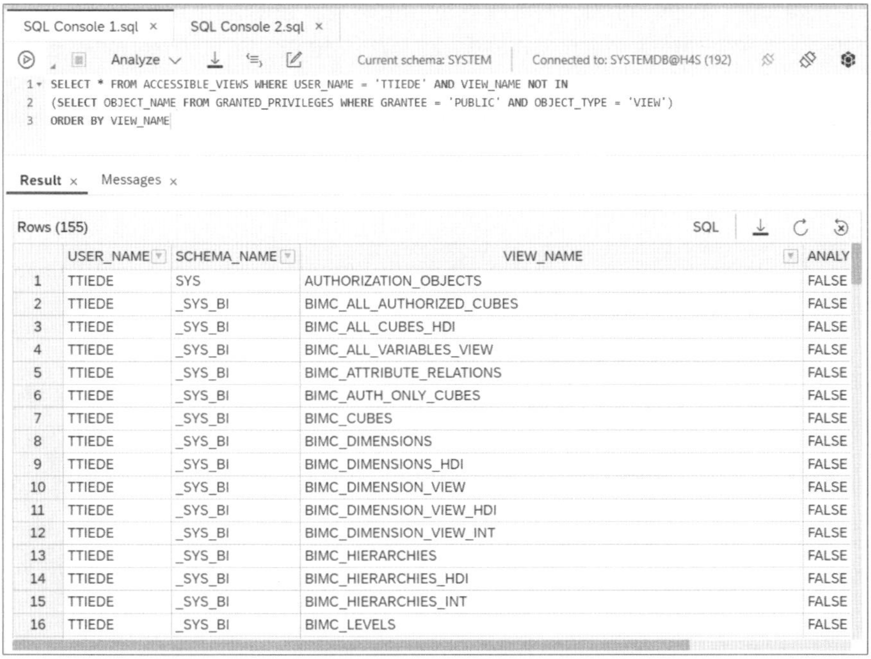

Abbildung 9.4 Ausgabe der View ACCESSIBLE_VIEWS

9.4.2 Die View EFFECTIVE_PRIVILEGES

Mit der View `EFFECTIVE_PRIVILEGES` werten Sie aus, welche Berechtigungen (Privileges) einem Benutzer effektiv zugeordnet sind. Das heißt, es werden auch die Privileges aufgelistet, die durch Rollen zugeordnet sind. Beim Aufruf der View muss ein Benutzername in der `WHERE`-Klausel angegeben werden:

```
SELECT * FROM EFFECTIVE_PRIVILEGES WHERE USER_NAME = 'USERNAME'
```

Möchten Sie z. B. die effektiven Berechtigungen des Benutzers `TTIEDE` anzeigen, rufen Sie die View mit dem Zusatz `WHERE USER_NAME = 'TTIEDE'` auf:

```
SELECT * FROM EFFECTIVE_PRIVILEGES WHERE USER_NAME = 'TTIEDE'
```

Mehrere Benutzer können Sie mit dem Operator `IN` angeben:

```
SELECT * FROM EFFECTIVE_PRIVILEGES
WHERE USER_NAME IN ('USER01', 'USER02', 'USER03')
```

Eine Unterselektion kann hier nicht genutzt werden. Eine Selektion wie die folgende ist somit nicht möglich:

```
SELECT * FROM EFFECTIVE_PRIVILEGES
WHERE USER_NAME IN (SELECT USER_NAME FROM USERS)
```

Die Abfrage kann auch um die Selektion auf Privileges erweitert werden. Um z.B. unter den ausgewählten Benutzern diejenigen zu ermitteln, die über das System Privilege `USER ADMIN` verfügen, rufen Sie die View folgendermaßen auf:

```
SELECT * FROM EFFECTIVE_PRIVILEGES
WHERE USER_NAME IN ('USER01', 'USER02', 'USER03')
AND PRIVILEGE = 'USER ADMIN'
```

Auch für die Privileges können Sie den Operator `IN` nutzen, um mehrere Privileges abzufragen:

```
SELECT * FROM EFFECTIVE_PRIVILEGES
WHERE USER_NAME IN ('USER01', 'USER02', 'USER03')
AND PRIVILEGE IN ('USER ADMIN', 'ROLE ADMIN')
```

Außerdem können Sie nach Object Privileges selektieren. Hierfür nutzen Sie die Felder `OBJECT_TYPE`, `OBJECT_NAME` und `SCHEMA_NAME`. Zur Analyse, wer auf das Schema eines SAP-ERP- bzw. SAP-S/4HANA-Benutzers zugreifen darf, nutzen Sie folgende Syntax:

```
SELECT * FROM EFFECTIVE_PRIVILEGES
WHERE USER_NAME IN ('USER01', 'USER02', 'USER03')
AND OBJECT_TYPE = 'SCHEMA' AND SCHEMA_NAME = 'SAP<sid>'
```

Abbildung 9.5 zeigt das Ergebnis der View. Tabelle 9.6 zeigt die wesentlichen Felder der View.

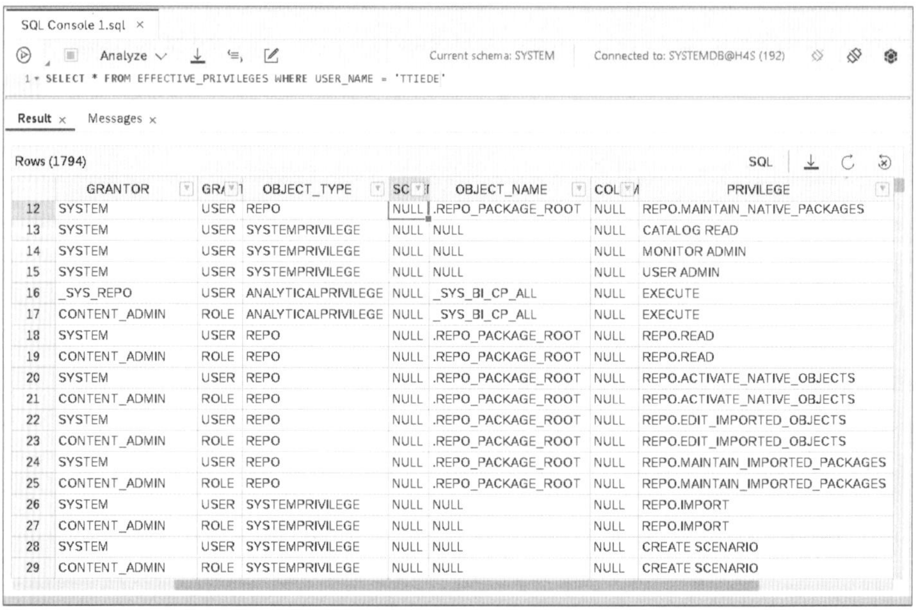

	GRANTOR	GRA	OBJECT_TYPE	SC	OBJECT_NAME	COL	PRIVILEGE
12	SYSTEM	USER	REPO	NULL	.REPO_PACKAGE_ROOT	NULL	REPO.MAINTAIN_NATIVE_PACKAGES
13	SYSTEM	USER	SYSTEMPRIVILEGE	NULL	NULL	NULL	CATALOG READ
14	SYSTEM	USER	SYSTEMPRIVILEGE	NULL	NULL	NULL	MONITOR ADMIN
15	SYSTEM	USER	SYSTEMPRIVILEGE	NULL	NULL	NULL	USER ADMIN
16	_SYS_REPO	USER	ANALYTICALPRIVILEGE	NULL	_SYS_BI_CP_ALL	NULL	EXECUTE
17	CONTENT_ADMIN	ROLE	ANALYTICALPRIVILEGE	NULL	_SYS_BI_CP_ALL	NULL	EXECUTE
18	SYSTEM	USER	REPO	NULL	.REPO_PACKAGE_ROOT	NULL	REPO.READ
19	CONTENT_ADMIN	ROLE	REPO	NULL	.REPO_PACKAGE_ROOT	NULL	REPO.READ
20	SYSTEM	USER	REPO	NULL	.REPO_PACKAGE_ROOT	NULL	REPO.ACTIVATE_NATIVE_OBJECTS
21	CONTENT_ADMIN	ROLE	REPO	NULL	.REPO_PACKAGE_ROOT	NULL	REPO.ACTIVATE_NATIVE_OBJECTS
22	SYSTEM	USER	REPO	NULL	.REPO_PACKAGE_ROOT	NULL	REPO.EDIT_IMPORTED_OBJECTS
23	CONTENT_ADMIN	ROLE	REPO	NULL	.REPO_PACKAGE_ROOT	NULL	REPO.EDIT_IMPORTED_OBJECTS
24	SYSTEM	USER	REPO	NULL	.REPO_PACKAGE_ROOT	NULL	REPO.MAINTAIN_IMPORTED_PACKAGES
25	CONTENT_ADMIN	ROLE	REPO	NULL	.REPO_PACKAGE_ROOT	NULL	REPO.MAINTAIN_IMPORTED_PACKAGES
26	SYSTEM	USER	SYSTEMPRIVILEGE	NULL	NULL	NULL	REPO.IMPORT
27	CONTENT_ADMIN	ROLE	SYSTEMPRIVILEGE	NULL	NULL	NULL	REPO.IMPORT
28	SYSTEM	USER	SYSTEMPRIVILEGE	NULL	NULL	NULL	CREATE SCENARIO
29	CONTENT_ADMIN	ROLE	SYSTEMPRIVILEGE	NULL	NULL	NULL	CREATE SCENARIO

Abbildung 9.5 Auswertung der View EFFECTIVE_PRIVILEGES

Feld	Beschreibung
USER_NAME	ausgewerteter Benutzer
GRANTEE_SCHEMA_NAME	Schema der Rolle, aus der das Privilege stammt
GRANTEE	Benutzer oder Rolle mit dem ausgewerteten Privilege
GRANTEE_TYPE	Typ: 'USER' = Benutzer; 'ROLE' = Rolle
GRANTOR	Benutzer oder Rolle, durch den das Privilege zugeordnet wurde
GRANTOR_SCHEMA_NAME	Schema des Zuordners
GRANTOR_TYPE	Typ: 'USER' = Benutzer; 'ROLE' = Rolle
OBJECT_TYPE	Typ des berechtigten Objekts
SCHEMA_NAME	Schemaname (falls OBJECT_TYPE = SCHEMA)
OBJECT_NAME	Objektname des berechtigten Objekts
COLUMN_NAME	Spaltenname
PRIVILEGE	vergebene Berechtigung
IS_GRANTABLE	Kennzeichen: Weitergabe der Berechtigung an andere Benutzer möglich
IS_VALID	Berechtigung ist gültig.

Tabelle 9.6 Felder der View EFFECTIVE_PRIVILEGES

9.4.3 Die View EFFECTIVE_PRIVILEGE_GRANTEES

Mit der View EFFECTIVE_PRIVILEGE_GRANTEES wird ausgewertet, welchen Benutzern und Rollen eine bestimmte Berechtigung zugeordnet ist. Beispielsweise kann analysiert werden, welchen Benutzern und Rollen bestimmte System Privileges zugeordnet sind. Die Syntax für die Abfrage von System Privileges ist:

```
SELECT * FROM EFFECTIVE_PRIVILEGE_GRANTEES WHERE
PRIVILEGE = <Privilege> AND OBJECT_TYPE = 'SYSTEMPRIVILEGE'
```

Um die berechtigten Benutzer für die Berechtigung USER ADMIN abzufragen, prägen Sie die Abfrage folgendermaßen aus:

```
SELECT * from EFFECTIVE_PRIVILEGE_GRANTEES WHERE
PRIVILEGE = 'USER ADMIN' AND OBJECT_TYPE = 'SYSTEMPRIVILEGE'
```

Über den IN-Operator können Sie auch mehrere Berechtigungen gleichzeitig abfragen:

```
SELECT * FROM EFFECTIVE_PRIVILEGE_GRANTEES WHERE
PRIVILEGE IN ('USER ADMIN', 'ROLE ADMIN', 'AUDIT ADMIN', 'AUDIT OPERATOR') AND
 OBJECT_TYPE = 'SYSTEMPRIVILEGE'
```

Tabelle 9.7 zeigt die Felder der View, Abbildung 9.6 eine Ergebnisdarstellung. Hier ist im Feld PRIVILEGE die ausgewertete Berechtigung abzulesen, im Feld GRANTEE der Benutzer bzw. die Rolle.

Feld	Beschreibung
GRANTEE_SCHEMA_NAME	Schema der Rolle, aus der das Privilege stammt
GRANTEE	Benutzer oder Rolle mit der abgefragten Berechtigung
GRANTEE_TYPE	Typ: 'USER' = Benutzer; 'ROLE' = Rolle
GRANTOR_SCHEMA_NAME	Schema des Zuordners
GRANTOR	Benutzer oder Rolle, durch den das Privilege zugeordnet wurde
GRANTOR_TYPE	Typ: 'USER' = Benutzer; 'ROLE' = Rolle
OBJECT_TYPE	Typ der Berechtigung (Privilege-Typ)
SCHEMA_NAME	Schemaname
OBJECT_NAME	Objektname des berechtigten Objekts
PRIVILEGE	vergebene Berechtigung
IS_GRANTABLE	Kennzeichen: Weitergabe der Berechtigung an andere Benutzer möglich

Tabelle 9.7 Felder der View EFFECTIVE_PRIVILEGE_GRANTEES

Um Berechtigungen auf Object Privileges auszuwerten, sind für die View Selektionskriterien zu folgenden Feldern anzugeben:

- PRIVILEGE – Object Privilege, z. B. INSERT, SELECT, EXECUTE
- OBJECT_TYPE – Objekttyp, z. B. TABLE, VIEW, PROCEDURE
- OBJECT_NAME – Name des Objekts
- SCHEMA_NAME – Schema des Objekts

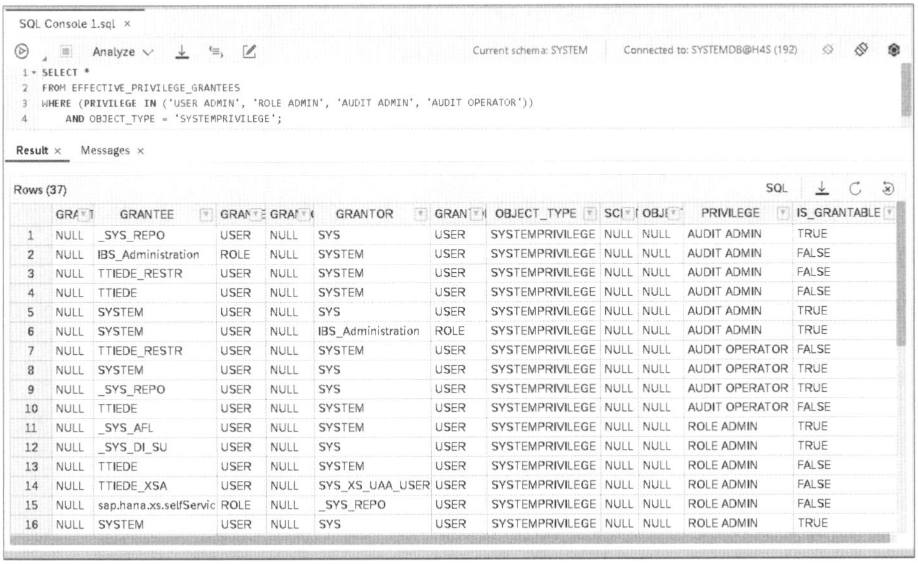


```
SELECT *
FROM EFFECTIVE_PRIVILEGE_GRANTEES
WHERE (PRIVILEGE IN ('USER ADMIN', 'ROLE ADMIN', 'AUDIT ADMIN', 'AUDIT OPERATOR'))
   AND OBJECT_TYPE = 'SYSTEMPRIVILEGE';
```

	GRA	GRANTEE	GRAN	GRAN	GRANTOR	GRAN	OBJECT_TYPE	SC	OBJ	PRIVILEGE	IS_GRANTABLE
1	NULL	_SYS_REPO	USER	NULL	SYS	USER	SYSTEMPRIVILEGE	NULL	NULL	AUDIT ADMIN	TRUE
2	NULL	IBS_Administration	ROLE	NULL	SYSTEM	USER	SYSTEMPRIVILEGE	NULL	NULL	AUDIT ADMIN	FALSE
3	NULL	TTIEDE_RESTR	USER	NULL	SYSTEM	USER	SYSTEMPRIVILEGE	NULL	NULL	AUDIT ADMIN	FALSE
4	NULL	TTIEDE	USER	NULL	SYSTEM	USER	SYSTEMPRIVILEGE	NULL	NULL	AUDIT ADMIN	FALSE
5	NULL	SYSTEM	USER	NULL	SYS	USER	SYSTEMPRIVILEGE	NULL	NULL	AUDIT ADMIN	TRUE
6	NULL	SYSTEM	USER	NULL	IBS_Administration	ROLE	SYSTEMPRIVILEGE	NULL	NULL	AUDIT ADMIN	TRUE
7	NULL	TTIEDE_RESTR	USER	NULL	SYSTEM	USER	SYSTEMPRIVILEGE	NULL	NULL	AUDIT OPERATOR	FALSE
8	NULL	SYSTEM	USER	NULL	SYS	USER	SYSTEMPRIVILEGE	NULL	NULL	AUDIT OPERATOR	TRUE
9	NULL	_SYS_REPO	USER	NULL	SYS	USER	SYSTEMPRIVILEGE	NULL	NULL	AUDIT OPERATOR	TRUE
10	NULL	TTIEDE	USER	NULL	SYSTEM	USER	SYSTEMPRIVILEGE	NULL	NULL	AUDIT OPERATOR	FALSE
11	NULL	_SYS_AFL	USER	NULL	SYSTEM	USER	SYSTEMPRIVILEGE	NULL	NULL	ROLE ADMIN	TRUE
12	NULL	_SYS_DI_SU	USER	NULL	SYS	USER	SYSTEMPRIVILEGE	NULL	NULL	ROLE ADMIN	TRUE
13	NULL	TTIEDE	USER	NULL	SYSTEM	USER	SYSTEMPRIVILEGE	NULL	NULL	ROLE ADMIN	FALSE
14	NULL	TTIEDE_XSA	USER	NULL	SYS_XS_UAA_USER	USER	SYSTEMPRIVILEGE	NULL	NULL	ROLE ADMIN	FALSE
15	NULL	sap.hana.xs.selfServic	ROLE	NULL	_SYS_REPO	USER	SYSTEMPRIVILEGE	NULL	NULL	ROLE ADMIN	FALSE
16	NULL	SYSTEM	USER	NULL	SYS	USER	SYSTEMPRIVILEGE	NULL	NULL	ROLE ADMIN	TRUE

Abbildung 9.6 Auswertung der View EFFECTIVE_PRIVILEGE_GRANTEES

Listing 9.8 zeigt die Fragestellung, welcher Benutzer die Berechtigung zur Zuordnung von Repository-Rollen besitzt (EXECUTE auf der Prozedur GRANT_ACTIVATED_ROLE im Schema _SYS_REPO).

```
SELECT * FROM EFFECTIVE_PRIVILEGE_GRANTEES
WHERE PRIVILEGE = 'EXECUTE'
AND OBJECT_TYPE = 'PROCEDURE'
AND OBJECT_NAME = 'GRANT_ACTIVATED_ROLE'
AND SCHEMA_NAME = '_SYS_REPO'
```

Listing 9.8 Auswertung eines Object Privileges

Um Berechtigungen auf Schemata auszuwerten, sind für die View Selektionskriterien zu folgenden Feldern anzugeben:

- PRIVILEGE – Object Privilege, z. B. INSERT, SELECT, EXECUTE
- OBJECT_TYPE – SCHEMA
- SCHEMA_NAME – Schema des Objekts

Um z. B. die Berechtigung zur Anzeige der Daten im Schema SAP<sid> auszuwerten, nutzen Sie eine Abfrage wie in Listing 9.9.

```
SELECT * FROM EFFECTIVE_PRIVILEGE_GRANTEES
WHERE PRIVILEGE = 'SELECT'
AND OBJECT_TYPE = 'SCHEMA'
AND SCHEMA_NAME = 'SAP<sid>'
```

Listing 9.9 Auswertung von Berechtigungen auf ein Schema

9.4.4 Die View EFFECTIVE_ROLES

Mit der View EFFECTIVE_ROLES werten Sie aus, welche Rollen einem Benutzer effektiv zugeordnet sind, also auch durch andere Rollen. Beim Aufruf der View muss ein Benutzername in der WHERE-Klausel angegeben werden:

```
SELECT * FROM EFFECTIVE_ROLES WHERE USER_NAME = 'USERNAME'
```

Tabelle 9.8 zeigt die Felder der View EFFECTIVE_ROLES in der Übersicht.

Feld	Beschreibung
USER_NAME	ausgewerteter Benutzer
GRANTEE_SCHEMA_NAME	Schema der Rolle, aus der die Rolle stammt
GRANTEE	Benutzer oder Rolle mit der abgefragten Rolle
GRANTEE_TYPE	Typ: 'USER' = Benutzer; 'ROLE' = Rolle
GRANTOR	Benutzer oder Rolle, durch den die Rolle zugeordnet wurde
ROLE_SCHEMA_NAME	Schema der zugeordneten Rolle
ROLE_NAME	Name der zugeordneten Rolle
IS_GRANTABLE	Kennzeichen: Weitergabe der Rolle an andere Benutzer möglich

Tabelle 9.8 Felder der View EFFECTIVE_ROLES

9.4.5 Die View EFFECTIVE_ROLE_GRANTEES

Mit der View EFFECTIVE_ROLE_GRANTEES werten Sie aus, ob eine bestimmte Rolle einem Benutzer oder einer Rolle effektiv zugeordnet ist. Als Selektion geben Sie den Rollennamen an:

```
SELECT * FROM EFFECTIVE_ROLE_GRANTEES WHERE ROLE_NAME = <Rollenname>
```

Tabelle 9.9 zeigt die Felder der View EFFECTIVE_ROLES_GRANTEES in der Übersicht.

Feld	Beschreibung
ROLE_SCHEMA_NAME	Schema der ausgewerteten Rolle
ROLE_NAME	Name der ausgewerteten Rolle
GRANTEE_SCHEMA_NAME	Schema der Rolle, in der die ausgewertete Rolle enthalten ist
GRANTEE	Benutzer oder Rolle mit der abgefragten Rolle
GRANTEE_TYPE	Typ: 'USER' = Benutzer; 'ROLE' = Rolle
GRANTOR	Benutzer oder Rolle, durch den die Rolle zugeordnet wurde
GRANTED_ROLE_SCHEMA_NAME	Schema der zugeordneten Rolle
GRANTED_ROLE_NAME	Name der zugeordneten Rolle
IS_GRANTABLE	Kennzeichen: Weitergabe der Rolle an andere Benutzer möglich

Tabelle 9.9 Felder der View EFFECTIVE_ROLE_GRANTEES

9.4.6 Die View EFFECTIVE_APPLICATION_PRIVILEGES

Mit der View EFFECTIVE_APPLICATION_PRIVILEGES werden die einem Benutzer effektiv zugeordneten Application Privileges ausgewertet. Beim Aufruf der View muss ein Benutzername in der WHERE-Klausel angegeben werden:

```
SELECT * FROM EFFECTIVE_APPLICATION_PRIVILEGES
WHERE USER_NAME = <Benutzername>
```

Tabelle 9.10 zeigt eine Übersicht über die Felder der View EFFECTIVE_APPLICATION_PRIVILEGES.

Feld	Beschreibung
USER_NAME	ausgewerteter Benutzer
GRANTEE_SCHEMA_NAME	Schema der Rolle, aus der das Privilege stammt
GRANTEE	Benutzer oder Rolle mit dem ausgewerteten Privilege
GRANTEE_TYPE	Typ: 'USER' = Benutzer; 'ROLE' = Rolle
GRANTOR_SCHEMA_NAME	Schema des Zuordners

Tabelle 9.10 Felder der View EFFECTIVE_APPLICATION_PRIVILEGES

Feld	Beschreibung
GRANTOR	Benutzer oder Rolle, durch den das Privilege zugeordnet wurde
GRANTOR_TYPE	Typ: 'USER' = Benutzer; 'ROLE' = Rolle
PRIVILEGE	vergebenes Application Privilege
IS_GRANTABLE	Kennzeichen: Weitergabe der Berechtigung an andere Benutzer möglich
IS_VALID	Berechtigung ist gültig

Tabelle 9.10 Felder der View EFFECTIVE_APPLICATION_PRIVILEGES (Forts.)

9.5 Das Skript HANA_Security_GrantedRolesAndPrivileges

Mit dem SAP-Hinweis 1969700 liefert SAP das Skript **HANA_Security_GrantedRolesAndPrivileges** aus. Dieses können Sie im SAP HANA Database Explorer auch über die Statement Library (siehe Abschnitt 1.3.3, »Die SQL Statement Library«) aufrufen unter **Security • GrantedRolesAndPrivileges • 2.00.000+**.

Das Skript zeigt zu den ausgewerteten Benutzern und Rollen alle Berechtigungen an. Dabei können die Berechtigungen in den Rollen bis zu einer Rekursionstiefe von fünf Stufen ausgewertet werden. Werden keine Selektionskriterien angegeben, listet das Skript alle Benutzer und Rollen mit jeweils allen Berechtigungen auf. Das Ergebnis kann mit anderen Programmen, z. B. Microsoft Excel, weiter ausgewertet werden.

Das Skript kann vor der Ausführung eingegrenzt werden. Suchen Sie im Quelltext des Skripts nach `/* Modification section */` (siehe Listing 9.10). Tabelle 9.11 zeigt die Felder, nach denen das Skript eingegrenzt werden kann. Die Spalte **Ausgabe** zeigt an, ob das Feld im Ergebnis ausgegeben wird.

```
( SELECT                /* Modification section */
    '%' GRANTEE_SCHEMA_NAME,
    '%' GRANTEE,
    '%' GRANTEE_TYPE,              /* ROLE, USER, % */
    5 ROLE_RECURSION_DEPTH,        /* 0, 1, 2, 3, 4 or 5,
             maximum recursion level for role -> role grants */
    '%' ROLE_SCHEMA_NAME,
    '%' ROLE_NAME,
    '%' PRIVILEGE,
    '%' PRIVILEGE_DETAILS,
    '%' OBJECT_NAME,
    '%' OBJECT_TYPE,
```

```
    'X' EXCLUDE_SYSTEM_USERS,
    'X' EXCLUDE_DEACTIVATED_USERS,
    ' ' ONLY_CURRENT_USER
...
```

Listing 9.10 Modification Section zur Angabe von Selektionen

Feld	Ausgabe	Beschreibung
GRANTEE_SCHEMA	X	Schema der Rolle, in der die ausgewertete Rolle enthalten ist
GRANTEE_TYPE	X	Typ: 'USER' = Benutzer; 'ROLE' = Rolle
GRANTEE	X	Benutzer oder Rolle
ROLE_RECURSION_DEPTH		Rekursionstiefe der Auswertung von Rollen
ROLE_SCHEMA_NAME	X	Schema der zugeordneten Rolle
ROLE_NAME	X	Name der zugeordneten Rolle
PRIVILEGE	X	Privilege
PRIVILEGE_DETAILS	X	Details, z. B. Tabellen-/View-/Schema-Namen bei Object Privileges
OBJECT_NAME		auszuwertende Objekte
OBJECT_TYPE	X	Objekttyp bei Object Privileges (TABLE, VIEW, SCHEMA, PROCEDURE etc.) Privilege-Typ (SYSTEM PRIVILEGE, APPLICATION PRIVILEGE, ANALYTIC PRIVILEGE, REPO)
EXCLUDE_SYSTEM_USERS		Ausschluss von Systembenutzern im Ergebnis
EXCLUDE_DEACTIVATED_USERS		Ausschluss von deaktivierten Benutzern im Ergebnis
ONLY_CURRENT_USER		nur Auswertung des aktuellen Benutzers

Tabelle 9.11 Felder des Skripts »GrantedRolesAndPrivileges«

Abbildung 9.7 zeigt das Ergebnis des Skripts. Mit der Schaltfläche **Download** (⤓) exportieren Sie die Daten.

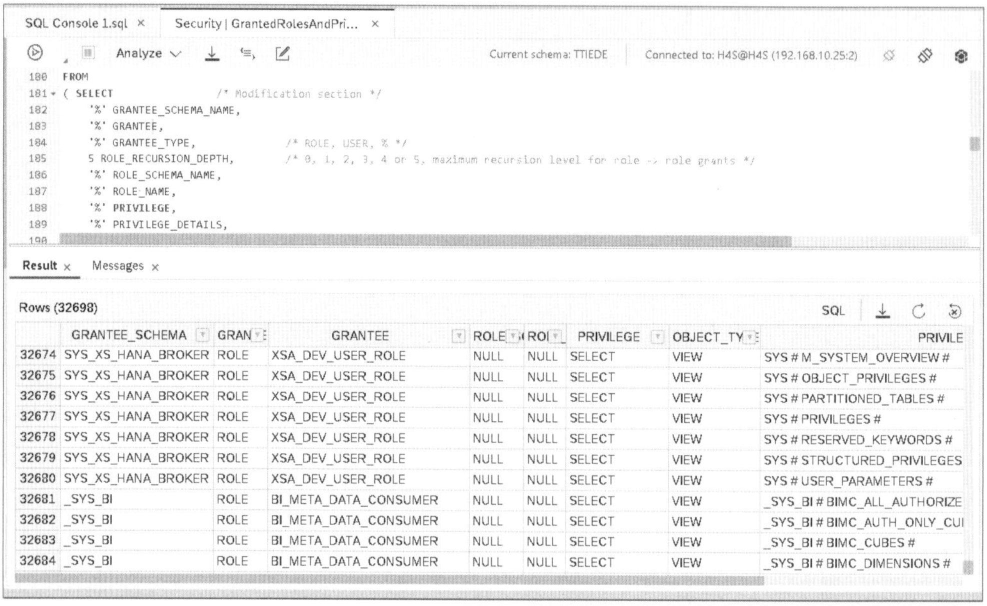

Abbildung 9.7 Ergebnis des Skripts »GrantedRolesAndPrivileges«

9.6 Praktische Beispiele für Berechtigungsanalysen

In diesem Abschnitt behandle ich beispielhafte Fragestellungen zu Berechtigungsanalysen. Dabei verwende ich die Systematik der Prüfung effektiver Berechtigungen (Abschnitt 9.4, »Auswertung effektiver Berechtigungen«).

Nicht alle Berechtigungen können mit der View `EFFECTIVE_PRIVILEGE_GRANTEES` ausgewertet werden, da zur Abfrage von z. B. Object Privileges auch der Objektname und das Schema angegeben werden müssen. Da die Abfragen schemaübergreifend ausgewertet werden sollen, wird teilweise die View `EFFECTIVE_PRIVILEGES` genutzt. Als Platzhalter im Operator `IN` zum Feld `USER_NAME` sind jeweils die Benutzer `USER1` und `USER2` angegeben. Diese ersetzen Sie durch die real existierenden Benutzer im zu prüfenden System. Außerdem können Sie die Liste natürlich um beliebige weitere Benutzerkonten erweitern.

9.6.1 Berechtigungen zur Benutzer- und Berechtigungsverwaltung

Listing 9.11 fragt ab, welchen Benutzern die Berechtigung zur Benutzerverwaltung zugeordnet ist.

```
SELECT *
FROM EFFECTIVE_PRIVILEGE_GRANTEES
WHERE GRANTEE_TYPE = 'USER'
       AND PRIVILEGE = 'USER ADMIN'
       AND OBJECT_TYPE = 'SYSTEMPRIVILEGE'
```

Listing 9.11 Abfrage der Berechtigung zur Benutzerverwaltung

Listing 9.12 fragt ab, welchen Benutzern die Berechtigung zur Pflege von Katalogrollen zugeordnet ist.

```
SELECT *
FROM EFFECTIVE_PRIVILEGE_GRANTEES
WHERE GRANTEE_TYPE = 'USER'
      AND PRIVILEGE = 'ROLE ADMIN'
      AND OBJECT_TYPE = 'SYSTEMPRIVILEGE'
```

Listing 9.12 Abfrage der Berechtigung zur Pflege der Katalogrollen

Listing 9.13 fragt ab, welchen Benutzern die Berechtigung zur Zuordnung von Repository-Rollen zugeordnet ist.

```
SELECT *
FROM EFFECTIVE_PRIVILEGE_GRANTEES
WHERE GRANTEE_TYPE = 'USER'
      AND PRIVILEGE = 'EXECUTE'
      AND OBJECT_TYPE = 'PROCEDURE'
      AND OBJECT_NAME = 'GRANT_ACTIVATED_ROLE'
      AND SCHEMA_NAME = '_SYS_REPO'
```

Listing 9.13 Abfrage der Berechtigung zur Zuordnung von Repository-Rollen

Listing 9.14 fragt ab, welchen Benutzern eine Berechtigung zur direkten Zuordnung von Privileges (Object, Analytic oder Application Privileges) zugeordnet ist.

```
SELECT *
FROM EFFECTIVE_PRIVILEGE_GRANTEES
WHERE GRANTEE_TYPE = 'USER'
      AND PRIVILEGE = 'EXECUTE'
      AND OBJECT_TYPE = 'PROCEDURE'
      AND (OBJECT_NAME IN ('GRANT_PRIVILEGE_ON_ACTIVATED_CONTENT',
          'GRANT_SCHEMA_PRIVILEGE_ON_ACTIVATED_CONTENT',
          'GRANT_ACTIVATED_ANALYTICAL_PRIVILEGE', 'GRANT_APPLICATION_PRIVILEGE'))
      AND SCHEMA_NAME = '_SYS_REPO'
```

Listing 9.14 Abfrage der Berechtigung zur Zuordnung von Privileges

Listing 9.15 fragt ab, welchen Benutzern Berechtigungen zur Benutzerpflege für bestimmte Gruppen zugeordnet sind.

```
SELECT *
FROM EFFECTIVE_PRIVILEGE_GRANTEES
WHERE GRANTEE_TYPE = 'USER'
      AND PRIVILEGE = 'USERGROUP OPERATOR'
      AND OBJECT_TYPE = 'USERGROUP'
```

Listing 9.15 Abfrage der Berechtigungen zur Benutzerpflege für bestimmte Gruppen

9.6.2 Berechtigungen zur Systemadministration

Listing 9.16 fragt ab, welchen Benutzern kritische Systemberechtigungen zugeordnet sind.

```
SELECT *
FROM EFFECTIVE_PRIVILEGE_GRANTEES
WHERE GRANTEE_TYPE = 'USER'
AND (PRIVILEGE IN ('ADAPTER ADMIN', 'AGENT ADMIN', 'BACKUP ADMIN', 'BACKUP
OPERATOR', 'CERTIFICATE ADMIN', 'CREDENTIAL ADMIN', 'ENCRYPTION ROOT KEY
ADMIN', 'EXTENDED STORAGE ADMIN', 'INIFILE ADMIN', 'LICENSE ADMIN',
'SAVEPOINT ADMIN', 'SERVICE ADMIN', 'SESSION ADMIN', 'SSL ADMIN', 'TENANT
ADMIN', 'TRUST ADMIN', 'VERSION ADMIN', 'RESOURCE ADMIN', 'TABLE ADMIN',
'AUDIT ADMIN', 'AUDIT OPERATOR', 'OPTIMIZER ADMIN', 'CREATE REMOTE SOURCE',
'LOG ADMIN', 'MONITOR ADMIN'))
AND OBJECT_TYPE = 'SYSTEMPRIVILEGE'
```

Listing 9.16 Abfrage der Zuordnung von kritischen Systembenutzern

Listing 9.17 fragt ab, welchen Benutzern die Berechtigung zur Pflege von Tenant-Datenbanken zugeordnet ist. Diese Berechtigung kann nur in Systemdatenbanken zugeordnet werden.

```
SELECT *
FROM EFFECTIVE_PRIVILEGE_GRANTEES
WHERE GRANTEE_TYPE = 'USER'
AND (PRIVILEGE IN ('DATABASE ADMIN', 'DATABASE START', 'DATABASE STOP'))
       AND OBJECT_TYPE = 'SYSTEMPRIVILEGE'
```

Listing 9.17 Abfrage der Berechtigung zur Verwaltung von Tenant-Datenbanken

Listing 9.18 fragt ab, welchen Benutzern die Berechtigung zur Pflege von Systemparametern zugeordnet ist.

```
SELECT *
FROM EFFECTIVE_PRIVILEGE_GRANTEES
WHERE GRANTEE_TYPE = 'USER'
      AND PRIVILEGE = 'INIFILE ADMIN'
      AND OBJECT_TYPE = 'SYSTEMPRIVILEGE'
```

Listing 9.18 Abfrage der Berechtigung zur Pflege von Systemparametern

Listing 9.19 fragt ab, welchen Benutzern die Berechtigung zur Pflege der Audit-Log-Einstellungen zugeordnet ist.

```
SELECT *
FROM EFFECTIVE_PRIVILEGE_GRANTEES
WHERE GRANTEE_TYPE = 'USER'
      AND PRIVILEGE = 'AUDIT ADMIN'
      AND OBJECT_TYPE = 'SYSTEMPRIVILEGE'
```

Listing 9.19 Abfrage der Berechtigung zur Pflege des Security Audit Logs

Listing 9.20 fragt ab, welchen Benutzern die Berechtigung zum Löschen von Audit-Log-Einträgen zugeordnet ist.

```
SELECT *
FROM EFFECTIVE_PRIVILEGE_GRANTEES
WHERE GRANTEE_TYPE = 'USER'
      AND PRIVILEGE = 'AUDIT OPERATOR'
      AND OBJECT_TYPE = 'SYSTEMPRIVILEGE'
```

Listing 9.20 Abfrage der Berechtigung zum Löschen von Audit-Log-Einträgen

Listing 9.21 fragt ab, welchen Benutzern Berechtigungen zum Debuggen zugeordnet sind.

```
SELECT *
FROM EFFECTIVE_PRIVILEGES
WHERE (USER_NAME IN ('USER1', 'USER2', '...'))
      AND GRANTEE_TYPE = 'USER'
      AND (PRIVILEGE IN ('ATTACH DEBUGGER', 'DEBUG'))
```

Listing 9.21 Abfrage der Berechtigungen zum Debuggen

9.6.3 Berechtigungen zur Anwendungsentwicklung

Listing 9.22 zeigt die Berechtigung zur Anwendungsentwicklung im gesamten Repository. Abgefragt wird die Pflege von Objekten in nativen (in diesem System angelegten) Paketen. Listing 9.23 zeigt die Berechtigung zur Pflege von Objekten in importierten Paketen. Diese Berechtigung sollte nur an Notfallbenutzer vergeben werden.

```
SELECT *
FROM EFFECTIVE_PRIVILEGE_GRANTEES
WHERE GRANTEE_TYPE = 'USER'
      AND PRIVILEGE = 'REPO.EDIT_NATIVE_OBJECTS'
      AND OBJECT_TYPE = 'REPO'
      AND OBJECT_NAME = '.REPO_PACKAGE_ROOT'
```

Listing 9.22 Pflege von Eigenentwicklungen in allen nativen Paketen

```
SELECT *
FROM EFFECTIVE_PRIVILEGE_GRANTEES
WHERE GRANTEE_TYPE = 'USER'
      AND PRIVILEGE = 'REPO.EDIT_IMPORTED_OBJECTS'
      AND OBJECT_TYPE = 'REPO'
      AND OBJECT_NAME = '.REPO_PACKAGE_ROOT'
```

Listing 9.23 Pflege von Eigenentwicklungen in allen importierten Paketen

Die Abfragen in Listing 9.22 und Listing 9.23 können auch zur Abfrage von Berechtigungen auf einzelne Pakete genutzt werden. Hierfür ist der Paketname als Selektion zum Feld `OBJECT_NAME` anzugeben:

```
AND OBJECT_NAME = <Paketname>
```

Listing 9.24 fragt ab, welchen Benutzern Entwicklerrechte für das Repository zugeordnet sind, egal in welchem Paket. Hierfür ist die View `EFFECTIVE_PRIVILEGES` zu nutzen, zu der die auszuwertenden Benutzer mit dem Operator `IN` angegeben werden können.

```
SELECT *
FROM EFFECTIVE_PRIVILEGES
WHERE (USER_NAME IN ('USER1', 'USER2'))
      AND GRANTEE_TYPE = 'USER'
      AND PRIVILEGE <> 'REPO.READ'
      AND OBJECT_TYPE = 'REPO'
```

Listing 9.24 Abfragen der Entwicklerrechte

Listing 9.25 fragt ab, welchen Benutzern Repository-Entwicklerrechte für importierte Objekte zugeordnet sind.

```
SELECT *
FROM EFFECTIVE_PRIVILEGES
WHERE (USER_NAME IN ('USER1', 'USER2'))
       AND GRANTEE_TYPE = 'USER'
       AND PRIVILEGE LIKE 'REPO%IMPORTED%'
       AND OBJECT_TYPE = 'REPO'
```

Listing 9.25 Abfrage der Entwicklerrechte für importierte Objekte

Listing 9.26 fragt ab, welchen Benutzern die Berechtigung für Entwicklungen mit der WebIDE zugeordnet ist.


```
SELECT * FROM USERS WHERE USER_NAME IN
(SELECT USER_NAME FROM USER_PARAMETERS
WHERE PARAMETER = 'XS_RC_WEBIDE_DEVELOPER')
```

Listing 9.26 Abfrage zur Nutzung der WebIDE

9.6.4 Berechtigungen für Datenzugriffe

Listing 9.27 fragt ab, welchen Benutzern Berechtigungen zum Zugriff auf die Daten des ABAP-Stacks zugeordnet sind. Der Name SAP<sid> ist gegen den Namen des SAP-Benutzers auszutauschen, in dessen Schema sich die SAP-ERP- bzw. SAP-S/4HANA-Tabellen befinden.

```
SELECT *
FROM EFFECTIVE_PRIVILEGE_GRANTEES
WHERE GRANTEE_TYPE = 'USER'
       AND PRIVILEGE IN ('SELECT', 'INSERT', 'DELETE', 'UPDATE')
       AND OBJECT_TYPE = 'SCHEMA'
       AND SCHEMA_NAME = 'SAP<sid>'
```

Listing 9.27 Abfrage der Berechtigungen für die Daten des ABAP-Stacks

Listing 9.28 fragt ab, welchen Benutzern alle Analytic Privileges zugeordnet sind.

```
SELECT *
FROM EFFECTIVE_PRIVILEGE_GRANTEES
WHERE GRANTEE_TYPE = 'USER'
       AND PRIVILEGE = 'EXECUTE'
       AND OBJECT_TYPE = 'ANALYTICALPRIVILEGE'
       AND OBJECT_NAME = '_SYS_BI_CP_ALL'
```

Listing 9.28 Abfrage der Zuordnung aller Analytic Privileges

9.6.5 Funktionstrennungen

Auch Funktionstrennungen können mittels SQL ausgewertet werden. Leicht nachvollziehbar ist dabei die Anweisung gemäß Listing 9.29. Hier werden die Benutzer aus der View USERS selektiert, denen zwei Privileges (jeweils ausgewertet mit der View EFFECTIVE_PRIVILEGE_GRANTEES) zugeordnet sind.

```
SELECT *
FROM USERS
WHERE (USER_NAME IN (SELECT GRANTEE
       FROM EFFECTIVE_PRIVILEGE_GRANTEES
                     WHERE GRANTEE_TYPE = 'USER'
              AND PRIVILEGE = <1. Privilege>
              AND OBJECT_TYPE = <Privilege-Typ>))
AND (USER_NAME IN (SELECT GRANTEE
       FROM EFFECTIVE_PRIVILEGE_GRANTEES
       WHERE GRANTEE_TYPE = 'USER'
              AND PRIVILEGE = <2. Privilege>
              AND OBJECT_TYPE = <Privilege-Typ>))
```

Listing 9.29 Vorlage-Skript zur Auswertung von Funktionstrennungen

Die nachfolgenden Listings zeigen klassische Funktionstrennungen. Listing 9.30 wertet aus, welche Benutzer sowohl Benutzerstammsätze als auch Rollen pflegen können. Diese Funktionen sind zu trennen.

```
SELECT *
FROM USERS
WHERE (USER_NAME IN (SELECT GRANTEE
       FROM EFFECTIVE_PRIVILEGE_GRANTEES
                     WHERE GRANTEE_TYPE = 'USER'
              AND PRIVILEGE = 'USER ADMIN'
              AND OBJECT_TYPE = 'SYSTEMPRIVILEGE'))
AND (USER_NAME IN (SELECT GRANTEE
       FROM EFFECTIVE_PRIVILEGE_GRANTEES
       WHERE GRANTEE_TYPE = 'USER'
              AND PRIVILEGE = 'ROLE ADMIN'
              AND OBJECT_TYPE = 'SYSTEMPRIVILEGE'))
```

Listing 9.30 Berechtigung zur Benutzer- und Rollenpflege

Listing 9.31 wertet die Berechtigungen zur Pflege der Einstellungen des Auditings und zum Löschen von Audit-Log-Einträgen aus. Benutzer mit der Berechtigung zur Konfiguration des Auditing sollten nicht die Möglichkeit besitzen, Protokolleinträge zu löschen, damit Manipulationen nicht verdeckt werden können.

```
SELECT *
FROM USERS
WHERE (USER_NAME IN (SELECT GRANTEE
       FROM EFFECTIVE_PRIVILEGE_GRANTEES
                    WHERE GRANTEE_TYPE = 'USER'
              AND PRIVILEGE = 'AUDIT ADMIN'
              AND OBJECT_TYPE = 'SYSTEMPRIVILEGE'))
AND (USER_NAME IN (SELECT GRANTEE
       FROM EFFECTIVE_PRIVILEGE_GRANTEES
       WHERE GRANTEE_TYPE = 'USER'
              AND PRIVILEGE = 'AUDIT OPERATOR'
              AND OBJECT_TYPE = 'SYSTEMPRIVILEGE'))
```

Listing 9.31 Berechtigung zur Auditing-Administration und zum Löschen von Auditing-Einträgen

Kapitel 10
Das Berechtigungskonzept von SAP S/4HANA

Was ist beim Umstieg von SAP ERP auf SAP S/4HANA berechtigungsseitig zu beachten? Welche Funktionen können weiterhin genutzt werden, welche sind obsolet? Wie werden SAP-Fiori-Apps berechtigt? Die Antworten auf diese Fragen finden Sie in diesem Kapitel.

Dieses Kapitel zeigt die Spezifika beim Einsatz von SAP S/4HANA. Sie umfassen neben den Berechtigungen in SAP HANA auch den direkten Zugriff auf SAP-HANA-Views und die speziellen Berechtigungen in SAP S/4HANA, insbesondere hinsichtlich SAP Fiori. In Abschnitt 10.1, »Wechsel von SAP ERP zu SAP S/4HANA«, gehe ich auf den Umstieg von SAP ERP auf SAP S/4HANA ein und erläutere die Compatibility Packs, die Simplification List und den SAP Fiori App Store. Auf die technische Sicherheit von SAP S/4HANA gehe ich in Abschnitt 10.2, »Technische Sicherheit in SAP S/4HANA«, ein. In Abschnitt 10.3, »Berechtigungen zur Ausführung von SAP-Fiori-Apps«, gebe ich dann einen Einblick in die Berechtigungen bei der Nutzung von SAP-Fiori-Apps.

10.1 Wechsel von SAP ERP zu SAP S/4HANA

Die Umstellung von SAP ERP auf SAP S/4HANA (*On-Premise* oder in der *HANA Enterprise Cloud*) stellt auch einen Umstieg auf eine neue Technologie dar. Für die Umstellung bietet SAP einen Readiness Check für SAP S/4HANA an (siehe SAP-Hinweise 2310438 und 2290622).

In SAP ERP werden zum größten Teil Transaktionen genutzt, entweder über das klassische SAP GUI oder das SAP GUI for Java/for HTML. Zwar werden auch in SAP ERP bereits Web-Dynpros genutzt, und auch Apps sind bereits verfügbar, die meisten Funktionen werden aber über die ABAP-Transaktionen ausgeführt.

Für neue Funktionen für SAP S/4HANA werden ABAP-Transaktionen nicht mehr genutzt. Sie werden über Apps zur Verfügung gestellt. Diese Apps werden über das Launchpad aufgerufen, nicht mehr über ein SAP GUI. Auf dem Launchpad werden die

Apps als Kacheln dargestellt. Grundsätzlich lassen sich drei Arten von Apps unterscheiden:

- *SAP-Fiori-Apps*

  Neue Funktionen werden als SAP-Fiori-Apps erstellt. SAP Fiori werden mit *SAPUI5* erstellt. SAPUI5 ist die Frontend-Technologie von SAP, die auf HTML5 und JavaScript basiert. SAP Fiori gibt dabei die Designrichtlinie vor, nach der die Apps zu entwickeln sind. Neben SAPUI5 gibt es auch die Open-Source-Variante *OpenUI5*, mit der Fiori-Apps entwickelt werden können. Fiori-Apps können so gestaltet werden, dass sie auch auf mobilen Geräten genutzt werden können (*Responsive Design*). Zu SAP S/4HANA Release 1809 gibt es ca. 2.000 SAP-Fiori-Apps.

  Man unterscheidet drei Arten von SAP-Fiori-Apps:

  - **Transaktionale Apps**
    Ausführen von Aktionen in den Geschäftsprozessen wie Anlegen, Ändern und Löschen
  - **Analytische Apps**
    Visualisierung komplexer Daten und Themen
  - **Objektseiten (Fact Sheets)**
    Informationen über Objekte inklusive kontextbezogener Navigation zwischen Objekten

- *SAP-Fiori-Legacy-Apps*

  SAP-Fiori-Legacy-Apps sind Apps im SAP-Fiori-Design, die aber nicht in SAPUI5 entwickelt wurden. Dies sind z. B. Apps basierend auf der Web-Dynpro-Technologie oder auf Transaktionen. Zu SAP S/4HANA Release 1809 gibt es ca. 8.000 SAP-Fiori-Legacy-Apps.

- *SAP-Fiori-Suche*

  Die SAP-Fiori-Suche ist in das Fiori Launchpad integriert. Es handelt sich um eine *Enterprise-Search-Funktion*. Das bedeutet, dass über alle Geschäftsprozesse und Anwendungen hinweg gesucht werden kann, z. B. nach Geschäftspartnern und Materialien.

Zu SAP S/4HANA Release 1809 gibt es ca. 2.000 SAP-Fiori-Apps. Für jedes Release existieren teilweise verschiedene Versionen der Apps. Die für die jeweiligen Release-Stände verfügbaren Apps werden Ihnen in der SAP Fiori Apps Reference Library aufgelistet (siehe Abschnitt 10.1.3, »SAP Fiori Apps Reference Library«).

10.1.1 Nicht mehr unterstützte Komponenten in SAP S/4HANA

SAP S/4HANA unterstützt nicht mehr alle Komponenten von SAP ERP. Der *SAP Readiness Check* für SAP S/4HANA zeigt auf, welche SAP-ERP-Komponenten durch welche

SAP-S/4HANA-Komponenten abgelöst werden (*Simplification Item Catalog*) und welche Komponenten nicht mehr unterstützt werden.

Der Großteil der nicht mehr unterstützten Komponenten ist im Kompatibilitätsmodus noch bis zum 31.12.2025 verfügbar. Eine Auflistung dieser Komponenten gibt die Kompatibilitätsumfangsmatrix (*Compatibility Scope Matrix*) wieder. Diese erhalten Sie als Anlage zum SAP-Hinweis 2269324. Hierin sind die *Compatibility Packs* aufgelistet, die die Funktionen zur Verfügung stellen und den Umstieg von SAP ERP auf SAP S/4HANA erleichtern. Da SAP S/4HANA offiziell nicht der Nachfolger von SAP ERP ist, sondern ein eigenständiges, neues Produkt, werden verschiedene Komponenten anders lizenziert.

Ein Beispiel für Compatibility Packs zeigt Abbildung 10.1. In SAP ERP sind hier SAP HCM sowie verschiedene *Industry Solutions* (IS) installiert. Da SAP HCM und einige Industry Solutions in SAP S/4HANA nicht mehr verfügbar sind, können diese nur noch als Compatibility Packs genutzt werden. Dies bedeutet, dass bis zum 31.12.2025 auf alternative Komponenten, wie SAP SuccessFactors, gewechselt werden muss.

10

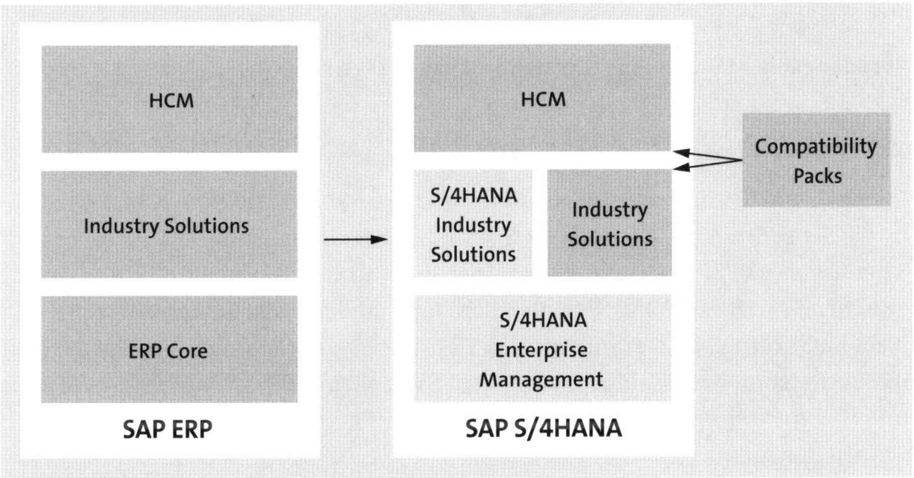

Abbildung 10.1 Compatibility Packs in SAP S/4HANA

Die Kompatibilitätsumfangsmatrix stellt den SAP-ERP-Komponenten die Compatibility Packs gegenüber. Zur Ablösung der Compatibility Packs nach dem 31.12.2025 trifft SAP in der Dokumentation zur Kompatibilitätsumfangsmatrix folgende Aussage (Datei **S4HANA Compatibility Packs Presentation.pdf**):

> *A new SAP S/4HANA solution may be developed and may be made available before the end of 2025. Either as part of SAP S/4HANA Enterprise Management or as a complete (or part of a) new SAP S/4HANA solution that would have to be separately licensed.*

Abbildung 10.2 zeigt einen Ausschnitt aus der Kompatibilitätsumfangsmatrix.

SAP S/4HANA Compatibility Scope Matrix (Expiration Date: December 31, 2025)

Material Codes	Classical Solutions Name	SAP S/4HANA Compatibility Pack Solutions*
Part 1: Universal Compatibility Packs		
7002928	SAP Payroll Processing for Non-profit Organizations	CP-SAP Payroll Processing for Non-profit Organizations
7009037	SAP EHS Management: product and REACH compliance	CP-SAP EHS Management: product and REACH compliance
7009233	SAP Remote Logistics Management for Oil&Gas	CP-SAP Remote Logistics Management for O&G
7009240a, b	SAP Merchandising for Retail	CP-SAP Merchandising for Retail-U**
7009814	SAP Financial Closing cockpit	CP-SAP Financial Closing cockpit
7010164	SAP Payment Engine	CP-SAP Payment Engine
7010170	SAP EHS Management, product safety	CP-SAP EHS Management, product safety
7011057	SAP Bank Communication Management, option for multisystem payment consolidation	CP-SAP Bank Communication Management, option for multisystem payment consolidation
7011091	SAP Common Area Maintenance Expense Recovery	CP-SAP Common Area Maintenance Expense Recovery
7012023	SAP Service Station Retailing for O&G	CP-SAP Service Station Retailing for O&G
7015835	SAP SAP Enterprise Integration for Work Manager mobile app	CP-SAP Enterprise Integration for Work Manager mobile app **
7016033	SAP Tax Classification and Reporting	CP-SAP Tax Classification and Reporting
7016118	SAP Enterprise Integration for Inventory Manager mobile app	CP-SAP Enterprise Integration for Inventory Manager mobile app **
7016733	Asset management for oil & gas	CP-Asset management for oil & gas
7017275	SAP Multiresource Scheduling	CP-SAP Multiresource Scheduling
7017276	SAP Multiresource Scheduling with Optimizer	

Abbildung 10.2 Auszug aus der Kompatibilitätsumfangsmatrix

10.1.2 Simplification List for SAP S/4HANA

Insbesondere für die Migration der Berechtigungen von SAP ERP nach SAP S/4HANA ist die *Simplification List for SAP S/4HANA* relevant. Diese ist für jedes On-Premise-Release von SAP S/4HANA verfügbar. Die Simplification List stellt die Unterschiede zwischen SAP ERP und SAP S/4HANA dar, insbesondere auch die unterstützten und nicht mehr verfügbaren Transaktionen. Des Weiteren werden auch die Unterschiede in den Datenmodellen aufgeführt. Dies ist vor allem relevant für die Analyse, ob unternehmenseigene Programme weiterhin genutzt werden können oder angepasst werden müssen.

Hier wird zu den Transaktionen aus SAP ERP dargestellt, ob sie obsolet sind, von anderen Transaktionen abgelöst oder durch SAP-Fiori-Apps ersetzt werden. Abbildung 10.3 zeigt einen Ausschnitt aus der Simplification List. Dargestellt werden die Transaktionen, die durch den S/4HANA Business Partner Approach abgelöst werden.

Hieraus ergeben sich die Änderungen an bestehenden Rollen. So gilt z. B. für Rollen, in denen Transaktionen aus der Abbildung 10.3 enthalten sind, Folgendes:

- Die Transaktionen müssen durch die Transaktion BP ersetzt werden.
- Alternativ kann auch die Legacy-App **BP** genutzt werden.
- Die Rollen sind zusätzlich um die Berechtigungsobjekte für die Pflege von Geschäftspartnern zu erweitern.

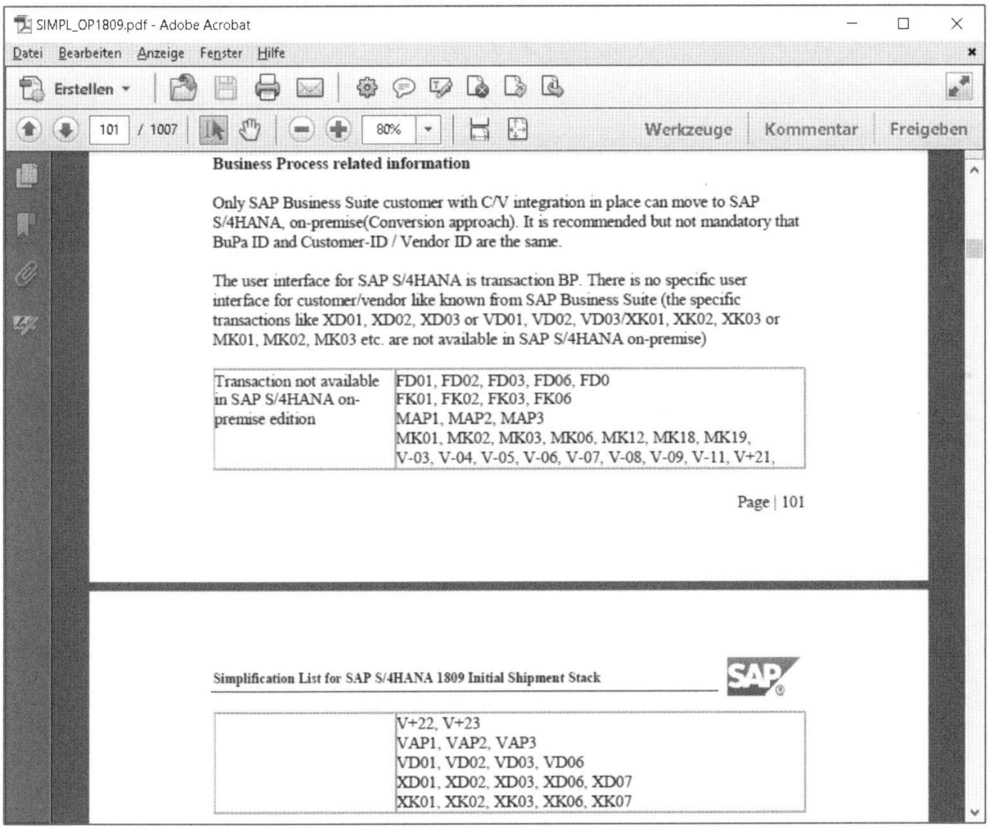

Business Process related information

Only SAP Business Suite customer with C/V integration in place can move to SAP S/4HANA, on-premise(Conversion approach). It is recommended but not mandatory that BuPa ID and Customer-ID / Vendor ID are the same.

The user interface for SAP S/4HANA is transaction BP. There is no specific user interface for customer/vendor like known from SAP Business Suite (the specific transactions like XD01, XD02, XD03 or VD01, VD02, VD03/XK01, XK02, XK03 or MK01, MK02, MK03 etc. are not available in SAP S/4HANA on-premise)

Transaction not available in SAP S/4HANA on-premise edition	FD01, FD02, FD03, FD06, FD0 FK01, FK02, FK03, FK06 MAP1, MAP2, MAP3 MK01, MK02, MK03, MK06, MK12, MK18, MK19, V-03, V-04, V-05, V-06, V-07, V-08, V-09, V-11, V+21,

Page | 101

Simplification List for SAP S/4HANA 1809 Initial Shipment Stack

	V+22, V+23 VAP1, VAP2, VAP3 VD01, VD02, VD03, VD06 XD01, XD02, XD03, XD06, XD07 XK01, XK02, XK03, XK06, XK07

Abbildung 10.3 Auszug aus der Simplification List for SAP S/4HANA

Welche Apps anstelle von Transaktionen genutzt werden können, wird in der Simplification List nicht vollständig dargestellt. Dies kann über den SAP Fiori App Store ermittelt werden (siehe Abschnitt 10.1.3, »SAP Fiori Apps Reference Library«). In der Simplification List wird aber aufgeführt, welche Transaktionen durch Fiori-Apps oder Web-Dynpros abgelöst werden.

Abbildung 10.4 zeigt eine tabellarische Aufstellung der Transaktionen der Simplification List. In der Spalte **Obsolet** ist am Eintrag **X** zu erkennen, dass diese Transaktionen nicht mehr unterstützt werden. In der Spalte **Funktion Neu** ist der Ersatz für die Transaktion aufgeführt, in der Spalte **Typ** der Typ (Transaktion, Web-Dynpro oder Fiori-App).

Nachfolgend sind einige Beispiele aus dem Bereich Financial aufgeführt, die unter Umständen tiefgreifende Auswirkungen auf das Berechtigungskonzept und die Eigenentwicklungen haben.

	A	B	C	D	E	F
1	Transaktion Alt	Transaktion Alt Bezeichnung	Funktion Neu	Typ	Bezeichnung	Obsolet
570	F.4A	Kred.Überf.Verz.: Buchen (ohne OP)	FINTAP	Transaktion	Postenverzinsung Kreditoren	
571	F.4B	Kred.Überf.Verz.: Buchen (mit OP)	FINTAP	Transaktion	Postenverzinsung Kreditoren	
572	F.4C	Kred.Überf.Verz.: ohne Buchungen	FINTAP	Transaktion	Postenverzinsung Kreditoren	
573	F_CZ_01	Report RFSUMB00 Tschechien				X
574	F_FR_01	Report RFSUMB00 Frankreich	FAGL_FR_03	Transaktion		
575	F_IT_01	Report RFSUMB00 Italien	FAGL_IT_01	Transaktion	FAGL_YEC_POSTINGS Italien	
576	F101	ABAP/4 Reporting: Bilanzkorrektur	FAGLF101	Transaktion	Rasterung/Umgliederung	
577	FA39	Report mit Reportvariante aufrufen	FINTAP	Transaktion	Postenverzinsung Kreditoren	
578	FAGL_FC_VAL	Fremdwährungsbewertung	FAGL_FCV	Transaktion	Fremdwährungsbewertung	
579	FAGL_PL_LC	Nummernkreispflege für Planbelege				X
580	FD01	Anlegen Debitor (Buchhaltung)	BP	Transaktion	Geschäftspartner bearbeiten	
581	FD02	Ändern Debitor (Buchhaltung)	BP	Transaktion	Geschäftspartner bearbeiten	
582	FD03	Anzeigen Debitor (Buchhaltung)	BP	Transaktion	Geschäftspartner bearbeiten	
583	FD05	Sperren Debitor (Buchhaltung)	BP	Transaktion	Geschäftspartner bearbeiten	
584	FD06	Löschvormerk. Debitor (Buchhaltung)	BP	Transaktion	Geschäftspartner bearbeiten	
585	FD08	Bestätigen Debitor-Einzeln (Buchh.)	BP	Transaktion	Geschäftspartner bearbeiten	
586	FD24	Kreditlimitänderungen				X
587	FD32	Debitor-Kreditmanagement ändern	UKM_BP	Transaktion	Geschäftspartner Kreditmanagement	
588	FF73	Bankkontenclearing	WDA_FCLM_BAM_HIERARC	WebDynpro		
589	FF74	Aufruf Kontenclearing mittels Report	WDA_FCLM_BAM_HIER_BP	WebDynpro		
590	FI01	Anlegen Bank	FCLM_BM_SRV 0001	Fiori App		
591	FI02	Ändern Bank	FCLM_BM_SRV 0001	Fiori App		
592	FI03	Anzeigen Bank	FCLM_BM_SRV 0001	Fiori App		
593	FI12	Ändern Hausbanken/Bankkonten	CB_SFIN_HOUSEBANK_ACC(	Fiori App		
594	FIBKRU_MO_MIGRATION					X

Abbildung 10.4 Tabellarische Darstellung der Simplification List

Speicherung von Buchhaltungsbelegen

In SAP ERP werden die Belegpositionen der Buchhaltungsbelege in der Tabelle BSEG gespeichert. Dazu existiert eine Vielzahl von Indextabellen, in denen die Buchhaltungsbelegdaten redundant gespeichert werden. In SAP S/4HANA werden die Belegdaten nicht mehr redundant gespeichert. Die Indextabellen wurden durch DDL-Views ersetzt (DDL = Data Definition Language). Tabelle 10.1 zeigt die SAP-ERP-Sekundärindex-Tabellen und die korrespondierenden SAP-S/4HANA-Views.

Tabelle SAP ERP	DDL-View SAP S/4HANA	DDL-Source	Beschreibung
BSAD	BSAD	BSAD_DDL	Buchhaltung: Sekundärindex für Debitoren (ausgegl. Posten)
BSAK	BSAK	BSAK_DDL	Buchhaltung: Sekundärindex für Kreditoren (ausgegl. Posten)
BSAS	BSAS	BSAS_DDL	Buchhaltung: Sekundärindex für Sachkonten (ausgegl. Posten)
BSID	BSID	BSID_DDL	Buchhaltung: Sekundärindex für Debitoren

Tabelle 10.1 SAP-ERP-Belegtabellen mit SAP-S/4HANA-View-Pendant

Tabelle SAP ERP	DDL-View SAP S/4HANA	DDL-Source	Beschreibung
BSIK	BSIK	BSIK_DDL	Buchhaltung: Sekundärindex für Kreditoren
BSIS	BSIS	BSIS_DDL	Buchhaltung: Sekundärindex für Sachkonten

Tabelle 10.1 SAP-ERP-Belegtabellen mit SAP-S/4HANA-View-Pendant (Forts.)

DDL-Views werden in der SAP HANA Entwicklungsumgebung in ABAP-DDL entwickelt. Im ABAP-Stack können diese Views zwar angezeigt, aber nicht geändert werden (mittels Transaktion SE11). Abbildung 10.5 zeigt das CREATE-Statement zum DDL-View BSAK. Die View basiert auf den Tabellen BKPF und BSEG und ist als Read-only-View definiert. Somit ist das Einfügen von Datensätzen nicht möglich.

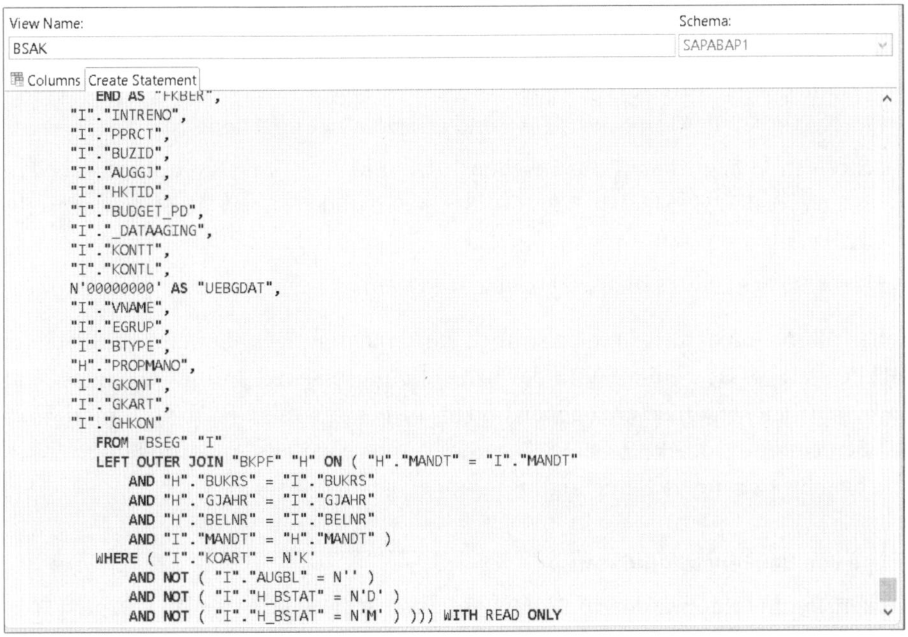

Abbildung 10.5 Create Statement zur DDL-View BSAK

Dies hat u. a. folgende Auswirkungen für das SAP-S/4HANA-Upgrade:

- Eigenentwicklungen müssen hinsichtlich ändernder Zugriffe überarbeitet werden (siehe SAP-Hinweis 1976487).
- Eigenerstellte Queries müssen eventuell angepasst werden.
- Eigenerstellte Views, die auf diese DDL-Views zugreifen, müssen angepasst werden (Nutzung von Views in Views wird nicht unterstützt).

Weiter hinten in diesem Abschnitt finden Sie Informationen dazu, wie Sie bei der Analyse für die Anpassung von Eigenentwicklungen vorgehen. Hierfür stellt SAP den *Custom Code Migration Guide for SAP S/4HANA* zur Verfügung.

Neues Universal Journal: Tabelle ACDOCA

Das neue Universal Journal ersetzt eine Vielzahl von Tabellen, die dann zu Kompatibilitätszwecken als Read-only-Views zur Verfügung gestellt werden. Hiermit wurde auch das Datenmodell grundlegend geändert. So werden z. B. Einträge aus der Tabelle `ANEK` (Belegkopf Anlagenbuchung) nun in den Tabellen `BKPF` und `ACDOCA` gespeichert. Die Folge ist u. a., dass nicht mehr für jeden Beleg in `BKPF` entsprechende Positionen in `BSEG` existieren. Dies hat u. a. folgende Auswirkungen für das SAP-S/4HANA-Upgrade:

- Eigenentwicklungen müssen hinsichtlich ändernder Zugriffe überarbeitet werden (siehe SAP-Hinweis 1976487). Direkte Änderungen der Tabellen sollten nicht vorgenommen werden. Änderungen erfolgen nur über Klassen, z. B. `CL_FINS_ACDOC_CHANGE` und `CL_FCO_COEP_UPDATE`.
- Schreibende Zugriffe auf die Tabellen `ANEA`, `ANEP`, `ANEK`, `ANLC`, `ANLP`, `CKMI1`, `FAGLFLEXT`, `FMGLFLEXT`, `PSGLFLEXT` und `JVGLFLEXT` sind ersatzlos zu entfernen.
- Schreibende Zugriffe auf die Tabellen `T012K` und `T012T` müssen auf die Tabellen `FCLM_BAM_AMD`, `FCLM_BAM_AMD_CUR`, `FCLM_BAM_AMT_T` und `FCLM_BAM_ACLINK2` umgestellt werden.
- Eigenerstellte Querys müssen angepasst werden.

Neben diesen Anpassungen müssen auch die Berechtigungen für den Zugriff auf die Tabellen angepasst werden. Wird das Berechtigungsobjekt `S_TABU_NAM` genutzt, sind die neuen Tabellen direkt anzugeben und die bisherigen Tabellen zu entfernen. Wird das Berechtigungsobjekt `S_TABU_DIS` genutzt, sind ebenfalls Änderungen erforderlich, da teilweise andere Berechtigungsgruppen genutzt werden.

Pflege von Bankenstammdaten

Bankenstammdaten werden in SAP ERP mit den Transaktionen FI01, FI02 und FI03 gepflegt und angezeigt. Diese Transaktionen werden in SAP S/4HANA nicht mehr unterstützt, sind aber aus Kompatibilitätsgründen noch verfügbar. Sie sind abgelöst durch die SAP-Fiori-App **Manage Banks**. Abbildung 10.6 zeigt die Oberfläche dieser App.

Dies hat u. a. folgende Auswirkungen für das SAP-S/4HANA-Upgrade:

- Die App **Manage Banks** muss installiert und konfiguriert werden.
- Die Rollen, in denen die Transaktionen FI01, FI02 und FI03 verwendet werden, sind hinsichtlich der Berechtigungen für die App anzupassen.

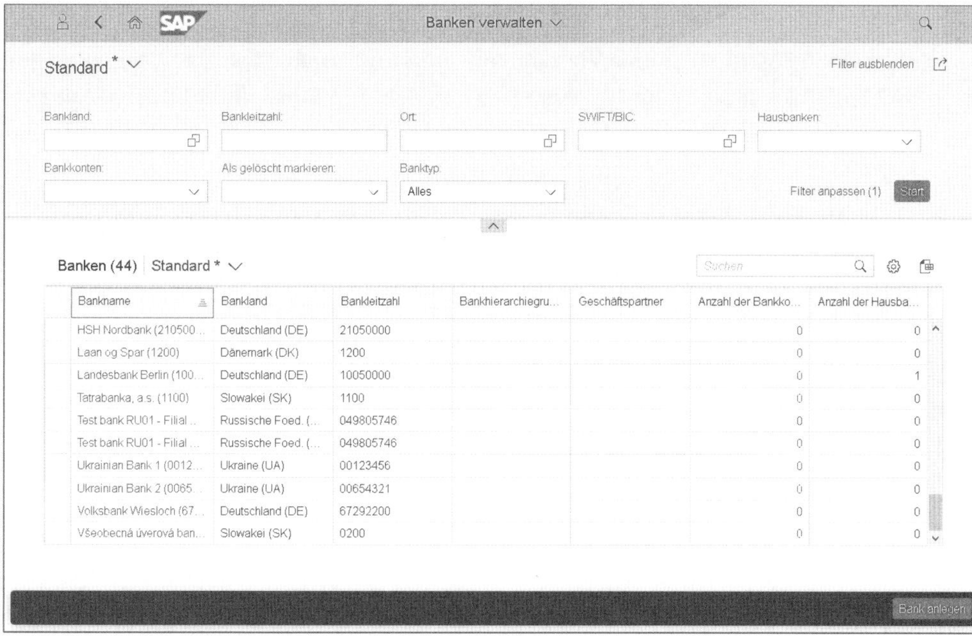

Abbildung 10.6 Die SAP-Fiori-App Manage Banks

Überarbeitung von Eigenentwicklungen gemäß Simplification List

Der *Custom Code Migration Guide for SAP S/4HANA*, der für jedes Release verfügbar ist, beschreibt, wie Eigenentwicklungen hinsichtlich der Änderungen in der Simplification List analysiert werden können. Dafür wird ein SAP-System (mindestens SAP NetWeaver 7.52) als *Central Check System* eingerichtet, in das eine Simplification-Datenbank importiert wird. Von diesem System aus können die Simplification-Checks remote auf den betreffenden SAP-ERP-Systemen ausgeführt werden. Tabelle 10.2 zeigt die wesentlichen SAP-Hinweise. Eine Beschreibung für die Vorgehensweise bei der Analyse gibt auch der Blog-Eintrag *https://blogs.sap.com/2017/02/15/sap-s4hana-system-conversion-custom-code-adaptation-process/*.

SAP-Hinweis	Langtext
2241080	SAP S/4HANA: Content zum Überprüfen von kundenspezifischem Quelltext
2190420	SAP S/4HANA: Empfehlungen zur Anpassung von benutzerdefiniertem Quelltext
2470540	Simplification Database Availability

Tabelle 10.2 SAP-Hinweise für die Custom Code Migration

10.1.3 SAP Fiori Apps Reference Library

Für SAP S/4HANA steht eine Vielzahl von Fiori- und Legacy-Apps zur Verfügung, für SAP S/4HANA 1809 ca. 10.000. Sie erreichen den App Store unter *https://fioriapps-library.hana.ondemand.com/*. Im Einstiegsbild (Abbildung 10.7) lassen Sie sich die Apps nach Kategorien sortiert anzeigen (siehe Tabelle 10.3).

Kategorie	Beschreibung
All Apps	alle SAP-Fiori- und SAP-Legacy-Apps für SAP S/4HANA und SAP ERP
All apps for SAP S/4HANA	alle SAP-Fiori- und SAP-Legacy-Apps für SAP S/4HANA
Fiori apps for SAP S/4HANA	alle SAP-Fiori-Apps für SAP S/4HANA
Fiori apps for SAP Business Suite	alle SAP-Fiori-Apps für SAP ERP

Tabelle 10.3 Kategorien im SAP Fiori App Store

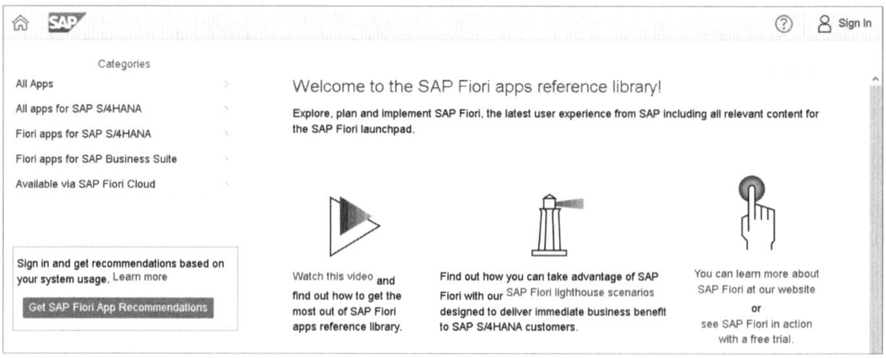

Abbildung 10.7 Einstiegsseite im SAP Fiori App Store

Zu den einzelnen Apps werden alle Eigenschaften dargestellt, die für den Einsatz relevant sind. Tabelle 10.4 zeigt die wesentlichen Eigenschaften, die sich teilweise auch auf die Art der Berechtigung auswirken. Abbildung 10.8 zeigt eine SAP-GUI-Legacy-App, Abbildung 10.9 eine SAP-Fiori-App.

Eigenschaft	Beschreibung
App ID	eindeutige ID der App
Application Type	Zeigt die Art der App an, z. B.: ▪ SAP GUI (SAP-GUI-Legacy-App) ▪ Web Dynpro ▪ Transactional (Fiori-App)

Tabelle 10.4 Eigenschaften der Apps im SAP Fiori App Store

Eigenschaft	Beschreibung
Important SAP Notes	Zeigt die zugehörigen SAP-Hinweise an.
Product Version	Zeigt an, für welche SAP-S/4HANA-Version die App verfügbar ist (wird für Frontend und Backend angezeigt).
Support Package Stack	Zeigt das SPS zur Version an (wird für Frontend und Backend angezeigt).
BusinessCatalogName	Zeigt die Kataloge an, in denen diese App enthalten ist.
RoleName	Zeigt die Rollen an, in denen diese App enthalten ist.
TechnicalCatalogName	die technischen Kataloge inklusive der Aliase
SAPUI5 Application/BSPName	technischer Name der App und der ICF-Pfad für die Service-Verwaltung, Transaktion SICF (nur für SAP-Fiori-Apps)
PrimaryODataServiceName	Name des OData Service, der auf dem Frontend aktiviert werden muss
WDAConfiguration	Name des WebDynpro (nur für WebDynpro-Legacy-Apps)
LeadingTransactionCodes	korrespondierende Transaktion

Tabelle 10.4 Eigenschaften der Apps im SAP Fiori App Store (Forts.)

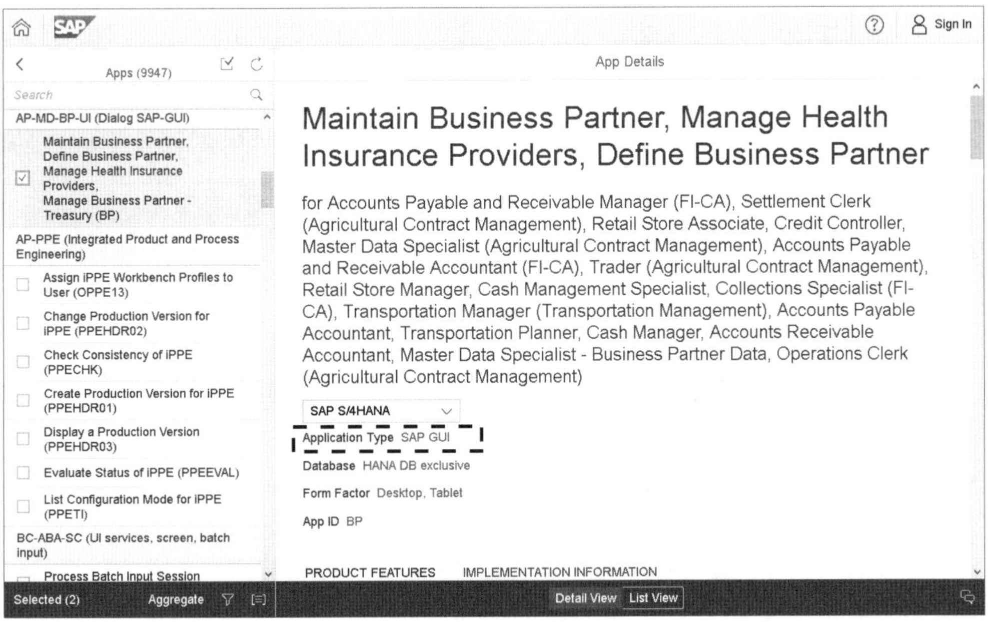

Abbildung 10.8 Eigenschaften einer SAP-GUI-Legacy-App

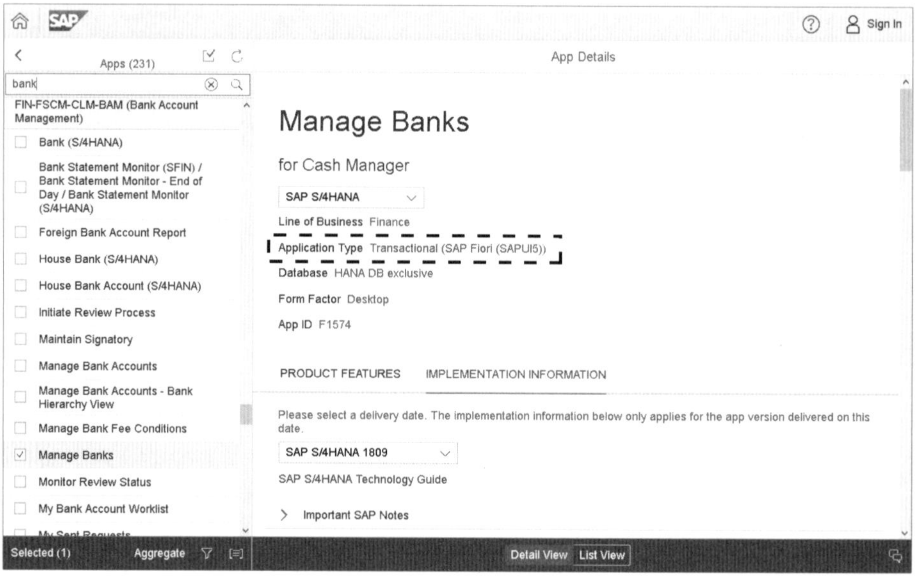

Abbildung 10.9 Eigenschaften einer SAP-Fiori-App

Die Apps inklusive sämtlicher Eigenschaften können im MS-Excel-Format heruntergeladen werden. Dies erleichtert die Auswahl, welche Apps eingesetzt werden sollen. Auch für Transaktionen, die nicht in der Simplification List aufgeführt werden, sind Apps verfügbar. Um die Liste der Apps zu exportieren, wählen Sie die zutreffende Kategorie aus, z. B. **All Apps for SAP S/4HANA • All Apps**. Klicken Sie im Ergebnisfenster unten auf die Schaltfläche **List View**. Die Apps werden in Listenform angezeigt, allerdings nicht mit allen Eigenschaften. Klicken Sie auf die Schaltfläche **Column display settings** (⚙), wählen Sie dort **Select all (4/27)** aus, und klicken Sie auf **OK**. Es werden alle Apps mit allen Eigenschaften angezeigt (siehe Abbildung 10.10). Klicken Sie unten rechts im Fenster auf die Schaltfläche **Download**. Die Tabelle wird nach Microsoft Excel exportiert (siehe Abbildung 10.11).

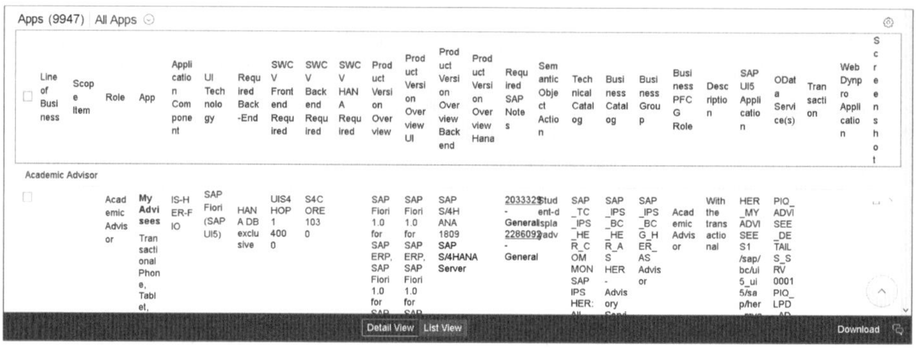

Abbildung 10.10 Darstellung aller App-Eigenschaften im SAP Fiori App Store

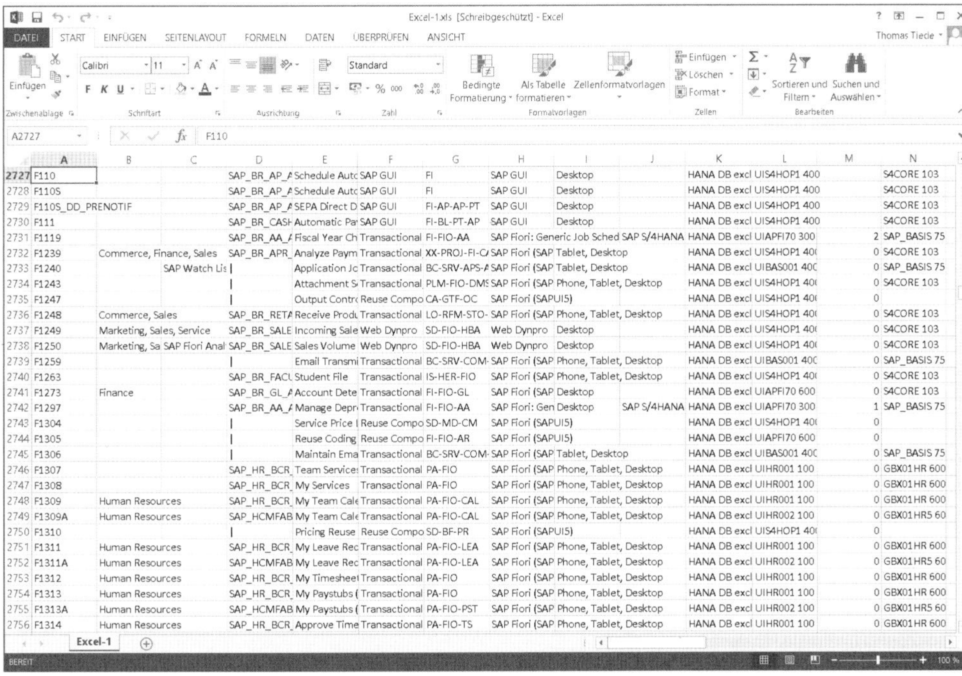

Abbildung 10.11 Liste aller Apps in MS Excel

Hierüber haben Sie die Möglichkeit, unabhängig vom SAP Readiness Check für SAP S/4HANA zu ermitteln, welche Apps Ihnen beim Upgrade auf SAP S/4HANA zur Verfügung stehen. Im Folgenden stelle ich Ihnen zwei Auswertungen vor.

10.1.4 Empfehlungen für SAP-Fiori-Apps in der SAP Fiori Apps Reference Library

In der SAP Fiori Apps Reference Library können Sie sich, basierend auf Ihrem Releasestand, Fiori-Apps auflisten lassen. Die Vorgehensweise hierbei ist folgende:

1. Sie erstellen eine Liste mit Transaktionen, zu denen Sie die Fiori-Apps ermitteln möchten. Dies können die genutzten Transaktionen aus der Nutzerstatistik sein oder Transaktionen, die aktuell in Ihren Rollen enthalten sind.
2. Sie ermitteln die Komponenten Ihres SAP-Systems und die Releasestände, sowohl im ABAP-Stack als auch in der SAP-HANA-Datenbank.
3. Sie laden diese Informationen in der SAP Fiori Apps Reference Library hoch.
4. Sie erhalten eine Liste mit empfohlenen SAP-Fiori-Apps, kategorisiert nach erforderlichen und optionalen Apps.

Die Vorgehensweise ist im SAP User Guide »SAP Fiori App Recommendations« beschrieben.

Auf der Einstiegsseite der SAP Fiori Apps Reference Library finden Sie die Schaltfläche **Get SAP Fiori App Recommendations**. Es ist die Anmeldung mit einem S-User erforderlich. Nach der Anmeldung können Sie zwischen zwei Optionen wählen:

- **Display existing analysis**
- **Create new analysis**

Wählen Sie **Create new analysis** aus, um eine neue Analyse zu erstellen, und klicken auf die Schaltfläche **Step 2**. Hier laden Sie die Liste der Transaktionen hoch, zu denen die Fiori-Apps ermittelt werden sollen. Um eine Liste aller genutzten Transaktionen zu erstellen, gehen Sie folgendermaßen vor:

1. Rufen Sie die Transaktion ST03 oder ST03N auf.
2. Wählen Sie **Systemlast • Total • Monat • <letzter voller Monat>** per Doppelklick aus. Der Bereich **Analysesichten** wird geöffnet.
3. Wählen Sie hier **Transaktionsprofil • Standard** aus. Klicken Sie mit der rechten Maustaste in die Ergebnistabelle, wählen Sie **Tabellenkalkulation** aus, und speichern Sie die Daten im MS-Excel-Format ab.
4. Löschen Sie in der MS-Excel-Datei alle Spalten bis auf **Report- oder Transaktionsname**, und speichern Sie die Datei im CSV-Format ab.

Laden Sie diese Liste hoch, indem Sie in **SAP Fiori App Recommendations** auf den Link **Upload new Profile** klicken. Geben Sie eine Bezeichnung für die Datei an (siehe Abbildung 10.12). Nach dem Upload gehen Sie zu **Step 3**.

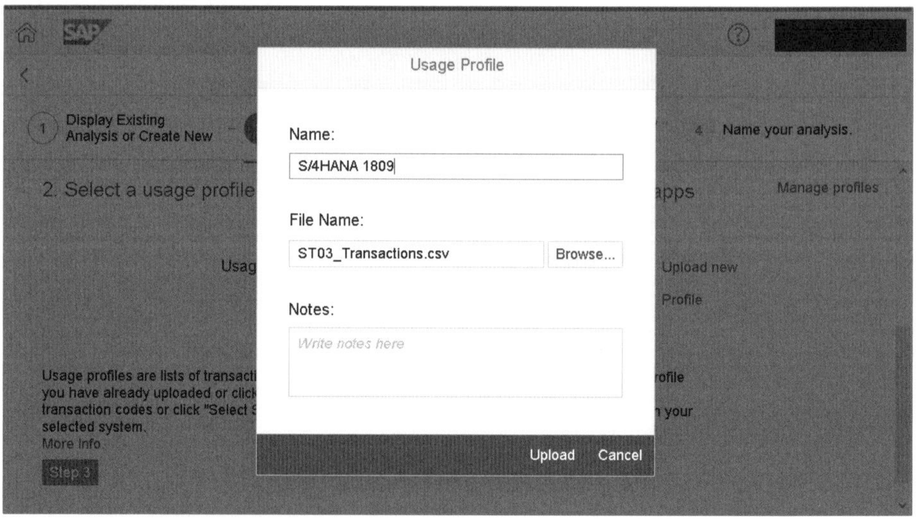

Abbildung 10.12 Hochladen einer Transaktionsliste

Im dritten Schritt geben Sie die Systeminformationen für das Frontend- und Backend-System an sowie für die SAP-HANA-Datenbank (siehe Abbildung 10.13). Für den Frontend- und Backend-Server ermitteln Sie die Informationen nun folgendermaßen:

1. Rufen Sie im jeweiligen System den Menüpunkt **[Mehr] • System • Status** auf, und klicken Sie auf die Schaltfläche **Produktversion Details**.
2. Klicken Sie im Register **Installierte Softwarekomponentenversionen** mit der rechten Maustaste in die Tabelle, und wählen Sie den Eintrag **Tabellenkalkulation** aus.
3. Speichern Sie die Datei im MS-Excel-Format. Löschen Sie in der Datei alle Spalten außer **Komponente**, **Release** und **SP-Level**, und speichern Sie die Datei als CSV-Datei ab.

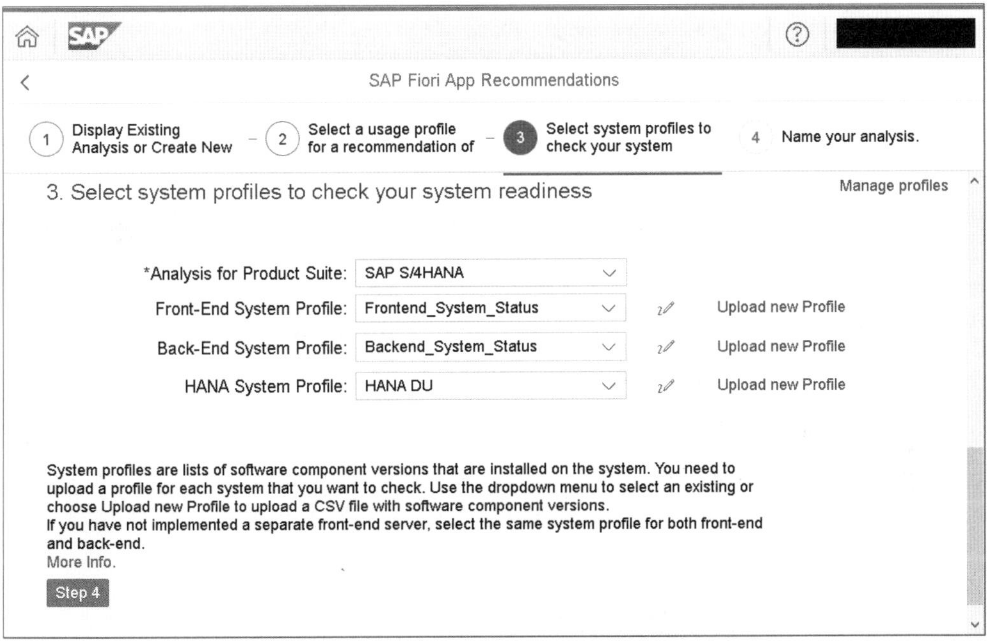

Abbildung 10.13 Systeminformationen hochladen

Um jetzt das Profil für SAP HANA zu erstellen, gehen Sie wie im Folgenden beschrieben vor:

1. Melden Sie sich in der Datenbank an, öffnen Sie einen SQL-Editor, und führen Sie folgendes Statement aus:

```
SELECT * FROM _SYS_REPO.DELIVERY_UNITS WHERE VENDOR = 'sap.com'
```

2. Klicken Sie über der Ergebnistabelle die rechte Maustaste, und wählen Sie **Export Result** aus. Die Datei wird im CSV-Format geschrieben.

Laden Sie die Dateien in **Step 3** jeweils mit dem Link **Upload new Profile** hoch, und gehen Sie zu **Step 4**.

In **Step 4** geben Sie einen Namen für die Analyse an (siehe Abbildung 10.14). Diese können Sie zu späteren Zeitpunkten wieder aufrufen. Klicken Sie auf die Schaltfläche **Get SAP Fiori App Recommendations**, um die Liste der Apps anzuzeigen (siehe Abbildung 10.15). In der Spalte **Relevance** wird die Relevanz angezeigt (siehe Tabelle 10.5). Mit der Schaltfläche **Download** speichern Sie das Ergebnis im MS-Excel-Format ab.

Relevanz	Beschreibung
■□□	Die App passt zu Komponenten, aus denen Transaktionen in der hochgeladenen Liste enthalten sind. Es gibt aber keine direkte Übereinstimmung.
■■□	Wie ■□□, allerdings ist die korrespondierende Transaktion in der Anwendungshierarchie höher.
■■■	Die App ersetzt direkt eine Transaktion aus der hochgeladenen Liste.

Tabelle 10.5 Relevanz der ermittelten Apps

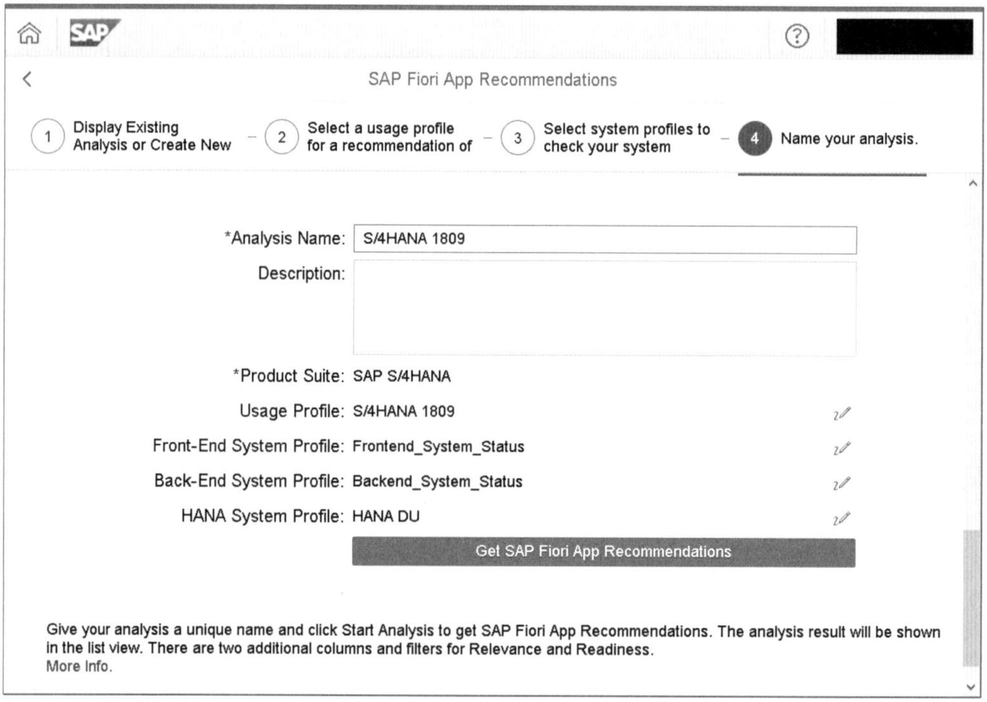

Abbildung 10.14 Erstellen der Empfehlungen

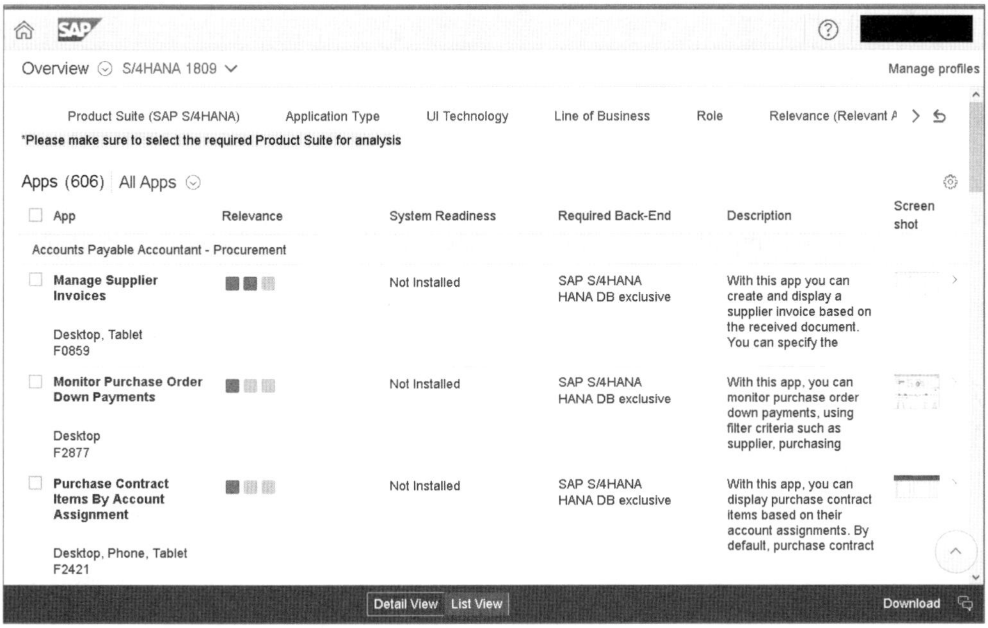

Abbildung 10.15 Anzeige der ermittelten Apps

10.1.5 Manuelle Auswertungen zu nutzbaren SAP-Fiori-Apps

In diesem Abschnitt stelle ich Ihnen vor, wie Sie Fiori-Apps basierend auf Ihrer Nutzerstatistik oder den in den Rollen enthaltenen Transaktionen tabellarisch ermitteln können. Dies kann auch ohne Anmeldung mit einem S-User erfolgen.

Liste aller Apps zu Transaktionen, die in SAP ERP ausgeführt wurden

Mit der Nutzerstatistik ist es möglich, alle in SAP ERP genutzten Transaktionen aufzulisten. Standardmäßig werden diese für drei Monate rückwirkend gespeichert. Die Nutzerstatistik kann mit der Transaktion ST03N ausgewertet werden. Allerdings ist es hiermit nicht möglich, die genutzten Transaktionen tabellarisch zu exportieren. Hierfür können Sie den Funktionsbaustein `SWNC_COLLECTOR_GET_AGGREGATES` nutzen. Das Aufrufen von Funktionsbausteinen sollte keine Standardberechtigung im Produktivsystem sein. Um diese Funktion nutzen zu können, sind daher spezielle Berechtigungen erforderlich. Der genannte Funktionsbaustein ist *remote-fähig*, kann also auch von einem anderen System aus im Produktivsystem aufgerufen werden.

Ein Funktionsbaustein wird standardmäßig mit der Transaktion SE37 aufgerufen. In der Selektionsmaske dieser Transaktion geben Sie folgende Werte ein:

- **COMPONENT:** TOTAL (= alle Informationen ausgeben)
- **ASSIGNDSYS:** <Name des SAP-Systems>

- **PERIODTYPE:**
  - M = Monat
  - W = Woche
  - D = Tag
- **PERIODSTART:** Startdatum

Eine Auswertung über einen längeren Zeitraum als einen Monat ist nicht möglich. Um mehrere Monate auszuwerten, müssen Sie den Funktionsbaustein mehrmals aufrufen.

Nach dem Ausführen des Funktionsbausteins werden die Ergebnisse in den Ergebnistabellen vorgehalten. Klicken Sie ein Tabellensymbol (▦) an, wird das Ergebnis angezeigt. Um sich die aufgerufenen Transaktionen und Reports anzeigen zu lassen, wählen Sie den Eintrag **USERTCODE** (Liste der aufgerufenen Transaktionen und Reports der Benutzer im aktuellen Mandanten) oder **MEMORY** (Liste der aufgerufenen Transaktionen und Reports der Benutzer in allen Mandanten) aus. Das Ergebnis, für das Sie ein Beispiel in Abbildung 10.16 sehen, können Sie über den Menüpunkt **System • Liste • Sichern • Lokale Datei** abspeichern und mit anderen Programmen auswerten.

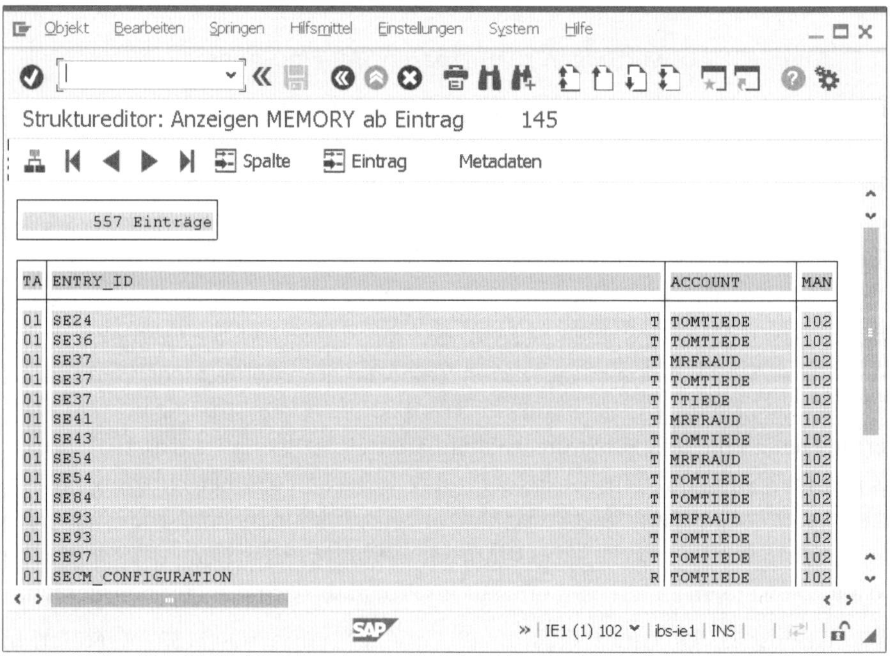

Abbildung 10.16 Anzeige aller Benutzer mit allen aufgerufenen Transaktionen

Im Feld **ENTRY_ID** werden die Transaktionen aufgelistet, die aufgerufen wurden. Es handelt sich dabei um ein 73 Zeichen langes Textfeld, in dem im letzten Zeichen noch der Typ ausgegeben wird (**R** = Report, **T** = Transaktion). Um nur den Transaktionsnamen auszufiltern, kann in MS Excel oder MS Access folgende Funktion genutzt werden:

```
Links( [ENTRY_ID];InStr [ENTRY_ID];" ")-1)
```

Das Ergebnis kann nun mit dem Feld `LeadingTransactionCodes` der Liste aus dem SAP Fiori App Store verknüpft werden. In folgendem SQL-Statement hat die Tabelle aus der Nutzerstatistik den Namen `ERP_ST03N`, die Tabellen der Apps aus dem SAP Fiori App Store den Namen `S4HANA_1809_FioriApps`.

```
SELECT S4HANA_1809_FioriApps.* FROM S4HANA_1809_FioriApps INNER JOIN ERP_
ST03N ON S4HANA_1809_FioriApps.LeadingTransactionCodes = ERP_ST03N.TRANSACTION
```


Das Ergebnis ist eine Liste aller Apps, die für genutzte Transaktionen verfügbar sind. Eine weitere Möglichkeit der Auswertung ist die Selektion aller genutzten Transaktionen, für die keine Apps verfügbar sind. Hierfür müssen die beiden Tabellen mit einem `LEFT JOIN` miteinander verknüpft und nur die Datensätze gruppiert angezeigt werden, die in der Tabelle der Apps aus dem SAP Fiori App Store nicht enthalten sind (siehe Listing 10.1).

```
SELECT ERP_ST03N.TRANSACTION FROM ERP_ST03N LEFT JOIN S4HANA_1809_
FioriApps ON ERP_ST03N.TRANSACTION = S4HANA_1809_
FioriApps.LeadingTransactionCodes
GROUP BY ERP_ST03N.TRANSACTION, S4HANA_1809_
FioriApps.LeadingTransactionCodes, Right([ENTRY_ID],1) HAVING (((S4HANA_1809_
FioriApps.LeadingTransactionCodes) Is Null) AND ((Right([ENTRY_ID],1))="T"))
```

Listing 10.1 Auflistung aller genutzten Transaktionen, für die keine Apps verfügbar sind

Liste aller Apps zu Transaktionen, die in Rollen enthalten sind

Die Liste aller Transaktionen, die in Rollen enthalten sind, erhalten Sie über die Tabelle `AGR_1251`. Rufen Sie die Tabelle mit der Transaktion SE16 auf, und geben Sie in der Selektionsmaske die Werte gemäß Abbildung 10.17 ein (im Feld **Rolle** geben Sie die Namenskonvention für Ihre Rollen ein, hier als Beispiel `Z*`). Ihnen werden alle Rollen mit allen Transaktionen angezeigt.

Das Ergebnis speichern Sie ab und verknüpfen es mit den Apps aus dem SAP Fiori App Store. In folgendem SQL-Statement hat die Tabelle der Transaktionen in Rollen den Namen `ERP_AGR_1251`, die Tabelle der Apps aus dem Fiori App Store den Namen `S4HANA_1809_FioriApps`.

```
SELECT S4HANA_1809_FioriApps.* FROM S4HANA_1809_FioriApps
INNER JOIN ERP_AGR_1251 ON S4HANA_1809_FioriApps.LeadingTransactionCodes =
 ERP_AGR_1251.Berechtigungswert;
```

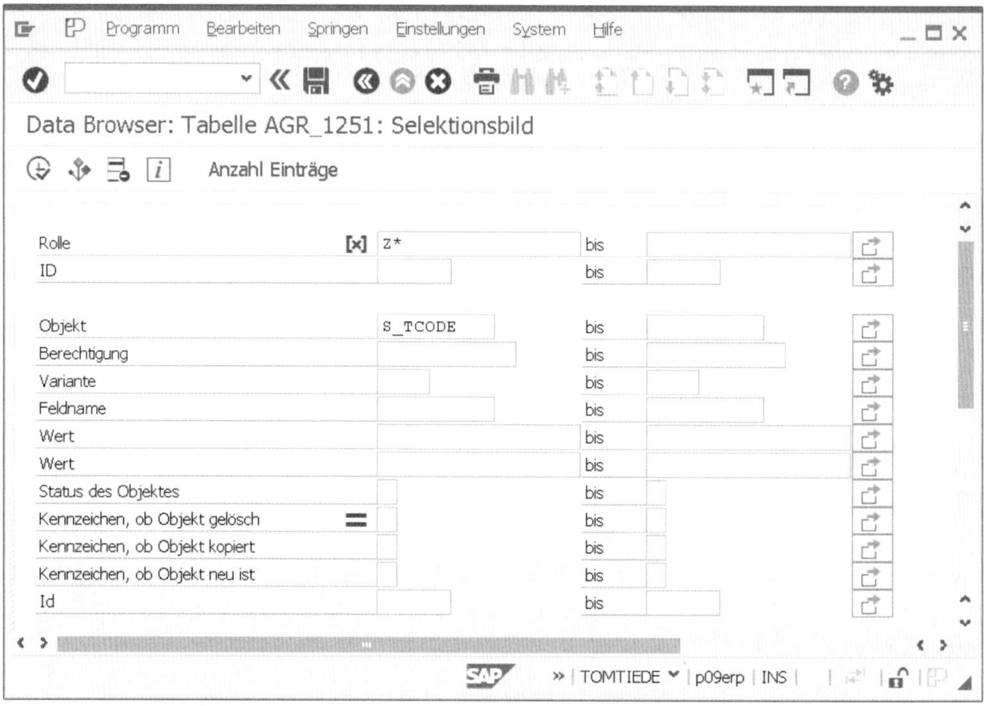

Abbildung 10.17 Selektion aller Rollen mit enthaltenen Transaktionen

Das Ergebnis ist eine Liste aller Apps, die für die in den Rollen enthaltenen Transaktionen verfügbar sind. Eine weitere Möglichkeit der Auswertung ist die Selektion aller Transaktionen in Rollen, für die keine Apps verfügbar sind. Hierfür müssen die beiden Tabellen mit einem `LEFT JOIN` miteinander verknüpft und nur die Datensätze gruppiert angezeigt werden, die in der Tabelle der Apps aus dem Fiori App Store nicht enthalten sind (siehe Listing 10.2).

```
SELECT ERP_AGR_1251.Berechtigungswert
FROM ERP_AGR_1251 LEFT JOIN S4HANA_1809_FioriApps ON ERP_AGR_
1251.Berechtigungswert = S4HANA_1809_FioriApps.LeadingTransactionCodes
WHERE (((S4HANA_1809_FioriApps.LeadingTransactionCodes) Is Null))
GROUP BY ERP_AGR_1251.Berechtigungswert;
```

Listing 10.2 Auswertung aller Transaktionen in Rollen, für die keine Apps verfügbar sind

10.2 Technische Sicherheit in SAP S/4HANA

Die technische Basis von SAP S/4HANA ist der SAP NetWeaver. Es gelten somit dieselben Sicherheitsanforderungen wie in allen anderen SAP-Systemen, die auf SAP NetWeaver basieren, wie z. B. SAP ERP. Die Sicherheit von SAP NetWeaver beschreibe ich in meinem Buch »Sicherheit und Prüfung von SAP-Systemen« (Rheinwerk Verlag 2018). In diesem Abschnitt gehe ich auf die Besonderheiten ein, die beim Einsatz von SAP S/4HANA zu beachten sind.

SAP Fiori Apps werden über das *SAP Fiori Launchpad* aufgerufen. Die Anmeldung des Benutzers erfolgt direkt über das Launchpad. Auf dem Launchpad werden den Benutzern die ihnen zugeteilten Apps als Kacheln dargestellt. Abbildung 10.18 zeigt die Oberfläche des Launchpads. Im linken Bereich hat der Benutzer die Möglichkeit, das Launchpad individuell für sich zu gestalten. So können z. B. das Layout und die App-Anordnung geändert werden.

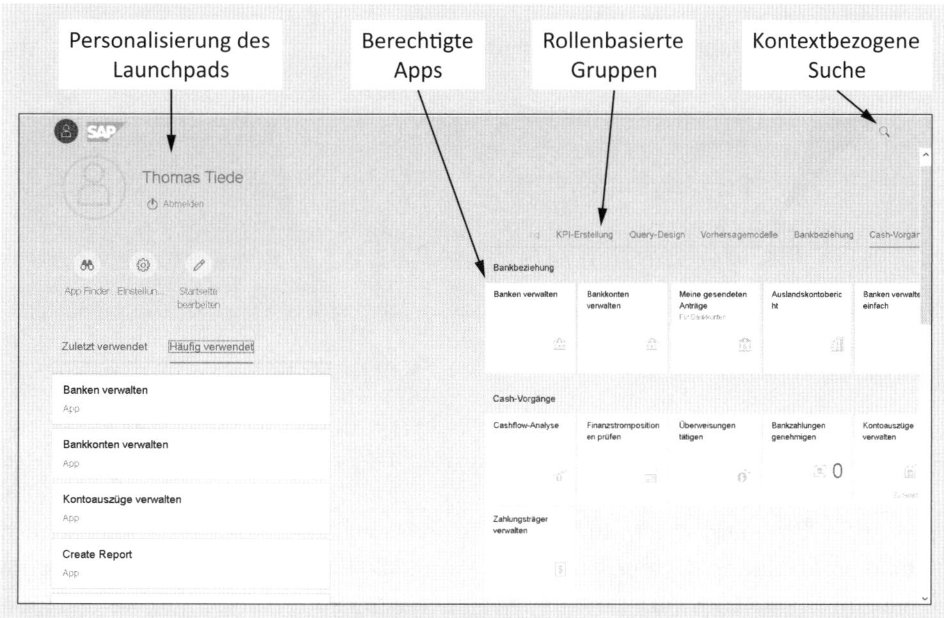

Abbildung 10.18 Oberfläche des SAP Fiori Launchpads

Vom SAP Fiori Launchpad aus greift der Benutzer nicht auf das SAP-S/4HANA-System zu. Die SAP-Fiori-Systemlandschaft ist so aufgebaut, dass vor dem SAP-S/4HANA-System ein *Frontend-Server* errichtet wird – SAP NetWeaver, basierend auf einer beliebigen Datenbank. Das SAP Fiori Launchpad greift auf diesen Frontend-Server zu. Hier sind die Benutzer eingerichtet, und hier findet die Authentifizierung statt. Auf dem Frontend-Server werden dem Benutzer die Berechtigungen für die Apps zugeordnet. Die eigentlichen Geschäftsprozesse laufen in SAP S/4HANA, das als Backend-System fungiert. Auch im *Backend-System* sind die Benutzerkonten angelegt, mit identischem Namen wie im Frontend. Beide Systeme sind über *Trusted RFC* miteinander verbunden. Eine explizite Authentifizierung des Benutzers an das SAP-S/4HANA-Backend ist nicht erforderlich. Abbildung 10.19 zeigt den Aufbau einer SAP-Fiori-Systemlandschaft.

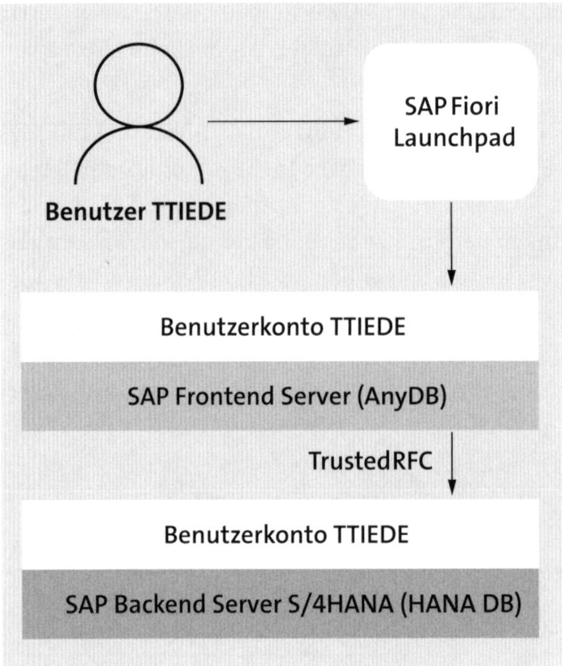

Abbildung 10.19 SAP-Fiori-Systemlandschaft

Die Trennung von Frontend- und Backend-Server bringt Sicherheitsaspekte bezüglich der Absicherung der RFC-Berechtigungen und des Trusted RFC mit sich. *Trusted Systems* sind SAP-Systeme, die sich gegenseitig vertrauen. Dies bedeutet, dass Zugriffe von einem System auf das andere ohne explizite Authentifizierung möglich sind. In Abbildung 10.20 bedeutet dies: Vom SAP-Fiori-Frontend aus können Aktionen im SAP-S/4HANA-Backend ohne explizite Anmeldung ausgeführt werden (notwendige Berechtigungen vorausgesetzt).

Damit ein Benutzer aus einem anderen System heraus über die Trusted-Funktionalität genutzt werden kann, muss er über eine Berechtigung auf dem Objekt S_RFCACL verfügen. Diese Berechtigung ist standardmäßig nicht im sonst sehr umfassenden Sammelprofil SAP_ALL enthalten. Ob dieses Objekt in SAP_ALL automatisch generiert wird, wird über den Schalter ADD_S_RFCACL in der Tabelle PRGN_CUST gesetzt. Der Schalter kann zwei Werte enthalten:

- **NO:** S_RFCACL wird nicht automatisch in SAP_ALL mit generiert (Default).
- **YES:** S_RFCACL wird automatisch in SAP_ALL mit generiert.

Aus Sicherheitsgründen sollte dieser Schalter den Wert **NO** enthalten bzw. nicht in der Tabelle PRGN_CUST enthalten sein (in dem Fall ist der Default-Wert **NO** gesetzt).

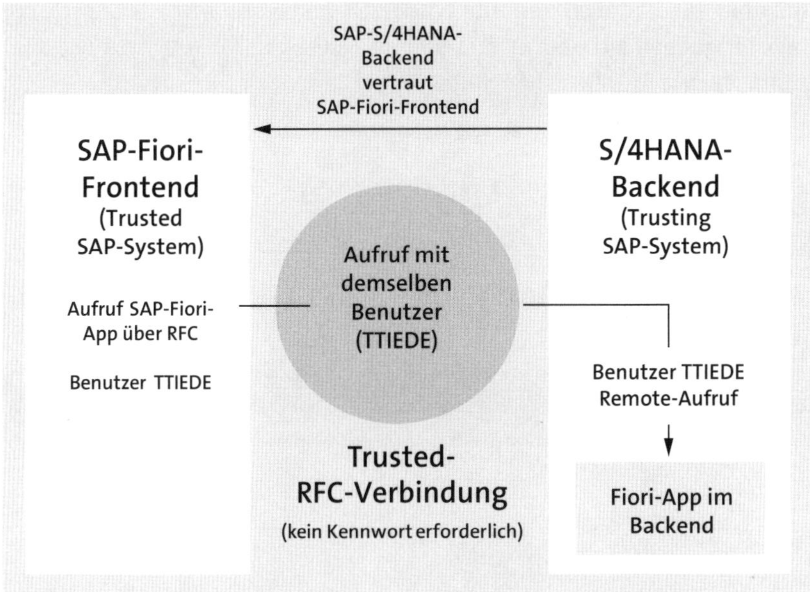

Abbildung 10.20 Vertrauensbeziehung zwischen Frontend und Backend

Die in Abbildung 10.21 dargestellte Berechtigung zeigt Folgendes an:

- Nur Aufrufe aus dem System IE1 sind gültig (Feld System-Id = IE1).
- Eine Nutzung ist nur jeweils mit derselben Benutzerkennung möglich (Feld RFC gleiche Benutzerkennung = Y).

Diese Berechtigung wird im SAP-S/4HANA Backend-System angelegt, das Frontend-System ist in diesem Fall IE1. Verfügt ein Benutzer im Backend über diese Berechtigung, kann aus dem Frontend die Trusted-Verbindung nur von demselben Benutzer mit identischer Kennung aufgerufen werden.

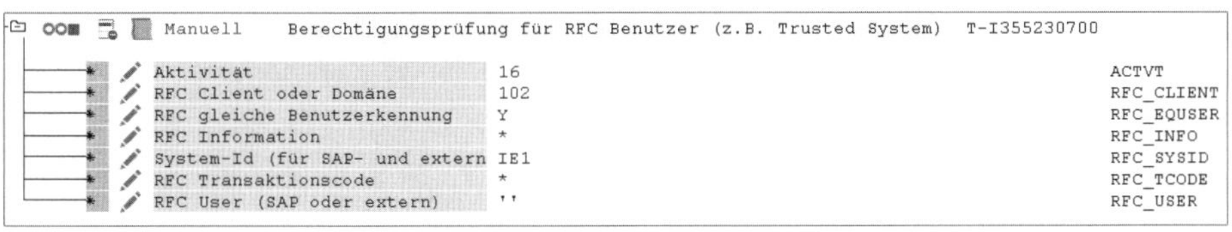

Abbildung 10.21 Berechtigung auf Objekt S_RFCACL (unkritisch)

Bei der Berechtigung in Abbildung 10.22 kann der Benutzer, dem diese Berechtigung im Backend zugeordnet ist, grundsätzlich durch jeden Benutzer aus dem Frontend (IE1) genutzt werden, wodurch diese Berechtigung als äußerst kritisch einzustufen ist. Wenn eine kritische Berechtigung dieser Art vorliegt, so könnte im Backend eine RFC-Verbindung definiert werden, in welcher z. B. der Benutzername TOMTIEDE fest hinterlegt wird. Somit könnte jeder Benutzer im Frontend, der diese RFC-Verbindung nutzen kann, unter der Benutzerkennung TOMTIEDE im Backend arbeiten, also anonym. Die Berechtigungen auf dem Objekt S_RFCACL sind im SAP-S/4HANA-Backend somit auszuprägen, wie in Tabelle 10.6 aufgeführt.

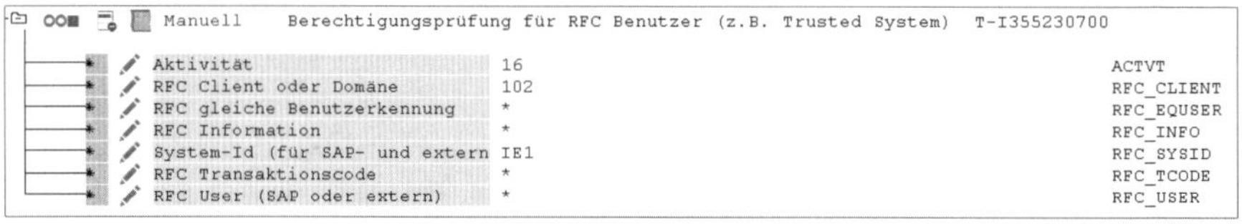

Abbildung 10.22 Berechtigung auf Objekt S_RFCACL (kritisch)

Berechtigungsobjekt	Feld	Wert
S_RFCACL	ACTVT *Aktivität*	16 (*Ausführen*)
	RFC_EQUSER *gleiche Benutzerkennung*	Y
	RFC_SYSID *System-Id*	< *SID des Frontend* >
	RFC_USER *RFC User*	BLANK

Tabelle 10.6 Ausprägung von S_RFCACL im Backend-System

Neben der Trennung von Frontend und Backend ist es auch möglich, die Frontend-Komponenten auf dem Backend-System zu installieren. Das hat den Vorteil, dass kein zusätzliches SAP-System erforderlich ist und damit sowohl die Benutzerverwaltung und auch die Absicherung erleichtert wird. Allerdings hat diese Variante auch Nachteile:

- Upgrades von Add-ons, die auf dem Frontend-Server in kurzen Abständen installiert werden können, müssen auf einem Backend in größeren Abständen eingeplant werden.
- Für Änderungen am UI sind Entwicklungsberechtigungen auf dem Backend erforderlich.
- Die Sicherheit des Backend wird verbessert, wenn keine direkten Zugriffe darauf erfolgen. Bei einem integriertem Frontend-/Backend-System erfolgen Benutzeranmeldungen direkt auf dem System.
- Für den Einsatz mehrerer Backend-Systeme muss auf jedem System das SAP Gateway individuell konfiguriert werden.
- Die Berechtigungsrollen sollten trotzdem in Frontend- und Backend-Rollen aufgeteilt werden, um eine spätere Systemtrennung zu ermöglichen.

Der Vorteil dieser Variante liegt darin, dass die Apps speziell für dieses System in der jeweils verfügbaren Version installiert werden. Werden an einen Frontend-Server mehrere Systeme verschiedener Release-Stände angebunden, kann die Installation verschiedener App-Versionen auf diesem Frontend-Server zu Problemen führen.

10.3 Berechtigungen zur Ausführung von SAP-Fiori-Apps

Klassische Transaktionsberechtigungen werden in einer Rolle mit den zugehörigen Geschäftsprozessberechtigungen zusammengefasst. Beim Einsatz von SAP Fiori ändert sich diese Systematik. Auf dem Frontend-System werden den Benutzern die Berechtigungen für die Apps zugeordnet, die sie ausführen sollen. Die eigentlichen Berechtigungen für die Geschäftsprozesse, wie die Aktivitäten und die Berechtigungen auf Organisationseinheiten, werden im Backend zugeordnet. Abbildung 10.23 zeigt die SAP-Fiori-Systemlandschaft. Das SAP Fiori Launchpad ist der zentrale Einstiegspunkt für die Benutzer. Je nach App-Art werden verschiedene Berechtigungen benötigt. Die SAP-Fiori-Apps werden über das *OData-Protokoll* berechtigt, die Legacy-Apps klassisch wie Transaktionen bzw. Web-Dynpros. Dies wird in den nachfolgenden Abschnitten erläutert.

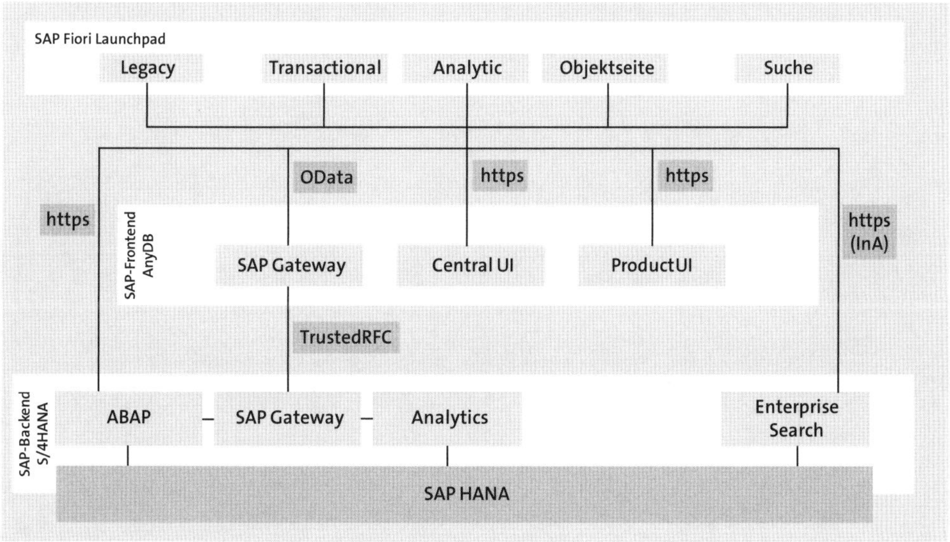

Abbildung 10.23 SAP-Fiori-Systemlandschaft

10.3.1 Berechtigungen für das SAP Fiori Launchpad

Im SAP Fiori Launchpad werden dem Benutzer die Funktionen angezeigt, für die er über Rollen im Frontend-System berechtigt wurde. In die Frontend-Rollen werden zwei Elemente integriert:

- *Kachelgruppen*: Enthalten Kacheln, die dann auf dem SAP Fiori Launchpad dem Benutzer in der Gruppe angezeigt werden.
- *Kachelkataloge*: Enthalten die Definition der Kacheln wie Titel, Untertitel, Symbol etc. Des Weiteren enthalten sie die Zielzuordnung, welche auf die Implementierung der SAP-Fiori-App verweist. Damit wird über den Kachelkatalog auch die Startberechtigung für die App vergeben.

Kachelgruppen und Kachelkataloge werden mit dem SAP Fiori Launchpad Designer definiert. SAP liefert bereits eine Vielzahl von Kachelgruppen und -katalogen samt zugehöriger Rollen aus. Zu jeder App werden im SAP Fiori App Store die Rollen angegeben, in denen sie enthalten ist. Diese Rollen können als Vorlage für eigene Rollen genutzt werden.

Abbildung 10.24 zeigt die Gruppe **Bankbeziehung** (technischer Name: `SAP_SFIN_BCG_BANK_REL`). In ihr sind mehrere Apps enthalten. Diese Gruppe wird in Rollen im Frontend berechtigt. Dadurch wird dem Benutzer im SAP Fiori Launchpad die Gruppe mit ihren Kacheln angezeigt (siehe Abbildung 10.25).

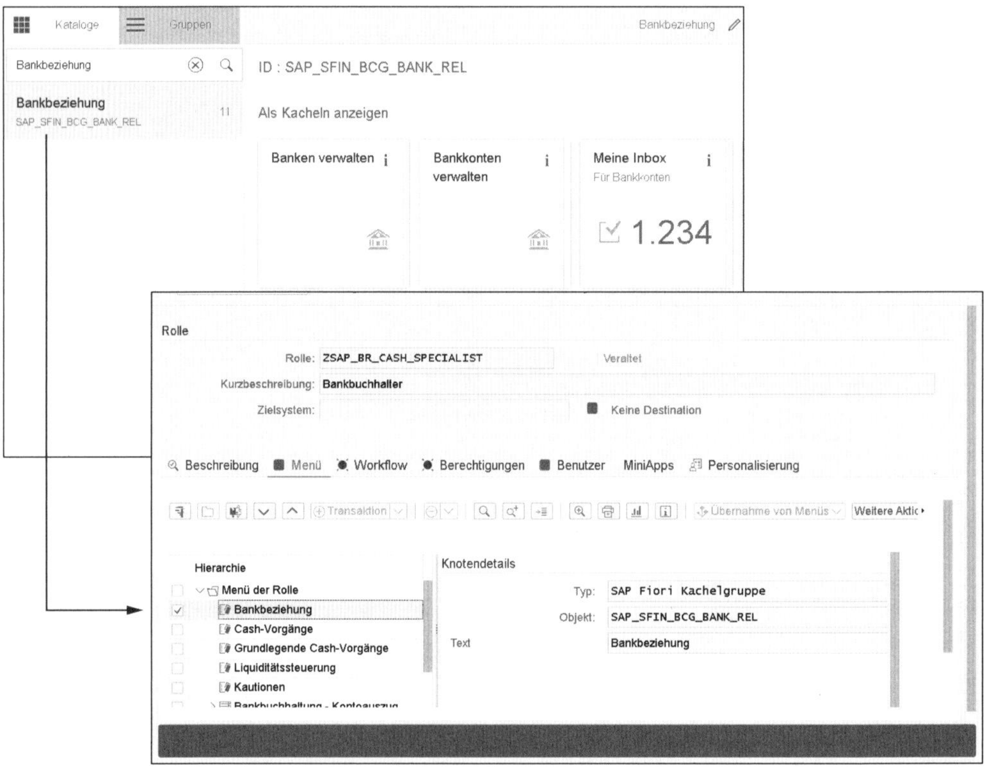

Abbildung 10.24 SAP Fiori Launchpad Designer

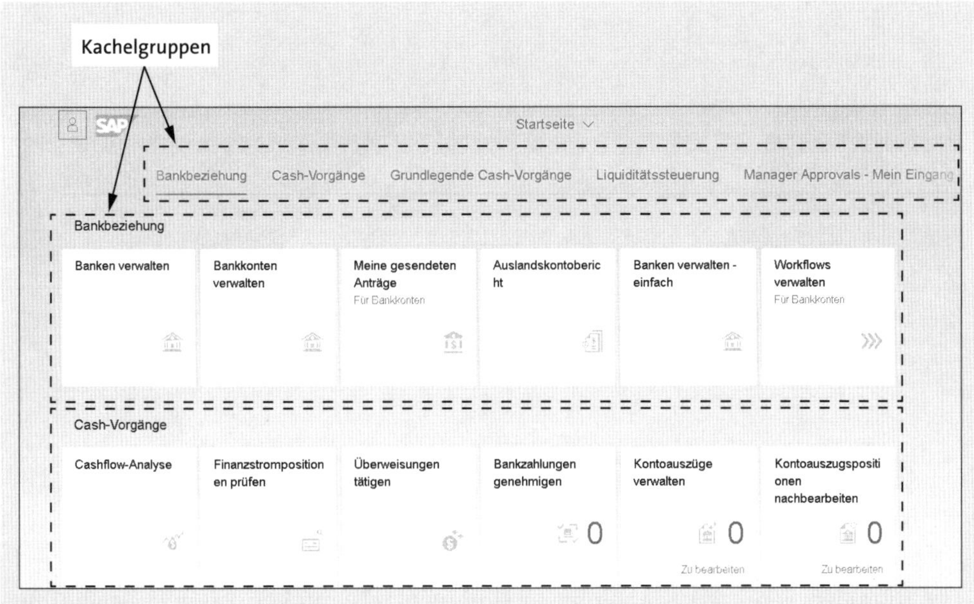

Abbildung 10.25 Gruppen im SAP Fiori Launchpad

Zusätzlich werden die Kachelkataloge benötigt, die die Definitionen der Apps enthalten und über die die Berechtigungen in den Rollen generiert werden. Welche Kataloge die App-Definitionen enthalten, kann in den Gruppen zu jeder einzelnen Kachel angezeigt werden. In Abbildung 10.26 ist abzulesen, dass für die App **Banken verwalten** in der Gruppe **Bankbeziehung** der zugehörige Katalog die ID SAP_SFIN_BC_CM_BAM_BASIC hat. Durch Anklicken lassen Sie sich diesen Katalog anzeigen (siehe Abbildung 10.27).

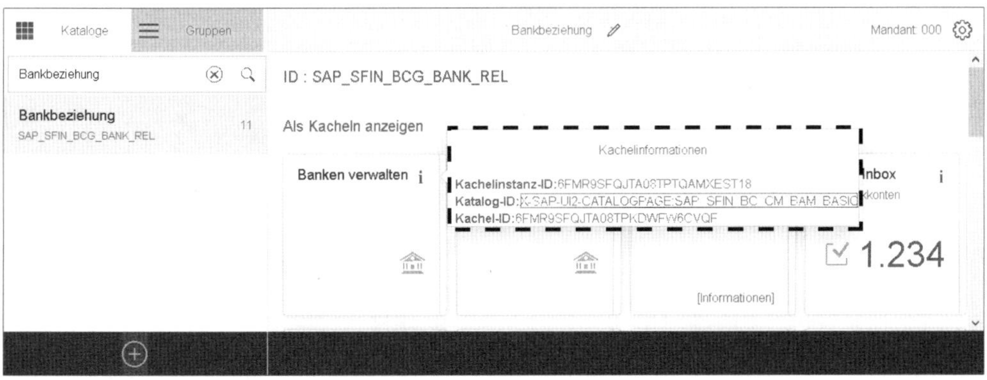

Abbildung 10.26 Anzeige des Katalogs zu einer App

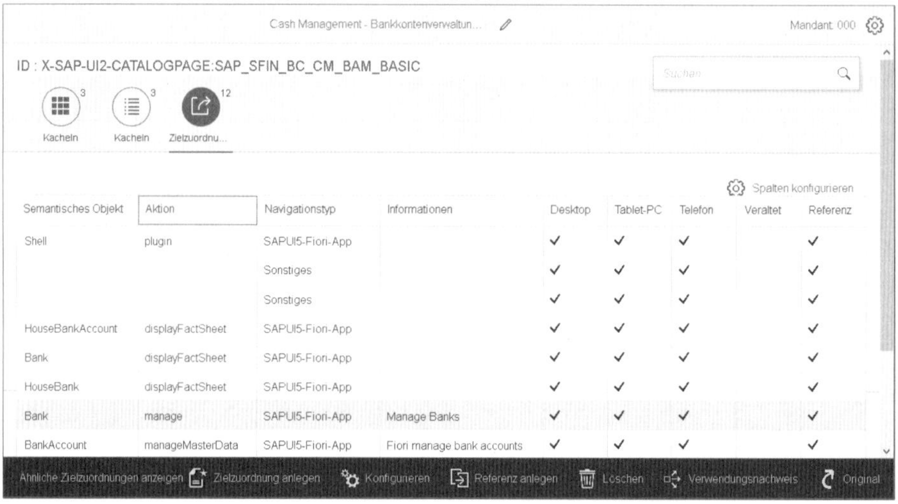

Abbildung 10.27 Anzeige eines Katalogs im SAP Fiori Launchpad Designer

Um einem Benutzer die Apps im SAP Fiori Launchpad zur Verfügung zu stellen, müssen somit Gruppen und Kataloge zugeordnet werden. Abbildung 10.28 zeigt eine Rolle, in der die Gruppe **Bankbeziehung** (![icon]) und der Katalog **Cash Management – Bankkontenverwaltung grundlegende Funktionen** (![icon]) enthalten ist. Der Katalog wiederum enthält die einzelnen Apps, aus denen dann auch die Berechtigungen generiert werden.

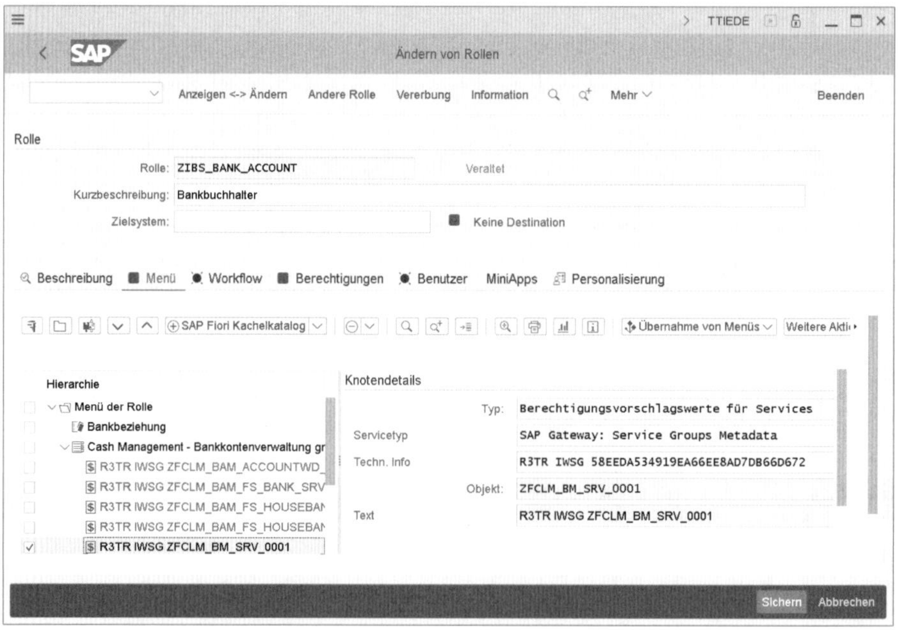

Abbildung 10.28 Rolle mit Kachelgruppe und -katalog

Das Launchpad und der Launchpad Designer können über folgende Transaktionen aufgerufen werden:

- Transaktion /UI2/FLP – SAP Fiori Launchpad
- Transaktion /UI2/FLPD_CUST – SAP Fiori Launchpad Designer (mandantenabhängig)
- Transaktion /UI2/FLPD_CONF – SAP Fiori Launchpad Designer (mandantenunabhängig)

Im SAP-Standard werden bereits zwei Rollen ausgeliefert:

- SAP_UI2_USER_700 – Ausführung des SAP Fiori Launchpads
- SAP_UI2_ADMIN_700 – Ausführung des SAP Fiori Launchpad Designers

Zur Ausführung des SAP Fiori Launchpads sowie des Launchpad Designers sind Standardberechtigungen auf Services erforderlich, die in den Rollen bereits enthalten sind. Tabelle 10.7 zeigt die Services und die Zuordnung zu den Rollen.

Service	Erf. für LpD.	Erf. für Lpd.-Designer	Rolle USER	Rolle ADMIN
/UI2/LAUNCHPAD	–	–	X	X
/UI2/INTEROP	X	X	X	X
/UI2/TRANSPORT	–	X	–	X
/UI2/PAGE_BUILDER_PERS	X	-	X	X
/UI2/PAGE_BUILDER_CONF	–	X	–	X
/UI2/PAGE_BUILDER_CUST	–	X	–	X

Tabelle 10.7 Erforderliche Services für das SAP Fiori Launchpad

10.3.2 Berechtigungen auf dem Frontend-Server

Auf dem Frontend-Server werden die Rollen definiert, in denen die Kachelgruppen und Kachelkataloge hinterlegt sind (siehe Abbildung 10.28). Die Apps werden auf dem Frontend-Server als Service vom Typ **IWSG – SAP Gateway: Service Groups Metadata** installiert. Zu jedem Service wird ein eindeutiger, 30-stelliger Hashwert generiert. In Abbildung 10.28 ist in den Knotendetails im Feld **Techn. Info** der Hashwert dargestellt. Einen Überblick über alle installierten Apps mit den zugehörigen Hashwerten können Sie sich mit der Tabelle USOBHASH anzeigen lassen (siehe Abbildung 10.29).

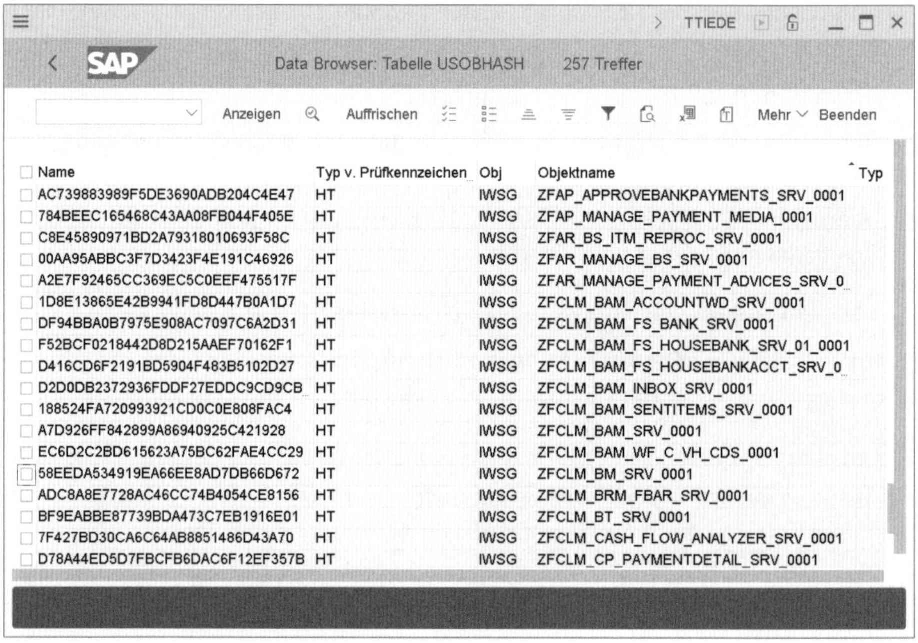

Name	Typ v. Prüfkennzeichen	Obj	Objektname	Typ
AC739883989F5DE3690ADB204C4E47	HT	IWSG	ZFAP_APPROVEBANKPAYMENTS_SRV_0001	
784BEEC165468C43AA08FB044F405E	HT	IWSG	ZFAP_MANAGE_PAYMENT_MEDIA_0001	
C8E45890971BD2A79318010693F58C	HT	IWSG	ZFAR_BS_ITM_REPROC_SRV_0001	
00AA95ABBC3F7D3423F4E191C46926	HT	IWSG	ZFAR_MANAGE_BS_SRV_0001	
A2E7F92465CC369EC5C0EEF475517F	HT	IWSG	ZFAR_MANAGE_PAYMENT_ADVICES_SRV_0	
1D8E13865E42B9941FD8D447B0A1D7	HT	IWSG	ZFCLM_BAM_ACCOUNTWD_SRV_0001	
DF94BBA0B7975E908AC7097C6A2D31	HT	IWSG	ZFCLM_BAM_FS_BANK_SRV_0001	
F52BCF0218442D8D215AAEF70162F1	HT	IWSG	ZFCLM_BAM_FS_HOUSEBANK_SRV_01_0001	
D416CD6F2191BD5904F483B5102D27	HT	IWSG	ZFCLM_BAM_FS_HOUSEBANKACCT_SRV_0	
D2D0DB2372936FDDF27EDDC9CD9CB	HT	IWSG	ZFCLM_BAM_INBOX_SRV_0001	
188524FA720993921CD0C0E808FAC4	HT	IWSG	ZFCLM_BAM_SENTITEMS_SRV_0001	
A7D926FF842899A86940925C421928	HT	IWSG	ZFCLM_BAM_SRV_0001	
EC6D2C2BD615623A75BC62FAE4CC29	HT	IWSG	ZFCLM_BAM_WF_C_VH_CDS_0001	
58EEDA534919EA66EE8AD7DB66D672	HT	IWSG	ZFCLM_BM_SRV_0001	
ADC8A8E7728AC46CC74B4054CE8156	HT	IWSG	ZFCLM_BRM_FBAR_SRV_0001	
BF9EABBE87739BDA473C7EB1916E01	HT	IWSG	ZFCLM_BT_SRV_0001	
7F427BD30CA6C64AB8851486D43A70	HT	IWSG	ZFCLM_CASH_FLOW_ANALYZER_SRV_0001	
D78A44ED5D7FBCFB6DAC6F12EF357B	HT	IWSG	ZFCLM_CP_PAYMENTDETAIL_SRV_0001	

Abbildung 10.29 Tabelle USOBHASH

SAP-Fiori-Apps sind Services und werden in den Rollen mit dem Berechtigungsobjekt S_SERVICE berechtigt. Das Berechtigungsobjekt besteht aus folgenden Feldern:

- SRV_NAME: Hashwert aus der Tabelle USOBHASH
- SRV_TYPE: Typ Prüfkennzeichen (für Apps: Typ HT)

Werden Kataloge im Menü der Rolle hinterlegt, so werden die zu den Apps gehörigen Hashwerte in das Objekt S_SERVICE generiert. Das Objekt kann nicht manuell gepflegt werden. Es wird nur über die Einträge im Rollenmenü gepflegt. Abbildung 10.30 zeigt Einträge zu dem Objekt.

Um eine Gruppe oder einen Katalog in eine Rolle einzufügen, wählen Sie im Register **Menü** unter dem Selektionsfeld **Knoten einfügen** den Eintrag **SAP Fiori Kachelgruppe** bzw. **SAP Fiori Kachelkatalog** aus. Abbildung 10.31 zeigt das Fenster zur Auswahl einer Gruppe. Über die Schaltfläche **Gruppe anzeigen** wird die Gruppe im SAP Fiori Launchpad Designer angezeigt. Abbildung 10.32 zeigt das Fenster zur Auswahl eines Kachelkatalogs. Hier gelangen Sie über die Schaltfläche **Katalog anzeigen** zum SAP Fiori Launchpad Designer.

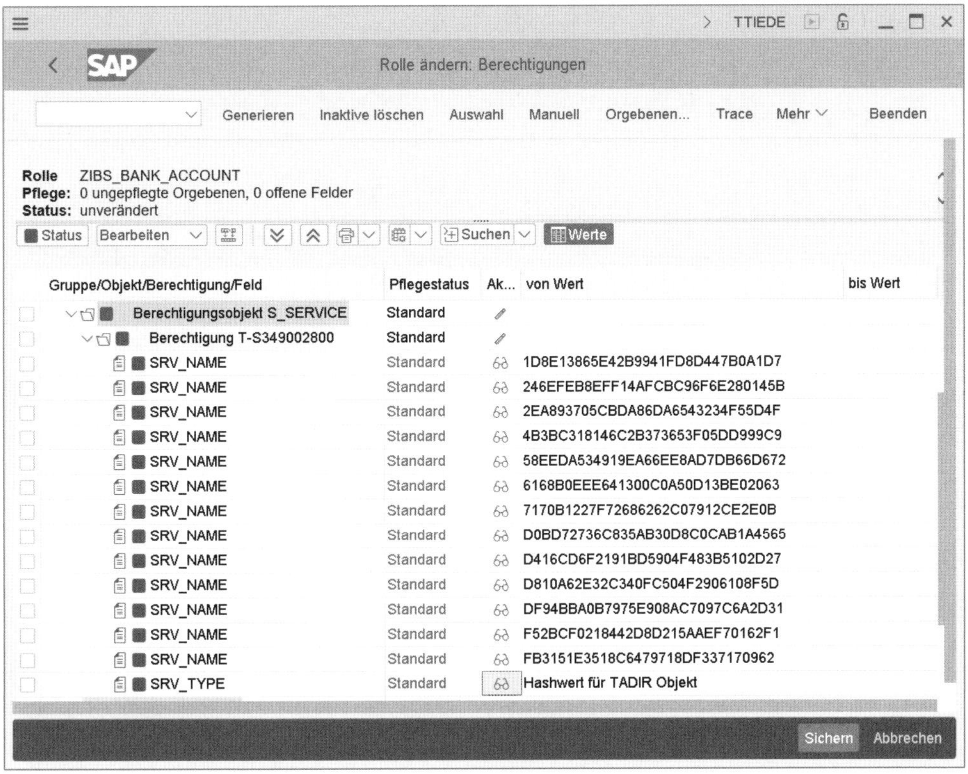

Abbildung 10.30 Das Berechtigungsobjekt S_SERVICE

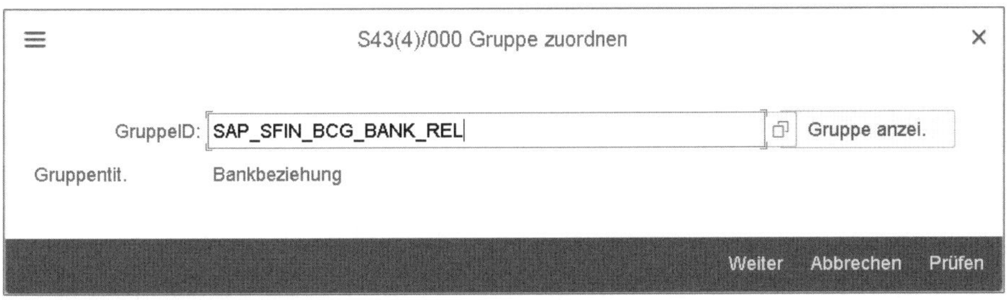

Abbildung 10.31 Einfügen einer Kachelgruppe in eine Rolle

Die Apps können allerdings auch einzeln in die Rolle integriert werden. Wählen Sie hierfür im Register **Menü** unter dem Selektionsfeld **Knoten einfügen** den Eintrag **Berechtigungsvorschlag**. Im darauffolgenden Fenster haben Sie die Möglichkeit, die einzelnen Apps (= Services) auszuwählen. Dafür wählen Sie im Feld **Berechtigungsvorschlag** den Eintrag **TADIR-Service** aus. Das Feld **Objekttyp** begrenzen Sie auf den Wert **IWSG - SAP Gateway: Service Groups Metadata**. Sie können nun in der Spalte **TADIR-Service** die einzelnen Services auswählen (siehe Abbildung 10.33). Zu diesem Service wird dann automatisch eine S_SERVICE-Berechtigung in der Rolle generiert.

Abbildung 10.32 Einfügen eines Kachelkatalogs in eine Rolle

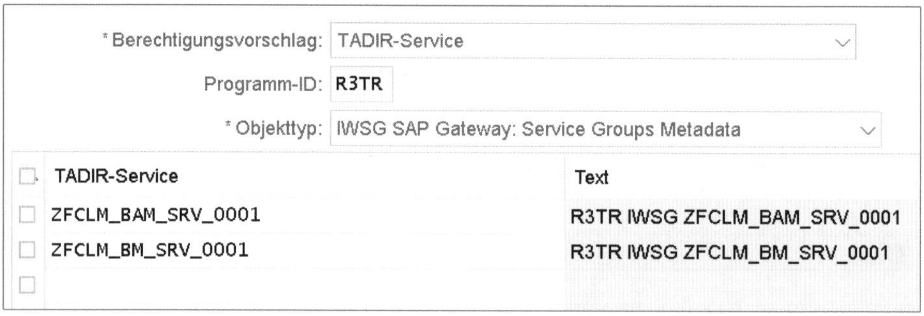

Abbildung 10.33 Auswahl einzelner IWSG-Services

10.3.3 Berechtigungen auf dem Backend-Server

Führt ein Benutzer im SAP Fiori Launchpad eine SAP-Fiori-App aus, wird auf dem Frontend-Server geprüft, ob er die Berechtigung zur Ausführung besitzt. Ist ihm dort die Berechtigung zugeordnet, so wird die Anforderung über das OData-Protokoll an das Backend-System übertragen. Hier wird geprüft, ob er die Berechtigung für den Vorgang besitzt. Nach erfolgreicher Berechtigungsprüfung wird der Vorgang ausgeführt.

Dafür sind dem Benutzer ebenfalls Berechtigungen für die Apps zuzuordnen. Dafür werden bei der Installation der App die SU24-Vorgaben mit ausgeliefert und installiert. Daher werden beim Einfügen einer App in eine Rolle diese Vorgabewerte gezogen.

Im Backend können ebenfalls Kachelkataloge genutzt werden. Wählen Sie hierfür im Register **Menü** unter dem Selektionsfeld **Knoten einfügen** den Eintrag **SAP Fiori Kachelkatalog** aus. Nach dem Einfügen des Kachelkatalogs wird in die Rolle nicht nur die S_SERVICE-Berechtigung eingefügt, sondern auch die Vorschlagswerte gemäß Transaktion SU24 werden eingefügt.

Die Apps können aber auch einzeln in die Rollen übernommen werden. Die Apps werden auf dem Backend-Server als Service vom Typ **IWSV – SAP Gateway Business Suite Enablement** installiert. Diese können Sie einzeln einfügen, indem Sie in der Rolle im Register **Menü** unter dem Selektionsfeld **Knoten einfügen** den Eintrag **Berechtigungsvorschlag** auswählen. Im darauffolgenden Fenster haben Sie die Möglichkeit, die einzelnen Apps (= Services) auszuwählen. Dafür wählen Sie im Feld **Berechtigungsvorschlag** den Eintrag **TADIR-Service** aus. Das Feld **Objekttyp** begrenzen Sie auf den Wert **IWSV – SAP Gateway Business Suite Enable**. Sie können nun in der Spalte **TADIR-Service** die einzelnen Services auswählen. Zu den ausgewählten Services (Apps) werden auch die SU24-Vorschlagswerte in die Rolle integriert. Abbildung 10.34 zeigt die SU24-Konfiguration der App FCLM_BAM_FS_HOUSEBANK_SRV_01. Hier ist das Berechtigungsobjekt F_BNKA_BUK aktiviert mit folgenden Feldwerten:

- ACTVT: 03
- BUKRS: $BUKRS

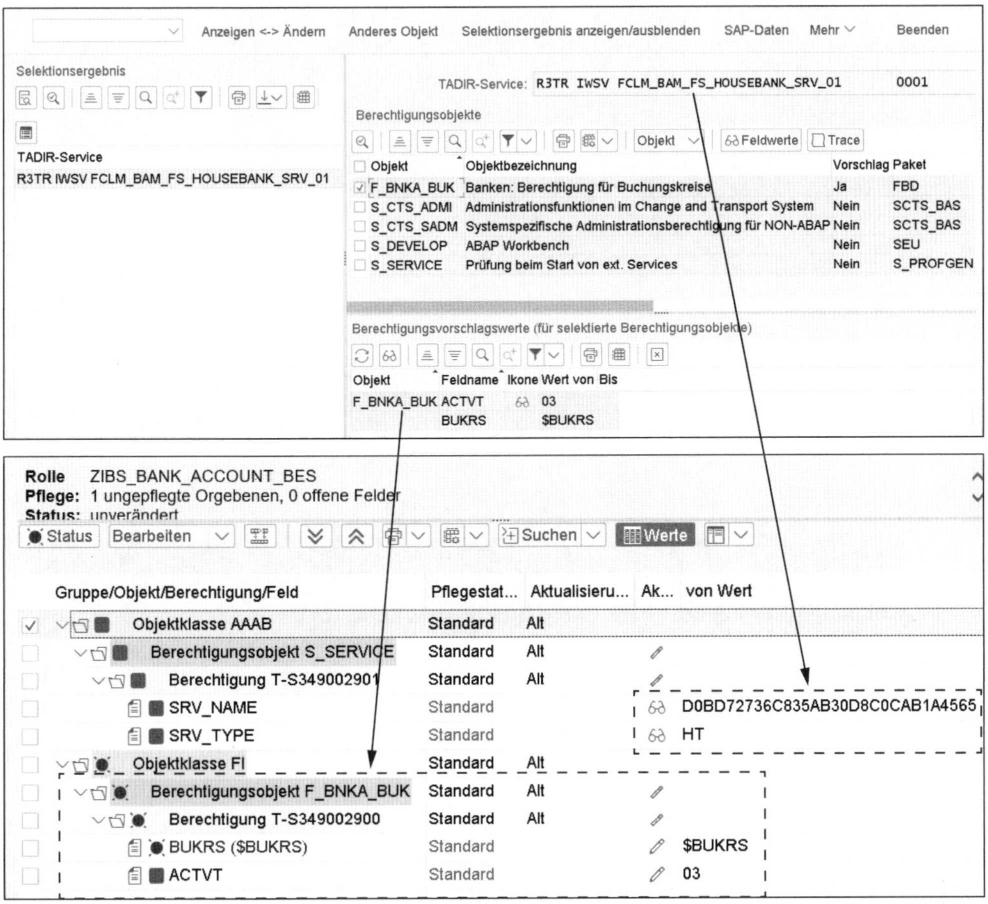

Abbildung 10.34 SU24-Pflege für Apps

Beim Einfügen dieser App in eine Rolle werden diese Werte somit übernommen. Des Weiteren wird automatisch der Hashwert der App aus der Tabelle USOBHASH in das Berechtigungsobjekt S_SERVICE eingetragen.

Mit dem Programm PRGN_CREATE_FIORI_BACKENDROLES haben Sie die Möglichkeit, Backend-Rollen aus existierenden Frontend-Rollen zu erstellen (siehe auch SAP-Hinweis 2533007). Die Menüeinträge der Frontend-Rolle werden dabei in die neue Backend-Rolle übernommen. Existiert die Backend-Rolle bereits, so wird das Menü überschrieben. Abbildung 10.35 zeigt die Selektionsmaske des Reports. Mit der Option **Namenskonventionen für Backend-Rollen** können Sie die Rollen automatisch basierend auf den Frontend-Rollen erzeugen lassen. Dies ist möglich, wenn die Rollennamenskonventionen ein Präfix enthält, an dem Frontend- und Backend-Rollen unterschieden werden können.

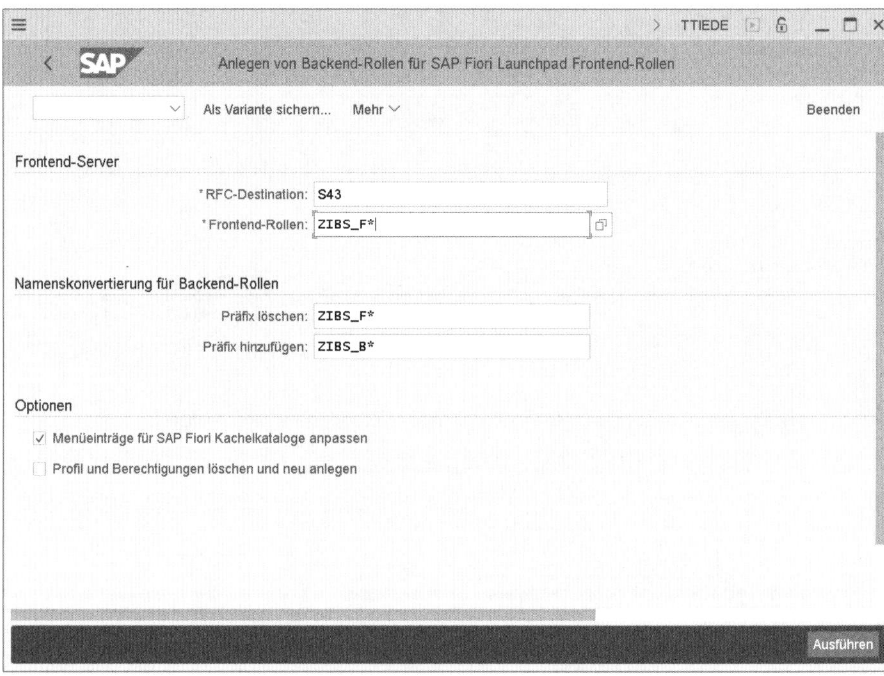

Abbildung 10.35 Report PRGN_CREATE_FIORI_BACKENDROLES

10.3.4 Auswertung von Apps in Rollen

Mit dem Benutzerinfosystem lassen sich Berechtigungen auf Apps auswerten. Mit herkömmlichen Reports kann allerdings nicht nach App-Namen ausgewertet werden. Zur Analyse, welche Benutzer oder Rollen Berechtigungen für bestimmte Apps besitzen, ist das Berechtigungsobjekt S_SERVICE auszuwerten. Hier sind die Hashwerte der Apps anzugeben. Zur Analyse der Berechtigungen auf Apps für Benutzer gehen Sie folgendermaßen vor:

1. Rufen Sie die Transaktion SUIM auf.
2. Wählen Sie den Eintrag **Benutzer • Benutzer nach komplexen Selektionskriterien • Benutzer nach komplexen Selektionskriterien** aus (Transaktion S_BCE_68001400).
3. Für die Auswertung von Berechtigungen wird der Block **Selektion nach Werten** im Register **Berechtigungen** genutzt.
4. Tragen Sie in das Feld **Berechtigungsobjekt 1** das Objekt `S_SERVICE` ein, und drücken Sie [↵].
5. In das Feld `SRV_NAME` muss nun der Hashwert der App eingetragen werden. Um diesen zu ermitteln, rufen Sie die Transaktion SE16 auf, lassen sich die Tabelle `USOBHASH` anzeigen und suchen nach dem Namen der App.
6. Kopieren Sie aus dem Feld **Name** den 30-stelligen Hashwert und tragen Sie ihn in das Feld `SRV_NAME` ein (siehe Abbildung 10.36).
7. Führen Sie den Report aus. Als Ergebnis werden Ihnen alle Benutzer angezeigt, die die App ausführen können.

   Zur Analyse, aus welchen Rollen die Berechtigung stammt, markieren Sie die zu analysierenden Benutzer und klicken auf die Schaltfläche **Lt. Selektion**. Zu den Benutzern werden die Rollen angezeigt, aus denen Sie die Berechtigung erhalten haben.

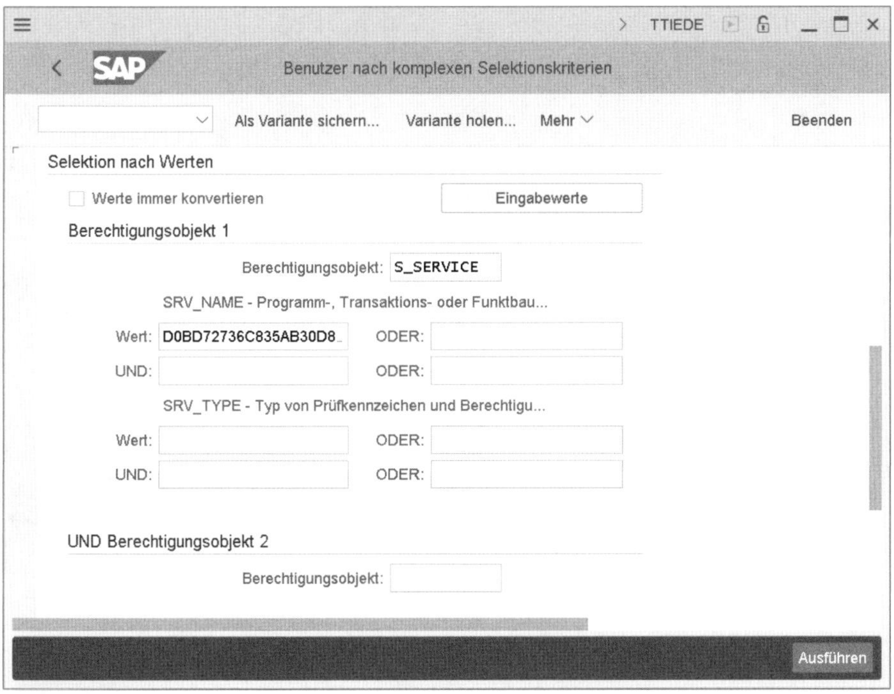

Abbildung 10.36 Auswertung von Berechtigungen auf S_SERVICE

Zur Analyse von App-Berechtigungen in Rollen kann der Report **Suche in Rollen nach startbaren Anwendungen** (Transaktion RSUSR_START_APPL) genutzt werden, siehe SAP-Hinweis 2449011. Mit ihm ist es möglich, direkt nach berechtigten Apps in Rollen zu suchen:

1. Rufen Sie die Transaktion SUIM auf.
2. Wählen Sie den Eintrag **Rollen • Suche in Rollen nach startbaren Anwendungen** aus.
3. Selektieren Sie im Feld **Anwendungstyp** den Eintrag **SAP Gateway Business Suite Enablement – Service** (für Backend-Berechtigungen) bzw. **SAP Gateway: Service Groups Metadata** (für Frontend-Berechtigungen).
4. Im Feld **Anwendung** können Sie dann die App auswählen (siehe Abbildung 10.37).

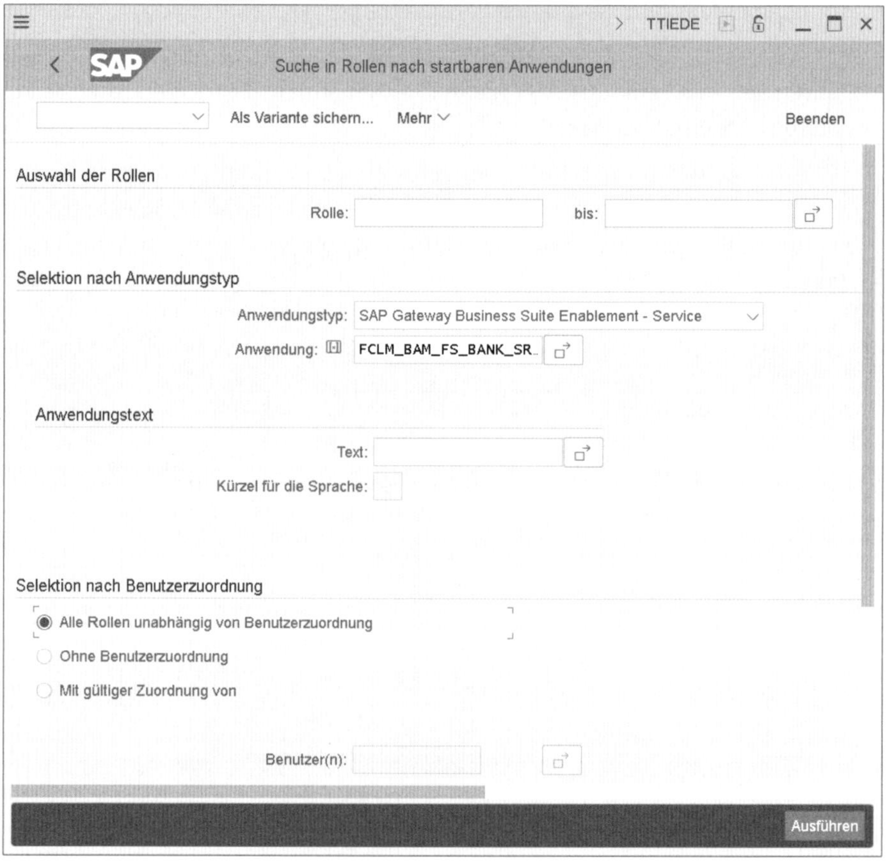

Abbildung 10.37 Suche nach Apps in Rollen – Selektion

5. Abbildung 10.38 zeigt das Ergebnis dieses Reports. Zu den gefundenen Apps werden folgende Eigenschaften mit ausgegeben:
   - **Menüeintrag** (die App ist im Menü enthalten)
   - **Anwendung ist in den Berechtigungsdaten** (der Hashwert der App ist mit dem Berechtigungsobjekt S_SERVICE berechtigt)
   - **Profilstatus** (das Profil ist generiert)
   - **Startbar (im Profil enthalten)** (die S_SERVICE-Berechtigung zur App ist im Profil enthalten)

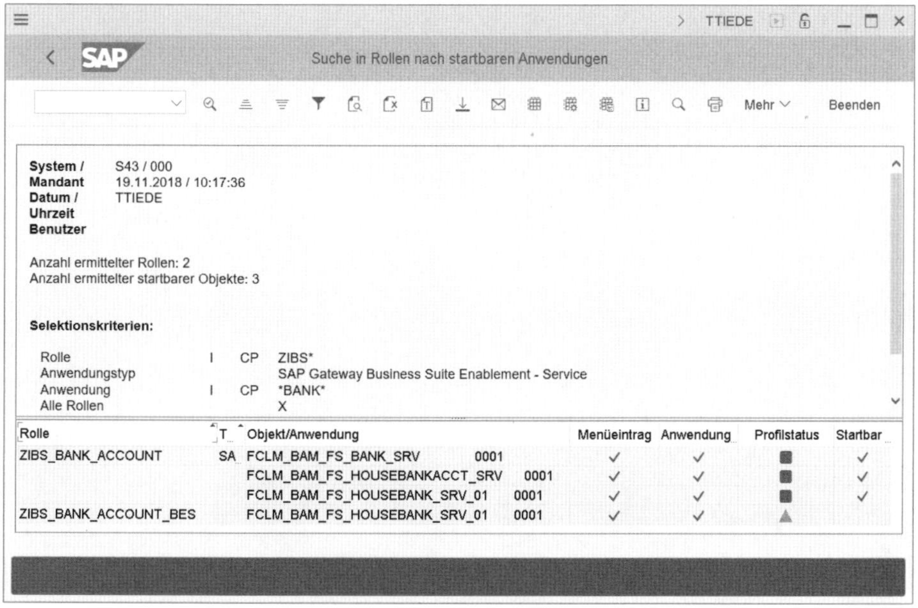

Abbildung 10.38 Suche nach Apps in Rollen – Ergebnisdarstellung

Nach derselben Systematik kann auch explizit nach Einträgen im Rollenmenü gesucht werden. Nutzen Sie hierfür die Transaktion RSUSR_ROLE_MENU (SAP-Hinweis 2341600).

Kapitel 11
Auditing in SAP HANA

Für produktive SAP-HANA-Datenbanken gelten dieselben Auflagen bezüglich Protokollierung wie in SAP S/4HANA. Zum einen bestehen gesetzliche Vorgaben, zum anderen müssen aus Sicherheitsgründen bestimmte Vorgänge überwacht werden. Dieses Kapitel zeigt auf, wie die Auditing-Komponente einzurichten ist und welche Vorgaben es zu beachten gilt.

Mit dem *Auditing* können sicherheitsrelevante Vorgänge in SAP HANA protokolliert werden. Standardmäßig ist das Auditing deaktiviert. Beim Einsatz von SAP HANA muss ein *Protokollierungskonzept* erstellt werden, um alle relevanten Vorgänge aufzuzeichnen. In diesem Kapitel erfahren Sie, wie Sie das Auditing konfigurieren (Abschnitt 11.1, »Konfiguration des Auditings in SAP HANA«), Policies einrichten (Abschnitt 11.2, »Einrichten von Policies«) und das Auditing analysieren (Abschnitt 11.3, »Auswertung des Auditings«). Wie Sie Auditing-Protokolle wieder entfernen, beschreibe ich in Abschnitt 11.4, »Löschen von Auditing-Protokollen«. In Abschnitt 11.5, »Auditing in SAP HANA XSA«, gehe ich auf die speziellen Protokollkomponenten beim Einsatz von SAP HANA XSA ein. In Abschnitt 11.6, »Best-Practice-Empfehlungen«, gebe ich Ihnen schließlich Best-Practice-Empfehlungen zur Konfiguration des Auditings.

11.1 Konfiguration des Auditings in SAP HANA

In diesem Abschnitt erfahren Sie, wie das Auditing aktiviert wird, wo es gespeichert werden kann und wie es in Multi-Tenant-Systemen konfiguriert wird. Diese Grundeinstellungen sind erforderlich, bevor die zu protokollierenden Aktionen (siehe Abschnitt 11.2, »Einrichten von Policies«) definiert werden können.

11.1.1 Systemparameter zur Auditing-Konfiguration

Das Auditing wird tenant-spezifisch aktiviert, sodass in den Tenants verschiedene Auditing-Einstellungen genutzt werden können. Die Protokolleinträge können in drei verschiedenen Zielen abgelegt werden:

- **SysLog (Default-Einstellung)**

  Speichert die Log-Daten im SysLog des UNIX-Systems. Wird diese Ablage gewählt, sollte der SysLog Daemon so konfiguriert werden, dass das SysLog automatisch an einen zentralen Server gesendet wird, damit keine Manipulationsmöglichkeit besteht. Eine Echtzeitüberwachung der Logs über entsprechende Tools (z. B. SAP Enterprise Threat Detection) oder Agentensysteme wird empfohlen.

  Konfiguriert wird das SysLog in der Datei **/etc/rsyslog.conf**. Werden die Einträge im lokalen SysLog gespeichert, so wird hier angegeben, in welche Datei sie geschrieben werden. Der nachfolgende Eintrag bedeutet, dass alle Einträge in die Datei **messages** geschrieben werden, die sich im Verzeichnis **/var/log** befindet.

  . **-/var/log/messages**

  Wurde eine Weiterleitung an einen zentralen SysLog-Server eingerichtet, wird hier die IP-Adresse des Servers bzw. dessen Alias-Name angegeben:

  . **@192.168.225.180**

  Auf diesem Server muss ebenfalls der SysLog Deamon aktiviert sein.

- **Database Table**

  Die Audit-Einträge werden in die View `SYS.AUDIT_LOG` geschrieben (Zugriff auch über die Public View `AUDIT_LOG`). Der Vorteil dieser Ablage ist die gute Auswertbarkeit über das SAP HANA Studio. Allerdings können Log-Einträge aus dieser Tabelle mit der Berechtigung `AUDIT OPERATOR` gelöscht werden (was aufgrund der möglichen Größe des Logs auch erforderlich werden kann). Das Löschen selbst wird im Auditing protokolliert (`EVENT_ACTION = CLEAR AUDIT LOG`). Die Protokolleinträge können auch mit der View `ALL_AUDIT_LOG` ausgewertet werden. Diese View zeigt sowohl die Einträge des Datenbank-Auditings als auch die des XSA-Auditings an (siehe Abschnitt 11.5, »Auditing in SAP HANA XSA«).

  Die Views `AUDIT_LOG` und `ALL_AUDIT_LOG` sind zwar in der Rolle `PUBLIC` enthalten, mit einer reinen Leseberechtigung können die Inhalte allerdings nicht ausgewertet werden. Eine Anzeige der Protokolleinträge ist nur mit den Berechtigungen `AUDIT ADMIN` oder `AUDIT OPERATOR` möglich.

- **CSV Text File**

  Die Log-Einträge werden in eine CSV-Datei geschrieben. Diese Einstellung darf für Produktivsysteme nicht genutzt werden, da die Datei auf der UNIX-Ebene geändert werden kann. Die Einstellung kann zu Testzwecken in nicht-produktiven Systemen genutzt werden.

  Mit dem Parameter `default_audit_trail_path` wird der Verzeichnisname angegeben, in dem die CSV-Datei gespeichert wird. Wird kein Verzeichnis angegeben, so wird die Datei in dasselbe Verzeichnis gespeichert wie die Trace-Dateien

- **Kernel Trace**

  Die Log-Einträge werden in einer Trace-Datei (Dateiendung ***.ltc**) in folgendem Pfad gespeichert:

  /usr/sap/<SID>/HDB<Instanz>/<Host>/trace

  Die Datei kann mit Standard-Tools wie **cat** oder **vi** nicht angezeigt werden. Sie kann mit dem Tool **hdbtracediag** in eine CSV-Datei umgewandelt werden.

Gesteuert wird die Auditing-Konfiguration mit Systemparametern, siehe Tabelle 11.1. In der Systemdatenbank werden diese Parameter in der Datei **nameserver.ini** gepflegt, in Tenant-Datenbanken in der Datei **global.ini**, jeweils im Abschnitt `auditing configuration`. Abbildung 11.1 zeigt die Parameter der **nameserver.ini**.

11

Parameter	Beschreibung
`global_auditing_state`	Mit diesem Parameter aktivieren und deaktivieren Sie das Auditing: ■ `FALSE`: Das Auditing ist deaktiviert (Standardwert). ■ `TRUE`: Das Auditing ist aktiviert.
`audit_statement_length`	Im Auditing wird das SQL-Statement gespeichert, welches den Eintrag ausgelöst hat. Mit diesem Parameter kann eingestellt werden, dass die Statements nur bis zur definierten Länge gespeichert werden. Längere Statements werden abgeschnitten. Dies birgt die Gefahr, dass kritische Statements nicht nachvollziehbar sind, wenn sie abgeschnitten werden. Der Standardwert des Parameters ist `-1`. Hiermit werden die Statements in voller Länge im Auditing gespeichert.
`default_audit_trail_type`	Legt fest, wo die Protokolleinträge standardmäßig gespeichert werden: ■ `SYSLOGPROTOCOL`: im SysLog des UNIX-Servers (Standardwert) ■ `CSTABLE`: in der View `SYS.AUDIT_LOG` ■ `CSVTEXTFILE`: in einer CSV-Textdatei auf UNIX-Ebene (der Pfad wird mit dem Parameter `default_audit_trail_path` angegeben) ■ `KERNELTRACE`: in einer Trace-Datei (*.**ltc**) im Pfad **/usr/sap/<SID>/HDB<Instanz>/<Host>/trace**.

Tabelle 11.1 Steuerungsparameter des Auditings

Parameter	Beschreibung
default_audit_trail_path	Werden die Protokolldateien in eine CSV-Datei geschrieben (default_audit_trail_type = CSVTEXTFILE), gibt dieser Parameter den Pfad an, unter dem die Datei gespeichert wird.
emergency_audit_trail_type	Legt fest, wo Einträge des Audit-Levels *Emergency* gespeichert werden: ▪ SYSLOGPROTOCOL ▪ CSTABLE ▪ CSVTEXTFILE ▪ KERNELTRACE
alert_audit_trail_type	Legt fest, wo Einträge des Audit-Levels *Alert* gespeichert werden: ▪ SYSLOGPROTOCOL ▪ CSTABLE ▪ CSVTEXTFILE ▪ KERNELTRACE
critical_audit_trail_type	Legt fest, wo Einträge des Audit-Levels *Critical* gespeichert werden: ▪ SYSLOGPROTOCOL ▪ CSTABLE ▪ CSVTEXTFILE ▪ KERNELTRACE
minimal_retention_period	Gibt die maximale Aufbewahrungsdauer der Auditing-Protokolleinträge an. Nach Ablauf dieses Zeitraums werden die Einträge automatisch gelöscht. Dieser Parameter ist nur wirksam, wenn die Auditing-Protokolle in die Datenbanktabelle geschrieben werden (Parameter default_audit_trail_type = CSTABLE).
sr_audit_trail_type_cstable_override	Ist bei einer System-Replikation als default_audit_trail_type der Wert CSTABLE (Datenbanktabelle) angegeben, gibt dieser Parameter an, wo im Sekundärsystem die Auditing-Protokolle geschrieben werden sollen. Ein schreibender Zugriff auf die Datenbanktabelle ist hier nicht möglich. Der Standardwert ist SYSLOGPROTOCOL (UNIX SysLog). Zwar kann der Wert auch auf CSVTEXTFILE (CSV-Datei) gesetzt werden, dies ist aber aufgrund der Änderbarkeit der CSV-Dateien nicht ratsam.

Tabelle 11.1 Steuerungsparameter des Auditings (Forts.)

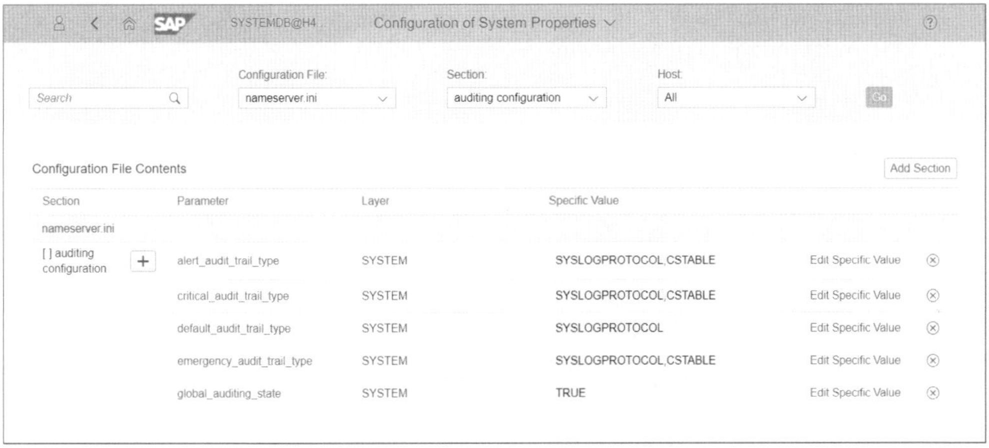

Abbildung 11.1 Auditing-Parameter in der Datei »nameserver.ini«

11.1.2 Konfiguration in Multi-Tenant-Systemen

In Multi-Tenant-Systemen können einige Parameter nur in der Systemdatenbank gesetzt werden. Sie gelten dann auch für alle Tenants. Diese Parameter werden in der Datei **multidb.ini** im Abschnitt `readonly_parameters` angegeben (siehe Abschnitt 4.3, »Nicht änderbare Parameter in Tenants«). Abbildung 11.2 zeigt den Parameter `auditing configuration`.

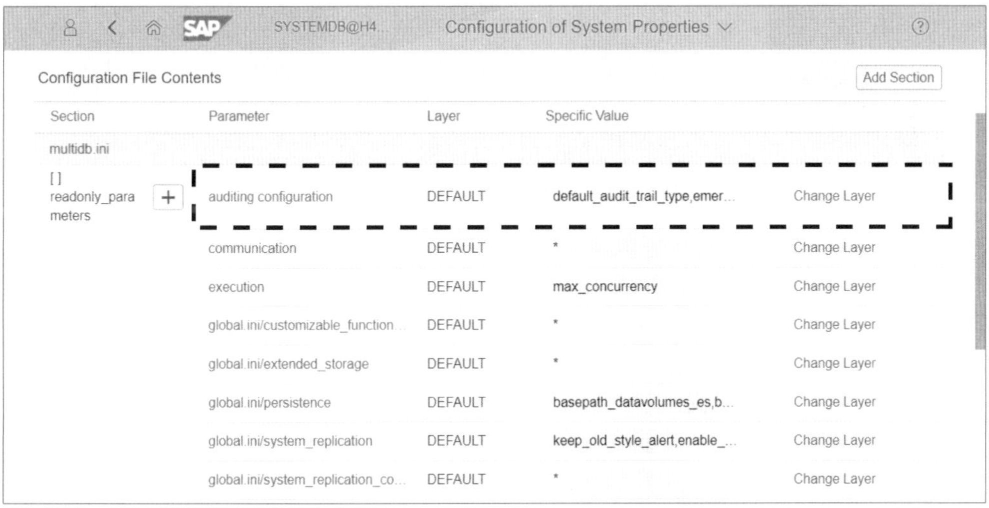

Abbildung 11.2 Auditing-Konfiguration in der Datei »multidb.ini«

Standardmäßig sind hier folgende Parameter eingetragen, können somit nur in der Systemdatenbank gepflegt werden:

- `default_audit_trail_type`
- `emergency_audit_trail_type`
- `alert_audit_trail_type`
- `critical_audit_trail_type`
- `audit_statement_length`

Um eine einheitliche Konfiguration zur Ablage der Protokolle des Auditings in allen Tenants einzurichten, werden diese Parameter nur in der Systemdatenbank gesetzt. Soll die Konfiguration in den Tenants individuell gesetzt werden, so sind die betreffenden Parameter hier zu entfernen.

11.1.3 Pflege der Auditing-Konfiguration mit dem SAP HANA Cockpit

Zur Pflege der Auditing-Konfiguration mit dem SAP HANA Cockpit wählen Sie in der Einstiegsseite die App **Resource Directory** aus. Im Resource Directory wählen Sie dann das System aus, für welches Sie die Parameter pflegen wollen. Sie gelangen in die Sicht **System Overview** (siehe Abbildung 11.3). Im Feld **Filter by Area** können Sie auf **Security** eingrenzen. Klicken Sie auf den Eintrag **Auditing**, um zur Pflege der Auditing-Konfiguration zu gelangen.

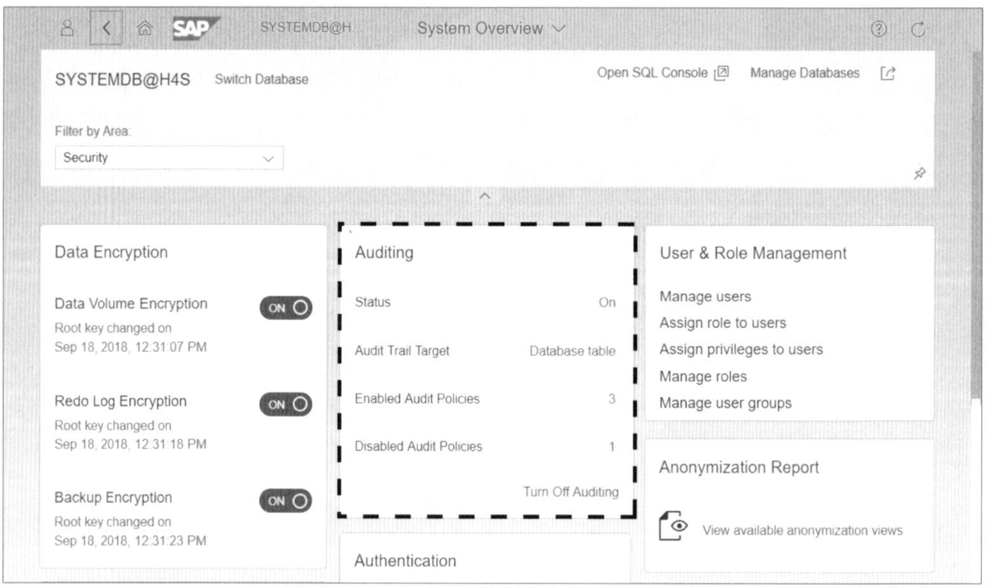

Abbildung 11.3 Auditing im SAP HANA Cockpit

In der Sicht **Auditing** sehen Sie drei Register (siehe Abbildung 11.4). Hierüber können Sie Policies einrichten, Systemparameter für das Auditing setzen und Auditing-Protokolle auswerten:

- **Audit Policies** (siehe Abschnitt 11.2, »Einrichten von Policies«)
- **Configuration** (siehe Abschnitt 11.1, »Konfiguration des Auditings in SAP HANA«)
- **Audit Trail** (siehe Abschnitt 11.3, »Auswertung des Auditings«)

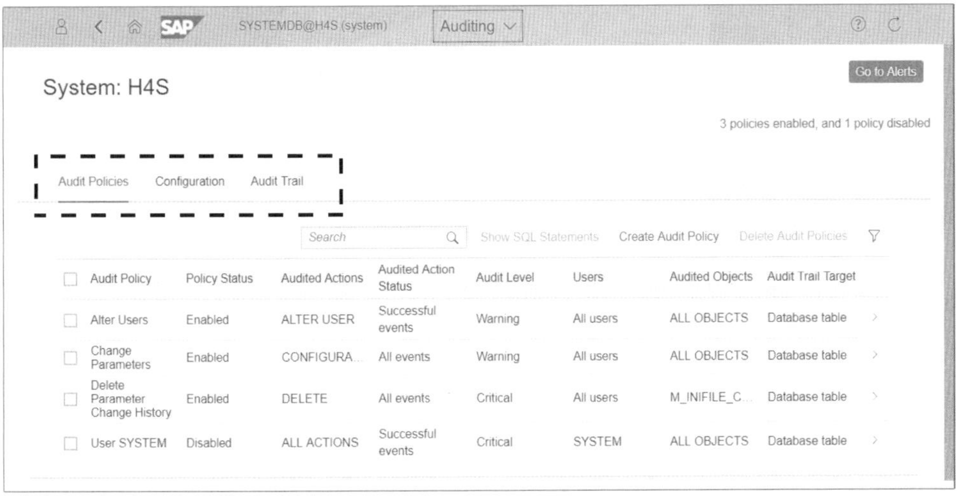

Abbildung 11.4 Auditing-Konfiguration mit dem SAP HANA Cockpit

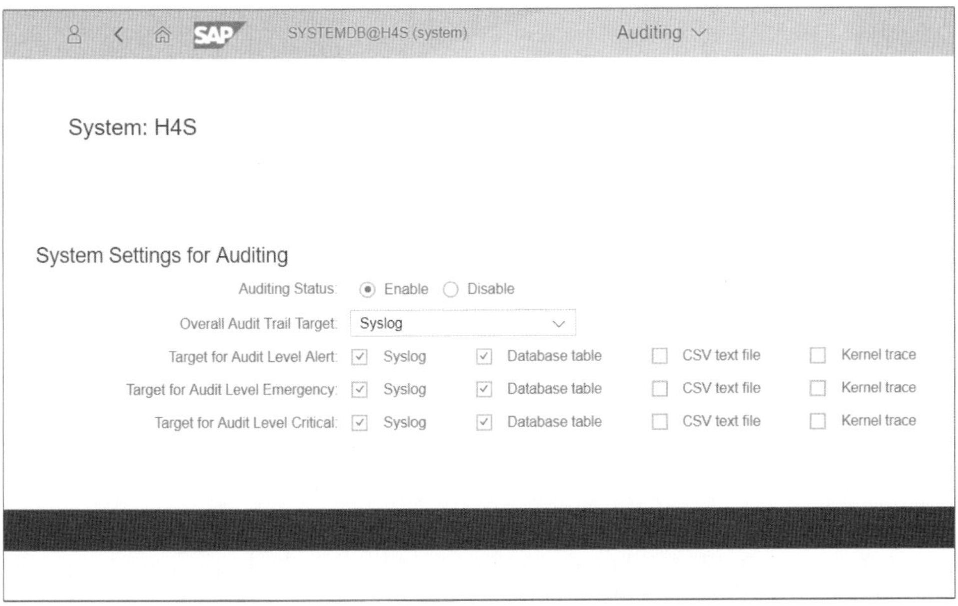

Abbildung 11.5 Pflege der Auditing-Parameter mit dem SAP HANA Cockpit

In der Sicht **Configuration** können die Systemparameter gepflegt werden (siehe Abbildung 11.5). Tabelle 11.2 zeigt die Einträge der Oberfläche und die Parameter, die darüber gepflegt werden.

Eintrag Oberfläche	Parameter
Auditing Status	global_auditing_state
Overall Audit Trail Target	default_audit_trail_type
Target for Audit Level Alert	alert_audit_trail_type
Target for Audit Level Emergency	emergency_audit_trail_type
Target for Audit Level Critical	critical_audit_trail_type

Tabelle 11.2 Pflege der Auditing-Parameter mit dem SAP HANA Cockpit

11.1.4 Pflege der Auditing-Konfiguration mit dem SAP HANA Studio

Die Pflege der Parameter mit dem SAP HANA Studio kann über die **Security Console** erfolgen. Diese rufen Sie unter dem jeweiligen System über den Pfad **Security • Security** auf. Auf dem Register **Auditing** im Block **System Settings for Auditing** pflegen Sie die Konfiguration der Auditing-Parameter (siehe Abbildung 11.6). Tabelle 11.3 zeigt die Einträge der Oberfläche und die Parameter, die darüber gepflegt werden.

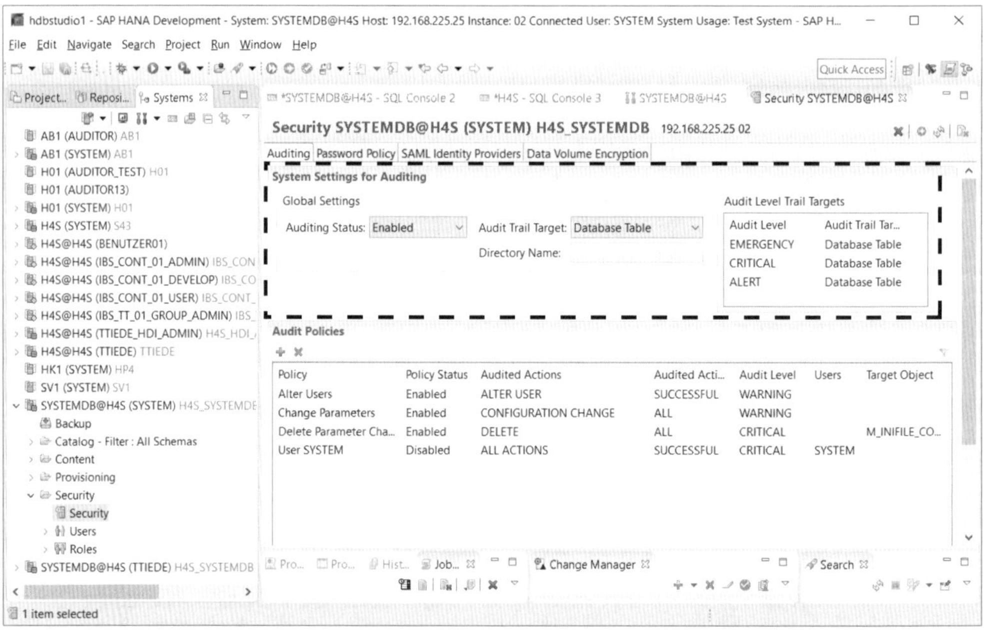

Abbildung 11.6 Pflege der Auditing-Parameter mit dem SAP HANA Studio

Eintrag Oberfläche	Parameter
Auditing Status	`global_auditing_state`
Audit Trail Target	`default_audit_trail_type`
Directory Name	`default_audit_trail_path`
Audit Level Trail Targets **Audit Level: EMERGENCY**	`emergency_audit_trail_type`
Audit Level Trail Targets **Audit Level: CRITICAL**	`critical_audit_trail_type`
Audit Level Trail Targets **Audit Level: ALERT**	`alert_audit_trail_type`

Tabelle 11.3 Pflege der Auditing-Parameter mit dem SAP HANA Studio

11.1.5 Pflege der Auditing-Konfiguration mit SQL

Die Pflege der Auditing-Parameter erfolgt mit dem SQL-Befehl `ALTER SYSTEM ALTER CONFIGURATION` (siehe auch Abschnitt 3.2.4, »Ändern der Parameter mit SQL-Statements«). Der Befehl wird mit Parametern gemäß Listing 11.1 aufgerufen.

```
ALTER SYSTEM ALTER CONFIGURATION
( <INI-Datei>, <Layer>[, <Layer-Name> ])
SET <Section>, <Parameter> [=<Parameterwert>]
[ WITH RECONFIGURE ]
[ COMMENT <Bemerkung> ]
```

Listing 11.1 SQL-Befehl zur Pflege der Auditing-Konfiguration

Tabelle 11.4 zeigt, wie der Befehl zur Auditing-Konfiguration aufgerufen werden kann.

Parameter	Beschreibung
`<INI-Datei>`	Name der INI-Datei: ■ für Systemdatenbank und Tenants: `'global.ini'` ■ für Systemdatenbank: `'nameserver.ini'`
`<Layer>`	Folgende Layer sind möglich: ■ `SYSTEM`: Systemdatenbank ■ `DATABASE`: Tenant-Datenbank
`<Layer-Name>`	Für den Layer `DATABASE` wird hier der Datenbankname angegeben.

Tabelle 11.4 Pflege der Auditing-Parameter mit SQL

Parameter	Beschreibung
`<Section>, <Parameter>`	Section: `auditing configuration` Parametername: ■ `global_auditing_state` ■ `audit_statement_length` ■ `default_audit_trail_type` ■ `default_audit_trail_path` ■ `emergency_audit_trail_type` ■ `alert_audit_trail_type` ■ `critical_audit_trail_type` ■ `sr_audit_trail_type_cstable_override`
`<Parameterwert>`	Wert für den Parameter
`<Kommentar>`	Kommentar für die Parameteränderung, wird gespeichert in der Datei `SYS.M_INIFILE_CONTENT_HISTORY`

Tabelle 11.4 Pflege der Auditing-Parameter mit SQL (Forts.)

Um das Auditing in der Systemdatenbank zu aktivieren, nutzen Sie folgendes Statement:

```
ALTER SYSTEM ALTER CONFIGURATION ('global.ini', 'SYSTEM') set ('auditing
configuration', 'global_auditing_state') = 'true' with reconfigure
```

Mit diesem Statement setzen Sie den Default Audit Trail Type für die Systemdatenbank auf das UNIX SysLog:

```
ALTER SYSTEM ALTER CONFIGURATION ('global.ini', 'SYSTEM') set ('auditing
configuration', 'default_audit_trail_type' ) = 'SYSLOGPROTOCOL'
with reconfigure
```

11.2 Einrichten von Policies

Welche Aktionen in SAP HANA protokolliert werden sollen, wird mit *Policies* festgelegt. Es können beliebig viele Policies angelegt werden. Eine Policy hat verschiedene Eigenschaften (siehe Abbildung 11.7):

- Abschnitt **General**:
  allgemeine Eigenschaften der Policy (siehe Tabelle 11.5).
- Abschnitt **Audited Actions**:
  Zu protokollierende Aktionen (siehe Tabelle 11.6). Die Aktionen sind in Kategorien eingeteilt. Jede Policy kann nur Aktionen einer Kategorie enthalten. Daher müs-

sen mehrere Policies erstellt werden, um alle Anforderungen an Protokollierungen umzusetzen. Eine Auflistung aller in Ihrem System vorhandenen Aktionen erhalten Sie mit der View AUDIT_ACTIONS.

- Abschnitt **Audited Objects:**
  Hier kann die Protokollierung auf bestimmte Datenbankobjekte eingegrenzt werden.
- Abschnitt **Audited Users:**
  Hierüber können bestimmte Benutzer in die Protokollierung eingeschlossen oder ausgeschlossen werden.

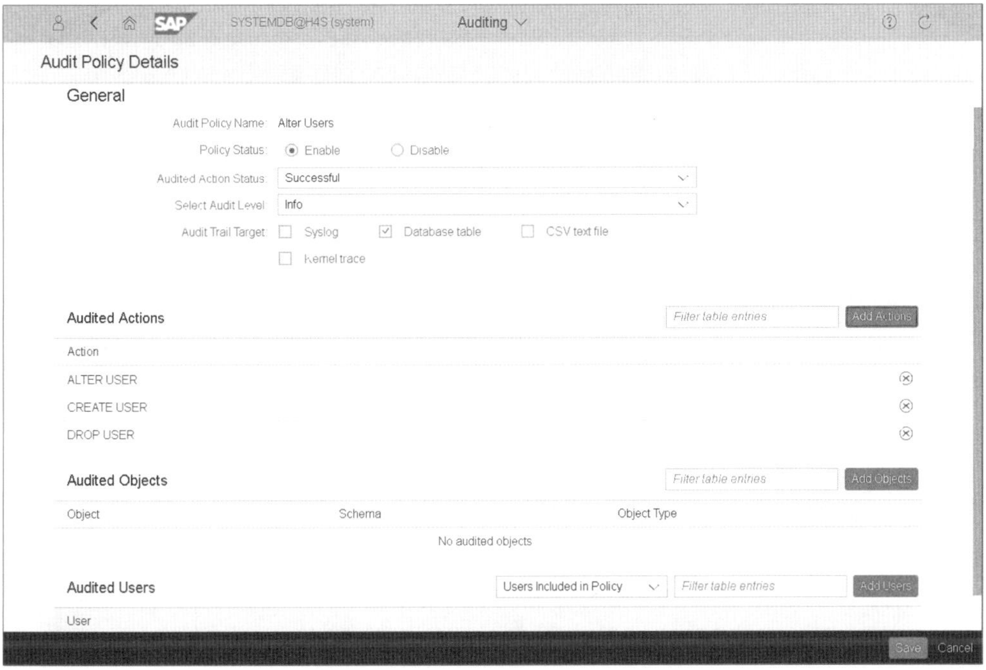

Abbildung 11.7 Eigenschaften einer Auditing-Policy

Eigenschaft	Beschreibung
Audit Policy Name	Name der Policy, die beim Anlegen vergeben wird. Der Name kann nachträglich nicht mehr geändert werden.
Policy Status	Hier können die Policies einzeln aktiviert (**Enable**) und deaktiviert (**Disable**) werden.

Tabelle 11.5 Allgemeine Eigenschaften einer Policy

Eigenschaft	Beschreibung
Audited Action Status	Hiermit legen Sie fest, was beim Eintreten eines Ereignisses protokolliert werden soll: ▪ **All:** Es werden sowohl erfolgreiche als auch nicht erfolgreiche Aktionen protokolliert. ▪ **Successful:** Ein Protokoll wird nur erstellt, wenn das Ereignis erfolgreich durchgeführt werden konnte. ▪ **Unsuccessful:** Ein Protokoll wird nur erstellt, wenn das Ereignis nicht durchgeführt werden konnte.
Select Audit Level	Hier stellen Sie das Audit-Level für die Protokollierung ein. Anhand dieses Levels können die Protokolle dann ausgewertet werden. Folgende Audit-Level können ausgewählt werden: ▪ *Info* ▪ *Warning* ▪ *Alert* ▪ *Critical* ▪ *Emergency*
Audit Trail Target	Hiermit legen Sie fest, wo die Protokolle dieser Policy gespeichert werden sollen: ▪ *SysLog* (`SYSLOGPROTOCOL`) ▪ *Database table* (`CSTABLE`) ▪ *CSV Text file* (`CSVTEXTFILE`) ▪ *Kernel Trace* (`KERNELTRACE`)

Tabelle 11.5 Allgemeine Eigenschaften einer Policy (Forts.)

Aktion	Beschreibung
All Actions ▪ `ALL ACTIONS`	Alle nachfolgend aufgeführten Aktionen werden hierüber protokolliert. Diese Aktion kann ausgewählt werden, wenn bestimmte Objekte oder Benutzer protokolliert werden sollen, z. B. ein Notfallbenutzer. Aktivieren Sie diese Aktion nicht, ohne weitere Einschränkungen vorzunehmen. Da in dem Fall auch alle `SELECT`-Statements aller Benutzer auf alle Tabellen protokolliert werden, entsteht hierbei ein sehr großes Protokollaufkommen.

Tabelle 11.6 Protokollierbare Aktionen des Auditings

Aktion	Beschreibung
Application Auditing ▪ CONFIGURATION CHANGE ▪ PERSONAL DATA ACCESS ▪ PERSONAL DATA MODIFICATION ▪ SECURITY EVENT	Protokolliert Aktionen in SAP-HANA-XSA-Anwendungen. In XSA-Eigenentwicklungen sollte das Erzeugen dieser Meldungen integriert werden.
Authentication Provider Management ▪ ALTER JWT PROVIDER ▪ ALTER LDAP PROVIDER ▪ ALTER SAML PROVIDER ▪ CREATE JWT PROVIDER ▪ CREATE LDAP PROVIDER ▪ CREATE SAML PROVIDER ▪ DROP JWT PROVIDER ▪ DROP LDAP PROVIDER ▪ DROP SAML PROVIDER ▪ VALIDATE LDAP PROVIDER	Protokolliert Aktionen (Anlegen, Ändern, Löschen) zu den Authentifizierungs-Providern: ▪ JSON Web Token ▪ LDAP-Anbindungen ▪ SAML-Provider
Backup Deletion ▪ BACKUP CATALOG DELETE	Protokolliert das Löschen von Backups inklusive der Dateien im Betriebssystem.
Certificates and PSE Store ▪ ALTER PSE ▪ CREATE CERTIFICATE ▪ CREATE PSE ▪ DROP CERTIFICATE ▪ DROP PSE	Protokolliert das Anlegen und Löschen von Zertifikaten sowie die Pflege der Trust Stores (PSE, *Personal Security Environment*).
Clientside Encryption ▪ ALTER CLIENTSIDE ENCRYPTION COLUMN KEY ▪ CREATE CLIENTSIDE ENCRYPTION COLUMN KEY ▪ CREATE CLIENTSIDE ENCRYPTION KEYPAIR ▪ DROP CLIENTSIDE ENCRYPTION COLUMN KEY ▪ DROP CLIENTSIDE ENCRYPTION KEYPAIR	Protokolliert Aktionen der *Clientside Data Encryption*. Bei dieser Verschlüsselung kann die Entschlüsselung nur durch den SAP-HANA-Client erfolgen. Ohne Zugriff auf den Client können die Daten auf dem Server nicht entschlüsselt werden.

Tabelle 11.6 Protokollierbare Aktionen des Auditings (Forts.)

Aktion	Beschreibung
Data Definition ■ ALTER <DDL-Element> ■ CREATE <DDL-Element> ■ DROP <DDL-Element> ■ REFRESH <DDL-Element> ■ RENAME <DDL-Element>	Protokolliert alle Aktionen, mit denen Datenbankelemente angelegt, gelöscht oder geändert werden. DDL-Elemente sind u. a.: ■ Functions ■ Indexes ■ Procedures ■ Schemas ■ Tabellen ■ Trigger ■ Views ■ Workload Mappings
Data Provisioning ■ ALTER <Interface> ■ CREATE <Interface> ■ DROP <Interface>	Protokolliert Aktionen im Rahmen der Schnittstellenverwaltung: ■ Adapter ■ Agenten ■ Agent Groups ■ Remote Sources ■ Remote Subscriptions
Data Query and Manipulation ■ DELETE ■ EXECUTE ■ INSERT ■ SELECT ■ UPDATE	Protokolliert die SQL-Statements, mit denen Daten gepflegt bzw. Funktionen ausgeführt werden können. Hierüber können z. B. Zugriffe auf sensible Daten protokolliert werden. Dafür sind zusätzlich die Objekte (Tabellen, Views, Funktionen, Prozeduren) anzugeben. Eine Protokollierung der Zugriffe auf alle Objekte ist nicht ratsam, da hierdurch eine große Menge von Protokolleinträgen erzeugt wird.
Granting and Revoking of Authorizations ■ GRANT ANY ■ GRANT APPLICATION PRIVILEGE ■ GRANT PRIVILEGE ■ GRANT ROLE ■ GRANT STRUCTURED PRIVILEGE ■ REVOKE ANY ■ REVOKE APPLICATION PRIVILEGE ■ REVOKE PRIVILEGE ■ REVOKE ROLE ■ REVOKE STRUCTURED PRIVILEGE	Protokolliert die Zuordnung und den Entzug von Berechtigungen: ■ Zuordnung/Entzug von Privileges zu Benutzern und Rollen ■ Zuordnung/Entzug von Rollen zu Benutzern und Rollen ■ Zuordnung/Entzug von Application Privileges zu Benutzern und Rollen ■ Zuordnung/Entzug von Analytic Privileges zu Benutzern und Rollen Um alle Zuordnungen zu protokollieren, wählen Sie die Aktionen GRANT ANY und REVOKE ANY aus.

Tabelle 11.6 Protokollierbare Aktionen des Auditings (Forts.)

Aktion	Beschreibung
License Deletion ▪ UNSET SYSTEM LICENSE	Protokolliert das Löschen von Lizenzen.
License Installation ▪ SET SYSTEM LICENSE	Protokolliert das Installieren von Lizenzen.
Operations on Multitenant Databases ▪ ALTER DATABASE ▪ CREATE DATABASE ▪ DROP DATABASE ▪ RENAME DATABASE ▪ START DATABASE ▪ STOP DATABASE	Protokolliert Aktionen auf Tenant-Datenbanken: ▪ Anlegen/Ändern/Löschen von Tenant-Datenbanken ▪ Umbenennen von Tenant-Datenbanken ▪ Starten/Stoppen von Tenant-Datenbanken
Repository Content Operations ▪ ACTIVATE REPOSITORY CONTENT ▪ EXPORT REPOSITORY CONTENT ▪ IMPORT REPOSITORY CONTENT	Protokolliert Aktionen im Repository: ▪ Aktivieren von Repository-Content ▪ Exportieren von Repository-Content ▪ Importieren von Repository-Content
SAP HANA Dynamic Tiering ▪ ALTER EXTENDED STORAGE ▪ CREATE EXTENDED STORAGE ▪ DROP EXTENDED STORAGE	Protokolliert Aktionen im Rahmen des *SAP HANA Dynamic Tiering*. Der SAP-HANA-Hauptspeicher kann erweitert werden, indem selten benutzte (»warme«) Daten persistent auf Festplatten ausgelagert werden. Diese Festplatten werden von SAP HANA als Teil des Hauptspeichers verwaltet.
Session Management and System Configuration ▪ CANCEL SESSION ▪ CONNECT ▪ DISCONNECT SESSION ▪ STOP SERVICE ▪ SYSTEM CONFIGURATION CHANGE ▪ VALIDATE USER	Protokolliert folgende Aktionen: ▪ An- und Abmeldungen ▪ Stoppen von Services ▪ Ändern von Systemparametern (SYSTEM CONFIGURATION CHANGE) ▪ Prüfen des Kennworts eines Benutzers (VALIDATE USER)
Structured Privilege Management ▪ ALTER STRUCTURED PRIVILEGE ▪ CREATE STRUCTURED PRIVILEGE ▪ DROP STRUCTURED PRIVILEGE	Protokolliert die Verwaltung (Anlegen/Ändern/Löschen) von Analytic Privileges.

Tabelle 11.6 Protokollierbare Aktionen des Auditings (Forts.)

Aktion	Beschreibung
User and Role Management ■ ALTER ROLE ■ ALTER USER ■ ALTER USERGROUP ■ CREATE ROLE ■ CREATE USER ■ CREATE USERGROUP ■ DROP ROLE ■ DROP USER ■ DROP USERGROUP	Protokolliert die Benutzer- und Rollenpflege: ■ Anlegen/Ändern/Löschen von Benutzern ■ Anlegen/Ändern/Löschen von Katalogrollen ■ Anlegen/Ändern/Löschen von Benutzergruppen
Volume Encryption ■ ALTER <APPLICATION/BACKUP/LOG/PERSISTENCE> ENCRYPTION <ROOT KEY> ■ ALTER ROOT KEYS BACKUP PASSWORD ■ ENCRYPTION CONFIG CONTROL ■ TENANT <BACKUP/LOG/PERSISTENCE> ENCRYPTION	Protokolliert Aktionen im Rahmen der Datenverschlüsselung (siehe auch Abschnitt 3.3.8, »Protokollierung von Änderungen an der Verschlüsselung«): ■ Änderungen an der Einstellung der Verschlüsselung zu Applications, Backups, Root Keys, Redo-Logs und persistentem Speicher ■ Änderungen des Kennworts für Backups ■ Änderung der Verantwortlichkeit für Verschlüsselungen in Systemdatenbank und Tenant

Tabelle 11.6 Protokollierbare Aktionen des Auditings (Forts.)

Zur Pflege von Policies ist das System Privilege `AUDIT ADMIN` erforderlich.

11.2.1 Beispiele für Policies

Mit dem Auditing können die unternehmensinternen Anforderungen an die Nachvollziehbarkeit von Aktionen in SAP HANA eingerichtet werden. Nachfolgend habe ich Ihnen einige Beispiele für das Einrichten von Policies aufgeführt.

Tabelle 11.7 zeigt Ihnen als Beispiel die Protokollierung aller Aktionen des Benutzers SYSTEM sowie eines Notfallbenutzers (hier mit dem Namen NOTFALL). Es werden alle Aktionen aufgezeichnet. Dies ist möglich, weil beide Benutzer nicht im Tagesgeschäft genutzt werden. Somit werden nur dann Protokolle erzeugt, wenn Aktionen mit den Benutzern durchgeführt werden.

Policy-Eigenschaft	Einstellung
Audited Action Status	*All* (Protokollierung aller Aktionen)
Audited Actions	`ALL ACTIONS`
Audited Objects	<keine Einschränkung>
Audited Users	SYSTEM, NOTFALL

Tabelle 11.7 Protokollierung des Benutzers SYSTEM und des Notfallbenutzers

Tabelle 11.8 zeigt die Protokollierung von Berechtigungszuordnungen. Durch die Aktionen `GRANT ANY` und `REVOKE ANY` werden alle Änderungen an Privileges und Katalogrollen im Benutzerstammsatz oder in Rollen aufgezeichnet. *Audited Users* sind hier nicht eingeschränkt. Der *Audited Action Status* ist auf *Successful* gestellt. Somit werden erfolgreiche Berechtigungsänderungen bei allen Benutzern protokolliert.

Policy-Eigenschaft	Einstellung
Audited Action Status	*Successful* (Protokollierung erfolgreicher Aktionen)
Audited Actions	`GRANT ANY` `REVOKE ANY`
Audited Objects	<keine Einschränkung>
Audited Users	<keine Einschränkung>

Tabelle 11.8 Protokollierung von Berechtigungszuordnungen

Tabelle 11.9 zeigt eine Policy zur Protokollierung der Tenant-Verwaltung. Es wird sowohl das Anlegen und Ändern von Tenants als auch das Starten und Stoppen von Tenant-Datenbanken protokolliert. Unter *Audited Actions* sind alle Aktionen aufgeführt, die in der Kategorie *Operations on Multitenant Databases* enthalten sind.

Policy-Eigenschaft	Einstellung
Audited Action Status	*Successful* (Protokollierung erfolgreicher Aktionen)

Audited Actions	`ALTER DATABASE`
	`CREATE DATABASE`
	`DROP DATABASE`
	`RENAME DATABASE`
	`START DATABASE`
	`STOP DATABASE`

Tabelle 11.9 Protokollierung der Tenant-Verwaltung

Policy-Eigenschaft	Einstellung
Audited Objects	<keine Einschränkung>
Audited Users	<keine Einschränkung>

Tabelle 11.9 Protokollierung der Tenant-Verwaltung (Forts.)

Tabelle 11.10 zeigt ein Szenario zur Protokollierung von Zugriffen auf das Schema einer SAP-ERP- oder SAP-S/4HANA-Installation. In diesem Schema sind alle Tabellen des Systems und somit alle produktiven Unternehmensdaten enthalten. Der *Audited Action Status* ist hier auf den Wert *All* gesetzt, um auch fehlgeschlagene Zugriffsversuche aufzuzeichnen. Die *Audited Actions* enthalten die Statements, mit denen auf die Tabellen zugegriffen werden kann. In *Audited Objects* ist das Schema des Besitzers der SAP-ERP- bzw. SAP-S/4HANA-Installation eingetragen (hier als Beispiel SAPP01). Somit werden alle Zugriffe auf sein Schema protokolliert. Unter *Audited Users* ist der Benutzer SAPP01 explizit ausgenommen. Damit werden Zugriffe aller anderen Benutzer auf sein Schema aufgezeichnet.

Policy-Eigenschaft	Einstellung
Audited Action Status	*All* (Protokollierung aller Aktionen)

Audited Actions	`DELETE`
	`INSERT`
	`SELECT`
	`UPDATE`

Audited Objects	SAPP01
Audited Users	*Exclude* SAPP01

Tabelle 11.10 Protokollierung des Zugriffs auf ein Schema

11.2.2 Automatisch protokollierte Aktionen

Änderungen an den Einstellungen des Auditings werden automatisch durch die interne Policy *Mandatory Audit Policy* protokolliert, ohne dass dies explizit eingerichtet werden muss. Folgende Aktionen werden protokolliert:

- Anlegen, Ändern und Löschen von Policies:

  ```
  CREATE AUDIT POLICY
  ALTER AUDIT POLICY
  DROP AUDIT POLICY
  ```

- Änderungen an der Konfiguration des Auditings:

```
ALTER SYSTEM ALTER CONFIGURATION ('nameserver.ini','SYSTEM') SET
'auditing configuration', <Parameter> = <Neuer Wert>]
ALTER SYSTEM ALTER CONFIGURATION ('global.ini','DATABASE', <Tenant>) SET
'auditing configuration', <Parameter> = <Neuer Wert>]
```

- Änderung der Authentifizierungsmethoden:

```
ALTER SYSTEM ALTER CONFIGURATION ('global.ini','SYSTEM') SET
('authentication','authentication_methods')= <Authentifizierungsmethoden>
[WITH RECONFIGURE]
ALTER SYSTEM ALTER CONFIGURATION ('global.ini','SYSTEM') UNSET
('authentication','authentication_methods') [WITH RECONFIGURE]
```

- Löschen von Auditing-Einträgen:

```
ALTER SYSTEM CLEAR AUDIT LOG UNTIL <DATUM> | ALL
```

- Ändern des Kennworts des Benutzers SYSTEM in einem Tenant von der Systemdatenbank aus:

```
ALTER DATABASE <Tenant> SYSTEM USER PASSWORD <Kennwort>
```

Diese Aktionen werden als Audit Level *Critical* protokolliert. Somit ist die letzte Aktion (Ändern der Auditing-Konfiguration oder Löschen der Protokolle) grundsätzlich nachvollziehbar, da jeweils nach dem Vorgang erst dieses Protokoll geschrieben wird.

11.2.3 Einrichten von Policies mit dem SAP HANA Cockpit

Zur Pflege von Policies mit dem SAP HANA Cockpit wählen Sie in der Einstiegsseite die App **Resource Directory** aus. Im Resource Directory selektieren Sie dann das System, für welches Sie die Parameter pflegen wollen. Sie gelangen in die Sicht **System Overview** (siehe Abbildung 11.8). Im Feld **Filter by Area** können Sie auf **Security** eingrenzen. Klicken Sie auf den Eintrag **Auditing**, um zur Pflege der Auditing-Konfiguration zu gelangen.

In der Sicht **Auditing** befinden sich drei Register. Hierüber können Sie die Policies einrichten, die Systemparameter für das Auditing setzen und die Auditing-Protokolle auswerten:

- **Audit Policies** (siehe Abbildung 11.9)
- **Configuration** (siehe Abschnitt 11.1, »Konfiguration des Auditings in SAP HANA«)
- **Audit Trail** (siehe Abschnitt 11.3, »Auswertung des Auditings«)

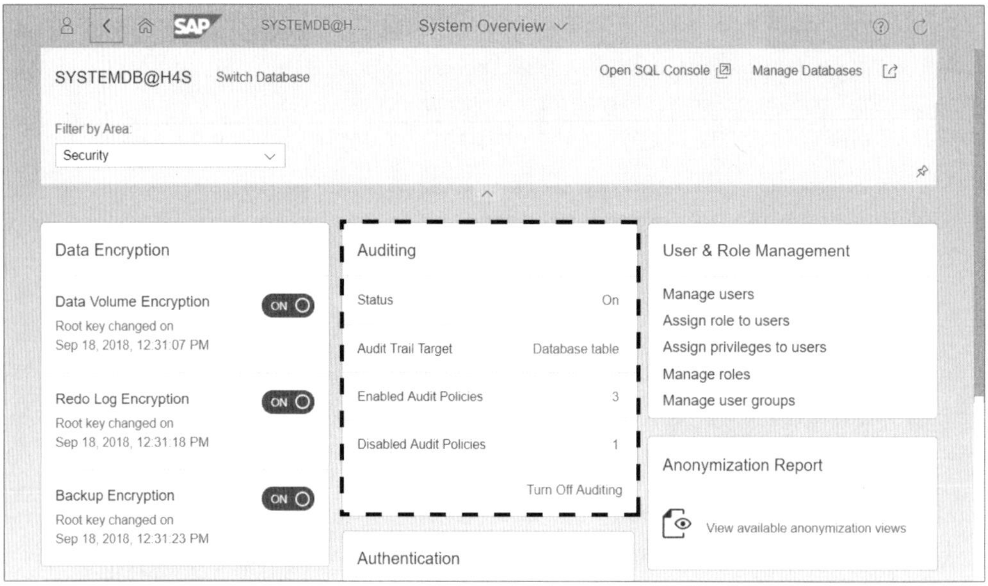

Abbildung 11.8 Aufruf des Auditings im SAP HANA Cockpit

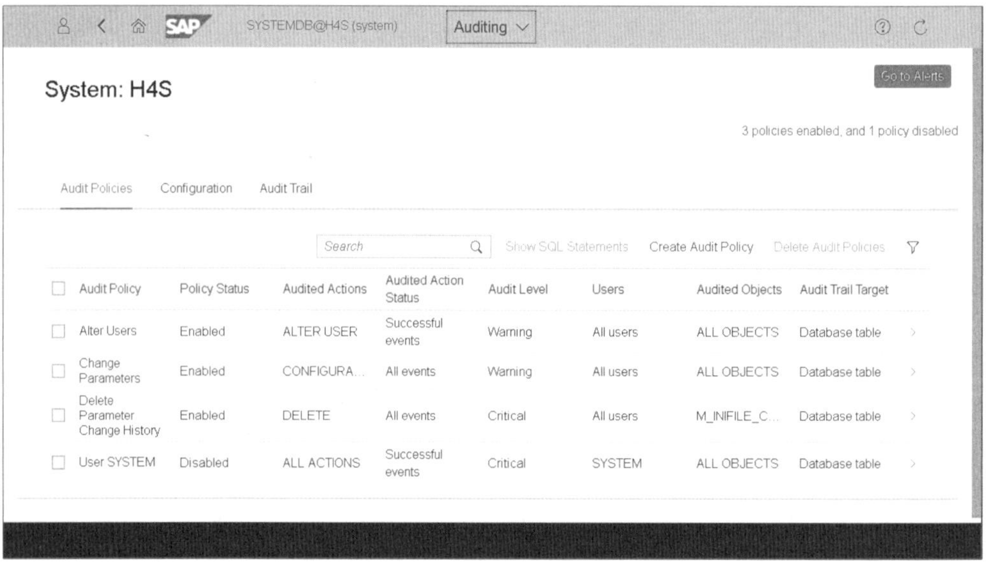

Abbildung 11.9 Übersicht der Policies im SAP HANA Cockpit

In der Übersicht werden alle Policies mit ihren Eigenschaften angezeigt. In der Spalte **Policy Status** wird angezeigt, ob die Policy aktiv (**Enabled**) oder deaktiviert (**Disabled**) ist. Um eine Policy mit allen Eigenschaften anzuzeigen, klicken Sie darauf. Ihnen wird die Policy wie in Abbildung 11.10 angezeigt.

Klicken Sie auf die Schaltfläche **Edit**, um in den Änderungsmodus zu gelangen und die Eigenschaften der Policy zu ändern. Mit der Schaltfläche **Delete** kann die Policy gelöscht werden. Die Schaltfläche **Show SQL Statement** zeigt das SQL-Statement an, mit dem die Policy erstellt wurde (siehe Abbildung 11.11).

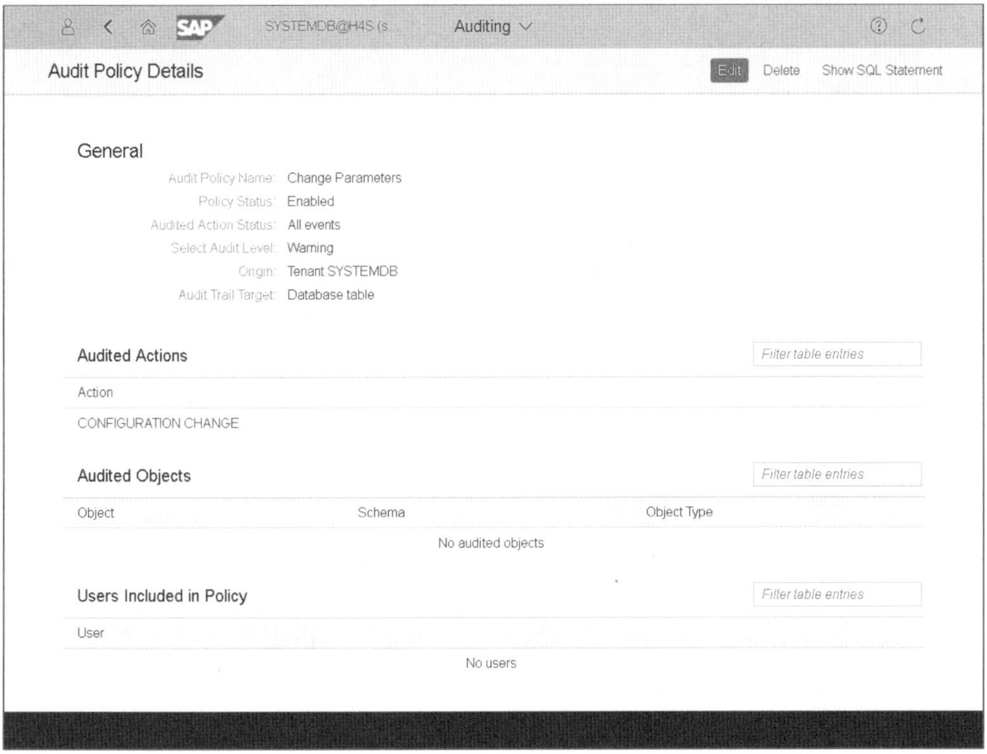

Abbildung 11.10 Anzeige einer Policy

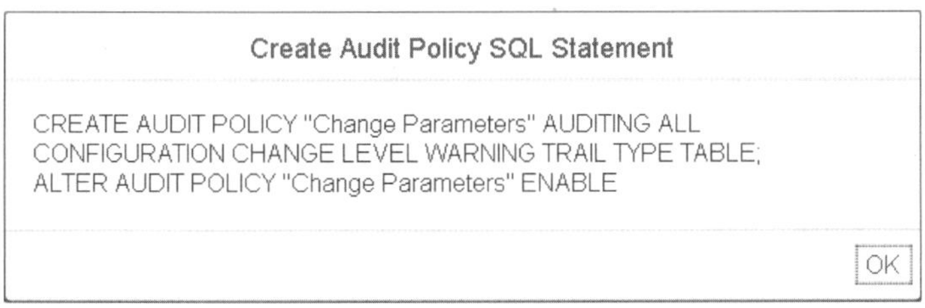

Abbildung 11.11 SQL-Statement zur Anlage der Policy

Um eine neue Policy anzulegen, klicken Sie in der Sicht **Auditing • Audit Policies** auf die Schaltfläche **Create Audit Policy**. Abbildung 11.12 zeigt die Oberfläche zur Anlage der neuen Policy. Geben Sie hier die allgemeinen Informationen im Block **General** an. Mit der Schaltfläche **Add Actions** fügen Sie die Aktionen hinzu, die aufgezeichnet werden sollen. Im Fenster **Selected Actions** wählen Sie die Kategorie aus. Darunter werden Ihnen die Aktionen der jeweiligen Kategorie angezeigt (Abbildung 11.13). Jede Policy kann nur Aktionen einer einzigen Kategorie enthalten.

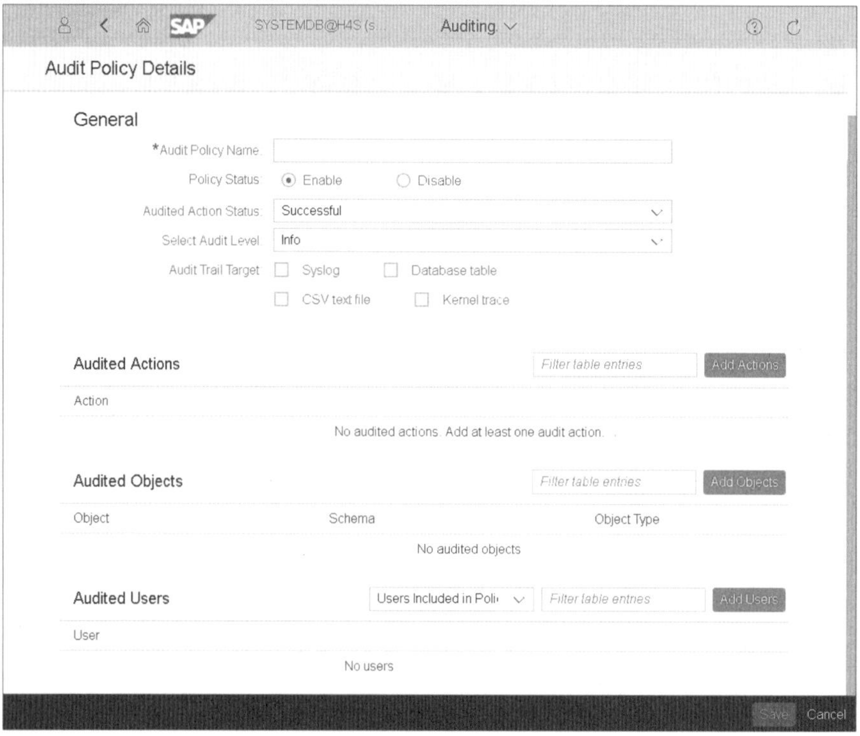

Abbildung 11.12 Anlegen einer neuen Policy

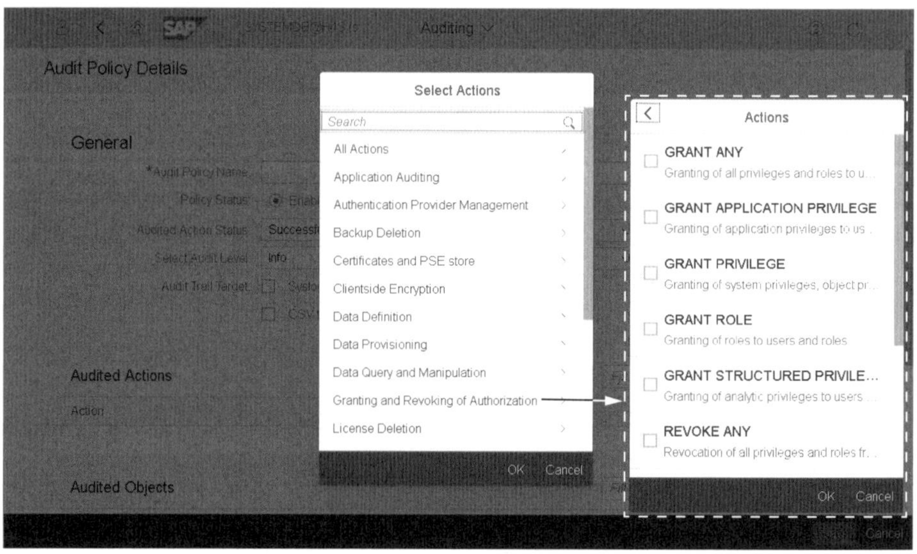

Abbildung 11.13 Einfügen von Aktionen in die Policy

Werden Aktionen ausgewählt, die auf einzelne Datenbankobjekte angewendet werden können (z. B. DDL- oder DML-Statements), kann über die Schaltfläche **Add Objects** die Selektion auf einzelne Objekte eingegrenzt werden. Dies ermöglicht die Nachvollziehbarkeit des Zugriffs auf z. B. sensible Tabellen und Views. Abbildung 11.14 zeigt als Beispiel selektierte Objekte aus dem Schema eines SAP-S/4HANA-Systems. Werden diese Objekte mit SQL-Aktionen wie `SELECT`, `UPDATE` oder `DELETE` überwacht, so sind alle Aktionen an diesen Tabellen in SAP HANA nachvollziehbar.

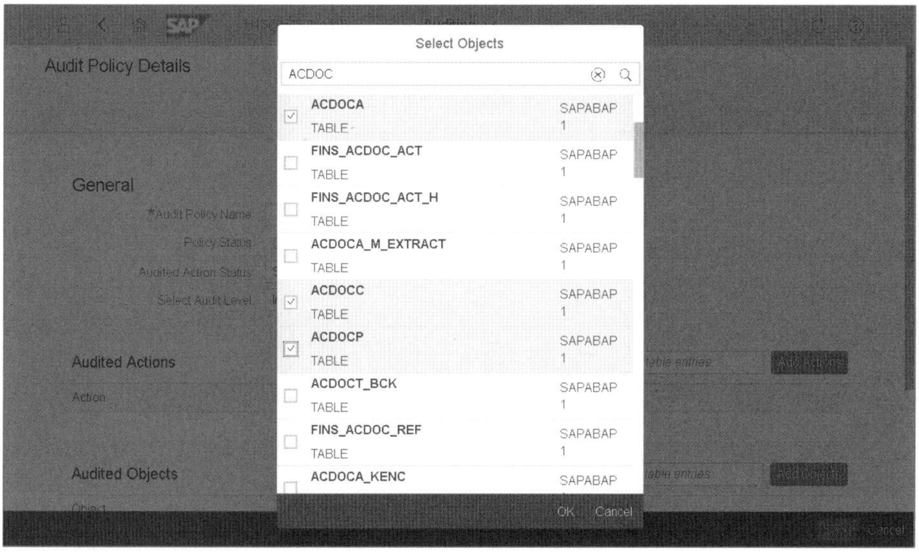

Abbildung 11.14 Einschränkung der Policy auf einzelne Objekte

Jede Policy kann auch auf bestimmte Benutzer eingegrenzt werden. Dabei wird angegeben, ob bestimmte Benutzer explizit protokolliert oder nicht protokolliert werden sollen. Benutzer werden mit der Schaltfläche **Add Users** hinzugefügt. In der Policy kann ausgewählt werden, ob die ausgewählten Benutzer explizit protokolliert oder von der Protokollierung ausgeschlossen werden sollen (Abbildung 11.15):

- **Users Included in Policy:** Nur die hier eingetragenen Benutzer werden protokolliert.
- **Users Excluded from Policy:** Die Aktionen der hier angegebenen Benutzer werden nicht protokolliert.

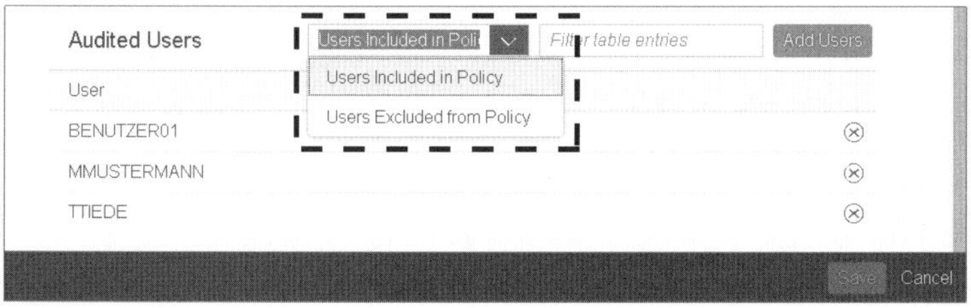

Abbildung 11.15 Einschränkung von Benutzern in der Policy

11.2.4 Einrichten von Policies mit dem SAP HANA Studio

Die Pflege der Policies mit dem SAP HANA Studio kann über die **Security Console** erfolgen. Diese rufen Sie unter dem jeweiligen System über den Pfad **Security • Security** auf. Auf dem Register **Auditing** im Block **Audit Policies** pflegen Sie die Policies (siehe Abbildung 11.16). Eine neue Policy legen Sie mit der Schaltfläche **Create Policy** (+) an. Zum Löschen von Policies markieren Sie diese (Mehrfachauswahl durch Drücken der [Strg]- bzw. [⇧]-Taste), und klicken Sie auf die Schaltfläche **Delete Policy** (✖).

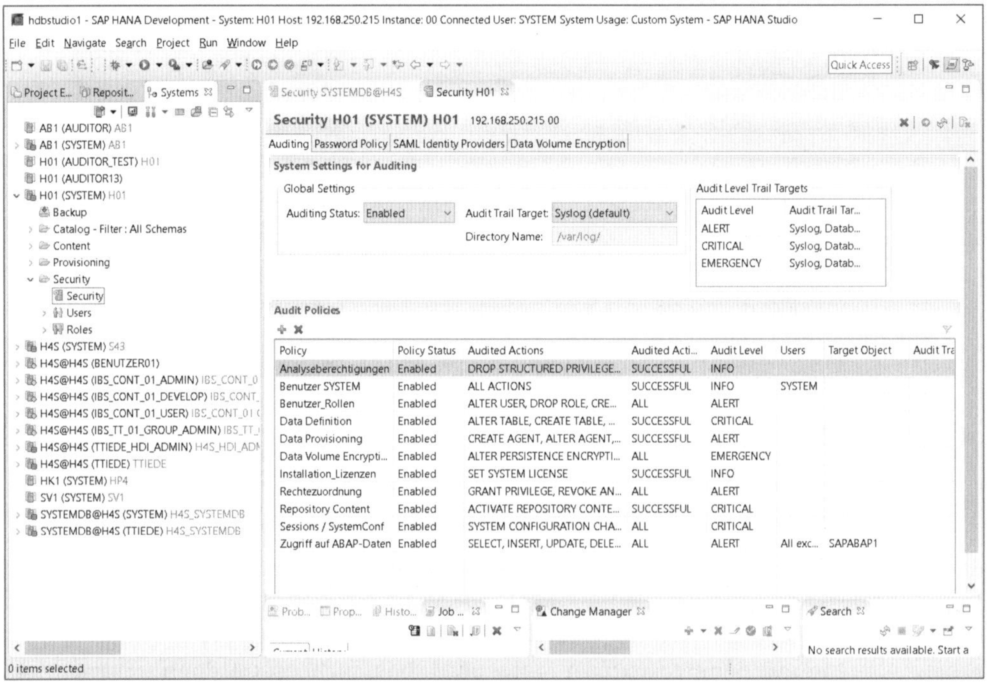

Abbildung 11.16 Pflege von Policies mit dem SAP HANA Studio

Beim Anlegen einer neuen Policy wird eine neue Zeile in die Tabelle eingefügt. Tabelle 11.11 zeigt die einzelnen Felder mit ihren Eingabemöglichkeiten.

Feld	Beschreibung
Policy	Name der Policy
Policy Status	Hier stellen Sie ein, ob die Policy aktiv (**enabled**) oder inaktiv (**disabled**) sein soll.

Tabelle 11.11 Angaben zur Policy im SAP HANA Studio

Feld	Beschreibung
Audited Actions	Wählen Sie hier die Aktionen aus, die protokolliert werden sollen. Klicken Sie in das Feld und dann auf die Schaltfläche **Edit Actions** (...). Es wird das Fenster zur Auswahl der Aktionen angezeigt (siehe Abbildung 11.17). Es können pro Policy nur Aktionen innerhalb einer Kategorie ausgewählt werden.
Audited Action Status	Hier wählen Sie aus, wie die Aktionen protokolliert werden sollen: ▪ **SUCCESSFUL** (nur erfolgreiche Aktionen) ▪ **UNSUCCESSFUL** (nur fehlgeschlagene Aktionen) ▪ **ALL** (alle Aktionen)
Audit Level	Wählen Sie in diesem Feld das Audit Level aus: ▪ **INFO** ▪ **WARNING** ▪ **ALERT** ▪ **CRITICAL** ▪ **EMERGENCY**
Users	Klicken Sie in dieses Feld und dann auf die Schaltfläche **Select Users** (...), um zu protokollierende oder von der Protokollierung auszuschließende Benutzer einzutragen. Abbildung 11.18 zeigt das Auswahlfenster. Hier geben Sie die Benutzernamen im Feld **Selected Items** an. Auch wählen Sie aus, ob die Benutzer protokolliert oder explizit von der Protokollierung ausgeschlossen werden sollen: ▪ **Include selected users in policy** ▪ **Exclude selected users in policy**
Target Object	Wurden zu protokollierende Aktionen ausgewählt, die sich auf Datenbankobjekte beziehen, so kann hier auf Objekte eingegrenzt werden. Klicken Sie in das Feld und dann auf die Schaltfläche **Select Target Objects** (...). Das Fenster **Select Target Objects** wird angezeigt. Wählen Sie hier die zu protokollierenden Datenbankobjekte aus.
Audit Trail Target	Hier wählen Sie aus, wo die Protokolleinträge der Policy gespeichert werden sollen: ▪ *SysLog* ▪ *Database Table* ▪ *CSV Text File*

Tabelle 11.11 Angaben zur Policy im SAP HANA Studio (Forts.)

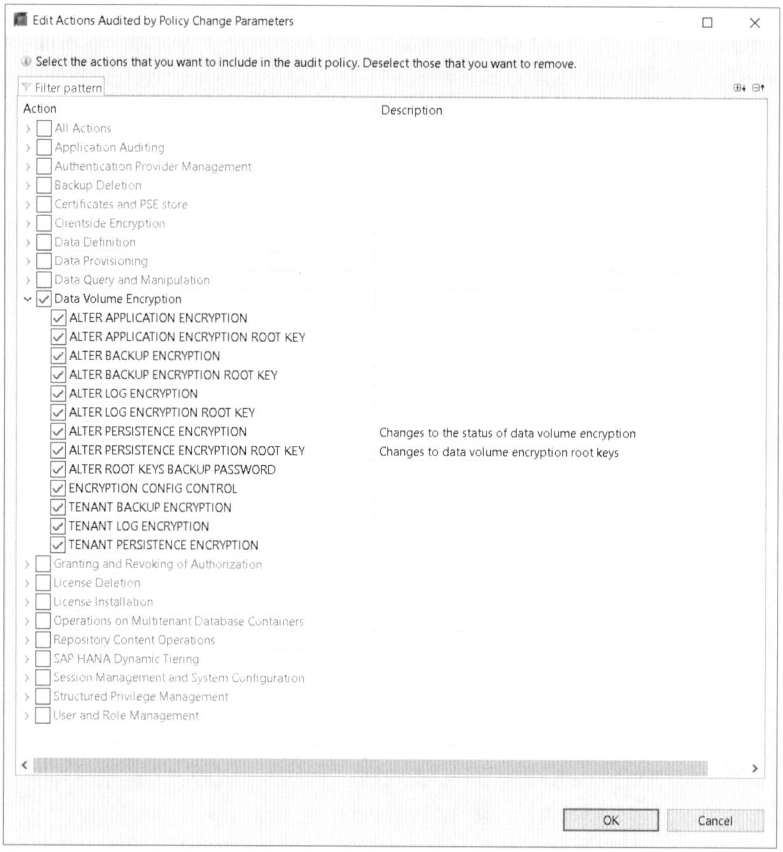

Abbildung 11.17 Auswahl der Aktionen im SAP HANA Studio

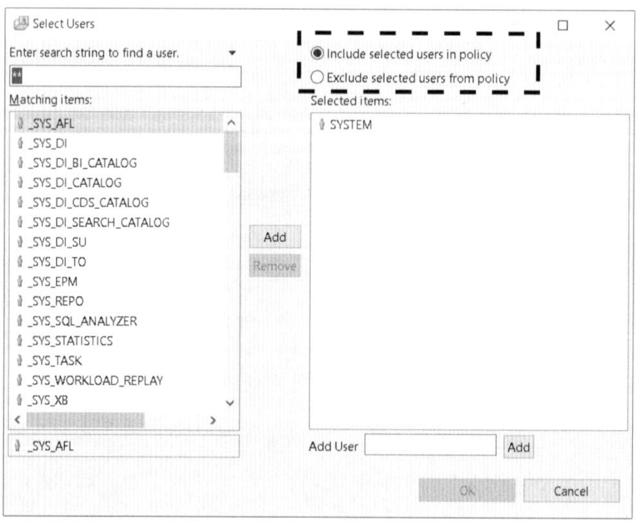

Abbildung 11.18 Auswahl der Benutzer zur Policy

11.2.5 Einrichten von Policies mit SQL

Policies können mit dem SQL-Statement CREATE AUDIT POLICY angelegt werden, siehe Listing 11.2. Tabelle 11.12 zeigt die Parameter des Befehls.

```
CREATE AUDIT POLICY <Policy-Name>
AUDITING <Audit-Status> <Audit Aktionen>
[ON <Objektnamen>] [[EXCEPT] FOR <Benutzernamen>]
LEVEL <Audit-Level> <Audit Trail Type>
```

Listing 11.2 SQL-Statement zur Anlage von Auditing-Policies

Parameter	Beschreibung
<Policy-Name>	Name der Policy
<Audit-Status>	Status der Protokollierung: ▪ SUCCESSFUL (nur erfolgreiche Aktionen) ▪ UNSUCCESSFUL (nur fehlgeschlagene Aktionen) ▪ ALL (alle Aktionen)
<Audit Aktionen>	Zu protokollierende Aktionen. Mehrere Aktionen werden durch Komma getrennt.
[ON <Objektnamen>]	Mit dem Zusatz ON werden die Objekte angegeben, die protokolliert werden sollen.
[[EXCEPT] FOR <Benutzernamen>]	Um Benutzer anzugeben, die protokolliert werden sollen, nutzen Sie den Zusatz FOR, gefolgt von den Benutzernamen. Um Benutzer auszuschließen, verwenden Sie den Zusatz EXCEPT FOR.
<Audit-Level>	Das Level der Policy: ▪ INFO ▪ WARNING ▪ ALERT ▪ CRITICAL ▪ EMERGENCY
<Audit Trail Type>	*(optional)* Audit Trail Type: ▪ TABLE ▪ SYSLOG ▪ CSV

Tabelle 11.12 Parameter des SQL-Statements CREATE AUDIT POLICY

Das folgende Beispiel zeigt das Erstellen einer Policy, die protokolliert, wenn die SQL-Statements DELETE, INSERT, SELECT, UPDATE auf Objekte des Schemas SAPABAP1 angewandt werden (ON "SAPABAP1"."*") und es sich nicht um den Benutzer SAPABAP1 handelt (EXCEPT FOR SAPABAP1). Als Audit-Level ist hier INFO angegeben:

```
CREATE AUDIT POLICY "Access to S/4HANA-Data"
AUDITING SUCCESSFUL DELETE, INSERT, SELECT, UPDATE ON "SAPABAP1"."*" EXCEPT
FOR SAPABAP1
LEVEL INFO
```

Das folgende Statement erstellt eine Policy zur Protokollierung von Änderungen an Systemparametern (CONFIGURATION). Es werden sowohl erfolgreiche als auch fehlgeschlagene Änderungen protokolliert (AUDITING ALL). Als Audit-Level ist hier WARNING angegeben:

```
CREATE AUDIT POLICY "Change Parameters" AUDITING ALL CONFIGURATION CHANGE
LEVEL WARNING
```

Zur Änderung bestehender Policies wird das SQL-Statement ALTER AUDIT POLICY genutzt, siehe Listing 11.3. Tabelle 11.13 zeigt die Parameter des Befehls.

```
ALTER AUDIT POLICY <Policy-Name>
[<Policy Status>]
[RESET TRAIL TYPE]
[SET TRAIL TYPE <Audit Trail Type>]
```

Listing 11.3 SQL-Statement zum Ändern von Auditing-Policies

Parameter	Beschreibung
<Policy-Name>	Name der Policy
<Policy Status>	Aktiviert bzw. deaktiviert die Policy: ▪ ENABLE ▪ DISABLE
RESET TRAIL TYPE	Setzt den Audit Trail Type auf den Standardwert.
SET TRAIL TYPE <Audit Trail Type>	Setzt den Audit Trail Type neu: ▪ TABLE ▪ SYSLOG ▪ CSV

Tabelle 11.13 Parameter des SQL-Statements ALTER AUDIT POLICY

Zur Aktivierung einer Policy verwenden Sie folgendes Statement (der Policy-Name ist hier *Change Parameters*):

```
ALTER AUDIT POLICY "Change Parameters" ENABLE
```

Zum Löschen von Policies verwenden Sie das Statement DROP AUDIT POLICY:

```
DROP AUDIT POLICY <Policy-Name>
```

Das Löschen einer Policy mit dem Namen *Change Parameters* erfolgt folgendermaßen:

```
DROP AUDIT POLICY "Change Parameters"
```

11.2.6 Speicherung der Policies in der Datenbank

Die Policies werden in der View AUDIT_POLICIES gespeichert. Tabelle 11.14 zeigt die Felder der View. Sind viele Policies eingerichtet, bietet diese View einen guten Überblick über alle Policies.

Spalte	Beschreibung
AUDIT_POLICY_NAME	Name der Policy
AUDIT_POLICY_OID	Object ID (nur zur internen Verwendung)
EVENT_STATUS	Zeigt an, was protokolliert werden soll: ▪ ALL EVENTS: alle Ereignisse ▪ SUCCESSFUL EVENTS: nur erfolgreiche Ereignisse ▪ UNSUCCESSFUL EVENTS: nur fehlgeschlagene Ereignisse
EVENT_LEVEL	Das definierte Audit-Level (dient nur zur Einordnung/Auswertung der Protokolleinträge): ▪ EMERGENCY ▪ CRITICAL ▪ ALERT ▪ WARNING ▪ INFO
IS_AUDIT_POLICY_ACTIVE	Die Policy ist aktiv (TRUE/FALSE).
IS_VALID	Die Policy ist gültig (TRUE/FALSE). Eine Policy kann ungültig sein, wenn z. B. ein zu protokollierender Benutzer nicht mehr existiert.
EVENT_ACTION	Aktion, die protokolliert wird
USER_NAME	Benutzer, die protokolliert werden

Tabelle 11.14 Felder der Tabelle AUDIT_POLICIES

Spalte	Beschreibung
EXCEPT_USER_NAME	Benutzer, die explizit von der Protokollierung ausgeschlossen wurden
OBJECT_TYPE	Objekttyp, der protokolliert wird (z. B. SCHEMA oder TABLE)
OBJECT_SCHEMA	Wenn OBJECT_TYPE = SCHEMA, wird hier das zu protokollierende Schema angegeben.
OBJECT_NAME	Wenn OBJECT_TYPE <> SCHEMA, wird hier das zu protokollierende Objekt angegeben.
TRAIL_TYPE	Zeigt an, wo die Protokolleinträge gespeichert werden: ▪ TABLE ▪ SYSLOG ▪ CSV ▪ KERNELTRACE Wird für eine Policy eingestellt, dass sie in verschiedene Ziele geschrieben werden soll, so wird für jedes Ziel ein Datensatz in diese Tabelle geschrieben. Werden alle vier Ziele angegeben, hat die Policy vier Datensätze.

Tabelle 11.14 Felder der Tabelle AUDIT_POLICIES (Forts.)

11.2.7 Das Skript HANA_Security_AuditPolicies

Das Skript `HANA_Security_AuditPolicies` erreichen Sie über die Statement Library im SAP HANA Database Explorer (siehe Abschnitt 1.3.3, »Die SQL Statement Library«) oder als Anlage zum SAP-Hinweis 1969700. Das Skript zeigt die eingerichteten Policies mit ihren Eigenschaften. Abbildung 11.19 zeigt die Ergebnisspalten. Die Bedeutung der Spalten finden Sie in Tabelle 11.15. Die Analyse kann durch das Setzen einiger Parameter verfeinert werden (Tabelle 11.16 zeigt die Möglichkeiten). Um sie zu setzen, suchen Sie im SQL-Statement nach dem Begriff `/* Modification section */`.

	A	B	C	D	E	F	G	H	I	J
1	AUDIT_POLICY	EVENT_STATUS	ACTIVE	VALID	EVENT_ACTION	USER_NAME	EXCEPT_USER_NAME	OBJECT_TYPE	OBJECT_SCHEMA	OBJECT_NAME
2	Access to S/4HANA-Data	SUCCESSFUL EVENTS	TRUE	TRUE	DELETE		SAPABAP1	SCHEMA	SAPABAP1	ALL OBJECTS IN SCHEMA
3	Access to S/4HANA-Data	SUCCESSFUL EVENTS	TRUE	TRUE	UPDATE		SAPABAP1	SCHEMA	SAPABAP1	ALL OBJECTS IN SCHEMA
4	Access to S/4HANA-Data	SUCCESSFUL EVENTS	TRUE	TRUE	SELECT		SAPABAP1	SCHEMA	SAPABAP1	ALL OBJECTS IN SCHEMA
5	Access to S/4HANA-Data	SUCCESSFUL EVENTS	TRUE	TRUE	INSERT		SAPABAP1	SCHEMA	SAPABAP1	ALL OBJECTS IN SCHEMA
6	Alter Users	SUCCESSFUL EVENTS	TRUE	TRUE	ALTER USER	ALL USERS				ALL OBJECTS
7	Alter Users	SUCCESSFUL EVENTS	TRUE	TRUE	ALTER USER	ALL USERS				ALL OBJECTS
8	Change Parameters	ALL EVENTS	TRUE	TRUE	CONFIGURATION CHANGE	ALL USERS				ALL OBJECTS
9	Change Parameters	ALL EVENTS	TRUE	TRUE	CONFIGURATION CHANGE	ALL USERS				ALL OBJECTS
10	Change Parameters	ALL EVENTS	TRUE	TRUE	CONFIGURATION CHANGE	ALL USERS				ALL OBJECTS
11	Change Parameters	ALL EVENTS	TRUE	TRUE	CONFIGURATION CHANGE	ALL USERS				ALL OBJECTS
12	Delete Parameter Change His	ALL EVENTS	TRUE	TRUE	DELETE	ALL USERS		VIEW	SYS	M_INIFILE_CONTENT_HISTORY

Abbildung 11.19 Ergebnis des Skripts »HANA_Security_AuditPolicies«

Spalte	Beschreibung
AUDIT_POLICY	Name der Policy
EVENT_STATUS	Zeigt an, was protokolliert wird: ■ ALL EVENTS ■ SUCCESSFUL EVENTS ■ UNSUCCESSFUL EVENTS
ACTIVE	Zeigt an, ob die Policy aktiv (TRUE) oder inaktiv (FALSE) ist.
VALID	Die Policy ist gültig (TRUE/FALSE). Eine Policy kann ungültig sein, wenn z. B. ein zu protokollierender Benutzer nicht mehr existiert.
EVENT_ACTION	Aktion, die protokolliert wird
USER_NAME	Benutzer, die protokolliert werden
EXCEPT_USER_NAME	Benutzer, die explizit von der Protokollierung ausgeschlossen wurden
OBJECT_TYPE	Objekttyp, der protokolliert wird (z. B. SCHEMA oder TABLE)
OBJECT_SCHEMA	Wenn OBJECT_TYPE = SCHEMA, wird hier das zu protokollierende Schema angegeben.
OBJECT_NAME	Wenn OBJECT_TYPE <> SCHEMA, wird hier das zu protokollierende Objekt angegeben.

Tabelle 11.15 Spalten des Skripts »HANA_Security_AuditPolicies«

Parameter	Beschreibung
AUDIT_POLICY_NAME	Standardwert: '%' Selektionsmöglichkeit nach bestimmten Policies
EVENT_ACTION	Standardwert: '%' Selektion nach Art der zu protokollierenden Events. 'SUCCESSFUL EVENTS' zeigt nur Einträge, die bei erfolgreichen Events protokolliert werden.
SCHEMA_NAME	Standardwert: '%' Selektion nach Schemata
OBJECT_NAME	Standardwert: '%' Selektion nach Objekten, z. B. Tabellen oder Views

Tabelle 11.16 Selektionsparameter des Skripts »HANA_Security_AuditPolicies«

11.3 Auswertung des Auditings

Die Protokolleinträge des Auditings können in verschiedenen Zielen gespeichert werden. In den meisten Fällen werden die Protokolle im SysLog des UNIX-Systems gespeichert und gleichzeitig auch in der Tabelle der Datenbank (View AUDIT_LOG). Die Auswertung der im UNIX-SysLog gespeicherten Protokolle stelle ich Ihnen in Abschnitt 11.3.5, »Auswertung des Auditings im UNIX SysLog«, vor. Für die Auswertung der View AUDIT_LOG steht im SAP HANA Cockpit eine eigene Oberfläche zur Verfügung (siehe Abschnitt 11.3.3, »Auswertung des Auditings mit dem SAP HANA Cockpit«). Im SAP HANA Studio wird die View mit dem SQL-Editor angezeigt (siehe Abschnitt 11.3.4, »Auswertung des Auditings mit SQL«).

Eine Berechtigung zur reinen Auswertung des Auditings gibt es bis SAP HANA SPS 03 nicht. Es wird entweder das System Privilege AUDIT ADMIN oder das System Privilege AUDIT OPERATOR benötigt. Ab SAP HANA 2.0 SPS 04 ist das System Privilege AUDIT READ verfügbar, mit dem eine Leseberechtigung auf die Views AUDIT_LOG, XSA_AUDIT_LOG und ALL_AUDIT_LOG vergeben wird. Mit dem System Privilege AUDIT ADMIN können noch folgende Befehle genutzt werden:

- CREATE AUDIT POLICY
- ALTER AUDIT POLICY
- DROP AUDIT POLICY

Das System Privilege AUDIT OPERATOR berechtigt außerdem zum Löschen von Auditing-Einträgen:

```
ALTER SYSTEM CLEAR AUDIT LOG
```

11.3.1 Die Views AUDIT_LOG und ALL_AUDIT_LOG

Werden die Protokolle in der Datenbank gespeichert, stehen sie in der View SYS.AUDIT_LOG (Public View AUDIT_LOG). Tabelle 11.17 zeigt die Felder der View. Auch mit der View SYS.ALL_AUDIT_LOG können die Protokolleinträge angezeigt werden. Diese View kombiniert die Einträge des Datenbank-Auditings mit dem XSA-Auditing (View XSA_AUDIT_LOG), siehe Abschnitt 11.5, »Auditing in SAP HANA XSA«. Tabelle 11.18 zeigt die zusätzlichen Felder der View ALL_AUDIT_LOG zur View AUDIT_LOG.

Feld	Beschreibung
TIMESTAMP	Zeitstempel (Datum, Uhrzeit)
HOST	Name des Hosts, auf dem das Event aufgetreten ist
PORT	Port-Adresse des Servers

Tabelle 11.17 Die Felder der View AUDIT_LOG

Feld	Beschreibung
SERVICE_NAME	Name des aufgerufenen Services
CONNECTION_ID	ID der Verbindung
CLIENT_HOST	Name des Rechners, von dem aus der Eintrag erzeugt wurde
CLIENT_IP	IP-Adresse des Rechners, von dem aus der Eintrag erzeugt wurde
CLIENT_PID	Process-ID des Client-Prozesses
CLIENT_PORT	Port-Nummer des Client-Prozesses
USER_NAME	Benutzer, der mit der Datenbank verbunden war
STATEMENT_USER_NAME	Benutzer, der den Eintrag erzeugt hat
APPLICATION_NAME	Anwendung, die den Protokolleintrag erzeugt hat
APPLICATION_USER_NAME	Benutzername in der auslösenden Anwendung
XS_APPLICATION_USER_NAME	Benutzername in der auslösenden XS-Anwendung
AUDIT_POLICY_NAME	Name der Audit-Policy; der Eintrag MandatoryAudit-Policy zeigt an, dass die Auditing-Konfiguration geändert wurde.
EVENT_STATUS	Gibt an, ob das Ereignis erfolgreich war oder nicht.
EVENT_LEVEL	Zeigt das Audit-Level an: ▪ EMERGENCY ▪ CRITICAL ▪ ALERT ▪ WARNING ▪ INFO
EVENT_ACTION	Aktion, die protokolliert wurde
SCHEMA_NAME	beim Zugriff auf Daten: Schema-Name
OBJECT_NAME	Element, auf welches zugegriffen wurde. Dies können z. B. sein: ▪ USERS (Rechteänderungen) ▪ <Name Audit-Policy> (Änderung einer Audit-Policy) ▪ <Name eines Pakets> (Import/Export/Aktivierung von Repository-Inhalten; Zuordnung von Entwicklerrechten auf dem Paket)

Tabelle 11.17 Die Felder der View AUDIT_LOG (Forts.)

Feld	Beschreibung
PRIVILEGE_NAME	Berechtigung, die zugewiesen wurde
ROLE_SCHEMA_NAME	Schema der betroffenen Rolle
ROLE_NAME	Name der Rolle, die geändert, zugewiesen oder entzogen wurde
GRANTEE_SCHEMA_NAME	Name des Schemas in GRANT-/REVOKE-Statements
GRANTEE	Benutzer oder Rollen, denen Rechte zugewiesen oder entzogen wurden
GRANTABLE	Bei Rechtezuordnung: Das Recht darf weitergegeben werden.
FILE_NAME	Name der geänderten Konfigurationsdatei (z. B. **global.ini**, **indexserver.ini**)
SECTION	Abschnitt der Konfigurationsdatei, in dem die Änderung vorgenommen wurde (z. B. communication, password_policy)
KEY	Eigenschaft, die geändert wurde (z. B. Passwort-Parameter wie minimal_password_length)
PREV_VALUE	alter Wert
VALUE	neuer Wert
STATEMENT_STRING	SQL-Statement, mit dem die Änderung vorgenommen wurde (z. B. create role "ibs_test123")
COMMENT	Zusatzinformationen zum Protokolleintrag
ORIGIN_DATABASE_NAME	Quelldatenbank bei datenbankübergreifenden Queries
ORIGIN_USER_NAME	Benutzername in der Quelldatenbank bei datenbankübergreifenden Queries

Tabelle 11.17 Die Felder der View AUDIT_LOG (Forts.)

Feld	Beschreibung
CREATE_TIME	Zeitstempel des Clients
XSA_MESSAGE_IP	IP-Adresse des aufgetretenen Events
XSA_TENANT	Bezeichnung des XSA-Tenants

Tabelle 11.18 Zusätzliche Felder der View ALL_AUDIT_LOG

Feld	Beschreibung
XSA_UUID	eindeutige Auditing Message ID
XSA_CHANNEL	genutztes Kommunikationsprotokoll (z. B. http, JCO, websockets)
XSA_ATTACHMENT_ID	ID der Anlage zum Programm, welches das Ereignis ausgelöst hat
XSA_ATTACHMENT_NAME	Name (Dateiname) der Anlage zum Programm, welches das Ereignis ausgelöst hat
XSA_ORGANIZATION_ID	ID der Organisation
XSA_SPACE_ID	ID des Spaces
XSA_INSTANCE_ID	ID der Instanz
XSA_BINDING_ID	Binding-ID der Instanz an die XSA-Anwendung
XSA_OBJECT	Objekt, das die Daten enthält, auf die zugegriffen wurde
XSA_DATA_SUBJECT	Eigentümer der personenbezogenen Daten, auf die zugegriffen wurde (Events PERSONAL DATA ACCESS und PERSONAL DATA MODIFICATION)

Tabelle 11.18 Zusätzliche Felder der View ALL_AUDIT_LOG (Forts.)

11.3.2 Konzept zur Auswertung

Sie benötigen ein Konzept zum Auditing, in dem Themen wie Konfigurationsvorgaben, Verantwortlichkeiten, Auswertezyklen und Aufbewahrungszeiträume geregelt sind. Dies umfasst mindestens die Erstellung eines Konzepts zur Protokollierung:

- Gibt es gesetzliche Anforderungen für die Protokollierung?
- Gibt es unternehmensspezifische Anforderungen für die Protokollierung?
- Was muss/soll protokolliert werden?
- Wie lange müssen/sollen die Daten aufbewahrt werden?

Darüber hinaus wird ein Sicherungskonzept für die Protokolldaten benötigt. Im Rahmen dieses Konzepts muss für die regelmäßige Auswertung mindestens definiert werden:

- Was soll regelhaft ausgewertet werden?
- Wer ist für die Auswertungen verantwortlich?
- Können die Auswertungen automatisiert werden?

- Werden die Auswertungen ausreichend dokumentiert?
- Existieren Eskalationsstufen für die Ergebnisse der Auswertung?

Sollen personifizierte Benutzerkonten protokolliert werden, muss dies von den Anwendern genehmigt und eventuell mit dem Betriebsrat abgestimmt werden.

11.3.3 Auswertung des Auditings mit dem SAP HANA Cockpit

Zur Auswertung des Auditings mit dem SAP HANA Cockpit wählen Sie in der Einstiegsseite die App **Resource Directory** aus. Im Resource Directory wählen Sie dann das System aus, für welches Sie die Parameter pflegen wollen. Sie gelangen in die Sicht **System Overview** (siehe Abbildung 11.20). Im Feld **Filter by Area** können Sie auf **Security** eingrenzen. Klicken Sie auf den Eintrag **Auditing**, um zur Pflege der Auditing-Konfiguration zu gelangen. In der Sicht **Auditing** klicken Sie auf das Register **Audit Trail**. Ihnen werden die Protokolleinträge angezeigt, wie in Abbildung 11.21 zu sehen.

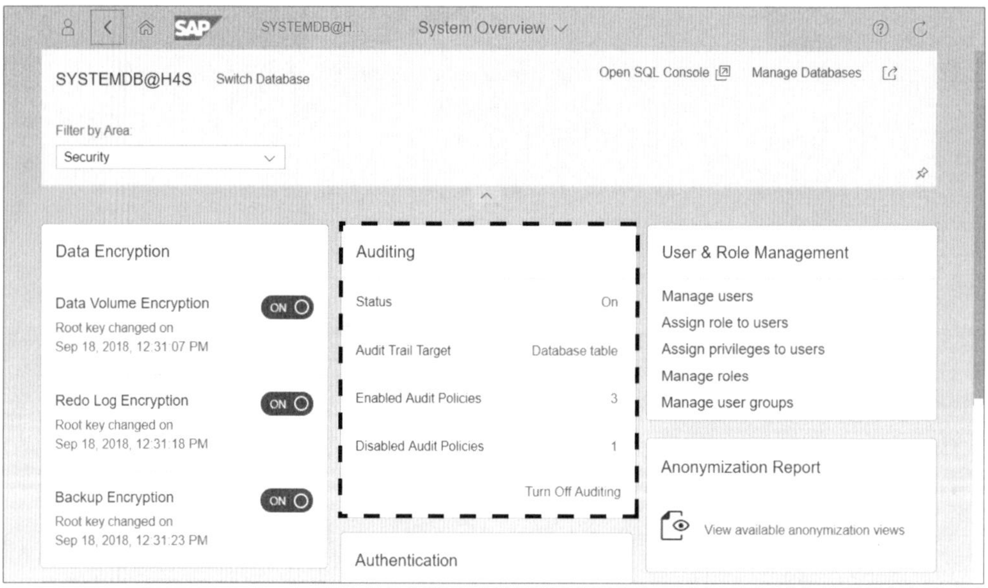

Abbildung 11.20 Aufruf des Auditings mit dem SAP HANA Cockpit

Die Einträge können mit der Schaltfläche **Settings** (⚙) konfiguriert und eingegrenzt werden. Das Fenster **View Setting** wird angezeigt. Im Register **Columns** legen Sie fest, welche Spalten angezeigt werden sollen (siehe Abbildung 11.22). Die Reihenfolge, in der die Spalten angezeigt werden, legen Sie mit den Schaltflächen gemäß Tabelle 11.19 fest.

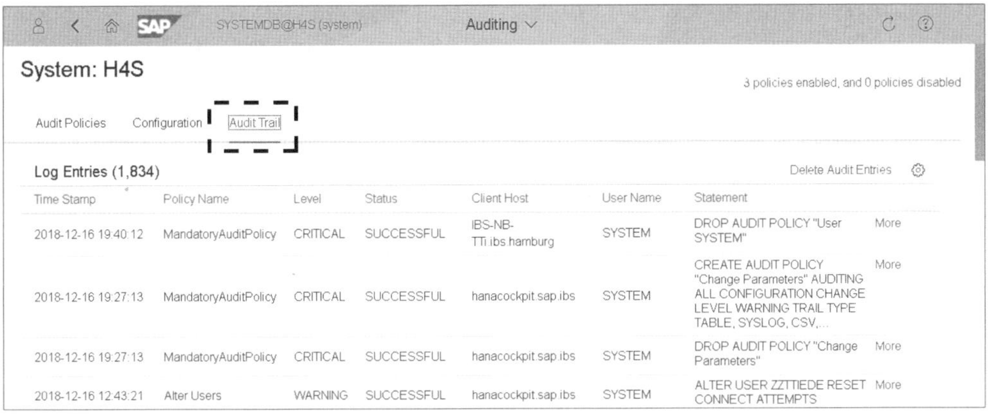

Abbildung 11.21 Anzeige der Protokolleinträge des Auditings

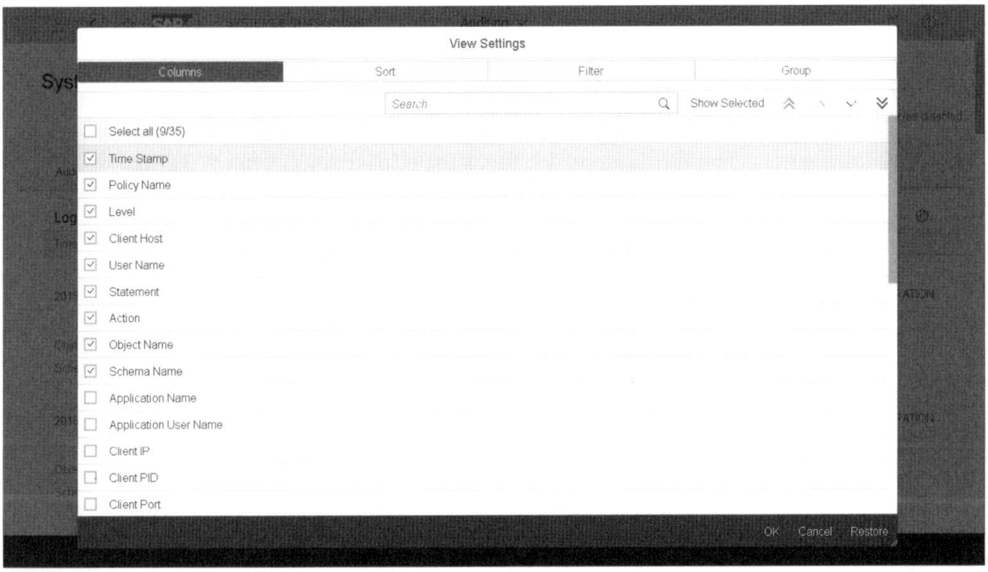

Abbildung 11.22 Selektion der anzuzeigenden Spalten

Schaltfläche	Funktion
	markierten Eintrag an den Anfang stellen
	markierten Eintrag eine Position nach oben schieben
	markierten Eintrag eine Position nach unten schieben
	markierten Eintrag ans Ende stellen

Tabelle 11.19 Konfiguration der Spalten

Im Register **Sort** des Fensters **View Settings** legen Sie die Sortierung der Protokolleinträge fest (siehe Abbildung 11.23). Mit der Schaltfläche **Add Sort Criterion** (+) fügen Sie eine neue Zeile hinzu, mit der Schaltfläche **Remove Sort Criterion** (⊗) löschen Sie eine Zeile.

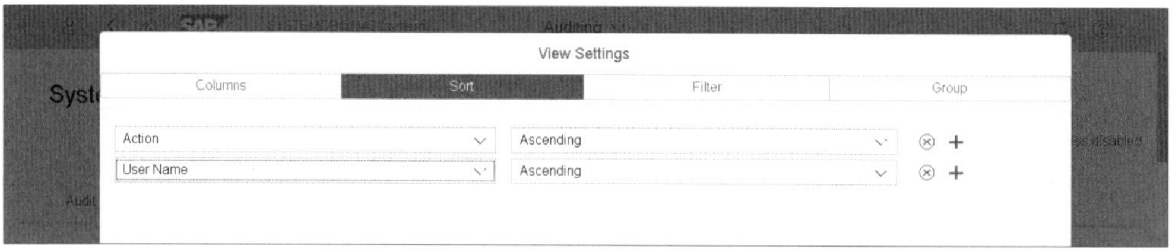

Abbildung 11.23 Sortierung der Protokollanzeige

Filtern können Sie die Ergebnisse im Register **Filter**. Mit dem Protokollierungskonzept wird auch festgelegt, welche Einträge wie auszuwerten sind. Da das Protokoll eine Vielzahl von Einträgen enthalten kann, kann es hierüber je nach Fragestellung eingegrenzt werden. So können z. B. der Auswertungszeitraum und die auszuwertenden Aktionen festgelegt werden.

Abbildung 11.24 zeigt ein Beispiel. Im Block **Include** ist der Zeitraum (Feld **Time Stamp**) auf den Monat November 2018 eingegrenzt (**between 2018-11-08 – 2018-11-30**). Im Feld **Schema Name** wird auf den Wert **SAPABAP1** selektiert, um nur Protokolleinträge für dieses Schema anzuzeigen. Im Block **Exclude** wird der Benutzer **SAPABAP1** (Feld **User Name**) ausgegrenzt. Durch diese Selektion werden nur Zugriffe auf das Schema SAPABAP1 angezeigt, die nicht durch den Benutzer SAPABAP1 erfolgt sind.

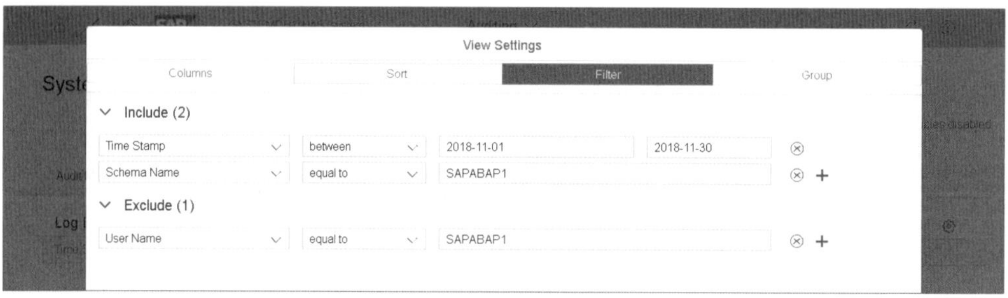

Abbildung 11.24 Filtern von Einträgen

Im Register **Group** kann eingestellt werden, dass die Einträge nach einer bestimmten Eigenschaft gruppiert werden. Abbildung 11.25 zeigt z. B. die Gruppierung nach dem Feld **Action**. Hierdurch werden die Einträge nach den Aktionen gruppiert. Abbildung 11.26 zeigt das Ergebnis. Als Gruppierung ist hier **Action** zu erkennen.

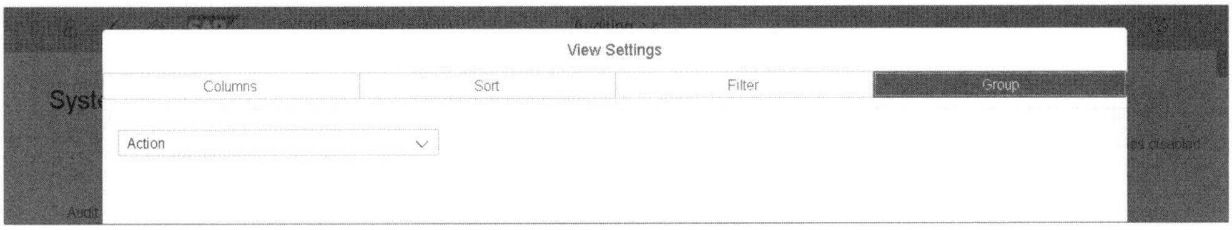

Abbildung 11.25 Gruppierung nach dem Feld »Action«

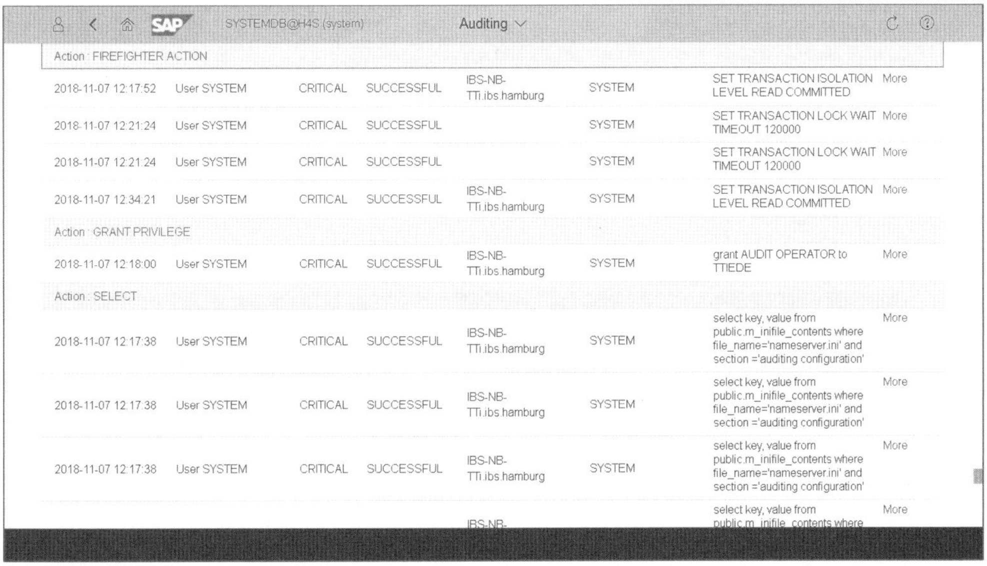

Abbildung 11.26 Gruppierte Protokolleinträge

Um die Konfiguration der Anzeige wieder zurückzusetzen, wählen Sie im Fenster **View Settings** die Schaltfläche **Restore** aus. Damit werden alle in den vier Registern getroffenen Einstellungen zurückgesetzt.

11.3.4 Auswertung des Auditings mit SQL

Die Auswertung per SQL erfolgt direkt durch das Anzeigen der View `AUDIT_LOG`. Das SAP HANA Studio bietet keine eigene Auswertungssicht für das Auditing, hier muss somit SQL genutzt werden. Um alle Einträge des Auditings anzuzeigen, nutzen Sie folgenden Befehl:

```
SELECT * FROM AUDIT_LOG
```

Über die `WHERE`-Klausel können Sie die Anzeige weiter einschränken. Maßgeblich wird die Einschränkung des Auswertungszeitraums sein. Dies erreichen Sie über das Feld `TIMESTAMP`. Das folgende Beispiel schränkt die Anzeige auf den Monat 11-2018 ein:

```
SELECT * FROM AUDIT_LOG WHERE TIMESTAMP LIKE '2018-11%'
```

Für die Anzeige eines größeren Zeitraums nutzen Sie den `BETWEEN`-Operator:

```
SELECT * FROM AUDIT_LOG WHERE TIMESTAMP BETWEEN '2018-06-01' AND '2018-12-31'
```

Hierüber können Sie auf alle Felder der View `AUDIT_LOG` (siehe Abschnitt 11.3.1, »Die Views AUDIT_LOG und ALL_AUDIT_LOG«) zugreifen und selektieren.

11.3.5 Auswertung des Auditings im UNIX SysLog

In welcher Datei die Log-Einträge unter UNIX gespeichert werden, wird in der Datei **/etc/rsyslog.conf** festgelegt. Standardmäßig erfolgt die Speicherung in der Datei **/var/log/messages**. Abbildung 11.27 zeigt den Inhalt der Datei, angezeigt mit dem `cat`-Befehl (`cat /var/log/messages`).

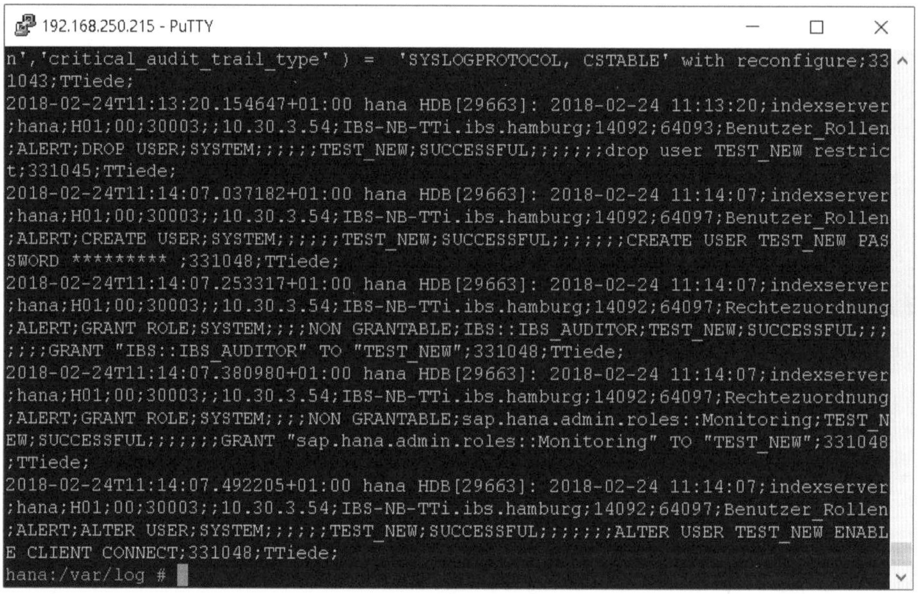

Abbildung 11.27 Die UNIX-Protokolldatei »/var/log/messages«

Das SysLog enthält sowohl die Einträge des UNIX-Systems als auch der HANA-Datenbank. Audit-Einträge der HANA-DB sind daran zu erkennen, dass im ersten Feld das Kürzel *HDB* enthalten ist. Die einzelnen Felder sind durch Semikolon voneinander getrennt, sodass die Datei in beliebige Programme importiert werden kann.

Abbildung 11.28 zeigt beispielhaft die Darstellung nach dem Import in Microsoft Excel (einige Spalten sind ausgeblendet).

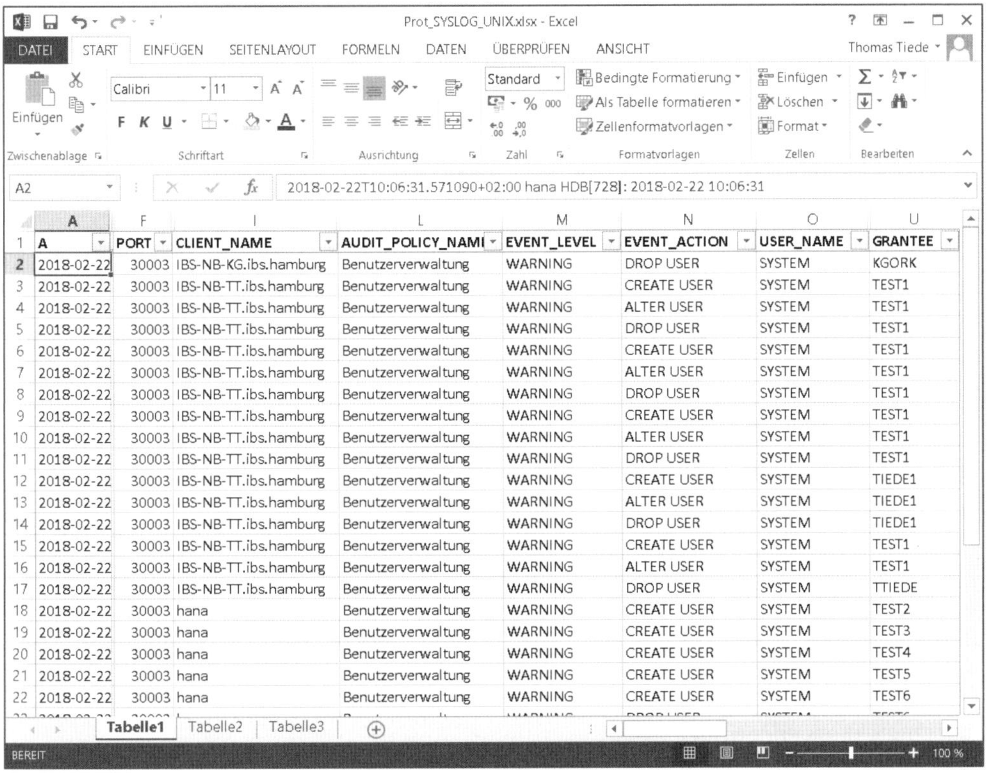

Abbildung 11.28 Anzeige der UNIX-Protokolldatei mit Microsoft Excel

11.4 Löschen von Auditing-Protokollen

Zum Löschen von Auditing-Protokollen wählen Sie in der Einstiegsseite des SAP HANA Cockpits die App **Resource Directory** aus. Im Resource Directory wählen Sie dann das System aus, für welches Sie die Parameter pflegen wollen. Sie gelangen in die Sicht **System Overview**. Im Feld **Filter by Area** können Sie auf **Security** eingrenzen. Klicken Sie auf den Eintrag **Auditing**, um zur Pflege der Auditing-Konfiguration zu gelangen. In der Sicht **Auditing** klicken Sie auf das Register **Audit Trail** und dann auf die Schaltfläche **Delete Audit Entries**. Ihnen wird das Fenster **Delete Audit Entries** angezeigt (siehe Abbildung 11.29).

Hier haben Sie drei Möglichkeiten zur Löschung:

- **Older than ## days:** Löschen von Einträgen, die älter sind als die angegebenen Tage
- **Before <Datum>:** Löschen aller Einträge vor dem angegebenen Datum
- **All entries:** Löschen aller Protokolleinträge

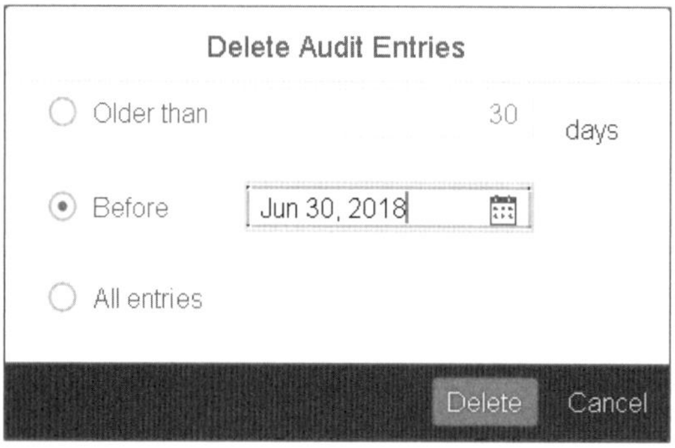

Abbildung 11.29 Löschen von Auditing-Protokollen

Mittels SQL können Auditing-Protokolle mit folgendem Befehl gelöscht werden:

```
ALTER SYSTEM CLEAR AUDIT LOG UNTIL <DATUM> | ALL
```

Zum Löschen der Auditing-Protokolle bis einschließlich 31.12.2018 führen Sie den Befehl folgendermaßen aus:

```
ALTER SYSTEM CLEAR AUDIT LOG UNTIL '2018-12-31 23:59:59'
```

oder

```
ALTER SYSTEM CLEAR AUDIT LOG UNTIL '2019-01-01'
```

Zum Löschen ist das System Privilege `AUDIT OPERATOR` erforderlich.

Ab SAP HANA 2.0 SPS 04 kann eine maximale Aufbewahrungsfrist für Auditing-Einträge definiert werden. Dies erfolgt mit dem Parameter `minimal_retention_period` im Abschnitt `auditing configuration` in der Datei **global.ini**. Er gibt die maximale Aufbewahrungsdauer der Auditing-Protokolleinträge an. Nach Ablauf dieses Zeitraums werden die Einträge automatisch gelöscht. Dieser Parameter ist nur wirksam, wenn die Auditing-Protokolle in die Datenbanktabelle geschrieben werden (Parameter `default_audit_trail_type = CSTABLE`).

11.5 Auditing in SAP HANA XSA

Das Auditing in SAP HANA XSA unterteilt sich in die Protokollierung von Aktionen im SAP HANA XSA Cockpit selbst sowie in den XSA-Anwendungen.

11.5.1 Protokollierung im SAP HANA XSA Cockpit

Die Protokollierung der Aktionen im SAP HANA XSA Cockpit, z. B. die Pflege von Organizations, Spaces und Benutzern, wird in einer Trace-Datei im Betriebssystem gespeichert. Läuft die Datenbank mit dem Isolation Level *low*, wird die Datei von dem Benutzer `<sid>adm` in seinem Trace-Verzeichnis gespeichert. Im Isolation Level *high* erfolgt die Speicherung unter dem tenant-spezifischen Betriebssystembenutzer (siehe Abschnitt 4.5, »High Isolation Level für Tenants«).

Die Aktionen im SAP HANA XSA Cockpit werden in der Datei **hdbxscontroller_audit_#.log** gespeichert. Sie lassen sich die Datei im SAP HANA Database Explorer unter folgendem Pfad anzeigen (siehe Abbildung 11.30):

Database Diagnostic Files - <Tenant> - <Server> - xscontroller

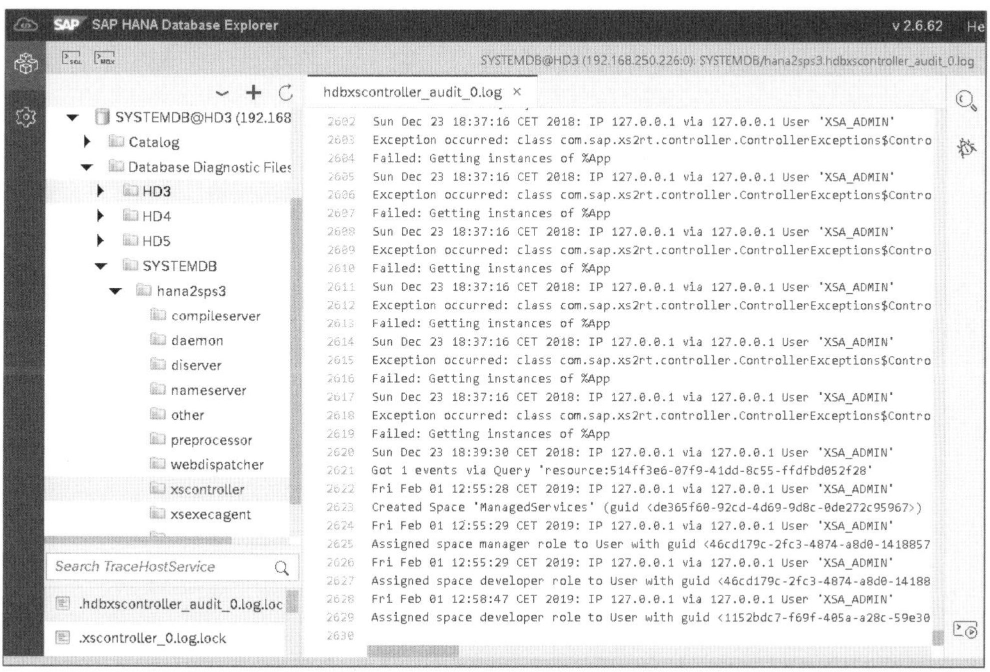

Abbildung 11.30 Protokollierung im SAP HANA XSA

Im Folgenden zeige ich Ihnen einige Beispiele für Einträge in diesem Log. Da es sich um Textdateien auf der UNIX-Ebene handelt, können diese dort auch geändert bzw. gelöscht werden. Um diese Protokolle manipulationssicher zu speichern, sollten sie an einen zentralen Protokollserver bzw. ein SIEM-System (*Security Information and Event Management*) weitergeleitet werden.

- Anlage der neuen Organization *IBS* (Eintrag `Created Org <Name>'`) durch den Benutzer XSA_ADMIN:

```
Fri Dec 21 22:04:07 CET 2018: IP 127.0.0.1 via 127.0.0.1 User 'XSA_ADMIN'
Created Org 'IBS' (guid <2d8ddff9-42ab-49c6-84af-b7eb38c37a66)
```

- Zuordnung eines des Benutzers als *Organization Manager* zur Organization *IBS* (`Made User with … manager of Org 'IBS'`) durch den Benutzer TTIEDE. Welcher Benutzer als Organization Manager zugeordnet wurde, kann durch den Eintrag (`UAA guid <160130>`) ermittelt werden. Dies ist die `USER_ID` aus der View `USERS`. Abbildung 11.31 zeigt den zugehörigen Benutzer (XSA_ADMIN).

```
Fri Dec 21 22:04:08 CET 2018: IP 127.0.0.1 via 127.0.0.1 User 'TTIEDE'
Made User with guid <46cd179c-2fc3-4874-a8d0-1418857c65d8>
(UAA guid <160130>) manager of Org 'IBS' (guid <2d8ddff9-42ab-49c6-84af-
b7eb38c37a66)
```

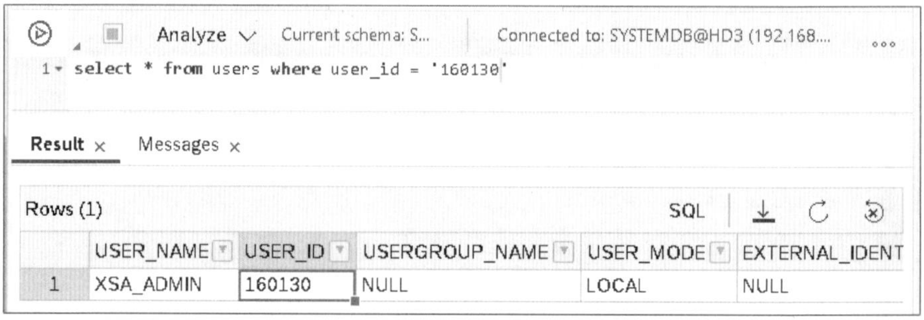

Abbildung 11.31 Ermittlung eines Benutzers über die USER_ID

- Der Eintrag (`Created User`) zeigt an, dass ein neuer Benutzer angelegt wurde, hier mit der USER_ID 173162:

```
Fri Dec 21 22:04:23 CET 2018: IP 127.0.0.1 via 127.0.0.1 User 'XSA_ADMIN'
Created User with guid <5f13a8da-0501-4cdd-b448-
fe7e89d53063> (UAA guid <173162>)
```

- Das Anlegen von Spaces erzeugt den Eintrag `Created Space <Space-Name>`:

```
Fri Dec 21 22:04:54 CET 2018: IP 127.0.0.1 via 127.0.0.1 User 'XSA_ADMIN'
Created Space 'ACADEMY' (guid <2a65c353-b08c-4897-be12-83a9cd782e48>)
of Org 'IBS' (guid <2d8ddff9-42ab-49c6-84af-b7eb38c37a66)
```

- Zu den Spaces können den Benutzern Rollen zugeordnet werden. Das Zuordnen erzeugt den Eintrag `Assigned <Rollenname> role to Use`. Die Rollennamen sind *Space Manager*, *Space Developer* und *Space Auditor*.

```
Fri Dec 21 22:04:54 CET 2018: IP 127.0.0.1 via 127.0.0.1 User 'XSA_ADMIN'
Assigned space manager role to User with guid <46cd179c-2fc3-4874-a8d0-
1418857c65d8> (UAA guid <160130>) in Space 'ACADEMY' (guid <2a65c353-b08c-
4897-be12-83a9cd782e48>) of Org 'IBS' (guid <2d8ddff9-42ab-49c6-84af-
b7eb38c37a66)
```

11.5.2 Protokollierung in SAP-HANA-XSA-Anwendungen

Die Protokollierung von Aktionen innerhalb der XSA-Anwendungen erfolgt über das Auditing. Unterhalb der Kategorie *Application Auditing* können folgende Aktionen protokolliert werden (siehe Abbildung 11.32):

- `CONFIGURATION CHANGE`
- `PERSONAL DATA ACCESS`
- `PERSONAL DATA MODIFICATION`
- `SECURITY EVENT`

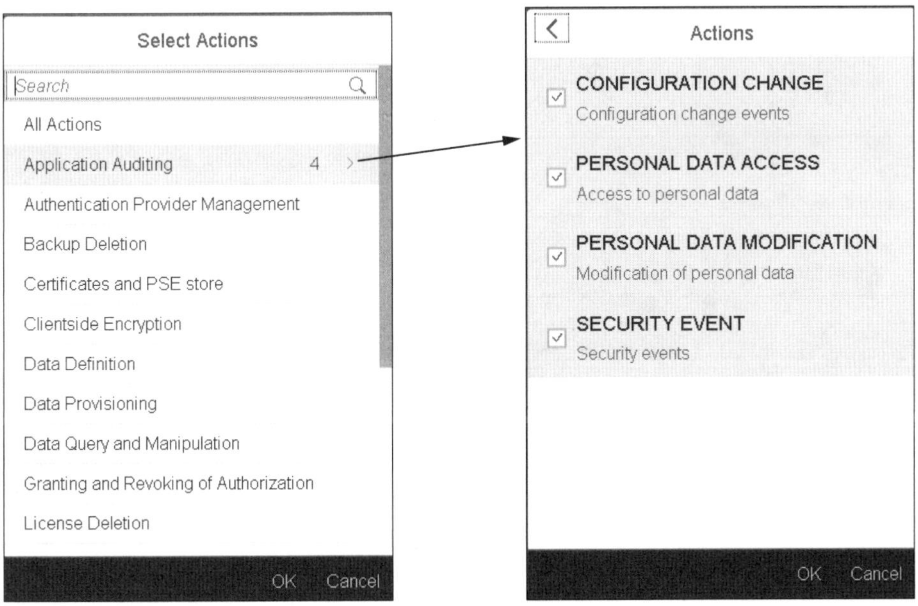

Abbildung 11.32 Application Auditing für SAP HANA XSA

In den XSA-Anwendungen müssen Protokolle für diese Aktionen erzeugt werden. Sowohl node.js- als auch Java-Anwendungen können Auditing-Einträge erzeugen. Dafür ist eine Instanz des Auditlog-Services in das Projekt einzubinden (Datei **mta.yaml**), siehe Abbildung 11.33. Dieser Service kann dann den im Projekt verwendeten Modulen zugeordnet werden (Abbildung 11.34).

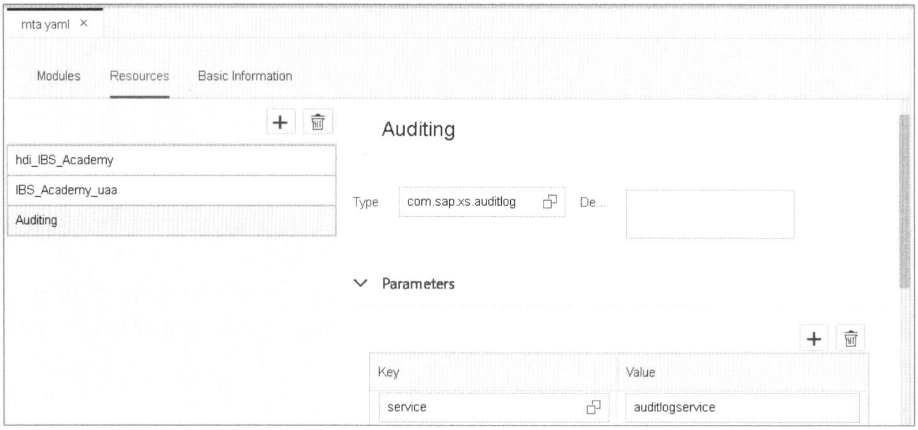

Abbildung 11.33 Auditlog-Service als Ressource zuordnen

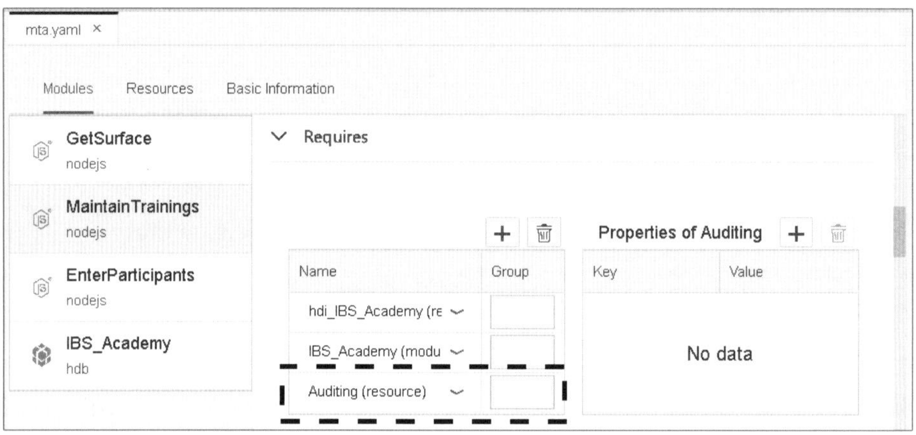

Abbildung 11.34 Zuordnen des Auditlog-Services zu einem Modul

In den Modulen lassen sich nun Auditlog-Einträge erzeugen. In Java können dafür z. B. folgende Funktionen (Klassen) genutzt werden:

- `ConfigurationChangeAuditMessage`

  Mit dieser Klasse wird ein Event vom Typ `CONFIGURATION CHANGE` erzeugt.
- `DataAccessAuditMessage`

  Mit dieser Klasse wird ein Event vom Typ `PERSONAL DATA ACCESS` erzeugt.
- `DataModificationAuditMessage`

  Mit dieser Klasse wird ein Event vom Typ `PERSONAL DATA MODIFICATION` erzeugt.
- `SecurityEventAuditMessage`

  Mit dieser Klasse wird ein Event vom Typ `SECURITY EVENT` erzeugt.

Diese Protokolle können mit der View XSA_AUDIT_LOG ausgewertet werden. Tabelle 11.20 zeigt die Felder dieser View. Hierfür ist das System Privilege AUDIT ADMIN oder AUDIT OPERATOR erforderlich.

Feld	Beschreibung
TIMESTAMP	Zeitstempel (Datum, Uhrzeit)
HOST	Name des Hosts, auf dem das Event aufgetreten ist
PORT	Port-Adresse des Servers
SERVICE_NAME	Name des aufgerufenen Services
CONNECTION_ID	ID der Verbindung
CLIENT_HOST	Name des Rechners, von dem aus der Eintrag erzeugt wurde
CLIENT_IP	IP-Adresse des Rechners, von dem aus der Eintrag erzeugt wurde
CLIENT_PID	Process-ID des Client-Prozesses
CLIENT_PORT	Port-Nummer des Client-Prozesses
USER_NAME	Benutzer, der mit der Datenbank verbunden war
STATEMENT_USER_NAME	Benutzer, der den Eintrag erzeugt hat
APPLICATION_NAME	Anwendung, die den Protokolleintrag erzeugt hat
APPLICATION_USER_NAME	Benutzername in der auslösenden Anwendung
AUDIT_POLICY_NAME	Name der Audit-Policy; der Eintrag MandatoryAuditPolicy zeigt an, dass die Protokolle automatisch erzeugt wurden (siehe Abschnitt 11.2.2, »Automatisch protokollierte Aktionen«)
EVENT_STATUS	Gibt an, ob das Ereignis erfolgreich war oder nicht.
EVENT_LEVEL	Zeigt das Audit-Level an: ▪ EMERGENCY ▪ CRITICAL ▪ ALERT ▪ WARNING ▪ INFO
EVENT_ACTION	Aktion, die protokolliert wurde

Tabelle 11.20 Felder der View XSA_AUDIT_LOG

Feld	Beschreibung
KEY	Eigenschaft, die geändert wurde (z. B. Passwort-Parameter wie minimal_password_length)
PREV_VALUE	alter Wert
VALUE	neuer Wert
STATEMENT_STRING	SQL-Statement, mit dem die Änderung vorgenommen wurde (z. B. create role "ibs_test123").
COMMENT	Zusatzinformationen zum Protokolleintrag
CREATE_TIME	Zeitstempel des Clients
XSA_MESSAGE_IP	IP-Adresse des aufgetretenen Events
XSA_TENANT	Bezeichnung des XSA-Tenants
XSA_UUID	eindeutige Auditing Message ID
XSA_CHANNEL	genutztes Kommunikationsprotokoll (z. B. http, JCO, websockets)
XSA_ATTACHMENT_ID	ID der Anlage zum Programm, welches das Ereignis ausgelöst hat
XSA_ATTACHMENT_NAME	Name (Dateiname) der Anlage zum Programm, welches das Ereignis ausgelöst hat
XSA_ORGANIZATION_ID	ID der Organisation
XSA_SPACE_ID	ID des Spaces
XSA_INSTANCE_ID	ID der Instanz
XSA_BINDING_ID	Binding-ID der Instanz an die XSA-Anwendung
XSA_OBJECT	Objekt, welches die Daten enthält, auf die zugegriffen wurde
XSA_DATA_SUBJECT	Eigentümer der personenbezogenen Daten, auf die zugegriffen wurde (Events PERSONAL DATA ACCESS und PERSONAL DATA MODIFICATION)

Tabelle 11.20 Felder der View XSA_AUDIT_LOG (Forts.)

11.6 Best-Practice-Empfehlungen

In diesem Abschnitt gebe ich Ihnen Beispiele aus der Praxis für verschiedene Anforderungen an die Protokollierung und Nachvollziehbarkeit. Dabei beziehe ich mich auf die Pflege der Policies mit dem SAP HANA Cockpit (siehe Abbildung 11.35). Dabei sind die Angaben zu den Feldern **Audit Policy Name** ❶, **Audited Action Status** ❷ und **Select Audit Level** ❸ lediglich Empfehlungen. Relevant sind die Einträge der Felder **Audited Actions** ❹, **Audited Objects** ❺ und **Audited Users** ❻.

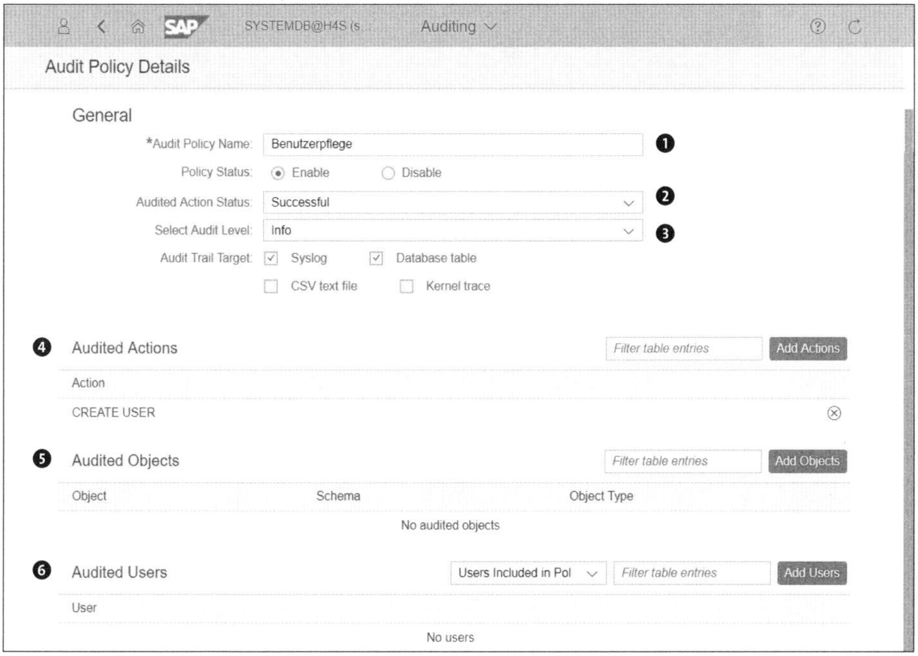

Abbildung 11.35 Definition einer Policy mit dem SAP HANA Cockpit

11.6.1 Pflege von Benutzern

Die Protokollierung der Benutzerverwaltung ist ein wesentliches Element zur Wahrung der Nachvollziehbarkeit von Änderungen in SAP HANA. Ohne diese Aufzeichnung ist es möglich, Benutzerkonten anzulegen und zu löschen, ohne dass dies nachvollziehbar wäre. In SAP NetWeaver wird die Benutzerverwaltung automatisch protokolliert. In SAP HANA ist die Protokollierung gemäß Tabelle 11.21 zu aktivieren. Hiermit werden folgende Aktionen aufgezeichnet:

- Benutzer anlegen, ändern, löschen
- Benutzergruppen anlegen, ändern, löschen
- Benutzern Gruppen zuordnen und aus Gruppen entfernen

Die Protokolle sind für produktive Systeme bzw. den produktiven Systemen vorgelagerte Systeme (Entwicklung, Qualitätssicherung) gemäß § 257 HGB zehn Jahre lang aufzubewahren.

Die Zuordnung von Berechtigungen und Rollen wird hiermit nicht aufgezeichnet. Dies erfolgt über eine Policy, wie in Abschnitt 11.6.3, »Zuordnung von Rollen und Berechtigungen«, dargestellt.

Policy-Eigenschaft	Wert
Audit Policy Name	Benutzerpflege
Audited Action Status	*Successful*
Select Audit Level	*Info*
Audited Actions	Kategorie *User and Role Management*: ▪ ALTER USER ▪ ALTER USERGROUP ▪ CREATE USER ▪ CREATE USERGROUP ▪ DROP USER ▪ DROP USERGROUP
Audited Objects	–
Audited User	–

Tabelle 11.21 Eigenschaften der Policy »Benutzerpflege«

11.6.2 Pflege von Katalog- und HDI-Rollen

Auch die Protokollierung der Rollenpflege ist unerlässlich für die Nachvollziehbarkeit der Nutzung der SAP-HANA-Datenbank. Repository-Rollen werden über die Versionsverwaltung automatisch protokolliert. Für Katalogrollen ist die Protokollierung im Auditing gemäß den Angaben in Tabelle 11.22 zu aktivieren. Damit werden folgende Aktionen aufgezeichnet:

- Anlage neuer Rollen
- Ändern von Rollen
- Löschen von Rollen

Die Protokolle sind für produktive Systeme bzw. den produktiven Systemen vorgelagerte Systeme (Entwicklung, Qualitätssicherung) gemäß § 257 HGB zehn Jahre lang aufzubewahren.

Die Zuordnung der Rollen zu Benutzern wird hiermit nicht aufgezeichnet. Dies erfolgt über eine Policy, wie in Abschnitt 11.6.3, »Zuordnung von Rollen und Berechtigungen«, dargestellt.

Policy-Eigenschaft	Wert
Audit Policy Name	Pflege von Katalogrollen
Audited Action Status	*Successful*
Select Audit Level	■ im Entwicklungssystem: *Info* ■ im Produktivsystem: *Warning*
Audited Actions	Kategorie *User and Role Management*: ■ ALTER ROLE ■ CREATE ROLE ■ DROP ROLE
Audited Objects	–
Audited User	–

Tabelle 11.22 Eigenschaften der Policy »Pflege von Katalogrollen«

11.6.3 Zuordnung von Rollen und Berechtigungen

Benutzern können sowohl Berechtigungen (Privileges) direkt zugeordnet werden als auch über Katalog- und Repository-Rollen. Diese Zuordnungen sind zu protokollieren. Durch eine Policy wie in Tabelle 11.23 werden folgende Aktionen protokolliert:

- Zuordnung und Entzug von allen Privileges (System Privileges, Object Privileges, Package Privileges, Application Privileges und Analytic Privileges)
- Zuordnung und Entzug von Rollen

Die Protokolle sind für produktive Systeme bzw. den produktiven Systemen vorgelagerte Systeme (Entwicklung, Qualitätssicherung) gemäß § 257 HGB zehn Jahre lang aufzubewahren.

Policy-Eigenschaft	Wert
Audit Policy Name	Zuordnung von Berechtigungen
Audited Action Status	*Successful*
Select Audit Level	*Info*
Audited Actions	Kategorie *Granting and Revoking of Authorization*: ■ GRANT ANY ■ REVOKE ANY
Audited Objects	–
Audited User	–

Tabelle 11.23 Eigenschaften der Policy »Zuordnung von Berechtigungen«

11.6.4 Anmeldungen von Benutzern zu ungewöhnlichen Zeiten

Um Anmeldungen zu ungewöhnlichen Zeiten zu ermitteln, ist es erforderlich, die Anmeldungen aller Benutzer aufzuzeichnen (siehe Tabelle 11.24). Die Auswertung muss dann auf Zeiten eingegrenzt werden, zu denen normalerweise keine Anmeldungen am System stattfinden.

Policy-Eigenschaft	Wert
Audit Policy Name	Anmeldungen von Benutzern
Audited Action Status	*All*
Select Audit Level	*Info*
Audited Actions	Kategorie *Session Management and System Configuration*: CONNECT
Audited Objects	–
Audited User	– (kann bei Bedarf auf Benutzer mit hohen Berechtigungen eingegrenzt werden)

Tabelle 11.24 Eigenschaften der Policy »Anmeldungen von Benutzern«

11.6.5 Ändern von Systemparametern

Änderungen an der Konfiguration der SAP-HANA-Datenbank müssen nachvollziehbar sein. Auch viele sicherheitsrelevante Einstellungen werden über Systemparameter gesteuert, wie die SSL-Konfiguration und die Anmeldesicherheit. Über eine Policy wie in Tabelle 11.25 werden alle Änderungen an Systemparametern aufgezeichnet.

Policy-Eigenschaft	Wert
Audit Policy Name	Ändern von Systemparametern
Audited Action Status	*Successful*
Select Audit Level	*Alert*
Audited Actions	Kategorie *Session Management and System Configuration*: SYSTEM CONFIGURATION CHANGE
Audited Objects	–
Audited User	–

Tabelle 11.25 Eigenschaften der Policy »Ändern von Systemparametern«

11.6.6 Protokollierung von Aktionen des Benutzers SYSTEM

Gemäß der Empfehlung des SAP HANA Security Guide sollte der Benutzer SYSTEM gesperrt und nicht für Aktionen im Tagesgeschäft genutzt werden. Die Policy in Tabelle 11.26 protokolliert alle Aktionen des Benutzers SYSTEM. Die Policy kann in dieser Form genutzt werden, wenn der Benutzer SYSTEM nicht für Hintergrundaktionen etc. eingeplant ist. Ansonsten würde das Protokoll, bedingt durch die Einstellung *Audited Actions = ALL ACTIONS*, ein großes Aufkommen an Datensätzen erzeugen.

Policy-Eigenschaft	Wert
Audit Policy Name	Protokollierung von Aktionen des Benutzers SYSTEM
Audited Action Status	*All*
Select Audit Level	*Alert*
Audited Actions	Kategorie *All Actions*: `ALL ACTIONS`
Audited Objects	–
Audited User	SYSTEM

Tabelle 11.26 Eigenschaften der Policy »Protokollierung von Aktionen des Benutzers SYSTEM«

11.6.7 Protokollierung von Aktionen des Notfallbenutzers

Die Protokollierung des Notfallbenutzers (Tabelle 11.27) entspricht der Protokollierung des Benutzers SYSTEM, nur dass hier als *Audited User* der Notfallbenutzer angegeben wird. Das Audit-Level sollte dabei auf *Emergency* gesetzt werden. Auch hier ist es wichtig, dass der Notfallbenutzer nicht für Hintergrundaktionen eingeplant oder im Tagesgeschäft eingesetzt wird, um das Protokollaufkommen gering zu halten.

Policy-Eigenschaft	Wert
Audit Policy Name	Protokollierung von Aktionen des Notfallbenutzers
Audited Action Status	*All*
Select Audit Level	*Emergency*
Audited Actions	Kategorie *All Actions*: `ALL ACTIONS`

Tabelle 11.27 Eigenschaften der Policy »Protokollierung von Aktionen des Notfallbenutzers«

Policy-Eigenschaft	Wert
Audited Objects	–
Audited User	<Name des Notfallbenutzers>

Tabelle 11.27 Eigenschaften der Policy »Protokollierung von Aktionen des Notfallbenutzers« (Forts.)

11.6.8 Ausführung von DDL-Befehlen im Produktivsystem

Anwendungsentwicklung sollte ausschließlich im Entwicklungssystem erfolgen. DDL-Berechtigungen (Data Definition Language) sollten daher in Produktivsystemen nicht vergeben werden. Die Policy gemäß Tabelle 11.28 zeichnet auf, wenn DDL-Aktionen ausgeführt werden.

Policy-Eigenschaft	Wert
Audit Policy Name	Ausführung von DDL-Befehlen im Produktivsystem
Audited Action Status	*Successful*
Select Audit Level	*Emergency*
Audited Actions	Kategorie *Data Definition*: ▪ `ALTER FUNCTION` ▪ `ALTER PROCEDURE` ▪ `ALTER TABLE` ▪ `ALTER VIEW` ▪ `CREATE FUNCTION` ▪ `CREATE PROCEDURE` ▪ `CREATE SCHEMA` ▪ `CREATE TABLE` ▪ `CREATE VIEW` ▪ `DROP FUNCTION` ▪ `DROP PROCEDURE` ▪ `DROP SCHEMA` ▪ `DROP TABLE` ▪ `DROP VIEW`
Audited Objects	–
Audited User	–

Tabelle 11.28 Eigenschaften der Policy »Ausführung von DDL-Befehlen im Produktivsystem«

Sie kann daher sowohl im Produktiv- als auch im Entwicklungssystem genutzt werden. In Produktivsystemen dient sie der Wahrung der Unveränderbarkeit der Daten gemäß § 239 HGB (»Radierverbot«). Im Entwicklungssystem wird die Policy genutzt, um nachzuvollziehen, welche Entwickler welche Elemente gepflegt haben.

11.6.9 Ändern der Einstellung der Verschlüsselung

Nach der Aktivierung der Verschlüsselung der Daten in Produktivsystemen wird diese nur noch in seltenen Fällen deaktiviert. Änderungen an den Einstellungen zur Verschlüsselung müssen aufgezeichnet werden. Mit der Policy in Tabelle 11.29 werden folgende Aktionen protokolliert:

- Änderungen an den Einstellungen zur Verschlüsselung zu Anwendungen, Backups, Redo-Logs und persistenten Daten
- Änderungen des Root Keys für Anwendungen, Backups, Redo-Logs und persistente Daten
- Änderungen an den Einstellungen zur Verschlüsselung zu Backups, Redo-Logs und persistenten Daten für Tenants
- Änderung des Kennworts für Backups
- Änderung der Administration der Verschlüsselungen zwischen Systemdatenbank und Tenant

11

Policy-Eigenschaft	Wert
Audit Policy Name	Ändern der Einstellung der Verschlüsselung
Audited Action Status	*Successful*
Select Audit Level	*Critical*
Audited Actions	Kategorie *Volume Encryption*: ■ ALTER APPLICATION ENCRYPTION ■ ALTER APPLICATION ENCRYPTION ROOT KEY ■ ALTER BACKUP ENCRYPTION ■ ALTER BACKUP ENCRYPTION ROOT KEY ■ ALTER LOG ENCRYPTION ■ ALTER LOG ENCRYPTION ROOT KEY ■ ALTER PERSISTENCE ENCRYPTION ■ ALTER PERSISTENCE ENCRYPTION ROOT KEY ■ ALTER ROOT KEYS BACKUP PASSWORD ■ ENCRYPTION CONFIG CONTROL ■ TENANT BACKUP ENCRYPTION ■ TENANT LOG ENCRYPTION ■ TENANT PERSISTENCE ENCRYPTION

Tabelle 11.29 Eigenschaften der Policy »Ändern der Einstellung der Verschlüsselung«

Policy-Eigenschaft	Wert
Audited Objects	–
Audited User	–

Tabelle 11.29 Eigenschaften der Policy »Ändern der Einstellung der Verschlüsselung«

11.6.10 Anschluss neuer Systeme zur Authentifizierung

Mit der Policy gemäß Tabelle 11.30 wird aufgezeichnet, wenn neue Systeme angeschlossen oder aber Provider-Einstellungen geändert werden. Folgende Providerarten werden protokolliert:

- JSON Web Token (JWT)
- Security Assertion Markup Language (SAML)
- Lightweight Directory Access Protocol (LDAP)

Policy-Eigenschaft	Wert
Audit Policy Name	Anschluss neuer Systeme zur Authentifizierung
Audited Action Status	*Successful*
Select Audit Level	*Critical*
Audited Actions	Kategorie *Authentication Provider Management*: ▪ `ALTER JWT PROVIDER` ▪ `ALTER LDAP PROVIDER` ▪ `ALTER SAML PROVIDER` ▪ `CREATE JWT PROVIDER` ▪ `CREATE LDAP PROVIDER` ▪ `CREATE SAML PROVIDER` ▪ `DROP JWT PROVIDER` ▪ `DROP LDAP PROVIDER` ▪ `DROP SAML PROVIDER` ▪ `VALIDATE LDAP PROVIDER`
Audited Objects	–
Audited User	–

Tabelle 11.30 Eigenschaften der Policy »Anschluss neuer Systeme zur Authentifizierung«

11.6.11 Einspielen und Löschen von Lizenzen

Mit der Policy gemäß Tabelle 11.31 wird aufgezeichnet, wenn neue Lizenzen in das System eingespielt werden. Die Policy gemäß Tabelle 11.32 hingegen zeichnet das Löschen von Lizenzen auf.

Policy-Eigenschaft	Wert
Audit Policy Name	Einspielen von Lizenzen
Audited Action Status	*Successful*
Select Audit Level	*Critical*
Audited Actions	Kategorie *License Installation*: `SET SYSTEM LICENSE`
Audited Objects	–
Audited User	–

Tabelle 11.31 Eigenschaften der Policy »Einspielen von Lizenzen«

Policy-Eigenschaft	Wert
Audit Policy Name	Löschen von Lizenzen
Audited Action Status	*Successful*
Select Audit Level	*Critical*
Audited Actions	Kategorie *License Deletion*: `UNSET SYSTEM LICENSE`
Audited Objects	–
Audited User	–

Tabelle 11.32 Eigenschaften der Policy »Löschen von Lizenzen«

11.6.12 Pflege von Remote Sources

Mit Remote Sources werden Verbindungen zu anderen Systemen und somit entsprechende Möglichkeiten des Zugriffs auf diese Systeme hergestellt. Diese Systemverbindungen sollten protokolliert werden, damit nachvollzogen werden kann, zu welchen Systemen Verbindungen hergestellt wurden. Tabelle 11.33 zeigt die zu protokollierenden Aktionen.

Policy-Eigenschaft	Wert
Audit Policy Name	Pflege von Remote Sources
Audited Action Status	*Successful*
Select Audit Level	*Critical*
Audited Actions	Kategorie *Data Provisioning*: ▪ CREATE REMOTE SOURCE ▪ ALTER REMOTE SOURCE ▪ DROP REMOTE SOURCE ▪ CREATE AGENT ▪ ALTER AGENT ▪ DROP AGENT ▪ CREATE ADAPTER ▪ ALTER ADAPTER ▪ DROP ADAPTER ▪ CREATE REMOTE SUBSCRIPTION ▪ ALTER REMOTE SUBSCRIPTION ▪ DROP REMOTE SUBSCRIPTION ▪ PROCESS REMOTE SUBSCRIPTION EXCEPTION
Audited Objects	–
Audited User	–

Tabelle 11.33 Eigenschaften der Policy »Pflege von Remote Sources«

11.6.13 Importieren und Aktivieren von Repository-Content

Durch den Import von Repository-Content können Programme und andere Repository-Elemente unter Umgehung des Transportprozesses in das System eingebracht werden. Auch wenn Repository-Eigenentwicklungen standardmäßig nicht genutzt werden, können Sie sie trotzdem verwenden. Tabelle 11.34 zeigt die zu protokollierenden Aktionen.

Policy-Eigenschaft	Wert
Audit Policy Name	Importieren und Aktivieren von Repository-Content
Audited Action Status	*Successful*
Select Audit Level	*Critical*

Tabelle 11.34 Eigenschaften der Policy »Importieren und Aktivieren von Repository-Content«

Policy-Eigenschaft	Wert
Audited Actions	Kategorie *Repository Content Operations*: ▪ ACTIVATE REPOSITORY CONTENT ▪ IMPORT REPOSITORY CONTENT
Audited Objects	–
Audited User	–

Tabelle 11.34 Eigenschaften der Policy »Importieren und Aktivieren von Repository-Content« (Forts.)

11.6.14 Zugriff auf Daten von SAP ERP/SAP S/4HANA

Beim Einsatz von SAP ERP bzw. SAP S/4HANA werden alle Daten im Schema des Benutzers SAP<sid> gespeichert. Per SQL können diese Daten in SAP HANA sowohl gelesen als auch manipuliert werden. Daher sollten Zugriffe auf diese Daten, die nicht vom Benutzer SAP<sid> erfolgen, protokolliert werden. Gemäß der Policy in Tabelle 11.35 werden alle erfolgreichen Zugriffe auf das Schema SAP<sid> protokolliert (*Audited Objects*), wenn sie nicht durch den Benutzer SAP<sid> erfolgen (*Audited User*).

Diese Policy wird in einem Multi-Tenant-System nur in Tenant-Datenbanken eingerichtet, da die Systemdatenbank keine produktiven Daten aus einem ABAP-Stack enthält.

Policy-Eigenschaft	Wert
Audit Policy Name	Zugriff auf Daten des SAP ERP
Audited Action Status	*Successful*
Select Audit Level	*Critical*
Audited Actions	Kategorie *Data Query and Manipulation*: ▪ DELETE ▪ EXECUTE ▪ INSERT ▪ SELECT ▪ UPDATE
Audited Objects	*ALL OBJECTS IN SCHEMA SAP<sid>*
Audited User	*Users Excluded from Policy: SAP<sid>*

Tabelle 11.35 Eigenschaften der Policy »Zugriff auf Daten des SAP ERP«

11.6.15 Versuch des Zugriffs auf Daten von SAP ERP bzw. SAP S/4HANA

Nicht nur die erfolgreichen Zugriffe auf das Schema des Benutzers SAP<sid> müssen nachvollzogen werden, sondern auch die Versuche, auf die Daten zuzugreifen. Die Policy in Tabelle 11.36 protokolliert fehlgeschlagene Versuche (*Audited Action Status: Unsuccessful*) des Zugriffs auf das Schema. Zugriffe können z. B. durch fehlende Berechtigungen fehlschlagen.

Diese Policy wird in einem Multi-Tenant-System nur in Tenant-Datenbanken eingerichtet, da die Systemdatenbank keine produktiven Daten aus einem ABAP-Stack enthält.

Policy-Eigenschaft	Wert
Audit Policy Name	Versuch des Zugriffs auf Daten des SAP ERP
Audited Action Status	*Unsuccessful*
Select Audit Level	*Critical*
Audited Actions	Kategorie *Data Query and Manipulation*: ▪ DELETE ▪ EXECUTE ▪ INSERT ▪ SELECT ▪ UPDATE
Audited Objects	*ALL OBJECTS IN SCHEMA SAP<sid>*
Audited User	*Users Excluded from Policy: SAP<sid>*

Tabelle 11.36 Eigenschaften der Policy »Versuch des Zugriffs auf Daten des SAP ERP«

11.6.16 Löschen von Tenant-Datenbanken

Diese Policy wird nur in der Systemdatenbank eingerichtet. Das Löschen von Tenants stellt eine sehr kritische Berechtigung dar, da auch produktive Tenants gelöscht werden können. Dies kann einen sehr großen Datenverlust zur Folge haben, zumindest aber ist ein großer Zeitaufwand erforderlich, um den Tenant mittels Backups und Redo-Logs wiederherzustellen. Tabelle 11.37 zeigt die Policy für die Aufzeichnung des Löschens von Tenants.

Policy-Eigenschaft	Wert
Audit Policy Name	Löschen von Tenant-Datenbanken
Audited Action Status	*Successful*
Select Audit Level	*Critical*
Audited Actions	Kategorie *Operations on Multitenant Databases*: `DROP DATABASE`
Audited Objects	–
Audited User	–

Tabelle 11.37 Eigenschaften der Policy »Löschen von Tenant-Datenbanken«

11.6.17 Pflege von Tenant-Datenbanken

Diese Policy wird nur in der Systemdatenbank eingerichtet. Das Anlegen oder Ändern von Tenant-Datenbanken ist in produktiven Systemen nur in seltenen Fällen erforderlich. Die Berechtigung (System Privilege `DATABASE ADMIN`) sollte nur wenigen Benutzern zugeordnet werden. Tabelle 11.38 zeigt die zu protokollierenden Aktionen.

Policy-Eigenschaft	Wert
Audit Policy Name	Pflege von Tenant-Datenbanken
Audited Action Status	*Successful*
Select Audit Level	*Critical*
Audited Actions	Kategorie *Operations on Multitenant Databases*: ▪ `ALTER DATABASE` ▪ `CREATE DATABASE` ▪ `RENAME DATABASE`
Audited Objects	–
Audited User	–

Tabelle 11.38 Eigenschaften der Policy »Pflege von Tenant-Datenbanken«

11.6.18 Stoppen von Tenant-Datenbanken

Diese Policy wird nur in der Systemdatenbank eingerichtet. Das Herunterfahren produktiver Tenant-Datenbanken ist kritisch, da hierdurch produktive Geschäftsprozesse abgebrochen und beeinträchtigt werden. Tabelle 11.39 zeigt die zu protokollierenden Aktionen.

Policy-Eigenschaft	Wert
Audit Policy Name	Stoppen von Tenant-Datenbanken
Audited Action Status	*Successful*
Select Audit Level	*Critical*
Audited Actions	Kategorie *Operations on Multitenant Databases*: STOP DATABASE
Audited Objects	–
Audited User	–

Tabelle 11.39 Eigenschaften der Policy »Stoppen von Tenant-Datenbanken«

Kapitel 12

Checklisten zur Analyse der Sicherheit von SAP HANA

In den vorangegangenen Kapiteln haben Sie alles zu Sicherheit und Berechtigungen in SAP HANA erfahren. In diesem Kapitel finden Sie nun konkrete Checklisten, um SAP HANA strukturiert zu analysieren und sich auf interne und externe Prüfungen vorzubereiten.

In diesem Kapitel stelle ich Ihnen die konkreten Schritte zur Analyse der Systemsicherheit und der Berechtigungen von SAP HANA vor. Die Abschnitte dieses Kapitels entsprechen in etwa den Kapiteln und Abschnitten dieses Buches. Anhand dieses Kapitels können Sie eigene Routinen zur Kontrolle für sich definieren und sich auf anstehende Audits vorbereiten.

Zu jeder Fragestellung werden das Risiko und die konkreten Schritte zur Analyse im System dargestellt. Dabei nutze ich, so weit möglich, SQL-Statements. Somit können die meisten Analysen mit einem SQL-Editor (z. B. im SAP HANA Database Explorer) ausgeführt werden.

Die Analysen basieren auf praktischen Erfahrungen, die wir in den letzten Jahren bei der Implementierung und Analyse von SAP-HANA-Sicherheits- und Berechtigungskonzepten gesammelt haben.

12.1 Einführung in SAP HANA

12.1.1 Der technische Aufbau von SAP HANA

Sind die Produktivsysteme dem Systemtyp »production« zugeordnet?

Systeme vom Systemtyp *production* sind besonders abgesichert, z. B. werden Warnmeldungen bei der Ausführung kritischer Aktionen ausgegeben.

Rufen Sie im **System Overview** auf der Kachel **Administration** den Link **Configure System Properties** auf. Lassen Sie sich den Systemparameter `usage` (Datei **global.ini**, Abschnitt `system_information`) anzeigen. Er muss für Produktivsysteme auf den Systemtyp *production* eingestellt sein.

12.1.2 SAP HANA Cockpit

Sind nur zugelassene Benutzer im SAP HANA Cockpit angelegt?

Mit dem SAP HANA Cockpit sind Zugriffe auf die SAP-HANA-Datenbanken möglich, daher dürfen nur dafür zugelassene Benutzer das Cockpit nutzen.

Rufen Sie den Database Explorer für das SAP HANA Cockpit auf, und geben Sie das folgende SQL-Statement ein, um alle Cockpit-Benutzer aufzulisten:

```
SELECT * FROM USERS WHERE USER_NAME IN
(SELECT USER_NAME FROM USER_PARAMETERS
WHERE PARAMETER LIKE 'XS_RC_COCKPIT%')
```

Sind den SAP-HANA-Cockpit-Benutzern die korrekten Ressourcen zugeordnet?

Hier besteht das Risiko, dass durch eine falsche Zuordnung von Ressourcen Zugriffe auf nicht autorisierte SAP-HANA-Datenbanken möglich sind. Daher muss die Ressourcen-Zuordnung dem Aufgabengebiet der Benutzer entsprechen.

Rufen Sie im SAP HANA Cockpit die App **Manage Cockpit** auf, und wählen Sie den Eintrag **Resource Groups** aus. Zu den Gruppen werden Ressourcen und Benutzer angezeigt (siehe Abbildung 12.1).

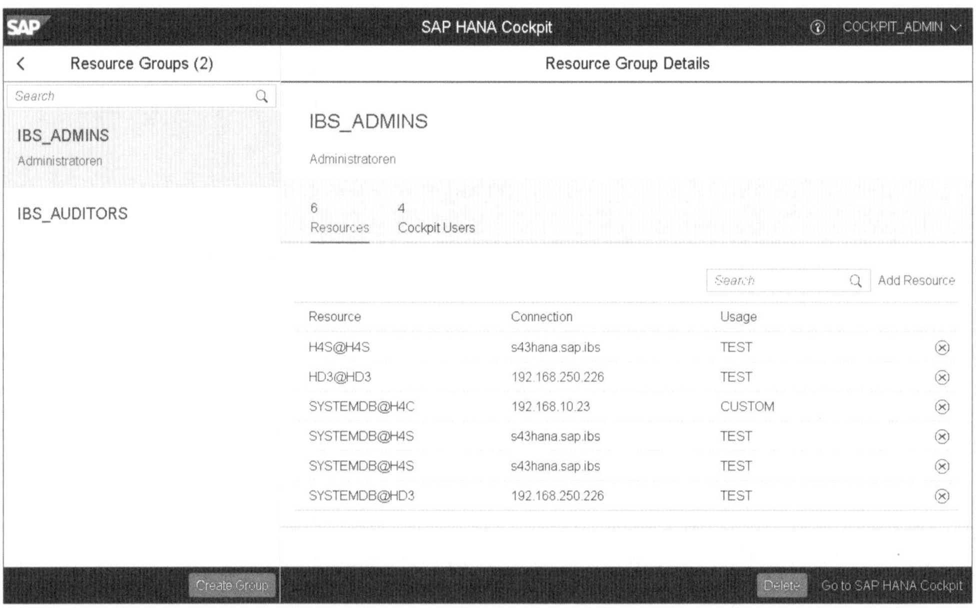

Abbildung 12.1 Anzeige von Resource Groups

Wer ist zur Pflege von Benutzern im SAP HANA Cockpit berechtigt?

Nur die verantwortlichen Berechtigungsadministratoren dürfen zur Benutzerpflege berechtigt sein.

Rufen Sie den Database Explorer für das SAP HANA Cockpit auf, und geben Sie das folgende SQL-Statement ein, um Cockpit-Benutzer mit der Berechtigung zur Benutzerpflege aufzulisten:

```
SELECT * FROM USERS WHERE USER_NAME IN
(SELECT USER_NAME FROM USER_PARAMETERS
WHERE PARAMETER = 'XS_RC_COCKPIT_USER_ADMIN')
```

Wer ist zur Pflege von Ressourcen im SAP HANA Cockpit berechtigt?

Hier besteht das Risiko, dass Benutzer durch falsche Ressourcen-Zuordnungen Zugriff auf Systeme erhalten, für die sie nicht berechtigt sind. Nur die verantwortlichen Administratoren dürfen zur Benutzerpflege berechtigt sein.

Rufen Sie den Database Explorer für das SAP HANA Cockpit auf, und geben Sie das folgende SQL-Statement ein, um Cockpit-Benutzer mit der Berechtigung zur Pflege der Ressourcen aufzulisten:


```
SELECT * FROM USERS WHERE USER_NAME IN
(SELECT USER_NAME FROM USER_PARAMETERS
WHERE PARAMETER IN ('XS_RC_COCKPIT_RESOURCE_ADMIN', 'XS_RC_COCKPIT_POWER_USER'))
```

Wer ist zur Pflege der Templates für die Systemkonfiguration berechtigt?

Hier besteht das Risiko, dass durch falsch konfigurierte Templates eine fehlerhafte Systemkonfiguration verteilt wird. Nur die verantwortlichen Administratoren dürfen zur Pflege der Templates für die Systemkonfiguration berechtigt sein.

Rufen Sie den Database Explorer für das SAP HANA Cockpit auf, und geben Sie das folgende SQL-Statement ein, um Cockpit-Benutzer mit der Berechtigung zur Pflege der Templates für die Systemkonfiguration aufzulisten:

```
SELECT * FROM USERS WHERE USER_NAME IN
(SELECT USER_NAME FROM USER_PARAMETERS
WHERE PARAMETER = 'XS_RC_COCKPIT_CONFIG_TEMPLATE_ADMIN')
```

12.1.3 DBA Cockpit

Wer besitzt die Berechtigung zur Nutzung des DBA Cockpit?

Berechtigungen zum Zugriff auf Produktivdaten sollten im Mandanten 000 nicht vergeben werden. Hier besteht das Risiko, dass vom Mandanten 000 aus auf Produktivdaten zugegriffen wird.

Rufen Sie die Transaktion SUIM auf, Eintrag **Benutzer • Benutzer nach komplexen Selektionskriterien • Benutzer nach komplexen Selektionskriterien**. Tragen Sie dort im Register **Berechtigungen** im Block **Selektion nach Werten** die Berechtigungsobjekte mit den Werten gemäß Tabelle 12.1 ein.

Berechtigungsobjekt	Feld	Wert
S_DBCON	ACTVT *Aktivität*	03 (*Anzeigen*)
	DBA_DBHOST *Servername*	<Servername>
	DBA_DBSID *Datenbankname*	<Datenbankname>
	DBA_DBUSER *Datenbankbenutzer*	<Datenbankbenutzer>
S_TABU_SQL	ACTVT *Aktivität*	33 (*Lesen*)
	DBSID *Datenbankverbindung*	<Datenbankverbindung>
	TABLE *Tabelle*	*
	TABOWNER *Besitzer in der DB*	<Datenbankbenutzer>

Tabelle 12.1 Berechtigung zur Ausführung des DBA Cockpits

Abbildung 12.2 und Abbildung 12.3 zeigen ein Abfragebeispiel. Die markierten Felder sind mit den unternehmenseigenen Werten zu füllen.

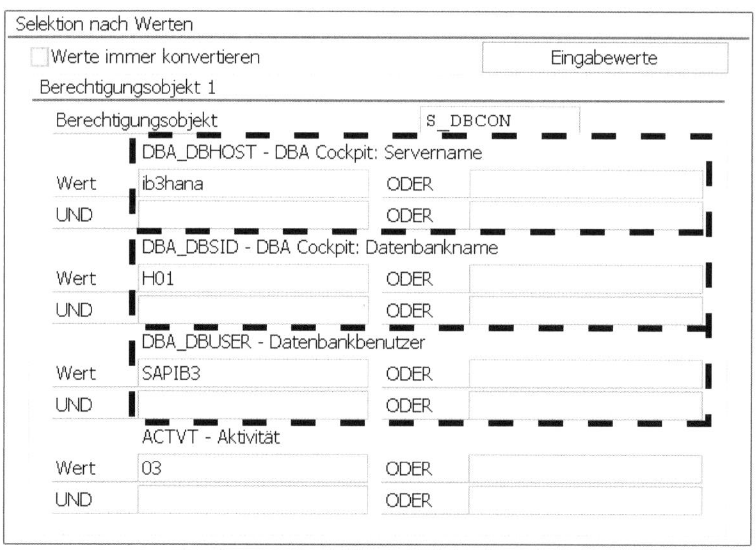

Abbildung 12.2 Abfrage des Berechtigungsobjekts S_DBCON

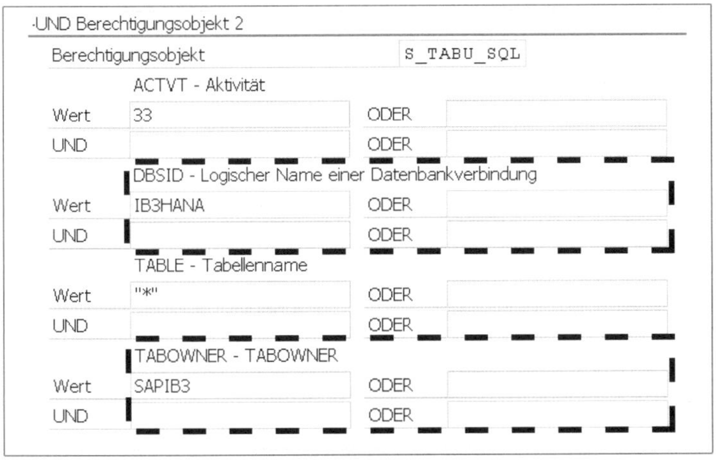

Abbildung 12.3 Abfrage des Berechtigungsobjekts S_TABU_SQL

12.1.4 SAP HANA XS Advanced

Entspricht die Struktur der Organizations und Spaces der Unternehmensstruktur?

Die Struktur der Organizations und Spaces muss der angeforderten Struktur für die Abbildung von Eigenentwicklungen entsprechen. Hier besteht das Risiko, dass Entwickler und Eigenentwicklungen falschen Bereichen zugeordnet werden.

Rufen Sie im SAP HANA XS Advanced Cockpit den Punkt **Organizations** auf (siehe Abbildung 12.4). Entsprechen diese den angeforderten Strukturen für Eigenentwicklungen? Klicken Sie nacheinander die Organizations an. Ihnen werden die Spaces angezeigt. Entsprechen auch diese den angeforderten Strukturen?

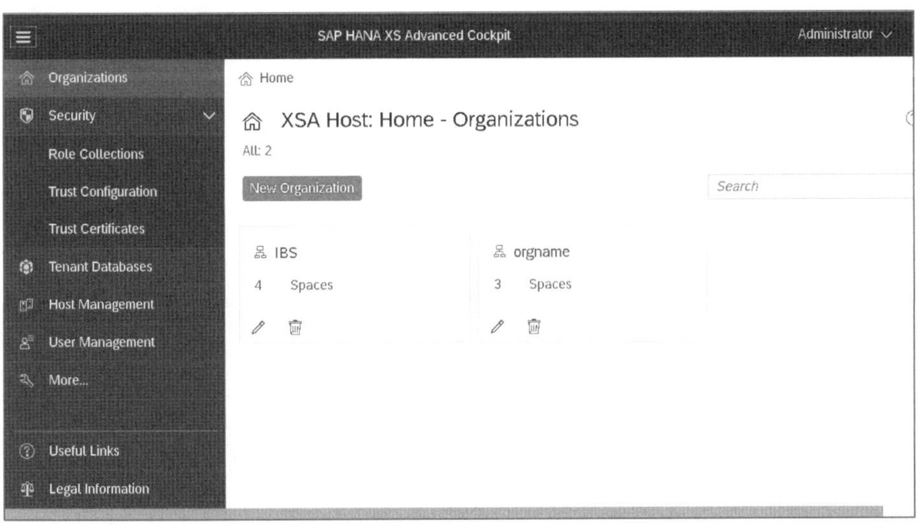

Abbildung 12.4 Anzeige von Organizations in SAP HANA XSA

Haben nur die zugelassenen Entwickler Berechtigungen zur Nutzung der SAP WebIDE?

Da mit der WebIDE direkt Eigenentwicklungen in SAP HANA erstellt werden, dürfen nur zugelassene Entwickler Zugriff darauf haben. Hier besteht das Risiko, dass unautorisierte Eigenentwicklungen in die Datenbank eingebracht werden.

Rufen Sie den Database Explorer auf, und geben Sie das folgende SQL-Statement ein, um Benutzer mit der Berechtigung für Entwicklungen mit der WebIDE aufzulisten:

```
SELECT * FROM USERS WHERE USER_NAME IN
(SELECT USER_NAME FROM USER_PARAMETERS
WHERE PARAMETER = 'XS_RC_WEBIDE_DEVELOPER')
```

12.1.5 SAP HANA und SAP ERP bzw. SAP S/4HANA

Haben Benutzer die Berechtigung, die Daten des SAP-ERP- bzw. SAP-S/4HANA-Systems zu lesen?

Die Berechtigung zum Lesen der Daten des SAP-ERP- bzw. SAP-S/4HANA-Systems darf nur dem Benutzer SAP<sid> zugeordnet werden. Hier besteht das Risiko, dass produktive Unternehmensdaten unautorisiert eingesehen und aus der Datenbank exportiert werden.

Analysieren Sie diese Fragestellung mit folgendem Statement:

```
SELECT * FROM EFFECTIVE_PRIVILEGE_GRANTEES
WHERE PRIVILEGE = 'SELECT'
AND OBJECT_TYPE = 'SCHEMA'
AND SCHEMA_NAME = 'SAP<sid>'
```

Sind Benutzer berechtigt, die Daten des SAP-ERP- bzw. SAP-S/4HANA-Systems zu ändern?

Die Berechtigung zum Ändern der Daten des SAP-ERP- bzw. SAP-S/4HANA-Systems darf nur der Benutzer SAP<sid> haben. Hier besteht das Risiko, dass produktive Unternehmensdaten versehentlich oder vorsätzlich manipuliert werden.

Analysieren Sie diese Fragestellung mit folgendem Statement:

```
SELECT * FROM EFFECTIVE_PRIVILEGE_GRANTEES
WHERE PRIVILEGE IN ('UPDATE', 'INSERT', 'DELETE')
AND OBJECT_TYPE = 'SCHEMA'
AND SCHEMA_NAME = 'SAP<sid>'
```

12.2 Netzwerk- und Betriebssystemsicherheit

12.2.1 Absicherung der UNIX-Benutzer

Existieren nur die erforderlichen Benutzer im Betriebssystem?

Es dürfen nur die Standardbenutzer sowie die Betriebssystemadministratoren existieren. Hier besteht das Risiko, dass unberechtigte Zugriffe auf die Datenbankinstallation möglich sind.

Lassen Sie sich die Datei **/etc/passwd** (`cat /etc/passwd`) anzeigen. Überprüfen Sie, ob dort nur die Administratoren, die Standardbenutzer des eingesetzten Unix-Derivates sowie die HANA-Benutzer als Benutzerkonten existieren:

- <sid>adm
- sapsys
- <sid>xsa
- sap<sid>xsa
- <Tenant-user>

Ist der Benutzer »root« gegen Anmeldungen gesperrt?

Der Benutzer `root` muss gegen Anmeldungen gesperrt sein und darf nur über den Befehl `su/sudo` genutzt werden. Hier besteht das Risiko, dass unberechtigte Anmeldungen mit dem Benutzer `root` erfolgen.

Lassen Sie sich die Datei **/etc/ssh/sshd_config** (`cat /etc/ssh/sshd_config`) anzeigen. Prüfen Sie, ob der Parameter `PermitRootLogin` auf den Wert *yes* gesetzt ist.

Ist der Benutzer »<sid>adm« gegen Anmeldungen gesperrt?

Der Benutzer `<sid>adm` muss gegen Anmeldungen gesperrt sein. Hier besteht das Risiko, dass unberechtigte Anmeldungen mit dem Benutzer `<sid>adm` erfolgen.

Lassen Sie sich die Datei **/etc/ssh/sshd_config** anzeigen (`cat /etc/ssh/sshd_config`). Prüfen Sie, ob der Benutzer `<sid>adm` dort zum Parameter `DenyUsers` gesetzt ist:

```
DenyUsers <sid>adm
```

Wer ist berechtigt, den Befehl »sudo« zu nutzen?

Der Befehl `sudo` darf nur von dedizierten Administratoren genutzt werden. Hier besteht das Risiko, dass unberechtigt Zugriff auf sensible Dateien der SAP-HANA-Installation im Betriebssystem möglich ist.

Lassen Sie sich die Datei **/etc/sudoers** anzeigen (`cat /etc/sudoers`). Benutzernamen werden hier direkt eingetragen. Gruppen werden mit einem %-Zeichen davor angegeben. Es können sowohl alle als auch einzelne Befehle für die Nutzung von sudo freigegeben werden:

- Nutzung aller Befehle mit sudo für den Benutzer ttiede:

  ```
  ttiede ALL=(ALL) ALL
  ```

- Nutzung der Befehle cat und less für den Benutzer ibs:

  ```
  ibs ALL=(ALL) /usr/bin/cat, /usr/bin/less
  ```

12.2.2 Schutz von Dateien und Verzeichnissen

Sind die Berechtigungen zum Zugriff auf die SAP-HANA-Installation gemäß den Vorgaben vergeben?

Die Standardberechtigungen zum Zugriff auf die SAP-HANA-Installation dürfen nicht geändert werden. Hier besteht das Risiko, dass unberechtigte Zugriffe auf die Datenbankinstallation möglich sind.

Prüfen Sie, ob die Berechtigungen auf den Verzeichnissen **/usr/sap** und **/opt/hana** gemäß SAP Sicherheitsleitfaden vergeben sind:

- Welchen Verzeichnissen unterhalb des Verzeichnisses **/usr/sap** sind Schreibrechte für die Gruppe zugeordnet?

  ```
  find /usr/sap/ /opt/hana/ -type d -perm -g+w -exec ls -ld {} \;
  ```

- Welchen Verzeichnissen unterhalb des Verzeichnisses **/usr/sap** sind Schreibrechte für everyone zugeordnet?

  ```
  find /usr/sap/ /opt/hana/ -type d -perm -o+w -exec ls -ld {} \;
  ```

- Welchen Verzeichnissen unter **/usr/sap** sind Leserechte für everyone zugeordnet?

  ```
  find /usr/sap/ /opt/hana/ -type d -perm -o+r -exec ls -ld {} \;
  ```

- Welchen Dateien unter **/usr/sap** sind Schreibrechte für die Gruppe zugeordnet?

  ```
  find /usr/sap/ /opt/hana/ -type f -perm -g+w -exec ls -la {} \;
  ```

- Welchen Dateien unter **/usr/sap** sind Schreibrechte für everyone zugeordnet?

  ```
  find /usr/sap/ /opt/hana/ -type f -perm -o+w -exec ls -la {} \;
  ```

- Welchen Dateien unter **/usr/sap** sind Lese-/Ausführungsrechte für everyone zugeordnet?

  ```
  find /usr/sap/ /opt/hana/ -type f -perm -o+r+x -exec ls -la {} \;
  ```

- Auf welche Verzeichnisse/Dateien hat nur der Besitzer Zugriff?

  ```
  find / -type f -perm u=r+w+x -exec ls -ld {} \; 2>/dev/null
  ```

- Welche Verzeichnisse/Dateien unter **/usr/sap** gehören nicht dem Benutzer `<sid>adm`?

  `find /usr/sap /opt/hana/ ! -user <sid>adm -exec ls -ld {} \;`

- Welche Verzeichnisse/Dateien unter **/usr/sap** gehören nicht der Gruppe `sapsys`?

  `find /usr/sap /opt/hana/ ! -group sapsys -exec ls -ld {} \;`

12.2.3 Schutz von exportierten Dateien

Sind Daten, die aus SAP HANA exportiert werden, durch minimale Berechtigungen im Betriebssystem geschützt?

Die Standardberechtigungen sind so zu setzen, dass unberechtigte Zugriffe auf sensible Daten nicht möglich sind. Hier besteht das Risiko, dass unberechtigte Zugriffe auf sensible Daten möglich sind.

Rufen Sie im **System Overview** auf der Kachel **Administration** den Link **Configure System Properties** auf. Lassen Sie sich den Systemparameter `file_security` (Datei **nameserver.ini** [für System-DBs] bzw. **indexserver.ini** [für Tenant-Datenbanken], Abschnitt `import_export`) anzeigen. Er muss für Produktivsysteme mit sehr sensiblen Daten auf Wert »high« eingestellt sein. Für andere Systeme ist der Wert auf »medium« zu setzen.

12.2.4 Zugriff auf die UNIX-Ebene vom ABAP-Stack aus

Welche logischen Betriebssystemkommandos sind im System vorhanden?

Es dürfen nur die tatsächlich genutzten Betriebssystemkommandos vorhanden sein. Hier besteht das Risiko, dass kritische Kommandos (z. B. `rm`) definiert wurden.

Rufen Sie die Transaktion SE16 auf, und lassen Sie sich die Tabelle `SXPGCOSTAB` (unternehmenseigene Betriebssystemkommandos) anzeigen, siehe Abbildung 12.5.

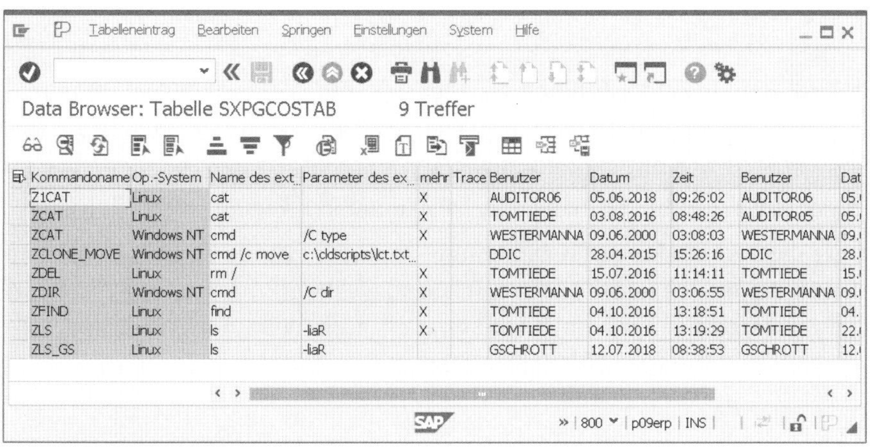

Kommandoname	Op.-System	Name des ext…	Parameter des ex…	mehr	Trace	Benutzer	Datum	Zeit	Benutzer	Dat
Z1CAT	Linux	cat		X		AUDITOR06	05.06.2018	09:26:02	AUDITOR06	05.
ZCAT	Linux	cat		X		TOMTIEDE	03.08.2016	08:48:26	AUDITOR05	05.
ZCAT	Windows NT	cmd	/C type	X		WESTERMANNA	09.06.2000	03:08:03	WESTERMANNA	09.
ZCLONE_MOVE	Windows NT	cmd /c move	c:\cldscripts\lct.txt…			DDIC	28.04.2015	15:26:16	DDIC	28.
ZDEL	Linux	rm /		X		TOMTIEDE	15.07.2016	11:14:11	TOMTIEDE	15.
ZDIR	Windows NT	cmd	/C dir	X		WESTERMANNA	09.06.2000	03:06:55	WESTERMANNA	09.
ZFIND	Linux	find		X		TOMTIEDE	04.10.2016	13:18:51	TOMTIEDE	04.
ZLS	Linux	ls	-liaR	X		TOMTIEDE	04.10.2016	13:19:29	TOMTIEDE	22.
ZLS_GS	Linux	ls	-liaR			GSCHROTT	12.07.2018	08:38:53	GSCHROTT	12.

Abbildung 12.5 Tabelle SXPGCOSTAB

Wird häufig der Report RSBDCOSO genutzt?

Der Report RSBDCOSO sollte nicht genutzt werden. Hier besteht das Risiko, dass nicht nachvollziehbare Aktionen im Betriebssystem durchgeführt werden können.

Rufen Sie die Transaktion SM21 auf, und schränken Sie im Feld **Meldungs-ID** auf die Meldungsnummer *LCO* ein.

Ist die Berechtigung zur Ausführung aller Betriebssystemkommandos an Benutzer vergeben?

Die Berechtigung ist nicht zu vergeben. Hier besteht das Risiko, dass über den ABAP-Stack anonym auf Daten im Betriebssystem zugegriffen wird oder Daten manipuliert werden.

Rufen Sie die Transaktion SUIM auf, Eintrag **Benutzer • Benutzer nach komplexen Selektionskriterien • Benutzer nach komplexen Selektionskriterien**. Tragen Sie dort im Register **Berechtigungen** im Block **Selektion nach Werten** die Berechtigungsobjekte mit den Werten gemäß Tabelle 12.2 ein.

Berechtigungsobjekt	Feld	Wert
S_TCODE	TCD *Transaktion*	SM49 oder SM69
S_LOG_COM	COMMAND *logisches Kommando*	*
	OPSYSTEM *Betriebssystem*	*
	HOST *Applikationsserver*	*

Tabelle 12.2 Berechtigung zur Ausführung aller Betriebssystemkommandos

Ist die Berechtigung zur Ausführung des Reports RSBDCOSO an Benutzer vergeben?

Die Berechtigung zur Ausführung des Reports RSBDCOSO darf nicht vergeben werden. Hier besteht das Risiko, dass über den ABAP-Stack anonym auf Daten im Betriebssystem zugegriffen wird oder Daten manipuliert werden.

Rufen Sie die Transaktion SUIM auf, Eintrag **Benutzer • Benutzer nach komplexen Selektionskriterien • Benutzer nach komplexen Selektionskriterien**. Tragen Sie dort im Register **Berechtigungen** im Block **Selektion nach Werten** die Berechtigungsobjekte mit den Werten gemäß Tabelle 12.3 ein.

Berechtigungsobjekt	Feld	Wert
S_TCODE	TCD *Transaktion*	SM49 oder SM69
S_RZL_ADM	ACTVT *Aktivität*	01 (*Anlegen*)
S_LOG_COM	COMMAND *logisches Kommando*	RSBDCOS0
	OPSYSTEM *Betriebssystem*	<Betriebssystem>
	HOST *Applikationsserver*	<Server>
S_C_FUNCT	ACTVT *Aktivität*	16 (*Ausführen*)
	PROGRAM *Programm*	RSBDCOS0
	CFUNCNAME *C-Routine*	SYSTEM

Tabelle 12.3 Berechtigung zur Ausführung des Reports RSBDCOS0

12.2.5 Protokollierung von Aktionen unter UNIX

Werden die UNIX-Protokolle regelmäßig auf Sicherheitsmeldungen hin ausgewertet?

Die UNIX-Protokolle müssen regelmäßig auf Sicherheitsmeldungen hin ausgewertet werden. Hier besteht das Risiko, dass sicherheitsrelevante Einträge nicht zeitnah erkannt werden.

Es sollte ein Konzept zur Auswertung der Protokolle erstellt werden. Auffälligkeiten sind zu dokumentieren.

12.3 Systemsicherheit in SAP HANA

12.3.1 Verwaltung von Lizenzen

Werden für die produktiven Datenbanken Lizenzen vom Typ »unenforced« eingesetzt?

Für produktive Datenbanken sind Lizenzen vom Typ *unenforced* einzusetzen. Hier besteht das Risiko, dass produktive Datenbanken gesperrt werden, wenn die Lizenzbedingungen überschritten werden.

Lassen Sie sich in der Systemdatenbank die Tabelle `SYS_DATABASES.M_LICENSE` anzeigen. Das Feld `ENFORCED` muss für Lizenzen vom Typ *unenforced* den Wert `FALSE` enthalten, siehe Abbildung 12.6.

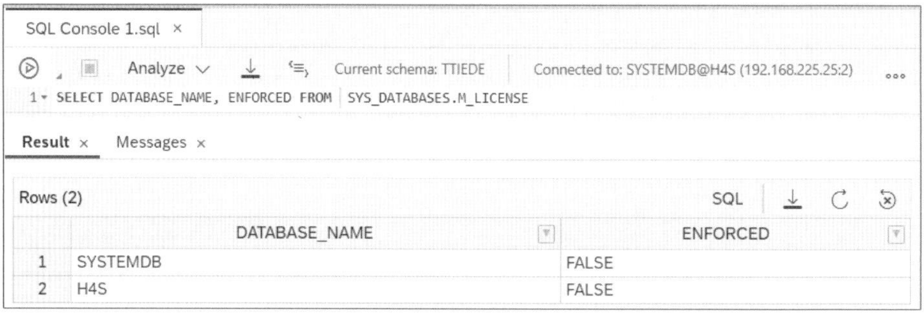

Abbildung 12.6 Anzeige des Lizenz-Typs

Werden Änderungen an den Lizenzen protokolliert?

Das Einspielen und Löschen von Lizenzen ist zu protokollieren. Hier besteht das Risiko, dass Lizenzen ohne Nachvollziehbarkeit gelöscht werden und damit das System korrumpiert wird.

Lassen Sie sich die View `AUDIT_POLICIES` mit folgendem Statement anzeigen:

```
SELECT * FROM AUDIT_POLICIES WHERE EVENT_ACTION LIKE '%SYSTEM LICENSE'
```

Als Ergebnis müssen zwei Policies aufgelistet werden, bei denen im Feld Feld `EVENT_ACTION` die Werte `SET SYSTEM LICENSE` und `UNSET SYSTEM LICENSE` stehen. Die Felder `IS_AUDIT_POLICY_ACTIVE` und `IS_VALID` müssen den Wert `TRUE` enthalten, die Felder `USER_NAME` und `EXCEPT_USER_NAME` dürfen keine Werte enthalten.

Wer ist zur Pflege der Lizenzen berechtigt?

Die Berechtigung zur Pflege der Lizenzen darf nur an die dafür verantwortlichen Administratoren vergeben werden. Analysieren Sie die Berechtigungen mit folgendem Statement:

```
SELECT *
FROM EFFECTIVE_PRIVILEGE_GRANTEES
WHERE GRANTEE_TYPE = 'USER'
      AND PRIVILEGE = 'LICENSE ADMIN'
      AND OBJECT_TYPE = 'SYSTEMPRIVILEGE'
```

12.3.2 Pflege von Systemparametern

Gibt es Vorgaben für die Einstellungen der Systemparameter?

Es müssen Vorgaben für die Einstellungen der relevantesten Systemparameter gemacht werden. Hier besteht die Gefahr, dass durch fehlende Vorgaben die Parameter falsch konfiguriert werden.

Die Vorgaben müssen zentral dokumentiert sein, damit die Systeme einheitlich konfiguriert werden.

Entsprechen die aktuellen Parameterwerte den Unternehmensvorgaben?

Die aktuellen Einstellungen müssen den Vorgaben entsprechen. Abweichungen müssen dokumentiert und begründet sein. Hier besteht die Gefahr, dass durch eine falsche Parametrisierung Sicherheitslücken entstehen.

Lassen Sie sich zur Analyse die View `SYS_DATABASES.M_INIFILE_CONTENTS` in der Systemdatenbank anzeigen. Die View listet alle Parameterwerte der Systemdatenbank selbst sowie aller aktiven Tenants auf. Gleichen Sie die aktuellen Werte mit den Vorgaben ab.

Gibt es Vorgaben für die Kontrolle der Parametereinstellungen nach Release-Wechseln, Kernel-Updates etc.?

Es muss Vorgaben und Verantwortlichkeiten zur nachgelagerten Kontrolle der Systemparameter nach dem Einspielen von Updates geben. Hier besteht die Gefahr, dass Parameter durch Updates falsche oder ungültige Werte enthalten bzw. auf den Standardwert zurückgesetzt wurden.

Die Vorgaben müssen zentral dokumentiert sein, damit die Systeme einheitlich nach Updates behandelt werden.

Werden Änderungen an den Systemparametern protokolliert?

Änderungen an Systemparametern sind über das Auditing zu protokollieren. Zwar werden Änderungen automatisch in der Tabelle `SYS.M_INIFILE_CONTENT_HISTORY` gespeichert, diese Inhalte können aber gelöscht werden. Hier besteht das Risiko, dass sicherheitsrelevante Änderungen ohne Nachvollziehbarkeit vorgenommen werden.

Lassen Sie sich die View `AUDIT_POLICIES` mit folgendem Statement anzeigen:

```
SELECT * FROM AUDIT_POLICIES WHERE EVENT_ACTION =
 'SYSTEM CONFIGURATION CHANGE'
```

Die Felder `IS_AUDIT_POLICY_ACTIVE` und `IS_VALID` müssen den Wert `TRUE` enthalten, die Felder `USER_NAME` und `EXCEPT_USER_NAME` dürfen keine Werte enthalten. Das Feld `USER_`

NAME muss den Wert ALL USERS enthalten, das Feld EXCEPT_USER_NAME den Wert NULL (siehe Abbildung 12.7).

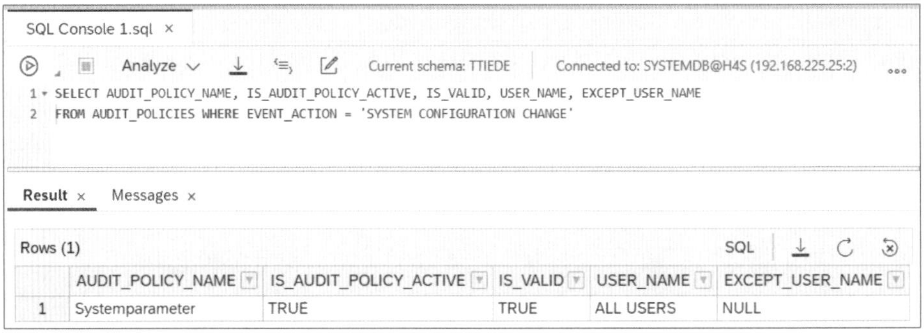

Abbildung 12.7 Anzeige der Protokollierung von Parameteränderungen

Wurden Änderungen an Parameterwerten nur von berechtigten Personen durchgeführt?

Änderungen an Parametern dürfen ausschließlich von berechtigten Administratoren durchgeführt werden. Hier besteht die Gefahr, dass unberechtigte Personen Parameter ändern und dadurch die Systemstabilität und -sicherheit gefährden.

Lassen Sie sich die View AUDIT_LOG mit folgendem Statement anzeigen (mit der Selektion auf TIMESTAMP schränken Sie die Auswertung mit BETWEEN 'YYYY-MM-DD' AND 'YYYY-MM-DD' auf einen Zeitraum ein):

```
SELECT * FROM AUDIT_LOG
WHERE EVENT_ACTION = 'SYSTEM CONFIGURATION CHANGE'
[AND TIMESTAMP BETWEEN 'YYYY-MM-DD' AND 'YYYY-MM-DD']
```

Gleichen Sie die ändernden Benutzer (Feld USER_NAME und STATEMENT_USER_NAME) mit den für die Systemparameterpflege berechtigten Benutzern ab.

Wer ist zur Pflege von Systemparametern berechtigt?

Die Berechtigung zur Pflege der Systemparameter darf nur an die dafür verantwortlichen Administratoren vergeben werden. Hier besteht das Risiko, dass unberechtigte Personen Parameter ändern und dadurch die Systemstabilität und -sicherheit gefährden.

Analysieren Sie die Berechtigungen mit folgendem Statement:

```
SELECT *
FROM EFFECTIVE_PRIVILEGE_GRANTEES
WHERE GRANTEE_TYPE = 'USER'
       AND PRIVILEGE = 'INIFILE ADMIN'
       AND OBJECT_TYPE = 'SYSTEMPRIVILEGE'
```

12.3.3 Verschlüsselung von Daten

Wird die Verschlüsselung bereits beim Anlegen neuer Tenants aktiviert?

Die persistenten Daten müssen verschlüsselt werden. Hier besteht das Risiko, dass vom Betriebssystem aus auf sensible Daten zugegriffen werden kann.

Rufen Sie im **System Overview** auf der Kachel **Administration** den Link **Configure System Properties** auf. Lassen Sie sich die Systemparameter im Abschnitt database_initial_encryption der Datei **global.ini** anzeigen:

```
persistence_encryption
log_encryption
backup_encryption
```

Sind die Parameter auf den Wert on gesetzt, so wird für neue Tenants die Verschlüsselung aktiviert.

Sind die Daten des persistenten Speichers in SAP HANA auf der Betriebssystemebene verschlüsselt?

Die persistenten Daten müssen verschlüsselt werden. Hier besteht das Risiko, dass vom Betriebssystem aus auf sensible Daten zugegriffen werden kann.

Prüfen Sie, ob die persistenten Daten verschlüsselt werden:

```
SELECT * FROM M_PERSISTENCE_ENCRYPTION_STATUS
```

Das Feld ENCRYPTION_ACTIVE muss den Wert TRUE enthalten.

Sind die Daten der Redo-Logs und der Backups in SAP HANA auf der Betriebssystemebene verschlüsselt?

Die Redo-Logs und die Backups müssen verschlüsselt werden. Hier besteht das Risiko, dass vom Betriebssystem aus auf sensible Daten zugegriffen werden kann.

Prüfen Sie, ob die persistenten Daten verschlüsselt werden:

```
SELECT * FROM M_ENCRYPTION_OVERVIEW WHERE SCOPE IN ('LOG', 'BACKUP')
```

Das Feld IS_ENCRYPTION_ACTIVE muss für beide Einträge den Wert TRUE enthalten.

Wurden die Root Keys und die Master Keys nach der Systeminstallation geändert?

Die Root Keys und Master Keys sollten nach der Installation geändert werden, insbesondere nach der Installation durch einen Dienstleister. Hier besteht das Risiko, dass die Schlüssel außerhalb des Unternehmens bekannt sind.

Prüfen Sie, ob die Schlüssel geändert wurden:

```
SELECT * FROM ENCRYPTION_ROOT_KEYS
```

Das Feld `CREATE_TIMESTAMP` enthält jeweils das Datum der Änderung.

Werden Änderungen an den Einstellungen zur Verschlüsselung protokolliert?

Änderungen an den Einstellungen zur Verschlüsselung sind zu protokollieren. Hier besteht das Risiko, dass Daten ohne Nachvollziehbarkeit unverschlüsselt gespeichert werden.

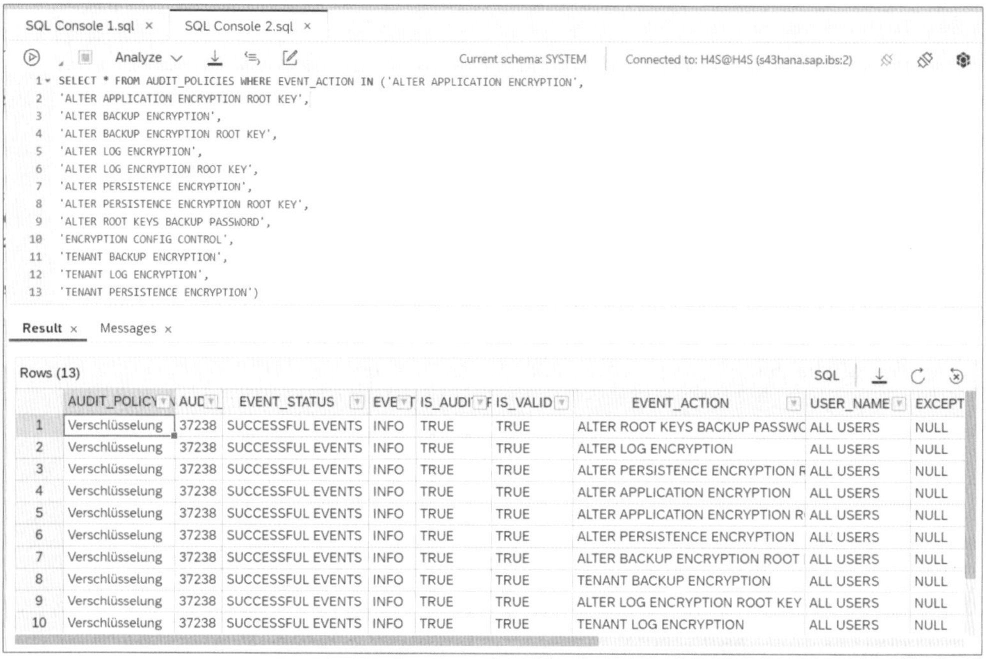

Abbildung 12.8 Anzeige der Protokollierung der Verschlüsselung

Lassen Sie sich die View `AUDIT_POLICIES` mit folgendem Statement anzeigen:

```
SELECT * FROM AUDIT_POLICIES WHERE EVENT_ACTION IN
('ALTER APPLICATION ENCRYPTION',
'ALTER APPLICATION ENCRYPTION ROOT KEY',
'ALTER BACKUP ENCRYPTION',
'ALTER BACKUP ENCRYPTION ROOT KEY',
'ALTER LOG ENCRYPTION',
'ALTER LOG ENCRYPTION ROOT KEY',
'ALTER PERSISTENCE ENCRYPTION',
'ALTER PERSISTENCE ENCRYPTION ROOT KEY',
'ALTER ROOT KEYS BACKUP PASSWORD',
```

```
'ENCRYPTION CONFIG CONTROL',
'TENANT BACKUP ENCRYPTION',
'TENANT LOG ENCRYPTION',
'TENANT PERSISTENCE ENCRYPTION')
```

Im Ergebnis gleichen Sie ab, ob für alle Aktionen ein aktiver Datensatz existiert. Die Felder IS_AUDIT_POLICY_ACTIVE und IS_VALID müssen jeweils den Wert TRUE enthalten. Das Feld USER_NAME muss den Wert ALL USERS enthalten, das Feld EXCEPT_USER_NAME den Wert NULL (Abbildung 12.8).

Wer ist zur Pflege der Einstellungen zur Verschlüsselung berechtigt?

Die Berechtigung zur Pflege der Einstellungen zur Verschlüsselung darf nur an die dafür verantwortlichen Administratoren vergeben werden. Hier besteht das Risiko, dass eine aktivierte Verschlüsselung versehentlich oder manipulativ zurückgenommen wird.

Analysieren Sie die Berechtigungen mit folgendem Statement:

```
SELECT *
FROM EFFECTIVE_PRIVILEGE_GRANTEES
WHERE GRANTEE_TYPE = 'USER'
      AND PRIVILEGE = 'ENCRYPTION ROOT KEY ADMIN'
      AND OBJECT_TYPE = 'SYSTEMPRIVILEGE'
```

12.3.4 Verschlüsselung der Kommunikation

Werden interne und externe Datenübertragungen verschlüsselt?

Verbindungen zur SAP-HANA-Datenbank sollten grundsätzlich verschlüsselt werden. Hier besteht das Risiko, dass der Datenverkehr auf unverschlüsselten Verbindungen abgehört werden kann.

Prüfung Sie die Einstellungen zur verschlüsselten Kommunikation:

```
SELECT * FROM M_INIFILE_CONTENTS
WHERE SECTION='communication' AND FILE_NAME='global.ini'
```

Prüfen Sie folgende Parameter:

- sslEnforce: Gibt, an, ob nur verschlüsselte Datenbankverbindungen akzeptiert werden.
- sslCryptoProvider: Gibt den Cryptoprovider an.
- sslCreateSelfSignedCertificate: Lässt selbst-signierte Zertifikate zu.

Sind die aktiven (und ruhenden) Verbindungen verschlüsselt?

Verbindungen zur SAP-HANA-Datenbank sollten grundsätzlich verschlüsselt werden. Hier besteht das Risiko, dass der Datenverkehr auf unverschlüsselten Verbindungen abgehört werden kann.

Prüfen Sie, ob die Verbindungen verschlüsselt sind:

```
SELECT * FROM M_CONNECTIONS
```

Über das Feld `IS_ENCRYPTED` ermitteln Sie, ob die Verbindung verschlüsselt (`TRUE`) oder unverschlüsselt (`FALSE`) ist.

Wer ist berechtigt, die Verschlüsselung der Kommunikation einzustellen?

Die Berechtigung zur Einstellung der Verschlüsselung der Kommunikation darf nur an die dafür verantwortlichen Administratoren vergeben werden. Hier besteht das Risiko, dass eine aktivierte Verschlüsselung versehentlich oder manipulativ zurückgenommen wird.

Analysieren Sie die Berechtigungen mit folgendem Statement:

```
SELECT *
FROM EFFECTIVE_PRIVILEGE_GRANTEES
WHERE GRANTEE_TYPE = 'USER'
       AND PRIVILEGE = 'INIFILE ADMIN'
       AND OBJECT_TYPE = 'SYSTEMPRIVILEGE'
```

12.3.5 Verbindungen zu anderen Systemen – Remote Sources

Welche Schnittstellen existieren zu anderen Systemen?

Es dürfen nur Schnittstellen gemäß der Dokumentation vorhanden sein. Hier besteht das Risiko, dass durch ungesicherte Verbindungen auf Daten zugegriffen werden kann.

Lassen Sie sich die View `REMOTE_SOURCES` anzeigen. Darin sind alle eingerichteten Verbindungen zu anderen Systemen aufgelistet:

```
SELECT * FROM REMOTE_SOURCES
```

Das Feld `ADAPTER_NAME` gibt an, zu welcher Art von System die Verbindung besteht.

Alternativ können Sie sich im SAP HANA Database Explorer die Remote Sources unter dem jeweiligen System unter dem Eintrag **Catalog • Remote Sources** anzeigen lassen, siehe Abbildung 12.9.

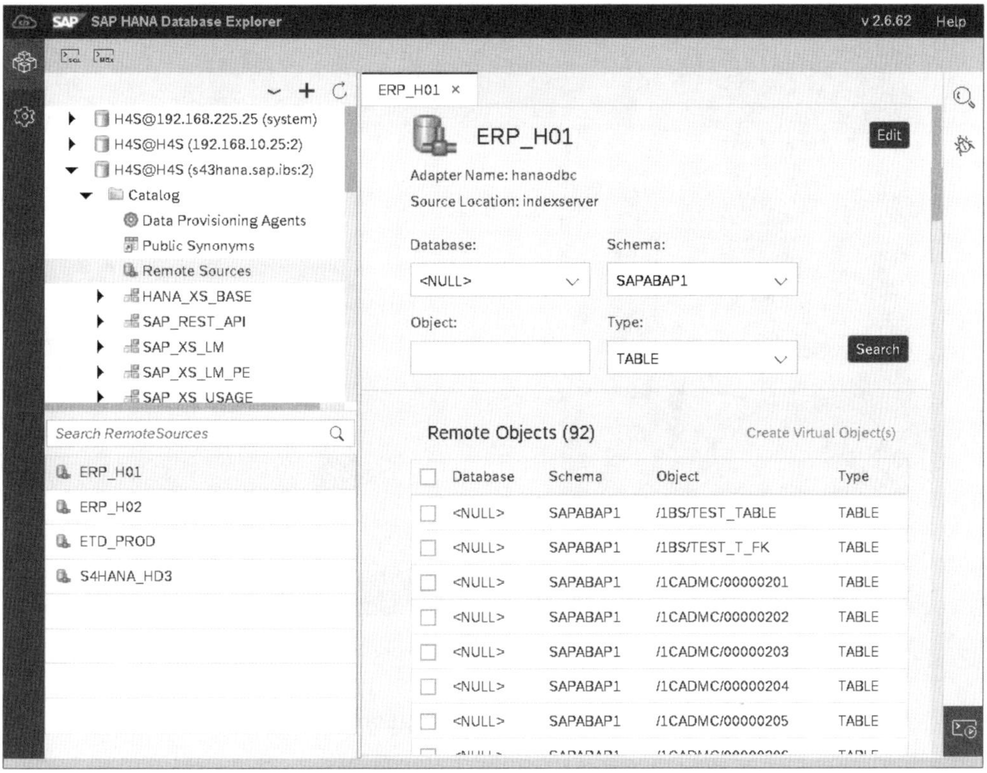

Abbildung 12.9 Anzeige von Remote Sources

Sind Schnittstellen zu Systemen mit sensiblen Daten als readonly definiert?

Schnittstellen zu Systemen mit sensiblen Daten sollten keine Änderungen an Daten ermöglichen. Hier besteht das Risiko, dass durch die Verbindungen Daten manipuliert werden können.

Sie können sich alle Remote Sources mit dem DML-Mode *readwrite* mit folgendem Statement anzeigen lassen:

```
SELECT * FROM REMOTE_SOURCES
WHERE CONNECTION_INFO LIKE '%readwrite%'
```

Abbildung 12.10 zeigt das Ergebnis des Statements. Um den Inhalt des Feldes `CONNECTION_INFO` vollständig anzuzeigen, klicken Sie mit der rechten Maustaste auf das Feld und wählen den Kontextmenüeintrag **View data** aus.

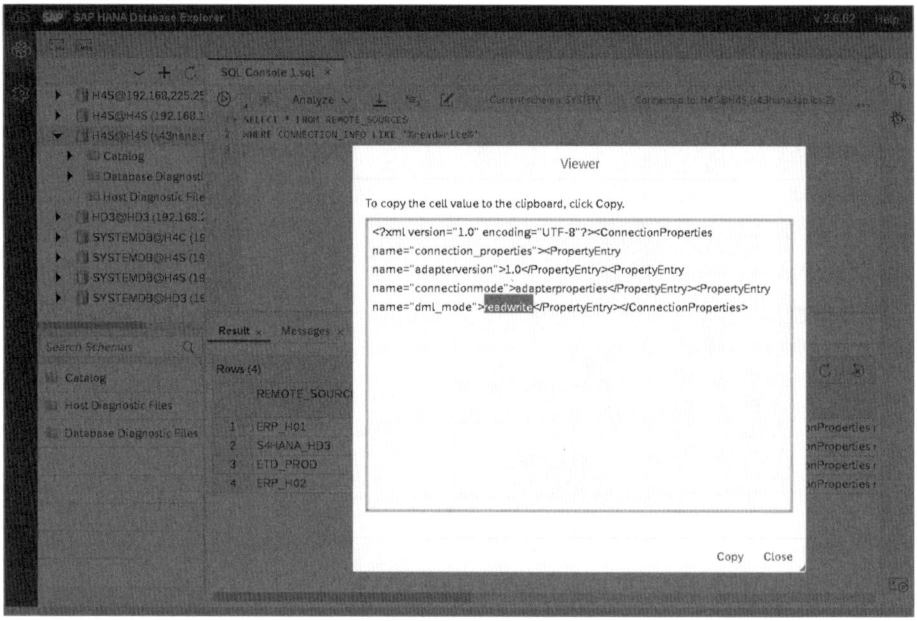

Abbildung 12.10 Remote Sources mit DML-Mode readwrite

Sind den Remote Sources explizit Benutzer zugeordnet, die sie nutzen dürfen?

Insbesondere zu Systemen mit sensiblen Daten sollten die Benutzer, die die Remote Source nutzen können, explizit angegeben werden. Hier besteht das Risiko, dass Remote Sources von Benutzern unberechtigt genutzt werden können.

Sie können sich alle Remote Sources mit zugeordneten Credentials mit folgendem Statement anzeigen lassen:

```
SELECT * FROM CREDENTIALS WHERE USER_NAME IS NOT NULL
```

Alle Remote Sources ohne zugeordnete Credentials lassen Sie sich mit folgendem Statement anzeigen:

```
SELECT * FROM CREDENTIALS WHERE USER_NAME IS NULL
```

Werden Änderungen an Remote Sources protokolliert?

Änderungen an Remote Sources sind zu protokollieren. Hier besteht das Risiko, dass über Remote Sources Zugriffe auf andere Systeme ohne Nachvollziehbarkeit ermöglicht werden.

Lassen Sie sich die View `AUDIT_POLICIES` mit folgendem Statement anzeigen:

```
SELECT * FROM AUDIT_POLICIES WHERE EVENT_ACTION IN ('ALTER ADAPTER',
'ALTER REMOTE SOURCE',
'CREATE ADAPTER',
'CREATE REMOTE SOURCE',
'DROP ADAPTER',
'DROP REMOTE SOURCE')
```

Im Ergebnis gleichen Sie ab, ob für alle Aktionen ein aktiver Datensatz existiert. Die Felder IS_AUDIT_POLICY_ACTIVE und IS_VALID müssen jeweils den Wert TRUE enthalten, die Felder USER_NAME und EXCEPT_USER_NAME dürfen keine Werte enthalten.

Wer ist berechtigt, Remote Sources anzulegen?

Die Berechtigung zum Anlegen von Remote Sources darf nur an die dafür verantwortlichen Administratoren vergeben werden. Hier besteht das Risiko, dass unberechtigte Benutzer Remote Sources anlegen und damit fremde Systeme an die HANA-Datenbank anschließen.

Analysieren Sie die Berechtigungen mit folgendem Statement:

```
SELECT *
FROM EFFECTIVE_PRIVILEGE_GRANTEES
WHERE GRANTEE_TYPE = 'USER'
       AND PRIVILEGE = 'CREATE REMOTE SOURCE'
       AND OBJECT_TYPE = 'SYSTEMPRIVILEGE'
```

Wer ist berechtigt, Secondary Credentials anzulegen?

Die Berechtigung zum Anlegen von Secondary Credentials darf nur an die dafür verantwortlichen Administratoren vergeben werden. Hier besteht das Risiko, dass nicht autorisierte Benutzer zur Nutzung von Remote Sources berechtigt werden.

Analysieren Sie die Berechtigungen mit folgendem Statement:

```
SELECT *
FROM EFFECTIVE_PRIVILEGE_GRANTEES
WHERE GRANTEE_TYPE = 'USER'
       AND PRIVILEGE = 'CREDENTIAL ADMIN'
       AND OBJECT_TYPE = 'SYSTEMPRIVILEGE'
```

12.3.6 Alerts

Sind sicherheitskritische Alarmmeldungen aufgetreten?

Treten sicherheitskritische Alarmmeldungen auf, so ist sicherzustellen, dass diese zeitnah bearbeitet werden.

Lassen Sie sich die sicherheitskritischen Alarmmeldungen mit folgendem Statement anzeigen:

```
SELECT * FROM _SYS_STATISTICS.STATISTICS_ALERTS
WHERE ALERT_ID IN ('31', '34', '35', '39', '44', '47', '48', '49',
'57', '62', '63', '64', '84', '85', '86', '87', '92', '97', '102',
'101', '103', '128', '710')
```

Im Feld `ALERT_DETAILS` wird die Beschreibung zum Alert angezeigt (Abbildung 12.11).

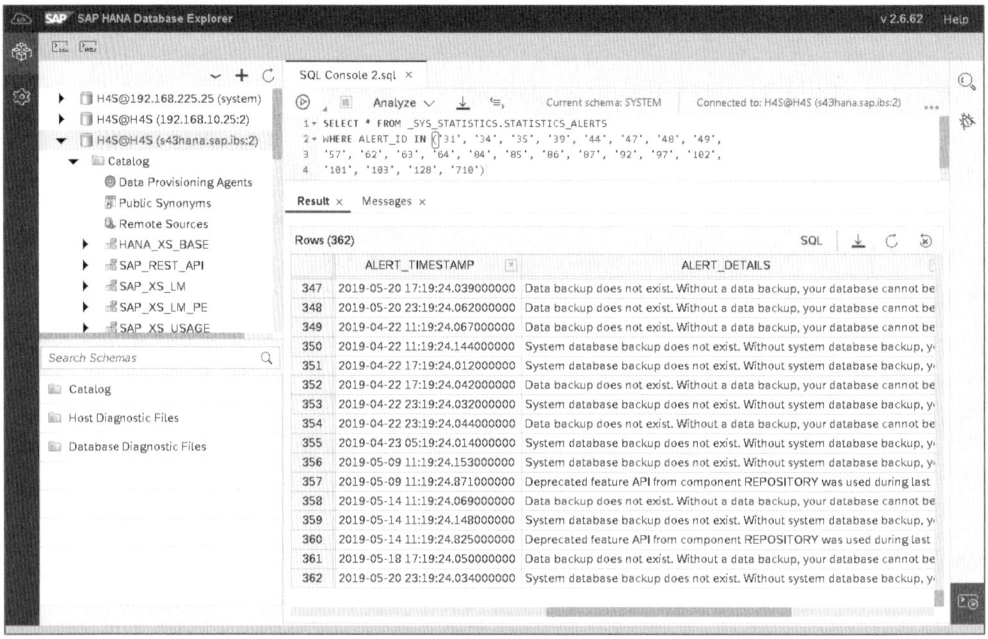

Abbildung 12.11 Anzeige sicherheitskritischer Alarmmeldungen

12.4 Sicherheit in Multi-Tenant-Datenbanken

12.4.1 Das Konzept der Tenant-Datenbanken

Sind die Berechtigungen zur Tenant-Verwaltung nur an die verantwortlichen Administratoren vergeben?

Die Berechtigungen zur Tenant-Verwaltung dürfen nur an Personen vergeben werden, die hierfür zuständig sind. Hier besteht das Risiko, dass produktive Tenants beeinträchtigt werden.

Prüfen Sie in der Systemdatenbank, wem die Berechtigung zur Tenant-Verwaltung zugeordnet ist:

```
SELECT * FROM EFFECTIVE_PRIVILEGE_GRANTEES
WHERE GRANTEE_TYPE = 'USER'
AND PRIVILEGE IN ('DATABASE ADMIN', 'DATABASE START', 'DATABASE STOP')
AND OBJECT_TYPE = 'SYSTEMPRIVILEGE'
```

12.4.2 Tenant-übergreifende Zugriffe

Ist der tenant-übergreifende Zugriff aktiviert?

Tenant-übergreifende Zugriffe müssen im Betriebskonzept beschrieben sein. Hier besteht das Risiko, dass unberechtigte Zugriffe auf Daten möglich sind.

Prüfen Sie in der Systemdatenbank, ob der Parameter `cross_database_access/enabled` den Wert `FALSE` enthält. In diesem Fall sind tenant-übergreifende Zugriffe nicht aktiviert:

```
SELECT * FROM M_INIFILE_CONTENTS WHERE SECTION =
'cross_database_access' AND FILE_NAME = 'global.ini'
```


Die beiden nachfolgenden Fragestellungen sind nur relevant, wenn tenant-übergreifende Zugriffe aktiviert sind.

Welche Benutzer haben einen Remote-Zugriff in einer Multi-Tenant-Datenbank?

Remote-Benutzer müssen im Berechtigungskonzept beschrieben sein. Hier besteht das Risiko, dass unberechtigte Zugriffe auf Daten möglich sind.

Prüfen Sie, ob Benutzern Remote-User zugeordnet wurden:

```
SELECT USER_NAME, HAS_REMOTE_USERS FROM USERS
WHERE HAS_REMOTE_USERS = 'TRUE'
```

Welche Remote-Benutzer sind den Benutzern zugeordnet?

Remote-Benutzer-Zuordnungen müssen im Berechtigungskonzept beschrieben sein. Hier besteht das Risiko, dass unberechtigte Zugriffe auf Daten möglich sind.

Prüfen Sie, welche Benutzer zugeordnet sind:

```
SELECT * FROM REMOTE_USERS
```

12.4.3 Nicht änderbare Parameter in Tenants

Sind die in Tenants nicht änderbaren Parameter korrekt eingestellt?

Kritische Systemparameter sind nur von der Systemdatenbank aus zu setzen. Hier besteht das Risiko, dass in den Tenants Sicherheitsvorgaben nicht eingehalten werden.

Prüfen Sie in der Systemdatenbank, welche Parameter in Tenant-Datenbanken nicht gepflegt werden dürfen, und gleichen Sie diese mit den Vorgaben ab:

```
SELECT * FROM M_INIFILE_CONTENTS
WHERE SECTION = 'readonly_parameters' AND FILE_NAME = 'multidb.ini'
```

Wer ist berechtigt, die änderbaren Parameter zu konfigurieren?

Die Berechtigung zur Pflege der änderbaren Parameter darf nur an die dafür verantwortlichen Administratoren vergeben werden. Hier besteht das Risiko, dass innerhalb der Tenants sicherheitskritische Vorgänge durchgeführt werden können, die nur von der Systemdatenbank ausgeführt werden dürfen.

Analysieren Sie die Berechtigungen mit folgendem Statement:

```
SELECT *
FROM EFFECTIVE_PRIVILEGE_GRANTEES
WHERE GRANTEE_TYPE = 'USER'
       AND PRIVILEGE = 'INIFILE ADMIN'
       AND OBJECT_TYPE = 'SYSTEMPRIVILEGE'
```

12.4.4 Einschränkung von Funktionen in Tenants

Sind die vereinbarten Funktionen in den Tenants gesperrt?

Funktionen, die über die Systemdatenbank gesteuert werden, können in den Tenants gesperrt werden. Hier besteht das Risiko, dass kritische Aktionen, wie die Durchführung von Backups oder die Verwaltung des externen Speichers, von den Tenant-Administratoren selbstständig durchgeführt werden können.

Prüfen Sie in den einzelnen Tenants, ob die festgelegten Funktionalitäten deaktiviert sind:

```
SELECT * FROM M_INIFILE_CONTENTS
WHERE SECTION = 'customizable_functionalities' AND FILE_NAME = 'global.ini'
```

Im SAP HANA Cockpit können Sie die Konfiguration über die Tenant-Verwaltung, Schaltfläche **Manage Restricted Features**, einsehen.

12.4.5 High Isolation Level für Tenants

Ist das High Isolation Level für Datenbanken mit kritischen Daten eingerichtet?

Für Datenbanken mit kritischen Unternehmensdaten sollten die Dateien der Tenants im Betriebssystem durch tenant-spezifische Betriebssystembenutzer abgesichert werden. Hier besteht das Risiko, dass unberechtigte Benutzer Zugriff auf sensible Daten erhalten.

Prüfen Sie in der Systemdatenbank, ob das Isolation Level »high« aktiviert ist:

```
SELECT * FROM M_INIFILE_CONTENTS
WHERE SECTION = 'multidb' AND FILE_NAME = 'global.ini' AND
KEY = 'database_isolation'
```

Das Feld `VALUE` muss den Wert »high« enthalten.

12.4.6 Protokollierung von Änderungen an Tenants

Werden Änderungen an Tenants protokolliert?

Änderungen an Tenants sind zu protokollieren. Hier besteht das Risiko, dass Tenants mit produktiven Daten ohne Nachvollziehbarkeit geändert oder heruntergefahren werden.

Lassen Sie sich die View `AUDIT_POLICIES` mit folgendem Statement anzeigen:


```
SELECT * FROM AUDIT_POLICIES WHERE EVENT_ACTION IN ('CREATE DATABASE',
'ALTER DATABASE',
'DROP DATABASE',
'START DATABASE',
'STOP DATABASE',
'RENAME DATABASE')
```

Im Ergebnis gleichen Sie ab, ob für alle Aktionen ein aktiver Datensatz existiert. Die Felder `IS_AUDIT_POLICY_ACTIVE` und `IS_VALID` müssen jeweils den Wert `TRUE` enthalten, die Felder `USER_NAME` und `EXCEPT_USER_NAME` dürfen keine Werte enthalten.

12.5 Authentifizierung in SAP HANA

12.5.1 Authentifizierungsmethoden

Sind nur die gemäß Unternehmensrichtlinie zulässigen Authentifizierungsmechanismen aktiviert?

Nicht genutzte Authentifizierungsmechanismen sollten deaktiviert werden. Hier besteht das Risiko, dass Benutzer unberechtigt Zugriff auf die Datenbank erhalten.

Prüfen Sie, welche Authentifizierungsmechanismen mit dem Parameter `authentication_methods` aktiviert wurden:

```
SELECT * FROM M_INIFILE_CONTENTS
WHERE FILE_NAME = 'global.ini' AND SECTION = 'authentication'
```

Wer ist berechtigt, die zulässigen Authentifizierungsmechanismen zu konfigurieren?

Die Berechtigung zur Konfiguration zulässiger Authentifizierungsmechanismen darf nur an die dafür verantwortlichen Administratoren vergeben werden. Hier besteht das Risiko, dass Authentifizierungsmethoden freigeschaltet werden, die gemäß Unternehmensrichtlinie unzulässig sind.

Analysieren Sie die Berechtigungen mit folgendem Statement:

```
SELECT *
FROM EFFECTIVE_PRIVILEGE_GRANTEES
WHERE GRANTEE_TYPE = 'USER'
       AND PRIVILEGE = 'INIFILE ADMIN'
       AND OBJECT_TYPE = 'SYSTEMPRIVILEGE'
```

Wer ist berechtigt, die Authentifizierungsmechanismen im Benutzerstammsatz zu setzen?

Die Berechtigung zur Konfiguration der Authentifizierungsmechanismen im Benutzerstammsatz darf nur an die Benutzeradministratoren vergeben werden. Hier besteht das Risiko, dass für Benutzer Authentifizierungsmethoden freigeschaltet werden, die gemäß Unternehmensrichtlinie unzulässig sind.

Analysieren Sie die Berechtigungen mit folgendem Statement:

```
SELECT *
FROM EFFECTIVE_PRIVILEGE_GRANTEES
WHERE GRANTEE_TYPE = 'USER'
       AND PRIVILEGE = 'USER ADMIN'
       AND OBJECT_TYPE = 'SYSTEMPRIVILEGE'
```

Gibt es unterschiedliche Benutzer mit derselben External ID (Kerberos-ID)?

Die Kerberos-ID ist eindeutig; daher darf es keine zwei Benutzerkonten mit derselben Kerberos-ID geben. Hier besteht das Risiko, dass eine falsche Kerberos-ID mit den Benutzerkonten genutzt werden kann.

Prüfen Sie diese Fragestellung mit folgendem Statement:

```
SELECT * FROM USERS WHERE EXTERNAL_IDENTITY IN (
SELECT EXTERNAL_IDENTITY FROM USERS
WHERE EXTERNAL_IDENTITY IS NOT NULL
GROUP BY EXTERNAL_IDENTITY
HAVING COUNT(*)>1)
```

Werden Änderungen an den Authentifizierungsmethoden protokolliert?

Änderungen an den Authentifizierungsmethoden sind zu protokollieren. Hier besteht das Risiko, dass über die Manipulation von Authentifizierungsmethoden unberechtigte Zugriffe auf die Datenbank ermöglicht werden.

Welche Authentifizierungsmethoden genutzt werden, wird automatisch über die Policy *Mandatory Audit Policy* protokolliert. Ob auch Änderungen an den Authentifizierungs-Providern protokolliert werden, lassen Sie sich mit der View `AUDIT_POLICIES` mit folgendem Statement anzeigen:

```
SELECT * FROM AUDIT_POLICIES WHERE EVENT_ACTION IN ('CREATE LDAP PROVIDER',
'ALTER LDAP PROVIDER',
'DROP LDAP PROVIDER',
'VALIDATE LDAP PROVIDER',
'CREATE SAML PROVIDER',
'ALTER SAML PROVIDER',
'DROP SAML PROVIDER',
'CREATE JWT PROVIDER',
'ALTER JWT PROVIDER',
'DROP JWT PROVIDER')
```

Im Ergebnis gleichen Sie ab, ob für alle Aktionen ein aktiver Datensatz existiert. Die Felder `IS_AUDIT_POLICY_ACTIVE` und `IS_VALID` müssen jeweils den Wert `TRUE` enthalten, die Felder `USER_NAME` und `EXCEPT_USER_NAME` dürfen keine Werte enthalten.

12.5.2 Kennwortrichtlinien

Sind die Anmeldeparameter gemäß den Unternehmensrichtlinien eingestellt?

Die Anmeldeparameter müssen gemäß den Vorgaben und Sicherheitsrichtlinien eingestellt sein. Hier besteht das Risiko, dass der Anmeldevorgang nicht gemäß den Unternehmensrichtlinien abgesichert ist.

Die Anmeldeparameter lassen Sie sich mit folgendem Statement anzeigen:

```
SELECT * FROM M_PASSWORD_POLICY
```

Vergleichen Sie, ob die Werte zu den Parametern den Unternehmensvorgaben entsprechen:

```
force_first_password_change
last_used_passwords
minimum_password_lifetime
maximum_password_lifetime
maximum_unused_initial_password_lifetime
maximum_unused_inital_password_lifetime
```

```
maximum_unused_productive_password_lifetime
password_expire_warning_time
minimal_password_length
password_layout
detailed_error_on_connect
maximum_invalid_connect_attempts
password_lock_time
password_lock_for_system_user
```

Wer ist berechtigt, die Kennwortrichtlinien zu pflegen?

Die Berechtigung zur Pflege der Kennwortrichtlinien darf nur an die dafür verantwortlichen Administratoren vergeben werden. Hier besteht das Risiko, dass hierdurch die Anmeldesicherheit manipuliert werden kann.

Analysieren Sie die Berechtigungen mit folgendem Statement:

```
SELECT *
FROM EFFECTIVE_PRIVILEGE_GRANTEES
WHERE GRANTEE_TYPE = 'USER'
       AND PRIVILEGE = 'INIFILE ADMIN'
       AND OBJECT_TYPE = 'SYSTEMPRIVILEGE'
```

Wurden Anmeldeparameter individuell für Benutzergruppen eingerichtet, und entsprechen diese den Vorgaben?

Die Anmeldeparameter müssen gemäß den Vorgaben und Sicherheitsrichtlinien auch individuell für Benutzergruppen eingestellt sein. Hier besteht das Risiko, dass der Anmeldevorgang nicht gemäß den Unternehmensrichtlinien abgesichert ist.

Die gruppenspezifischen Anmeldeparameter lassen Sie sich mit folgendem Statement anzeigen:

```
SELECT * FROM USERGROUP_PARAMETERS
```

Wer ist berechtigt, benutzergruppenspezifische Kennwortrichtlinien zu pflegen?

Die Berechtigung zur Pflege der benutzergruppenspezifischen Kennwortrichtlinien darf nur an die dafür verantwortlichen Administratoren vergeben werden. Hier besteht das Risiko, dass hierdurch die Anmeldesicherheit manipuliert werden kann.

Analysieren Sie die Berechtigungen mit folgendem Statement:

```
SELECT *
FROM EFFECTIVE_PRIVILEGE_GRANTEES
WHERE GRANTEE_TYPE = 'USER'
       AND PRIVILEGE = 'USER ADMIN'
       AND OBJECT_TYPE = 'SYSTEMPRIVILEGE'
```

Sind die verbotenen Kennwörter gemäß den Unternehmensrichtlinien hinterlegt?

Unzulässige Kennwörter (Firmenname usw.) müssen in die Tabelle `_SYS_SECURITY._SYS_PASSWORD_BLACKLIST` eingetragen sein. Hier besteht das Risiko, dass Benutzer triviale Kennwörter nutzen, die leicht zu hacken sind.

Prüfen Sie diese Fragestellung mit folgendem Statement:

```
SELECT * FROM _SYS_SECURITY._SYS_PASSWORD_BLACKLIST
```


Werden Änderungen an den Kennwortrichtlinien protokolliert?

Änderungen an den Parametern für die Kennwortrichtlinien sind über das Auditing zu protokollieren. Zwar werden Änderungen automatisch in der Tabelle `SYS.M_INIFILE_CONTENT_HISTORY` gespeichert, diese Inhalte können aber gelöscht werden. Hier besteht das Risiko, dass Änderungen an der Konfiguration des Anmeldevorgangs ohne Nachvollziehbarkeit vorgenommen werden.

Lassen Sie sich die View `AUDIT_POLICIES` mit folgendem Statement anzeigen:

```
SELECT * FROM AUDIT_POLICIES WHERE EVENT_ACTION =
 'SYSTEM CONFIGURATION CHANGE'
```

Die Felder `IS_AUDIT_POLICY_ACTIVE` und `IS_VALID` müssen den Wert `TRUE` enthalten, die Felder `USER_NAME` und `EXCEPT_USER_NAME` dürfen keine Werte enthalten.

12.6 Benutzerverwaltung in SAP HANA

12.6.1 Der Benutzerstammsatz

Wem sind Berechtigungen zur Pflege von Benutzern zugeordnet?

Die Berechtigung zur Benutzerverwaltung darf nur an die dafür verantwortlichen Administratoren vergeben werden. Hier besteht das Risiko, dass fiktive Benutzer angelegt oder bestehende Benutzer manipuliert werden.

Analysieren Sie die Berechtigungen mit folgendem Statement:

```
SELECT * FROM EFFECTIVE_PRIVILEGE_GRANTEES
WHERE GRANTEE_TYPE = 'USER'
       AND PRIVILEGE = 'USER ADMIN'
       AND OBJECT_TYPE = 'SYSTEMPRIVILEGE'
```

Werden für SAP-HANA-XS-Anwendungen ausschließlich Restricted Users genutzt?

Für SAP-HANA-XS-Anwendungen müssen Restricted Users genutzt werden. Hier besteht das Risiko, dass die Benutzer sich per ODBC/JDBC direkt an der SAP-HANA-Datenbank anmelden können.

Prüfen Sie diese Fragestellung mit folgendem Statement:

```
SELECT USER_NAME, LAST_SUCCESSFUL_CONNECT, IS_RESTRICTED
FROM USERS
```

Prüfen Sie, ob die für XS-Anwendungen eingerichteten Benutzerkonten im Feld `IS_RESTRICTED` den Wert `TRUE` enthalten.

Existieren abgelaufene Benutzerkonten?

Es sollte keine abgelaufenen Benutzer geben. Hier besteht das Risiko, dass diese Benutzer jederzeit mit ihren Zugriffsrechten und einem neuen Kennwort wieder aktiviert und genutzt werden können.

Prüfen Sie diese Fragestellung mit folgendem Statement:

```
SELECT USER_NAME, VALID_UNTIL, IS_RESTRICTED FROM USERS
WHERE VALID_UNTIL < CURRENT_DATE
```

Gibt es Benutzer mit Initialkennwort?

Es darf nur wenige oder gar keine Benutzer geben, die noch ein Initialkennwort besitzen. Hier besteht das Risiko, dass Anmeldungen mit diesen Benutzern mit einem trivialen Kennwort möglich sind.

Prüfen Sie diese Fragestellung mit folgendem Statement:

```
SELECT USER_NAME, ADMIN_GIVEN_PASSWORD, IS_RESTRICTED
FROM USERS
WHERE ADMIN_GIVEN_PASSWORD = 'TRUE'
```

Liegen für bestimmte Benutzer viele fehlgeschlagene Anmeldeversuche vor?

Falschanmeldungen von Benutzern sollten unbedingt überwacht werden. Hier besteht das Risiko, dass versucht wurde, unter dieser Benutzerkennung ins System einzudringen.

Prüfen Sie diese Fragestellung mit folgendem Statement:

```
SELECT * FROM INVALID_CONNECT_ATTEMPTS
```

Werden Änderungen am Benutzerstammsatz protokolliert?

Änderungen am Benutzerstammsatz sind zu protokollieren. Hier besteht das Risiko, dass Änderungen an Benutzerstammsätzen sowie das Anlegen und Löschen nicht nachvollziehbar sind.

Lassen Sie sich die View AUDIT_POLICIES mit folgendem Statement anzeigen:

```
SELECT * FROM AUDIT_POLICIES WHERE EVENT_ACTION IN ('ALTER USER',
'CREATE USER',
'DROP USER')
```

Im Ergebnis gleichen Sie ab, ob für alle Aktionen ein aktiver Datensatz existiert. Die Felder IS_AUDIT_POLICY_ACTIVE und IS_VALID müssen jeweils den Wert TRUE enthalten, die Felder USER_NAME und EXCEPT_USER_NAME dürfen keine Werte enthalten.

12.6.2 SAP HANA XS Advanced-Benutzer

Wem sind Berechtigungen zur Pflege von SAP-HANA-XSA-Benutzern zugeordnet?

Die Berechtigung zur Benutzerverwaltung darf nur an die dafür verantwortlichen Administratoren vergeben werden. Hier besteht das Risiko, dass fiktive Benutzer angelegt oder bestehende Benutzer manipuliert werden.

Analysieren Sie im SAP-HANA-Tenant, an dem SAP HANA XSA angeschlossen ist, die Berechtigungen mit folgendem Statement:

```
SELECT * FROM USER_PARAMETERS WHERE VALUE = 'XS_USER_ADMIN' AND
USER_NAME IN (SELECT USER_NAME FROM EFFECTIVE_PRIVILEGE_GRANTEES
WHERE GRANTEE_TYPE = 'USER'
       AND PRIVILEGE = 'USER ADMIN'
       AND OBJECT_TYPE = 'SYSTEMPRIVILEGE')
```

Werden Änderungen an SAP-HANA-XSA-Benutzern protokolliert?

Änderungen an SAP HANA XSA sind zu protokollieren. Hier besteht das Risiko, dass Änderungen an Benutzerstammsätzen sowie die Zuordnung von Berechtigungen nicht nachvollziehbar sind.

Lassen Sie sich die View AUDIT_POLICIES mit folgendem Statement anzeigen:

```
SELECT * FROM AUDIT_POLICIES WHERE EVENT_ACTION IN ('ALTER USER',
'CREATE USER',
'DROP USER')
```

Im Ergebnis gleichen Sie ab, ob es für alle Aktionen einen aktiven Datensatz gibt. Die Felder IS_AUDIT_POLICY_ACTIVE und IS_VALID müssen jeweils den Wert TRUE enthalten, die Felder USER_NAME und EXCEPT_USER_NAME dürfen keine Werte enthalten.

Hierdurch werden auch Änderungen an den Benutzerparametern protokolliert, mit denen die SAP-HANA-XSA-Berechtigungen zugeordnet werden.

12.6.3 SAP-HANA-Standardbenutzer

Existiert eine Verfahrensanweisung zur Nutzung des Benutzers SYSTEM?

Es muss festgelegt werden, wie der Benutzer SYSTEM abzusichern ist. Hier besteht das Risiko, dass der Benutzer SYSTEM anonym für Anmeldungen genutzt werden kann.

Prüfen Sie die Verfahrensanweisung hinsichtlich der Absicherung. Gemäß SAP HANA Security Guide soll der Benutzer deaktiviert und nicht im Tagesgeschäft genutzt werden.

Ist der Benutzer SYSTEM deaktiviert?

Gemäß SAP-Sicherheitsleitfaden muss der Benutzer SYSTEM deaktiviert werden. Hier besteht das Risiko, dass der Benutzer SYSTEM anonym für Anmeldungen genutzt werden kann.

Prüfen Sie diese Fragestellung mit folgendem Statement:

```
SELECT USER_NAME, USER_DEACTIVATED
FROM USERS
WHERE USER_NAME = 'SYSTEM'
```

Der Inhalt des Feldes USER_DEACTIVATED hat folgende Bedeutung:

- TRUE: Benutzer ist deaktiviert
- FALSE: Benutzer ist nicht deaktiviert

Wird der Benutzer SYSTEM durch Falschanmeldungen deaktiviert?

Der Parameter password_lock_for_system_user muss auf den Wert TRUE gesetzt werden, um Brute-Force-Attacken zu verhindern. Hier besteht das Risiko, dass das Kennwort des Benutzers SYSTEM durch Brute-Force-Attacken gehackt werden kann.

Prüfen Sie diese Fragestellung mit folgendem Statement:

```
SELECT * FROM M_PASSWORD_POLICY
WHERE PROPERTY = 'password_lock_for_system_user'
```

Der Parameter muss den Wert TRUE enthalten.

Wann wurde der Benutzer SYSTEM zuletzt eingesetzt?

Die Nutzung des Benutzers SYSTEM muss dokumentiert werden. Hier besteht das Risiko, dass der Benutzer SYSTEM anonym für Anmeldungen genutzt werden kann.

Prüfen Sie diese Fragestellung mit folgendem Statement:

```
SELECT USER_NAME, LAST_SUCCESSFUL_CONNECT FROM USERS
WHERE USER_NAME = 'SYSTEM'
```

Das Feld `LAST_SUCCESSFUL_CONNECT` enthält das letzte Anmeldedatum.

12.6.4 Benutzergruppen

Sind die Benutzer den korrekten Benutzergruppen zugeordnet?

Wird ein Gruppenkonzept sowie eventuell eine dezentrale Benutzerverwaltung angewandt, müssen die Benutzer den jeweils korrekten Gruppen zugeordnet sein. Hier besteht das Risiko, dass Benutzer von einem falschen Personenkreis gepflegt werden können.

Lassen Sie sich die Tabelle `USERS` anzeigen, und prüfen Sie die Gruppenzuordnung der Benutzer im Feld `USERGROUP_NAME`:

```
SELECT * FROM USERS
```

Werden Änderungen an Benutzergruppen protokolliert?

Änderungen an Benutzergruppen sind zu protokollieren. Hier besteht das Risiko, dass Änderungen an der Benutzerzuordnung auch die Berechtigungen zur Pflege der Benutzer beeinflussen.

Lassen Sie sich die View `AUDIT_POLICIES` mit folgendem Statement anzeigen:

```
SELECT * FROM AUDIT_POLICIES WHERE EVENT_ACTION
IN ('ALTER USERGROUP',
'CREATE USERGROUP',
'DROP USERGROUP')
```

Im Ergebnis gleichen Sie ab, ob für alle Aktionen ein aktiver Datensatz existiert. Die Felder `IS_AUDIT_POLICY_ACTIVE` und `IS_VALID` müssen jeweils den Wert `TRUE` enthalten, die Felder `USER_NAME` und `EXCEPT_USER_NAME` dürfen keine Werte enthalten.

Wer ist zur Benutzerpflege für bestimmte Benutzergruppen berechtigt?

Die Berechtigung zur Benutzerverwaltung für bestimmte Benutzergruppen darf nur an die dafür verantwortlichen Administratoren vergeben werden. Hier besteht das Risiko, dass fiktive Benutzer angelegt oder bestehende Benutzer manipuliert werden.

Analysieren Sie die Berechtigungen mit folgendem Statement:

```
SELECT * FROM EFFECTIVE_PRIVILEGE_GRANTEES
WHERE GRANTEE_TYPE = 'USER'
       AND PRIVILEGE = 'USERGROUP OPERATOR'
       AND OBJECT_TYPE = 'USERGROUP'
```

12.7 Das Berechtigungskonzept von SAP HANA

12.7.1 Das Konzept der SAP-HANA-Berechtigungen

Existiert ein Berechtigungskonzept für die SAP-HANA-Datenbank?

Es muss ein Berechtigungskonzept für die SAP-HANA-Datenbank erstellt werden, da sie auch als Applikation anzusehen ist, nicht als reine Datenbank. Hier besteht das Risiko, dass ohne definiertes Konzept Zugriffe und Berechtigungen intransparent vergeben werden und dadurch unberechtigte Zugriffe möglich sind.

Prüfen Sie das schriftliche Berechtigungskonzept für die HANA-Berechtigungen.

Gibt es ein internes Kontrollsystem für die Berechtigungen der SAP-HANA-Datenbank?

Es muss ein internes Kontrollsystem für die SAP-HANA-Berechtigungen definiert werden. Hier besteht das Risiko, dass systemkritische Berechtigungen aufgrund fehlender Vorgaben vergeben werden.

Prüfen Sie, ob ein schriftliches internes Kontrollsystem existiert.

12.7.2 System Privileges

Sind System Privileges nur der Administration zugeordnet?

System Privileges dürfen (mit wenigen Ausnahmen, z. B. `CATALOG READ`) nur der Administration zugeordnet werden. Hier besteht das Risiko, dass kritische Systemberechtigungen außerhalb der Administration eingesetzt werden.

Prüfen Sie diese Fragestellung mit folgendem Statement:

```
SELECT * FROM EFFECTIVE_PRIVILEGE_GRANTEES
WHERE GRANTEE_TYPE = 'USER'
AND PRIVILEGE in ('ADAPTER ADMIN', 'AGENT ADMIN', 'BACKUP ADMIN',
'BACKUP OPERATOR', 'CERTIFICATE ADMIN', 'CREDENTIAL ADMIN',
'ENCRYPTION ROOT KEY ADMIN', 'EXTENDED STORAGE ADMIN',
'INIFILE ADMIN', 'LICENSE ADMIN', 'SAVEPOINT ADMIN',
'SERVICE ADMIN', 'SESSION ADMIN', 'SSL ADMIN', 'TENANT ADMIN',
'TRUST ADMIN', 'VERSION ADMIN', 'RESOURCE ADMIN', 'TABLE ADMIN',
'AUDIT ADMIN', 'AUDIT OPERATOR', 'OPTIMIZER ADMIN',
```

```
'CREATE REMOTE SOURCE', 'LOG ADMIN', 'MONITOR ADMIN')
AND OBJECT_TYPE = 'SYSTEMPRIVILEGE'
```

Sind System Privileges für Entwicklung und Modellierung im Produktivsystem zugeordnet?

System Privileges, mit denen Entwicklungen und Modellierung möglich sind, dürfen in Produktivsystemen nicht vergeben werden. Hier besteht das Risiko, dass Entwicklungen ohne Freigabeprozess in das Produktivsystem eingebracht werden.

Prüfen Sie diese Fragestellung im produktiven Tenant mit folgendem Statement:

```
SELECT * FROM EFFECTIVE_PRIVILEGE_GRANTEES
WHERE GRANTEE_TYPE = 'USER'
AND PRIVILEGE in ('CREATE R SCRIPT',
'CREATE SCENARIO',
'CREATE SCHEMA',
'CREATE STRUCTURED PRIVILEGE',
'DATA ADMIN',
'SCENARIO ADMIN',
'STRUCTUREDPRIVILEGE ADMIN')
AND OBJECT_TYPE = 'SYSTEMPRIVILEGE'
```


Sind System Privileges für Transporte ins Produktivsystem zugeordnet?

System Privileges, mit denen Transporte möglich sind, dürfen in Produktivsystemen nur an die verantwortlichen Administratoren vergeben werden. Hier besteht das Risiko, dass Entwicklungen ohne Freigabeprozess in das Produktivsystem importiert werden können.

Prüfen Sie diese Fragestellung im produktiven Tenant mit folgendem Statement:

```
SELECT * FROM EFFECTIVE_PRIVILEGE_GRANTEES
WHERE GRANTEE_TYPE = 'USER'
AND PRIVILEGE in ('REPO.IMPORT',
'REPO.MAINTAIN_DELIVERY_UNITS',
'REPO.CONFIGURE',
'REPO.MODIFY_CHANGE',
'REPO.MODIFY_OWN_CONTRIBUTION',
'REPO.MODIFY_FOREIGN_CONTRIBUTION')
AND OBJECT_TYPE = 'SYSTEMPRIVILEGE'
```

12.7.3 Object Privileges

Sind Object Privileges für DDL-Befehle vergeben?

Mit DDL-Befehlen (Data Definition Language) kann der Aufbau von Objekten geändert werden. So können z. B. Felder zu Tabellen und Views zugeführt oder gelöscht werden. Auch das Löschen ganzer Tabellen wäre mit dem `DROP`-Befehl möglich. Hier besteht das Risiko, dass Objekte ohne einen Freigabeprozess manipuliert werden.

Rufen Sie zur Prüfung das Skript **HANA_Security_GrantedRolesAndPrivileges** auf. Sie können es im SAP HANA Database Explorer auch über die Statement Library unter **Security • GrantedRolesAndPrivileges • 2.00.000+** aufrufen. Geben Sie als Selektion in der `Modification section` den `GRANTEE_TYPE` `USER` ein:

```
'USER' GRANTEE_TYPE,          /* ROLE, USER, % */
```

Laden Sie das Ergebnis mit der Schaltfläche **Download** (⤓) herunter, öffnen Sie es in Microsoft Excel, und filtern Sie das Feld `PRIVILEGE` auf DML-Befehle:

- `CREATE ANY`
- `ALTER`
- `DROP`
- `INDEX`
- `REFERENCES`

Sind Object Privileges auf das Schema des SAP-Benutzers vergeben?

Beim Einsatz von SAP ERP bzw. SAP S/4HANA werden die Daten im Schema des Benutzers SAP<sid> gespeichert. Zugriffe auf dieses Schema dürfen nicht an Benutzer vergeben werden. Hier besteht das Risiko, dass ein Zugriff auf sensible Daten möglich ist oder die Daten manipuliert werden können.

Prüfen Sie die Zuordnung der Berechtigung mit folgendem Statement (der Name SAP<sid> ist gegen den Namen des SAP-ABAP-Benutzers auszutauschen):

```
SELECT * FROM EFFECTIVE_PRIVILEGE_GRANTEES
WHERE GRANTEE_TYPE = 'USER'
      AND PRIVILEGE IN ('SELECT', 'INSERT', 'DELETE', 'UPDATE')
      AND OBJECT_TYPE = 'SCHEMA'
      AND SCHEMA_NAME = 'SAP<sid>'
```

12.7.4 Package Privileges

Welche Benutzer haben Entwicklerrechte im Produktivsystem?

Entwicklerrechte dürfen im Produktivsystem nur im Notfall zugeordnet werden. Hier besteht das Risiko, dass eine Entwicklung im Produktivsystem möglich ist und dadurch gegen geltende Gesetze (u. a. § 239 HGB) verstoßen wird.

Prüfen Sie diese Fragestellung für das Root-Package mit folgendem Statement:

```
SELECT *
FROM EFFECTIVE_PRIVILEGE_GRANTEES
```

```
WHERE GRANTEE_TYPE = 'USER'
      AND PRIVILEGE = 'REPO.EDIT_NATIVE_OBJECTS'
      AND OBJECT_TYPE = 'REPO'
      AND OBJECT_NAME = '.REPO_PACKAGE_ROOT'
```

Welche Benutzer dürfen importierte Repository-Objekte ändern?

Berechtigungen zum Ändern importierter Repository-Objekte dürfen nur im Notfall zugeordnet werden. Hier besteht das Risiko, dass ausgelieferte Objekte geändert und deren Funktionalitäten dadurch beeinträchtigt werden.

Prüfen Sie diese Fragestellung für das Root-Package mit folgendem Statement:

```
FROM EFFECTIVE_PRIVILEGE_GRANTEES
WHERE GRANTEE_TYPE = 'USER'
      AND PRIVILEGE = 'REPO.EDIT_IMPORTED_OBJECTS'
      AND OBJECT_TYPE = 'REPO'
      AND OBJECT_NAME = '.REPO_PACKAGE_ROOT'
```


12.7.5 Analytic Privileges

Ist Benutzern die Berechtigung für alle Analytic Privileges zugeordnet?

Mit dem Standard-Analytic-Privilege _SYS_BI_CP_ALL wird die Berechtigung für alle definierten Analytic Privileges vergeben. Hier besteht das Risiko, dass Benutzer durch die Zuordnung dieser Berechtigung Zugriff auf Daten erhalten, für die sie nicht autorisiert sind.

Prüfen Sie diese Berechtigung mit folgendem Statement:

```
SELECT * FROM EFFECTIVE_PRIVILEGE_GRANTEES
WHERE GRANTEE_TYPE = 'USER'
      AND PRIVILEGE = 'EXECUTE'
      AND OBJECT_TYPE = 'ANALYTICALPRIVILEGE'
      AND OBJECT_NAME = '_SYS_BI_CP_ALL'
```

12.7.6 Direkte Zuordnung von Privileges

Wurden Privileges Benutzern direkt zugeordnet?

Berechtigungen müssen den Benutzern über Rollen zugeordnet werden. Eine direkte Zuordnung sollte im Berechtigungskonzept ausgeschlossen werden. Hier besteht das Risiko der Intransparenz des Berechtigungskonzepts.

Prüfen Sie diese Fragestellung mit folgendem Statement:

```
SELECT * FROM GRANTED_PRIVILEGES
WHERE GRANTEE_TYPE = 'USER'
      AND GRANTEE <> 'SYSTEM'
```

```
      AND GRANTEE NOT LIKE '_SYS%'
      AND GRANTEE NOT LIKE 'SYS%'
      AND GRANTEE NOT LIKE '%_RT'
      AND GRANTEE NOT LIKE '%_DT'
      AND GRANTEE NOT LIKE '%#DI'
      AND GRANTEE NOT LIKE '%#OO'
      AND GRANTEE NOT LIKE 'HDI_%'
      AND GRANTEE NOT LIKE 'SBSS%'
      AND GRANTEE NOT LIKE 'USR_%'
      AND GRANTEE NOT LIKE 'XSSQL%'
      AND (SCHEMA_NAME IS NULL
            OR GRANTEE <> SCHEMA_NAME)
ORDER BY GRANTEE ASC,
      OBJECT_TYPE ASC;
```

Wird in dem geprüften Tenant ein SAP-ERP- bzw. SAP-S/4HANA-System betrieben, muss die Abfrage um den Benutzer SAP<sid> erweitert werden.

12.7.7 Berechtigungen in SAP HANA XS Advanced

Sind die Berechtigungen auf die Organizations korrekt vergeben?

Die Berechtigungen auf die Organizations werden direkt in SAP HANA XSA vergeben. Hier besteht das Risiko, dass bei falscher Zuordnung der Berechtigungen Benutzer und Spaces von nicht autorisierten Benutzern gepflegt werden können.

Zur Analyse der Berechtigungen auf Organizations wählen Sie in SAP HANA XSA unter dem Menüpunkt **Organizations** eine Organization aus. Klicken Sie dann auf den Menüpunkt **Members**. Ihnen werden die Benutzer mit ihren Berechtigungen angezeigt (siehe Abbildung 12.12). Hier geht es um die Analyse der Rolle *Organization Manager*.

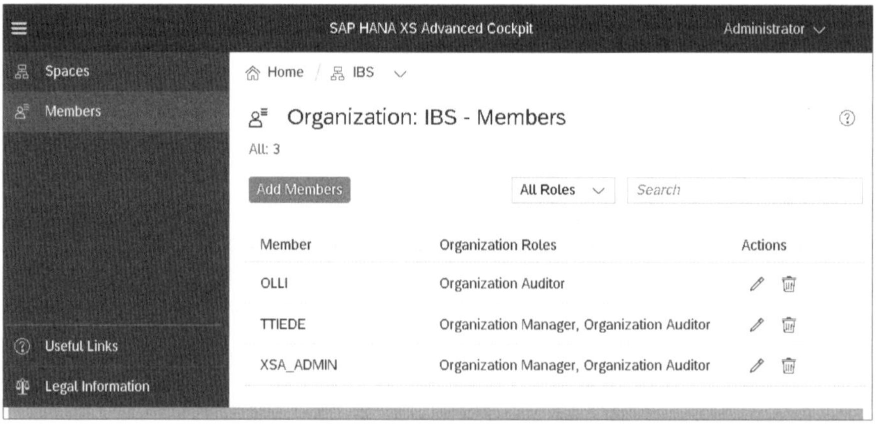

Abbildung 12.12 Members mit Organization Roles

Sind die Berechtigungen auf die Spaces korrekt vergeben?

Die Berechtigungen auf Spaces werden direkt in SAP HANA XSA vergeben. Hier besteht das Risiko, dass bei falscher Zuordnung der Berechtigungen Benutzer und Anwendungen von nicht autorisierten Benutzern gepflegt werden können.

Zur Analyse der Berechtigungen auf Spaces wählen Sie eine Organization in SAP HANA XSA unter dem Menüpunkt **Organizations** aus. Klicken Sie dort auf den Menüpunkt **Spaces**. Ihnen werden die Spaces der Organization angezeigt. Wählen Sie ein Space aus, und klicken Sie dort auf den Menüpunkt **Members**. Die Benutzer werden mit ihren Berechtigungen angezeigt (siehe Abbildung 12.13). Hier geht es um die Analyse der Rollen *Space Manager* und *Space Developer*.

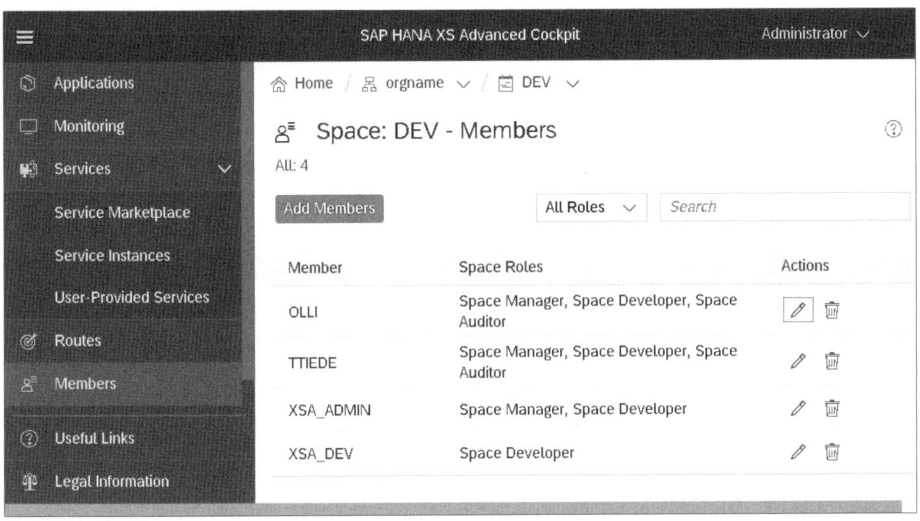

Abbildung 12.13 Members mit Space Roles

12.8 Das Rollenkonzept von SAP HANA

12.8.1 Eigenschaften von Rollen

Gibt es ein Konzept zur Rollenpflege?

Es muss ein Konzept zur Rollenpflege für die SAP-HANA-Datenbank erstellt werden, da sie auch als Applikation anzusehen ist, nicht nur als reine Datenbank. Hier besteht das Risiko, dass ohne definiertes Konzept Zugriffe und Berechtigungen intransparent vergeben werden und dadurch unberechtigte Zugriffe möglich sind.

Prüfen Sie das schriftliche Berechtigungskonzept für die SAP-HANA-Berechtigungen hinsichtlich der Pflege von Rollen.

Existieren explizite Namenskonventionen für Rollen?

Es müssen explizite Namenskonventionen für Rollen existieren. Hier besteht das Risiko, dass durch fehlende Namenskonventionen das Berechtigungskonzept intransparent wird.

Zur Analyse, ob die Namenskonventionen durchgängig angewandt wurden, lassen Sie sich die Liste der Rollen mit folgendem Statement anzeigen:

```
SELECT * FROM ROLES
```

12.8.2 Runtime-Katalogrollen

Sind die Berechtigungen zur Rollenpflege korrekt vergeben?

Rollenpflege findet im Entwicklungssystem statt. In Produktivsystemen darf diese Berechtigung nur in Ausnahmefällen vergeben werden. Hier besteht das Risiko, dass Berechtigungen ohne Freigabeprozess geändert werden.

Prüfen Sie diese Berechtigung mit folgendem Statement:

```
SELECT * FROM EFFECTIVE_PRIVILEGE_GRANTEES
WHERE GRANTEE_TYPE = 'USER'
       AND PRIVILEGE = 'ROLE ADMIN'
       AND OBJECT_TYPE = 'SYSTEMPRIVILEGE'
```

Werden Änderungen an Katalogrollen protokolliert?

Änderungen an Rollen sind zu protokollieren. Hier besteht das Risiko, dass Änderungen an Rollen, und somit an den Berechtigungen, nicht nachvollziehbar sind.

Lassen Sie sich die View `AUDIT_POLICIES` mit folgendem Statement anzeigen:

```
SELECT * FROM AUDIT_POLICIES WHERE EVENT_ACTION IN ('ALTER ROLE',
'CREATE ROLE','DROP ROLE')
```

Im Ergebnis gleichen Sie ab, ob für alle Aktionen ein aktiver Datensatz existiert. Die Felder `IS_AUDIT_POLICY_ACTIVE` und `IS_VALID` müssen jeweils den Wert `TRUE` enthalten, die Felder `USER_NAME` und `EXCEPT_USER_NAME` dürfen keine Werte enthalten.

12.8.3 Design-Time-Repository-Rollen (XSC)

Sind die Berechtigungen zur Pflege von Repository-Rollen vergeben?

Die Berechtigungen zur Rollenpflege dürfen nur den entsprechend verantwortlichen Benutzern zugeordnet werden. Hier besteht das Risiko, dass Rollen von nicht dafür verantwortlichen Benutzern manipuliert oder versehentlich geändert werden können. Im Produktivsystem dürfen diese Berechtigungen nicht vergeben werden. Im Entwicklungssystem vergeben Sie diese nur, wenn gemäß dem Berechtigungskonzept Repository-Rollen verwendet werden.

Da die Pflege der Repository-Rollen im Rahmen der Entwicklung stattfindet, sind die Entwicklerberechtigungen zu prüfen. Prüfen Sie die nachfolgende Berechtigung im Entwicklungssystem, um festzustellen, wer Repository-Rollen pflegen darf. Prüfen Sie diese Berechtigung auch im Produktivsystem. Dort darf die Berechtigung keinem Benutzer zugeordnet sein.

```
SELECT * FROM EFFECTIVE_PRIVILEGES
WHERE USER_NAME IN ('USER1', 'USER2')
AND GRANTEE_TYPE = 'USER'
AND PRIVILEGE <> 'REPO.READ'
AND OBJECT_TYPE = 'REPO'
```


Wurden Rollen nur von dafür zuständigen Benutzern gepflegt?

Rollen dürfen nur von den dafür verantwortlichen Benutzern gepflegt werden. Hier besteht das Risiko, dass Rollen von nicht dafür verantwortlichen Benutzern manipuliert oder versehentlich geändert wurden. Prüfen Sie diese Fragestellung mit folgendem Statement:

```
SELECT * FROM _SYS_REPO.OBJECT_HISTORY
WHERE OBJECT_SUFFIX = 'hdbrole'
```

Ihnen werden alle Rollenänderungen angezeigt. Prüfen Sie im Ergebnis, ob die Rollenänderungen nur von dafür zuständigen Benutzern gepflegt wurden.

Wer besitzt die Berechtigung zur Zuordnung von Repository-Rollen?

Berechtigungen zur Zuordnung von Repository-Rollen dürfen nur an die dafür verantwortlichen Administratoren vergeben werden. Voraussetzung ist, dass Repository-Rollen gemäß dem Berechtigungskonzept genutzt werden. Hier besteht das Risiko, dass Rollen falsch zugeordnet werden.

Prüfen Sie diese Fragestellung mit folgendem Statement:

```
SELECT * FROM EFFECTIVE_PRIVILEGE_GRANTEES
WHERE GRANTEE_TYPE = 'USER'
AND PRIVILEGE = 'EXECUTE'
AND OBJECT_TYPE = 'PROCEDURE'
AND OBJECT_NAME = 'GRANT_ACTIVATED_ROLE'
AND SCHEMA_NAME = '_SYS_REPO'
```

Werden der Import und die Aktivierung von Repository-Rollen protokolliert?

Durch den Import von Repository-Content können Programme und andere Repository-Elemente in das System unter Umgehung des Transportprozesses eingebracht werden. Hier besteht das Risiko, dass neben Eigenentwicklungen auch Rollen importiert werden, wodurch erweiterte Berechtigungen vergeben werden können.

Lassen Sie sich die View AUDIT_POLICIES mit folgendem Statement anzeigen:

```
SELECT * FROM AUDIT_POLICIES
WHERE EVENT_ACTION IN ('ACTIVATE REPOSITORY CONTENT',
'IMPORT REPOSITORY CONTENT')
```

Im Ergebnis gleichen Sie ab, ob für alle Aktionen ein aktiver Datensatz existiert. Die Felder IS_AUDIT_POLICY_ACTIVE und IS_VALID müssen jeweils den Wert TRUE enthalten, die Felder USER_NAME und EXCEPT_USER_NAME dürfen keine Werte enthalten.

12.8.4 Design-Time-HANA-DI-Rollen (XSA)

Wer ist zur Nutzung der SAP WebIDE berechtigt?

Die Entwicklungsumgebung WebIDE darf nur von entsprechend autorisierten Entwicklern genutzt werden. Hier besteht das Risiko, dass unkontrolliert Eigenentwicklungen ins System eingebracht werden.

Prüfen Sie diese Berechtigung mit folgendem Statement:

```
SELECT * FROM USER_PARAMETERS WHERE VALUE = 'WEBIDE_DEVELOPER'
```

Wer besitzt die Berechtigung zur Anlage neuer HDI-Container?

Die Berechtigung zur Anlage neuer HDI-Container (und damit neuer Schemata) darf nur in Entwicklungssystemen vergeben werden. In Produktivsystemen ist diese Berechtigung nur in Ausnahmefällen zuzuordnen. Hier besteht das Risiko, dass Berechtigungsstrukturen geändert werden können.

Prüfen Sie diese Berechtigung mit folgendem Statement:

```
SELECT * FROM EFFECTIVE_PRIVILEGE_GRANTEES
WHERE GRANTEE_TYPE = 'USER'
      AND PRIVILEGE = 'CREATE SCHEMA'
      AND OBJECT_TYPE = 'SYSTEMPRIVILEGE'
```

Wer besitzt die Berechtigung zur Zuordnung von HDI-Rollen?

Berechtigungen zur Zuordnung von HDI-Rollen dürfen nur an die dafür verantwortlichen Administratoren vergeben werden. Hier besteht das Risiko, dass Rollen falsch zugeordnet werden.

Prüfen Sie diese Fragestellung mit folgendem Statement:

```
SELECT * FROM EFFECTIVE_PRIVILEGE_GRANTEES
WHERE GRANTEE_TYPE = 'USER'
       AND PRIVILEGE = 'EXECUTE'
       AND OBJECT_TYPE = 'PROCEDURE'
       AND OBJECT_NAME = 'GRANT_CONTAINER_SCHEMA_ROLES'
       AND SCHEMA_NAME = '_SYS_DI'
```

Die Berechtigung wird für die existierenden HDI-Schemata jeweils einzeln geprüft, indem der Schemaname ersetzt wird. Um eine Liste aller Benutzer und Rollen zu erzeugen, denen diese Berechtigung direkt zugeordnet wurde, nutzen Sie folgendes Statement:

```
SELECT * FROM GRANTED_PRIVILEGES
WHERE OBJECT_NAME = 'GRANT_CONTAINER_SCHEMA_ROLES'
```


In der Tabelle werden alle Rollen mit dieser Berechtigung sowie alle Benutzer angezeigt, denen diese Berechtigung direkt zugeordnet ist (auch die technischen Benutzer), siehe Abbildung 12.14.

	GRAI	GRANTEE	GRA	GRANTOR	OBJECT_TYPE	SCHEMA_NAME	OBJECT_NAME
1	NULL	D65359FCC0E84332A40E73B64	USER	_SYS_DI	PROCEDURE	D65359FCC0E84332A	GRANT_CONTAINER_SCHEMA_ROLES
2	NULL	D65359FCC0E84332A40E73B64	USER	_SYS_DI	PROCEDURE	D65359FCC0E84332A	GRANT_CONTAINER_SCHEMA_ROLES
3	NULL	FBD9DE2AF92440A5BCB5BB3B	USER	_SYS_DI	PROCEDURE	FBD9DE2AF92440A5B	GRANT_CONTAINER_SCHEMA_ROLES
4	NULL	FBD9DE2AF92440A5BCB5BB3B	USER	_SYS_DI	PROCEDURE	FBD9DE2AF92440A5B	GRANT_CONTAINER_SCHEMA_ROLES
5	NULL	FBD9DE2AF92440A5BCB5BB3B	USER	_SYS_DI	PROCEDURE	FBD9DE2AF92440A5B	GRANT_CONTAINER_SCHEMA_ROLES
6	NULL	97E6A74FD94B414CAB9BC82D	USER	_SYS_DI	PROCEDURE	97E6A74FD94B414CA	GRANT_CONTAINER_SCHEMA_ROLES
7	NULL	97E6A74FD94B414CAB9BC82D	USER	_SYS_DI	PROCEDURE	97E6A74FD94B414CA	GRANT_CONTAINER_SCHEMA_ROLES
8	NULL	97E6A74FD94B414CAB9BC82D	USER	_SYS_DI	PROCEDURE	97E6A74FD94B414CA	GRANT_CONTAINER_SCHEMA_ROLES
9	NULL	97E6A74FD94B414CAB9BC82D	USER	_SYS_DI	PROCEDURE	97E6A74FD94B414CA	GRANT_CONTAINER_SCHEMA_ROLES
10	NULL	796542A51BCB4BF9B60262BC	USER	_SYS_DI	PROCEDURE	796542A51BCB4BF9B	GRANT_CONTAINER_SCHEMA_ROLES
11	NULL	97E6A74FD94B414CAB9BC82D	USER	_SYS_DI	PROCEDURE	97E6A74FD94B414CA	GRANT_CONTAINER_SCHEMA_ROLES
12	NULL	4471A01FD4B14C7881E34A59E	USER	_SYS_DI	PROCEDURE	4471A01FD4B14C788	GRANT_CONTAINER_SCHEMA_ROLES
13	NULL	E25C854E47C2428291B475662	USER	_SYS_DI	PROCEDURE	E25C854E47C242829	GRANT_CONTAINER_SCHEMA_ROLES
14	NULL	E25C854E47C2428291B475662	USER	_SYS_DI	PROCEDURE	E25C854E47C242829	GRANT_CONTAINER_SCHEMA_ROLES
15	NULL	4471A01FD4B14C7881E34A59E	USER	_SYS_DI	PROCEDURE	4471A01FD4B14C788	GRANT_CONTAINER_SCHEMA_ROLES
16	NULL	4471A01FD4B14C7881E34A59E	USER	_SYS_DI	PROCEDURE	4471A01FD4B14C788	GRANT_CONTAINER_SCHEMA_ROLES
17	NULL	4471A01FD4B14C7881E34A59E	USER	_SYS_DI	PROCEDURE	4471A01FD4B14C788	GRANT_CONTAINER_SCHEMA_ROLES
18	NULL	SYS_XS_HANA_BROKER	USER	_SYS_DI	PROCEDURE	_SYS_DI#SYS_XS_HA	GRANT_CONTAINER_SCHEMA_ROLES
19	NULL	SYS_XS_HANA_BROKER	USER	SYSTEM	PROCEDURE	_SYS_DI	GRANT_CONTAINER_SCHEMA_ROLES
20	NULL	SYSTEM	USER	SYS	PROCEDURE	_SYS_DI	GRANT_CONTAINER_SCHEMA_ROLES

Abbildung 12.14 Berechtigungen zur Zuordnung von HDI-Rollen

Werden Änderungen an HDI-Rollen protokolliert?

Änderungen an Rollen müssen protokolliert werden. Hier besteht das Risiko, dass Änderungen an Rollen, und somit an den Berechtigungen, nicht nachvollziehbar sind.

Lassen Sie sich die View AUDIT_POLICIES mit folgendem Statement anzeigen:

```
SELECT * FROM AUDIT_POLICIES WHERE EVENT_ACTION IN ('ALTER ROLE',
'CREATE ROLE','DROP ROLE')
```

Im Ergebnis gleichen Sie ab, ob für alle Aktionen ein aktiver Datensatz existiert. Die Felder IS_AUDIT_POLICY_ACTIVE und IS_VALID müssen jeweils den Wert TRUE enthalten, die Felder USER_NAME und EXCEPT_USER_NAME dürfen keine Werte enthalten.

12.8.5 SAP-HANA-Standardrollen

Ist die Rolle SAP_INTERNAL_HANA_SUPPORT zugeordnet?

Die Rolle SAP_INTERNAL_HANA_SUPPORT darf nur im Support-Fall für einen kurzen Zeitraum ausgewählten Benutzern zugeordnet werden. Hier besteht das Risiko, dass Benutzer dadurch Zugriff auf sensible Systemdaten erhalten.

Prüfen Sie die Zuordnung der Rolle mit folgendem Statement:

```
SELECT * FROM GRANTED_ROLES
WHERE ROLE_NAME = 'SAP_INTERNAL_HANA_SUPPORT'
```

Kann die Rolle SAP_INTERNAL_HANA_SUPPORT mehreren Benutzern zugeordnet werden?

Aufgrund ihrer Kritikalität sollte die Rolle SAP_INTERNAL_HANA_SUPPORT maximal einem Benutzer und nur für einen kurzen Zeitraum zugeordnet werden. Hier besteht das Risiko, dass Benutzer durch die Zuordnung der Rolle Zugriff auf sensible Systemdaten erhalten.

Prüfen Sie dies in der Systemdatenbank mit folgendem Statement:

```
SELECT * FROM M_INIFILE_CONTENTS
WHERE SECTION = 'authorization' AND FILE_NAME = 'nameserver.ini'
AND KEY = 'internal_support_user_limit'
```

In Tenant-Datenbanken nutzen Sie folgendes Statement:

```
SELECT * FROM M_INIFILE_CONTENTS
WHERE SECTION = 'authorization' AND FILE_NAME = 'indexserver.ini'
AND KEY = 'internal_support_user_limit'
```

Ist die Rolle CONTENT_ADMIN im Produktivsystem zugeordnet?

Die Rolle CONTENT_ADMIN enthält hohe Entwicklerberechtigungen und darf daher in Produktivsystemen nicht vergeben werden. Hier besteht das Risiko, dass eine Entwicklung im Produktivsystem möglich ist und dadurch gegen geltende Gesetze (u. a. § 239 HGB) verstoßen wird.

Prüfen Sie die Zuordnung der Rolle mit folgendem Statement:

```
SELECT * FROM EFFECTIVE_ROLE_GRANTEES
WHERE ROLE_NAME = 'CONTENT_ADMIN'
```

Ist die Rolle MODELING im Produktivsystem zugeordnet?

Die Rolle MODELING enthält hohe Entwicklerberechtigungen und ist daher in Produktivsystemen nicht zu vergeben. Hier besteht das Risiko, dass eine Entwicklung im Produktivsystem möglich ist und dadurch gegen geltende Gesetze (u. a. § 239 HGB) verstoßen wird.

Prüfen Sie die Zuordnung der Rolle mit folgendem Statement:

```
SELECT * FROM EFFECTIVE_ROLE_GRANTEES
WHERE ROLE_NAME = 'MODELING'
```


12.9 Analyse des SAP-HANA-Berechtigungskonzepts

In welchen Rollen sind kritische Systemberechtigungen enthalten?

Systemberechtigungen dürfen nur den SAP-HANA-Administratoren zugeordnet werden. Hier besteht das Risiko, dass Systemberechtigungen durch die Integration in falsche Rollen außerhalb der Administration zugeordnet werden.

Prüfen Sie diese Fragestellung mit folgendem Statement:

```
SELECT * FROM EFFECTIVE_PRIVILEGE_GRANTEES
WHERE GRANTEE_TYPE = 'ROLE'
AND PRIVILEGE IN ('ADAPTER ADMIN', 'AGENT ADMIN', 'BACKUP ADMIN',
'BACKUP OPERATOR', 'CERTIFICATE ADMIN', 'CREDENTIAL ADMIN',
'ENCRYPTION ROOT KEY ADMIN', 'EXTENDED STORAGE ADMIN',
'INIFILE ADMIN', 'LICENSE ADMIN', 'SAVEPOINT ADMIN',
'SERVICE ADMIN', 'SESSION ADMIN', 'SSL ADMIN', 'TENANT ADMIN',
'TRUST ADMIN', 'VERSION ADMIN', 'RESOURCE ADMIN', 'TABLE ADMIN',
'AUDIT ADMIN', 'AUDIT OPERATOR', 'OPTIMIZER ADMIN',
'CREATE REMOTE SOURCE', 'LOG ADMIN', 'MONITOR ADMIN')
AND OBJECT_TYPE = 'SYSTEMPRIVILEGE'
```

In welchen Rollen sind DEBUG-Berechtigungen enthalten?

DEBUG-Berechtigungen dürfen im Produktivsystem nur in Notfallrollen enthalten sein. Hier besteht das Risiko, dass DEBUG-Berechtigungen durch die Integration in falsche Rollen im Produktivsystem zugeordnet werden.

Prüfen Sie diese Fragestellung mit folgendem Statement:

```
SELECT * FROM GRANTED_PRIVILEGES
WHERE GRANTEE_TYPE = 'ROLE' AND
AND PRIVILEGE IN ('ATTACH DEBUGGER', 'DEBUG')
```

In welchen Rollen sind Entwicklerberechtigungen für das Repository enthalten?

Entwicklerberechtigungen dürfen nur im Entwicklungssystem vergeben werden, im Notfall eventuell auch zeitbegrenzt im Produktivsystem. Hier besteht das Risiko, dass Entwicklerberechtigungen durch die Integration in falsche Rollen im Produktivsystem zugeordnet werden.

Prüfen Sie diese Fragestellung mit folgendem Statement:

```
SELECT * FROM GRANTED_PRIVILEGES
WHERE GRANTEE_TYPE = 'ROLE' AND
OBJECT_TYPE = 'REPO' AND PRIVILEGE <> 'REPO.READ'
```

Welchen Benutzern sind kritische Systemberechtigungen zugeordnet?

Systemberechtigungen dürfen nur der Administration zugeordnet werden. Hier besteht das Risiko, dass die Datenbank durch die Nutzung kritischer Systemberechtigungen beschädigt wird.

Prüfen Sie diese Fragestellung mit folgendem Statement:

```
SELECT * FROM EFFECTIVE_PRIVILEGE_GRANTEES
WHERE GRANTEE_TYPE = 'USER'
AND PRIVILEGE IN ('ADAPTER ADMIN', 'AGENT ADMIN', 'BACKUP ADMIN',
'BACKUP OPERATOR', 'CERTIFICATE ADMIN', 'CREDENTIAL ADMIN',
'ENCRYPTION ROOT KEY ADMIN', 'EXTENDED STORAGE ADMIN',
'INIFILE ADMIN', 'LICENSE ADMIN', 'SAVEPOINT ADMIN',
'SERVICE ADMIN', 'SESSION ADMIN', 'SSL ADMIN', 'TENANT ADMIN',
'TRUST ADMIN', 'VERSION ADMIN', 'RESOURCE ADMIN', 'TABLE ADMIN',
'AUDIT ADMIN', 'AUDIT OPERATOR', 'OPTIMIZER ADMIN',
'CREATE REMOTE SOURCE', 'LOG ADMIN', 'MONITOR ADMIN')
AND OBJECT_TYPE = 'SYSTEMPRIVILEGE'
AND OBJECT_TYPE = 'SYSTEMPRIVILEGE'
```

12.10 Das Berechtigungskonzept von SAP S/4HANA

Wird das Berechtigungsobjekt S_RFCACL automatisch mit einer vollen Berechtigung in SAP_ALL aufgenommen?

Das Berechtigungsobjekt `S_RFCACL` darf nicht in SAP_ALL aufgenommen werden. Hier besteht das Risiko, dass von anderen Systemen aus ein uneingeschränkter Zugriff möglich ist.

Rufen Sie die Transaktion SE16 auf, und lassen Sie sich die Tabelle PRGN_CUST anzeigen. Überprüfen Sie, ob der Eintrag ADD_S_RFCACL existiert. Falls der Eintrag existiert, darf er nicht den Wert YES enthalten, siehe Abbildung 12.15. Gibt es ihn nicht, steht er auf dem Wert NO.

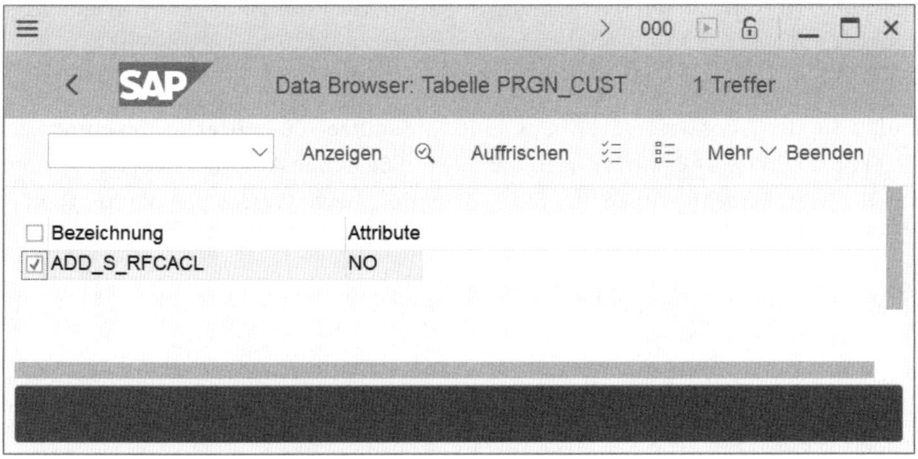

Abbildung 12.15 Schalter S_RFCACL

Ist im S/4HANA-Backend-System das Objekt S_RFCACL korrekt ausgeprägt?

Berechtigungen für Trusted-Zugriffe dürfen nur sehr restriktiv vergeben werden. Hier besteht das Risiko, dass durch falsch vergebene Berechtigungen ein vollständiger Zugriff vom Frontend- auf das Backend-System ermöglicht wird.

Rufen Sie die Transaktion SUIM auf, Eintrag **Benutzer • Benutzer nach komplexen Selektionskriterien • Benutzer nach komplexen Selektionskriterien**. Tragen Sie dort im Register **Berechtigungen** im Block **Selektion nach Werten** die Werte gemäß Tabelle 12.4 ein.

Berechtigungsobjekt	Feld	Wert
S_RFCACL	ACTVT *Aktivität*	16 (*Ausführen*)
	RFC_EQUSER *gleiche Benutzerkennung*	–
	RFC_SYSID *System-Id*	*< SID des Frontend >*
	RFC_USER *RFC User*	»*«

Tabelle 12.4 Kritische Ausprägung des Objekts S_RFCACL

Ist die Berechtigung zur Nutzung des SAP Fiori Launchpad Designers im Produktivsystem zugeordnet?

Mit dem SAP Fiori Launchpad Designer werden Kachelkataloge und -gruppen bearbeitet. Diese Berechtigung darf nur in Entwicklungssystemen zugeordnet werden. Bei der Zuordnung dieser Berechtigung im Produktivsystem besteht das Risiko, dass Kachelkataloge und -gruppen geändert und damit Berechtigungen beeinflusst werden können.

Rufen Sie die Transaktion SUIM auf, Eintrag **Benutzer • Benutzer nach komplexen Selektionskriterien • Benutzer nach komplexen Selektionskriterien**. Tragen Sie dort im Register **Berechtigungen** im Block **Selektion nach Werten** die Werte gemäß Tabelle 12.5 ein.

Berechtigungsobjekt	Feld	Wert
S_TCODE	TCD *Transaktion*	/UI2/FLPD_CUST /UI2/FLPD_CONF

Tabelle 12.5 Berechtigung zur Nutzung des Launchpad Designers

Ist die Berechtigung zur Nutzung aller Services vergeben?

Die SAP-Fiori-Apps werden einzeln als Service berechtigt. Eine Berechtigung zur Ausführung aller Apps darf nicht vergeben werden. Hier besteht das Risiko, dass Benutzer dadurch Funktionen ausführen können, für die sie nicht autorisiert sind.

Rufen Sie die Transaktion SUIM auf, Eintrag **Benutzer • Benutzer nach komplexen Selektionskriterien • Benutzer nach komplexen Selektionskriterien**. Tragen Sie dort im Register **Berechtigungen** im Block **Selektion nach Werten** die Werte gemäß Tabelle 12.6 ein. Führen Sie diese Prüfung im Frontend- und im Backend-System durch.

Berechtigungsobjekt	Feld	Wert
S_SERVICE	SRV_NAME *Servicename*	»*«
	SRV_TYPE *Typ Prüfkennzeichen*	HT

Tabelle 12.6 Berechtigung zur Ausführung aller Services

12.11 Auditing in SAP HANA

12.11.1 Konfiguration des Auditings in SAP HANA

Ist das Auditing im Produktivsystem aktiviert?

Das Auditing muss aktiviert sein. Hier besteht das Risiko, dass gegen gesetzliche Auflagen zur Nachvollziehbarkeit verstoßen wird.

Prüfen Sie diese Fragestellung mit folgendem Statement:

```
SELECT KEY, VALUE FROM M_INIFILE_CONTENTS
WHERE KEY = 'global_auditing_state'
```

Der Wert TRUE zeigt an, dass das Audit Log aktiviert ist.

Werden die Auditing-Protokolle im Betriebssystem gespeichert?

Die Auditing-Protokolle sollten im Betriebssystem gespeichert werden, um Manipulationen zu verhindern. Hier besteht das Risiko, dass die Protokolle in der Datenbank manipuliert oder gelöscht werden können.

Prüfen Sie diese Fragestellung mit folgendem Statement:

```
SELECT * FROM M_INIFILE_CONTENTS
WHERE SECTION = 'auditing configuration'
AND KEY = 'default_audit_trail_type'
```

Der Wert SYSLOGPROTOCOL zeigt an, dass die Protokolle im Betriebssystem gespeichert werden.

Sind die Systemparameter zur Steuerung des Auditings zur Pflege in Tenants gesperrt?

Die Parameter, mit denen die Länge der zu speichernden SQL-Statements und die Ablage der Auditing-Protokolle festgelegt wird, sollten nur von der Systemdatenbank aus geändert werden können. Hier besteht das Risiko, dass in den Tenants Vorgaben für das Auditing nicht eingehalten werden.

Prüfen Sie in der Systemdatenbank, welche Parameter in Tenant-Datenbanken nicht gepflegt werden dürfen, und gleichen Sie diese mit den Vorgaben ab:

```
SELECT * FROM M_INIFILE_CONTENTS
WHERE SECTION = 'readonly_parameters' AND FILE_NAME = 'multidb.ini' AND
KEY = 'auditing configuration'
```

Im Feld VALUE müssen folgende Parameter hinterlegt sein (getrennt durch Kommata):

- `default_audit_trail_type`
- `emergency_audit_trail_type`
- `alert_audit_trail_type`
- `critical_audit_trail_type`
- `audit_statement_length`

Wer ist berechtigt, die Konfiguration des Auditings einzustellen?

Die Berechtigung zur Konfiguration des Auditings darf nur an die dafür verantwortlichen Administratoren vergeben werden. Hier besteht das Risiko, dass durch eine falsche Auditing-Konfiguration gegen Protokollierungsauflagen verstoßen wird.

Analysieren Sie die Berechtigungen mit folgendem Statement:

```
SELECT *
FROM EFFECTIVE_PRIVILEGE_GRANTEES
WHERE GRANTEE_TYPE = 'USER'
       AND PRIVILEGE = 'INIFILE ADMIN'
       AND OBJECT_TYPE = 'SYSTEMPRIVILEGE'
```

12.11.2 Einrichten von Policies

Welche Benutzer sind zur Konfiguration der Policies berechtigt?

Nur die verantwortlichen Administratoren dürfen die Berechtigung zur Konfiguration der Policies besitzen. Hier besteht das Risiko, dass die Audit-Log-Einstellungen manipuliert werden können.

Prüfen Sie diese Fragestellung mit folgendem Statement:

```
SELECT * FROM EFFECTIVE_PRIVILEGE_GRANTEES
WHERE GRANTEE_TYPE = 'USER'
AND PRIVILEGE = 'AUDIT ADMIN'
AND OBJECT_TYPE = 'SYSTEMPRIVILEGE'
```

Entsprechen die Einstellungen des Auditings den Unternehmensrichtlinien?

Es muss schriftliche Vorgaben zur Einstellung des Auditings geben, die im System abzubilden sind. Hier besteht das Risiko, dass das Auditing unzureichend definiert und dadurch gegen gesetzliche Auflagen zur Nachvollziehbarkeit verstoßen wird.

Prüfen Sie diese Fragestellung mit folgendem Statement:

```
SELECT * FROM AUDIT_POLICIES
WHERE IS_AUDIT_POLICY_ACTIVE = 'TRUE'
```

Ihnen werden damit alle aktiven Auditing-Komponenten angezeigt. Gleichen Sie diese mit den Unternehmensrichtlinien ab.

Werden alle kritischen Aktionen über das Auditing protokolliert?

Fast alle Protokolle einer SAP-HANA-Datenbank werden über das Auditing erzeugt, im Gegensatz zu einem ABAP-System, in dem die meisten Protokolle automatisch erzeugt werden. Daher sind alle Aktionen, die kritisch sein können, in das Auditing aufzunehmen. Ohne diese Protokollierung besteht das Risiko, dass kritische Aktionen nicht nachvollziehbar sind und dass gegen gesetzliche Auflagen zu Aufbewahrungsfristen verstoßen wird.

In Abschnitt 11.6, »Best-Practice-Empfehlungen«, finden Sie Best Practices für die Einrichtung von Auditing-Policies. Diese sollten umgesetzt werden:

- **Policies für alle Datenbanken**
  - Pflege von Benutzern
  - Pflege von Katalog- und HDI-Rollen
  - Zuordnung von Rollen und Berechtigungen
  - Anmeldungen von Benutzern zu ungewöhnlichen Zeiten
  - Ändern von Systemparametern
  - Protokollierung von Aktionen des Benutzers SYSTEM
  - Protokollierung von Aktionen des Notfallbenutzers
  - Ausführen von DDL-Befehlen im Produktivsystem
  - Ändern der Einstellung der Verschlüsselung
  - Anschluss neuer Systeme zur Authentifizierung
  - Einspielen und Löschen von Lizenzen
  - Pflege von Remote Sources
  - Importieren und Aktivieren von Repository Content
- **Zusätzliche Policies für Tenants mit SAP-ERP- bzw. SAP-S/4HANA-Daten**
  - Zugriff auf Daten des SAP-ERP- bzw. SAP-S/4HANA-Systems
  - Versuch des Zugriffs auf Daten des SAP-ERP- bzw. SAP-S/4HANA-Systems
- **Zusätzliche Policies für Systemdatenbanken**
  - Löschen von Tenant-Datenbanken
  - Pflege von Tenant-Datenbanken
  - Stoppen von Tenant-Datenbanken

12.11.3 Auswertung des Auditings

Gibt es ein Konzept zur Auswertung der Auditing-Protokolle?

Im Konzept zur Auswertung der Auditing-Protokolle müssen Verantwortlichkeiten, Auswertungszeiträume und Auswertungsinhalte definiert sein. Hier besteht das Risiko, dass kritische Vorgänge nicht zeitnah erkannt werden.

Existiert ein Konzept zur Aufbewahrung der Auditing-Protokolle?

Im Konzept muss festgelegt sein, wie lange die Protokolle aufzubewahren sind. Hierbei sind gesetzliche Auflagen zu beachten. Hier besteht das Risiko, dass durch ein fehlendes Aufbewahrungskonzept gegen gesetzliche Auflagen zur Nachvollziehbarkeit verstoßen wird.

12.11.4 Löschen von Auditing-Protokollen

Welche Benutzer sind zum Löschen der Auditing-Protokolle berechtigt?

Nur die verantwortlichen Administratoren dürfen die Berechtigung zum Löschen der Auditing-Protokolle besitzen. Hier besteht das Risiko, dass die Protokolle gelöscht werden und dadurch gegen gesetzliche Auflagen zur Nachvollziehbarkeit verstoßen wird.

Prüfen Sie diese Fragestellung mit folgendem Statement:

```
SELECT * FROM EFFECTIVE_PRIVILEGE_GRANTEES
WHERE GRANTEE_TYPE = 'USER'
AND PRIVILEGE = 'AUDIT OPERATOR'
AND OBJECT_TYPE = 'SYSTEMPRIVILEGE'
```

Wurden Protokolle des Auditings gelöscht?

Protokolle dürfen nur aus der Datenbank gelöscht werden, wenn sie vorher archiviert oder in andere Systeme ausgelagert wurden, z. B. ins UNIX-SysLog oder in eine SIEM-Software. Hier besteht das Risiko, dass aufbewahrungspflichtige Protokolle gelöscht werden und kritische Aktionen nicht mehr nachvollziehbar sind.

Prüfen Sie diese Fragestellung mit folgendem Statement:

```
SELECT * FROM AUDIT_LOG WHERE EVENT_ACTION = 'CLEAR AUDIT LOG'
```

Im Feld `EVENT_STATUS` lesen Sie ab, ob das Löschen erfolgreich war (`SUCCESSFUL`) oder ob versucht wurde, die Protokolle zu löschen (`UNSUCCESSFUL`).

12.11.5 Auditing in SAP HANA XSA

Sind die Protokolle von SAP HANA XSA ins Auditing-Konzept integriert?

Beim Einsatz von SAP HANA XSA müssen auch dessen Protokolle in die Auswertung und Aufbewahrung integriert werden. Sonst besteht das Risiko, dass Aktionen in SAP HANA XSA, z. B. Rechtezuordnungen zu Organizations und Spaces, nicht nachvollzogen werden können.

Die Aktionen im SAP HANA XSA Cockpit werden in der Datei **hdbxscontroller_audit_#.log** gespeichert. Diese muss regelmäßig ausgewertet und gesichert werden.

Anhang

Anhang A
Sicherheitsrelevante Systemparameter

Die folgenden Tabellen geben Ihnen einen Überblick über sicherheitsrelevante Parameter und zeigen die Abschnitte dieses Buches auf, in denen sie behandelt werden.

Parameter	Beschreibung
Section: auditing configuration (Abschnitt 11.1.1)	
audit_statement_length	maximale Länge des im Auditing gespeicherten SQL-Statements
default_audit_trail_type	Legt fest, wo die Auditing-Protokolleinträge standardmäßig gespeichert werden.
default_audit_trail_path	Werden die Protokolldateien in eine CSV-Datei geschrieben, gibt dieser Parameter den Pfad an, wo die Datei gespeichert wird.
minimal_retention_period	Gibt die maximale Aufbewahrungsdauer der Auditing-Protokolleinträge an. Nach Ablauf dieses Zeitraums werden die Einträge automatisch gelöscht. Dieser Parameter ist nur wirksam, wenn die Auditing-Protokolle in die Datenbanktabelle geschrieben werden.
sr_audit_trail_type_cstable_override	Ist bei einer System-Replikation als default_audit_trail_type der Wert CSTABLE (Datenbanktabelle) angegeben, so gibt dieser Parameter an, wo im Sekundärsystem die Auditing-Protokolle geschrieben werden sollen. Ein schreibender Zugriff auf die Datenbanktabelle ist hier nicht möglich. Der Standardwert ist hier SYSLOGPROTOCOL (UNIX SysLog).
Section: authentication (Abschnitt 5.1.1)	
authentication_methods	verfügbare Authentifizierungsmethoden
Section: authorization (Abschnitt 6.1.1)	
secure_client_parameter	Legt fest, ob der Benutzerparameter CLIENT zur Laufzeit von Benutzern geändert werden kann.

Tabelle A.1 Sicherheitsrelevante Parameter in der Datei »global.ini«

Parameter	Beschreibung
Section: `communication` (Abschnitt 3.4)	
`sslcryptoprovider`	Zeigt den verwendeten Cryptographic Service Provider an.
`sslenforce`	Anforderung sicherer SSL-Verbindungen
`sslCreateSelfSignedCertificate`	Zulassen von selbst-signierten Zertifikaten
Section: `cross_database_access` (Abschnitt 6.3)	
`enabled`	Aktivierung tenant-übergreifender Zugriffe
Section: `cryptography` (Abschnitt 3.3.1)	
`ssfs_key_file_path`	Legt fest, wo die Schlüssel des SSFS abgelegt werden.
Section: `customizable_functionalities` (Abschnitt 4.4)	
<Funktionen>	Hier können Funktionen angegeben werden, die in Tenants nicht genutzt werden können.
Section: `database_initial_encryption` (Abschnitt 3.3.3)	
`encryption_config_control`	Die Konfiguration der Verschlüsselung erfolgt über die Systemdatenbank oder über Tenants.
`persistence_encryption`	Aktivierung der Verschlüsselung des persistenten Speichers beim Anlegen eines neuen Tenants
`log_encryption`	Aktivierung der Verschlüsselung der Redo-Logs beim Anlegen eines neuen Tenants
`backup_encryption`	Aktivierung der Verschlüsselung der Backups beim Anlegen eines neuen Tenants
Section: `multidb` (Abschnitt 4.5)	
`database_isolation`	Legt den Isolation Level der Datenbank fest (*low* oder *high*).
Section: `persistence` (Abschnitt 3.3.4)	
`savepoint_interval_s`	Gibt an, wie häufig ein Savepoint geschrieben wird.
Section: `system_information` (Abschnitt 1.1.2)	
`usage`	Legt den Systemtyp der Datenbank fest.

Tabelle A.1 Sicherheitsrelevante Parameter in der Datei »global.ini« (Forts.)

Parameter	Beschreibung
Section: **authorization** (Abschnitt 8.5.2)	
internal_support_user_limit	Legt fest, wie vielen Benutzern gleichzeitig die Rolle SAP_INTERNAL_HANA_SUPPORT zugeordnet werden darf.
Section: **import_export** (Abschnitt 2.3)	
file_security	Legt fest, welche Berechtigungen auf exportierte Dateien gesetzt werden.
Section: **password policy** (Abschnitt 5.2.1)	
detailed_error_on_connect	Ausgabe von Detailinformationen bei Falschanmeldungen
force_first_password_change	Anforderung zur Änderung des Initialkennworts
last_used_passwords	Größe der Kennworthistorie
maximum_invalid_connect_attempts	Anzahl der Falschanmeldungen bis zur Sperrung
maximum_password_lifetime	maximale Kennwortgültigkeit
maximum_unused_initial_password_lifetime	Gültigkeit eines Initialkennworts
maximum_unused_productive_password_lifetime	Kennwortdeaktivierung bei Inaktivität von Benutzern
minimal_password_length	Der Parameter minimal_password_length legt die minimale Länge für Kennwörter fest.
minimum_password_lifetime	minimale Kennwortgültigkeit
password_expire_warning_time	Hinweis an Benutzer vor Ablauf eines Kennworts
password_layout	Komplexität von Kennwörtern
password_lock_for_system_user	Sperrung des Benutzers SYSTEM durch Falschanmeldungen
password_lock_time	Zeitraum für die Sperrung nach Falschanmeldungen

Tabelle A.2 Sicherheitsrelevante Parameter in den Dateien »indexserver.ini« und »nameserver.ini«

Parameter	Beschreibung
Section: readonly_parameters (Abschnitt 4.3)	
auditing configuration	Legt fest, welche Parameter der Auditing-Konfiguration nicht in Tenants gesetzt werden können.
communication	Legt fest, welche Parameter aus dem Abschnitt communication nicht in Tenants gesetzt werden können (Standardwert: * [alle]).
indexserver.ini/authentication	Legt fest, welche Parameter aus dem Abschnitt authentication der Datei **indexserver.ini** nicht in Tenants gesetzt werden können.

Tabelle A.3 Sicherheitsrelevante Parameter in der Datei »multidb.ini«

Parameter	Beschreibung
Section: auditing configuration (Abschnitt 11.1.1)	
alert_audit_trail_type	Legt fest, wo Einträge vom Audit Level Alert gespeichert werden.
critical_audit_trail_type	Legt fest, wo Einträge vom Audit Level Critical gespeichert werden.
default_audit_trail_type	Legt fest, wo die Protokolleinträge standardmäßig gespeichert werden.
emergency_audit_trail_type	Legt fest, wo Einträge vom Audit Level Emergency gespeichert werden.
global_auditing_state	Mit diesem Parameter aktivieren und deaktivieren Sie das Auditing.

Tabelle A.4 Sicherheitsrelevante Parameter in der Datei »nameserver.ini«

Anhang B
Sicherheitsrelevante Views in SAP HANA

View	Bezeichnung
ACCESSIBLE_VIEWS	Listet die Views auf, für die ein Benutzer berechtigt ist. Beim Aufruf ist der USER_NAME anzugeben.
ADAPTERS	Liste der installierten Adapter, die für Remote Sources genutzt werden können
ALL_AUDIT_LOG	Anzeige aller Einträge des Auditlogs, inklusive denen des XSA-Audit-Logs
APPLICATION_ENCRYPTION_KEYS	Verschlüsselungskomponenten
AUDIT_ACTIONS	Liste aller protokolierbaren Auditlog-Aktionen
AUDIT_LOG	Anzeige der Einträge des HANA Auditlogs
AUDIT_POLICIES	eingerichtete Auditing Policies
CERTIFICATES	installierte Zertifikate
CLIENTSIDE_ENCRYPTION_COLUMN_KEYS	eingerichtete Symmetric Column Encryption Key (CEK) für die Client-Side Data Encryption
CLIENTSIDE_ENCRYPTION_KEYPAIRS	eingerichtete Client Key Pairs (CKP) für die Client-Side Data Encryption
CREDENTIALS	Liste der Credentials, u. a. die für Remote Sources genutzten Secondary Credentials
EFFECTIVE_APPLICATION_PRIVILEGES	Effektive Application Privileges für Benutzer. Beim Aufruf ist der USER_NAME anzugeben.
EFFECTIVE_MASK_EXPRESSIONS	Zeigt Benutzern, welche Masken ihnen durch das Data Masking für bestimmte Spalten zugeordnet wurden.
EFFECTIVE_PRIVILEGES	Effektive Berechtigungen für Benutzer. Beim Aufruf ist der USER_NAME anzugeben.

Tabelle B.1 Sicherheitsrelevante Views in SAP HANA

View	Bezeichnung
EFFECTIVE_PRIVILEGE_GRANTEES	Auflistung von Benutzern und Rollen für bestimmte Privileges. Beim Aufruf müssen die auszuwertenden Privileges angegeben werden.
EFFECTIVE_ROLES	Effektive zugeordnete Rollen zu Benutzern. Beim Aufruf ist der USER_NAME anzugeben.
EFFECTIVE_ROLE_GRANTEES	Auflistung von Benutzern und Rollen für bestimmte Rollen. Beim Aufruf ist die auszuwertende Rolle anzugeben.
EFFECTIVE_STRUCTURED_PRIVILEGES	Effektive Analytic Privileges für Benutzer. Beim Aufruf ist der USER_NAME anzugeben.
ENCRYPTION_ROOT_KEYS	Informationen über die Root Keys für die Verschlüsselung der persistenten Daten, Logs, Backups und Anwendungen
GRANTED_PRIVILEGES	zu Benutzern und Rollen zugeordnete Privileges
GRANTED_ROLES	zu Benutzern und Rollen zugeordnete Rollen
INVALID_CONNECT_ATTEMPTS	Anzahl der Falschanmeldungen eines Benutzers zwischen zwei erfolgreichen Anmeldungen
JWT_PROVIDERS	eingerichtete JSON-Web-Token-Provider
JWT_USER_MAPPINGS	Zuordnung der JSON-Web-Token-Provider zu Benutzern
LCM_PRODUCTS	installierte Produkte und Versionen
LCM_PRODUCT_INSTANCES	installierte Instanzen der Produkte
LCM_SOFTWARE_COMPONENTS	installierte Software-Komponenten und -Versionen
LDAP_PROVIDERS	installierte LDAP-Provider
LDAP_PROVIDER_URLS	URLs für die LDAP-Provider
M_CONNECTIONS	Informationen zu Verbindungen von Clients zur Datenbank
M_CUSTOMIZABLE_FUNCTIONALITIES	Liste der Funktionen, die in Tenant-Datenbanken gesperrt werden können
M_DATABASE	Eigenschaften des aktuellen Tenants
M_DATABASES	Auflistung aller Tenants mit ihren Eigenschaften (Die View existiert nur in der Systemdatenbank.)
M_DATABASE_HISTORY	Zeitpunkte der Installation der jeweiligen SAP-HANA-Version

Tabelle B.1 Sicherheitsrelevante Views in SAP HANA (Forts.)

View	Bezeichnung
M_EFFECTIVE_PASSWORD_POLICY	Effektive Kennwort-Policy eines Benutzers (Kombination aus den Systemparametern und gruppenspezifischer Konfiguration). Beim Aufruf ist der USER_NAME anzugeben.
M_ENCRYPTION_OVERVIEW	aktueller Status der Verschlüsselung
M_ERROR_CODES	Liste aller SAP-HANA-Fehlercodes mit Beschreibungen
M_EXECUTED_STATEMENTS	Auflistung aller ausgeführten SQL-Statements aller Benutzer
M_HOST_INFORMATION	Hosts der HANA-Datenbank mit allen Eigenschaften
M_INIFILES	Liste aller INI-Dateien, in denen Parameter gespeichert werden
M_INIFILE_CONTENTS	Liste aller INI-Dateien mit allen Parametern und den aktuellen Werten
M_INIFILE_CONTENT_HISTORY	Historie der Parameteränderungen
M_LICENSE	aktuell gültige Lizenz der Datenbank
M_LICENSES	alle installierten Lizenzen in der Datenbank
M_PASSWORD_POLICY	aktuelle Konfiguration der Kennwort-Policy
M_PERSISTENCE_ENCRYPTION_KEYS	Status der Verschlüsselung der Savepoints
M_PERSISTENCE_ENCRYPTION_STATUS	aktueller Status der Verschlüsselung der persistenten Daten
M_REMOTE_CONNECTIONS	Informationen über Verbindungen zu anderen Systemen (Remote Sources)
M_REMOTE_STATEMENTS	ausgeführte SQL-Statements in den Remote Sources
M_SAVEPOINTS	Liste der Savepoints
M_SYSTEM_OVERVIEW	Informationen zum aktuellen System, wie Version, Hauptspeichergröße, Anzahl CPUs etc.
M_TABLES	Auflistung aller Tabellen
M_TRACEFILES	Auflistung aller Trace-Dateien

Tabelle B.1 Sicherheitsrelevante Views in SAP HANA (Forts.)

View	Bezeichnung
M_TRACEFILE_CONTENTS	Anzeige der Inhalte einer Trace-Datei. Beim Aufruf müssen der Host-Name und der Name der Trace-Datei angegeben werden.
OBJECTS	Auflistung aller Objekte der Datenbank, wie Tabellen, Views, Prozeduren etc.
OBJECT_PRIVILEGES	verfügbare Privileges für die einzelnen Objektarten
OWNERSHIP	Eigentümer von Objekten
PRIVILEGES	verfügbare Privileges (System Privileges, Object Privileges, Package Privileges, Application Privileges)
PROCEDURES	Liste aller Prozeduren
PSES	installierte PSEs (Private Security Environment)
PSE_CERTIFICATES	Zertifikate in den PSEs
REMOTE_SOURCES	Liste der eingerichteten Remote Sources
REMOTE_USERS	Benutzer mit zugeordneten Remote-Benutzern
ROLES	Liste aller Rollen
SAML_PROVIDERS	installierte SAML-Provider
SAML_USER_MAPPINGS	SAML-Provider mit zugeordneten Benutzern
SCHEMAS	Liste der Schemata
STRUCTURED_PRIVILEGES	Liste der Analytic Privileges
TABLES	Auflistung aller Tabellen
USERGROUPS	eingerichtete Benutzergruppen
USERGROUP_PARAMETERS	Login-Parameter pro Benutzergruppe
USERS	Liste aller Benutzer mit ihren Eigenschaften
USER_PARAMETERS	Benutzerparameter der Benutzer
VIEWS	Auflistung aller Views
X509_USER_MAPPINGS	Benutzer mit zugeordneten X.509-Zertifikaten
XSA_AUDIT_LOG	Anzeige des XSA-Auditlogs

Tabelle B.1 Sicherheitsrelevante Views in SAP HANA (Forts.)

Anhang C
Sicherheitsrelevante Tabellen in SAP S/4HANA

Tabelle	Bezeichnung
AGR_1251	Organisationsebenen in Rollen
AGR_1252	Berechtigungswerte in Rollen
AGR_AGRS	Zuordnung von Rollen zu Sammelrollen
AGR_BUFFI	Internetlinks einer Rolle, enthält u. a. die Kachelgruppen und -kataloge
AGR_DEFINE	Liste der Rollen
AGR_PROF	Profile der Rollen
AGR_USERS	Zuordnung von Benutzern zu Rollen
AUTHX	Felder von Berechtigungsobjekten mit Prüftabellen
CDHDR	Belegkopfdaten der Änderungsbelege
CDPOS	Belegpositionsdaten der Änderungsbelege
DBTABLOG	Speicherung der Tabellenprotokollsätze
PRGN_CUST	Customizing-Einstellungen zum Berechtigungskonzept
RFCDES	Tabelle der RFC-Verbindungen
RFCSYSACL	Liste zugelassener Trusted-Systeme für das aktuelle System
RFCTRUST	Liste vorhandener Trusting-Systeme
ROAUTH	Berechtigungen für DataSources
SEC_POLICY_ATTR	Liste verfügbarer Sicherheitsrichtlinienattribute
SEC_POLICY_RT	Sicherheitsrichtlinien Laufzeitangaben
T000	Mandanten des Systems

Tabelle C.1 Sicherheitsrelevante Tabellen in SAP S/4HANA

Tabelle	Bezeichnung
TOBJ	Berechtigungsobjekte
TOBJ_CD	Änderungsbelege zu deaktivierten Berechtigungsobjekten
TOBJ_CHK_CTRL_R	schaltbare Berechtigungen (Szenarien mit Berechtigungsobjekten)
TOBJ_OFF	deaktivierte Berechtigungsobjekte
TOBJT	Texte zu den Berechtigungsobjekten
USGRP	im Mandanten angelegte Benutzergruppen
USGRP_USER	allgemeinen Gruppen zugeordnete Benutzer
USH02	Änderungshistorie für die Benutzeranmeldedaten
USH04	Änderungshistorie der Benutzer-Profil-Zuordnungen
USH10	Änderungshistorie der Berechtigungsprofile
USH12	Änderungshistorie der Berechtigungen
USOBT	Tabelle für den Profilgenerator zur Generierung von Profilen. Hier werden die den Transaktionen zugeordneten Berechtigungsobjekte mit Feldwerten gespeichert.
USOBT_C	Kundentabelle zur Tabelle USOBT
USOBT_CD	Änderungsbelege zur Tabelle USOBT_C
USOBX	Tabelle für den Profilgenerator zur Generierung von Profilen. Hier werden die den Transaktionen zugeordneten Berechtigungsobjekte gespeichert.
USOBX_C	Kundentabelle zur Tabelle USOBX
USOBX_CD	Änderungsbelege zur Tabelle USOBX_C
USR01	Laufzeitdaten des Benutzerstammsatzes
USR02	Anmeldedaten der Benutzer
USR03	Adressdaten der Benutzer
USR04	Benutzer mit ihren zugeordneten Profilen (Pool-Tabelle; zur Auswertung benutzen Sie die transparente Tabelle UST04)
USR05	zu den Benutzern angelegte Parameter

Tabelle C.1 Sicherheitsrelevante Tabellen in SAP S/4HANA (Forts.)

Tabelle	Bezeichnung
USR07	Protokolldatensätze fehlgeschlagener Berechtigungsprüfungen (Transaktion SU53)
USR10	Berechtigungsprofile (Pool-Tabelle; benutzen Sie zur Auswertung die transparenten Tabellen UST10S und UST10C)
USR11	Texte zu Profilen
USR12	Berechtigungen mit ihren Feldinhalten (Pool-Tabelle; benutzen Sie zur Auswertung die transparente Tabelle UST12)
USR13	Texte zu Berechtigungen
USR21	Zuordnung der Benutzer zu ihren Personennummern (wird zur Auswertung der Tabellen ADRP und ADCP benötigt)
USR40	Tabelle für verbotene Kennwörter. Alle hierin enthaltenen Einträge dürfen von den Anwendern nicht als Kennwort genutzt werden.
USR41	Informationen zu den aktuell angemeldeten Benutzern (z. B. TCP/IP-Adresse und Workstation)
USR41_MLD	Mehrfachanmeldungen von Benutzern
USREFUS	Zuordnung von Referenzbenutzern
USRPWDHISTORY	Kennworthistorie der Benutzer
UST04	Benutzer mit ihren zugeordneten Profilen (transparente Tabelle zur Tabelle USR04)
UST10C	Sammelprofile mit ihren zugeordneten Profilen (transparente Tabelle zur Tabelle USR10)
UST10S	Einzelprofile mit ihren Berechtigungen (transparente Tabelle zur Tabelle USR10)
UST12	Berechtigungen mit ihren Feldinhalten (transparente Tabelle zur Tabelle USR12)
/UI2/PB_C_CHIP	Kachelgruppen und -kataloge
/UI2/PB_C_PAGET	Texte zu Kachelgruppen und -katalogen
/UI2/PB_C_CHIPM	Zielzuordnungen der Kachelkataloge
/UI2/PB_C_CHIPT	Titel der Kacheln

Tabelle C.1 Sicherheitsrelevante Tabellen in SAP S/4HANA (Forts.)

Anhang D
Der Autor

Thomas Tiede befasst sich seit mehr als 20 Jahren mit dem Thema SAP-Sicherheit. Als Geschäftsführer der auf IT- und SAP-Sicherheit spezialisierten IBS Schreiber GmbH hat er zahlreiche Sicherheitsprüfungen durchgeführt sowie Sicherheits- und Berechtigungskonzepte implementiert. Als Dozent hält er Seminare und Vorträge zu diesen Themen, u. a. im Rahmen der Zertifizierung »Certified Auditor for SAP Systems«, die die IBS Schreiber GmbH zusammen mit dem ISACA Germany Chapter anbietet. Thomas Tiede war und ist maßgeblich an der Entwicklung der GRC-Software CheckAud® for SAP Systems sowie am Easy Content Service (ECS) for SAP Access Control beteiligt. Außerdem hat er im Rheinwerk Verlag das Buch »Sicherheit und Prüfung von SAP-Systemen« veröffentlicht.

Index

T